군사사상 총론

군사사상 총론

초판발행일 | 2022년 6월 15일

지은이 | 김유석
감수 | 노영구(국방대학교)
펴낸곳 | 도서출판 황금알
펴낸이 | 金永馥

주간 | 김영탁
편집실장 | 조경숙
인쇄제작 | 칼라박스
주소 | 03088 서울시 종로구 이화장2길 29-3, 104호(동숭동)
전화 | 02) 2275-9171
팩스 | 02) 2275-9172
이메일 | tibet21@hanmail.net
홈페이지 | http://goldegg21.com
출판등록 | 2003년 03월 26일 (제300-2003-230호)

값은 뒤표지에 있습니다.

ISBN 979-11-6815-019-5-93390

General Remarks of Military Thought

군사사상 총론

김 유 석 지음

(국방대학교 노영구 감수)

황금알

군사사상을 토대로 제수력(AMEP)을 적절히 갖추는 것은

전쟁을 잘하기 위함이 아니라

전쟁을 안 하기 위함이다.

추천서

전 육군참모총장, 예비역 대장 김용우

본인이 육군 참모총장 시절에 우리 군의 미래역할과 관련하여 5대 Big Question(안보위협, 전략개념, 군사력건설 소요, 전투준비태세, 조직관리 등)을 늘 던지고 답을 얻어야 한다고 주장한 바 있다. 또 북한의 스커드 및 장사정포 위협 대응이라는 전략적 과업에 대해 육군이 어떻게 기여할 수 있을까를 많이 고민하였고, 이러한 문제에 대한 기본적인 방향과 기준을 제공할 만한 근거가 필요하다는 것을 절감하였다. 또 우리 한국군이 오랫동안 한미동맹에 의존하다 보니 우리 고유의 군사사상과 전략개념을 발전시키는 데 많이 부족하였다는 자괴감을 느낀 적도 있다.

때마침 군사전문가인 김유석 박사가 '군사사상 총론'이라는 책을 집필하여 추천사를 써달라고 부탁해왔다. 그 내용을 읽고 '바로 이것이야'라고 무릎을 쳤다. '우리 한국군에게 부족한 것이 바로 군사사상'이라는 깨달음을 얻었다고 할까. 군사 분야에서 느끼는 여러 가지 문제에 봉착하면서도 뾰족한 답을 얻지 못하는 것은 바로 이것들을 떠받드는 근본적인 사유(思惟), 즉 군사사상이 허술한 데서 그 원인을 찾아야 한다는 확신을 하게 되었다. 미지의 땅에서 목표를 찾아가기 위해서는 무엇보다 나침반이 필요하듯, 이번 김유석 박사가 펴낸 '군사사상 총론'은 우리가 직면한 여러 가지 군사 안보 문제들을 어떻게 해결해 나갈 수 있는지를 가늠하게 하는 길라잡이가 된다는 점에서 매우 의미 있고 유익하며 시의적절하다고 생각한다.

군사사상 하면 '한 나라의 군사전략을 수립할 때 필요한 기본적인 사고의 틀' 즉, 군사력 운용에 관한 생각 정도로 언뜻 한정하여 생각하기 쉽다. 그러나 김유석 박사는 이를 보다 체계화하여 6개 범주로 확대 정리하였다. 즉, 단지 군사력 운용뿐만 아니라, 전쟁에 관한 인식, 전쟁억제, 군사력건설(양병)에 관한 사항 그리고 테러, 재해·재난 및 감염병 대응, 국제평화유지활동은 물론 국방경제, 병력·부대관리, 민군 관계 등 전쟁 이외의 군사 영역까지 그 적용 범위를 확장하여 이러한 문제를 어떤 관점으로 바라보고 접근해야 할 것인가에 대한 사상적 기반을 제공하려는 독창적인 시도를 하고 있다.

그리고 군사사상은 군사 이외의 분야에서 더 많은 영향을 받는다는 점도 강조하고 있다. 군사사상은 그 나라의 민족성, 전통, 역사, 지정학적 환경 등 문화적 요인이나 이념에도 영향을 받고, 심지어 가상의 적(敵)과 같은 다양한 분야로부터도 영향을 받는다는 것이다. 따라서 모름지기 군사학도는 학습과 연구의 범위를 군사 분야에 한정해서는 안 된다. 시야가 군사 분야에만 머물러서는 역설적으로 군사 문제를 온전히 해결할 수 없다는 것이다. 군은 사회의 변화, 문명의 변천, 전략환경에 대해 꾸준히 탐구해야 하며, 바깥 세계와 열린 마음으로 소통하고 적극적으로 교류하는 것을 소홀히 하지 말아야 할 이유이기도 하다.

결론적으로, '군사사상 총론'은 현대 군대가 늘 고민해야 할 Big Question을 해결하기 위해서 가장 근본적인 작업이 무엇인가를 알려주고 있다. 특히 과학기술의 급격한 발전, 인구절벽 등 인구통계학적 변화, 미중 패권 경쟁을 비롯한 전략환경, 북한의 위협과 미래 한반도 통일 등 다양한 도전과 기회가 상존하는 한반도 국가안보 문제를 생각할 때 이에 대한 혜안과 통찰을 제공할 바이블로써 군사사상이 얼마나 중요한지를 말해주고 있다. 다소 어려운 내용일 수 있지만 사고의 과정을 꼼꼼하게 설명하고 중간중간 적절한 예를 들고 있어서 따라가다 보면 그가 전개하고자 하는 맥락과 펼치고자 하는 큰 그림을 이해할 수 있게 된다.

그러한 점에서 김유석 박사의 '군사사상 총론'은 국방과 안보를 연구하는 제현(諸賢)들은 꼭 공부하고 연구해야 할 책이다. 이 책은 바이블처럼 밑거름이 될 것이다. 이 책을 통해 더 많은 군인과 학자 및 여론 주도층들이 군사사상을 새롭게 이해하게 되는 계기가 되길 바란다. 또 그 가운데 걸출한 인재들이 배출되어 우리나라를 평화통일과 번영으로 이끌 수 있는 창의적인 군사사상을 빚어내기를 소망한다.

차 례

제2부 군사사상 분석 및 정립이론

제1장 군사사상 분석방법 • 284

프롤로그

체계적인 군사사상 이론서의 출발, 그러나 많이 부족한 책

인류가 지구상에 출현한 이래 전쟁이 끊임없이 지속되어 전쟁수행 방법과 무기체계는 급속도로 발전하였다. 그러나 전쟁이나 평화의 토대이면서 출발점이 되는 군사사상에 대한 이론은 우리나라뿐만 아니라, 외국에서도 그간의 연구가 미흡하여 명쾌한 해답을 내놓지 못하였다. 그래서 이 책은 국내외에서 처음으로 군사사상 이론에 대한 체계적인 정립을 시도한 결과물이다.

우리는 살아가면서 철학, 사상, 정치, 경제, 전쟁, 전략 등에 대해 일부는 직간접적으로 접하여 왔다. 심지어 이 책의 제목에 나오는 군사사상이란 단어를 접한 경우도 있을 것이다. 하지만 막상 군사사상에 대해 이야기하려면 쉽게 입이 떨어지지 않는 것이 현실이다. 이런 현상이 발생하는 것은 그만큼 군사사상 이론체계가 정립되지 못하여 많은 사람이 일반적으로 말을 꺼내기가 어려운 대상이었음을 나타내는 것이다. 그래서 이 책은 누군가는 첫 삽을 떠야 이를 토대로 크고 우람한 건물이 들어설 수 있다는 심정으로 군사사상에 대한 체계적인 이론 정립을 시도한 것이다.

지금까지 황무지나 다름없던 군사사상과 관련한 이론 정립을 이렇게 시도한 것은 초등학교 시절 아버지 책꽂이에 꽂혀있던, 1978년 판 권영길이 번역한 클라우제비츠의『전쟁론』을 보다가 한 단어도 알아들을 수 없었다. 결국 그 책을 집어 던진 것이 시발점이라고 해도 과언이 아니다. 그도 그럴 것이 초등학생이『전쟁론』을 재미난 전쟁 이야기책인 양 희망을 품고 대했으니, 지금 와서 생각해 봐도 그때 금방 짜증을 낸 것은 당연하였던 것 같다. 육군사관학교에 들어가면서 전쟁을 이해하기 위해 전공으로 전쟁사를 선택했고, 그렇게 전쟁사를 연구한 것이 35년이 흘렀다. 그런데 언제부턴가 전쟁과 군사 분야를 연구할수록 '군사사상이론'이 취약하다는 것을 실감하게 되었다. 그래서 그간 전쟁사 연구를 통해 얻은 부족한 식견을 토대로 지난 10년 전부터 군사사상 이론서 집필을 착수한 것이다.

하지만 지금까지 국내외에서 이에 관한 연구가 매우 적다 보니, 관련 내용을 잘 정리하고 보완하기보다는 상당 부분은 새롭게 만들어야만 했다. 문제는 새롭게 만드는 창작활동에 가깝다 보니 완벽하거나 아니면 적어도 완벽에 가깝게 갈 수 없다는 한계점을 처음부터 갖고 출발할 수밖에 없었다. 따라서 이 책이 군사사상에 대한 이론체계를 처음으로 정립한 책이라고 말하지만, 역설적으로 보면 과정의 한 부분이라고 말할 수 있다. 따라서 이 책이 씨앗이 되어 많은 군사학자나 밀리터리 마니아, 전문직업군인 등에 의해 지속적인 연구와 보완이 필요함을 우선 밝힌다.

이 책의 구성은?

이 책의 앞부분은 군사사상에 대한 순수 이론을 다루고 있으며, 뒷부분은 이런 이론을 갖고 우리에게 많이 알려진 손자의 군사사상을 분석함으로써 군사사상이론을 실질적으로 이해하는 데 도움이 되도록 구성했다.

먼저 제1부 '군사사상 기초이론' 부분에서는 맨 먼저 제1장에 '군사사상을 접할 때 느끼는 몇몇 문제들'에 대한 해답을 제시하였다. 이 부분은 본격적인 군사사상 이론에 들어가기 이전 배경지식을 쌓도록 하기 위함이다. 사상·철학·생각 등은 어떻게 다른지? 사상과 군사사상은 어떤 부분이 다른가? 군사사상은 전쟁만을 다루는 것인가? 아니면 다른 것도 다루는가? 전쟁사상·전략사상·군사사상은 같은 것인가 다른 것인가? 군사사상은 왜 연구해야 하나? 등과 같이 군사사상을 접할 때 쉽게 구분이 잘 안 되는 것들을 일목요연하게 분야별로 나누어 정리하였다. 따라서 이런 부분에 대한 명확한 개념을 이미 가진 사람은 제1부 중에서 제1장은 건너뛰어도 무방하다.

그리고 제2장에서 군사사상의 정의, 특성, 역할 등과 같은 기본 개념을 정립한 다음 제3장에서 군사사상의 범주를 6가지로 나누어 설명하였다. 먼저 군사사상의 정의를 제시하면서 지금까지 제시되었던 군사사상 정의는 어떤 문제점이 있기에 이를 어떻게 보완하였는지를 제시했다. 또한 군사사상의 특성을 일반적인 사상의 특성과 군사사상만이 갖는 특성을 구분하여 제시하였으며, 군사사상의 역할을 분야별로 나누어 상세히 설명하였다. 그리고 제3장은 군사사상의 범주를 다루고 있다. 현재까지 정립된 군사사상의 범주는 무엇이고 이것의 문제점은 무엇인지를 먼저 제시한 다음 기존에 있던 범주를 포함하여 새롭게 선정한 것을 포함하여 총 6가지 범주별로 기본적인 접근 방향을 제시하고 분야별 세부 내용을 설명한 다음 군사사상에서 각각의 범주가 갖는 함의를 제시하였다.

이어서 제2부는 '군사사상 정립 및 분석이론'으로 군사사상 분석방법론과 정립방법론을 다루는 것이다. 군사사상 분석방법과 정립방법에 대해 각각의 의미와 목적, 절차와 유의 사항 또는 영향요소를 제시하였다. 특히 이 책은 군사사상 정립방법론을 좀 더 구체적으로 다루고 있는데, 군사사상 이론은 군사사상을 분석하는 데 활용할 수도 있지만, 군사사상을 정립하는 데 활용할 가치가 더 크기 때문이다. 왜냐하면 군사사상은 국가안보와 연결되기 때문에 국가나 개인의 군사사상을 정립하여 실제 국가안보에 활용하는 것이 더 가치가 있기 때문이다. 그래서 다른 나라 또는 다른 사람의 군사사상을 분석하여 이를 참고한 다음 궁극적으로 해당 국가나 개인의 군사사상을 정립하거나 발전시키는 데 활용하는 것이다. 이 때문에 군사사상 분석이론보다 정립이론을 좀 더 구체적으로 다루었고, 군사사상 정립이론은 정립목적이나 방법과 절차 이외에 정립 시 영향요소를 추가로 상세히 제시하였다.

그리고 마지막 제3부 '손자의 군사사상 분석 예시'는 앞의 제1부와 제2부에서 제시한 이론을 토대로 군사사상 범주별로 손자의 군사사상을 분석한 예시(例示)이다. 이는 많은 사람에게 잘 알려진 『손자병법』을 중심으로 손자의 군사사상을 분석한 것으로, 이와 같은 분석방법 및 절차에 대한 예시를 통해 앞에서 언급한 각각의 군사사상 기초이론과 분석 및 정립방법론을 좀 더 실질적으로 이해할 수 있을 것이다.

이 책은 어떻게 활용하면 좋을까?

이 책은 군사사상에 대한 이론서이기 때문에 우선 정치가, 직업군인, 군사학도 및 학자들에게는 군사사상 이론을 토대로 국가안보의 출발점인 군사사상을 정립하거나 분석하는 데 일종의 개론서와 같은 역할을 할 수 있을 것이다. 아울러 국방정책과 군사전략을 구상하고 실행하는 데 일종의 방향타(Rudder)가 될 수 있다. 특히 직업군인 및 군사학도들은 이 책이 계기가 되어 군사사상을 토대로 국방정책과 군사전략을 구상하고 실행하면서 단편적인 생각과 판단으로 접근하지 말고 여기서 제시된 이론체계를 바탕으로 심오한 군사적 혜안(慧眼)을 키워 군사 분야에 대한 사상과 철학을 갖고 접근하는 계기가 되기를 기대한다.

또한 일반인들에게는 잘 아는 것 같으면서도 막상 말하려면 말문이 막히고 막연한 전쟁, 군사 및 군사사상을 이해하는 데 어느 정도 안내서가 될 것이다. 이에 부가하여 제3부에서 손자의 군사사상을 직접 분석한 것을 다루었기 때문에 이 부분을 읽으면 『손자병법』에 포함된 문구들이 어떤 의미로 쓰였는지 좀 더 체계적으로 이해할 수 있을 것이다.

군사사상 이론이라는 고뇌 속에서 컴퓨터 자판을 두드린 지 10여 년이 지난 지금에라도 그나마 이 책이 나올 수 있었다. 학문적으로 이끌어 주신 온창일 · 이종학 · 길병옥 · 최장옥 · 이필중 · 김정기 · 최북진 · 김재철 · 박창희 교수님과 부족한 글을 감수하면서 다듬어주신 국방대학교 교수부장 노영구 님께 감사드린다. 집필 과정에서 많은 아이디어를 준 SK그룹 김능구 님, 을지부대 김철민 님, 서울대학교 김규형 학생에게도 감사드린다. 무엇보다 부족한 글을 다듬어 세상에 펼쳐주신 황금알 출판사 김영탁 주간님과 디자인실 조경숙 실장님께 깊이 감사드린다.

제1부
군사사상 기초이론

제1장 군사사상을 접할 때 느끼는 몇몇 문제들

제1절 군사사상?

1. 선글라스 낀 쇼군(Show軍) vs 호두군(Walnut軍)

방탄소년단(BTS) 공연, 라스베이거스 쇼, 퀸(Queen) 콘서트 등과 같이 일상에서 공연이나 쇼라는 말을 자주 사용한다. 공연이나 쇼는 통상 춤, 노래, 곡예나 마술 및 퍼포먼스 등을 엮어 무대에 올리는 연예 오락으로 볼만한 구경거리나 예술성 또는 감동을 제공한다. 그래서 쇼나 공연 등을 보고 나면 현장에서 감성을 자극하는 즐거움과 예술적 공감이나 정서적 감동을 받아 스트레스를 해소하는 힐링(healing) 시간을 갖기도 한다. 그리고 때로는 삶이 풍부해지는 느낌을 받거나 생활의 활력소가 되기도 한다. 그래서 전 세계 많은 사람에게 이렇게 즐거움을 주며 화려하고 볼거리와 흥미 및 감동을 선사하는 쇼나 공연이 이 세상에서 더없이 좋은 최상의 것이 될 수도 있다.

그러나 쇼나 공연이 다른 분야를 보면 모두 좋은 면만 있는 것은 아니다. 이솝우화 중 쇼와 관련한 두 가지 이야기를 먼저 하고자 한다. 하나는 사자를 쫓는 겁 많은 사냥꾼 이야기이다. 숲속에서 한 사냥꾼이 멋진 옷을 입고 화려하게 장식한 폼 나는 총을 들고 사자의 발자국을 쫓아다니고 있었다. 사냥꾼은 때마침 나무꾼을 보자 "사자의 발자국 흔적 못 보았소? 아니면 사자의 잠자리라도 아시오?"라고 물었다. 그러자 나무꾼은 아주 멋지게 보이는 사냥꾼에게 "사자들이 사는 동굴을 알고 있으니 거기에 저와 함께 갑시다. 내가 직접 사자를 보여드리리다."라고 말했다. 이 말을 들은 사냥꾼은 반가워 팔짝 뛰며 기뻐하기는커녕 오히려 얼굴이 사색(死色)이 되어 저 멀리 도망을 치며 말했다. "내가 찾는 건 사자의 발자국이지, 사자를 잡을 생각은 전혀 없어요"라고 했다.

두 번째 이야기는 공작새와 까마귀라는 이야기이다. 숲에 사는 새들이 새로 왕을 뽑는 회의를 열었다. 많은 새들이 모여 토의를 했으나 누가 왕이 되는 것이 좋을지 제각기 의견이 분분했다. 그중에 왕이 되고 싶은 공작새는 다른 새들에게 왕은 자신처럼 아름답고 털과 우아한 자태를 잘 보여 줄 수 있는 새가 되어야 한다고 주장했다. 그러자 다른 새들도 공작새의 아름다운 깃털을 칭찬하면서 공작새를 왕으로 뽑아야 한다는 의견에 너도나도 찬성했다. 그때 까마귀 한 마리가 큰 소리로 많은 새의 의견을 정면으로 반박했다. "공작새가 우리 중 제일 아름답고 그 자태를 다른 동물들에게 뽐낼 수 있는 것은 사실이다. 그런데 우리를 잡아먹는 독수리가 나타나면 공작새가 아름다운 자태를 뽐내서 독수리를 물리칠 수 있을까?"라고 말하였다. 이에 공작새는 아무 말도 하지 못했고, 다른 새들도 까마귀의 말이 전적으로 옳다고 말하였다.

이 두 우화 중 먼저 겁쟁이 사냥꾼 이야기는 말과 행동이 모두 용감해야 하는 것을 강조하는 것이다. 공작새 이야기는 지도자는 외형만 보고 뽑을 수 없다는 교훈을 주는 내용이다. 이 이야기 속으로 좀 더 들어가 보면 사냥꾼은 멋진 옷에 폼 나는 총을 들고 사자의 발자국을 예리하게 살피는 것을 보면 누가 봐도 사자 사냥을 잘할 것 같이 보이도록 쇼를 하는 데는 대성공을 했다. 그런데 사냥꾼으로서 실제 결과는 정반대 라는 것을 주목할 필요가 있다. 또한 공작새도 아름다운 털과 우아한 자태를 갖고 있어 이를 뽐내는 데는 최고의 강점을 가졌다. 그런데 아름다운 자태를 뽐내는 쇼만으로는 독수리를 막을 수 없다는 점을 일깨우고 있다.

(그림 1) 호두의 과육과 껍질

외형적으로 잘 보이는 것과 강함 또는 내면의 충실함은 반드시 일치하지는 않는다. 그와는 반대로 외형적으로 드러냄이 적을지라도 강하거나 충실한 것이 있다. 예를 들면 호두가 그렇다. 호두는 과육을 포함하여 3개의 껍질로 싸여있다. 가장 바깥에 첫 번째 껍질에 해당하는 녹색 과육이 한번 덮고 있고, 그 속에 무척 단단한 두 번째 껍질이 있다. 이는 호두 씨앗이 싹을 틔울 때 사용할 영양소이기 때문에 이 영양소가 변질하거나 썩지 않게 하려고 단단한 겉껍질로 포장하고 있기 때문이다. 게다가 그 안에서 얇은 속껍질로 세 번째 싸여있다. 이래서 호두는 먼저 과육 부분을 벗겨내도 딱딱함이 있어 곧바로 먹을 수도 없다. 딱딱한 껍데기를 깨야 오밀조밀한 주름 구조에 억지로 욱여넣은 것처럼 틈새 하나 없이 내용물이 꽉 찬 호두를 먹을 수 있다. 그런데 속이 완전히 차지 않고 말라버린 호두는 흔들면 약간의 소리가 난다. 그러나 속이 꽉 찬 견실(堅實)한 호두는 아무리 흔들어도 전혀 소리가 안 난다. 호두는 다른 과일처럼 과육을 알록달록한 색깔로 물들이는 쇼를 통해 겉을 화려하게 내보임이 전혀 없이 단지 잎사귀와 같은 약간 누르스름한 녹색이지만 속에 든 알맹이는 틈새하나 없이 견실한 것이 호두이다.

많은 사람은 군대의 규모가 크고 첨단무기로 무장한 '미군'이나 상대적으로 규모는 작지만 마치 지옥에서도 살아올 것 같은 '프랑스 외인부대(Légion étrangère)'를 두고 강한 부대라고 말하곤 한다. 이들을 강한 부대라고 생각하는 것은 이들이 멋진 비디오 영상과 현란한 레이저 쇼로 꾸며진 무대에 화려하고 번적번적하는 군복을 입고 등장하거나 무술 쇼나 곡예비행을 잘해서 강하다고 인식하지는 않는다. 이들 국가가 강하다고 인식하는 것은 이들이 장기적인 안목을 갖고 꾸준히 군사력을 양성하고 강하게 훈련했기 때문이다. 이렇게 이들 국가가 장기적인 안목을 갖고 군사력을 양성하고 강하게 훈련하는 국방정책과 전략을 꾸준히 추진할 수 있었던 것은 바로 군사사상이라는 기본 토대가 탄탄하게 다져졌기 때문이다. 반면에 군사사상이 굳건히 뿌리내리지 못한 국가는 100년을 내다보고 부국강병을 위한 군대를 '만드는 것'이 아닌 현 정권을 유지하기 위해 군대를 '활용하는 데' 주력하게 된다.

이처럼 '사상(思想)'이 없는 쇼는 '사상(沙上)'에 지은 누각(樓閣)보다 더 존재가 없는 '환상(幻想)' 속에 지은 누각이 된다. 그나마 사상누각(沙上樓閣)은 많은 비가 오던지 바람이 불면 어떤 힘의 작용으로 붕괴하면 일부 잔재는 바닥에 남는다. 그러나 알맹이가 없이 쇼를 통해 보여 준 군대는 퍼포먼스가 끝나자마자 '사상(死相)'과 같이 '여몽환포영 여로역여전(如夢幻泡影 如露亦如電)'[1]이 된다. 즉 쇼만 보여 준 군대는 '꿈과 같고 환상과 같고 물거품과 같으며 그림자와 같고 이슬과 같으며 또한 번개와 같이 일순간에 없어지는 것'이 될 뿐이다. 그렇다면 한 국가의 운명을 좌우하는 군사력의 화려함 뒤에 남은 것이 고작 물거품과 같을 경우,

---

1) 이는 금강경에 나오는 구절로 위에서 인용한 의미와는 다소 차이가 있다. 본래 의미는 진정한 깨달음을 얻기 위해서는 상(相)에 집착하지 않고 이를 버려야[벗어나야] 한다는 것을 강조한 것으로 우리가 보고 느끼는 현상계(現象界)는 부질없는 것이기 때문에 꿈, 허깨비, 물거품 등과 같이 생각하라고 비유하여 강조하는 내용이다.

그 나라 국민이 쉽게 수긍할 수 있겠는가? 그러므로 화려한 쇼 뒤에 그림자 같은 것을 남기기보다는 화려함이 없을지라도 군사사상을 정립하고 그를 토대로 속이 충실한 호두와 같은 군사력을 꾸준하게 키워가는 것이 무엇보다 중요하다.

2. '사상' '생각(사고)' '철학'의 구분

가. 사상의 의미와 가치

사상이란 경험에 기초한 현상에 대한 사유(思惟)와 분석이란 사고 과정을 통해 도출한 '사고의 내용'이다. 그런데 우리는 사상(思想)이란 말과 사상범(思想犯), 사상가(思想家) 등을 사용하기도 한다. 먼저 우리나라에서 공산주의와 민주주의의 대치(對峙) 경험에 의해 '사상'이란 단어가 기성세대에게는 어색하지는 않다. '이데올로기(ideology)'와 연계하여 '민주주의 사상' 또는 '공산주의 사상범' 등과 같은 단어와 함께 붙여 사용하는 사상이란 단어가 익숙해져 있기 때문이다. 그런데 '이데올로기(ideology)'와 연계한 사상의 개념은 순수한 의미의 '사상' 그 자체를 말하는 것이 아니라 이념(理念)을 일컫는 말이었다. 그리고 사상범은 현존 사회 체제에 반대하는 사상을 가지고 변화나 개혁을 꾀하는 행위로 말미암은 범죄 또는 그런 죄를 지은 사람을 의미했다. 반면에 과거 일제강점기에 흔히 불리던 '사상가'란 대개 '민족 운동가' 또는 진취적인 지식인을 말하기도 했다. 이 경우 사상이란 특수한 뜻으로 사용되어, 일종의 민족주의 사상과 같은 뜻으로 해석된다. 따라서 사상범, 사상가 등과 같은 단어와 함께 사용되는 사상이란 단어는 '이념'이나 '특정사상'을 대신

해서 쓰는 것으로 이 책에서 풀어나가고자 하는 사상의 의미와 다소 차이가 있음을 먼저 이해할 필요가 있다.

이 책에서 다루고자 하는 사상의 의미는 특정 이념이나 특정 사상을 의미하기보다는 생각하는 작용으로서의 '사고'(思考)에 대해 생각된 내용'을 의미한다. 그러나 사고한다고 하여 그때그때 아무 의미나 목적 없이 하는 사고 내용이 아니라 어떤 정리된 통일적 사고의 내용을 뜻한다. 따라서 판단 이전의 단순한 직관의 입장에 그치지 않고 이렇게 직관한 것에 판단, 논리적 반성, 추리 등과 같은 사유작용(思惟作用)을 곁들여 이룩된 생각의 결과, 즉 사고 내용을 가리킨다.

한편 일반적으로 사상은 행위를 통해 목적을 관철하는 방향으로 나간다. 그래서 사람의 행동양식을 지배하는 통일된 체계의 최고 목적의식으로 보는 경우도 있다. 그렇다고 반드시 사상이 행위를 수반하거나 행위와 일치하는 것은 아니다. 예를 들어 조선시대 어떤 사람이 성리학 중심의 관념에서 벗어나 실생활의 실용적인 이익을 목표로 하는 '실학사상'의 입장에서 글이나 말로 늘 주장을 했다 하고 가정해 보자. 그런데 실제 자기 가정 내에서는 가족들에게 '성리학' 중심의 법도와 방법을 충실히 따르도록 강요할 수도 있다.

그렇다면 사상은 어떤 가치가 있는가? 먼저 헤겔(Georg Wilhelm Friedrich Hegel)의 '시대정신(Zeitgeist, spirit of the time)'이란 표현을 살펴볼 필요가 있다. 헤겔의 시대정신은 한 시대에 지배적인 지적 · 정치적 · 사회적 동향을 나타내는 정신적 경향이다. 즉, 각 시대를 사는 사람들의 생각들이 뭉쳐 시대정신을 만들고, 이것이 역사를 발전시켜온 것이라고 보았다.[2] 사람은 상황이나 자신의 견해를 기준으로 옳고 그름

---

2) 헤겔, 『역사철학강의』, 권기철 옮김(서울: 동서문화사, 2020), pp.35~41.

을 판단하게 되므로 사상은 시대에 따라 또는 당사자가 처한 상황에 따라 상대성을 갖게 된다. 그러나 사상은 이런 상대성에도 불구하고 하나의 사리(事理) 또는 대상을 여러 면에서 고찰함으로써 그것을 넓고 깊게 이해하도록 해 주는 역할을 한다. 그래서 개인이나 사회가 주관을 갖고 독창적으로 제시한 생각이 타인에게 수용될 때 객관적 가치를 갖게 된다. 이럴 때 사상은 방향을 제시하거나, 나뿐만 아니라 타인을 교육하고 또는 지식을 확대하는 데 활용될 뿐만 아니라 헤겔이 말하는 시대정신처럼 시대를 이끌어가는 역할을 한다.

나. 생각(사고)이란?

1) 생각과 관련한 몇몇 단어들

생각은 좁은 의미로 '판단'과 그것의 요소인 '개념' 그리고 판단이 일정한 규칙에 따라 결합된 '추론'으로 이해된다. 따라서 생각이란 개념을 토대로 판단과 추론을 하는 것이다. 먼저 '판단'이란 어떤 현상에 관한 개념을 조합하거나 분리하는 것이다. 즉 관계가 긍정되거나 부정되는 개념을 결합하고 비교하거나[3] 반대로 어떤 개념에다 다른 어떤 개념을 분리하는 의식 활동을 말한다.[4] 어떠한 판단을 하기 위해서는 대체로 논리적일 필요가 있는데 지성활동과 관련해서 생각은 주로 논리를 필요로 하지만 신념, 신앙, 희망 등과 연계된 생각은 반드시 논리적인 것만을 요구하는 것은 아니다.[5] 하지만 사상은 사고작용의 내용이기 때문에

---

3) F. F. Gaivoronsky and M. I. Galkin, *The Culture of Military Thought*(Moscow: Voennoye Izdatelstvo, 1991), pp. 129~132.
4) 백종현, 『철학의 주요 개념1 · 2』(서울: 서울대학교 철학사상연구소, 2004), p.42
5) 위의 책, pp.42~44.

지성활동에 가까우므로 망상이나 허무맹랑한 상상의 덩어리가 아니라 논리적 또는 일정한 규칙적인 내용이 있어야 한다.

그리고 '추론'이란 하나의 판단 혹은 몇 개의 판단을 전제로 새로운 판단을 끌어내는 사고의 방식을 추론(推論) 또는 추리(推理)라 한다.[6] 즉 이미 알고 있는 또는 확인된 정보로부터 논리적 결론을 도출하는 행위 또는 과정이다. 그리고 이런 추론의 방법으로 일반적인 것으로부터 특수한 것으로 종결짓는 연역법과 그 반대로 특수한 것에서 일반적인 것으로 추론하는 귀납법 등이 있다. 판단과 추론이 말로 표현되면 하나의 문장 혹은 몇 개의 서술 문장으로 나타난다.

또한 '개념'이란 '여러 관념(觀念) 속에서 공통 요소를 추상하여 종합한 하나의 관념' 또는 '여러 대상에 공통적인 징표(徵表)를 매개로 해서 여러 대상을 함께 나타내는 표상'이라 볼 수 있다. 사고의 기본 단위인 '판단'을 쪼개 보면, 그것이 몇 개의 의미소(意味素)인 기초의미단위(基礎意味單位)로 이루어져 있는데 그 기초의미단위를 개념(槪念)이라 부른다. 즉 판단을 형성하는 기초적인 사고의 방식은 개념이라고 할 수 있다.[7] 사람들의 생각을 언표(言表)하는 기본적인 형식은 문장이고, 문장은 낱말[단어]들로 구성된다. 그런데 낱말은 근본적으로는 개념(槪念)을 언표한다. 개념들이 연이어져 한 덩어리의 생각이 이루어지는 만큼, 개념은 의미 있는 생각의 최소 단위이다. 그러므로 개념은 생각을 담고 있는 말과 글의 최소 의미요소[意味素]라고도 할 수 있다.[8] 그런데 하나의 개념이 생기기 위해서는 먼저 '여러 관념'이나 '여러 대상'이 주어져 있어야 한다. 그리고 개념을 만들기 위한 소재는 보통 상상이나 경험을 통해 얻

---

6) 위의 책, pp.53~57.

7) 위의 책

8) 위의 책, pp.56~57.

는다. 가령 '진리' '철학' '인어' '용'과 같은 개념은 그 소재를 상상해 얻은 것이고, '사과' '배' '개구리'와 같은 개념은 감각 경험을 통해 그 소재를 얻은 것이다.[9]

2) 생각(사고)의 발생과정

일반적으로 사람이 생각한다는 것은 개인적이면서 내면적인 것에서 출발하지만 거기에서 머무르면 '나만의 생각'으로 존재하여 나 이외 어느 누구도 내가 한 생각을 알 수가 없다. 반면에 사람이 사회생활을 하는 특성으로 인해 개인의 내면에 있던 생각을 밖으로 끌어내어 다른 사람에게 전달하거나 주장할 때 나의 내면에 있던 '나만의 생각'이란 것의 실체가 현실화하여 '누구의 생각'이 된다. 따라서 우리가 접하는 대부분의 어떤 개인의 생각은 개인적이면서. 내면적인 단계에서 그친 것이 아니라 이것이 밖으로 드러나 공개적이고 공동(共同)적인 것으로 변화된 것들이다. 이를 좀 더 구체적으로 살펴보면, 어떤 A라는 개인이 제기한 공개적이거나 공동적인 생각을 또 다른 B라는 개인이나 사회는 이를 받아들이는 과정인 배움을 통해 그것을 100% 수용할 수 있다. 또는 100%가 아닌 일부를 수용하고 일부는 새로 생각하는 또 다른 생각을 하게 된다. 즉, 내 생각을 타인에게 전달하고, 타인은 내 생각을 접하게 되는 상호과정을 반복하면서 비물질적인 생각[나만의 생각]이란 것이 마치 물체인 것처럼 실체가 드러나게 된다.

이제 다시 처음으로 되돌아가 사람의 머릿속에서 발생하는 '나만의 생각'이 발생하는 과정을 살펴보고자 한다. 생각의 과정이란 생각이나 연상을 서로 연결하는 방법을 말한다. 생각[사고]에는 '사고작용' '사고

---

9) 위의 책, pp.61~62.

내용' 및 '생각을 하는 자'가 있다. 따라서 생각하는 사람이 개념을 갖고 판단하는 것을 포함하여 의문, 감탄, 희망, 명령 등을 통해 이것들을 그의 사고형식에 맞춰 조합하여 만들어 낸 것이 사고의 내용이다.

그런데 일반적이지 않은 사고의 과정에서 정신병리 현상이 발생할 수 있다. 이럴 경우 연상해 나가는 것이 느슨하거나 지리멸렬하거나 목적에 맞게 생각이 진행되지 않을 수 있다. 또한 생각이 다른 방향으로 새어 나가거나 혹은 진행이 매우 느리거나 중간에 끊겨버리거나 심하면 자기만 아는 새로운 용어를 사용하는 등의 현상들이 나타낼 수 있다. 그리고 사고의 내용에 문제가 발생하면 '망상'과 같은 현실에 맞지 않는 잘못된 내용이 발생한다.[10]

따라서 생각은 객관적 요소와 주관적 요소의 상호 작용으로 인해 발생하며 생각이나 연상을 목적에 맞게 진행해야 한다. 주변의 현실이 사고의 객관적 요소이고 지식과 사고하는 사람의 태도가 주관적 요소이다. 그리고 객관적이고 주관적인 요소의 상호 작용을 실현하기 위해서는 논리적 수단으로서 분석, 종합, 일반화 및 기타 사고 과정이 필요하다.[11]

따라서 이를 군사 분야와 연계시키면 국방예산, 과학기술 수준, 새로운 무기의 도입 등은 객관적인 요소이며, 지식, 경험, 창의성, 우호적 세력에 유리한 조작은 사고의 주관적인 요인이 된다.[12] 이 중에서 예를 들어 군사기술의 발달은 전쟁 초기 상황, 교전(交戰), 전자전 등에 영향을 미치고 이로 인해 새로운 군사적 방법은 군사과학 발전의 객관적인 패턴과 모순되지 않고 이러한 패턴과 일치하도록 변화를 하게 된다. 또

---

10) 곽순호, "사고의 과정과 내용을 평가하기" 경북일보(2018. 8. 31) 19면.
11) F. F. Gaivoronsky and M. I. Galkin, *op. cit.*, pp.9., 13~14.
12) *ibid*, pp.9., 12~13., 43.

한 사고의 주관적 요인은 지식, 경험 및 창의성과 밀접한 관련이 있다. 창의적 사고에는 현실에 대한 어느 정도의 지식, 유사한 문제를 해결하는 개인적인 경험, 진실에 도달하려는 욕구, 직관[갑작스러운 또는 개념적 통찰력, 예감, 특별한 직감, 계시, 깨달음 등]이 필요하다. 그리고 그것은 새로운 아이디어에 대한 수용력, 보수주의 관성을 극복하는 능력, 독립적인 판단, 비판적 성격과 대담함, 목표 추구에 대한 끈기를 요구한다.[13] 특히 직관의 경우 의식에 의해 등록된 것보다 더 많은 양의 정보를 수신하고 재처리하는 뇌의 능력으로 대상과 과정을 즉각적으로 인식하고 미래에 대한 직감으로 갑작스런 유추, 연상, 환상으로 표현하는 것을 말한다.[14] 이런 직감(예감)은 전투에서 사령관의 의사결정 때 중요한 요소로 작용하기도 한다.

3) 사고(생각)의 기본원리 및 법칙성

사고는 기본적으로는 개념에다 개념을 덧붙이거나 개념과 개념을 떼어내는 의식 활동이다. 예를 들자면, '사람은 동물이다'라는 사고는 '사람'이라는 개념에 '동물'이라는 개념을 덧붙이는 활동이다. 이런 사고의 기본 방식은 개념을 성분으로 하는 판단을 통해 의문, 감탄, 희망, 명령 등을 통해서 이루어진다.[15] 얼핏 감탄은 판단 없이 느끼는 것을 표현하는 것이라고 여길 수도 있다. 하지만 "꽃이 아름답구나!"라는 감탄도 엄밀하게 따지면 생각을 하는 사람 스스로 감탄을 하기 이전에 '아름다움'이란 '판단'을 선행하게 된다.[16]

---

13) *ibid*, pp.13~14., 43~45.
14) *ibid*, p.49.
15) 백종현, 앞의 책, pp.53~57.
16) 위의 책, pp.45~49.

또한 올바른 사고를 하기 위해서는 그 단위 요소를 알맞게 형성하고, 그 단위 요소의 결합과 분리가 확실한 근거 위에서 정합(整合)하게 앞뒤가 서로 맞게 수행되는 4가지 법칙을 따른다.[17]

첫째는 동일률(Law of Identity)이다. 「명제 A는 A이다(A=A)」라고 하는 원칙이다.「모든 사물(명제)은 그 자신과 동일하며, 다른 사물(명제)과는 다르다」라는 것을 의미한다. 이에 따라, 모든 사물(명제)은 그 자신이 특유의 본질(성질 · 특징)을 갖추고 있다는 것이 된다. 그래서 같은 '본질'을 가진 사물은 같은 것이며, 다른 '본질'을 가진 사물은 다른 것이 된다. 만약 객체가 변경되거나, 새로운 품질로 이동하거나, 새로운 속성이 발견되면 객체는 동일한 것이 아니므로 재정의할 필요가 있게 된다.[18]

둘째는 모순율(Law of Contradiction) 또는 비모순율(Law of noncontradiction)이다. 아리스토텔레스에 따르면 「어느 사물에 대하여 같은 관점에서 동시에, 그것을 긍정하면서 부정하는 것은 불가능하다」라는 것을 말한다. 그러므로 이 법칙은 사물이나 현상의 속성이 동시에 그것과 관련되거나 아니면 관련되지 않는 것을 보장한다.[19] 예를 들어 '갑은 갑인 동시에 갑이 아닐 수 없다'와 같이, 모든 사물은 그 자체와 같은 동시에 그 반대의 것과는 같을 수 없다는 원리로, 모순율은 동일률의 이면을 이른다.

셋째는 배중률(Law of the Excluded Middle)이다. 명제는 모두 참인가 거짓인가의 어느 하나로 정해지고 있다. 어떤 명제 P에 대한 P이거나 P가 아님이 성립한다고 주장하는 법칙이다. a는 b도 아니고, 또 b가 아

---

17) F. F. Gaivoronsky and M. I. Galkin, op. cit., pp.124~128.
18) *ibid*, p.124.
19) *ibid*, pp.125~126.

닌 것도 아니라는 것은 없다. 즉 a는 b가 아니거나 b이어야 한다. 따라서 이 법칙은 동시에 고려되는 동일한 대상에 관한 생각에서 모순을 배제하는 것을 목표로 한다.[20)

넷째는 충분근거율 또는 충분이유율(Principle of sufficient reason)이다. 이 법칙은 모든 올바른 그리고 객관적으로 사실인 아이디어는 충분한 근거에 따라 추론되어야 한다고 명시한다.[21) 그러므로 현상에 대한 모든 주장을 입증할 것을 요구한다. 여기서 근거 있는 생각이란 그 생각을 보증해 주는 충분한 이유가 있는 생각이라고 말할 수 있다. 따라서 우리는 무엇이든 충분한 근거 없이는 있을 수 없고, 생각 또한 충분한 근거 위에서만 제대로 성립할 수 있다는 원칙이다.[22)

다. 철학(philosophy)이란?

철학이란 정의는 현재까지 존재했던 철학자 수만큼 다양하며 심지어 철학의 학문적 가능성과 그 본질 내용에 대해서는 아직 충분하게 정립되지 않다고 말하기도 한다.[23) 따라서 철학이란 정의를 일목요연하게 설명하기보다는 몇 가지로 나누어 살펴보는 것으로 대신하고자 한다. '철학'이라는 말은 서양 문화사의 초기 고대 그리스에서 처음 등장한 '필로소피아(philosophia)'의 번역어이다. '필로소피아'는 사랑, 선호를 의미하는 필로스(philos)와 지혜 또는 지식이라는 말을 의미하는 소피아(sophia)의 결합어이다. 통상 추상명사는 동사에서 파생되는데, 철학이

---

20) *ibid*, p.126.
21) *ibid*, pp.124~128.
22) 백종현, 앞의 책, p.48.
23) 중앙대학교, 『철학개론』(서울 : 중앙대학교출판부, 1993), pp.17~18.

란 명사도 그렇다. 지혜를 사랑하는 자, 철학자, 철인(哲人)을 의미하는 '필로소포스(philosophos)'가 하는 활동 즉, 지혜를 사랑하는 행위를 '필로소페인(philosophein)'이란 동사로 표현했다. 그리고 이들과 연계하여 필로소피아(철학)란 명사가 탄생했다. 필로소포스의 의미는 소크라테스의 말에 잘 나타나 있다.

소크라테스는 "파이드로스(Phaedrus)여, 누군가를 지혜 있다고 일컫는 것은, 내가 보기엔 너무 높이 올라간 것 같고 그런 말은 신에게나 적용하면 적절한 것 같네. 그러나 지혜를 사랑하는 자[philosophos] 혹은 그 비슷한 말로 일컫는다면, 그 자신도 차라리 동의할 것이고, 더욱더 합당할 것 같네."[24] 라고 말한 바와 같이 인간은 신처럼 완벽한 지혜나 지식을 가진 것이 아니기 때문에 단지 지혜를 사랑하고 추구하는 존재라는 것이라고 봤다. 그리고 그런 사람을 철인(哲人)이라고 불렀고 그가 하는 학문이 바로 철학이라고 볼 수 있다. 이처럼 철학이라는 용어는 초창기에 '지혜에 대한 사랑 또는 추구'로부터 시작했다. 그러다 소크라테스 이후에는 자기비판을 통한 참다운 앎의 추구와 그 앎에 따른 실천적 행위 즉 '실천적인 지식'으로 이해되었다.

오늘날 철학에 대한 사전적 의미로는 ①인간과 세계에 대한 궁극의 근본 원리를 추구하는 학문 ②자기 자신의 경험 등에서 얻은 기본적인 생각이라고 되어있다. 이를 좀 더 구체적으로 살펴보면 다음과 같다.

철학은 세계와 인간에 대한 가장 근본적 문제인 인간의 본질, 세계관들을 이성적으로 탐구하는 학문이다. 즉 인간들이 가지고 있는 여러 가지 문제를 그 근원과 바탕에서 살펴봄으로써 그 문제들이 어떠한 줄기

---

24) Platon, *Phaidros*, 278d

에 속하여 있는가를 찾는 것이다.[25] 이를 위해서 인간 지식의 가능성과 한계를 고찰하며, 인류 사회의 윤리 규범과 가치의 근거를 모색한다. 그리고 존재의 근원적인 규명을 시도하는 등 다양한 문제와 해결책을 고찰한다. 철학은 또한 각 분과학문에서 전제하고 있는 기본 개념과 원리들을 비판적으로 검토함으로써 개별 학문들의 토대에 대한 근본적 반성을 추구한다. 그래서 철학이 모든 학문의 토대를 이루는 '근본학(根本學)'으로 불리게 된다. 더 나아가 철학은 각 분과학문이 서로 어떤 관계를 맺고 있으며 이러한 관계를 통해 드러나는 세계 전체의 모습이 어떤 것인가에 대한 총체적 이해를 추구한다.[26]

그리고 우리가 철학을 하는 동기를 보면 플라톤과 아리스토텔레스는 '사람들이 무엇인가에 놀라는 것'이라고 생각했다. 그 외에 무엇일까라는 '궁금증이나 의심', 또는 언젠가 맞게 될 죽음을 고려 시 '죽음을 의식하며 사는 것 즉 삶의 의미를 묻는 것' 등을 들었다.[27] 또한 이러한 철학적 방법에는 질문, 비판적 토론, 이성적 주장, 그리고 체계적 진술을 포함한다. 그리고 철학에는 여러 분과가 있는데 그중에서 순수철학과 응용철학으로 나눌 수 있다. 순수철학의 주요 분과는 논리학, 인식론, 형이상학, 윤리학, 미학 등이 있다. 또한 응용철학은 여러 분과가 있으며 대표적인 것으로는 종교철학, 역사철학, 과학철학, 언어철학, 정치철학, 응용윤리학 등이 있다.[28]

---

25) 조우현, 배종호, 김형석, 『철학개론』(서울 : 연세대학교출판부, 1995), pp.321~322.
26) 서울대학교 철학과, "철학이란 무엇인가?"(http://philosophy.snu.ac.kr/board/html/menu1/sub01_2.html, 검색일 : 2021. 3. 3.)
27) 페터 쿤츠만, 프란츠 페터 부르카르트, 프란츠 비트만, 악셀 바이스, 『철학도해사전』, 여상훈 옮김(파주 : 들녘, 2016), pp.17.~19.
28) 로저 스크루턴, 『현대철학 강의』, 주대중 옮김(서울 : 바다출판사, 2017), pp.29~30.

3. 지금까지 일반화된 군사사상의 정의 및 관련 분야는?

군사사상의 정의에 대해서는 다음의 제2장 1절에서 구체적으로 다루기 때문에 여기서는 현재까지 일반적으로 알려진 군사사상의 개념과 군사사상에서 다루고 있는 분야를 살펴보고 이런 정의와 다루는 분야가 과연 어떤 문제가 있는지 위주로 언급하고자 한다.

현재 대부분의 한국 서적이나 논문은 군사사상과 관련한 이론적 배경으로 1992년 육군본부에서 발행한 『한국 군사사상』을 토대로 하고 있다. 이에 따르면 군사사상이란 전쟁에 대한 인식을 바탕으로 전쟁을 준비하고[養兵] 전쟁 발발 시 승리로 이끌 수 있도록 군사력을 운용[用兵]하는 개념적 사고체계[29]라고 말하고 있다. 즉 군사사상은 '군사 + 사상'으로 전쟁에 대한 인식, 양병 및 용병 분야를 다루는 것으로 보고 있다. 이와 같은 기본적인 접근 외에 개인별로 일부 상이한 부분은 아래 (표 1)에서 보는 바와 같다.

(표 1) 군사사상에 대한 정의(육군본부 외 주장자 가나다順)

구 분	정 의	주요 관심 대상
공군 대학[30]	• 군사사상이라는 용어는 '군사'(Military Affairs)와 '사상'(Thought)이 결합된 용어임 • 광의적인 의미의 군사는 군대, 군비[31] 및 전쟁에 관한 일을 의미하고, 협의적인 의미의 군사는 군사력건설과 용병에 관한 일을 의미함	• 군대 • 군비 • 전쟁 • 군사전략

---

29) 육군본부, 『한국 군사사상』(서울: 육군본부, 1991), p.24.

30) 공군대학, 『군사전략사상사』(대전: 공군교재창, 2007), p.1.

31) 군비(軍備, armament)란 국가의 국권을 지키기 위한 군사설비, 즉 군대의 병력 · 무기 · 장비 · 시설 등을 총칭하는 것을 의미한다(합동참모본부, 『연합 · 합동작전 군사

공군 대학	• 광의적인 의미의 군사사상은 군대, 군비 및 전쟁에 관한 사고방식(생각)이나 견해를 의미하고, 협의적인 의미의 군사사상은 군사력건설사상과 용병사상을 의미하는데, 군사력건설사상은 군대의 건설, 정비, 유지에 관한 사고방식(생각)이나 견해이고, 용병사상은 그 군대의 운용에 관한 사고방식(생각)이나 견해를 의미한다고 볼 수 있음 • 군사사상에는 군사력건설사상과 용병사상이라는 두 가지 측면의 요소가 있다. 군사력건설사상은 군대의 건설, 정비, 유지에 관한 사고방식이고, 용병사상은 그 군대의 운용에 관한 사고방식이다. 이 군사사상은 국가마다 시대에 따라 형성되는 것이므로 특정ㆍ고유한 것일 수밖에 없음 • 전략이라는 용어도 과거에는 용병에 관한 것을 의미하였지만, 현재에는 양병과 용병에 관한 것을 의미한다. 따라서 전략사상이란 군사력을 건설하고 운용하는 것에 관한 사고방식(생각)이나 견해를 의미 • 이렇게 볼 때 광의적인 의미의 군사사상이라는 용어는 전략사상까지를 포함하는 광의적인 의미로 사용되고 있음을 알 수 있고, 협의적인 의미의 군사사상은 전략사상이라는 용어와 동의어로 사용되고 있음	• 군대 • 군비 • 전쟁 • 군사전략
군사학 연구회[32]	• 전쟁을 이해하고 전쟁수행의 원리와 방식, 중요한 개념, 그리고 때로는 전쟁을 승리로 결정지을 수 있는 방법을 고민하고 체계적으로 엮어놓은 사상 • 군사사상을 고찰함으로써 전쟁이 가지고 있는 논리와 문법을 이해할 수 있고, 전쟁의 구조와 다양한 변용들을 추적할 수 있음 • 군사사상은 진화해 가는데, 고전적인 군사사상도 새로운 물질문명과 인류의 생활방식, 물리적 환경 등에 의해 현대적 해석과 재평가 과정을 거치게 됨	• 전쟁 • 군사사상도 상황변화에 맞게 변화

용어사전』, 2010, p. 29.).
32) 군사학연구회, 『군사사상론』(서울: 플랫미디어, 2014), pp.4~5., p.541.

김희상[33]	• 군사사상의 개념을 목적 차원, 개념 차원, 실천 차원에서 구분해야 함
	– 목적차원: 전쟁인식, 군사력건설, 군사력운용
	  ※ 군사 분야에 대한 국가적 사고방식 및 관점으로 군사력의 역할 규정, 군사적 위기관리와 지도 포함
	– 개념차원: 전쟁철학, 전쟁준비, 전쟁수행 개념
	  ※ 전쟁철학–전쟁 본질에 대한 개념적 이해와 인식
	  ※ 전쟁준비–군사력의 성격 및 건설목표, 전력구조, 무기체계, 교육훈련의 철학적 바탕
	  ※ 전쟁수행 개념–전쟁의 전략적인 운용 개념과 작전술 차원 문제
	– 실천 차원: 개념 차원의 하위로 군사 분야의 업무수행을 통해 현실적으로 구체화하는 것
		• 군사이론
		• 군사 분야 역할수행
		• 관련 분야에 영향 인자로 작용

노영구[34]	• 특정 시기의 국내외적 안보환경과 국가의 총체적 환경, 역사적 경험, 과학기술 등을 고려하면서 한 나라의 군사적 실체나 군사조직의 행동, 혹은 군사이론이나 담론 등에 관한 사상체계	• 군사 문제 전반 • 군사이론, 담론
박창희[35]	• 군사+사상이 결합된 것으로 군사에 관한 사고를 통해 형성된 인식과 신념체계 – 군사: 국가의 정치적 목적을 달성하거나 정책을 수행하기 위해 무력을 준비하고 사용하는 영역으로 전쟁의 본질, 전쟁의 억제, 수행, 종결, 군사력운용과 건설을 포함 – 사상: 기초적 신념체계로 특정 현상에 대한 사유를 통해 일정한 틀과 형식을 갖춘 인식체계로 가치판단의 기준이나 실천적 기준을 제공 • 전쟁과 관련한 군사 문제 전반에 대한 논리적 사유와 결과로 축적된 실천적 규범으로서의 인식 및 신념체계로 전쟁관 전쟁 양상, 전쟁의 정치적 목적, 군사전략, 전쟁수행, 군사력건설, 군사제도, 군사동원, 민군관계, 동맹 관계 등을 포함	• 군사 문제 전반: 전쟁, 군사전략, 동원, 민군 관계 • 정치적 목적 • 정책 수행

33) 김희상, 『군사이론의 체계와 역할, 현대 전략사상의 발전과정』, 1983, pp.7~8.; 김희상, 『생동하는 육군을 위하여』(서울: 전광, 1993), pp.212~214.
34) 노영구, "한국 군사사상과 연구의 흐름과 근세 군사사상의 일례", 「군사학연구」 통권 제7호, 2009, pp.25~26.
35) 박창희, "한국의 군사사상 발전방향", 「14년 합동교리발전 세미나」, 2014, p.2.; 박

소산 홍건(小山弘健)[36]	• 그 시대를 대표하는 군사적 이데올로기 성격이 강하고 한 시대가 처하고 있는 군사 문제를 전반적이고 객관적으로 해결하기 위한 무형의 내면적 신념체계 • 전쟁에 관한 인식을 바탕으로 전투력의 건설과 운용에 관한 기본적인 정신 및 주장	• 군사 문제 전반 • 전쟁
아사노유고(淺野祐吾)[37]	• 군사란 전쟁을 전제로 하여 군대를 건설, 유지, 관리하고 필요에 따라 무력전을 수행하는 분야로서 이들 상호간에는 무엇인가 인과 관계가 성립되고 이 관계를 총합한 것이 군사사상이다. • 군사를 구성하는 분야 사이의 인과 관계를 종합한 것으로 군사제도, 병기, 용병이 중요한 구성요소이다.	• 군사제도 • 병기 • 전쟁
육군군사연구소[38]	• 한 나라의 군사적 실체나 군사조직의 행동, 혹은 군사이론/전략가 등 군사전문가에 의한 군사이론이나 담론 등에 관류(貫流)하는 무형적 가치체계 • 군사력건설에 대한 이성적 근거와 군사력운용에 대한 윤리적 정당성 및 군사력 사용 방법에 대한 통일된 판단체계를 가리키는 개념	• 전쟁
이종학[39]	• 전쟁준비(군사력건설)와 수행(군사력의 운용)의 기준이 되고 지표가 되는 사고체계	• 전쟁
장석홍[40]	• 중국의 군사사상 개념 - 중국의 유구한 역사문화의 배경하에서 철학사상, 병가의 이론, 즉 관중, 악의, 손자, 오자 등의 군사전문가의 군사이론과 사상, 그리고 리더십, 각종 전략전술 등을 포괄하는 의미로 사용	• 군사이론 • 리더십 • 전략전술

창희, 『한국의 군사사상』(서울: 플랫미디어, 2020), p.43.

36) 小山弘健, 『軍事思想 研究』(東京: 新泉社, 1970), pp.17~18.

37) 淺野祐吾, 『軍事思想史 入門』(東京: 原書房, 2010), p.9.

38) 육군군사연구소, 『한국군사사』⑫(서울: 경인문화사, 2012), pp.2~3.

39) 이종학, 『한국군사사연구』(대전: 충남대학교출판부, 2010), p.115.

40) 장석홍, "등소평의 군사사상과 전략 연구(현대적 조건하 인민전쟁론과 국부전쟁론을 중심으로)", 경기대학교 정치전문대학원 외교안보학 박사학위 논문, 2013, pp.6~11.

장석홍	− 현재 중국에서는 군사역사 및 전략학과 함께 군사학의 최고급 학문으로 발전시키고 있음 − 군사사상은 전략학에 사상적 기초와 이론적 방향을 제시하며, 동시에 부단히 전략학의 연구 성과를 흡수함 − 전략학은 전역학과 전술학을 지도하며, 전술학은 전략학의 사상과 원칙을 실천하는 것으로 봄 − 전략사상 또는 군사사상은 군사전략의 성질과 수단을 결정하고 그 발전을 촉진	• 군사이론 • 리더십 • 전략전술
줄리안 라이더[41]	• 군사 문제에 관한 연구와 그 속에서 귀납적으로 보편화된 원리를 탐구하는 과학적 노력인 군사이론을 그 주제로 하고 있는 것이 군사사상임	• 군사 문제 전반
진석용[42]	• 군대를 보유하는 이성적 근거와 군사력 사용의 윤리적 정당성 및 군사력의 사용방법에 대한 통일된 판단 체계 • 전쟁의 본질에 대한 철학적 · 규범적 판단이 포함될 수 있음 • 사상, 이론, 철학 중 '문화의존적' 성격이 가장 강하게 나타남	• 군대보유 • 군사력 사용 • 전쟁 • 문화의존적 성격

또한 2000년대 초반 케빈 커닝햄(Kevin Cunningham)과 로버트 R. 탐스(Robert R Tomes)는 미국을 포함한 서방 국가들이 가진 현대 군사 사상의 핵심은 '시간과 공간에서 상대적으로 우위를 점하여 전쟁에서 승리하는 것'이라고 말하였다. 즉 자동화, 정보, 감시, 지휘 및 통제 관련 기술을 향상시켜 의사 결정과 작전 준비 및 실시를 적보다 앞서서 가속화함으로써 시간과 공간을 지배하여 전쟁에서 승리하는 것이라고

---

41) Julian Lider, *Origin & Development of west German Military Thought*, Vol.1(London: Gower Publishing Company, 1985), pp.17~18.
42) 진석용, "군사사상의 학문적 고찰", 「군사학연구」 통권 제7호, 2009, p.5.

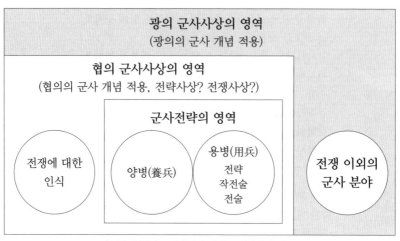

(그림 2) 협의 군사사상과 광의 군사사상의 영역

했다.[43]

한편 박창희는 이보다 다소 확장된 개념을 적용하여 전쟁의 정치적 목적, 군사전략, 군사제도, 군사동원, 민군 관계, 동맹 관계 등도 군사사상에 포함된다고 명시함으로써[44] 기존의 일반적인 접근보다는 상대적으로 광의 시각에서 접근하고 있다.

이상에서 보았듯이 일부 박창희와 같은 확장된 접근을 제외하고, 육군본부의 견해를 포함한 커닝햄 등 대다수 사람의 견해를 중심으로 보면 군사사상은 '전쟁인식' '양병' '용병' 또는 '전쟁의 승리' 등과 같이 전쟁을 중심으로 협의의 군사영역을 다루고 있다. 이는 곧 (그림 2)에서 보는 바와 같이 광의의 군사 개념이 아닌 협의의 군사 개념에 국한하는 것이고 이는 주로 전쟁을 주된 관심 대상으로 함을 알 수 있다. 이런

---

43) Kevin Cunningham, Robert R Tomes, "Space−Time Orientations and Contemporary Political−Military Thought", *Armed Forces & Society* Vol.31(1) (October 2004), pp.119~123.

44) 박창희(2020), 앞의 책, p.43.

맥락에서 보면 군사사상이 아닌 '전쟁사상'이란 용어를 사용하는 것이 더 적절할 것 같으나, 그런데 막상 전쟁사상이란 용어는 사용하지 않고 있다.

이처럼 군사사상에 대한 정의나 접근 관점에서 많이 차이가 나고 다른 개념과 혼선을 초래하고 있는 것은, 그만큼 군사사상에 대한 명확한 이론체계가 아직 튼튼하게 정립되지 않았음을 반증하는 것이다. 따라서 전쟁 분야뿐만 아니라 전쟁 이외 군사 분야와 전쟁억제[45]에 대한 내용 및 주체가 포함되어 있지 않아 이에 대한 보완이 필요함을 알 수 있다.

이런 맥락에서 군사사상을 정의하면서 오늘날 군사의 영역이나 역할 변화 등을 고려해 기존의 정의에 추가하여 전쟁 이외의 부분에 대해 다음과 같은 세 가지 측면에서 접근이 필요하다. 첫째, 평시 국가안보 지원이다. 이와 관련하여 주변국 국방정책과 군사 외교, 적대 국가 연구(북한 연구), 전쟁억제, 위기관리, 평시 국토방위, 국지도발 대응 등이 포함된다. 둘째, 평시 국가정책 지원 수단으로서의 군사력운용이다. 이는 재난 대응, 해외 파병, 공익 지원, 국가정책 지원 등이 포함된다. 셋째, 군사력 관리 및 운영이다. 이는 국방경제, 군사법, 군대윤리, 국방의무(國防醫務), 부대 관리, 민군 관계, 군사지리 · 기상, 군사력운용 지원 등이 포함된다.

---

45) 통상 영어 'deterrence'를 억지(抑止) 또는 억제(抑制)로 표현하기도 한다. 하지만 이 책에서는 『연합 · 합동작전 군사용어사전』에서 정의한 것을 참조하여 억제로 통일하는데, 그 의미는 상대 국가가 군사행동을 취해서 얻을 수 있는 예상되는 이득보다 손실과 위험이 더 크다는 것을 인지시키거나 예상하게 하여 군사력 사용을 자제하도록 하는 조치를 말한다.

4. 군사사상에서 전쟁 이외의 분야를 꼭 다루어야 하나?

매일 9·11테러가 발생하고, 매년 2차세계대전이 발생한다고 주장하면 이것을 믿을 수 있을까? 2001년 미국의 9·11테러로 사망한 사람은 약 3,000여 명이다. 또한 약 6년간 진행되었던 2차세계대전 전체 기간 동안 미군(美軍) 407,000명을 포함하여 미국인 전체 사망자 수가 413,000여 명이었다.[46] 하지만 미국에서 2020년 3월 1일 코로나 19(COVID-19) 최초 사망자 1명이 발생한 것을 시점으로 12월 4일엔 하루 동안 미국 내 사망자가 3,031명에 달해 하루에 3천 명 넘게 사망하기 시작했다. 그러다가 2021년 2월 4일엔 이보다 3배인 9,104명이 하루 동안 사망하는 등 최고점에 이르기도 했다. 결국 전쟁이 발생한 것도 아닌 평시 상황에서 코로나19에 의해 2020년 한 해 동안 미국인이 총 350,908명이 사망하였다. 여기에서 멈추지 않고 2021년 1월 21일까지 415,926명이 사망하여[47] 단 1년 사이에 2차세계대전 6년간 미국인이 사망한 수를 초과하였다. 따라서 '미국인 사망자 수'만으로 본다면 미국에서 심지어 매일 9·11테러가 발생하는 것이고, 1년에 한 번씩 2차세계대전이 발생하는 것과 같은 수의 미국인이 희생되었다.

이처럼 전쟁상태가 아닌데도 마치 전쟁과 같은 안보 위협과 국민 희생이 발생함에서 볼 수 있듯이 오늘날 국가안보 분야에서 전쟁뿐만 아니라 전쟁 이외의 분야에 대한 비중이 증대되고 있다. 군사 분야에서 전쟁 이외의 영역과 비중이 증대된 이유는 국가를 위협하는 요소의 다양

---

46) https://ko.wikipedia.org/wiki/%EC%A0%9C2%EC%B0%A8_%EC%84%B8%EA%B3%84_%EB%8C%80%EC%A0%84_%ED%86%B5%EA%B3%84(검색일 : 2020.12.4)

47) CoronaBoard, 코로나19(COVID-19)실시간 상황판(https://coronaboard.kr/, 검색일 : 2021.3.10)

성과 전쟁수행수단의 확대 및 전시가 아닌 평시에 전쟁 이외의 군사활동 비중이 높아졌기 때문이다. 따라서 전쟁뿐만 아니라 전쟁 이외의 분야에 대한 비중 증가로 군사사상도 다음과 같은 것들을 추가로 고려해야 한다.

첫째, 국가안보에 대한 비군사적 위협이 중요하게 부각되어 각각의 위협에 대한 대응도 제반 요소를 복합적으로 고려되어야 한다. 국가를 위협하는 요소의 다양성과 전쟁수행수단의 확대 측면에서 보면 국가를 위협하는 요인도 확대되었다. 적의 무력침략뿐만 아니라 사상이나 문화, 경제, 자원, 에너지, 테러, 사이버 공격, 재해 등과 같이 비군사적 위협수단과 방법이 중요하게 부각된 것이다. 이에 따라 각각의 위협에 대한 대응도 군사력을 포함한 제반 요소들이 복합적으로 대응할 수밖에 없게 되었다.

2019년 말부터 시작된 코로나19가 2020년 초 전 세계적으로 확산하면서 급기야 미국의 핵항공모함을 멈추는 사태가 발생하였다. 3월 말경 미국 핵추진 항공모함 '시어도어 루스벨트(Theodore Roosevelt)'호의 승조원 3명이 처음 코로나 확진 판정을 받았다. 그런데 이를 시발점으로 수일 만에 20여 명으로 증가하였고, 이어 짧은 기간 내 수백 명으로 확산되었다. 이로 인해 태평양 선상에서 수행하던 작전임무를 중지하고 3월 말에 괌에 정박할 수밖에 없었다. 이어 4월 1일부터 승조원 4,800명 중 필수 인원을 제외하고 약 3,700여 명을 하선시켜 괌의 호텔에 격리하도록 한 것이다.[48] 그 결과 1,156(24%)명의 확진자가 나왔다. 핵추진 항공모함이 적의 공격으로 피해를 받아 작전임무를 멈춘 것이 아니다. 비군사적인 위협인 감염병의 공격을 받아 미국의 핵심 군사전력이 현행

---

48) "美 핵항모 루스벨트호 승조원 3,700명 하선", 서울신문(2020.4.3.)

(그림 3) 미(美) 항모 바이러스 피습 심각성 보도(연합뉴스TV 2020.4.1.)와 코로나사태가 진주만 기습이나 9·11테러처럼 될 수도 있다는 애덤스 공중보건서비스단장 발언(Fox News/CNN 2020.4.5.)

작전임무 수행을 멈춘 것이다.[49)]

이와 같은 상황은 1년 뒤에 한국 해군에서도 똑같이 발생했다. 2021년 4월 해군상륙함인 고준봉함에서 집단감염이 처음 발생하였다. 하지만 7월에는 청해부대 34진으로 소말리아 해역에서 작전 중인 문무대왕함(4,400t급)의 승선인원 301명 중에서 최종적으로 270명(90%)이 확진되었다. 이렇게 되자 임무를 중지하고 수송기 2대를 급파하여 승선인원 전원을 한국으로 귀국시키는 사태가 발생했다.

한편 'WEF 세계위기보고서 2019'를 보면 전 세계 정책결정자, 전문가들은 앞으로 10년간 국제적인 위기요인들 중에서 발생 가능성이 큰 것을 다음과 같이 꼽았다. 그중에서 첫째부터 셋째까지가 기상이변, 기후변화 대응실패, 자연재해 등이고 넷째, 다섯째가 정보데이터 사기 및 절도, 사이버 테러를 들고 있다.[50)] 따라서 안보위협에 대해 단순하게 군사력만 대응한다거나, 이와 반대로 전쟁이 아닌 위협 요소들을 군사 분야와 직접적으로 관련이 없다고 판단하고 이를 모두 배제할 수 없게 되

---

49) 비슷한 시기에 유사한 사례로 프랑스 핵추진 항공모함인 샤를 드골호도 2020년 4월 18일 승조원 2,300여 명 가운데 1,081(47%)명이 양성 판정을 받아 나토 연합작전 일환으로 발트해에서 수행하던 작전임무를 중지하고 귀환했다.

50) World Economic Forum, *The Global Risks Report 2019*(Geneva: World Economic Forum, 2019), p.5.

었다. 일례로 '사이버전'은 전투기나 탱크가 투입되는 것이 아님에도 불구하고 비군사적 요소를 포함하여 국가의 제반 요소가 관여하여 전쟁을 수행하게 된다. 특히 미국의 경우 '발사의 왼편(Left of Launch)'이란 용어를 사용하고 있다. 이는 해킹·악성코드 등의 사이버 공격을 통해 적국의 미사일을 교란하고, 전자기파 공격 등으로 적 지휘부, 미사일 통제 컴퓨터, 센서, 통신망 등을 교란·파괴해 미사일을 발사 전에 무력화하는 계획이다.

이처럼 사이버전이 단순한 해킹을 통한 정보 탈취에 그치는 것이 아니라 국가방위의 중요한 하나의 수단으로 변화된 것이다. 따라서 비군사적 위협이나 수단에 대해서도 깊은 관심을 기울이지 않을 수 없게 되었다. 이렇기 때문에 군사사상의 범주들도 이런 광범위한 분야를 망라해야 한다. 군(軍)도 국가의 다양한 위협에 대응하기 위해 자신의 고유 영역인 군사 분야뿐만 아니라 군사 이외의 분야에 대한 관심을 증대하지 않을 수 없게 되었고 또한 깊이 관여하도록 요구되고 있음을 인식해야 한다.

둘째, 군의 역할 중 평시 전쟁 이외의 군사활동 비중이 높아졌다. 오늘날 국가는 군(軍)에게 전쟁기간이 아닌 평시나 부분적인 분쟁 시에 국민의 생명과 재산을 보호하고 국가정책을 뒷받침하며, 재해재난 대비와 국제평화유지활동 참여 등 제반 전쟁 이외의 군사활동을 더욱더 많이 요구하고 있다.[51] 이로 인해 군사전략만 보더라도 지금까지 군사전략의 주된 관심사는 전쟁에 대비한 준비와 전쟁 시 군사력을 어떻게 운용할 것인가에 초점이 맞추어져 있었다. 그러나 오늘날 군사전략은 전쟁이나 군사력과 관련된 분야 이외에도 필연적으로 비군사 요소, 즉 경제적·

---

51) 장운용, 『군사학 원론』(서울: 양서각, 2010), p.193.

심리적 · 도덕적 · 정치적 및 기술적 고려를 더욱 많이 가미하게 되었다. 따라서 군사전략은 단순히 전시뿐만 아니라 평시에도 정치의 한 요소가 되었다.[52]

이런 맥락에서 평시 군사 분야의 관심사는 평시 정치가 요구하는 사항을 완수하기 위해 우선적으로 전쟁에 대비하는 것이다. 하지만 이뿐만 아니라 다양한 전쟁억제노력들과 평시 군사력을 어떻게 관리하고 운용할 것인가, 평시 국가정책 지원 수단으로서 군사력을 어떻게 운용할 것인가와 같은 전쟁 이외의 군사활동 문제도 포괄(包括)적으로 다루도록 요구받고 있다.

5. 군사사상도 사상(思想)인가?

사상의 기본은 경험에 기초한 현상에 대한 사유와 분석이란 사고 과정을 통해 도출한 '사고의 내용'이다. 그래서 군사 분야에 대한 올바른 인식 결과를 도출하기 위해서는 군사사상도 사상이란 고유의 기능과 성격에 좀 더 충실하게 접근할 필요가 있다. 그러나 군사사상은 사상의 한 분야로서 일반 사상이 가진 일반적 특성과 유사한 특성이 있다. 그러면서 한편으론 군사사상만이 갖는 군사적인 특성을 추가로 갖고 있으므로 이 두 가지에 대한 동시 접근이 필요하다.

그러나 현재까지 군사 분야에 대한 접근은 평시 군내외(軍內外)에서 경험한 생활경험이나 상식에 의하여 형성된 인식내용으로 접근하곤 했다. 그러다 보니 근본적으로 설명하지 못하고 각자의 생활경험이

---

52) 에드워드 M. 얼, 『신전략사상사』, 곽철 역(서울: 기린원, 1980.), p.11.

나 상식선에서 상이하게 정립하거나 설명하는 한계를 보였다. 우리나라의 경우 5천 년 역사 이래 전쟁이나 전투가 약 2만 6천 회가 있었다고 한다. 그런데도 실제 이런 다양한 전쟁을 직접 경험한 사람은 그렇게 많지 않다. 게다가 전쟁을 경험해서 군사 분야에 대한 인식결과를 도출하기란 매우 어려운 문제이다. 특히 전쟁이라는 것이 잘하기 위해 사전에 싸워본다든지 연습해보는 것은 더욱 불가능하다. 이런 이유로 인해 평시에 모든 군사 분야를 폭넓고 깊이 있게 경험한다는 것은 구조적인 한계점을 갖고 있다. 그래서 군사사상은 경험적 요소에다가 근본원리에 대한 사고(思考)의 산물로 접근할 필요가 있다.

먼저 군사 분야에 대한 참다운 진리를 얻기 위해서는 (그림 4)에서 보는 바와 같이 직접 전쟁에 참전(參戰) 또는 군사 관련 다양한 경험적 요소를 바탕이 된다. 그리고 거기에 사유와 관조(觀照)를 하면서 내·외

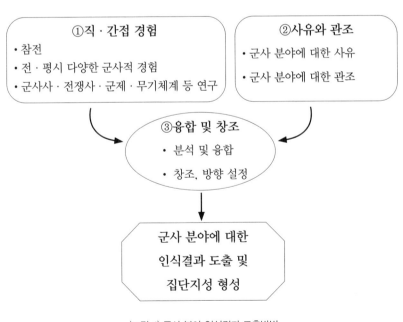

(그림 4) 군사 분야 인식결과 도출방법

부를 아우를 수 있는 분석, 융합 및 창조 등을 통해 해법을 찾는 노력이 필요하다. 즉 대상 전체를 파악하기 위해서는 직접적인 경험적 요소에 연구와 관망 및 사고를 포함한 인식이 필요하다는 의미이다.

예를 들면 'A전투'와 관련하여 다음과 같은 사항을 포함하여 이 전투와 관련한 진실을 파악하고자 할 경우로 가정해 보자. 먼저 이 전투가 어디에서 기인(起因)하여 어떻게 진행되고 그 결과가 어떻게 되었는지 또 그 전투가 작전술, 전략 또는 전쟁 전체에 어떤 영향을 미쳤는지를 파악하고자 할 경우가 있다. 아니면 좀 더 전투의 현장과 관련한 것으로 바로 옆의 전우가 현장에서 즉사하는 모습을 본 경우라든지, 2일 동안 식사가 중지된 상태에서 전투를 수행한 전투원들의 심리적·육체적 상황은 어떠했는지에 대해서 파악하고자 할 수도 있다. 그런데 이런 것들을 파악하기 위해서는 인식의 주체가 직접 해당 전투에 참전(參戰)하여 아는 방법이 있을 것이다. 그런데 참전했다 하더라도 모든 것을 다 파악하기는 어렵다. 따라서 전쟁사 연구나 참전자 인터뷰 또는 기타 군사 관련 다양한 직간접경험을 활용하여 접근해야 더욱더 사실에 가까운 인식이 될 수 있다.

그러나 이렇게 직·간접 경험에도 한계가 있다. 따라서 이를 극복하기 위해서는 이에 대한 사유와 관조를 통해 접근할 필요가 있다. 이는 참전, 군사사(軍事史), 전쟁사, 군제연구(軍制研究)나 무기체계 연구 등을 통해 직·간접적으로 접근하지 못한 것이나 잘못 인식한 것을 보완하는 것이다. 그럼에도 사유와 관조를 통해서 인식할 수 있는 것 역시 한계가 있어서 내부에서 벌어지는 세부적인 내용은 정확히 알지 못할 수도 있다. 따라서 직·간접 경험과 사유와 관조를 모두 동원한 다음 융합 및 창조를 통해 해법을 찾는 노력이 필요하다. 이는 전투가 어디에서 기인(起因)했는지, 왜 참호(塹壕)에 있던 전투원이 왜 그렇게 많이 전사

했는지, 왜 2일 동안 식사 공급이 안 되었는지, 그리고 그들의 심리상태는 어떠했는지에 대해 전후좌우를 정확히 분석하고 때로는 융합해야 사실을 인지(認知)할 수 있다. 그리고 여기서 더 나아가 일정부분은 창조를 통해 시사점을 도출하거나 앞으로 나가야 할 방향을 찾을 수 있는 것이다.

따라서 군사 분야의 사실에 대한 올바른 접근을 위해서는 단순히 경험적 요소에만 치우칠 것이 아니라 참전 또는 군사 관련 다양한 임무를 수행해보는 '직접 경험적 요소'와 군사사, 전쟁사, 군제연구, 무기체계 등에 대한 연구를 가미하여 '사유와 관조'가 필요하다. 이에 부가하여 내·외부를 아우를 수 있는 '융합 및 창조'를 통해 사실을 인식하거나 해법을 찾을 수 있음을 알 수 있다.

결론적으로 군사사상도 사상적 접근이 필요하다는 의미이다. 사상이라는 것이 사고작용의 결과로 생겨난 '사고의 내용'이기 때문에 군사 분야에 대한 근본적 인식과 해법을 찾기 위해서는 경험과 사유 및 관조를 포함한 융합과 창조의 과정을 거쳐 인식내용을 산출해야 한다. 즉 군사 분야에 대한 사상적 접근을 해야 군사 분야를 올바로 인식할 수 있게 되고 그런 깊은 사유를 통해 해법을 찾을 수 있을 뿐만 아니라 이런 과정의 결과들이 모여 '집단지성'으로 축적될 수 있게 된다.

6. '군사사상'인가? '전략사상'인가?

군사사상인가 아니면 전략사상인가 또는 앞서 말한 것처럼 전쟁사상인가의 물음에 대한 답을 쉽게 하지 못하는 것처럼 특히 군사사상과 전략사상은 많이 혼재되어있다. 이는 (표 2)의 단순비교에서 보는 바와 같이 한국뿐만 아니라 주요 국가에서 공통적으로 나타나고 있다. 심지어 미국, 중국, 영국이 비교대상 중 타 국가에 비해 상대적으로 전략사상이 란 용어를 다소 많이 사용하고 있음을 알 수 있다. 하지만 비교국가 전 체 평균을 보면 약 23.7%만이 전략사상이란 용어를 사용하고 있고, 대 부분은 '전략사상'이란 용어보다는 '군사사상'이란 용어가 상대적으로 널리 사용되고 있음을 알 수 있다.

(표 2) Google상에서 국가별 전략사상과 군사사상이란 용어 사용빈도수

구 분	사용빈도수(개)			사용비율(%)	
	전략사상 (strategy thought)	군사사상 (military thought)	합계	전략사상 (strategy thought)	군사사상 (military thought)
미 국	22,800	55,900	78,700	29.0	71.03
한 국	1,080	5,070	6,150	17.6	82.44
일 본	1,660	7,880	9,540	17.4	82.60
중 국	6,770	17,800	24,570	27.6	72.45
독 일	3,290	28,600	31,890	10.3	89.68
영 국	12,100	31,500	43,600	27.8	72.25
프랑스	2,200	13,800	16,000	13.8	86.25
계	49,900	160,550	210,450	23.7	76.29

* 출처: '2015.1.28일에 Google에서 전략사상과 군사사상을 국가별로 해당 언어와 해당 국가로 한정하여 검색한 결 과를 도표화한 것임

그중에서 우리나라의 경우를 보면 군사사상, 전략사상 등의 개념을 혼동하여 사용하고 있다. 이런 현상이 나타나는 원인 중의 하나는 '용병 술체계' 때문이다. 우리나라의 경우 지금까지 군사사상에 대해 접근을

할 때 군에서 보편적으로 널리 사용되고 있는 '용병술체계(用兵術體系)'라는 틀을 갖고 접근해왔다. 그러다 보니 군사사상 그 자체보다는 '용병술체계라는 안경'을 통해서 군사사상을 봄으로 인해 군사사상 개념에 대한 왜곡현상이 발생하였다. 즉 용병술체계는 계층(hierarchy)으로 보면 최하위 수준인 전술에서부터 시작하여 최상위의 수준은 군사전략에 이른다. 그런데 군사전략보다 더 상위(上位)영역인 '국가전략' '국방정책' 또는 '군사사상'이 존재한다는 점이다. 그런데도 전쟁에 주안점을 두고 용병술체계로 접근해온 군의 사고체계 특성상 군사전략 이상의 것은 군사전략으로 포함하는 성향이 있어 그냥 '전략사상'이라고 칭하였던 것이다.

즉 (그림 5)에서 보는 바와 같이 용병술체계로는 '군사전략'이 최상위(最上位) 영역이다 보니 그 이상의 것은 올바로 해석할 수 없는 한계에 직면하게 된다. 그러므로 '군사전략'뿐만 아니라 '그 이상의 것'을 단순히 모두 군사전략에 포함하는 접근을 해왔다. 이런 구조적인 문제점으로 인해 군사사상 개념에 대한 왜곡현상이 발생하였다. 즉 편의에 따라 군사전략 이상의 영역을 '전략 + 사상'이란 시각에서 접근하여 '전략

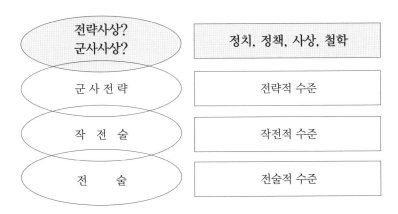

(그림 5) 용병술체계적 접근의 한계성

사상'이란 용어로 접근해왔다. 따라서 용병술체계적 시각에서 접근해온 '전략사상'이라는 용어는 적합한 용어가 아니고 군사사상이 적절한 용어임을 알 수 있다.

7. 군사사상이 계층적인가? 수평적인가?

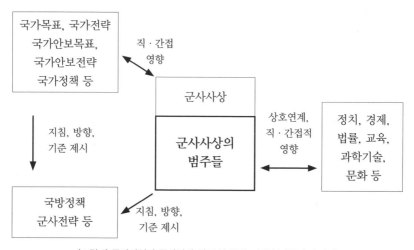

(그림 6) 군사사상과 군사사상 범주 및 군사 이외 분야들과의 관계

우선 '군사 분야와 관련하여 상하 계층적'으로 접근 시 군사사상은 상위(上位) 계층인 국가목표나 국가안보목표 등에서 영향을 받아 국방정책이나 군사전략 등에 영향을 미친다.[53] 이처럼 군사사상은 군사 분야 계층의 한 층을 차지한다. 반면에 (그림 6)에서 보는 바와 같이 군사사상의 예하 범주들은 군사사상으로부터 영향을 받은 다음 군사 분야뿐만

---

53) 이와 관련한 사항은 뒤의 제2부 제2장 '(그림 31) 한국에서 국가목표~군사전략 등과 군사사상의 관계'를 참조하기를 바란다.

아니라 군사 이외의 분야인 정치, 경제, 법률, 교육, 과학기술 등 다양한 분야에 영향을 미치거나 영향을 받는다. 따라서 군사사상은 군사 이외의 분야와 수평적 성격을 갖는다.

예를 들면 '전쟁에 대비한 군사력건설[養兵]'이라는 범주를 현실화하는 과정에서 각각의 범주들은 군사사상으로부터 나갈 방향 등을 받는다. 그런 다음 연관된 경제(국방예산 등), 법률(병역법 등), 과학기술(국방과학기술 등), 교육(군사교육 등) 등에 직·간접적으로 영향을 받거나 미친다는 점이다. 따라서 정립된 군사사상을 현실화하기 위해서는 군사 분야에서 군사사상을 중심으로 위로는 국가정책으로부터 아래로는 국방정책이나 전략에 이르기까지 계층적으로 현실화하는 노력이 우선 중요하다. 그리고 그뿐만 아니라 경제, 과학기술 등과 같은 군사 이외의 분야와 어떻게 연계시키는가도 매우 중요한 문제가 된다. 특히 군사 이외 분야와 연계시키기 위해서는 각각의 범주별로 접근할 수밖에 없으므로 군사사상과 관련한 범주를 계층적 또는 수평적으로 구체화하는 것은 매우 중요하다.

제2절 군사사상 연구는?

1. 군사사상 연구가 필요한가?

군사사상이 필요한가? 또는 군사사상 연구를 굳이 해야 하나? 이에 대한 답을 찾기 위해 몇몇 사람들의 주장을 살펴보고자 한다. 문화사학자 피터 파렛(Peter Paret)은 러시아 제국의 군사사상에 대해 평가한 바 있다. 표트르 대제(Пётр Великий)의 러시아 제국이 1709년 스웨덴을 상대로 싸웠던 폴타바(Poltava) 전투에서 승리함으로써 유럽의 강대국으로서 부상하여, 한 세기 동안 세계의 강력한 세력 중의 하나였다. 그런데도 군사사상을 포함한 군사 분야 등에 관한 연구를 소홀히 한 결과 클라우제비츠(Carl Phillip Gottlieb von Clausewitz)나 조미니(Antoine-Henri Jomini)와 같은 군사사상가를 배출하지 못하였다는 것이다. 그뿐만 아니라, 군사력을 포함한 국력의 유지와 발전에서 한계를 초래한 원인 중의 하나였다고 평가하였다.[54]

이스라엘 군사 사회학자 아비 코버(Avi Kober)는 세계적으로 막강한 군대라고 알려진 이스라엘 군대가 전쟁사나 군사사상 연구, 사유를 통한 군사지식 확장(擴張)을 소홀히 했다고 봤다. 반면에 물리적인 군사력, 평시 부대관리, 군사과학기술 또는 경험을 바탕으로 한 직감에 대한 신념 등에 주안을 두고 지휘하는 군인과 군대를 양성하는 데 중점을 두어왔다는 것이다. 그 결과 세계 어느 나라보다 오랫동안 다수의 전투 경험을 가진 이스라엘 군대가 탈(Israel Tal)이나 샤론(Ariel Sharon)을 제외하고는 군사사상을 알고 적용할 수 있는 세계적으로 명성이 높은 장군을 양성하지 못했다고 스스로 분석하였다.[55]

한편 국내 전직 · 현직 고급 장교들과 명망 높은 군사학자들은 이구동성으로 군사사상의 중요성이나 필요성을 인식하고 있었다. 그런데 그런 필요성이나 인식에 비해 군사사상에 대해 잘 알거나 나름대로 상세한

---

54) Peter Paret, *Makers of Modern Strategy from Machiavelli to the Nuclear Age*(Princeton, NJ: Princeton University Press, 1986), p.354.
55) Avi Kober, "What Happened to Israeli Military Thought?", *The Journal of Strategic Studies* Vol. 34, No. 5(October 2011), pp.708~709.

그림을 그리는 사람은 많지 않았다. 군사사상만을 본다면 현재의 상태는 필요성 인식과 실제 알고 있는 것 그리고 이를 행동에 옮기는 것 사이에는 많은 차이가 발생하고 있는 것이 현실이다.

이처럼 '군사사상의 필요성'이나 군사사상 '연구의 필요성'은 동서고금을 막론하고 널리 인식하고 있음을 알 수 있다. 이렇게 필요성을 인식하고 있는 이유는 군사사상은 군사와 관련한 발전 단계에서 미래 분쟁의 본질(nature of future struggle)과 그 방향을 밝히는 것이기 때문이다.[56] 군사사상은 군사력을 포함한 국력의 유지 및 발전과 관련하여 현재 나타난 현상에만 집착하는 것을 방지하고, 미래를 향한 방향제시(길잡이), 판단의 근거를 제시한다. 또한, 국가안보와 관련하여 국민을 한 방향으로 결집하는 역할을 하는 등 군사력을 포함한 국력의 유지와 발전에 지대한 영향을 미치기 때문이다. 따라서 군사사상의 필요성과 군사사상 연구의 필요성이 지속적으로 이루어져야 함을 알 수 있다.

한편 '군사사상 이론연구'가 필요한가의 측면에서 접근할 경우 기준 측면에서 군사사상 연구의 필요성이 중요하게 인식된다. 일반적으로 어떤 현상이나 대상에 대해 인식(認識)하거나 분석 또는 논할 때는 막연한 결과를 제시하기보다는 〈그림 7〉에서 보는 바와 같이 나름대로 명확한 기준을 근거로 결과를 제시할 때 일반적으로 공감대를 형성할 수 있다. 또한, 어떤 특정 기준을 적용하여 희망하는 분야의 결과를 도출할 수도 있다. 즉 길이는 자로 재고, 무게는 저울로 재야 한다.

현재까지 군사사상 관련 서적이나 논문의 주된 연구내용은 '군사사상사(軍事思想史)' 또는 '특정 인물의 군사사상 설명'이 대부분이었다. 그런

---

56) I. A. Korotkov, *History of Soviet Military Thought*(Moscow: Science Publishing House, 1980), pp.9~11.

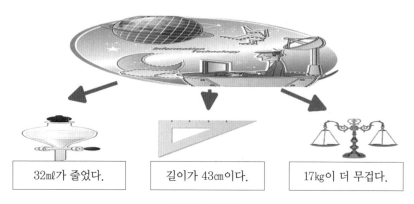

32㎖가 줄었다.	길이가 43㎝이다.	17㎏이 더 무겁다.

(그림 7) 기준과 결과

데 군사사상사나 특정 인물의 군사사상을 설명하거나 제시하려면 '군사사상 이론'이란 명확한 기준(scale) 또는 분석 도구(instrument)가 있어야 가능하다.

예를 들어 손자의 군사사상을 분석할 경우 만약에 일정한 기준이 있다면 분석가의 시각에 따라 약간 차이가 날 수는 있겠지만, 큰 흐름은 유사한 분석결과가 나올 것이다.

그런데 현실은 (그림 8)과 (표 3)에서 보는 바와 같이 꼭 그렇지만은

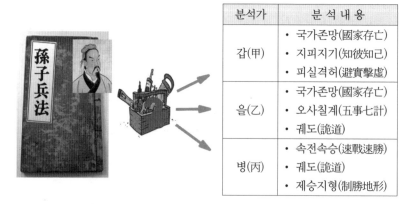

분석가	분 석 내 용
갑(甲)	• 국가존망(國家存亡) • 지피지기(知彼知己) • 피실격허(避實擊虛)
을(乙)	• 국가존망(國家存亡) • 오사칠계(五事七計) • 궤도(詭道)
병(丙)	• 속전속승(速戰速勝) • 궤도(詭道) • 제승지형(制勝地形)

(그림 8) 손자의 군사사상 분석기준과 결과와의 관계 예시

않다. 분석가에 따라 내용이 상당수 다른 면이 있음을 발견할 수 있다. 손자의 군사사상이 'A' 'B' 'C'라고 말한다면, 과연 어떤 기준으로 그렇게 'A' 'B' 'C'라는 세 가지를 도출했는지 의문에 싸인다. 따라서 군사사상을 발전시키거나 활용하는 것은 말할 것도 없고 이런 기준의 문제를 우선 명확히 하기 위해서라도 이론연구가 필요하다.

〈표 3〉 손자의 주요 군사사상 비교(이름 가나다 順)

구분	제시된 주요 군사사상
노양규[57]	• 전쟁관: 국가존망(國家存亡), 오사칠계(五事七計)로 판단, 단기전(短期戰) • 부전승과 전승사상: 부전이굴인지병(不戰而屈人之兵), 온전한 승리[全勝], 존재전력의 정예화+경제/외교/모략 등의 혼용 • 용병관: 궤도(詭道), 제승지형(制勝之形), 기정(奇正), 우직지계(迂直之計), 피실격허(避實擊虛) • 정보의 중요성: 지피지기 백전불태(知彼知己 百戰不殆), 간첩활용[用間] • 지형의 활용: 부지형자 병지조야(夫地形者 兵之助也), 단순 지형요소 외 지형의 확대해석(당시 상황/국내외 정세/여건 등)
이종학[58]	• 전쟁관: 국가존망(國家存亡), 적의지 좌절[上策], 외교적 고립[次善], 적을 격파[下策], 속전속승(速戰速勝) • 변증법적 사고방식: 이해(利害), 졸속(拙速), 교구(巧久), 기정(奇正), 허실(虛實), 우직(迂直) 등을 통해 양편(兩片)의 차이점을 비교하여 고차원적 결론 도달 • 선수후 공전략(先守後 攻戰略): 수세자국보전(守勢自國保全), 공격해오지 못하도록 배비 • 정보의 중요성: 지피지기 백전불태(知彼知己 百戰不殆) • 자연의 이치에 순응: 군대 운용은 물과 같다. 제승지형(制勝之形)

---

57) 국방대학교, 『군사사상과 비교군사전략』(서울: 국방대학교, 2013), pp.36~44.

58) 이종학, 『전략이론이란 무엇인가』(대전: 충남대학교 출판부, 2012), pp.56~59.

한국
군사사상[59]
	• 전쟁수행 신념: 국가존망(國家存亡), 오사칠계(五事七計)로 판단,
	부전승(不戰勝)
	• 용병/양병
	  – 부전승(不戰勝), 존재전력의 정예화+경제/외교/모략 등의 잠재역
	    량 결집
	  – 적의지 좌절[上策], 외교적 고립[次善], 적을 격파[下策]
	  – 10배시 포위, 5배시 공격, 열세시 회피, 속전속결

2. 이론연구는 얼마나 이루어졌나?

많은 사람이 군사사상 연구에 대한 필요성과 중요성을 강조했음에도
불구하고 아이러니하게도 국내외적으로 '군사사상사(history of military
thought)'가 아닌 순수한 '군사사상에 대한 이론(theory of military
thought)' 연구는 애석하게도 매우 초보단계에 있다.

우리나라의 경우 (그림 9)에서 보는 바와 같이 군사 분야와 관련하여
국방정책, 전략, 전술 등은 학자들과 관계자들의 노력으로 그래도 학문

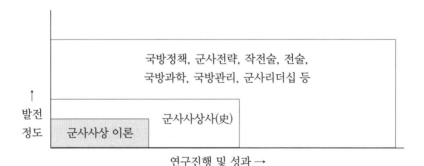

(그림 9) 군사사상과 다른 군사 분야에 대한 상대적 발전 개념도(槪念圖)

---

59) 육군본부(1991), 앞의 책, pp.79~82.

적 또는 실용 분야에서 적잖게 발전된 상태이다. 반면에 앞서 언급한 것처럼 군사사상 이론은 아직도 기초단계에 머무는 것이 현실이다.

가. 군사사상 '일반이론'과 '군사사상사' 관련 연구

한국에서 대부분의 서적이나 논문은 군사사상과 관련한 이론적 배경으로 1992년 육군본부에서 발행한『한국 군사사상』을 기초로 하고 있다. 따라서 일반적으로 군사사상이 '군사 + 사상'이란 전제하에 '전쟁에 대한 인식 + 양병 + 용병'으로 정의하고, 군사사상의 범주도 주로 이렇게 3가지로 나누고 있다.

한국에서 발행된 서적 중에서 1992년 육군본부에서 발행한『한국 군사사상』과 2007년 대한민국 부사관 총연맹에서 편찬한『알기 쉬운 군사사상』은 내용이 서로 유사하다. 이는 국내 처음으로 유일하게 군사사상 체계를 정립하려고 시도했던 1992년 육본에서 발행한『한국 군사사상』을 2007년에 발행한 책이 많이 인용하였기 때문이다. 이 책들의 주된 내용을 보면 군사사상 개념, 범주, 변천과정, 주요 국가의 군사사상, 주요 이론가의 군사사상, 한국의 군사사상사, 한국의 군사사상 지향방향 등으로 구성되어있다.

한편, 군사사상사(軍事思想史)와 관련한 책은 1943년 프린스턴 대학 출판부에서 발행한 에드워드 M. 얼(Edward Mead Earle) 등이 쓴 'Makers of Modern Strategy: Military Thought from Machiavelli to Hitler'가 가장 보편적이다. 이 책은 마키아벨리로부터 히틀러까지 전략가들의 주장한 내용을 정리한 책이다.

그 뒤에 1986년 동일하게 프린스턴 대학 출판부에서 발행한 피터 파렛(Peter Paret) 등이 쓴 'Makers of Modern Strategy from Machiavelli to the Nuclear Age'는 마키아벨리부터 핵시대까지 전략가들의 주장한 내용을 다루고 있어 널리 읽히고 있는 책이다.

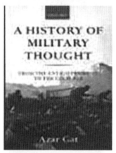

이외에도 2001년 옥스퍼드대학 출판부에서 발행한 아자르 갓(Azar Gat)이 쓴 'A History of Military Thought: From the Enlightenment to the Cold War'가 있다. 이는 계몽주의 시대 군사학교, 독일 사상가에서부터 현대 리델하트 및 냉전까지 군사사상사를 다루고 있다.

또한, 1979년 초판 발행 후 2010년 증보판을 발행한 일본 아사노유고(淺野祐吾)가 쓴 『軍事思想史 入門』이 있다. 이 책은 문화사로서 군사사상, 군사사상사의 학문적 성격, 전쟁사 개관, 유목민족과 농경민족의 군사적 특색, 해양국가와 대륙국가의 군사적 특색 등을 먼저 개략적으로 다루었다. 본론에 해당하는 군사사상사는 서양 군사사상의 변천과 중국 군사사상의 변천 등을 다루고 있다.

국내 군사사상사는 2006년에 온창일 등이 쓴 『군사사상사』와 2014년 군사학연구회에서 지은 『군사사상론』이 있다. 이 둘 모두 손자와 마키아벨리로부터 마오쩌둥까지 각 개인의 군사사상을 정리한 군사사상사 책이다. 특히 2014년에 나온 『군사사상론』은 제목이 '군사사상론'이지만 이와는 다소 상이하게 실제 내용은 시대별로 대표적인 사상가들을 선정하여 정리한 온창일 책과 유사한 체계로 쓴 '군사사상사'로 볼 수 있다.

한편 순수한 한국 군사사상사 성격을 띤 서적은 2012년에 육군군사연구소에서 발행한 『한국군사⑫ 군사사상』이 있다. 이는 한국의 '고대'로부터 '근·현대'에 이르기까지 역사적 관점에 주안점을 두고 군사사상사를 다루고 있다. 2012년 백기인이 쓴 『한국 근대 군사사상사 연구』는 '조선 근대화' 시기부터 '임시정부'의 군사활동과 군사사상적 지향까지 군사사상사에 주안점을 두어 다루고 있다. 이상에서 본 바와 같이 국내외에서 군사사상 이론연구는 매우 기초단계에 있음을 알 수 있다. 반면에 군사사상사에 대해서는 어느 정도 진행이 되었음을 알 수 있어 군사사상에 대한 일반이론 연구가 우선 필요함을 알 수 있다.

나. 군사사상 '분석 및 정립' 관련 연구

1992년 육군본부에서 발행한 『한국 군사사상』이나 1943년 에드워드 M. 얼 등이 발행한 군사사상과 관련한 단행본 등을 포함한 국내·외 연구들은 '군사사상 분석 및 정립방법론'은 거의 다루지 않았다고 해도 과언이 아닐 정도다. 그나마 관련한 연구가 진행되었다면 단지 군사사상에 대한 '일반적인 이론의 일부' 또는 '군사사상사와 관련한 연구'에서 부분적으로 미미하게 포함하였을 뿐이다. 따라서 선행연구를 검토하더라도 군사사상 분석이나 정립방법론에 대한 이론적 선행연구를 살피기보다는 다른 연구내용에 포함된 것을 알아보는 수준에 그칠 수밖에 없다.

다만 박창희는 『한국의 군사사상』에서 군사사상 개념 정립, 군사사상 연구의 접근방법, 군사사상의 범주 등을 제시하였다. 다른 연구와 다르게 군사사상 분석을 위한 4개의 핵심변수로 철학적·정치적·군사적·

사회적 차원에서 분석하는 방안을 구체화하였다. 먼저 철학적 차원은 전쟁의 본질 인식을, 정치적 차원은 정쟁의 정치적 목적을, 군사적 차원은 전쟁수행전략을 그리고 사회적 차원은 삼위일체의 전쟁대비를 기준으로 분석하는 방안을 제시하였다.[60]

또한 군사사상 이론에 대한 논문과 서적으로는 김희상(군사이론의 체계와 역할 현대 전략사상의 발전과정, 1983), 노영구(한국 군사사상 연구의 흐름과 근세 군사사상의 일례, 2009와 한국의 역대 군사사상 이해에 대한 비판적 고찰과 정립의 방향, 2013), 박창희(한국의 군사사상 발전방향, 2014와 군사사상 연구를 위한 방법론 구상, 2016), 장석홍(등소평의 군사사상과 전략 연구, 2013), 진석용(군사사상의 학문적 고찰, 2009), 김광수(21세기 미래전과 한국적 군사사상 형성의 조건, 2009), 김유석(한국 군사사상 체계 정립 연구, 2015) 등이 있다.

이중 분석체계를 최초로 제시하고 이에 대한 구체화를 시도한 것은 박창희이다. 박창희는 "군사사상 연구를 위한 방법론 구상(2016)"에서 군사사상 분석의 4가지 핵심변수를 제시하였다. ①철학적 측면에서 전쟁인식, ②정치적 측면에서 전쟁의 목적, ③군사적 측면에서 군사전략 및 작전술, ④사회적 측면에서는 군사제도 등이다. 또한, 이러한 변수들을 측정할 수 있는 각각의 기준을 제시하였다. 진석용은 군사사상을 사상, 국제정치학 및 국제규범 측면에서 접근한 것이 특이하다. 김희상 역시 사상적 접근을 시도하여 '개념 차원 범주'에 전쟁철학, 전쟁준비, 전쟁수행 개념을 포함하였다. 김광수는 군사사상 분야에 군사기술의 발달이 중요하게 영향을 미친다고 보고 이를 고려해야 함을 강조

---

60) 박창희(2020), 앞의 책, pp.50~52.

하였다.[61] 또한, 김유석은 군사사상의 정의, 특성, 범주, 역할 등을 정립하고 군사사상 정립(定立) 시 영향요소를 설정(設定)하는 시도를 하였다. 그러나 이 논문들 역시 모두 분석방법론이나 정립방법론은 다루지 않고 있다.

한편 최형국은 군사사상 분석을 직접적으로 논한 것은 아니지만 군사사상사 연구 방법을 논하면서 다음과 같이 주장하였다. 단순히 한 개인의 군사사상에 대한 접근을 '사상사'의 일반론적인 관점으로 이해한다면 상당 부분 오해의 여지를 불러일으킬 수도 있다고 봤다. 그러므로 당시 상황, 무기체계, 군사훈련의 변화 등을 포함하고, 일종의 계통학적 연구나 비교인물사의 연구를 포함하여 다각적인 접근이 필요함을 주장하였다.[62] 하지만 '군사사상 분석이나 정립' 분야는 다루지 않았다. 이처럼 군사사상 분석과 관련한 연구는 기초단계만 진행되었고, 군사사상 정립에 대해서는 다룬 것이 거의 없다. 따라서 체계적인 군사사상 분석방법론과 군사사상 정립방법론을 정립할 필요가 있음을 알 수 있다.

---

61) 김유석, "한국 군사사상 체계 정립 연구", 대전대학교대학원 군사학 박사학위 논문, 2015, p.48.
62) 최형국, "한국 군사 사상사 연구의 새로운 도약을 준비하며", 『軍史』第103號(2017), pp.333~334.

제2장 군사사상의 정의와 특성 및 역할

제1절 군사사상의 정의

1. 군사사상의 정의

앞서 언급한 바와 같이 군사사상에 대해 정의하면서 '전쟁인식' '양병' '용병'을 주로 다루다 보니 오히려 '전쟁사상'이란 용어를 사용하는 것이 더 타당할 것처럼 보이기도 한다. 그러나 전쟁사상이란 용어는 오히려 사용하지 않는다. 그간의 군사사상이 주로 전쟁 분야를 다루었기 때문에 전쟁 이외의 부분이 포함될 경우 '전쟁 이외 사상'이란 새로운 용어

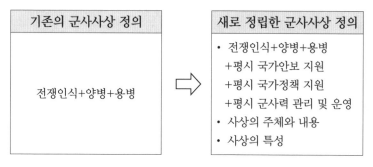

(그림 10) 군사사상의 정의 변화

가 추가되어야 하는 우스꽝스런 결과가 발생한다. 게다가 사상의 보편성으로 보면 군사 분야에 대한 사상이라면 특별한 이유가 없는 한 다른 용어를 사용하기보다는 군사사상이라는 용어가 적절함을 알 수 있다. 따라서 (그림 10)과 같은 맥락에서 광의의 군사 개념을 적용하여 새로운 군사사상을 정의해야 한다.

이와 같은 광의의 군사 개념과 사상의 특성 등을 고려하여 새로이 군사사상을 정의하면 다음과 같다.

> 군사사상이란 군사전문가나 여러 사람 또는 특정 조직이나 국가에 의해 전쟁과 전쟁 이외의 군사 문제 전반(全般)을 대상으로 국가목표를 달성하기 위해 사고와 분석을 통해 미래에 군사 분야에 대한 방향을 일정한 원리와 통일성을 갖고 정립한 군사에 대한 사고작용의 내용이다.

즉 군사전문가나 여러 사람 또는 특정 조직이나 국가가 ①전쟁과 관련하여 현재 및 미래의 '전쟁에 대한 올바른 인식'을 토대로, ②전쟁에 대한 어떤 의지와 신념으로 어떻게 '전쟁을 억제(抑制)'하고, ③전쟁에 대비하여 '군사력을 건설[養兵]'하며, ④나아가 전쟁억제가 실패하여 전쟁이 발발하면 어떻게 '전쟁을 수행[用兵]'하여 승리할 것인가와 같은 분야뿐만 아니라, ⑤평시 전쟁 이외의 군사 분야인 국가기능 유지 및 국지도발 대응과 같은 '평시 국가안보를 지원'하는 것과 ⑥국제평화유지 기여 및 공익 지원 등과 같은 '평시 국가정책 지원 수단으로서의 군사력운용', ⑦그리고 효과적이고 효율적인 '평시 군사력 관리 및 운영'에 대한 개념적 사고체계를 군사사상이라고 부연(敷衍)할 수 있다. 이를 도표로 정리하면 (표 4)에서 보는 바와 같다.

(표 4) 군사사상의 새로운 정의

구 분	내 용
누가 / 무엇을	• 군사전문가나 여러 사람 또는 특정 조직이나 국가에 의해 • 전쟁과 전쟁 이외의 군사 문제 전반(全般)을 대상으로
왜 / 어떻게	• 국가목표를 달성하기 위해 • 사고(思考)와 분석을 통해
사상의 특성	• 군사 분야의 미래에 대한 방향을 일정한 원리와 통일성을 갖고 • 정립한 사고작용(思考作用)의 내용(內容)이며
전쟁 분야	• 현재 및 미래의 '전쟁에 대한 올바른 인식'을 토대로 • 전쟁에 대한 어떤 의지와 신념으로 어떻게 '전쟁을 억제'하고 • 전쟁에 대비하여 '군사력을 건설[養兵]'하며 • 나아가 전쟁억제가 실패하여 전쟁이 발발할 경우 어떻게 '전쟁을 수행[用兵]'하여 승리할 것인가와
전쟁 이외 분야	• 국가기능 유지 및 국지도발 대응과 같은 '평시 국가안보를 지원' • 국제평화유지 기여, 공익 지원 등과 같은 '평시 국가정책 지원 수단으로서의 군사력운용' • 효과적이고 효율적인 평시 '군사력 관리 및 운영' 등에 대한 개념적 사고체계

　이렇게 정의를 새로이 함으로써 기존의 군사사상 정의에 비해 좀 더 포괄적이면서 구체적이고 체계적인 구조를 갖게 되었다. 사상의 특성을 살려 주체는 군사전문가나 여러 사람 또는 특정 조직이나 국가가 된다. 사상의 대상은 앞의 (그림 2)와 (그림 10)을 적용하여 전쟁과 전쟁 이외의 군사 문제 전반(全般)으로 확대하였다. 목적은 국가목표 달성이고, 방법은 사고와 분석을 거치는 것이다. 이런 과정을 거쳐 도출한 결과는 미래 군사 분야에 대한 방향을 일정한 원리와 통일성을 갖고 제시하는 사고의 내용이 된다.

2. 군사사상에 대한 기존 정의와 새로운 정의 비교

기존의 정의와 비교 시 큰 차이점은 광의의 군사 개념을 적용하여 군사사상을 정의할 경우 좀 더 체계적인 구조를 갖게 되었다는 점 이외에도 다음과 같은 두 가지의 큰 차이점이 있다.

첫째, 전략사상이라는 용어의 부적절성이 쉽게 드러나면서 군사사상이란 올바른 명칭으로 귀결(歸結)되었다. 기존의 정의는 '전쟁인식 + 양병 + 용병'으로 군사전략 분야와 유사한 면이 있어 전략사상이라는 용어로 혼용되었다. 이렇게 된 원인 중에서 용병술체계적 접근의 한계점과 또 다른 원인인 협의의 군사 분야만 적용한 데서 기인한 것임을 논한 바 있다.

새로운 군사사상의 정의는 협의의 군사 개념에서 탈피하여 광의의 군사 개념을 적용하였다. 국지도발 대응, 재해재난 지원, 해외 파병, 평시 군사력 관리 및 운영 등과 같은 전쟁 이외의 군사 분야가 포함됨으로써 전략사상이라는 용어로는 이들에 대해 충분히 설명이 불가능하게 되었다. 이때문에 전략사상이란 용어 자체가 모든 군사 분야를 포괄하기에는 부적절한 것임을 알 수 있을 뿐만 아니라 자연스럽게 군사사상이란 용어가 타당하다는 결론에 귀결되었다.

둘째, 군사사상의 범주와 역할 측면에서 광범위하고 폭넓게 적용이 가능해졌다. 기존의 군사사상에 대한 정의를 적용할 경우 평시 군사 분야와 전쟁 이외의 분야에 대한 접근이 어려웠다. 그래서 군사사상은 전쟁 분야에 대한 지침이나 방향은 제시하는 대신 전쟁 이외의 군사 분야에 대해서는 전혀 관련이 없는 것처럼 인식되었다. 새로 정립한 정의는 군사사상이 전쟁 분야뿐만 아니라 전쟁 이외의 군사 분야에 대해 직·간접적으로 기준을 설정하거나 나아가야 할 방향을 지도한다는 것을 설명할 수 있다.이렇게 됨으로써 군사사상의 역할과 기능이 충분히 충족될 수 있게 되었다.

제2절 군사사상의 특성

군사사상은 사상의 한 분야로서 일반 사상이 가진 일반적 특성이에다가, 군사사상만이 갖는 군사적인 특성을 추가로 갖고 있다.

(표 5) 군사사상의 특성

사상의 한 분야로서의 특성	군사사상만이 갖는 특성
• 존립(存立)적 특성 • 유기체적 특성 • 규범적 성격과 실천적 성격 • 가치적 성격	• 군사 이외의 분야에서 더 많은 영향을 받음 • 군사 분야를 주(主) 대상으로 하고, 군사 분야 이외의 것과 전쟁 이외의 것도 대상이 됨 • 간접경험과 사고로서 접근하는 방법 요구 • 군사사상을 정립하거나 분석 시 간략형태와 세부형태로 구분하여 접근 필요

사상의 한 분야로서 일반 사상이 가진 일반적 특성을 군사 분야로 연계시키면 다음과 같다. 첫째, 군사사상의 존립(存立)적 특성으로 대중적 공감대를 형성하는 형태를 취함으로써 존립하게 된다는 것이다. 둘째, 군사사상의 유기체적 특성으로 상황에 따라 상호 영향을 미치고, 진화하거나 소멸하는 생명력을 가진 유기체와 비슷하다. 셋째, 군사 분야에 대한 규범적 성격과 실천적 성격으로 현실이나 현상에 대한 사유, 비판, 분석 등의 과정을 거쳐 이에 대한 미래의 개선 방향이나 비전

(vision) 등을 포함하여 지침 또는 규칙의 형태로 제시하여 시행되는 것을 전제로 한다. 넷째, 군사 분야에 대한 가치적 성격을 갖기 때문에 군사 분야에 대해 특정 집단이나 일반 국민을 일정한 방향이나 목표로 결집(結集)하거나 안내하는 역할을 하게 된다.

다음으로 일반 사상과 다르게 군사사상만이 갖는 특성은 첫째, 군사사상임에도 불구하고 군사 이외의 분야에서 더 많은 영향을 받는다. 둘째, 군사 분야를 주(主) 대상으로 하여 전쟁이 주된 관심사가 될 뿐만 아니라 군사 분야 이외의 것과 전쟁 이외의 것도 대상이 된다. 셋째, 실천적 가치가 매우 높음에도 불구하고 많은 부분을 간접경험과 사고(思考)로서 접근하는 방법이 요구된다. 넷째, 특정 인물 또는 특정 국가가 군사사상을 정립하거나 분석할 때 간략형(簡略形)과 세부형(細部形)으로 구분하여 접근할 필요가 있다.

1. 사상의 한 분야로서의 특성

이 중에서 먼저 일반적인 사상과 유사한 특성을 보면 다음과 같다.

첫째, 존립(存立)적 특성 측면에서 군사사상은 대중적 공감대를 형성함으로써 존립하게 된다. 사상이라는 것은 어떤 분야에 대한 사고내용에 논리적·이론적·학설적 체계와 통일성을 가진 상태에서 개인적 특성 또는 집단적 특성을 갖고서 주창(主唱)된다. 하지만 사상으로 확고한 자리매김을 하기 위해서는 주창된 것이 광범위하게 받아들여져 여러 대중이 공통으로 인식하는 집단인식이 이루어져야 존립하게 된다. 따라서 군사사상의 경우 주로 군사사상가 또는 군사 분야 전문가의 사고와 경험을 통해 '기초와 체계'가 우선 형성된다. 그다음에 이것이 다수의 군인 또는 일반 국민 속에서 대중적 공감대를 형성하는 형태를 취함으로써 '군사사상'으로 존립하게 된다.

이를 위해서 우선 군사사상은 군사 문제에 대한 사고를 확장하는 개념을 공급한다. 그뿐만 아니라 군사적 관심사를 지속적으로 전개할 수 있는 주제와 방법을 제공해야 한다. 그런데 이렇게 하기 위해서는 군사 분야에 대한 경험적인 인식과 판단이 그 자체로 사상이 되는 것이 아니다. 개별적 사실들에 대한 판단이 추상화의 과정을 거쳐 전반적 · 보편적 사실들에 관한 판단으로 이행되어야 한다. 그리고 단기적 판단에서 장기적 판단으로, 부분적인 이해관계에서 포괄적인 이해관계에 대한 사고뿐만 아니라 나아가서 전체에 대한 통일적 사고로 이행해야 한다.[63]

이런 과정을 거쳐서 만들어진 군사 분야의 어떤 사상이라는 것이 궁극적으로 국가나 집단에서 정책 등에 반영되거나 크게 영향을 미치든지 아니면 군(軍) 또는 국민과 같은 다수의 대중에 의해 공감대가 형성될 때만 군사사상으로 존립할 수 있게 된다.

둘째, 개방적, 공유적, 원심적 성향으로 인해 전파자와 매개체 및 수용자 간의 상호작용인 전달과 확장을 일정부분 이어나간다. 사상의 속성 중의 하나는 마치 마른 들판의 불꽃처럼 특정 지역 내에 신속하게 퍼지거나, 코로나19처럼 국경선이나 국적(國籍)을 구분하지 않고 광범위하게 일정부분 파급되어 나간다는 것이다. 이처럼 사상은 개방적, 공유적, 원심적 특성으로 인해 전파자와 매개체 및 수용자 간의 상호작용인 전달과 확장을 이어나간다. 그런데 순수하게 전달이나 확장이 이루어질 수도 있지만, 때론 권력과 융합 시 권력 수행의 근거 또는 합리성의

---

63) 진석용(2009), 앞의 논문, pp.8~10.

논거로 작용하는 사상의 권력화가 발생한다. 특히 확산과정에서 목적과 가치에 근거를 둔 수용자의 판단이나 수용자가 처한 상황이 중요하게 작용한다. 지금까지 유지했거나 정당성을 부여받았던 기존의 사상이나 신념 또는 질서체계와의 충돌로 거부될 수도 있고, 절충하여 변형을 모색하거나, 아니면 그대로 수용하는 등의 모습을 보인다. 절충하여 변형하거나 그대로 수용할 경우 새로운 관념이 생기거나 기존 문제에 대한 해결책 등과 같이 실용화 될 수도 있다.

사상의 확산 또는 전파의 요인은 생존 문제, 경제적 · 문화적 · 과학적 격차, 인간(사회)의 변화 욕구, 지적 호기심(지식의 탐구), 기존 세력의 무능이나 부패와 같은 사회적 모순, 종교적 신념 등이 주로 작용한다. 또한, 사상의 확산 또는 전파의 주체는 사상을 최초 생각했거나 주장한 특정인이나 특정 집단이 되며 이들은 무언가 깨닫거나 생각한 것을 현실 세계에서 실천하려 하거나 주변에 전달 · 전승하려는 일종의 책임을 이행하는 주동자 역할을 한다. 객체는 사상을 최초 생각했거나 주장한 특정인을 제외한 작게는 이들과 근접한 몇몇 사람을 포함하고 크게는 전 세계 사람이 된다. 아울러 확산 또는 전파의 매개체는 국가나 사회, 선각자나 지식인 또는 사상가, 자연재해나 전쟁과 같은 사람의 이동을 유발하는 사회변혁이나 충격 등이 있다. 특히 전통적으로는 사람, 편지, 전화 등이 중요한 전파 수단이었다. 오늘날엔 언론이나 방송 또는 소셜 미디어(social media)와 같은 것들이 신속히 전파하는 매개체 역할을 하게 된다.

셋째, 유기체적 특성 측면에서 군사사상은 유기체처럼 상황에 따라 상호 영향을 미치고, 진화하거나 소멸하는 생명력을 가진다. 먼저 상호 영향을 미치는 측면에서 보면 군사사상도 다양화되고 있는 사회현상에 따라 발전하고, 반대로 군사사상이 해당 사회에 영향을 미치는 상호 보완적 유기체의 성격을 갖고 있다. 이는 동일시대의 정치, 경제, 종교 등과 다른 사상, 문화, 기술 요소가 군사사상에 많은 영향을 미치는 것은 물론 반대로 군사사상이 이들에게 영향을 미치게 된다는 점이다. 따라서 군사사상의 영향을 받아 사회의 제도나 문화가 변화될 수도 있다. 그리고 이것은 다시 국방정책과 군사제도, 무기체계 및 전략이론의 발전을 가져오게 한다.[64)]

진화 및 소멸 측면에서 보면, 앞서 말한 존립(存立)적 특성과 연결되는 것으로 대중적 인식이 후대까지 이어지는지에 따라 사상이 단명(短命)하는가 아니면 장수하는가의 특성을 갖는다.

일례로 손자의 군사사상은 진화를 거듭하면서 2,500여 년을 장수하는 군사사상 중의 하나이다. 반면 프랑스의 보방(Vauban)이 주장했던 과학과 기하학(幾何學)에 기초한 공성사상(攻城思想)은 장수하지 못하였다. 적의 포병사거리 밖에서 기하학적으로 참호 구축을 시작하여 성벽에 이르러 성을 공격하는 과학적 공성사상이다.[65)] 당시로서는 매우 창의적이었지만 불과 100여 년을 넘기지 못하고 소멸하고 말았다.

넷째, 규범적 성격과 실천적 성격 측면에서 군사사상은 군사 분야에 대한 미래의 개선 방향이나 비전 등을 포함하여 지침 또는 규칙의 형태로 제시하여 시행되는 것을 전제로 한다. 군사 분야와 관련한 현실이나 현상에 대한 사유, 비판, 분석 등의 과정을 거쳐 전쟁수행과 관련된 행위에 대한 미래의 개선 방향이나 비전 등을 포함하여 지침 또는 규칙의 형태로 제시한다. 여기서 지침 또는 규칙은 그 국가 또는 민족이 가진 고유한 가치관이 반영된다. 그리고 국민이 감당해야 할 의무나 희생의

---

64) 이영환, "군사사상의 고찰", 『군사평론』 제320호, 2008, pp.244~245.
65) 에드워드 M. 얼, 『현대 전략사상가 - 마키아벨리로부터 히틀러까지의 군사사상』, 육군본부 역(서울: 육군인쇄창, 1975), p.52.

종류까지 포함된다.

한편 제시되는 비전은 철학, 원칙, 이론보다 훨씬 포괄적인 의미를 지니며 현실에서 직접적으로 주어진 사실들과 현실 너머에 있는 것을 융합한 형태로 제시되는 주장이다. 그래서 비전은 현실과 역사를 통해 실재(實在)하는 것 외에 눈에 보이지 않는 것을 마음의 눈으로 보고 미래를 예견하고 실천의 방향을 지시한다. 여기서 미래 예견은 미래무기, 미래 전쟁 외에도 전쟁이 일어나는 무대인 국제사회, 전쟁수행 주체들(주권국가)의 성격, 군대를 상징하는 시민들의 성격에 대한 예견도 포함된다.[66]

그러나 일부 학자의 경우 군사사상이 실천지침을 제공하지만, 실천 그 자체는 군사사상의 문제가 아니라고 말하기도 한다.[67] 그러나 이는 적절하지 않을 수도 있다. 왜냐하면 사상의 일반적 특성 중의 하나가 실천적 가치이기 때문이다. 그래서 심지어 실천을 전제로 하지 않는 군사사상은 공허(空虛)한 메아리에 불과한 것이다. 외견상 실천을 전제로 하지 않는 것처럼 보여도 실천에 직·간접적으로 관여할 수밖에 없다. 직·간접적인 실천을 전제로 하여 제시하게 되고 이것이 실천됨으로써 의미를 부여받기 때문이다.

일례로 손자(孫子)가 주장한 부전승(不戰勝)사상이 실천을 전제로 하지 않고 주장에만 그쳤다면 누구나 다 백전백승(百戰百勝)을 최고의 덕목(德目)으로 삶고 전쟁을 수행하여 이기는 것이 제일 중요하다고 생각할 것이다. 그러나 손자는 전쟁을 백전백승하는 것보다 전쟁을 하지 않고 적을 굴복시켜 목적을 달성하는 것이 최고[不戰而屈人之兵, 善之善者

---

66) 진석용(2009), 앞의 논문, pp.8~10.
67) 위의 논문

也]라고 주장했다.[68] 이는 오늘날까지도 대부분의 나라에서 실천되고 있다. 즉 사상을 실천한 결과로 지금까지 일반적으로 전쟁을 '최후의 수단'으로 선택했지 '최우선 수단'으로 선택하지 않는다는 것이다.

다섯째, 가치적 성격 측면에서 군사사상은 군사 분야에 대해 특정 집단이나 일반 국민을 일정한 방향이나 목표로 결집(結集)하거나 안내하는 역할을 하게 된다. 이는 군사사상이 군사 분야에 관한 여러 가지 견해, 사고방식을 나타내는 내용을 포괄하고, 일부는 다분히 이데올로기적인 성격을 띨 수도 있기 때문이다. 그래서 특정 집단이나 일반 대중이 이를 사실이나 진실로 받아들여서 그들이 갖고 있던 생각을 바꾸거나 특정 행동으로 옮기는 원인이 되는 가치 및 신념의 성격을 갖는다.

일례로 제1차세계대전의 패전국이었던 독일은 1918년 제1차세계대전을 종료하자마자 1939년 다시 대규모 제2차세계대전을 일으켰다. 이런 배경에는 독일의 군사사상 특히 칼 하우스호퍼(Karl Haushofer)와 같은 군사사상가의 '지정학사상'이 크게 작용하였다. 나치 독일은 전쟁명분 논리를 세우고 독일 국민을 선전선동하기 위해 하우스호퍼 등과 같은 지정학자들이 만들어낸 '자급자족경제권(自給自足經濟圈)'으로 표방된 범영역개념(汎領域槪念)을 부르짖었다. 독일 국민에게 독일이 세계최강의 중심국이 될 수밖에 없다는 신념을 안겨주었고 이를 위해 영토 확장을 위한 전쟁수행이 당연하다는 논리를 편 것이다.[69] 그 결과 그 당시 독일 국민은 대다수가 당연하게 전쟁수행을 통해 세계의 중심 국민이 되어야 한다고 생각하게 되었다.

---

68) Sun Tzu, *The Art of War*, trans. by Samuel B. Griffith(London: Oxford University Press, 1963), p.77.
69) 에드워드 M. 얼(1975), 앞의 책, p.327.

2. 군사사상만이 갖는 특성

군사사상은 일반 사상과 다르게 군사사상만이 갖는 다음과 같이 네 가지의 특성이 있다.

첫째, 군사사상은 군사와 관련된 사상임에도 불구하고 군사 이외의 분야에서 더 많은 영향을 받는다. 군사사상은 국가의 민족성, 전통, 역사, 지형 등 '문화적 요인'과 국가체계의 이데올로기나 국가의 성립과정에서 군이 수행한 역할 등과 같은 '국가이념'에 영향을 받는다. 또한, 국력이나 가상적(假想敵)과 같은 '현실적인 상황'으로부터도 영향을 받는다.[70]

한편 군사사상의 위상(位相)을 보더라도 군사사상은 위로부터 국가목표 및 국가전략, 국가안보목표와 국가안보전략에서 계층적으로 영향을 받는 것은 재론의 여지가 없다. 나아가 이런 계층을 벗어나 수평적으로도 경제, 문화, 역사, 지형, 전통, 과학기술 등 군사와 직접적인 관련이 적은 군사 이외의 분야로부터도 많은 영향을 받는다. 일례로 '경제와 인구'는 군사 분야와 연관이 적어 보이지만 인구는 부대편성과 충원(充員)에, 경제는 전투 장비나 물자를 구비하는 국방예산에 지대한 영향을 미친다.

둘째, 군사 분야를 주(主) 대상으로 하여 전쟁이 우선 관심사가 되지만, 군사 이외의 분야와 전쟁 이외의 것도 중요한 대상이 된다. 군사사상인 만큼 군사 분야가 주된 대상이 되며, 이 중에서 전쟁이 주가 된다는 것은 재론의 여지가 없다. 그러나 반드시 군사 이외의 분야나 전쟁 이외의 분야에 대해서는 관심 밖이냐는 질문에는 단호하게 아니라는 대답이 가능하다. 군사사상은 군사 이외의 분야에서도 영향을 많이 받고,

---

70) 진석용(2009), 앞의 논문, pp.8~10.

또 군사 분야 내에서도 전쟁 분야를 제외한 전쟁 이외의 분야에도 관여하기 때문에 전쟁이 주된 관심사임에도 불구하고 전쟁 이외의 분야도 소홀히 할 수 없다.

셋째, 실천적 가치가 매우 높음에도 불구하고 많은 부분을 간접경험과 사고(思考)로서 접근하는 방법이 요구된다. 다른 사상보다 군사사상은 국가의 안보와 직결되는 것이므로 실천적 가치가 매우 높다. 군사사상은 전쟁을 예방하거나 전쟁을 수행하는 데 우선 반영되어야 한다. 특히 전쟁수행에 반영하기 위해서는 전쟁을 해야 반영된다. 하지만 전쟁은 미리 연습하거나 시험할 수 있는 것이 아니므로 실천적 특성에도 불구하고 행동으로 옮길 수 없는 구조적 모순점을 갖고 있다. 따라서 실천적 접근이 요구됨에도 불구하고 간접경험과 사고를 통한 접근이 더욱 요구된다.

넷째, 특정 인물 또는 특정 국가가 군사사상을 정립하거나 분석할 때 간략형(簡略形)과 세부형(細部形)으로 구분하여 접근할 필요가 있다. 즉 군사사상이 각각의 범주에 미치는 영향을 고려하여 분야별로 군사사상을 정립하거나 분석하고 그중 가장 대표적인 것을 내세우는 것이 필요하다.

특정 인물이나 국의 군사사상을 표현할 때 관련 내용을 모두 아우르는 한두 개의 핵심단어로 잘라 말할 수만 있다면 최상이겠으나 현실적으로 불가능하다. 그래서 다음 제3장에서 설명될 군사사상의 범주를 고려하여 반드시 각각의 범주별로 사상을 정립(분석)하거나 설명하는 것이 타당하다. 그런데 이렇게 하면 장황해지기 때문에 여러 가지를 일일이 나열하기보다는 편의(便宜)를 도모하기 위해 상황에 따라 간략형으로 제시할 필요가 있다. 즉 대표적인 몇 가지 사항을 특정 인물이나 특정 국가의 군사사상으로 내세우는 것이 바람직하다.

〈표 6〉 손자의 군사사상으로 제시되는 주요 핵심단어

• 국가존망지도(國家存亡之道)	• 궤도(詭道)	• 속전속결(速戰速決)
• 부전승(不戰勝)	• 피실격허(避實擊虛)	• 정보(知彼知己)
• 전승(全勝)	• 제승지형(制勝之形)	• 자연활용(知天知地)

　예를 들어 손자의 군사사상에 대해 군사사상 범주별로 각각 분석하거나 기존에 여러 사람이 분석한 내용 중 핵심 단어만 끌어모은 것이 〈표 6〉이라고 가정해 보자. 이렇게 많은 것들을 매번 모두 나열하기보다는 종합하여 간단하게 손자의 대표적인 군사사상을 제시하는 것이 필요하다. 그래서 〈표 6〉을 갖고 '전승(全勝)에 입각한 단기(短期) 속결전(速決戰)'으로 선정하는 것이다. 그러나 분명한 것은 '전승(全勝)에 입각한 단기(短期) 속결전(速決戰)'이라고 말하더라도 이것이 손자의 군사사상 전체를 다 아우르는 것은 아님을 유의할 필요가 있다. 단지 가장 대표적인 것을 내세운 것이기 때문이다.

제3절 군사사상의 역할

1. 군사사상의 역할에 대한 접근방법

　군사사상의 역할과 관련하여 우선 시간의 흐름 또는 인과 관계 측면에서 관련된 대상끼리 상호 미치는 영향을 살펴봄으로써 군사사상의 역할을 이해할 수 있다. 고려의 북진정책이 고구려의 영향을 받았다는 사실이라든지, 전쟁론으로 유명한 클라우제비츠의 경우 헤겔의 사상에서 영향을 받아 변증법적(辨證法的) 사유방법(思惟方法)과 논리 등에 의한 접근을 하고 있다는 것은 잘 알려진 사실이다.[71] 이처럼 개인이나 국가의 사상이 어디(누구)로부터 영향을 받아 어디에(누구에게) 영향을 미쳤다는 것과 같이 우선 나름대로 시간의 흐름으로 계보(系譜)를 정리할 수 있다. 그러나 개인의 사상이 아닌 국가나 어떤 조직의 사상은 시대에 따라 다음 세대에 영향을 미치기 이전(以前)에 당대(當代) 그 자체 시스템 내에서 다른 구성원이나 조직으로부터 또는 군사 이외의 분야로부터 어떤 영향을 받고 또 어떻게든지 영향을 미치게 된다.

이처럼 군사사상은 시간적으로 앞선 특정한 사상이 후대의 새로운 군사사상에 직·간접적으로 영향을 미치는 점과 당대(當代) 그 자체 시스템 내에서 다른 구성원이나 조직 또는 군사 분야뿐만 아니라 군사 이외의 분야와도 직·간접적으로 상호 영향을 주거나 받으면서 어떤 역할을 하게 된다.

한편 사상의 역할 중의 하나가 규범적 가치와 실천적 가치 측면에서 현실사회의 문제점을 분석하고 비판하며 새로운 방향을 제시한다. 그런데 현재까지의 군사사상은 전쟁 분야에 대한 규범적 가치와 실천적 가치 측면에서 역할을 하는 것으로 주로 언급됐을 뿐 전쟁 이외의 분야에 대해서는 언급되지 않았다. 그렇다면 군사사상이 전쟁만 관련된 것인가? 전쟁 분야 이외에 대해서는 사상적 뒷받침이 없어도 되는지에 대한 논란에 휩싸이게 된다.

따라서 군사 분야 내에서만 보더라도 어떤 것들이 상호 영향을 주고 또 영향을 받는지, 그리고 군사 분야를 초월하여 국가 내 제반 기능 중에서 군사사상이 어떤 분야와 연계되어 영향을 받거나 주는지 상호 역

---

71) 카를 폰 클라우제비츠, 『전쟁론』, 류제승 역(서울: 책세상, 1998), p.483.

할과 관계의 구체화가 필요함을 알 수 있다. 그리고 군사사상이 전쟁 분야뿐만 아니라 전쟁 이외의 분야에 대해서도 규범적 가치와 실천적 가치의 역할로 뭘 해야 하는지에 대한 명확한 개념 정립이 필요하다.

2. 군사사상의 역할 구분

앞의 군사사상 정의에서도 볼 수 있듯이 군사사상의 역할은 기본적으로 전쟁 및 전쟁 이외 군사 분야와 관련하여 군사력을 포함한 국방력을 어떻게 준비하고 운용할 것인지에 대한 가장 기본적인 밑그림이면서 등대처럼 나갈 방향을 제시해 준다고 볼 수 있다.

국가 또는 국가이익, 국가안보, 안보위협 및 군사사상과의 연관성 측면에서 군사사상의 역할을 보면 (그림 11)에서 보는 바와 같이 국가가 군사 또는 비군사 위협으로부터 국가 또는 국가이익을 보호하거나 증진

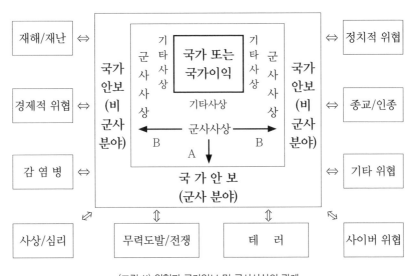

(그림 11) 위협과 국가안보 및 군사사상의 관계

할 때 군사사상이 직간접적으로 역할을 수행하게 된다. 편의상 그림의 'A'와 같이 군사 분야로 한정하여 보면, 무력도발이나 전쟁과 같은 안보위협에 대비하여 군사력을 구비하거나 사용할 때 군사 분야에 대해 적절한 방향을 제시하고 국방정책과 군사전략을 선도하는 역할을 수행한다. 그뿐만 아니라 군사사상 역할 중의 하나인 규범적 가치와 실천적 가치에 따라 '군사 분야의 문제점을 분석하고 비판하며 새로운 방향을 제시'하는 역할을 한다. 또한 'B'와 같이 비군사 분야로 한정해서 보면 재해 및 재난이나 경제적 위협과 같은 비군사 안보위협에 대응하기 위해 'A'와 같이 군사 분야에서 했던 것과 유사하게 영향을 주거나 역할을 수행하고 있음을 알 수 있다.

이외에도 지금까지 제시된 군사사상의 역할에 대해 다양한 내용을 살펴보면 다음과 같다. 먼저 박창희는 군사사상이 학문체계상 가장 상위에 위치하며 전쟁에 관한 소신과 철학으로서 불확실한 전쟁의 영역에서 우왕좌왕하지 않고 올바른 방향으로 나아가도록 하는 지표를 제공하며, 국방정책, 군사전략, 군사교리에 직·간접적으로 영향을 준다고 보고 있다.[72]

1992년 육군본부 발행 『한국 군사사상』은 군사사상의 정립 필요성을 설명하며 간접적으로 제시한 군사사상의 역할 관련 내용을 다음 네 가지로 제시하고 있다. 첫째는 전쟁에 관한 소신과 철학을 제시하여 전쟁에 관한 확고한 신념과 치밀한 준비를 할 수 있게 해 준다. 둘째는 국가목표를 달성하는 데 군사 분야를 집중시키고 조화를 이루게 한다. 셋째는 국민이 전쟁과 관련하여 정신적 교감을 가능하게 하고 전쟁을 준비하게 하며 일사불란(一絲不亂)하게 수행하도록 하는 등 목표달성을 위해

---

72) 박창희(2014), 앞의 논문, p.165.

국민을 포함한 제반 국력요소를 통합 및 집중시킨다. 넷째는 국민으로 하여금 무엇을 위해 왜 전쟁을 해야 하는지 기준을 제시해 주어 전쟁 승패에 결정적으로 영향을 미친다고 보고 있다.[73]

또한 진석용은 군사사상의 역할을 직접 제시하지는 않았지만, 군사사상이 영향을 끼치는 분야와 일반적 특성을 통해 간접으로 제시하였는데 이를 정리해 보면 다음과 같다. 첫째는 군사학의 성격을 규정(기술 혹은 과학)한다. 둘째는 전략과 전술, 물질적 요소와 정신적 요소, 공격과 방어, 기동전과 진지전, 섬멸전과 지구전, 정규전과 비정규전 등에 대한 판단기준이나 사용 방법에 영향을 미친다. 셋째는 육·해·공군 간의 비중 및 관계 설정 등에 광범위하게 영향을 미친다. 넷째는 군사 문제에 대한 사고를 확장하는 개념을 공급할 뿐만 아니라, 군사적 관심사를 지속적으로 전개할 수 있는 주제와 방법을 제공한다. 다섯째는 미래에 대한 '비전'을 제시한다고 보고 있다. 특히 비전제시의 의미는 군사사상이 '미래무기' '미래 전쟁의 양상', 전쟁이 일어나는 무대인 '국제사회', 전쟁수행 주체인 '주권국가들의 성격', 군대를 구성하는 '시민들의 성격'에 대한 예견이나 방향을 제시한다고 보았다.[74]

이외에도 장석홍은 전략과 군사사상의 관계 측면에서 군사사상의 역할을 말하길 전략학에 사상적 기초와 이론적 방향을 제시하며, 동시에 부단히 전략학의 연구 성과를 흡수한다고 보았다.[75] 왕문영은 군사전략의 성질과 수단을 결정하고 그 발전을 촉진한다고 보았다.[76] 최문길은 국가전략과 군사 분야에 대한 안전보장 정책을 수립하는 데 있어서 군

73) 육군본부(1991), 앞의 책, pp.9~14.

74) 진석용(2009), 앞의 논문, p.8.

75) 장석홍(2013, 앞의 논문, pp.6~11.

76) 王文榮, 『戰略學』(北京: 國防大學出版社, 1999), p.7.

사사상이 직·간접적으로 영향을 미치게 되는 경우가 적지 않다고 보았다.[77]

미 합참 합동개념발전비전을 보면 군사사상은 군사준비태세의 필수 요소로 교리, 편성, 훈련, 군수, 리더(leader) 육성, 인원, 시설 및 정책에 관한 결심을 하는 데 기준이 되어 필요한 군사적 역량을 발전시키도록 유도한다는 것이다. 이는 어떤 무기체계, 조직적 구조 또는 학교의 교과과정보다 더 중요할 수 있다. 또한, 군사사상은 개념과 교리에 깊게 스며있고 이들은 모두 상호 간에 긴밀하게 연결되어 있다는 것이다.[78]

이상의 내용들을 분석하고 보완한 결과 군사사상의 주된 역할을 (표 7)과 같이 대략 4가지로 제시할 수 있다.

(표 7) 군사사상의 주요 역할

구분	내　　용
역할①	국가안보를 달성하기 위해 군사 측면에서 군사 분야 또는 이와 연계된 분야에 '비전'과 '방향'을 제시하고 '선도'하거나 판단하는 '기준'으로 작용
역할②	전쟁 또는 비군사적 위협을 억제하거나 대응에 관해 군사 측면에서 소신과 철학을 제시하며, 일시적인 환경변화나 정치적 이해관계 등에 의해 군사 분야를 임의로 좌지우지하는 것을 방지하고, 일관성을 갖고 올바른 길로 가도록 선도
역할③	평시 군사력 관리 및 운영을 효과적이고 효율적으로 하게 할 뿐만 아니라, 전쟁 또는 비군사적 위협이 발생 시 국민 등 제반 국가 요소 및 이와 연계된 것들을 집중시키고 이끌거나 조화를 이루게 함
역할④	기타 역할

77) 최문길, 『군사사상의 정립체계』(서울: 국방대학원, 1994), p.6.
78) J. N. Mattis(미 합동전력사령관 미 해병 대장), "미 합동개념발전 비전", 육군교육사령부 역(대전: 육군교육사령부, 2012), p.7.

첫째, 국가안보를 달성하기 위해 군사 측면에서 군사 분야 또는 이와 연계된 분야에 '비전'과 '방향'을 제시하고 '선도'하거나 판단하는 '기준'으로 작용한다.

국가는 직접적인 적대 국가(단체)의 침략 위협뿐만 아니라 잠재적인 위협과 감염병·테러·사이버 공격·대규모 재난 등 초국가적·비군사적 위협을 포함한 모든 위협으로부터 국가안보를 달성하기 위해서 우선 고려하는 것이 국방력이다. 그런데 국방력은 국방정책과 군사전략에 의해 주로 창출, 발전 및 유지된다. 그리고 국방정책과 군사전략은 국가비전이나 국가안보목표, 국가안보정책과 국가안보전략으로부터 공식적으로 직접적인 영향을 받는다. 그런데 주목할 것은 (그림 12)에서 보는 바와 같이 국방정책, 군사전략, 국가안보정책과 국가안보전략 등은 이들의 저변에 깔려 면면히 흐르고 있는 군사사상으로부터 직·간접적으로 영향을 받거나 지침, 방향 등을 받게 된다는 점이다. 따라서 군사사상의 가장 큰 관심사는 국가안보를 달성하기 위해 군사 분야 및 이와 관련한

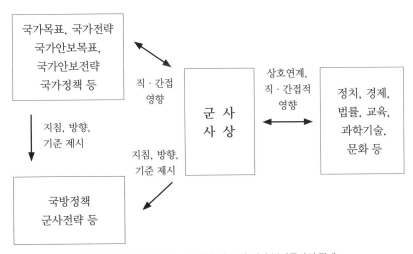

(그림 12) 국가목표 등과 군사사상 및 군사 이외 분야들과의 관계

분야에 대해 '비전'과 '방향'을 제시하고 '선도'하거나 '판단기준'을 제공하는 등의 역할을 충실히 수행하는 것이다.

이를 부언하자면 국가는 국가안보 위협으로부터 영토, 주권, 국민, 복지, 자유, 국가이념 또는 국가이익 등을 보호하고자 한다. 이를 구현하기 위해 군사사상은 실제적으로 군사력을 갖추거나 이를 사용하는 국방정책, 군사전략, 군사교리 및 군사외교 등과 같은 군사 분야에 비전과 적절한 방향을 제시하고 선도하거나 판단의 기준을 제공한다. 아울러 군사 이외의 관련 분야에 대해 이들에게 직간접적으로 영향을 준다. 심지어 군사 분야에서 하는 것처럼 군사 측면에서 일정부분 비전과 방향을 제시하고 선도하거나 이들이 국가안보와 관련한 사항을 군사 분야와 연계하여 판단할 때 기준을 제공한다.

예를 들어 북한의 핵 위협과 주변국의 잠재적인 위협에 대응하기 위해 오늘날 한국의 군사사상은 군사사상의 제2범주인 '전쟁에 대비한 군사력건설'에서 억제유형을 선택할 시 '거부적 억제(Deterrence by Denial)'와 '상황적 억제(Situational Deterrence)'[79] 등과 같은 억제 개념과 안보의 상호의존 중 한미동맹을 포함하고 있다. 따라서 이에 영향을 받은 국방정책에서 북한 핵 및 대량살상무기 위협에 대한 대응역량 강화를 위해 '맞춤형 억제전략'을 선택하였다. 맞춤형 억제전략이란 북한 지도부의 특성과 핵·미사일 위협 등을 고려하여 한반도 상황에 최적화된 한미 공동의 억제·대응전략으로서 미국이 제공하는 일반적인 확장억제 개념보다 한 단계 발전된 억제·대응전략이다.[80] 이는 북한이 핵

---

79) 억제와 관련한 자세한 사항은 이 책의 제3장 제3절 범주Ⅱ: 전쟁에 대비한 군사력건설[養兵]의 2항 '양병 분야별 세부 내용'에 언급된 억제 관련 내용을 참고 바란다.

80) 박창권, "북한의 핵 운용전략과 한국의 대북 핵억제전략", 『국방정책연구』 제30권 통권 제104호, 2014, p.182.

무기 사용을 위협하는 단계부터 직접 사용하는 단계까지 모든 위기상황 별로 이행 가능한 군사 · 비군사적 대응방안이 포함되어 있다.[81] 이처럼 한국이 국방정책의 일부로 선택한 '맞춤형 억제전략'은 갑자기 생긴 것이 아니고 한국의 군사사상이 거부적 억제와 같은 억제유형과 한미동맹과 같은 상호 의존적인 국가안보를 추구함에 따라 이를 토대로 북한의 핵 및 대량살상무기 위협에 대응하기 위해 선택한 전략인 것이다.

물론 여기에는 비단 국가안보로만 한정되는 것이 아니라 국가안보를 포함하여 국가비전과 국가목표를 달성하고 국가정책을 구현하기 위해 다른 분야에 대해서도 군사 측면에서 '비전'과 '방향'을 제시하고 '선도' 하거나 판단하는 '기준'으로 작용하는 것을 포함한다.

둘째, 전쟁 또는 비군사적 위협을 억제하거나 대응에 관해 군사 측면 에서 소신과 철학을 제시하며, 일시적인 환경변화나 정치적 이해관계 등에 의해 군사 분야를 임의로 좌지우지하는 것을 방지하고, 일관성을 갖고 올바른 길로 가도록 선도한다.

군사사상은 전쟁 또는 비군사적 위협에 대한 소신과 철학을 제시하여 이에 대해 확고한 신념하에 군사 측면에서 이를 억제하거나 대응하게 한다. 군사적 측면에서 불확실한 미래를 예측하거나 적의 침략과 같은 안보위협을 정확히 판단하기란 매우 어렵다. 그럼에도 불구하고 전쟁 또는 비군사적 위협을 억제하거나 대응하기 위해 국가는 일정한 주기로 최대한 관련 정보를 수집하여 결심을 굳히고 일을 추진할 수밖에 없도 록 요구받는다. 이런 상황에서 군사사상이 군사적 소신과 철학을 제시 하게 된다.

군사적 소신과 철학이란 전쟁 또는 비군사적 위협에 대한 억제나 대

---

81) 국방부, 『2020 국방백서』(서울: 국방부, 2020), p.59.

응을 하면서 관련 정보를 최대한 수집하여 판단 및 조치하려고 할 것이다. 이때 최선(최적)의 방향이라 굳게 믿거나 생각하는 바에 의해 국가 통수권자 또는 정책 수행자가 자신 있게 관련된 일을 추진하도록 하는 것이다. 또한 국민이 이를 믿고 따름에 있어서 정신적으로 의지하게 만드는 것을 의미한다. 그뿐만 아니라 군사적 소신과 철학은 정당성이 결여된 내·외부의 어떠한 힘의 논리에도 좌우되지 않게 한다. 이를테면 정당성이 결여된 위협, 공갈, 권위, 권력, 재력 등(정의주의 포함)과 같은 세력에 의해 전쟁 또는 비군사적 위협이 유도되어 이들에게 끌려다니지 않도록 하는 것을 포함한다. 그 결과 전쟁 또는 비군사적 위협과 관련하여 정신적 교감을 가능하게 하고 전쟁을 억제하거나 대응을 일사불란(一絲不亂)하게 수행하도록 하는 역할을 한다.

다음으로 일시적인 환경변화나 국가 통치자 또는 정치인들의 정치적 이해관계 등에 의해 군사 분야를 임의로 좌지우지하는 것을 방지하고, 일관성을 갖고 올바른 길로 가도록 한다는 점이다. 이와 관련하여 『손자병법』 제3편(謀攻)의 내용 중에서 '軍之所以患於君者三 不知軍之不可以進 而謂之進 不知軍之不可以退 而謂之退 是謂縻軍'[82]라고 하여 군대가 진격할 수 없는 상황임을 알지 못하고 진격하라고 명령하며, 군대가 후퇴할 수 없는 상황임을 알지 못하고 후퇴하라고 명령하는 것을 일컬어 '군을 속박(얽어맨다)하는 것'이라고 말하고 있다. 이는 국가 통치자 또는 정치인들이 군사 상황을 잘 모르거나 정치적 이해관계 등에 의해 군사 분야를 임의로 좌지우지하는 것의 폐단을 말하고 있다.

국가와 같은 집단이나 개인으로서 사람은 불완전한 존재이므로 환경

---

82) 軍之所以患於君者三 不知軍之不可以進 而謂之進 不知軍之不可以退 而謂之退 是謂縻軍(군지소이환어군자삼 부지군지불가이진 이위지진 부지군지불가이퇴 이위지퇴 시위미군)

변화에 적절하게 적응하는 것이 필요하다. 그렇지만 환경이 일부 변화되었거나 정치적 이해관계 등에 민감하게 적응 또는 반응한다는 명분하에 때로는 쉽게 국방 관련 계획을 뒤집거나 실행을 포기하기도 하고, 갈팡질팡하거나 심지어 군을 사적(私的)인 목적으로 활용하는 것은 환경변화에 적응하는 것과는 별개의 문제이다. 예를 들어 전쟁, 분란(紛亂) 또는 테러 등이 발생했을 때 국가이익을 기준으로 적절하게 대처하기보다는 중국 송(宋)나라의 경우처럼 상대의 요구에 쉽게 타협하는 경우를 들수 있다. 송나라의 17%에 불과한 요(遼, 거란)나라가 20만 명의 병력으로 침입하자 굴욕적으로 화친조약인 '전연의 맹약(澶淵盟約)'을 맺음으로써 쉽게 상대의 요구사항을 들어주며 타협했다. 이외에도 국방전력 증강예산을 선거표심을 잡을 예산으로 전용하는 경우, 정치적 목적으로 군대를 활용하는 경우, 쿠데타(coup d'État) 등은 환경변화에 적응하거나 순응하는 것이라고 보기 어렵다.

만약 이처럼 정치적 이해관계가 첨예하게 대립하거나 상황이 일부 변경되었을 경우 또는 군에 대해 잘 모를 경우에도 국가 통치자 또는 정치인들이 올바른 군사사상으로부터 적절하게 영향을 받았다면, 함부로 군을 좌지우지하는 것을 완전히 방지할 수는 없을지라도 경우의 수를 크게 줄일 수 있게 된다.

셋째, 평시 군사력 관리 및 운영을 적절하고 효율적으로 할 뿐만 아니라, 전쟁 등이 발발했을 때 국민 등 제반 국가요소를 집중시키고 이끌거나 조화를 이루게 한다.

먼저 평시 적절하고 효율적인 군사력 관리 및 운영 측면에서 군사사상의 역할이 가시화되어 다음과 같은 국방 관련 정책이나 제도들이 표출된다. 전쟁지속능력 확충을 위해 전시 소요와 현재의 능력을 바탕으로 전쟁수행에 필요한 전력과 장비·물자를 획득 및 유지한다. 국방운영의 효율화를 통한 국방비 절감 노력을 하게 된다. 아울러 조달·정비지원·물류체계의 혁신적 개선, 4차 산업혁명 기술을 적용해서 효율성·개방성·투명성이 강화된 국방운영 체계를 확립하는 것이다. 또한, 국가 및 사회 요구에 부합하는 국방개혁 추진과 범국민적 지지를 확보하는 노력을 한다. 초연결·초지능·초융합의 국방 인프라 조성으로 기술·기반 혁신, 무기체계 지능화·고도화로 미래전에 대비하는 것 등을 추진하게 된다. 특히 양병된 군사력을 경제적이며 최적의 상태로 유지관리하기 위해서는 적정 국방비를 획득하여 효율적인 집행이 필요하다. 군정(軍政) 및 군령(軍令), 군사법, 민군 관계 등과 같은 것이 적절하게 체계화되어 수반되어야 한다. 이 중에서 국방비 획득은 정치적 판단과 경제적 판단이 병행되어야 하는 것으로 주변 국가들과의 정치적인 관계를 우선 고려해야 한다. 그뿐만 아니라 국내적으로도 국가 예산 중다른 비군사적 예산 소요가 산적해 있지만 일정 규모의 적정 국방비를 배정하고 집행하는 것은 군사적 필요성에 대한 공감대가 형성되어야 가능하다. 그런데 이런 공감대가 형성되기 위해서는 국방부의 예산획득을 위한 적극적인 노력이 우선되어야 함은 두말할 필요가 없다. 하지만 그 저변에는 튼튼한 국방력을 토대로 확고한 국가의 안전을 보장하려는 군사사상이 행정부, 입법부 등에 널리 확산되어 있어야 하고, 무엇보다 군사사상에 대한 국민적 공감대가 형성되어 있어야 한다.

다음으로 전쟁 또는 비군사적 위협이 발생 시 국민 등 제반 국가적 대응 요소들을 집중시키고 이끌거나 조화를 이루게 한다는 점이다. 우선 전쟁이 발발하면 인력동원 또는 산업동원 등을 통해 국민을 포함한 모든 국가 요소들이 전쟁수행에 직·간접적으로 참여하여 각자의 임무를 수행한다. 이것이 가능한 것은 전시체제 전환, 징병 및 동원 등과 같은 법적·제도적 장치가 마련되어있기 때문이다. 그런데 여기서 근원적으로 들어가 보면 군사사상이 행정부나 입법부에 심대한 영향 미쳤기 때문에 이렇게 법적 · 제도적 장치가 마련될 수 있었다. 그뿐만 아니라 무엇보다도 법적 · 제도적 장치를 마련하는 것 못지않게 군사사상이 국민 마음속에 전쟁수행 의지와 항전 의식(抗戰意識)이란 싹을 틔웠기 때문이다.

이와 관련하여 긍정적으로 작용한 사례는 조선 의병(의승군)장들의 군사사상을 들 수 있다. 1592년 임진왜란이 발발했을 때 조선에는 엄연히 군사제도와 이를 근거로 편성된 정규군인 관군(官軍)이 있었다. 하지만 일본의 침략에 조선군이 적절히 대응하지 못하고 유명무실해졌다. 이렇게 되자 곽재우, 사명대사 등과 같은 의병(의승군)대장이 주축이 되어 전국 각지에서 일본의 침략에 대항하기 위한 의병(의승군)이 일어났다. 이는 당시 의병(의승군)장들의 군사사상이 국민을 집중시키고 이끌었던 것이지 조선의 법적 · 제도적 장치로만 이루어 낸 것은 아니다. 이와는 반대로 부정적인 영향을 미친 사례는 제2차세계대전을 일으킨 나치스(Nazis)의 군사사상을 들 수 있다. 나치스는 전쟁 명분을 선전하는 데 게르만 민족의 우월성을 바탕으로 '자급자족경제권(自給自足經濟圈)'으로 표방된 범세계영역권(汎世界領域權)을 부르짖으면서 지정학 이론을 포함한 군사사상을 활용한 것이다.[83] 그 결과 제1차세계대전 후부터 제2차세계대전 전까지 지정학을 토대로 한 나치스의 군사사상은 군국화(君國化)와 전쟁 발발을 위한 독일 국민을 집중시키고 정치적으로 선동하는 역할을 톡톡히 하였다. 이렇게 나치스는 독일 국민을 집중시키고 선동하여 제2차세계대전을 일으킨 것이다.

넷째, 기타 역할이다. 국가가 전쟁을 해야 하는지 아닌지, 육 · 해 ·

---

83) 에드워드 M. 얼(1975), 앞의 책, p.327.

공군 간의 구성 비율이나 비중, 각 군 간의 관계 설정 등과 같은 정치적 · 정책적 결심에 대한 방향을 제시한다. 또한, 군사전략, 기동전과 진지전, 섬멸전과 지구전, 정규전과 비정규전, 공격과 방어 등과 같은 전략 전술에 대한 판단기준이나 방향을 제시한다. 이외에도 군사학의 성격 규정, 군사와 관련한 물질적 요소와 정신적 요소 등에 대해 방향을 제시하거나 영향을 미치고, 심지어 편성, 훈련, 군수, 리더 육성, 인원, 시설 등에 관한 결심을 하는 데 기준이 된다.

제3장 군사사상의 범주

제1절 군사사상의 범주에 대한 이해

1. 기존 군사사상의 범주

기존에 일반화되었던 군사사상에 대한 개념을 토대로 (표 8)에서 보는 바와 같이 현재까지 정립된 군사사상의 범주를 분류해 본다면 크게 대략 네 가지로 접근할 수 있다. 첫째는 전쟁에 대한 인식(認識) 측면이고, 둘째는 이를 바탕으로 전쟁을 준비하는 양병(養兵) 분야이다. 셋째는 전쟁에서 승리하기 위해 어떻게 운용할 것인가의 용병(用兵) 문제이다. 그런데 마지막 넷째는 학자마다 통일되지 않고 제각기 상이한 범주를 제시하고 있는 실정이다.

(표 8) 현시점에서 우선적으로 분류할 수 있는 군사사상의 범주

범주 1	범주 2	범주 3	범주 4
전쟁에 대한 인식	양병	용병	통일되지 않고 제각기 상이한 기타 분야

먼저 첫째 범주는 전쟁에 대한 인식의 문제이다. 전쟁이란 무엇인가는 전쟁의 본질에 관한 기본인식 단계와 이 인식에 따라 어떤 의지와 신념을 가지고 전쟁을 수행할 것인가라는 전쟁수행 신념의 문제이다. 이는 그 나라의 역사와 철학에 기초한 전쟁본질에 대한 인식 차원의 주관적 사고체계로서 전쟁을 어떻게, 어떤 기준으로 치러야 할 것이냐 하는 실천적 자각(自覺)까지 포함하게 된다. 또한, 전쟁수행 신념은 장차 겪게 될 전쟁에 대해 어떤 자세와 의지로 임할 것이냐 하는 통일된 사고 방향이라고 할 수 있다.[84]

두 번째 범주는 양병으로 군사력건설 분야이다. 이는 전쟁승리를 위해 어떻게 준비할 것이냐 하는 전쟁수행 수단을 준비하는 것으로서, 군사력을 개발·양성·준비·관리하는 분야이다. 첫 번째 범주인 전쟁에 대한 인식과 수행 신념을 기초로 이런 의지를 구현하기 위해 전쟁에 대비하는 실천적 사항이고 장차 어떤 군사력을 건설할 것이냐 하는 사상적 기조(基調)의 문제이다.[85]

세 번째 범주는 전쟁에서 승리하기 위해 군사력을 어떻게 운용할 것이냐 하는 전쟁지도 및 수행방법으로서의 군사력운용 분야이다. 이는 전쟁지도 및 수행 신념, 지리적 여건, 무기체계, 위협의 정도에 따라 달라질 수 있는데, 무엇보다도 단기결전과 최소의 피해로 전쟁에서 승리할 수 있도록 군사력을 운용하는 것이 중요하다.[86]

그러나 네 번째 범주는 학자마다 견해가 상이하다는 점이다. 이에 대해 일부 학자들의 견해를 정리하자면 다음과 같다. 먼저, 김희상은 앞의 제1부 제1장의 (표 1) '군사사상에 대한 정의'에서 언급한 바와 같이 군

---

84) 육군본부(1991), 앞의 책, p.258.
85) 위의 책, p.284.
86) 위의 책, p.293.

사사상의 '목적 차원' 범주에 다른 학자들과 유사하게 전쟁의 인식, 군사력건설, 군사력운용 등과 같은 것을 포함하였다. 반면에 약간 특이한 것은 군사사상의 '개념 차원' 범주에 전쟁철학, 전쟁준비, 전쟁수행 개념을 포함하였다. 또한, 개념 차원의 하위영역으로 '실천 차원' 범주를 제시하고, 이는 군사 분야 업무수행을 통해 현실적으로 구체화하는 것이라고 범주를 분류하였다.[87]

그리고 박창희는 전쟁관, 전쟁 양상과 전쟁의 목적, 군사전략, 작전수행 방법으로 구분하고 있는데, 다른 학자들과 유사한 것은 '전쟁관'과 '군사전략'이다. 전쟁관은 전쟁의 본질에 대한 인식이고, 군사전략은 양병과 용병을 모두 포함하는 것으로 보고 있다. 반면에 약간 상이한 분야는 '전쟁 양상과 전쟁의 목적' 그리고 '전쟁수행 방법'이다. 전쟁 양상과 전쟁의 목적은 장차 수행하게 될 전쟁이 어떤 유형의 전쟁일 것인가에 대한 견해와 그러한 전쟁에서 추구하는 정치적 목적을 의미한다. 전쟁수행 방법은 전장에서 적용되는 군사교리 수준에서의 작전행동을 의미한다.[88]

이외에도 일본의 아사노 유고(淺野祐吾)는 군사사상의 구성요소로 군사제도(軍事制度), 병기(兵器), 용병(用兵)을 중요한 구성요소로 들고 있는 점이 특이하다.[89]

---

87) 김희상, 『생동하는 육군을 위하여』(서울: 전광, 1993), pp.212~214.
88) 박창희(2014), 앞의 논문, pp.166~167.
89) 淺野祐吾, 앞의 책, p.9.

2. 새로운 군사사상의 범주

　이상에서 살펴본 내용을 고려하고 현재 범주의 미흡 분야를 보완하여 새로이 군사사상의 범주를 설정할 필요가 있다. 특히 군사사상이 전쟁 이외의 군사 분야에도 방향과 지침의 제공하는 점을 고려할 필요가 있다. 또한 전쟁수행 수단의 확대 측면과 전시가 아닌 평시에 전쟁 이외의 군사활동 비중이 높아진 점을 고려 시 전쟁 이외의 군사 분야가 군사사상의 중요한 한 범주에 속함을 유념할 필요가 있다.

　따라서 기존의 범주인 전쟁에 대한 인식을 기초로 전쟁에 대비하여 양병과 용병 외에도, 전쟁 양상의 변화와 전쟁목적, 군사교리에 입각한 작전행동, 평시 군사업무수행 및 교육훈련, 군사제도, 병기 등과 같은 일부 학자의 의견을 고려해야 한다. 그뿐만 아니라, 국가정책 구현 등과 같은 전쟁 이외의 군사활동 등을 추가로 포함하여 군사사상의 범주를 〈표 9〉에서 보는 바와 같이 기존의 3가지 범주에다가 새롭게 3가지를 추가하여 총 6가지로 구체화하고 세분화하였다.

〈표 9〉 군사사상의 기존 범주(범주1~범주4)와
새로 정립한 범주(범주Ⅰ~범주Ⅵ)의 비교

기존 범주	범주 1	범주 2	범주 3	범주 4		
	전쟁에 대한 인식	양병	용병	학자마다 통일되지 않고 제각기 다른 분야		
새로 정립한 범주	범주Ⅰ	범주Ⅱ	범주Ⅲ	범주Ⅳ	범주Ⅴ	범주Ⅵ
	전쟁에 대한 인식	양병	용병	평시 국가 안보 지원	평시 국가정책 지원 수단으로서의 군사력운용	평시 효과적이고 효율적인 군사력 관리 및 군 운영

따라서 이상의 내용을 기초로 새로 군사사상의 범주를 구분하면 다음과 같다. ①전쟁에 대한 인식 및 이해, ②전쟁에 대비한 평시 군사력건설[平時養兵], ③ 군사력을 운용하여 전쟁수행[戰時用兵], ④평시 국가안보 지원, ⑤평시 국가정책 지원 수단으로서의 군사력운용, ⑥평시 효과적이고 효율적인 군사력 관리 및 군 운영이다.

그런데 여기서 한 가지 유념할 것은 둘째 항목인 '군사력건설'의 범위를 넓게 보면 두 가지로 구분할 수 있다. 하나는 군 조직편성에 따라 인원, 장비 및 물자를 보충하여 부대를 갖추고 교육훈련 등을 통해 준비태세를 유지하는 것과 같은 전쟁에 대비하기 위한 '순수 양병' 분야가 있다. 그리고 또 다른 하나는 양병된 전투력을 효율적이고 경제적인 부대 운영과 같이 평시 '효과적으로 유지관리'를 하는 데 주안을 둔 '양병관리' 분야로 구분할 수가 있다.

특히 양병의 둘째 분야인 '평시 효과적인 전투력 유지관리'가 양병의 범위에 포함되는가 아닌가는 견해에 따라 논란의 여지가 있다. 하지만 양병의 의미는 순수하게 부대를 편성하는 것도 중요하지만 이를 평시 유지 및 관리하여 유사시 전투력 발휘가 가능하게 하는 것까지 포함하기도 한다. 이렇게 광의의 양병 개념으로 접근할 경우 위에서 구분한 범주Ⅱ와 Ⅵ은 양병이라는 큰 범주에 같이 포함해도 된다. 그러나 여기서는 이 둘을 하나로 묶으면, 한 개 범주의 범위가 너무 비대해지는 것을 막기 위해 범주Ⅱ는 전쟁에 대비하여 양병에 주안을 둔 순수 양병 분야로 한정하였다. 또 다른 하나인 범주Ⅵ은 양병된 부대를 유지 및 관리하는 분야로 각각 구분하여 범주를 달리하였다.

〈표 10〉 군사사상 범주 II와 VI의 주요 내용 구분

범 주	범주 II 양병	범주 VI 평시 효과적이고 효율적인 군사력 관리 및 군 운영
주 요 내 용	• 억제유형의 선택 • 상호의존 형태의 선택 • 국방개혁 및 군사혁신 • 통일 이후를 대비한 한국의 적정 군사력건설 • 기타 고려 요소(일관성, 군사 교리/훈련, 군사대비태세)	• 적정 국방비 획득 • 효율적인 국방비(전력증강비 제외) 운용 • 군사법(軍事法) 및 군대윤리 • 민군 관계 • 기타(건강 · 의무, 건축 · 군사지리 · 기상)

그러므로 각각의 범주별로 세부 내용은 다음의 제2절부터 제7절까지 논하되 제3절의 전쟁에 대비한 군사력건설은 '순수 양병' 분야에 치중하여 접근하는 것이며, 제7절의 평시 효과적이고 효율적인 군사력 관리 및 군 운영은 '평시 유지관리' 분야에 주안을 두고 다루고자 한다.

제2절 범주 I : 전쟁에 대한 인식과 이해

1. 기본적인 접근 방향

전쟁의 본질과 현상에 대한 인식의 문제는 다음과 같은 다섯 가지 측면에서 접근이 필요하다. 첫째는 전쟁의 본질과 전쟁의 정의(定義)이고, 둘째는 수행 신념 측면이며, 셋째는 전쟁의 성격과 양상에 대한 인식 및 이해이고, 넷째는 전쟁의 원인에 대한 인식 및 이해이며, 다섯째는 전시(戰時)에 대한 인식 및 이해로 전시의 개념을 어디까지 보는가의 문제이다.

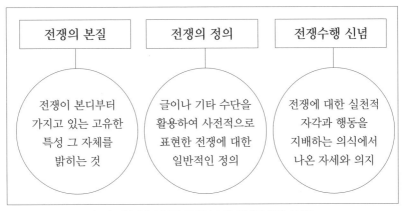

(그림 13) '전쟁의 본질, 정의와 수행 신념'의 영역과 내용

첫째, 전쟁에 대한 본질과 전쟁의 정의 측면이다. 먼저 전쟁의 정의를 이해하기 위해서는 전쟁의 본질을 알아볼 필요가 있다. 왜냐하면, 전쟁의 본질은 전쟁이란 현상 내면에 있는 독자적인 성질 또는 전쟁이 본디부터 가지고 있는 고유한 특성 그 자체를 밝힘으로써, 전쟁의 정의에 접근할 수 있기 때문이다. 즉 전쟁의 본질을 참고하여 글자그대로 전쟁이 어떤 것이라고 사전적으로 말하는 것처럼 전쟁에 대한 뜻을 명백하게 규정하는 것이다. 따라서 본질이 정립한 다음 이를 바탕으로 정의를 내리는 것이 적절하다.

전쟁에 대한 본질과 정의는 기존의 군사사상 이론이나 정치학 및 군사학 이론 등에서 오래전부터 다루어 왔다. 그러나 전쟁의 개념이 확대되고 전쟁환경이 변화되어 지금까지 대체적으로 적용해왔던 전쟁의 본질과 정의로는 한계가 노출되었다. 즉 기존은 본질이 아니었으나 이제는 본질로 포함되어야 하는 것도 있다. 따라서 전쟁의 본질과 정의에 대한 일부 보완이 필요하다.

둘째, 전쟁수행 신념 측면이다. 전쟁수행 신념은 전쟁을 할 것인지 말 것인지의 기로에서, 전쟁을 하겠다는 의지로 굳힌 다음 전쟁을 어떤 의지와 기준을 가지고 수행할 것인가의 문제이다. 이는 전쟁을 정치적 목적 달성 수단으로 선택하고, 이를 수행하겠다는 결심을 굳힌 상태에서 어떻게, 어떤 기준으로 수행할 것이냐 하는 실천적 자각(自覺)과 행동을 지배하는 의식까지 포함하고 있다. 아울러 장차 수행하게 될 전쟁에 대한 통일된 사고와 의지를 의미한다. 따라서 전쟁에 대한 인식 및 이해를 위해서 전쟁의 정의와 수행 신념 측면에서는 먼저 전쟁을 어떻게 인식하는가의 문제와 전쟁에 대해 실천적 자각과 행동을 지배하는 의식에 따라 어떤 자세와 의지로 임하는가의 관점에서 접근할 필요가 있다.

전쟁수행 신념 측면은 기존의 군사사상 이론이나 기타 정치학 및 군사학 이론 등에서 체계적으로 다루지 않아 구체화가 미흡한 상태이다. 따라서 이 분야는 기존의 것들을 정리하는 수준이 아닌, 많은 지면을 할애하여 좀 더 체계적이고 구체적으로 언급할 필요가 있다.

셋째, 전쟁의 성격과 양상에 대한 인식 및 이해이다. 지금까지 전쟁의 개념은 주로 양국 간의 무력 충돌이란 시각이었다. 이제는 이런 시각에 추가하여 군사적 수단 외에 정치적 · 외교적 · 경제적 · 사회적 · 심리적 요소 및 기타 요소를 다양하게 활용한 형태의 개념으로 확대해야 한다. 또한, 적부대 격멸이나 적 영토 확보 목적 이외에 다양한 목적을 달성하기 위해 전쟁을 수행하고 있다. 일부 학자들은 이런 변화에 따라 전쟁의 성격이나 양상을 1세대 전쟁부터 4세대 전쟁으로 구분하기도 한다.[90] 기존의 전쟁에 대한 인식에 추가하여 새로운 전쟁 양상인 4세

---

90) William S Blind, Keith Nightengale, John F Schmitt, Joseph W Sutton, Gary

대 전쟁, 하이브리드전[91], 사이버전, 테러 및 범죄가 혼합된 전쟁 등을 포함하여 전쟁 개념의 영역과 성격을 확대할 필요가 있다.

(표 11) 4세대 전쟁과 복합전, 하이브리전 비교

구 분	4세대 전쟁 (Fourth-generation Warfare)	복합전 (Compound War)	하이브리드전 (Hybrid Warfare)
목 표	정치적(국민의지)		
주 체	비국가적 집단	국가, 비국가적 집단	
수행방법	비정규전, 테러, 사이버전, 폭력	정규전, 비정규전, 테러, 사이버전	
시 기	순차적		비순차적(동시)
공 간	다른 공간		동일 공간
기 간	장기적		
수 단	재래식~하이테크, 치명적/대량살상무기		

* 출처: 이승호, "미래 전쟁 양상 변화와 지상군 역할", 『전략연구』 제67호 (2015. 11), p.115.

따라서 이러한 양상이나 성격의 변화에 맞게 사고(思考)하고 대응책을 찾도록 접근해야 함을 알 수 있다. 전쟁의 성격과 양상에 대한 인식 및 이해 측면은 기존의 군사사상 이론 등에서 오래전부터 다루어 왔기 때문에 체계가 대체로 잡힌 상태이다. 다만 군사적 수단에 의한 무력 충돌 외에 정치적·외교적·경제적·사회적·심리적 요소 및 기타 요소

I Wilson, "The Changing Face of War: Into the Fourth Generation", *Marine Corps Gazette* November 2001, pp.65~66. Reprinted from *Marine Corps Gazette* October 1989.

91) 하이브리드전에 대한 설명은 뒤에 나오는 "미래 전쟁에 '기존 전쟁의 본질' 적용가능성 판단"부분의 설명을 참조하기 바란다.

를 다양하게 활용한 형태의 충돌개념으로 확대하는 것이 필요하다. 이 외의 사항은 기존의 것을 정리하는 수준으로 접근해도 문제가 없다.

넷째, 전쟁의 원인에 대한 인식 및 이해이다. 전쟁의 원인이 단일 원인이라고 단정하기는 어렵다. 대부분 복합적으로 원인들이 작용하여 발생한다. 특히 일반적으로 인식하고 있는 정치적 목적을 달성하기 위한 이유 이외에도 인간의 본성, 경제적 · 사회적 · 문화적 원인, 명분, 예방차원의 선제공격 등이 주된 원인으로 작용하기도 한다. 그런데 여기서 주목해야 할 것은 전쟁의 원인을 규명하는 것은 궁극적으로 전쟁을 잘하기 위함보다는 전쟁의 원인을 찾아 예방하는 데 더 큰 목적이 있다는 점이다. 따라서 군사사상의 범주도 우선적으로 전쟁을 예방하거나 억제하기 위한 관점에서 전쟁의 원인을 규명하도록 접근해야 할 것이다.

전쟁의 원인에 대한 인식 및 이해 측면 역시 기존의 군사사상 이론 등에서 오래전부터 다루어 왔기 때문에 나름대로 체계가 대체로 잡힌 상태이다. 따라서 이 분야는 새로운 것을 언급하기보다는 기존의 것들을 정리하는 수준으로 접근해도 문제가 없다고 본다.

다섯째, 전시(戰時)에 대한 인식 및 이해로 전시의 개념을 어디까지 보는가의 문제로 접근이 필요하다. 일반적으로 '전시(戰時)'와 '전시가 아닌 평시(平時)'로 크게 구분하고 있다. 그런데 이렇게 구분해도 되는지 아니면 다른 구분을 적용해야 하는지 의문이 생길 수도 있다. 예를 들어 사이버전의 경우 무력 충돌이란 고정관념에서 해석이 매우 제한된다. 특히 강도(強度)가 약하게 사이버전을 수행할 경우 평시와 유사한 자연상태이고 일부만 비정상적인 상황이 발생하는 것이다. 이는 기존의 전시 개념을 기준으로 보면 평시로 포함하는 것이 더 적절할 수 있다. 그런데도 사이버전을 당한 쪽은 심각한 타격을 입게 되고, 사이버전을 수행한 측은 정치적 또는 원하는 목적을 달성할 수도 있다. 이 경우 평시가 아닌 전시 개념에 포함할 수도 있다. 따라서 전시와 평시의 개념에 대한 인식과 이해를 폭넓게 해야 할 필요가 있음을 알 수 있다. 따라서 이 분야는 상황변화로 기존의 것들을 일부 보완해야 한다.

이상과 같은 방향 설정을 토대로 위에서 언급한 다섯 가지 측면에 주안을 두고 각각의 내용을 좀 더 구체적으로 살펴보아야 한다. 다만 기존 개념들을 그대로 적용해도 별문제가 없는 '전쟁의 성격과 양상에 대한 인식 및 이해'와 '전쟁 원인에 대한 인식 및 이해'는 기존에 정립된 내용을 중심으로 요약하는 수준으로 하고자 한다. 그러나 전쟁의 범위가 확대되고 전쟁환경의 변화로 인해 첫째 분야인 '전쟁에 대한 정의와 본질'에 대한 새로운 접근이 필요하다. 아직 구체화가 미흡한 둘째 분야인 '전쟁수행 신념'에 대해 많은 지면을 할애하여 상세하게 다룰 것이다. 전시의 개념을 광범위하게 적용할 필요가 있는 다섯째 분야인 '전시(戰時)에 대한 인식 및 이해' 분야에 대해서도 구체적으로 언급하고자 한다.

2. 전쟁에 대한 인식과 이해 분야별 세부 내용

가. 전쟁의 본질과 전쟁의 정의

1) 전쟁의 본질

전쟁의 본질이란 전쟁이 본디부터 가진 고유한 특성이나 모습이 무엇인지 설정하는 것이다. 그런데 이런 본질에는 우선 다른 대상들과 함께 소유하는 속성인 보편적 속성(또는 우연적 속성)이 있다. 이와는 다르게 그 사물만이 본질적으로 가져서 필연적으로 이 사물 이외의 그 어떤 사물도 이 속성을 갖지 않는 고유속성(또는 본질적 속성)이 있다.[92] 예를 들어 삼각형의 본질을 논할 때 선으로 만든 모형, 다각형, 평면, 변과 꼭짓점 등을 말한다면 이는 다른 도형도 함께 소유하는 보편적 속성이다. 반면에 세 개의 점과 세 개의 선분으로 이루어진 다각형이라고 하면 삼각형만 갖는 고유속성이라고 말할 수 있다. 따라서 정확하게 본질에 접근하기 위해서는 공통으로 갖는 보편적 속성을 규명하는 것은 물론이거니와 다른 것과 구분되게 유일하게 갖는 속성을 함께 살펴봐야 한다.

이를 위해 전쟁의 본질에 대해 보편적 속성 고유속성 측면에서 두 가지 견해를 중심으로 살펴보고자 한다. 하나는 주로 보편적 속성 측면에서 접근한 현실주의자 견해이고, 다른 하나는 주로 고유속성 측면에서 접근한 클라우제비츠의 견해이다. 그런 다음 이런 견해들이 미래의 전쟁에도 그대로 적용될지 판단해 봄으로써 미흡한 부분을 보완하여 전쟁의 본질을 제시하고자 한다.

가) 현실주의자의 견해

전쟁의 본질에 대해 접근한 사람 중 대표적인 사람은 주로 현실주의 학자들이었다. 국제정치를 만인에 대한 만인의 투쟁(A war of all against all)이라고 말한 홉스(Thomas Hobbes)를 포함하여 국제정치가 힘을 놓고 벌이는 투쟁이라고 보는 '전통적 현실주의자'는 투키디데스(Thucydides), 카우틸라(Kautilya), 마키아벨리(NiccoloMachiavelli), 헤겔(Georg W. F. Hegel) 등이 있다. 이들로부터 직접적인 영향을 받은

---

92) Alvin Plantinga, *The Nature of Necessity*(Oxford: Clarendon Press, 1974), pp.60~61.

E. H. 카(E. H. Carr), 조지 케난(George F. Kennan), 한스 모겐소(Hans J.Morgenthau), 라인홀드 니부어(Reinhold Niebuhr), 케네스 W. 톰슨(Kenneth W. Thompson) 등을 들 수 있다.

이들의 견해에 따르면 개인이 모여 사회가 형성되고 그 사회는 개인의 행위를 통제하는 행위규칙망과 제도적 장치를 마련한 다음 사회는 국제무대에서 힘을 기초로 자신의 권리를 주장하거나 이를 얻기 위해 싸우게 된다. 국가는 투쟁을 위해 이에 동조하는 대다수의 국민을 결집하고 조장하며 이를 찬양하게 만든다는 것이다.[93] 그래서 이렇게 결집한 힘을 바탕으로 국가는 국익이라는 것을 수호 또는 확대하기 위해 힘을 사용한다는 것이다. 그리고 그것이 전쟁이며 그런 전쟁은 합리적이라고 봤다.[94]

한편 1970년대부터 등장하게 된 '신현실주의'의 대표주자인 케네스 월츠(Kenneth N. Waltz)는 『국제정치이론(Theory of International Politics)』에서 국제정치는 국가가 공통된 정부를 갖지 않는다는 개념(Anarchy)으로 인해 개별 국가들의 궁극적 목표인 '생존, 국가이익, 안보'를 위해 힘을 추구하고 '국가의 능력 내'에서 스스로의 힘에 의지해 '자기보호'와 자신의 목적을 도모할 수밖에 없다는 것이다. 국가는 타국의 간섭이나 침략으로부터 스스로의 힘으로 이를 해결하고자 하는 과정에서 국가 간 능력 차이에 따른 활동반경에 제한을 주는 상호작용을 통해 자연적으로 세력균형이 형성된다고 봤다. 그래서 이런 세력균형체제

---

93) Hans J. Morgenthau, revised by Kenneth W. Thompson, Susanna Morgenthau and Matthew Morgenthau, *Politics Among Nations: The Struggle for Power and Peace*(Boston, Massachusetts: McGraw-Hill Companies, Inc., 1993), pp.116~117.

94) *ibid*, p.12.

는 개별 국가의 의도나 행위를 간섭하게 되고 동맹 등과 같은 것을 형성한다고 봤다. 그런데 문제는 이런 세력균형이나 동맹이 영속(永續)적인 것이 아니므로 전쟁은 세력균형이 재형성되거나 기존 것이 변형되는 과정에서 발생한다고 봤다.[95] 따라서 신 현실주의자의 전쟁 개념은 국가와 국가 간에 세력균형이 깨지거나 변형되는 상황에서 행해지는 국제전쟁을 주로 의미한다.

이들이 말하는 국가는 주권국가뿐만 아니라 정치, 경제, 문화, 사회집단과 같은 국제행위자를 포함한다. 그러므로 싸움의 대상을 확대해석하면 무장단체였던 IS(Islamic State), 팔레스타인 자치정부, 쿠르드족 등과 같은 집단 간의 싸움도 포함된다. 또한 전쟁상태인가 아닌가를 판단하는 데 사상자 수나 다른 것으로 한정하기보다는 주로 전투의지가 꺾였는가가 중시된다.

나) 클라우제비츠의 견해

클라우제비츠는 전쟁에 대해 단순히 정의하려 하지 않고 절대적 전쟁의 모습과 현실적 전쟁의 모습을 비교하여 가변적인 속성을 가진 본질을 중심으로 접근했다. 클라우제비츠는 전쟁론(Vom Kriege)에서 전쟁은 우리의 의지를 구현하기 위해 적을 강요하는 폭력행동이라고 했다.[96] 물리적 폭력은 전쟁의 수단이고, 적에게 우리의 의지를 강요하는 것은 전쟁의 목적으로 봤다. 이 목적을 확실하게 달성하기 위해 우리는 적을 무장해제의 상태로 만들어야 하며, 이것은 이론상 전쟁의 고유 목표라

---

95) Kenneth N. Waltz, *Theory of International Politics*(New York: McGraw-Hill, Inc, 1979), pp.18~78, pp.104~128.

96) Carl von Clausewitz, *On War*, Translated from the German by O.J. Matthijs Jolles(D. C. : Infantry Journal Press, 1950), p.3.

고 하였다.[97]

　절대적인 전쟁은 3극의 속성을 갖고 있으며 이 3가지가 상호작용을 한다는 것이다. 먼저 1극은 폭력의 극단적 운용이다. 전쟁은 일종의 폭력행동이며 그 폭력의 운용에는 한계가 없다. 따라서 누구나 상대방에게 법칙을 강요하여 이론상 극단적으로 치닫는 상호작용이 생겨난다. 이것이 우리가 부딪치게 되는 첫 번째 상호작용이요 첫 번째 극단(極端)으로 보고 있다.[98]

　2극은 적을 무장해제하는 것으로 내가 적을 타도하지 못하는 한, 적이 나를 타도할지도 모른다. 그렇게 되면 나는 더 이상 지배하는 입장에 설 수 없으며, 내가 적에게 법칙을 강요하는 것처럼 적이 나에게 법칙을 강요하게 된다. 그렇기 때문에 적을 무장해제 시켜야 한다. 이것이 두 번째 극단으로 치닫는 두 번째 상호작용이라고 말하고 있다.

　끝으로 3극은 힘의 극단적 발휘를 말하였다. 적을 타도하고자 한다면 적의 저항 능력을 고려하여 우리의 노력을 판단해야 한다. 이 노력은 서로 분리될 수 없는 요인이다. 이런 노력은 현존 수단의 규모와 의지의 강도로 구성된 산물을 통해 표현될 수 있다.[99] 적의 노력과 우리의 노력을 비교 측정하여 적보다 우월하도록 우리의 노력을 크게 만들거나, 아니면 적의 노력이 우리의 노력을 능가할 경우 그에 맞서 우리의 노력을 더 크게 만들어야 한다. 그러나 적도 마찬가지로 그렇게 할 것이다. 따라서 새로운 상호 상승작용이 나타난다. 이 상승작용은 순수한 관념상으로 양자가 극단으로 치닫도록 강요하는 세 번째 상호작용 즉 세 번째

---

97) *ibid*, pp.3~4.
98) *ibid*, pp.4~5.
99) *ibid*, pp.5~6.

극단이라는 것이다. [100]

3극의 상호작용은 전쟁 준비 및 실시과정에서 반드시 일어난다고 볼수는 없다고 봤다. 즉, 전쟁은 절대전쟁으로만 전개된다고 단언할 수는 없다는 것이다. 단지, 절대전쟁이 일어날 수 있는 상황은 전쟁이 완전히 고립된 행위로서 갑자기 발생한 경우이거나, 정치 세계와 상관없이 발생하거나 정치적 타산에 영향을 받지 않고 스스로 종결한 경우, 단 1회의 결전이거나 동시에 여러 개의 결전으로 전쟁의 승패가 결정될 경우이다. 그러나 이러한 상황이 불가능하므로 절대전쟁이 비현실적이라고 봤다. [101]

전쟁은 전쟁의 구성요소 및 현실과 연계하여 원초적 폭력성, 우연성과 개연성, 순수한 이성에 의해 카멜레온처럼 개별상황에 따라 그 본질을 약간씩 변화시킨다는 것이다. 첫 번째 사항은 전쟁의 구성요소인 적대감정과 적대의도에서 연원된 원초적 폭력성을 갖는 것으로 주로 국민과 관련되어있다고 생각했다. [102] 이는 앞서 말한 절대전쟁의 1극인 폭력의 극단적 운용과 상통하는 것으로 과격한 행동이나 무모한 용기 또는 폭력적 군중심리 등을 말하며, 이와 같은 원초적 폭력성은 나폴레옹전쟁을 통해 본격화한 전쟁의 주체가 국민이 됨에 따라 폭력성이 국민으로부터 나온다고 본 것이다.

두 번째 사항은 자유로운 창조적 정신활동이 만드는 우연성[103]과 개

---

100) *ibid*, p.6.

101) 김재철, "조선시대 군사사상과 군사전략의 평가 및 시사점", 「서석사회과학논총」 제2집 2호, 2009, pp.105~106.

102) Carl von Clausewitz(1950), *op. cit.*, p.18.

103) 전쟁과 관련한 '우연성'에 대한 클라우제비츠와 헤겔의 견해가 상이함을 이해할 필요가 있다. '클라우제비츠가 말하는 우연성'은 전쟁속성 중에 우연성이 있다는 의미이고, '헤겔이 말하는 우연성'은 국가와 전쟁과의 관계에서 전쟁은 우연히 일어나는

연성이 작용하는데 이는 주로 야전군사령관과 군대와 관련이 있다는 것이다.[104] 이는 전쟁을 현실화시키는 중요한 요소로서 이론과 현실 간의 차이를 연결하는 이중적 기능을 수행한다고 봤다. 즉 일종의 도박처럼 전쟁의 불확실성으로 대변되는 마찰로 인해 순수 합리적 경향이나 순수 비합리적 경향으로 편중할 수 없는 이중성을 나타내고 있다. 또한 전쟁의 불확실성 때문에 인간의 심리 또는 정신적 요소 등을 총동원하여 합리적이거나 이성적으로 판단을 해야 하는데,[105] 적도 역시 아군을 판단할 때 동일한 절차를 거치게 되는 상대성을 갖는다고 봤다. 그런데 역설적으로 이런 불확실성과 우연성이 있으므로 창조적 정신을 소유한 지휘관들(군사적 천재)이 자유의지를 발휘하여 이를 활용하면 오히려 승리를 보장할 수 있다고 봤다. 그래서 이 영역은 주로 군대 또는 장수와 관련이 있다고 봤다.

세 번째 사항은 전쟁이 정치적 도구로서 정치에 종속된 본성을 가진 것으로, 주로 이성을 가진 정부와 깊이 관련이 있다고 봤다.[106] 따라서 국가의 지성이 작용하면 전쟁은 정치적 기능의 한 부분적 수단이 되어 전쟁은 통제와 자제의 영역에 속하게 되고, 완전히 정치적 전쟁으로 변하게 된다고 보았다.[107] 즉 첫 번째 사항인 맹목적인 원초적 폭력성이 국가의 의지라는 합리적, 이성적 힘이 작용하여 비로소 목적을 띠게 되

것이 아니고 필연적이라고 보는 견해이다. 즉 클라우제비츠는 전쟁 그 차제의 속성을 논한 것인 반면, 헤겔은 전쟁이 일어나는 원인에 대해 우연적으로 일어나는 것이 아니라, 국가가 배타적 독립성을 유지하기 위해 다른 국가를 상대로 전쟁이라는 것을 선택할 수밖에 없는 필연적 존재를 강조하기 위해 우연이란 단어를 대조적으로 사용한 것이다.

104) 허남성, "클라우제비츠「戰爭論」의 '3位1體論' 소고"『군사』제57호(2005), p.316.
105) 김재철(2009), 앞의 논문, p.107.
106) Carl von Clausewitz(1950), op. cit., p.18.
107) 김재철(2009), 앞의 논문, p.107.

고 정치의 지배하에 '실천적 수단'이 된다는 점이다.[108]

이 세 가지는 정도의 차이가 있을 뿐이다. 만일 하나의 이론이 다른 이론을 무시하거나 다른 이론과 어떤 자의적 관계를 성립하고자 한다면, 그 순간 이론은 이미 파괴된 것으로 간주될 수밖에 없는 현실적 모순에 빠지게 된다고 봤다.[109] 따라서 전쟁은 결코 고립된 행동이 아니라는 점과 전쟁은 지속 기간 없는 단 한 번의 타격으로 구성된 것이 아니라는 점이다. 또한 전쟁이 정치적 타산에 영향을 받지 않고 스스로 종결될 수 있는 것이 아니기 때문에 절대전쟁이 아닌 현실성을 띠게 된다고 보았다. 특히 확률과 우연성이 작용하고 정부의 이성적 판단이 현실전쟁으로 이끄는 주요한 요인이라고 봤다.

다) 미래 전쟁에 '기존 전쟁의 본질' 적용가능성 판단

고원은 2030년대 미래전의 모습을 (표 12)에서 보는 바와 같이 민간전쟁 일반화, 유인 · 무인전, 로봇전, 위성 · 대우주전 등으로 예상한다.

(표 12) 군사전략적 차원에서 2030년대 전쟁의 패러다임 변화

전쟁 원인/ 목적	전쟁 영역/ 대상	전쟁수행 핵심 요소	전쟁수행 양상	핵심 키워드
영토 · 의식, 종교, 경제, 환경, 공익	우주, 경제, 감성, 대중여론, 지도체제	정밀성, 무인자율 능력, 지휘통제, 심리적 특성과 고도의 전문성, 통일성	민간전쟁 일반화, 유인/무인전, 로봇전, 위성/대우 주전	문화, 지식, 감성, 인명 위주, 비살상, 우주 우세, 하이퍼(비순차적), 불확정적

* 출처 : 고원, "전쟁 패러다임의 변화와 한국군에의 시사점", 「국방정책연구」 제26권 제4호 2010, p.25.

---

108) 허남성(2005), 앞의 논문, p.329.
109) Carl von Clausewitz(1950), *op. cit.*, p.18.

많은 사람은 미래의 전쟁은 초연결시대(Hyper connectivity), 로봇공학, 자율시스템(autonomous systems), 인공 지능, 딥 러닝(deep learning), 인간-기계 통합(human-machine integration) 시스템이 매우 향상된 물리-기계적 인터페이스(physio-mechanical interfaces)를 통해 대규모 데이터 인덱스(index)를 실시간 검색하고 공유하는 시스템이[110] 주된 관심사가 될 것이라고 보고 있다. 심지어 인공위성, 로봇, 드론, 무인정밀무기 등이 주가 되는 전쟁을 '포스트 인간 전쟁(post-human warfare)'이라고 표현하기도 한다.[111]

그렇다면 이런 것들이 전쟁의 본질을 바꿀 수 있을까 하는 의문에 직면하게 된다. 이에 대해 역사학자 바트 슈어먼(Bart Schuurman)을 포함한 클라우제비츠의 견해를 따르는 많은 사람이 여전히 회의적이다. 그들은 전쟁의 근본적인 속성은 변할 수 없다고 주장한다. 왜냐하면, 전쟁은 본질적으로 인간이 하는 것이고, 의지의 충돌이며, 정치적으로 주도되기 때문이라는 것이다. 기술은 그 본질을 완화하거나, 불확실성을 제거하기 위해 신뢰할 수 있는 통찰력을 제공하는 데 한계가 있다는 것이다.[112] 특히 역사학자 윌리엄슨 머리(Williamson Murray)는 정보 시대가 전쟁의 본질, 특히 전장의 불확실성을 소멸시킬 수 있다고 보기 어려운데, "아무리 많은 컴퓨팅 파워도 예상치 못한 방식으로 적응하는 적

---

110) US Army Training and Doctrine Command(TRADOC), *The Operational Environment and the Changing Character of Future Warfare* (Fort Eustis, VA: 2019), pp.10~11.

111) Christopher Coker, *The future of war* (Oxford: Blackwell, 2004).

112) F. G. Hoffman, Will War's Nature Change in the Seventh Military Revolution?, *Parameters* 47(4)(Pennsylvania: US Army War College, 2017), p.23.

의 다양한 움직임과 영향력을 예측할 수 없다"라고 보았다.[113] 또한 호프만(Francis G. Hoffman)은 미래의 전장환경에서 전쟁의 성격과 본질에 미치는 잠재적인 영향에 대해 조사한 결과 모든 단계에서 더 많은 지능적인 기계들이 개입된다고 하더라도, 전쟁의 본질은 가장 지속적인 측면으로 남을 것이라고 하였다.[114]

이와 유사한 견해로 이창인 등은 우선 정부나 군대를 구성하는 일부 요소가 사람을 대신한 무인 로봇이 대체하더라도 그것을 통제하는 주체가 사람이라면 전쟁의 본질은 변하지 않을 것으로 봤다. 전쟁의 목적 달성은 최종적으로 상대의 저항 의지를 무력화시키는 것에 달렸으며, 모든 군사력은 이것을 목표로 운용되어야 하므로 로봇도 하나의 군사적 수단이므로 상대의 저항 의지를 무력화시키기 위해 군사력을 운용하는 방법이라는 전쟁의 원리가 변하지 않기 때문이라고 봤다.[115]

한편 옥스퍼드대학교에서 2000년도에 발간한 『The Oxford History of Modern War』에서 중 마틴 반 크레벨드(Martin Levi van Creveld)는 "기술발달과 미래 첨단 전쟁?(Technology and War II: Postmodern War?)"이라는 글을 통해 현대적인 형태의 전쟁이 21세기까지 살아남을 것인지에 대한 질문에 대한 답을 'NO'라고 말하고 있다. 과학기술이 발달하고 무기 성능과 규모가 엄청나게 발전하였지만, 전쟁은 더 정교해진 것도 아니고 그렇다고 더 복잡해진 것도 아니라는 것이다. 그래서 미래는 첨단기술에 의한 우주 정거장이 아니라 역설적으로 칼라시니코프

---

113) Williamson Murray, *America and the Future of War: The Past as Prologue* (Stanford, CA: Hoover Institution Press, 2017), pp.34~35.

114) F. G. Hoffman(2017), *op. cit.*, p.19.

115) 이창인, 정민섭, 박상혁, "초 연결시대의 미래전 양상", 『The Journal of the Convergence on Culture Technology (JCCT)』Vol.6 No.3(서울 : 국제문화기술진흥원, 2020), p.100.

(Kalashnikov)가 발명한 돌격 소총[AK-47 소총], 자동차 폭탄, 보안 울타리(security fences), 야간 투시경 및 전자경보 시스템 등에 의존하는 전쟁이 주가 될 것이라고 봤다. 심지어 제3차세계대전 이후 제4차세계대전이 일어난다면, 분명히 '막대기와 돌(sticks and stones)'로 싸울 것이라고 비유하고 있다. 따라서 대규모 재래식 전쟁과 이를 수행하는 잘 무장된 군대는 한편으로는 핵무기로, 다른 한편으로는 준 재래식 전쟁(sub-conventional warfare)으로 인해 존재가치를 잃을 것이라고 봤다. 그래서 최악의 경우 험프티 덤프티(Humpty Dumpty)[116]처럼 이런 추세가 한번 깨지면 다시 나타나지 않을 수도 있다고 봤다.[117] 단적인 예로 국가 대 국가 간의 전쟁이 아닌 테러 단체 등과 같은 비국가 형태의 적을 상대로 벌이는 전쟁은 첨단무기로 무장하고 전문화된 군대가 더 유용하다거나 더 우세하다고 볼 수 없다는 것이다. 그뿐만 아니라 앞으로는 이런 형태의 전쟁이 주를 이룰 것이라고 봤다.[118]

이처럼 미래의 전장환경에서도 전쟁의 본질은 크게 변하지 않을 것이라는 견해가 적지 않다. 미래의 전쟁은 20년 전의 마틴 반 크레벨트가 말한 것처럼 발전된 기술을 토대로 한 '미래 첨단전쟁'이 아닌 정반대의

---

116) Humpty Dumpty는 영어 동요의 캐릭터를 말한다. 달걀처럼 묘사하며 영어권 지역에서 가장 잘 알려진 캐릭터 중 하나이다. 일반적으로 특히 안전하지 않은 위치에 있는 사람을 암시한다. 계란 같은 외모와 거구의 몸을 가지고 있고, 잘못된 것을 바로잡기 위해 무언가를 분해하고 짜 맞추는 강박관념이 있다. 하지만 바로잡기 위해 분해조립을 하면 반대로 그는 여러 가지 기계 및 공공시설물이 혼란을 일으키거나 원상태로 돌리지 못하게 된다. 그래서 계란이 깨지고 나면 되돌릴 수 없듯이 한번 깨지면 재구성할 수 없는 것으로 상징되는 캐릭터이다.

117) Charles Townshend edited, *The Oxford history of modern war*(New York: Oxford University Press, 2000), p.359.

118) Charles Townshend edited, *The Oxford history of modern war New updated edition*(New York: Oxford University Press, 2005)p.361.

전쟁이 될지도 모른다. 하지만 전쟁은 사회 내에서 그리고 사회 사이에서 일어나는 정치적 행위이기 때문에 그 특정한 성격은 정치와 사회로부터 영향을 받게 된다. 즉 전쟁은 기술, 법, 윤리, 문화, 사회 · 정치 · 군사적 조직, 방식, 시간과 장소, 기타 요인으로부터 영향을 받는다.[119] 따라서 변화된 전장환경에서 전쟁의 본질 자체가 새롭게 완전히 바뀌지 않는다고 하더라도 미래의 전쟁을 묘사하고 설명하는 데는 충분하지 않다는 것 역시 공감하지 않을 수 없다. 따라서 클라우제비츠의 견해만 갖고 접근하는 데 한계가 있어 현실주의자들의 견해를 포함하여 다음과 같이 전쟁의 본질에 대한 접근이 필요하다.

첫째, 전쟁의 수단으로 기존엔 '폭력'이 대표적이었지만 폭력 이외 새로운 수단이 포함된 '제수력(諸手力, AMEP)'이 전쟁의 수단이다. 폭력(violence)이란 신체적인 손상을 가져오고, 정신적 · 심리적인 압박을 가하는 물리적인 강제력을 말한다. 하지만 앞으로는 기존의 폭력을 포함하여 무인기 또는 로봇전, 에너지전, 식량전, 사이버전, 데이터전, 인공재난, 감염병, 인지적 · 문화적 변화 촉진 등과 같은 이런 비폭력수단을 활용하여 특정 목적을 달성할 것이다. 따라서 이런 비폭력수단을 포함한 제수력이 전쟁의 수단이 된다. 제수력이란 All MEans Power를 의미한다. 활용할 수 있는 모든 폭력 및 비폭력 수단(手段)을 동원하여 적(상대방)을 대상으로 작용하게 하는 힘[力]을 의미한다.

이미 오늘날 현실화 한 것으로 하이브리드전은 회색전(Grey zone warfare)이라고도 하며 선전포고 없이 이뤄진다. 정치 · 경제 · 정보 · 사이버전 등 기타 비군사적 조치를 현지 주민의 항의 잠재력과 결합한 비

---

119) Christopher Mewett, Understanding War's Enduring Nature Alongside its Changing Character, *Texas National Security Review*, (Texas: University of Texas at Austin, 2014.)

대칭적 군사행동이라고 말할 수 있다. 기존의 재래식 무기와 더불어 모든 다양한 요소를 활용하여 상대를 공격하는 수단으로 이용하는 전쟁 형태이다. 기술력, 정치력, 경제력, 군사력 등을 모두 망라한 형태로 정치공작, 경제침투, 정보탈취 및 교란 등을 이용하는 심리전과 사이버전의 비정규전과 함께 핵을 비롯한 정규전을 결합하는 것이다. 군사력이 본격적으로 동원되지 않았을 뿐 전쟁이라고 표현되고 있다. 하이브리드전의 공격목표는 군사력이나 권력집단이 아니다. 공격목표가 사회나 문화를 대상으로 하는 경우도 있어 사회적 가치와 규범이 대상이 되기도 한다. 이 결과로 사회적 혼란이나 분열이 조장될 수 있다. 특히 넘쳐나는 SNS 등 미디어를 이용한 고도의 심리전은 뚜렷하게 공격이라고 인지하지 못하는 가운데 심각한 타격을 받을 수 있는 위험 요소이다.[120]

과거에는 주력부대 간의 결전(the battle)으로 살상과 파괴를 통해 전쟁의 승패가 결정되고, 시차를 두고 전파된 소문과 두려움으로 저항 의지를 무력화시켰다. 앞으로는 반사적 제어(Reflexive control)와 같은 수단을 활용하여 전투를 하지 않더라도 신무기의 효과와 공포를 실시간으로 전달하여 저항의지를 약화 또는 저항의지를 포기하거나 무력화시킬 수 있다. 즉 군사력 외에 네트워크를 통한 정보를 전달하여 사람의 인지를 직접 조작함으로써 저항 의지를 약화시키거나 우호적(友好的) 성향으로 바꿀 방법도 등장하고 있다. 이러한 방법들은 기존의 전투보다 비용이나 효과적인 측면에서 대단히 유리하다.

이런 대표적인 예로 러시아가 하이브리드 전쟁을 통해 우크라이나의 크림반도를 병합[121]한 사례를 들 수 있다. 크림반도 병합은 2014년 3

---

120) 박지영, 김선경, "하이브리드 전쟁의 위협과 대응", 아산정책연구소 ISSUE BRIER 2019-28, pp.1~3.
121) 친 러시아 성향의 우크라이나 야누코비치 대통령은 2013년 11월 EU에 가입하는 것

월 21부로 크림반도를 러시아연방에 합병한 것으로, 이 과정에서 러시아는 '총알 한 방 안 쏘고 크림반도를 병합'하였다고 말할 정도의 성과를 달성하였다. 그런데 과정을 살펴보면 러시아가 크림반도 지역의 여론 조작과 국민투표에 깊이 배후 조종을 한 것으로 나타났다. 특히 국민의 의식을 변화시키기 위한 몇몇 여론 조작 사례를 어렵지 않게 찾아볼 수 있다. 첫째 자본을 통한 크림반도 언론의 장악이다. 크림반도 사태가 악화되자 우크라이나 TV나 라디오 방송은 전면 방송을 중단할 수밖에 없었던 반면 푸틴을 적극적으로 지지하는 러시아 채널이 방송을 장악했다. 따라서 크림반도 사람들은 러시아에서 보내오는 정보만을 그대로 접할 수밖에 없었다. 둘째, 사실 왜곡과 노골적인 가짜 뉴스 등 다양한 수준의 선전을 통해 크림반도 주민들의 인식을 변화시켰다. 일례로 병합을 반대하는 우크라이나 시위대의 자금이 EU에 포함하려는 외부 세력으로부터 지원받는 것이라고 교묘하게 조작하여 방송함으로써 시청자들은 시위대가 돈을 벌기 위해 시위하는 전문 시위꾼으로 인식하는 등 시위의 진실성에 의심하게 되었다. 또 다른 예는 시위자들의 비무장 평화시위 부분은 모두 삭제하고 과격시위 장면만을 주로 보도하여 호전적인 신나치주의자, 경찰을 공격하는 무장한 파시스트로 여론을 몰아갔다. 게다가 '바보 우크라이나인, 카르파티아산맥(Carpathian Mountains)에서 내려온 마법사, 나치의 친위대, 미친 사제와 마카로프(Makarov) 총을 들고 있는 빛나는 눈을 가진 슬픈 기사들이 왔다. 우크

을 중단하고 러시아와 경제협력 강화를 선언하자 EU 통합을 지지하던 야권과 대중들의 반정부 시위가 확산되었다. 급기야 2014년 2월 야누코비치 대통령이 물러나게 되자 러시아로 피신했다. 러시아군은 크림반도로 진입하여 공항 등 주요 시설을 점거하였다. 2014년 3월 6일 크림 자치 공화국 의회는 러시아 합병을 결의하고 16일 국민투표를 하여 크림반도는 명목상 독립을 선언했지만, 러시아 합병을 선언한 것이다. 이에 러시아는 3월 21부로 크림반도를 러시아 연방에 합병했다.

라이나 밤이 어둡다.' 등과 같은 종말론적인 보도를 하였다. 이는 현 우크라이나 체제에서는 더 이상 가망이 없기 때문에 새로운 체제가 필요하다는 것을 떠오르게 할 목적이었다.[122] 이로써 러시아는 우크라이나 합병과정에서 전장에서 전통적 전투가 기본적인 승리의 수단이 아니라는 점을 분명하게 보여 주었다.

이처럼 미래에는 직접적인 군사력 사용 외에도 사이버 네트워크를 통한 정보 및 심리작전이 평시와 전시 구분 없이 주요 수단으로 활용될 수도 있을 것이다. 따라서 지금까지의 전쟁에 대한 시각으로 보면 전쟁 같지도 않은 전쟁이 전 · 평시 구분 없이 발생하여 상대의 저항 의지를 무력화시키고, 심지어 우호적으로 만들 수도 있다.[123]

사이버 무기가 중요한 인프라 목표(critical infrastructure targets)를 파괴하기 위한 특수 작전을 통해 국가의 권력 또는 국가 통제 메커니즘을 잠재적으로 무력화시키거나 제거할 수 있다. 예를 들어 다른 국가의 심장을 깊숙이 파고드는 능력을 생산하는 러시아의 '군산복합체'가 그렇다. 자신의 지휘통제 및 통신을 보호하면서 상대의 시스템을 ㅊ 새로운 전자전 기능을 개발하는 데 주력하고 있다. 그럴 경우 사이버 무기가 상대방의 인프라와 명령 및 제어를 적절하게 파괴하거나 적 시스템을 약화시켜 양측 세력의 우열 관계를 바꿀 수 있다.[124]

---

122) 올레나 쉐겔, "총알이 없는 전쟁: 이번 우크라이나 사태에 관한 러시아의 정보전", 『Russia & Russian Federation』5권 2호(서울: 한국외국어대학교 러시아연구소, 2014), pp.15~19.

123) 이창인, 정민섭, 박상혁, "초 연결시대의 미래전 양상", 『The Journal of the Convergence on Culture Technology (JCCT)』Vol.6 No.3(서울 : 국제문화기술진흥원, 2020), p.100.

124) Timothy L. Thomas, *Russian Military Thought: Building on the Past to Win Future HiTech Conflicts*(Virginia : The MITRE Corporation, 2019), pp.1-1~1-2.

다음은 데이터를 무기로 활용한 데이터 전쟁을 들 수 있다. 19세기 유럽 열강이 식민지를 찾아 아프리카로, 아시아로 자원을 확보하려고 식민지 전쟁을 벌였지만, 지금은 전 세계를 상대로 데이터를 확보하려고 총성 없는 전쟁을 하는 것이다. 특히 지금까지 주도권을 쥔 미국과 이에 맞서는 중국이나 유럽이 대립하는 형태이다. 4차 산업혁명 시대의 데이터는 석유보다 더 값진 자원이다. 석유는 한번 정제해서 쓰고 나면 다시는 사용할 수 없다. 그러나 데이터는 어떤 정보와 결합하느냐에 따라 새로운 가치가 창출된다. 새로운 가치를 창출한 데이터는 또 다른 부가가치를 만들어 내는 선순환 구조도 갖고 있다.[125] 따라서 양질의 데이터를 다량으로 보유한 측이 경쟁에서 유리하게 우위에 설 수 있다.

이런 선순환적 활용과는 반대로 데이터의 악용이 더 큰 문제가 될 수 있다. 개인의 신상정보 등이 노출되는 것은 말할 것도 없다. 국가의 중요한 데이터들이 해킹 등을 통해 위변조(僞變造)되어 처리 과정에서 잘못된 결과로 도출될 수 있다. 예를 들자면 인공 지능이 딥-러닝을 통해 미리 특정 목표에 대한 학습을 한 다음 실시간으로 탐지 및 탐색을 통해 들어오는 많은 정보를 가공 및 처리하여 자신의 사전정보와 데이터가 일치하는지 판단할 것이다. 그런데 만약 데이터의 처리와 인공 지능이 정보를 판단하는 과정에서 손실 또는 조작된 오류 데이터와 같이 적합하지 않은 데이터가 제공될 수 있다. 그러면 과부하를 일으키거나 인공 지능이 잘못된 모델을 학습할 수 있고, 판단 및 예측하면서 잘못된 값을 도출할 수 있다.[126] 이는 곧바로 우리의 시스템이나 우리가 선정했던 목표가 아닌 적이 선정한 목표에 대해 적의 입장에서 공격하는 인자로 돌

---

125) 김석환, "세계는 '데이터 전쟁' 중…한국은 '개망신법'에 발목", 서울신문(2019.4.8.)
126) 김세용, 권혁진, 최민우, "국방 분야 인공 지능과 블록체인 융합방안 연구", 『인터넷 정보학회논문지』 v.21 no.2, 2020, p.86.

변하여 심각하게 파괴를 자행할 수도 있다.

또 다른 예는 인지적 · 문화적 폭력(cognitive and cultural violence)의 활용이다. 이는 지금까지 전쟁은 폭력을 수단으로 사용하는 것이란 개념이 일반적이었다. 그런데 냉전시대 소련은 자유진영으로부터 군사적 폭력수단보다는 심리적, 정치적, 정보적, 사회적, 경제적, 문화적 수단에 의한 공격을 받아 패배하고 몰락하였으며,[127] 이는 냉전의 종식을 가져왔다. 즉 미국과 소련의 지정학적 공간 주변에서는 작은 비핵전쟁이 일어났지만, 미국이나 소련의 핵심 지역에서는 전쟁의 한 형태로 볼 수 있는 다른 종류의 인지적 · 문화적 폭력이 등장했다. 이는 미국이 잠재적(Potential enemy)인 소련의 도발을 억제하고 전쟁의 가능성을 막기 위해 한편으로는 핵전쟁에 맞서 싸우는 미국의 능력을 조직, 준비 및 시연하는 전쟁의식(rituals of war)을 꾸준히 진행하였다. 그뿐만 아니라 다른 한편으로는 경제적 · 인지적 · 문화적 폭력을 투입하여 결국 이런 것들이 일종의 폭력과 같이 작용하여 소련의 몰락을 유발했기 때문이다. 그 결과 전통적으로 인식하고 있는 물리적 폭력이 아닌 다른 대체수단을 통해 전쟁을 수행하여 소련을 멸망시킨 것이나 다름없게 되었다.[128]

이런 맥락에서 앞으로의 전쟁 개념에는 전통적인 영역인 무력(사람, 무기 등)의 사용이나 신체적 폭력과 유혈 사태를 뛰어넘은 어떤 새로운 개념 적용이 요구된다. 왜냐하면 오늘날의 전쟁은 이런 재래식 전

---

127) Ofer Fridman, *Russian 'hybrid warfare': resurgence and politicisation* (London: Hurst, 2018), p.91.

128) Warren Chin, Technology, war and the state: past, present and future, *nternational Affairs* Volume 95 Issue 4(Oxford: Oxford University Press, 2019), p.769.

쟁도 있지만, 준 재래식 전쟁, 경제 전쟁, 에너지 전쟁, 사이버 전쟁뿐만 아니라 사람이 전사(戰士) 역할을 하지 않고 스타워즈(Star Wars) 영화와 같이 컴퓨터 또는 로봇들 간의 전쟁이 현실화할 것이기 때문이다. 미 육군은 앞으로 있을 혁명적인 기술 변화가 "전쟁의 본질에 도전할 수도 있다"라고 예측했다.[129] 영국에서도 "로봇의 능력 증가는 전쟁의 면모를 바꿀 가능성이 있다"라고 지적했으며, 일부 국가는 2045년까지 많은 병력을 로봇으로 대체할 수도 있다고 말했다.[130] 로봇과 무인 시스템의 광범위한 사용은 대중의 관심을 감소시킬 뿐만 아니라 더 중요한 것은 군복무에 대한 대중의 지지를 약화시킬 수 있다. 만약 로봇 병력이 동원된다면, 국민은 국가정책에 덜 관여하거나 덜 얽매인다고 느낄 수 있다. 동시에 핵심 국익이 거의 수반되지 않는 내각전쟁(Cabinet wars)은 정치적으로 위험성이 낮은 것으로 인식될 수 있기 때문에 발생할 가능성이 더 크다. 심지어 국민은 로봇 전쟁이기 때문에 인간을 전투에 투입할 정도의 단계가 오면 이를 정책 실패의 표시로 보고, 정부의 역할을 더욱 제한할 것이다.[131] 그래서 열정 · 증오의 1극이 감소할 수 있다.

따라서 기존의 전쟁에서 필수적인 것처럼 인식되어온 화약무기 등과 같은 물리적 수단을 활용한 폭력이나 인명 사상(死傷)은 발생하지 않을 수도 있다. 이런 관점에서 보면 기존에 클라우제비츠에서 출발하여 지금까지 불변의 진리처럼 사용해 온 전쟁의 수단인 '폭력'이란 것이 적절

---

129) US Army Training and Doctrine Command(TRADOC), *The Operational Environment and the Changing Character of Future Warfare* (Fort Eustis, VA: 2017), 6.

130) Development, Concepts and Doctrine Centre, *Strategic Trends Programme: Global Strategic Trends—Out to 2045(5th ed.)*, (London: UK Ministry of Defence, 2014), 67.

131) F. G. Hoffman(2017), *op. cit.*, pp.26~27.

하지 않음을 알 수 있다. 그래서 기존의 폭력과 새롭게 포함되어야 할 '비폭력'수단까지 포함하여 '제수력(AMEP)'이란 용어로 기존의 폭력이란 용어를 대체하는 것이 타당하다.

둘째, 전쟁은 전시와 평시로 확연히 구분되는 것뿐만 아니라 이 둘이 혼재된 상태로 발생하거나 진행되기도 한다. 평화와 전쟁 사이의 경계가 모호해지고 전쟁과 평화가 혼재되어 있거나 둘 사이의 공간에서 서로 싸울 수도 있다. 전쟁을 평시와 대조적으로 전시라는 특정 기간에 국민, 군대 및 정부가 폭력을 행사하는 것으로 설명하는 데는 한계가 있다.

러시아 최고의 군사 분석가인 체키노프(Chekinov)와 보그다노프(Bogdanov)는 군사적 수단과 평화적 수단의 구분이 사라지는 이 새로운 유형인 '상설전쟁상태(state of permanent war)'가 존재한다고 밝혔다.[132] 전형적인 전쟁의 시각에서 보면 국가이익을 지키기 위해 군사력과 같은 무력을 사용하는 것인데, 상설전쟁상태에서는 전쟁과 평화의 구분이 모호해지면서 일상적인 상태가 평화이면서 전시상황이 혼합된 경우가 될 것이란 점이다.

전쟁과 평화에 대한 논리학 및 시간 측면에서 보면 이 둘은 이분법적으로 구분되는 각각(各各)만 존재하는 '모순' 관계가 아니라 시간의 연속선상 또는 특정 시간대로 한정 시 일정부분 공존하는 상황이 포함된 '반대' 개념이라고 할 수 있다.[133] 왜냐하면 전쟁과 평화는 일반적으로 생

---

132) Timothy L. Thomas(2019), *op. cit.*, p.12-5.

133) '모순'은 'A와 A가 아닌 것'과 같이 서로 부정하여 둘 사이에 중간 개념을 허용하지 않는 두 개념이다. 그에 반해 '반대'는 '흑과 백'처럼 표면적으로 명확히 대칭적으로 구분되지만, 실제로는 '회색' '옅은 검정'과 같이 분량이나 정도의 차이 또는 공통적 특질을 가진 중간 개념을 허용할 수 있는 두 개념이다. 또한 '이율배반'은 사실적(事實的)으로도 동등한 근거가 성립하면서 양립할 수 없는 모순된 두 명제인 참, 거짓

각하기에 명확히 구분되는 모순의 관계처럼 보이지만 반드시 시간상으로 단절되어 다음 국면처럼 반드시 구분되는 것만은 아니다. 때로는 공존하는 관계도 있어 전쟁 중에도 평화가 겹치기도 하고, 전쟁이 끝나도 평화 시기가 반드시 오는 것이 아닐 수도 있으며, 반대로 평화 시기라고 전쟁이 사라진 것도 아닐 수 있기 때문이다.[134] 또한, 과거는 주로 다른 수단을 활용하여 정치적 목적을 달성하지 못하였을 경우 전쟁을 최종적으로 선택하였던 것이 일반적이었다. 하지만 이제는 최종수단뿐만 아니라 최초수단 또는 중간수단으로 활용되기도 한다. 즉 정치, 경제, 외교 및 문화적 수단을 사용하기 위한 여건 조성의 수단으로 군사력이나 전쟁이 사용하면 스펙트럼상으로는 평시-전시-평시가 연속적 또는 중첩적으로 진행될 수도 있다. 특히 상대해야 할 대상이 국가가 아닌 특정 정치집단일 경우 일정부분 전쟁을 수행하면서 또 한편으로는 전쟁 외적 수단을 병행하여 대응하기 때문에 전시와 평시가 동시에 일어날 수 있다.

전쟁의 수단 측면에서 보면 준 재래식 전쟁, 경제 전쟁, 에너지 전쟁, 사이버 전쟁 등과 같이 전쟁은 기존의 전쟁처럼 필수적인 병력과 화약 무기 같은 물리적 수단을 활용하지 않을 수도 있고, 사상자(死傷)가 발생하지 않을 수도 있다. 일례로 러시아의 미래전 수행방안 구상의 변화를 살펴보면 과거 소비에트 시대엔 2차세계대전 시 뼈저리게 느낀 교훈을 토대로 전쟁 초기 부대 재배치 일정과 함께 동원 문제를 최적화하여 우선순위를 정하는 데 주안을 두었다. 즉 평시 전쟁대비를 하다가 전

의 두 개의 명제가 계속 양립되는 것으로 모순 관계에 있는 두 명제를 모두 참이라고 하거나, 모두 거짓이라고 한다면 이율배반이 되는 것이다.
134) 서정순, "전쟁 원인론과 한반도의 연계성 연구", 경기대학교 정치전문대학원 박사학위논문, 2018 pp.15.~17.

쟁이 발발하면 국가동원령을 발령하여 동원된 병력을 재배치하고 산업 시설은 전시생산으로 전환하면서 국가총력을 기울여 적의 침략에 대응 및 교전하는 전쟁수행 개념이었다. 이런 개념의 주된 관심사는 얼마나 신속하게 전쟁 초기에 전시체제로 전환하고, 동원을 빨리하여 초기 대응을 적절히 함으로써 반격으로 전환하여 전쟁을 종결하느냐가 중요하였다. 하지만 오늘날 러시아가 추구하는 전쟁 초기 형태는 전쟁이 발발할 경우, '대기(staging)' 기능으로 사용할 수 있는 평화 시간에 적의 인프라에 잠재적으로 바이러스를 삽입하여 적의 국가통제시설을 파괴하고자 한다. 이러한 사이버 딥 스트라이크(Cyber Deep Strike)는 국가통제시설을 파괴할 뿐만 아니라 군사 외적으로 단적인 예를 들면 잠재적으로 주식 시장을 파괴하여 경제를 교란하기도 한다. 이처럼 극초음속무기(hypersonic weaponry)보다 더 빠르고 효과적으로 온라인을 통해 이동하여 지구 반대편의 국가자본을 공격하도록 설계하여 국가의 전쟁 수행능력을 무력화시킨다.[135] 이럴 경우 군대와 무력을 전혀 사용하지 않았다. 또한 직접적으로 대량 인명 사상(死傷)도 발생하지 않아 지금까지 인식해오던 전쟁의 범위에서 벗어나기 때문에 기존의 전쟁 개념으로는 해석할 수 없게 된다.

아울러 전쟁의 종결 측면에서 보면 현실주의 시각에서 전쟁의 본질은 주권 국가나 단체가 힘이나 안보와 같은 국가이익을 지키기 위해 군사력과 같은 무력을 사용하는 것으로 보고, 전쟁의 종결은 전투의지와 같은 대항 또는 무력 사용 의지가 꺾인 상태를 말한다. 따라서 전쟁은 국가나 어떤 단체처럼 대립하는 두 형태의 대상이 있어야 한다. 영토, 주권 또는 생존 등과 같은 이익을 보호하기 위한 목적이 있어야 한다. 전

---

135) Timothy L. Thomas(2019), *op. cit.*, p.2-2.

쟁을 수행하는 국가에 대해 국민(소속원)으로부터 지속적인 지지를 받아 이를 바탕으로 저항 또는 전투를 지속할 의지가 있느냐가 중요한 요소로 보았다. 그런데 미래에는 직접적인 군사력 사용도 있지만, 사이버 네트워크를 통한 정보 및 심리작전이 평시와 전시 구분 없이 주요 국면이 될 수 있다. 과거와 현재 기준으로 보면 전쟁 같지 않은 전쟁이 상대의 저항 의지를 무력화시키고, 우호적으로 만들기 위해 전·평시 구분 없이 지속될 것이다.[136] 따라서 지금까지 평화 상태와 반대되는 개념인 전쟁이라는 국면이 종결되기 위한 조건으로 저항의지 종결을 들었다면, 기존 시각에서 봤을 때 분명 전쟁이라고 할 수 없는 상황임에도 불구하고 상대의 저항의지 종결이 가능한 것이 되어 역으로 말하면 이런 상황을 전쟁으로 포함해야 한다는 논리가 성립된다.

이상의 상황을 비추어 볼 때 현실주의 견해나 클라우제비츠의 견해를 기준으로 본다면 외교 전쟁(diplomatic War), 경제 전쟁(economic war), 무역 전쟁(trade war), 심리전(psychological warfare), 선전 전쟁(propaganda war), 첩보 전쟁(intelligence war) 등과 같은 것들은 해당 분야에서 승리를 쟁취하려는 과정을 전쟁에 비유하는 용어이므로 전쟁의 개념에 포함될 수 없다고 볼 수도 있다.[137] 하지만 오늘날 군사적 수단과 비군사적 수단을 국가 및 비국가 행위자 모두에 의해 이용할 수 있고, 평화와 전쟁 사이의 경계가 모호해지고 전쟁과 평화가 혼재되어 있거나, 둘 사이의 공간에서 서로 싸울 수도 있다.[138] 핵무기가 등장하면

---

136) 이창인, 정민섭, 박상혁, "초 연결시대의 미래전 양상", 『The Journal of the Convergence on Culture Technology (JCCT)』Vol.6 No.3(서울 : 국제문화기술진흥원, 2020), p.100.

137) 이재영, "전쟁의 본질: 현실주의 시각을 중심으로", 『동북아연구』Vol.13(경남대학교 극동문제연구소, 2008), p.144.

138) Warren Chin(2019), *op. cit.*, p.782.

서 피해가 상상을 초월하기 때문에 '사용하지 않음'을 전제로 만든 핵이 지금까지 오히려 비핵(非核) 수단에 의한 전쟁이 증가시켰다.[139] 하지만 인간이 피를 흘리지 않고 싸우는 전쟁, 인간을 대신해서 다른 수단으로 싸우는 전쟁, 전쟁인지 평시인지 구분이 모호한 전쟁, 전쟁 같지 않은 전쟁을 정치적 도구로 사용하는 새로운 전쟁이 보편화되는 등 전쟁의 형태가 변화되었다. 이러한 변화는 클라우제비츠의 전쟁 개념에 대한 수정이 불가피함을 알 수 있다.[140] 따라서 전쟁의 본질에 접근하면서 전시와 평시로 확연히 구분되는 것뿐만 아니라, 이 둘이 혼재된 상태로 발생하거나 진행되는 것을 고려할 필요가 있다.

라) 전쟁의 본질

전쟁이 본디부터 가진 고유한 특성이나 모습인 전쟁의 본질에 대해 전쟁 양상의 변화 등을 고려하여 보편적 속성과 고유속성을 모두 고려 시 다음과 같이 다섯 가지로 정리할 수 있다.

첫째, 정치적 목적과 같은 특정 목적을 갖는다. 전쟁은 정치적 목적을 갖고 상대(국가, 단체 등)의 의지를 굴복시키는 것이라는 지금까지의 견해와 같은 맥락이다. 지금까지 일반적으로 전쟁의 본질로 꼽았던 것 중의 하나로 '정치의 연장선상에서 정치적 목적을 달성하기 위한 최후의 수단'이라는 점과 '전쟁은 국가의 존망이 걸린 최후의 결전'이라고 보는 견해이다.[141] 정치적 목적이란 전쟁의 본질 중 고유속성에 주로 해당

---

139) Kalevi Holsti, *Peace and war: armed conflicts and international order 1648–1989* (Cambridge: Cambridge University Press, 1991), pp.270~271.

140) Stephen Cimbala, *Clausewitz and escalation: classical perspectives on nuclear strategy* (Abingdon: Routledge, 2012).

141) 서정순, 앞의 논문, pp.38.~40.

하는 것이면서 전쟁을 일반적인 폭력집단의 다툼과 구분시켜주는 것 중의 하나이다.

여기서 정치적 목적성이란 국가나 이에 준하는 집단의 정치적 목적 그 자체뿐만 아니라 독립, 종교, 문화나 자원유지 등과 같은 이익이나 가치 등을 달성하거나 획득하는 것 등을 포함하는 것이다. 그리고 이를 통해 궁극적으로 상대의 의지를 굴복시키고 나의 의지를 실현하는 것이다. 전쟁에서의 승리는 희생된 사상자(死傷者) 차이, 전투의 승패, 파괴된 탱크의 수 또는 점령된 영토에 의해 나타나기도 한다. 하지만 궁극적으로 국가와 비국가 또는 초국가 실체를 포함한 행위자의 정책목표 달성(또는 실패) 여부에 의해서 측정된다.[142]

정치적 목적 달성의 최종상태는 일반적인 전쟁에서 상대가 패전국처럼 항복하거나 피지배국가로 전락하는 것만을 의미하지는 않는다. 상대의 의지를 포기하게 하거나 굴복하여 나의 의지대로 움직이게 하는 것으로, 이는 전쟁에서 항복을 포함하여 항복은 아니더라도 그들의 의지를 바꾸는 것까지 비교적 광의의 개념이다. 전쟁은 무생물이나 정적인 사물(事物)을 상대로 하는 것이 아니다. 살아있고, 계산적이며, 상호작용을 하는 복잡하면서 적응력이 뛰어난 상대를 대상으로 하는 것이다. 적(敵)은 종종 우리가 판단하는 것처럼 생각하거나 행동하지 않고 우리와 다른 가치, 동기, 우선순위를 가질 수도 있다. 그래서 전쟁에서는 상대에게 신체적 물리적 피해를 주는 것도 중요하지만, 그를 통해 궁극적으로 상대측 국민의 의지와 지도자들의 생각이 바뀌었는가가 무엇보다 중요하다. 즉 전쟁을 통해 나는 나의 의지를 강요하면 반대편에서 적은

---

142) United States Air Force, "The Nature of War", *Air Force Basic Doctrine(Doctrine Volume 1)*, 2015.

저항하는 형국이므로, 궁극적으로 상대가 나의 의지를 받아들여 내가 원하는 방향으로 결심(決心)을 했는지가 결정적인 사항이 될 수 있다.[143]

둘째, 수단으로서 제수력(AMEP)을 활용하고 이는 상대방에게 물리적 · 비물리적 피해를 유발한다. 지금까지 전쟁의 본질 중의 또 다른 하나로 군인, 무기 등으로 구성된 폭력(暴力)이라는 말을 대표적으로 사용해 왔다. 심지어 전쟁은 적에게 물리적 공격을 가하는 것이므로 경제 제재, 경쟁, 협박과 같이 물리적 공격이 아닌 것은 전쟁이 아니라고 말하기도 한다.[144] 그런데 오늘날 전쟁은 기존의 폭력 개념만으로는 충분한 설명이 제한되는 것을 앞서 살펴보았다. 일례로 소련을 멸망시키고 냉전을 종식한 전쟁수단도 기존의 폭력이란 개념에 대입시켜 표현하다 보니 '인지적 · 문화적 폭력'이란 단어를 사용하기도 하였다. 게다가 국가의 모든 전쟁수행능력을 총동원하는 총력전 개념이 보편화되면서 이와 연계하여 폭력의 대상을 총체적으로 확대하여 적용하기도 하였다.

그런데 앞으로는 사이버전의 경우 화약무기를 포함한 국가의 전 총력을 사용하지 않고, 네트워크와 같은 특정 수단만 활용할 경우 총력전이 아닐 뿐만 아니라 폭력의 개념과 부합하지 않는 부분이 존재함을 알 수 있다. 즉 포스트모던 전쟁은 국가가 다른 국가와의 생사 투쟁에 맞서 싸우기 위해 전체 인구와 경제 등과 같은 국가총력 동원을 요구하지 않을 수도 있다.[145] 폭력이란 실체를 보면 과거엔 사람 중심의 인력(人力)에서 화약시대엔 화약과 기계 중심으로 옮겨졌다가 미래엔 무인기, 로봇, 사이버 등 비 인간수단과 비폭력수단이 대거 포함되게 되었다. 즉 소셜

---

143) *ibid*

144) Robert A. Hinde, Helen Watson Edited, *War: A Cruel Necessity?: The Bases of Institutionalized Violence*(London: I.B.Tauris, 1995), pp.10~11.

145) Warren Chin(2019), *op. cit.*, p.792.

미디어나 사이버 공격 등이 무기로 사용될 수 있는 새로운 기술이 점점 더 일상생활의 일부가 되고 있다는 것이다.[146] 그래서 국가의 통제를 벗어난 약한 행위자가 더 강력한 적과 싸우는 데 일상의 기술 즉 비군사적 수단을 적극적으로 사용하게 되었다. 그런데 지금까지의 접근법으로 보면 우리는 여전히 이를 '폭력'이라는 범주로 묶어 표현할 수밖에 없는 모순이 생긴다.

예를 들자면 ISIS 및 러시아는 자신들을 반대하는 세력을 약화하기 위해 소셜미디어를 무기화하였다. 실제로 ISIS는 미디어 무기가 원자폭탄보다 더 강력할 수 있다고 주장했다.[147] 또한 2018년 8월 페이스북은 러시아 및 이란의 국가 기반 조직과 관련된 652개의 가짜 계정과 페이지를 폐쇄했다. 이는 영국, 미국, 중동 및 라틴 아메리카의 국내 정치에 영향을 미치기 위한 것으로 판단되었기 때문이다.[148] 또 다른 예는 이란의 핵 프로그램을 공격하는 데 사용된 스턱스넷(Stuxnet)이다.[149] 이 바이러스는 이란의 나탄즈 우라늄 농축 시설을 감염시켜 기술적 문제를 일으켜 시설이 여러 차례 정지되었고, 원심분리기 20%가 작동이 중단되는 피해를 보았다.[150]

---

146) Qiao Lang and Wang Xiangsui, *Unrestricted warfare* (Marina Del Rey, CA: Shadow Lawn Press, 2017.; first publ. 1999), Kindle edn, p.8.

147) P. W. Singer and Emerson T. Brooking, *Like war: the weaponization of social media* (Boston: Houghton Mifflin Harcourt, 2018), pp.151~154.

148) Oliver Solon, 'Facebook removes 652 fake accounts and pages meant to influence world politics', *Guardian*, 22 Aug. 2018

149) David Betz, 'Cyberpower in strategic affairs', *Journal of Strategic Studies* 35: 5, 2012, p. 695.

150) 이선호, 한민수 "산업망에서의 APT(지능형 지속위협) 침투경로 분석 및 대응방안 고찰", 『韓國産業保安研究』 第5卷 第1號 (서울: 한국산업보안연구학회, 2015), p.224.

이처럼 사용된 수단을 보면, 군사력뿐만 아니라 사이버, 경제, 사상, 문화 등과 같은 폭력 외에 비폭력 수단 또는 비군사적 수단 등을 포함한 제수력(AMEP)을 활용하였다는 점이다. 그리고 피해의 결과는 물리적 파괴, 인명 손실, 국민 인식의 급격한 변화, 경제·사회·문화의 일대 변혁이나 붕괴, 국가 기간망 또는 사회 간접 자본 마비나 파괴 등을 초래하는 것이다. 심지어 물리적 피해가 아닌 국민이나 정치지도자가 상대방의 요구를 어느 정도 수용해야 한다는 심리적 변화를 일으키는 등 정신적인 변화를 강요당하는 것도 포함된다. 그리고 피해의 범위는 일부 가벼운 피해부터 국가의 사활적 피해[國家存亡]까지 다양한 피해를 포함하는 것이다.

셋째, 불확실성과 자유대결이다. 지금까지 전쟁의 본질 중의 또 다른 하나로 불확실성, 우연성(chance), 개연성(probability) 또는 전장의 안개 등으로 표현해 왔다. 즉 전쟁은 많은 가변요소가 존재하여 최초부터 계산이나 예측을 통해 정확하게 모든 결과를 미리 도출할 수도 없다. 전쟁 중에도 적 상황을 정확히 알 수 없을 뿐만 아니라, 중간마다 예기치 못한 적의 움직임이나 기상 등과 같은 상황변화가 발생하여 우연성이 필연적으로 발생한다. 이런 우연성은 때로는 상대편 행동의 자유를 보장하는 요인으로 작용한다. 일례로 어둠이 내리면 앞이 잘 안 보여 적의 행동을 정확히 알 수 없으므로, 어둠이 적에게 행동의 자유를 일부 보장하는 것처럼 불확실성은 상대방의 자유를 보장해주는 속성도 있다.

먼저 불확실성 내지 우연성 측면에서 보면 전쟁은 인간의 충동(衝動)이나 약점 및 한계성과 당면한 전장환경이 연계되어 복잡하고 혼란스러운 불확실 상황을 만들어 낸다. 많은 사람이 '전쟁의 안개(Fog of war)'라고 부르는 불확실성과 예측 불가능성은 위험, 신체적 스트레스, 인간의 실수 등과 결합하여, 클라우제비츠가 '마찰'이라고 부르는 것을 만들어 낸다. 이는 예상치 못하게 간단한 운영도 어렵게 만들며 때로는 극복할 수 없을 정도로 어렵게 만들기도 한다.[151]

따라서 오늘날까지도 상대를 100% 아는 것은 현실적으로 불가능하다. 앞으로 AI가 추가되어 사람이 판단하는 데 도움을 주거나 AI가 스스로 판단하여 조치하더라도 속고 속이는 다양한 변칙을 유발할 수 있는 이상 전장의 안개가 항시 존재한다고 볼 수 있다.

다음은 자유대결 측면이다. 여기서 자유는 두 가지 측면에서 접근이 필요하다. 첫째는 인공 지능 등에 의한 자율주행과 같은 스스로 판단하여 자기의 행동을 조절하는 자율성(autonomy)이다. 그리고 다른 하나는 상대방으로부터 통제되거나 간섭받는 것으로부터 행동의 자유(Freedom of action)를 의미한다. 먼저 스스로 판단하여 조치하는 자율성 측면에서 보면 미래는 자율혁명(Autonomous Revolution)으로 인해 인공 지능, 특히 기계 학습과 딥 러닝(deep learning)을 토대로 하는 AI의 발달로 무인 시스템과 결합된다. 이러한 발전은 더 큰 기능과 자체 학습을 통해 다양한 행동 과정 가운데 스스로 독립적으로 구성·선택할 수 있는 능력을 갖추게 된다. 자율주행차, 자율 운영 로봇을 통해 인간의 행위를 대신하거나 복잡한 작업을 수행하고, 자율적인 결정을 내리며 치명적인 힘을 인간을 대신하여 전달하게 된다. 광범위한 감시 및 정찰을 효과적으로 제공하며, 세계 전역의 다양한 영역에서 응답 시간을 단축할 수 있어 인간의 행동을 일정부분 효율화하거나 자유롭게 할 수도 있을 것이다.[152]

그런데 위에서 우연성과 마찰 측면에서 보면, 인공 지능, 정보기반기

---

151) United States Air Force(2015), op. *cit*.

152) F. G. Hoffman(2017), *op. cit.*, pp.20~21.

술과 로봇 시스템의 도입은 자율성이 향상되더라도 완전하게 마찰을 줄이거나 우연의 가능성을 모두 제거하지는 못할 것으로 예측된다고 언급하였다. 따라서 인간 상호 작용, 나노 기술, 양자 컴퓨팅, 생물학 및 합성 생물학, 신경학적 발전, 자율로봇과 같이 고도로 발달한 과학기술을 적용한 시스템이 역설적으로 이런 불확실성을 완전히 제거하지 못하기 때문에 불확실성의 존재가 오히려 일정부분 행동의 자유를 보장한다는 점이다.

즉 미래는 인간은 증강될 것이며, 어떤 경우에는 점점 더 치명적인 형태의 무기와 경쟁하는 AI와 로봇으로 대체 될 것이다.[153] 인공 지능과 양자 컴퓨터가 전략적 및 작전적 수준(strategic and operational levels)에서 아주 작은 변화라 할지라도 다량의 데이터베이스를 분석하여 효과적으로 명확한 판단을 내리는 데 크게 이바지하여 인간의 편견을 줄일 것으로 기대된다. 또한 전술적 수준에서 전투병력 대신에 AI와 로봇으로 대체될 것이며, 인적 자원과 환경으로부터의 마찰은 상당수 줄일 수 있다. 그래서 인공 지능과 컴퓨터는 인간이 판단하는 데 효율성을 높여, 일상 또는 특정 업무에서 인간의 인지 능력이 낭비되는 것을 줄일 수 있다. 그러나 앞서 언급한 바와 같이 인공 지능과 양자 컴퓨터가 상대방의 의도를 최대한 예측하고자 하지만, 상대방 역시 이에 역으로 인공 지능과 양자 컴퓨터를 활용하여 감추고자 하거나 변화를 시도할 것이다.[154] 그래서 양측은 고도로 자율적일 경우에도 일정부분 결점과 취약성을 가질 것이고 그런 상태에서 상대방이 의도적으로 불확실성을 주

---

153) Robert Latiff, *Future war: preparing for the new global battlefield* (New York: Knopf, 2017).
154) Timothy L. Thomas(2019), *op. cit.*, pp.1-1~1-2.

입한 상황에 부닥치게 될 수 있다.[155] 그 결과 상대방을 감쪽같이 속이거나 기발한 창의성은 거의 없을 수도 있고 반대로 생각하면 이런 상황을 역으로 활용하면 오히려 창의적인 조치가 더 가능할 수도 있다. 어찌되었든지 AI나 무인로봇 등에 의한 자율성이 보편화되는 미래의 전쟁에서도 불확실성과 우연성은 여전히 존재할 것이며 이러한 불확실성을 활용한 행동의 자유가 일정부분 보장되어 일부 자유대결이 여전히 가능하게 될 것이다.

넷째, 평시와 전시의 가역적(可逆的) 양면성이다. 이는 지금까지 전쟁의 본질에 포함하지 않았다. 왜냐하면 지금까지 주로 전쟁과 평화를 완전히 분리하여 전쟁 그 자체만 다루었기 때문이다. 평시와 전시는 사전적으로 정의할 때 이분법적으로 명확히 구분하고 있어 논리적으로 '모순(contradiction)'의 관계이다. 하지만 현실적으로는 시간의 연속선상에서 일부 공존하는 논리적으로 '반대(contrariety)'에 더 가깝다. 그래서 평화와 전쟁은 동전의 양면처럼 항상 붙어 다니면서 평화로 고정되어있거나 전시로 고정되어있는 것이 아닌 전시와 평시가 중첩되어 있거나 상호 왔다 갔다 하는 가역성(可逆性)을 갖고 있다.

또한 전쟁이나 평화 역시 역사의 한 부분에 속하기 때문에 앞뒤로 연결되어있다. 또한 이들을 정확히 이해하기 위해서는 앞뒤 맥락을 같이 보아야 한다. 따라서 전쟁이론 자체도 독자적인 것으로 볼 것이 아니라 평화와 전쟁을 같은 시간 선상에서 놓고 앞뒤를 살펴보는 것이 바람직하다. 또한 앞서 오늘날 전시와 평시의 구분이 불분명하다는 설명에서 전쟁과 평화는 이분법적으로 구분은 되지만 시간의 연속선상에서 일정부분 가역적이거나 공존하는 것이라고 언급한 바 있다. 과거에는 평시

---

155) F. G. Hoffman(2017), *op. cit.*, p.27.

와 전시가 연속적인 시간의 흐름 속에 있지만, 특정 시점에 이르러서는 전시라는 시간으로 비교적 분명하게 구분하였다. 그리고 전쟁이 끝나면 다시 평시로 전환되는 개념이었다. 그러나 앞으로 갈수록 평시와 전시가 연속적인 것은 과거와 같지만, 과거처럼 평시와 대조적으로 전시가 비교적 분명하게 구분되는 경우도 여전히 존재할 뿐만 아니라 그렇지 않은 경우도 더욱 많아진다. 따라서 평시와 전시가 수시로 오가는 '가역상태'이거나 두 상태가 불분명하게 혼재된 일명 '상설전쟁상태'와 같은 속성도 갖게 된다.

다섯째, 태생적(胎生的) 이율배반성을 갖고 있다. 전쟁은 그 자체로 홀로서는 독립적 존재이기보다는 평화 및 파괴 등과 연계되어있다. 또한 발발 이전부터 언제 어떻게 종결하여 전쟁이 아닌 상태로 되돌아가는 것에 더 큰 관심을 두게 된다. 따라서 전쟁을 일으키는 것보다 종결이 중요한 문제로 대두된다. 또한 전쟁의 불가피성이 주장되는 반면 전쟁은 누구도 선호하지 않는 해악성을 갖고 있어, 다음과 같은 두 가지 측면에서 애초부터 일정부분 앞뒤가 서로 안 맞는 성격을 동시에 갖고 있다.

첫째는 전쟁이 평화를 더 선호하거나 평화로 회귀하려는 이율배반성을 갖는다는 점이다. 전쟁은 무한대로 진행하겠다는 전제로 하는 것이 아니고 발발 이전부터 언제 어떻게 종결할 것인가가 더 큰 관심거리가 된다. 즉 전쟁을 계획할 단계부터 잘 진행하거나 끝까지 계속하겠다는 것 보다 언제 어떻게 끝내고 평화로 복귀할 것인가가 더 큰 관심이라는 점이다. 고대 그리스의 플라톤과 아리스토텔레스도 전쟁은 그 자체로서 목적이 될 수 없고, 그것의 최종목표는 평화라고 말하였다. 즉 전쟁은 평화를 얻기 위한 적극적 수단으로 보고 전쟁을 당연한 것으로 보기도 하였다. 둘의 관계는 가역적이지만 평화의 가역성이 더 강하기 때문에 전쟁은 자신의 상태를 유지하려는 것이 아니라 자신의 상태를 빨리 벗어나 다시 평화로 회귀하고자 하는 성향이 있어 태생적 이율배반성을 갖고 있다. 이를 달리 표현하면 계획된 전쟁이라면 처음 기획(企劃)단계부터 어떤 상태가 충족되면 어떤 형태로 전쟁을 종결할 것인지에 대해 충분히 검토하여 전쟁을 계획하게 된다. 그러나 불가피하게 우발적으로 발생한 전쟁이라면 발발과 동시에 정치적 목적을 달성했는지, 또는 다른 어떤 기준을 충족했는지 등에 따라 정전(停戰)을 언제 어떻게 할 것인가를 냉정하게 적극적으로 탐색하게 된다. 그래서 전쟁은 일으키려는 것도 중요하지만 언제 어떻게 종결하는지가 더 큰 문제로 대두되는 이율배반성을 갖고 있다.

둘째는 정치적 필요성이나 역사적 믿음과 같은 여러 가지 이유로 전쟁은 사라지지 않고 끊임없이 일어나는 속성을 가진다. 그뿐만 아니라 사회적 가치의 파괴 및 인명 살상과 같은 엄청난 해악성을 갖고 있어 억제하거나 기피의 대상이 되는 이율배반성을 갖고 있다.

향후 뒤에서 '전쟁 원인에 대한 인식 및 이해'를 통해 전쟁의 원인은 별도 다루겠지만 그중에서 먼저 필요성이나 역사적 믿음 측면에서 보고자 한다. 헤겔은 국가란 다른 국가와의 관계에서 배타적인 독립 존재이기 때문에 이를 지속해서 유지하기 위한 필연성 속에서 국가들 사이에 전쟁의 가능성이 존재한다고 봤다. 그래서 전쟁의 정치수단적 성격과 불가피성을 말하면서 불가피한 전쟁의 정당성을 주장하기도 하였다.[156) 물론 파시스트나 공산주의 시각에서 전쟁은 고귀하거나 영웅적이기도 하고, 국가나 사회의 발전을 위해 불가피한 것으로 보기도 하였다.

---

156) Georg Wilhelm Friedrich Hegel, *Grundlinien der Philosophie des Rechts*, translated with notes by T. M. Knox, *Philosophy of Right*(London: Oxford University Press 1967), pp.322~325.

이와는 다르게 조셉 나이(Joseph S. Nye)는 전쟁은 결코 불가피한 것이 아니고 불가피하다는 믿음 때문에 전쟁이 일어날 수 있다는 것이다. 예를 들자면 오늘날 미국과 중국의 대립은 제1차세계대전 발발 직전의 독일과 영국의 관계와 유사하다는 것이다. 이 때문에 제1차세계대전처럼 미국과 중국도 새로운 전쟁으로 치닫는 것이 불가피하다는 믿음이 확고해지는 순간 전쟁이 발생할 수 있다는 것이다. 그래서 역사적 사실을 토대로 미래의 전쟁이 불가피할 것이라고 유추하는 것은 결국 전쟁을 유발할 수 있으므로 이를 경계해야 한다고 말하고 있다.[157] 정치수단적 성격이든 불가피한 선택이든 또는 반드시 발생할 수밖에 없다는 역사적 믿음과 같은 여러 가지 이유로 인해 전쟁은 사라지지 않고 끊임없이 일어나는 속성이 있다.

그런데 위에서 언급한 필요성이나 역사적 믿음과 같은 발생 원인에도 불구하고, 해악성 때문에 발생하지 않게 하거나 상대적으로 기피의 대상으로 만드는 이율배반성을 갖고 있다. 전쟁은 국가나 사회의 가치를 지키거나 확장할 필요성에 의해 선택되는 경우가 많다. 이렇게 전쟁은 국가나 사회의 가치를 지키거나 확장하기도 하지만 역설적으로 국가나 사회의 가치를 줄이거나 파괴한다는 점이다. 단적인 예로 제1차세계대전으로 2,000만 명이 죽었고, 제2차세계대전으로 민간인을 포함한 전체 사상자는 대략 5,000~7,000만 명으로 알려졌다. 이처럼 전쟁은 막대한 인명 손실과 미아, 미망인, 부상자를 발생할 뿐만 아니라 광범위하게 사회기반시설과 개인의 재산을 파괴한다. 또한 왓슨연구소에 따르면 미국이 9.11테러 이후 2017년까지 이라크, 시리아, 아프가니스탄 및

---

157) Joseph S. Nye, "1914 Revisited?", Project Syndicate, 2014.(https://www.belfercenter.org/publication/1914-revisited, 검색일 : 2021.3.21.)

파키스탄 등의 전쟁을 치렀거나 치르는 데 쓴 비용이 총 4조 3천억 달러에 달했다.[158] 이처럼 전쟁은 천문학적인 비용이 소요된다. 따라서 전쟁은 정치적 상황의 변화에 따라 필연적이든 아니면 선택적이든 하나의 수단으로 활용될 필요성이 존재하는 반면, 어마어마한 인명 및 시설피해와 천문학적인 국가 예산이 소요되는 해악성으로 인해, 전쟁이 발발하지 않아야 한다는 명제를 갖는 이율배반성을 띠고 있다.

셋째는 정의가 불의에 대항한 싸움이 아니라 정의 대 정의의 싸움이 된다는 이율배반성을 띠고 있다. 적(알카에다)의 침략(9ㆍ11테러)을 받아 방어하는 측(미국)은 악마와 같은 적의 불의에 맞서는 정의로운 전쟁(테러와의 전쟁)을 한다고 말한다. 이를 기준으로 보면 공격을 하는 측은 악마와 같은 존재가 되어야 한다. 그러나 도발을 일으킨(알카에다) 쪽도 상대방(미국)이 악마와 같은 존재(이스라엘 지원, 반 모슬렘 행위)라서 정의의 도발(9ㆍ11테러)을 일으켰다고 주장하고 있다. 이와 반대로 공격과 방어가 바뀌어도 각각 정의를 주장한다. 따라서 이 둘의 주장을 모두 겹쳐보면 전쟁은 정의 대 정의가 서로 다투는 것이 된다. 전쟁에서 불의는 존재하지 않는다. 하지만 어느 누구도 전쟁에서 불의라는 것은 존재하지 않고 모두 정의로움과 정의로움의 다툼이라고 생각하지는 않는다. 이처럼 전쟁은 정의와 불의 측면에서 이율배반성을 갖고 있다.

---

158) Summary of US Costs of War in Iraq, Afghanistan, Pakistan, Syria and Homeland Security FY2001-2018 (Rounded to the nearest billion $)(https://watson.brown.edu/search?query=Summary+of+US+Costs+of+War+in+Iraq%2C+Afghanistan%2C+Pakistan%2C+Syria+and+Homeland+Security&section=All, 검색일 : 2021.3.21.)

2) 전쟁의 정의

가) 전통적 전쟁 개념과 환경변화

전쟁의 정의는 학자나 군사 이론가마다 제각기 상이하다. 손자는 『손자병법』에서 '사생지지 존망지도(死生之地 存亡之道)'라고 하여 전쟁은 백성의 생사가 달린 것이고 국가의 존망이 달린 것이라고 말하고 있다. 즉 전쟁의 본질은 국민을 죽게 하거나 살게 하는 속성과 나아가 국가가 계속 존재하게 되느냐 아니면 망해서 없어지느냐를 결정하는 속성이 있다고 본다.

또한 역사가 투키디데스(Thucydides)는 "전쟁은 일상적인 시민 생활의 규범을 혼란 속으로 몰아넣을 뿐 아니라, 법과 정의의 이념을 제쳐놓고 우리 인간의 본성을 공격적으로 되도록 만든다."[159]라고 하였다. 즉, 전쟁은 안정의 상태(또는 자연상태)를 깨고 법과 정의를 뛰어넘어 혼란을 초래할 뿐만 아니라 당사국에 많은 인적, 물적 손실을 주는 성향이 있다고 말하였다. 그리고 국제정치학자인 칸스와 밍스트(M. P. Karns & K. A. Mingst)는 전쟁을 '국제정치에서 기인하는 문제로써 국제 관계에서 현실적인 문제를 해결하기 위한 수단'이라고 보았다.[160]

17세기 영국의 존 로크(John Locke)는 국가는 물론 개인의 다툼과 정당방위까지도 전쟁으로 해석하였다. 로크는 정당한 이유 없이 인신(人身)을 해치기 위해 힘을 사용하는 것은 전쟁상태를 초래한다는 것이다. 개인의 생명을 위협받을 때, 또는 나를 상대의 권력하에 두고자 힘을 사용하는 것(자연상태의 침해)에 대해 폭력을 사용하거나 정당방위를 하

---

159) 합동군사대학교, 『세계전쟁사(上)』(대전: 합동군사대학교, 2012), p.23.
160) Margaret P. Karns, Karen A. Mingst, *International Organizations*(Colorado: Lynne Rienner Publishers, 2010), pp.291~292.

는 것이 전쟁이라고 했다.[161] 이처럼 로크는 개인으로부터 전쟁이란 것
으로 접근했다는 데 의의를 부여할 수 있다. 그러나 집단적 침략과 개
인적 침략은 성격이 전혀 다른 문제인 경우도 있기에,[162] 로크의 개념이
오늘날 우리가 생각하는 전쟁 개념과 일치하는 것이라고 보기는 어렵다

레이몽 아롱(Raymond Aron)은 전쟁을 '조직화한 행위 형태의 분쟁
이고, 집단 간의 물리적인 힘의 행사이며, 양측은 다 같이 훈련을 통
해 전투원들의 활동을 증강해 상대방에 대한 승리를 획득하려 한다.'라
고 정의하였다.[163] 로버트 A. 힌드(Robert A. Hinde)와 헬렌 왓슨(Helen
Watson)은 전쟁이란 것이 ①적에게 물리적 공격을 가하려는 노력을 포
함한다. ②집단적 차이가 분명하고 중요한 것으로 인식하는 집단들 사
이에서 일어난다. 그것은 결국 다른 집단 구성원에 대한 사회적으로 용
인된 공격을 포함한다. ③일정한 중앙집권화 된 조직과 개인들의 집단
적 동원을 포함한다. ④짧은 전투로 결정 날 수도 있지만, 대체로 장기
간 지속되는 성격을 띤다. ⑤정치적 사회적 제도의 산물이기 때문에 정
치적인 것과 같이 많은 경우 특정한 사회집단 또는 개인들의 이기적인
이해관계에 의해 발생한다고 보았다.[164]

한국 합참은 전쟁에 대한 정의를 '①상호 대립하는 2개 이상의 국가
또는 이에 준하는 집단 간에 있어서 군사력을 비롯한 각종 수단을 행
사하여 자기의 의지를 상대방에게 강요하려는 행위 또는 그러한 상태,'

161) John Locke, 『통치론』, 강정인 · 문지영 역(서울: 까치글방, 2012), pp. 23~26.
162) Angelo Codevilla, Paul Seabury, 『전쟁 목적과 수단』, 김양명 역(서울: 명인문화
　　사, 2011), p.57.
163) Raymond Aron, translated from the French by Richard Howard and Annette
　　Baker, *Peace and War: A Theory of International Relation* (New York: F. A.
　　Prager, 1967), p.350.
164) Robert A. Hinde, Helen Watson Edited(1995), *op. cit.*, pp.10~12.

'②주권을 가진 국가 간의 조직적인 무력투쟁 상태로써 선전포고와 더불어 개시되고 강화조약으로 무력투쟁이 종결될 때까지의 상태라고 정의하고 있다.[165]

한편 전쟁을 통계자료 등을 활용하여 수량화한 정의를 보면 퀸시 라이트(Quincy Wright)는 전쟁은 서로 다른 정치집단이나 주권 국가 간 정치적 갈등을 각기 상당한 규모의 군대를 동원하여 해결하려는 극단적 군사 대결이라고 말하였다. 그리고 참전 병력 규모에 초점을 맞춰 "서로 다르지만 유사한 실체 간의 폭력적 접촉으로 양쪽 전쟁 당사국의 군사력이 10만 명 이상 참전했을 경우"를 전쟁이라고 정의했다.[166] 또 루이스 리처드슨(Lewis Fry Richardson)은 전사자에 초점을 맞춰 그 나름의 계산 방식에 따라 "전투에서 316명 이상이 사망한 경우"를 전쟁이라 보았다. 사상자 발생 수와 관련한 계량적 접근에 의한 전쟁을 구분한 것 중 오늘날 가장 보편적으로 많이 받아들여지는 전쟁 개념은 '1년 동안 1천 명 이상의 희생자를 낸 적대적 행위'를 전쟁으로 분류하는 것이다. 이 정의는 미국 미시간대학교의 전쟁에 관한 상관관계(COW) 프로젝트를 통해 설정한 것이다. 실제로 많은 전쟁 연구자들이 이 정의에 따라 전쟁연구를 진행해오고 있다. 교전 쌍방의 전사자를 모두 합친 '1천 명 이상의 전쟁희생자' 속에는 전투원은 물론 비전투원인 민간인도 포함된다.[167]

오늘날 일반적인 전쟁의 정의는 '전쟁이란 상호 대립하는 국가 또는

165) 합동참모본부(2010), 앞의 책, p.312.
166) Quincy Wright, *A Study of War*(Chicago: University of Chicago Press, 1965), pp.7~8.
167) 김재명, "전쟁, 1년에 1천 명 이상 희생자를 낸 적대행위", 중앙대학교'대학원신문' 2011.3.2.

이에 준하는 집단이 군사적 또는 비군사적 수단을 포함한 폭력을 사용하여 고강도 전투가 발생하여 일정한 인명 손실을 수반하는 상호 간의 무력 충돌'[168]이라는 것이다. 이를 보면 전제조건이 상호 대립한다는 상태이어야 하고 주체가 국가 또는 이에 준하는 집단이다. 수단 측면에서 군사력 혹은 비군사적 수단을 사용하고 목적 측면에서 정치적 목적을 달성한다는 의미이다. 이런 정의는 다분히 클라우제비츠적 관점을 근간으로 접근함을 알 수 있다. 이런 전쟁 개념은 지금까지 일반적으로 전쟁을 인식하는 데 큰 무리가 없었다.

미국이 그간 클라우제비츠적인 관점을 근간으로 전통적인 위협과 전쟁에 초점을 맞추어 막대한 비용을 들여서 대응을 해왔다. 그런데 아이러니하게도 9·11테러와 같이 비국가 행위자들이 전 세계적으로 불안을 조장하고 지역의 안정을 훼손하며 미국의 이익을 위협하는 현실을 제대로 통제하거나 바꾸지 못하였다는 비판을 받고 있다.[169] 왜냐하면 오늘날 변화된 전쟁환경에서 보면 대부분의 무력 충돌은 전통적인 국가 간 전쟁이 아니다. 국제화된 내전 또는 하위국가나 무장단체의 충돌이 대부분이기 때문이다. 러시아 참모총장 발레리 게라시모프(Valery Gerasimov)는 21세기는 전쟁과 평화 사이의 경계가 모호해져 일종의 '전쟁이란 정형화된 틀'이 바뀌었다고 말하였다. 그러면서 정치적 전략적 목표를 달성하기 위한 비군사적 수단의 역할이 증가했으며, 많은 경우 무기의 효과를 능가한다고 했다. 그래서 전략 및 작전 차원에서 대규

---

168) 국방대학교, 『군사학 개론』(서울: 국방대학교, 2013), p.89.

169) Alexandra Evans and Alexandra Stark, "Bad Idea: Assuming the Small Wars Era is Over," *Defense 360*, Center for Strategic and International Studies, 13 December 2019(https://defense360.csis.org/bad-idea-assuming-the-smallwars-era-is-over/, 검색일: 2020.4.14)

모 부대의 정면 교전은 점차 과거의 일이 된다고 봤다. 반면에 비대칭 행동이 널리 사용되어 무력 충돌에서 적의 이점을 무효화 할 수 있게 되었다고 하였다.[170]

한편 미래 새로운 형태의 전쟁 가능성 측면에서 1972년 도넬라 메도즈(Donella Meadows) 등은 인구 증가, 산업화, 오염, 자원 및 식량 부족이 세계 경제 시스템에 미치는 영향을 연구하였다. 인구 증가가 상품에 대한 만족할 수 없는 수요를 증대시켜 결국 지구의 유한(有限)한 자원 기반을 능가할 것이라고 봤다. 생산성을 높여 수요와 공급의 불균형을 해결하려는 인류의 노력은 오히려 많은 환경 문제를 일으킬 것으로 봤다.[171] 또한 2014년 멜버른대학에서 실시한 연구에 따르면 세계는 여전히 1972년 도넬라 메도즈 등이 주장한 궤도를 따라 움직이고 있으며 2070년 이전에는 경제 및 환경 붕괴가 발생할 수 있다고 주장했다.[172] 현재의 추세로 보면 잠재적인 환경 위기가 가능한 경제 위기와 병행 할 수 있음을 시사한다. 그리고 환경의 악화는 기존의 정치 및 경제적 추세와 상호 작용하여 전 세계 국가의 응집력과 내부 안정성을 약화할 것이며,[173] 이것이 전쟁으로 연결될 수도 있다는 것이다.

---

170) James Derleth, PhD, "Russian New Generation Warfare—Deterring and Winning the Tactical Fight", *MILITARY REVIEW*, September—October 2020, p.82.

171) Donella Meadows, Dennis L. Meadows, Jørgen Randers and William W. Behrens III, *The limits to growth: areport for the Club of Rome's project on the predicament of mankind* (New York: Potomac Associates – Universe Books, 1972).

172) Graham Turner, *Is global collapse imminent?*, research paper no. 4 (Melbourne: University of Melbourne, Sustainable Society Institute, Aug. 2014).

173) Warren Chin(2019), *op. cit.*, p.776.

2011년에 과학자들이 H5N1 조류 인플루엔자를 조작하고 조류에서 사람으로 퍼질 수 있는 변종을 만들기 위해 이러한 기술을 사용한 바 있다.[174] 그리고 이것과는 별개로 2020년도에 들어서 새로 등장한 코로나19 바이러스가 전 세계를 공포에 떨게 했다. 심지어 작전 중이던 미국의 핵항공모함인 '시어도어 루스벨트(Theodore Roosevelt)'호까지 멈추는 초유(初有)의 사태가 발생하였다. 문제는 자연적인 재해에 속하는 것처럼 보이는 집단 감염병 확산 등이 개인이나 그룹에 의해 이런 기술을 악의적인 목적으로 악용될 수 있을 만큼 충분히 성숙하였다는 점이다. 그래서 지금까지의 전쟁과 양상이 다른 전쟁이 발발할 수 있다고 우려하기도 한다.[175]

이런 이유로 오늘날 우리는 전통적인 국가 간의 전쟁보다는 경제전, 사이버전, 에너지전, 사상전, 인위적 감염병전 등과 같이 '전(戰)'이라는 접미사를 붙여서 별다른 거부감 없이 전쟁이라고 말한다. 그런데 이런 것들을 폭력이 오가는 기존 전쟁의 정의로 접근하면 전쟁으로 보기엔 부적절하다. 그런데도 전쟁이란 용어가 그대로 사용되고 있다. 그래서 지금까지의 전쟁에 대한 정의를 기준으로 볼 때 혼란스럽게 된다. 따라서 전쟁의 정의를 좀 더 확대하여 광의로 구분하여 적용할 필요가 있음을 알 수 있다. 즉 협의로 정의하면 전통적으로 정의를 내리던 무력 충돌에 의한 전쟁을 나타내며, 광의로 정의하면 전통적인 무력 충돌에 추가하여 사이버전, 에너지전, 사상전, 경제전 등 폭력이 오가지도 않아 사상자가 발생하지 않는 것까지 정의에 포함한다.

---

174) *ibid*, p.781.

175) Laurie Garrett, 'Biology's brave new world: the promise and perils of the syn bio revolution', *Foreign Affairs* 92: 6, Nov. – Dec. 2013, pp.28~46.

나) 전쟁의 새로운 정의와 의미

전쟁에 대한 인식과 이해의 기준을 어디에 두느냐에 따라 전쟁의 정의가 상이할 수 있다. 협의의 전쟁 개념을 적용하면 전쟁은 국가 또는 이에 준하는 특정 집단에 의한 정치적 또는 특정 목적을 달성하기 위해 군사적 또는 비군사적 수단을 사용하여 일정한 인명 손실을 수반하는 상호 간의 무력 충돌이라 할 수 있다. 그러나 폭력이 상대적으로 미미하거나 사상자가 소수에 그치는 전쟁의 경우 협의의 전쟁에 포함할 수 없는 등 한계에 직면하게 된다. 따라서 이를 해소하기 위해 일정부분은 광의의 전쟁 개념을 적용해야 함을 알 수 있었다.

(표 13) 협의와 광의의 전쟁 개념 간 주요 차이점 구분

협의의 전쟁 개념 적용 시	광의의 전쟁 개념 적용 시
• 기존의 재래식 또는 핵무기를 이용하는 전쟁 • 전쟁을 통해 심대한 살상이나 파괴를 초래	• 재래식무기, 핵무기, 비군사적 수단을 포함한 제수력(AMEP)을 활용하는 전쟁 • 전쟁을 통해 심대한 살상이나 파괴를 초래 • 사이버전, 사상전, 경제전 등과 같이 직접적인 살상을 초래하지 않으면서 국가이익 등에 심대한 해악을 끼치는 전쟁

그런데 광의의 전쟁 개념을 적용하면, 폭넓게 아우를 수 있는 장점이 있지만, 지금까지 우리가 일반적으로 사용하던 전쟁 개념에서 수단이나 정도가 매우 넓게 확대된다. 그러다 보니 무조건 '전(戰)'자만 붙이면 전쟁이라고 할 수 있느냐는 식의 의문이 생기거나 전쟁의 개념이 지나치게 모호하게 되는 경향이 있다. 이를 방지하기 위해 앞서 새로 정립한 '전쟁의 본질'과 '충돌의 형태나 정도'를 중심으로 다음과 같이 명확하게 전쟁 개념을 한정할 필요가 있다.

(표 14) 전쟁 개념의 한정

구분	전통적인 개념	새로운 개념
정치적 목적과 같은 특정 목적	• 국가나 일정 규모를 갖춘 정치집단의 이익, 영토, 자원 획득, 정치적 명분, 포교·종교수호, 전후(戰後) 평화회복, 의지 관철 목적 • 저항 의지 굴복 • 개인 또는 소규모 집단의 폭동이나 폭력은 제외	좌측과 동일
수단으로서 제수(AMEP) 활용	• 병력, 화력, 무기 위주의 무력 • 무력을 포함한 국가 총력	• 제수력(AMEP) – 무력을 포함한 국가 총력 – AI, 무인로봇, 소셜미디어, 사이버, 인지적·문화적 수단 등 사람 이외의 비인간(非人間) 수단 – 제수력(AMEP)을 단독 또는 복합적으로 운용하여 파생되는 또 다른 힘
불확실성과 자유 대결	• 우연성과 불확실성(마찰)	• 고도의 과학기술이 발달해도 우연성과 불확실성(마찰)은 계속 존재 • 불확실성은 상대방 행동의 자유를 일부 보장해줄 수 있어 불확실성을 활용한 자유 대결과 창의적 조치 존재
평시와 전시의 가역적 양면성	• 평시와 전시를 이분법적으로 구분하여 전쟁을 독립적인 것으로 취급 • 비교적 장기간 군사적 충돌이 지속되는 상태	• 평화와 전쟁을 독립된 것이 아닌 같은 시간 선상에서 접근 • 평시와 전시를 이분법적으로 구분하거나, 전쟁과 평화의 혼재 및 공존을 동시 고려 • 비교적 장기간 군사적 충돌이 지속되거나 비교적 단기간 비군사적 수단의 충돌을 포함하더라도 일정한 기간 한정

태생적 이율배 반성	• 일정한 인명 손실을 수반	• 전쟁 기획단계 또는 우발적으로 발생 하더라도 발발 시점부터 종결을 모색 하는 등 일정하게 기간이 한정 • 정치적 선택이라는 필요성 대비 일정 한 인명 손실이나 사회적 가치 파괴 등과 같은 해악성이 존재하여 전쟁을 억제하거나 단기간 내 종결 추구
충돌의 형태나 정도	• 전쟁, 반란, 내란, 테 러 • 트워크/효과중심작 전 전쟁 • 지·해·공, 부분적 인 우주 및 사이버공 간 전쟁	• 전쟁, 반란, 내란, 테러 • 네트워크/효과중심작전 전쟁 • 지·해·공, 부분적인 우주 및 사이 버공간, 가상현실공간 전쟁 • 경제전, 사이버전, 인지·문화전, 정 치심리전 • 무인기 및 로봇전

(표 14)에서와 같이 '전쟁의 본질'과 '충돌의 형태나 정도'를 중심으로 한정하는 등의 절차를 통해 정립한 전쟁에 대한 새로운 개념은 다음과 같다. 전쟁이란 국가나 이에 준하는 특정 집단에 의해 정치적 또는 특정 목적을 달성하기 위해 제수력(AMEP)을 활용한 일정 기간 동안 상호 충돌을 의미한다.

그런데 이처럼 정의를 함축적으로 제시하다 보면 각각의 내용이 무엇이고 상호 어떻게 연계되는지 추가적인 설명이 필요하게 된다. '국가나 이에 준하는 특정 집단'과 '정치적 또는 특정 목적을 달성하기 위해'라의 의미는 기존과 동일하기 때문에 추가적인 설명이 필요하지 않다. 그리고 '제수력(AMEP)을 활용'이라 함은 국가나 이에 준하는 특정 집단이 활용할 수 있는 모든 폭력 및 비폭력 수단(手段)을 동원하여 적(상대방)을 대상으로 작용하게 하는 힘[力]을 의미한다고 앞에서 설명한 바 있다.

그런데 문제는 '일정 기간 동안'과 '상호 충돌'이란 의미이다. 먼저 '일정 기간 동안'의 의미를 보자. 오늘날 평화와 전쟁을 독립된 것이 아닌 혼재 및 공존하는 경향이 많이 발생하더라도 장기간 또는 단기간 진행되는 등 일정한 기간을 부여해야 한다는 의미이다. 그렇지 않으면 극단적으로 접근하면 전쟁 또는 평화가 변동 없이 늘 단일 상태로 계속되거나 늘 혼재된 상태로만 분류될 수도 있어 너무 광범위해지거나 모호해진다. 따라서 독립된 것이 아닌 혼재 및 공존하는 경향이 강하더라도 앞뒤로 혼재된 것을 포함하여 어느 정도 전쟁 기간으로 한정하는 것이 필요하다.

또한 '상호 충돌'은 제수력(AMEP)을 활용하여 상대방에게 의지를 강요하는 것이다. 핵이나 재래식 무기를 등을 활용한 파괴나 인명 살상뿐만 아니라 사이버 공격이나 인지 · 문화전 및 정치심리전 등과 같이 그다지 인명 살상이나 파괴가 수반되지 않는 상태를 포함하는 것이다. 그렇다고 경제제재나 수출입항로 봉쇄 등과 같은 모든 충돌을 다 전쟁이라 말할 수는 없다. 그뿐만 아니라 COW연구처럼 '1년 동안 1천 명 이상의 희생자를 낸 적대적 행'위로 한정할 수도 없다. 사이버전이나 하이브리드전의 경우 기간이 짧을 수도 있고, 사상자가 매우 적을 수도 있다. 따라서 '충돌'의 의미에 접근할 때 단독으로 분리해서 한정하기보다는, 앞에서 제시된 '국가나 이에 준하는 특정 집단 ~ 일정 기간 동안 상호'의 문맥들과 연계하여 상황에 맞게 충돌의 형태나 정도를 판단하여 적절히 한정해야 한다.

나. 전쟁수행 신념

이 부분은 기존 군사사상 이론에서 구체화가 미흡했던 분야이기 때문에 여기서는 많은 지면을 할애하여 비교적 상세하게 다루고자 한다. 앞서 전쟁수행 신념은 전쟁할 것인지 말 것인지의 기로(岐路)에서, 전쟁하겠다는 의지로 굳힌 다음 전쟁을 어떤 의지와 마음을 가지고 수행할 것인가의 문제라고 하였다. 즉 전쟁을 정치적 목적 달성 등을 위해 선택하였고, 이를 수행하겠다는 결심을 굳힌 상태에서 어떻게, 어떤 기준으로 수행할 것이냐 하는 실천적 자각(自覺)과 행동을 지배하는 의식까지 포함하여 장차 수행하게 될 전쟁에 대한 통일된 사고와 의지라고 말하였다.

따라서 전쟁을 수행하겠다고 결심을 굳히는 상태 측면과 결심을 굳힌 후 어떻게 수행할 것인가의 측면에서 접근하여 좀 더 구체적으로 살펴보겠다. 이에 부가하여 전쟁수행 신념에 영향을 미치는 요인을 간단히 살펴보고자 한다.

1) 전쟁을 수행하기로 결심을 굳히는 과정 측면

먼저 전쟁을 수행하겠다고 결심을 굳히는 것은 전쟁을 일으키는 측과 전쟁을 당하는 측이 상이하다. 일으키는 측은 나의 정치적 의지를 구현하기 위한 이유 등으로 인해 전쟁이란 수단을 선택하는 신념을 굳힌 것이다. 당하는 측은 전쟁을 원하지 않지만, 적의 침략이나 위협이 가해짐에 따라 불가피하게 중요한 이익의 보존 또는 사활(死活) 때문에 전쟁을 해야 한다는 점에서 큰 차이가 있다.

가) 전쟁을 일으키는 측

전쟁을 일으키는 측도 전쟁은 가능한 회피하거나 선택하지 않아야 할 대상이라고 공감한다. 하지만 전쟁이 최적의 수단이거나 아니면 최후의 수단일 경우 또는 자국에 대해 적국이 치명적인 위협을 초래할 가능성이 농후할 경우 사전에 반드시 제거하거나 이를 근절하기 위해서 전쟁이 불가피하다는 판단에 따라 전쟁을 선택한 경우이다.

손자는 전쟁이라는 것이 결코 만만한 것이 아니므로 전쟁을 일으키고자 한다면, 먼저 오사칠계(五事七計)를 통해 냉정하고 객관적으로 따져본 다음 유리할 때 전쟁을 하도록 강조하고 있다.[176] 그런데도 전쟁은 막대한 예산과 피해를 수반하며, 나아가 자위권 차원에서 전쟁을 촉발하였다고 인정받기가 쉽지 않다.

따라서 전쟁을 수행하기로 결심을 굳히면 적국뿐만 아니라 자국도 심대하게 피해를 보는 것은 피할 수 없게 된다. 물론 과거 식민지 쟁탈시대는 전쟁 그 자체가 자원과 시장 확보로 국력의 신장이나 국익 확대로 연계되었지만, 오늘날은 상황이 달라졌다. 또한 경제적 피해 못지않게 나아가 당위성을 인정받지 못하면 주변국의 강력한 반발이나 제재가 수반될 수 있다. 이는 전쟁 그 자체의 파괴성도 심각하지만, 전후 국제 관계 처리도 매우 중대한 사안이 되므로 충분히 이를 다각적으로 검토하여 전쟁을 수행하겠다는 결심을 하여야 함을 의미한다.

나) 전쟁을 당하는 측

전쟁을 당하는 쪽이 전쟁을 수행하기로 결심을 굳히는 전쟁수행 신념은 선택적이지 않거나 매우 제한적일 수밖에 없다. 그래서 전쟁하겠다고 결심을 굳히는 것이 아니고 어쩔 수 없이 응하게 되는 것이 일반적이다. 따라서 '전쟁을 수행하기로 결심을 굳히는 것'은 전쟁을 당하는 측보다는 전쟁을 일으키는 측이 더 해당한다고 볼 수 있다.

그러나 전쟁을 당하는 측도 예외적으로 전쟁을 수행하기로 결심을 굳

---

176) 군사학연구회(2014), 앞의 책, p.63.

히는 경우가 있는데, 이는 적의 침략이나 위해행위(危害行爲)를 예방하거나 피해를 상대적으로 감소시킬 목적으로 예방전쟁(preventive war)을 위한 결심을 할 경우이다. 이럴 때 전쟁수행 신념은 다분히 적국의 의도를 봉쇄하거나 좌절시키는 데 집중하게 된다. 여기서 유념할 것은 반드시 예방전쟁은 당하는 쪽만 선택할 수 있는 대안이라는 의미는 아니다. 역사가 테일러(A. J. P. Taylor)는 강대국 사이의 모든 전쟁은 정복 전쟁(war of conquest)이 아니라 예방전쟁으로 시작했다고 한다.[177] 역사를 돌이켜보면 예방전쟁은 강대국이 더 많이 선택하였고, 당하는 측면보다는 전쟁을 일으키는 쪽이 더 많았다는 점이다.

2) 전쟁을 어떻게 수행할지에 대한 사고와 의지 측면

가) 핵전쟁 수행 신념

핵전쟁에 대한 수행 신념은 '태생적 모순성'과 '이중성(二重性)'을 갖고 있다. 핵전쟁도 전쟁이니만큼 전쟁수행 신념을 보면 명백히 적으로부터 승리하기 위해 핵전쟁을 선택한다. 그런데도 핵전쟁은 이렇게 하겠다는 '실천'을 전제한 것이 아니고, '안 하겠다'라는 데서 출발하는 태생적 '모순'을 갖고 있다. 즉 핵무기는 전쟁을 수행하는 것이 아닌 수행하지 않는 것을 기본 전제로 하는 것이기 때문이다.

그렇다면 핵을 보유한 국가는 전쟁을 전혀 안 하고 전쟁이 없는 평화 상태가 유지되어야 한다는 추론이 가능해진다. 그렇지만 현실은 그렇지 않다. 미국의 경우 제2차세계대전을 종결하기 위해 일본에 핵폭탄을

---

177) Tanisha M. Fazal and Paul Poast, "War Is Not Over : What the Optimists Get Wrong About Conflict", *Foreign Affairs*, VOLUME 98, NUMBER 6, Council on Foreign Relations, 2019.

사용한 바 있다. 기타 여러 나라들도 핵을 보유했음에도 불구하고 재래식 전쟁, 외교 전쟁, 경제 전쟁 등과 같은 핵이 아닌 다양한 수단을 통해 정치적 목적을 달성하기 위해 부단히 또 다른 전쟁을 수행하거나 휘말리고 있다. 그래서 전쟁을 안 한다는 전제하에 보유한 핵무기가 오히려 핵 이외의 전쟁을 촉발하는 결과가 되어 '전쟁에 대한 이중성'을 갖게 된다.

첫째, 태생적 모순성을 보면 상대가 핵을 보유했건 안 했건 일단 '위협의 수단'일 뿐이지 사용을 전제로 하지 않는다는 점이다. 여기서 '위협의 수단적 성격'이 강하다는 것은 우선 상대가 핵을 보유하지 않았다면, 핵 미보유국이 핵보유국을 상대로 전쟁을 먼저 일으키기란 다른 제3국이 개입하지 않은 상태에서 현실적으로 불가능에 가깝다. 그러므로 핵전쟁을 수행하지 않는다는 전제 즉, 핵을 사용하지 않는다는 단순한 전제가 우선 성립된다.

또 다른 경우인 상대방도 핵무기를 보유했다면 아무리 선제타격능력이나 미사일 방어체계를 잘 구비했더라도 최악의 경우 두 적대세력은 각각 핵을 사용할 것이다. 이는 쌍방에게 치명적인 피해를 입히고, 최악의 경우 공멸할 수도 있다. 이런 결과를 충분히 알고 있는 각각의 국가는 비록 적대적인 위협 관계에 있음에도 불구하고 핵 사용을 자제하게 된다. 이처럼 핵은 최초부터 효과적으로 사용하기 위해 보유하는 것이 아니라 사용하지 않고 존재 그 자체로 위력을 발휘하기 위한 것이어서 전쟁수행 신념 측면에서 보면 태생적 모순점을 애초부터 갖게 되는 것이다.

물론 여기서 주의할 점은 태생적 모순점이 곧 핵무기는 사용하지 않는 것이라는 절대적인 명제로 반드시 연결된다는 것은 아니고 일반적 성향이 그러하다는 의미이다. 제2차세계대전 말기 미국은 핵을 보유하지 않은 일본을 상대로 이미 사용했던 사례가 있다. 오늘날 인격이 덜 완숙된 광기어린 비이성적 판단을 할 가능성이 있는 김정은 정권이나 IS와 같은 테러조직이 핵을 보유하면 이러한 태생적 모순점을 뛰어넘을 가능성이 있기 때문이다.

둘째, 이중성 측면에서 보면 핵전쟁은 매우 꺼리는 대신 핵 이외 기타 수단을 이용한 전쟁을 선호한다는 이중성을 갖는다. 핵을 사용한 전쟁수행 신념은 태생적 모순으로 인하여 실제 핵전쟁 수행을 행동으로 옮기기 어렵다. 반면에 핵 이외의 다른 수단을 사용한 전쟁은 오히려 더 발생할 수 있다. 이 때문에 핵을 이용한 '전쟁을 안 하겠다'는 것과 핵 이외 수단을 이용한 '전쟁을 한다'는 이중성을 갖게 된다.

여기서 핵 이외의 국력을 이용한 전쟁을 하는 수행 신념은 다음의 '재래식 전쟁수행 신념'과 '무력 충돌이 아닌 비군사적인 전쟁수행 신념'에서 좀 더 구체적으로 언급하고자 한다.

나) 재래식 전쟁 수행 신념

재래식 전쟁 수행 신념은 핵이 아닌 재래식 군사력을 활용하여 전쟁을 수행하는 것에 대한 신념으로 지금까지 우리가 일반적으로 생각하는 전쟁수행 신념과 같은 맥락이라고 할 수 있다.

먼저 전쟁을 촉발하는 측의 재래식 전쟁 수행 신념은 재래식 군사력을 능동적으로 활용하여 정치적 목적을 달성하는 것이다. 영토 확장, 자원 확보 등과 같이 국가의 역량을 확대할 목적이 우선 있다. 이와는 반대로 오히려 자국의 역량이 위협을 받는 상황, 즉 자국의 국가안보를 위협하는 요소에 대해 재래식 군사력을 활용하여 제거하고 국가안보를 유지하는 데 주안을 두는 경우가 있다. 그리고 이런 목적이 달성되었다면 최단 시간 내 전쟁을 종결하는 데 주안을 두게 된다.

다음으로 전쟁을 당하는 측은 재래식 군사력을 활용하여 능력 범위 내 적의 위협이나 침략을 저지, 격퇴, 또는 격멸하는 데 주안을 두는 경우를 우선 들 수 있다. 재래식 군사력 활용과 더불어 군사력 이외의 대안 즉 외교나 정치적 협상 등을 통해 일정부분을 양보하고 국가의 안보를 유지하고자 할 수도 있다.

이처럼 전쟁을 촉발하는 측과 전쟁을 당하는 측에서 보면 재래식 전쟁 수행 신념은 약간의 상이한 입장임에도 불구하고 다음과 같은 근본적인 세 가지 속성이 있다.

첫째, 전쟁수행 신념은 공히 전쟁에서 승리하는 데 주안을 두게 된다. 그러나 이는 대립하는 쌍방이 모두 충족할 수 없고 최소한 일방만이 가능하다는 현실에 직면하게 된다. 전쟁은 근본적으로 국가의 사활이 달린 문제이고 이는 전쟁에서 승리해야 존재할 수 있다는 단순명제가 성립된다. 따라서 대립하는 양측 모두 어떤 수단과 방법을 동원해서라도 전쟁에서 승리해야 함은 자명한 사실이다.

그러나 승리는 양측이 모두 획득할 수 없고 일방만이 가질 수밖에 없는 현실이 분명히 존재한다. 따라서 이를 위해 전쟁수행 신념은 적을 완전히 격멸하거나 이에 준하는 피해를 줘 의지를 파괴하고 항복을 하도록 하는 데 우선 주안을 두게 된다.

둘째, 상대적으로 우세할 경우 일방적인 승리 추구가 최선의 목표이겠으나 현실에서는 적절한 선에서 협상안을 선택할 수도 있다. 전쟁을 수행할 때 일방적 승리를 가장 이상적인 목표로 삼겠지만, 현실적으로 국가와 국민의 생존이 최대한 보장받고 국익에 도움이 되게 하려고 일방적 승리보다 적절한 선에서 협상안을 선택하도록 강요받기 마련이다.

즉 현실적인 결과라는 의미는 스포츠처럼 '승리'나 '무승부'뿐만 아니라 주도권을 쥐고 있는 한쪽에 '다소 유리한 결과'가 초래되는 것을 포함한다. 따라서 이를 위해 전쟁수행 신념은 일방적으로 상대를 완전히 항복시키는 것은 아닐지라도 협상테이블로 끌어들이기 위한 국면조성 측면과 협상 시 유리한 조건을 제시하고 상대가 따를 수밖에 없도록 하는 데 주안을 둔다.

셋째, 상대적으로 열세하여 일방적 패배가 불가피할 경우 전쟁수행 신념은 상대 국가에 항복을 하거나 일부 망명 또는 도피를 통해 후일을 도모하는 데 주안을 둔다. 물론 일방적 패배가 불가피한 경우라고 하여 처음부터 항복하거나 도피하는 것은 아니다. 최대한 저항과 협상을 시도했음에도 불가피할 경우 최악의 국면에서 선택을 강요받는 것이다. 항복을 선택하면 상대 국가에 흡수되는 것이지만, 망명 또는 도피를 통해 후일을 도모하는 경우의 전쟁수행 신념은 마치 와신상담(臥薪嘗膽)과 같다. 이는 장기간에 걸쳐 힘을 다시 키워나가거나 테러 또는 다양한 독립투쟁 등을 통해 적국의 국력을 약화하는 데 주안을 두게 된다.

다) 군대 간의 무력 충돌이 아닌 비군사적인 전쟁수행 신념

무력 충돌이 아닌 비군사적인 전쟁은 사이버전, 테러, 대테러전(Counter Terrorism), 에너지전, 경제전, 외교전, 심리전(Psychological Warfare) 등 여러 종류가 있다. 이들은 두 국가의 군대 간 무력 충돌이 아닌 다른 수단을 활용하여 전쟁을 수행함으로써 소기의 목적을 달성한다. 따라서 수단의 다양성만큼 달성하고자 하는 목적도 다양할 뿐만 아니라 전쟁수행 신념도 상이하다는 특성이 있다.

일례로 IS에 의한 테러는 전 세계를 이슬람화하여 칼리프 통치하에 안정적인 이슬람 국가 건설을 목적으로 하고 있다.[178] 이를 위해 이슬람

---

178) 김희정, "테러방지입법의 합헌적 기준–자유와 안전의 조화–", 고려대학교 대학원 박사학위 논문, 2015, pp.33~34.

의 교리와 반대되는 종교나 세력을 상대로 테러라는 하나의 수단을 활용하여 반대 세력을 파괴하거나 제거하려는 신념으로 전쟁을 수행한다.

따라서 이에 대한 대응 신념은 대테러전처럼 먼저 테러분자들이 국내 유입되는 것을 차단하고, 테러에 대한 대비태세 유지 등을 통해 테러를 예방하는 것이다. 만약 테러가 발생하면 테러분자들을 단시간 내에 사살하거나 포획함으로써 추가적인 테러 확산을 방지한다. 필요시 테러의 근원지에 군사력을 투입하여 이를 응징하고 발본색원(拔本塞源)하는 전쟁수행 신념이 필요하다.

이처럼 무력 충돌이 아닌 비군사적인 전쟁은 다양한 수단과 방법을 사용하여 전쟁을 수행하느니만큼 전쟁수행 신념은 제각기 다른 입장임에도 불구하고 전쟁수행 신념은 다음과 같이 근본적인 세 가지 속성으로 크게 나눌 수 있다.

첫째, 전쟁수행 목표와 목적 측면에서 비군사적 수단을 활용하느니만큼 그에 걸맞은 제한된 목표와 목적을 설정하는 것이 일반적이다. (표 15)에서 보는 바와 같이 비군사적인 전쟁은 각각의 전쟁유형에 따라 특징적인 제한된 목적을 달성하고자 함을 알 수 있다.

(표 15) 주요 비군사적인 전쟁의 목적

구 분	내 용
테러[179]	① 집단의 목적 제시를 위한 대중적 관심 촉구 ② 집단의 능력 과시 ③ 대치(對峙)하고 있는 정부 혹은 테러 대상의 취약점 노출 ④ 복수심 고양 및 갈등 조장 ⑤ 지원 세력이나 자원 획득 ⑥ 대정부 또는 테러 대상의 과잉 반응 유발

---

179) 조영갑, 『세계전쟁과 테러』 (경기: 선학사, 2011), pp.192~193.

사이버전[180]	① 적의 정보체계를 교란, 파괴, 마비 또는 오작동 ② 정보 획득 ③ 전투력을 무력화시키는 것에 초점을 둔 효과중심작전(EBO: Effectiveness Based Operation)의 중요한 수단 ④ 금융망, 교통망, 전력망, 통신망 등을 마비시켜 그 나라의 전쟁 수행능력이 마비 상태에 도달토록 강요 ⑤ 막대한 물리적 혹은 심리적 혼란을 야기 또는 오정보(誤情報) 확산을 통한 여론과 민심 조작 ⑥ 상대 국가에서 간첩 활동 및 선동 활동에 유용한 도구
에너지전[181]	① 에너지자원 취약 국가: 안정적이고 지속적인 에너지 공급체계 확보 ② 에너지자원 보유 및 통제국가: 에너지 통제를 통한 상대적인 정치적 및 경제적 우위 또는 국익 확보 ③ 적정한 물량 및 공급원 확보와 적정 가격 유지, 통제, 차단 ④ 에너지 기반시설 및 적정한 수송로 확보, 통제, 차단 ⑤ 대체에너지 개발 달성 또는 저해, 통제
한국의 대북심리전[182]	① 북한에 자유사조를 유입시키고 자유민주주의체제 우월성 홍보로 점진적인 경제, 사회 개혁 개방 유도 ② 민족 공존 및 공영의 당위성 홍보와 화해 협력 추구 ③ 자유와 인간의 존엄성에 대한 가치관 정립 유도 ④ 남북간 적대감 해소 및 군사적 긴장 완화를 도모 ⑤ 남한의 국가정책과 국방정책에 유리한 환경을 조성

---

180) 정유석, "북한의 사이버 위협 능력과 한국군 대응에 관한 연구", 상지대학교 평화안 보ㆍ상담심리대학원 안보학 석사학위 논문, 2012, p.15.; 최광복, "사이버전 대비 차원의 국방정보보호 관리체계 연구", 수원대학교 대학원 컴퓨터학 박사학위 논문, 2012, pp.7~9.
181) 강봉구, 한구현, "자원전쟁 시대 한국의 에너지안호 전략: 동시베리아ㆍ극동 지역 을 향하여"「한국과 국제정치」제20권 3호, 2004, p.39.; 박상우, "에너지자원과 카 스피해 지역의 갈등 분석", 충남대학교 대학원 정치외교학 박사학위 논문, 2011, pp.16~25.
182) 최광현, "미래 국방심리전 발전 방향"「국방정책연구」2005년 여름호, 2005, p.187.

북한의 대남심리전[183]	① '남조선 혁명'을 위한 '통일전선전략'의 구현
	② 남한 내 '반정부 세력' '종북세력' 배양, 내부 혼란 조성 및 한미 동맹 체제를 손상
	③ 남한 정부 및 지도자에 대한 흑색선전과 정치 선동을 통하여 남 남갈등을 확대

예를 들어 기존의 전쟁은 전면적인 무력을 이용하여 적대 국가의 영토나 군대를 점령하고 파괴하거나 자원을 탈취하는 과정에서 많은 국민을 살상하고 시설을 파괴했다. 하지만 테러의 경우 매우 제한된 대상을 상대로 심리적인 충격이나 공포심을 불러일으킨다. 이를 통해 테러 집단은 소기의 목표나 요구사항을 관철하려고 한다.[184]

또한 에너지전의 경우 안정적이고 지속적인 에너지 공급체계를 확보하려는 측과 공급을 차단 또는 통제하여 상대적인 정치적 및 경제적 우위나 국익을 확보하려는 측과의 충돌이 발생하는 것이다. 이런 에너지전의 방법은 상대 국가의 영토나 군대를 파괴하거나 국민을 살상하지 않고 단지 에너지 공급원이나 에너지 기반 시설 및 수송로를 확보, 통제 또는 차단하는 데 주안을 둔다는 점이 일반적인 전쟁과 크게 차이 난다고 볼 수 있다.

둘째, 군사적 충돌과는 다르게 공자(攻者)는 무력 충돌로 확대됨이 없이 비군사적 전쟁 그 자체로서 범위와 강도가 한정되도록 주의를 기울여야 한다.

비군사적인 전쟁을 일으키는 측은 필요한 최소 범위 내에서 상대 세력 또는 국가에 타격을 줌으로써 제한된 특정 목적을 달성하고자 한다.

---

183) 고성윤, "통일 대비 대북 심리전" 「Jpi 정책포럼」 149권 0호. 2014, pp.5~6.

184) Paul R. Pillar, *Terrorism and U. S. Foreign Policy* (Washington, D. C.: Brookings Institution Press, 2001), p.18.

따라서 비군사적 전쟁을 일으키는 측은 비군사적 전쟁이 군사적 무력 충돌로 연계되거나, 확산 또는 국면이 상승하지 않는 범위 내에서 목적을 달성하고자 한다. 이는 비군사적 수단을 활용한 전쟁이 군사적 수단을 활용한 전쟁으로 확산하면 불리해지거나 많은 희생이나 피해를 수반할 가능성이 크기 때문이다.

또한 일반적으로 약자이면서 공격을 해야 하는 경우, 재래식 무기를 활용한 전면적인 정규전을 수행할 능력이 제한되거나 상대적으로 부족하므로 비군사적 수단을 주로 사용한다. 무력 충돌에 의한 전면전으로 전이(轉移)되는 것은 목적 달성은커녕 최악의 경우 치명적 파멸로 자초(自招)할 수 있으므로 약자이면서 공격하는 자가 원하는 바와는 정반대가 될 수 있다.

물론 상대 국가보다 강자로서 재래식 무기를 활용한 전면적인 정규전 수행능력을 충분히 갖추고 있더라도 최소의 노력과 희생을 지불하고 원하는 목적을 달성하고자 하면 비군사적 수단을 활용하는 경우도 있다. 그러나 이 역시 군사적인 무력 충돌을 최후의 수단으로 활용할 수도 있지만, 최초부터 확산하는 것을 근본적으로 바라지는 않는다는 점이다.

셋째, 방자(防者)의 대응 방식 및 범위 측면에서 보면, 공격당한 대상이나 표적에 한정하여 대응할 수도 있지만, 오히려 필요에 따라 비군사적 수단이나 군사적 수단을 총동원하여 대응할 수도 있다. 공자가 비군사적 수단으로 한정하여 공격하는 것으로 한정하였을 경우 공자는 군사적 무력 충돌로 확대됨이 없이 비군사적 전쟁 그 자체로서 범위와 강도를 유지하고자 한다. 방자 역시 해당 표적이나 대상을 우선 보호하고 피해를 최소화하여 국가기능 마비를 방지하며 조기 종결을 추구하는 데 초점을 맞추게 된다. 방자는 일반적으로 수세적 성격이 강해 공격당한 대상이나 표적으로 한정하여 대응하는 경우가 많다. 하지만 치명적인 피해가 예상되면 비군사적 수단뿐만 아니라 군사적 수단까지 총동원하여 대응할 수도 있다는 점이 공자와 상이하다.

공자에 의해 특정 분야에서 위협이나 공격을 받으면 방자는 그 분야로 한정하여 우선 대응하게 된다. 즉 테러를 당하면 신속히 테러 집단을 포착 격멸(capture and annihilate)하는 대테러 대응을 해야 한다. 사이버전의 경우 공자가 방자의 정보를 획득하거나 기간망 마비, 혼란 등을 통해 정치적 요구를 관철하고자 하므로 방자는 공격받은 대상을 보호하고, 공격을 차단하는 노력을 우선 한다. 그뿐만 아니라 신속한 복구를 하는 등 해당 분야에 한정하여 대응하는 것이 우선이지 군사력을 적국에 투입하는 것과 같은 무력 대응은 우선이 아니다. 하지만 위협의 정도에 따라 무력을 사용하거나 정치, 경제, 사회, 국제법, 국제통상 등 다양한 수단을 복합적으로 적용하기도 한다.[185]

예를 들어 테러를 당하였을 때 신속히 테러 집단을 포착격멸(capture and annihilate)하는 대테러전으로 한정하여 대응하기보다는 전면전으로 대응한 경우를 들 수 있다. 2001년 9·11테러를 당한 미국은 대테러전을 실시한 후 이에 그치지 않고 9·11테러를 범행한 알카에다와 그 지도자인 빈 라덴이 아프가니스탄에 은거하고 있다는 판단하에 아프가니스탄 탈레반 정권에 인도를 요구했다. 그러나 아프가니스탄이 이를 거절하자 2001년 10월 7일부터 아프가니스탄에 대해 전면적인 공격을 개시하였다. 또한 이어서 2003년 3월 20일 후세인 정권을 타도하고 이라크 바트당 정권을 교체해 대량살상무기 및 테러리스트와의 위협을 근본적으로 제거한다는 목표하에[186] 이라크전쟁과 같이 무력을 투입하여

---

185) 하성우, 『지략』(서울: 플래닛미디어, 2015), p.239.
186) 이근욱, 『이라크전쟁』(파주: 도서출판 한울, 2011), p.86.

테러에 대응하였다.

이처럼 방자는 해당 분야에 대한 대응뿐만 아니라 군사력, 외교, 국제법, 국제통상, 동맹, 여론 등과 같은 복합적 처방을 통해 대응한다는 점이 공자와 다소 차이가 난다.

3) 전쟁수행 신념에 영향을 미치는 요인

전쟁수행 신념에 영향을 미치는 요인은 주로 전쟁이나 전쟁 이외의 사항과 관련한 국내·외 환경에 영향을 받는다. 따라서 영향을 미치는 요인을 국제적 요인과 국내적 요인으로 구분해서 살펴보고자 한다.

먼저 국제적 요인으로 첫째, 외부로부터 가해지는 위협이나 침해의 정도, 둘째, 적 상황 및 국제적 전쟁환경으로 구분하여 살펴보고자 한다. 국내적 요인은 첫째, 유형적인 가용 수단(국력)과 둘째, 국민성이나 의식과 같은 무형적인 요소 등으로 나누어 알아보겠다.

가) 국제 환경요인(Ⅰ): 외부로부터 가해지는 위협이나 침해의 정도(程度)

외부로부터 가해지는 위협이나 침해의 정도가 어느 정도인가에 따라 전쟁수행 신념이 크게 영향을 받는데 이는 대략 네 가지로 구분할 수 있다.

첫째, 위협이나 침해의 정도가 크거나 강한 경우 국가의 사활이 걸린 사안이므로 이를 제거하거나 해소하는 데 우선적으로 주안을 두고 전쟁을 수행하려고 한다. 둘째, 위협이나 침해의 정도가 작거나 감수할 수 있을 정도라면 제한적으로 대응하는 데 주안을 두고 전쟁을 수행하려 한다. 셋째, 위협이나 침해의 정도에 따라 직접적으로 대응하는 데 그치지 않고 더 나아가 위협이나 침략자의 근원을 완전히 제거하는 방안을 선택하고 이에 맞추어 전쟁을 수행하기도 한다. 넷째, 예상되는 위협이나 침해를 사전에 제거하거나 강도를 약화하기 위해 예방적 차원에서 전쟁을 수행하고자 한다.

먼저 첫 번째의 경우는 사활적 대응 개념으로 전쟁을 수행하고자 하는 것이다. 대부분 국가의 경우 침략을 당했을 때 전쟁을 수행하는 신념은 사활적으로 대응하는 것에 속한다. 이와 같은 예는 매우 많다. 그중 일부만 언급하자면 제2차세계대전 시 독일의 침공을 받은 프랑스의 전쟁수행 신념이나 1950년도에 발생했던 6 · 25전쟁 시 한국의 전쟁수행 신념 또는 2003년 이라크전쟁에서 미국의 침공을 받은 이라크 바트당 정권이 미국을 상대로 수행하는 전쟁 신념이 여기에 속한다.

두 번째의 경우는 위협이나 침해의 정도가 작거나 감수할 수 있을 정도라고 보고 제한적으로 대응하는 경우이다. 이러한 예는 2010년 11월 북한에 의한 '연평도포격도발'과 같은 국지도발에 대한 대응이나 2011년 1월에 실시한 소말리아 해적을 상대로 한 한국 해군의 '아덴만 여명 작전', 1982년 4월에 있었던 '포클랜드 전쟁' 등을 들 수 있다.

특히 포클랜드 전쟁의 경우 아르헨티나가 자국과 가까운 '말비나스'라고 부르는 포클랜드섬을 다시 아르헨티나의 영토로 돌려놓겠다고 선언하며 침공하였다. 이에 대해 2달 만에 영국군이 포클랜드섬에 침범한 아르헨티나군을 항복시키고 전쟁을 종료하였다. 포클랜드 전쟁은 분명 영국과 아르헨티나 간의 국가 대 국가 간의 전쟁임에도 불구하고 전쟁을 수행하는 지역을 영국 본토나 아르헨티나의 본토로 확산하지 않고 포클랜드 제도, 사우스조지아 사우스샌드위치 제도와 그 인근 해상과 영공으로 한정하였다. 상대 국가의 군사력을 완전히 격멸하기보다는 전쟁에 투입된 일부 전투력만 격멸하는 방식으로 한정하여 전쟁을 수행하였다. 이처럼 위협이나 침해의 정도가 작거나 감수할 수 있으면, 전쟁을 수행하는 지역이나 강도를 제한적으로 한정하여 전쟁을 수행하는 신념을 결정할 수 있다.

세 번째의 경우는 위협 및 침해의 근원을 완전히 제거하기 위해 전쟁을 수행하려는 것이다. 9·11테러를 범행한 알카에다와 그 지도자인 빈라덴이 은거해있는 아프가니스탄을 공격하여 이를 발본색원하고자 한 미국에 의한 2001년 10월 아프가니스탄전쟁을 들 수 있다. 이외 후세인 정권을 타도하고 이라크 바트당 정권을 교체해 대량살상무기 및 테러리스트와의 연계된 위협을 근본적으로 제거하려 한 2003년 3월 이라크전쟁수행 신념을 들 수 있다.

네 번째의 경우는 예상되는 위협이나 침해를 사전에 제거하거나 강도를 약화하기 위해 예방적 차원에서 전쟁을 수행하는 것이다. 몇몇 예를 들자면 1967년 6월 제3차 중동전쟁(6일전쟁) 시 이스라엘의 아랍연맹에 대한 기습공격과 제2차세계대전 시 일본의 진주만 기습공격 시의 전쟁수행 신념을 들 수 있다.

이 중에서 1941년 12월 일본군에 의한 진주만 기습공격 시 전쟁수행 신념은 예방적 차원의 선제공격을 수행한 후 방어로 전환하여 적절한 선에서 미국과 협상을 하는 전쟁수행 신념이었다.

1937년 일본의 만주 침략으로 개시된 중일전쟁을 종결짓기 위해 미국을 비롯한 강대국들이 일본의 석유와 철 수입을 봉쇄하였다. 일본은 동남아시아 지역을 점령하여 부족한 자원을 확보하고자 하였다. 그럴 경우 미국이 태평양 일대에 전개한 해군력으로 이를 저지할 것으로 예상하였다. 이에 일본은 동남아시아지역에서 자원 확보와 안정적인 수송로 확보를 위해서 미국의 위협을 약화하거나 예방할 필요가 있었다. 따라서 이런 목적을 달성하기 위해 먼저 태평양 지역에서 주로 작전하는 부대의 주요 군항인 하와이의 진주만을 기습하였다.

이렇게 진주만을 선공(先攻)한 일본은 미국과 향후 피할 수 없는 전쟁에서 이기기 위한 것이 아니었다. 미국 태평양함대의 전멸 또는 최소한 괴멸시켜 미국에 의한 전면전이나 동시다발적인 공격을 막기 위한 것 이었다. 아울러 이렇게 기습을 받은 미국이 재개(再開)를 준비하는 동안 일본은 동남아시아를 점령하여 자원을 확보하고 태평양상의 섬들을 이 용하여 방어로 전환한 다음 적절한 선에서 미국과 협상하고자 하는 전 쟁수행 신념을 설정한 것이다.[187]

나) 국제 환경요인(Ⅱ): 적 상황 및 국제적 전쟁환경

전쟁수행 신념에 영향을 미치는 또 다른 국제적 환경요인은 우선 적 상황 변화를, 그다음엔 주변 국가나 우방국을 포함한 국제사회의 관계 나 영향력을 들 수 있다.

첫째, 적 상황 변화는 적의 성격이나 능력이 변화를 가져온 경우로 변화된 적 능력이나 성격에 맞게 전쟁수행 신념도 변하게 된다. 예를 들 어 2003년 3월 미국이 이라크전쟁을 시작할 때는 걸프전 이후 군사혁 신을 통해 막강해진 미군 전력 중에서 우선 항공력과 해군력을 이용해 충분한 화력전투를 하고자 하였다. 그런 다음 지상군을 투입하여 단기 간 내 전쟁을 종결하고자 하는 전쟁수행 신념을 가졌었다. 하지만 2003 년 5월에 부시 대통령이 종전선언을 했음에도 불구하고 실질적인 전쟁 의 종결이 이루어지지 않았다. 따라서 후세인의 바트당 정권과 단기결 전 후 주권을 이양하는 계획을 포기하고 장기 점령정책으로 전환해야만 하였다.

---

187) 합동군사대학교, 『세계전쟁사(中)』(대전: 합동군사대학교, 2012), pp.7-78-10~7-78-17.

2003년 3월 개전시		2003년 5월		2005년		2007년		2011년 12월
공군/해군 중심으로 바 트당 정권과 단기결전 후 주권 이양	⇨	장기 점령 정책	⇨	바트당/수 니파/시아 파와 삼파전 극복 후 이라크 국가형성	⇨	2만 명 병력 증파, 수니/ 시아파 분리 보호, 알카 에다 소탕/전 쟁 종결	⇨	전쟁 종결 / 미군 철군

(그림 14) 이라크전쟁에서 미국의 전쟁수행 신념 변화

이는 후세인의 바트당 정권 세력과 수니파의 저항 세력뿐만 아니라 미국에 대해 지금까지 지원 세력이라고 생각했던 시아파와의 대립이 추가되었기 때문이다. 미군을 중심으로, ①바트당 정권 세력과 ②수니파 그리고 ③시아파라는 3개의 극(pole)이 상호 대립하는 3파전으로 변하였다. 따라서 미국은 후세인의 바트당 정권을 상대로 하는 단기결전 수행 신념이었던 것을 2005년에는 장기적인 안목에서 삼파전을 극복하고 '이라크 국가를 형성'하는 전쟁수행 신념으로 변경하였다.

그러나 이것마저 수니파와 시아파 간 극도의 대립에 따른 혼란으로 이어갔을 뿐 이라크의 안정은 좀처럼 되찾지 못하였다. 미국은 2007년에 추가로 2만여 명의 병력을 증파하여 수니파와 시아파를 분리하고 알카에다 조직을 소탕함으로써 전쟁을 종결하려는 신념으로 또다시 변경하였다. 결국 2011년 12월에 가서야 미국은 실질적인 전쟁을 종결하고 이라크에서 완전하게 철군을 할 수 있었다. 이처럼 전쟁수행 신념이 이라크의 대응 변화에 맞게 최초 단기결전에서 장기 점령전으로 1차 변경하였다. 이어 수니파와 시아파를 분리하여 대립을 완화하고 각각에 대해 보호 조치를 하였다. 그런 다음 최종적으로 알카에다 조직을 소탕하는 것으로 3차례에 걸쳐 변경하였다.

둘째, 우방국이나 주변국의 지지나 지원 여부에 따라 전쟁수행 신념이 달라지는 경우이다. 우방국이나 주변국의 지지나 지원을 받는 상황에서 전쟁을 수행하려는 신념을 갖는 경우와 이와는 반대로 지지나 지원을 받지 못해 전쟁을 수행하지 못하거나 전쟁수행 신념을 수정하는 경우가 있다.

먼저 우방국이나 주변국의 지지나 지원을 받아 침략전쟁을 수행하는 경우를 보면 1950년 6 · 25전쟁 시 소련과 중국의 지원을 받은 북한 김일성 정권의 초기 남침전쟁수행 신념을 들 수 있다. 김일성은 우방국인 소련과 중국의 지원을 받아 미국이 6 · 25전쟁에 참전하기 이전까지 즉 1달 이내에 전 한반도를 무력으로 통일하는 목표를 세웠다. 기습적으로 남침전쟁을 개시하여 3일 만에 서울을 점령한 다음 부산을 포함한 남해안까지 석권하기 위해 단기간 내에 전쟁을 종결하려는 속전속결을 추구했다.

반면에 우방국이나 주변국의 지지나 지원을 받지 못해 전쟁을 제대로 수행하지 못한 경우는 베트남전쟁 시 1973년 이후 남베트남 정권의 전쟁수행 신념을 들 수 있다. 남베트남은 1964년 8월 통킹만 사건을 계기로 미국이 베트남전쟁에 참전하면서 남베트남군은 미국으로부터 많은 전쟁물자뿐만 아니라 미군의 막강한 군사력을 지원받았다. 이에 힘입어 남베트남 민족해방전선(베트콩, Việt Cộng)과 북베트남 인민군을 격멸하려는 전면적인 공세행동이라는 전쟁수행 신념을 가졌었다. 하지만 1973년 미국이 군대를 철수한 것과 때를 같이하여 한국을 포함한 다른 우방국들도 군대를 철수하였다. 이와 더불어 군사적, 경제적 원조를 대폭 삭감하여 제대로 지원을 받지 못하는 상황에서 북베트남군으로부터 본격적인 공격을 받은 남베트남군은 이를 방어하는 방향으로 전쟁수행 신념을 바꾸었다. 그러나 시간이 지날수록 남베트남은 분열이 되어 점점 통제 불능상태로 변하였고 곳곳에서 남베트남군이 북베트남군에게 투항하기까지 하였다. 이와 같이 남베트남군의 전쟁수행 신념이 변화된 것을 보면 우방국이나 주변국의 지원이나 지지와 매우 밀접하게 연계되었음을 알 수 있다. 미국 등 우방국이 참전하기 전 '방어'였다가 우방국 군대가 참전하면서 '공격'으로 전환하였다. 이어서 우방국가의 군대가 철수하고 지원을 대폭 삭감하자 다시 '방어'로 전환하였다.

한편 또 다른 예로 4차 중동전쟁은 우방국이나 주변국 등 국제사회의 관계나 영향력을 고려하여 처음부터 전쟁수행 신념을 다르게 한 경우이다. 이스라엘은 1956년의 제2차 중동전쟁과 1967년의 제3차 중동전쟁에서 '선제공격'을 통해 적의 위협을 제거하거나 약화시켰다. 특히 제3차 중동전쟁 시 기습적인 선제공격으로 4일 만에 서쪽으로 이집트의 시나이반도를 점령하였다. 이어 동쪽으로 골란고원을 점령함으로써 충분한 완충공간을 확보하는 큰 성과를 달성한 다음 유엔 등 국제사회에서 중재로 6일 만에 전쟁을 종결하였다. 하지만 이런 예방적 차원의 선제공격에 대해 국제사회에서 정당성이 인정되지 않았을 뿐만 아니라 오히려 침략자로 낙인이 찍히는 결과가 되었다.[188]

이렇게 되자 4차 중동전쟁 시에는 이스라엘이 아닌 아랍국가가 먼저 선제공격을 하였는데 이는 이스라엘의 전쟁수행 신념이 변하였기 때문이다. 즉 기존에 추구하던 예방전쟁을 위한 '선제기습공격'이 아닌 '수세 후 공세'를 하는 것으로 전쟁수행 신념을 다르게 하였기 때문이다. 이는 또다시 선제기습공격을 감행한다면 국제사회에서 완전히 고립될 수 있다고 판단했다. 반면 적의 선제공격을 허용한다면 반대로 국제사회의 지지를 얻어낼 수 있다고 봤기 때문에 수세 후 공세로 전쟁수행 신념을 변경하였다. 이처럼 우방국이나 주변국 등 국제사회와의 관계나 영향력

---

188) 합동군사대학교, 『세계전쟁사(下)』(대전: 합동군사대학교, 2012), pp.9-210-114~9-210-115.

으로 인해 전쟁수행 신념이 변경되기도 한다.

다) 국내 환경요인(I): 유형적인 가용 수단(유형적 국력)

전쟁수행 신념에 영향을 미치는 국내적 환경요인 중의 하나가 국가가 동원할 수 있는 유형적인 가용수단의 정도를 들 수 있다. 유형적 가용수단이란 핵이나 재래식 무기 및 군대의 규모와 같은 군사력 외에, 과학기술력, 경제력 등 비군사 수단에 의해 생산되거나 기인한 유형적인 국력의 정도를 말한다.

유형적인 국력은 전쟁을 수행하는 가장 중요한 원동력이므로 국가는 군사력뿐만 아니라 기술력 및 경제력 등과 같은 요인에 의해 창출된 유형적 국력을 극대화하여 전쟁을 수행하고자 한다. 따라서 유형적 국력이 강한 국가들의 전쟁수행 신념은 물량 공급능력, 항공력, 화력, 기동력, 정보력 등을 활용하여 전면적인 공세행동을 통한 단기간 내 전쟁을 종결하는 경향을 보인다.

일례로 13세기 중앙아시아 초원지대 유목민에서 출발한 칭기즈 칸의 군대는 유형적인 국력 중 기마민족 특유의 기동력을 활용하였다. 제2차 세계대전을 촉발한 독일은 전차의 기동력을 활용한 전격전으로 적진 깊숙이 공격하여 심리적 마비와 물리적 파괴를 병행하는 단기간 공세적인 전쟁수행 신념을 구사하였다.

또한 걸프전쟁과 이라크전쟁 초기 미국은 전면전을 수행하되 우수한 지휘통제 및 통신과 공군력 및 해군력을 우선 투입하여 다량의 화력전과 정밀타격을 통해 적의 군사력을 상당히 무력화시켰다. 이어서 지상군을 투입하여 전쟁을 단기간 내 종결하는 전쟁수행 신념을 구사하였다.

반면에 유형적 국력이 약한 국가들의 전쟁수행 신념은 인력, 지구전, 게릴라전, 사이버전이나 테러 등과 같은 비군사적 수단 등을 총망라하여 전쟁을 수행하는 경향이 있다. 먼저 적이 전면전으로 공격을 해오면, 상대적으로 열세인 전면전을 최대한 회피하면서 지구전을 통해 적의 능력을 약화한 다음 공세로 전환한다. 아울러 상대적으로 비대칭적 우세를 가질 수 있는 비군사적 수단을 적극적으로 활용하여 전쟁에서 승리하기보다는, 국가나 조직의 파멸을 막고 적절한 선에서 협상할 수 있는 상황을 조성하는 데 주안을 두고 전쟁을 수행하고자 한다.

일례로 1927년부터 시작하여 1949년에 종결된 중국의 국공내전 시 중국 국민당의 장제스 군대에 맞서는 중국 공산당의 마오쩌둥 군대는 장비, 화력 및 병력 면에서 모두 절대적으로 열세했다. 따라서 전면전을 최대한 회피하면서 장기간에 걸친 게릴라전을 수행하여 장제스 군대의 전투력을 조금씩 약화시켰다. 그뿐만 아니라 대중공작(大衆工作)을 통해 중국 국민을 자신의 편으로 끌어들여 지지기반을 확보하였다. 그런 다음 공세로 전환하여 국민당의 장제스 군대를 1949년 중국 본토에서 몰아내는 데 성공하였다.

또한 2003년 이라크전쟁 시 후세인의 바트당 정권 잔존 세력과 알카에다 조직은 압도적으로 우세한 미국의 군사력으로부터 공격을 받아 거의 와해되었다. 이렇게 되자 자신들에게 불리한 전면전으로 계속 대응하기보다는 상대적으로 유리한 테러 등을 통해 미군에 대응하는 전쟁수행 신념으로 변경하였다. 그리곤 무려 8년간에 걸쳐 이라크전쟁에 투입된 미군에게 심각한 피해를 주었다.

라) 국내 환경요인(Ⅱ): 무형적인 가용수단

클라우제비츠가 주장한 삼위일체론을 보면 전쟁은 국민, 군대, 정부라는 세 가지 속성이 있다.[189] 국민의 속성은 원시 본능적 열정과 절대적

189) Carl von Clausewitz, *On War*, Michael Howard and Peter Paret, eds. and

증오를 나타내는 맹목적인 자연적 폭력으로 간주한다. 다음으로 군대의 속성은 전쟁이 우연성과 개연성으로 인하여 이론과 현실 간의 차이를 해소하는 기능을 지니게 된다고 말하고 있다. 마지막으로 정부의 속성은 지적 요소로 이성적인 통제 능력을 갖춘 것으로 보고 국민이라는 감정적인 극성과 군대라는 불확실성의 극성을 국가의 이성과 의지를 빌어 전쟁이 비로소 목적을 지닌 정치의 한 수단으로 변화된다는 것이다.

여기서 주목할 것은 이 세 속성은 상호 영향을 미치는 관계이므로 정부가 국민과 군대를 이성적으로 통제할 수 있을 뿐만 아니라 반대로 정부는 국민과 군대에 지대한 영향을 받게 된다는 점에 주목할 필요가 있다. 특히 오늘날 민주주의 국가에서 국민의 의지나 지지 또는 공통된 신념들이 국가를 움직이는 중요한 요소임은 분명하다. 실제로 민주주의 국가에서 전쟁을 일으키거나 병력을 해외로 파병하기 위해서는 국민의 대표인 국회의 승인을 거쳐야 하는데, 이는 국민의 지지를 간접적으로 확인 받는 것이 된다.

따라서 전쟁수행 신념도 국가(정부)의 의지와 국민적 지지에 따라 다양한 형태로 나타나게 된다. 이를 유형별로 구분하면 먼저 국가의 의지와 국민적 지지가 모두 강한 경우와 반대로 모두 낮은 경우를 들 수 있다. 또한 국가의 의지는 강하지만 국민적 지지가 낮거나 반대로 국가의 의지는 낮지만 국민적 지지가 강한 경우를 들 수 있다. 이런 각각 서로 다른 상황은 전쟁수행 신념도 다르게 갖게 된다는 점이다. 이를 상세하게 4가지 유형으로 구분하여 살펴보면 다음과 같다.

첫째, 국가의 의지도 강하고 국민적 지지도 강해서 적을 격멸하겠다는 전쟁수행 신념을 가지는 경우이다. 이러한 예는 6 · 25전쟁 시 한국

trans.(Prinston: Prinston University Press, 1984), p.128.

의 전쟁수행 신념과 걸프전쟁 시 미국의 전쟁수행 신념을 들 수 있다.

먼저 1950년 6 · 25전쟁의 경우 한국은 국가 의지와 국민적 지지가 각각 높은 상태에서 전면적인 총력전 수행 신념으로 북한군의 공격을 막아낸 전쟁이다. 북한군의 기습공격으로 6 · 25전쟁이 발발하자 한국 정부는 국가 존망(國家存亡)의 최대 고비로 판단하고, 모든 수단과 방법을 강구해서 이를 격퇴하겠다는 국가 의지를 표명했다. 한국 국민 역시 국가의 의지에 적극적인 지지와 참여를 나타냈다. 이에 따라 초기 한국군이 북한군의 기습으로 상당수 와해되었지만, 그나마 생존한 군인들은 열악한 무기를 갖고 육탄공격을 해서라도 북한군의 공격을 막아내고자 온 힘을 다했다. 학도병, 애국부인회, 서북청년단 등은 자발적으로 작전을 지원하거나 앞장서서 전투에 참여했다. 또한 국제적으로는 공산주의 침략에 대한 민주주의 수호라는 대의명분으로 국제적 지원을 얻어 직접적으로 전투병을 파병한 16개국을 포함하여 60여 개국이 직간접적으로 한국을 지원하였다. 그 결과 한국 정부는 국민적 지지와 국제적 지지를 등에 업고 전면적인 총력전 수행 신념으로 전쟁에 임했다.

한편 1990년 8월에 시작한 미국의 걸프전 수행을 보면 미국의 국가 의지와 국민적 지지가 각각 높은 상태에서 전면적인 총력전 수행 신념으로 치른 전쟁이다. 미국은 걸프전쟁을 수행하기에 앞서 명확한 전쟁수행 이유와 목표를 제시하고 적극적으로 국민적 지지를 호소하여 높은 국민적 지지를 얻은 상태에서 실시한 전쟁이다. 특히 국민적 지지를 얻을 수 있었던 표면적 이유를 보면 명확한 전쟁수행목표 제시와 부시 대통령이 직접 1990년 11월 26일자 뉴스위크지에 지지를 호소하는 인터뷰를 하는 등 본격적으로 국민 설득에 나섰다. 그 외에 국민적 지지를 얻을 수 있었던 다음과 같은 또 다른 두 가지 이유가 있었다.

첫 번째는 1973년 징병제 폐지로 지원병으로 파병을 하였으므로 젊은 대학생을 포함하여 부모들이 강제징집 거부 등과 같은 반대 명분을 펴기가 궁핍했다. 두 번째는 후세인이 쿠웨이트를 침공한 것에 대해 국제사회에서 지지받지 못했기 때문에 반전여론의 명분으로 작용하지 못하였다. 그 결과 1991년 1월 18일 ABC에서 실시한 여론조사에서 국민 지지는 83%였을 뿐만 아니라 71%는 오히려 '반전운동가'를 비난했다. 이처럼 걸프전쟁은 국가 의지와 국민적 지지가 각각 높은 상태에서 전면적인 총력전 수행 신념으로 수행한 전쟁이다.

둘째, 국가의 전쟁수행 의지는 강하지만 국민의 의지가 낮은 상태에서 전쟁을 제한적으로 수행하려는 신념을 가진 경우이다. 이에 대한 예는 베트남전쟁에 임하는 미국의 전쟁수행 신념을 들 수 있다. 당시 미국의 존슨 대통령은 '위대한 사회건설'이라는 계획이 위협받지 않기 위해 전면적인 동원령을 통한 군사력을 투입하지 않았다. 그는 정치학자 로버트 오스굿(Robert Osgood) 등이 주장한 제한전쟁 이론에 기초하여 '전면전'이 아닌 '경찰업무' 정도로 수행하고자 하였다. 따라서 미국 정부는 전쟁을 수행하기 위해, 국민의 지지를 얻는 다거나 국민의 생각을 반영하는 등과 같이 국민을 전략적 고려 대상으로 생각하지 않고 이를 제외했다.[190]

그 결과 미국 국민의 지지를 얻지 못했을 뿐만 아니라 국민의 의지나 적개심이 전혀 조성되지 못한 상태에서 국가의 의지만으로 전쟁을 수행하였다. 그 결과 반전여론에 휩싸여 제한적으로 전쟁을 수행하려던 신념을 포기하고 베트남전에서 실패하고 철군하게 되었다.

셋째, 국가의 의지는 약했지만, 국민의 지지나 의지가 강한 상태에

---

190) 해리 섬머스, 『미국의 걸프전 전략』, 권재상·김종민 역(서울: 자작 아카데미, 1995), p.121.

서 제한적이든 아니면 전면적인 총력전을 수행하려는 신념을 가진 경우이다. 이에 대한 예는 조선시대 의병(義兵)과 의승군(義僧軍)에 의한 임진왜란에 임하는 조선의 전쟁수행 신념을 들 수 있다. 1592년 4월 일본의 침략을 받은 조선의 정규군인 관군은 와해되어 흩어지거나 도망치고, 왕[宣祖]으로부터 하달되는 군령은 먹히지 않았다. 전쟁지도부인 왕과 조정 대신들은 국력을 결집하여 싸우기보다는, 명(明)나라의 원군이 와서 조선을 위기에서 건져 주길 바라는 상황이었다. 이렇게 되자 일본군을 격퇴하기 위해 백성들과 승려들은 의병과 의승군을 자발적으로 조직하여 일본군에 대항하였다.

(표 16) 주요 의병 및 의승군대장

의병/의승군장	작전지역	의병/의승군장	작전지역
서산대사 휴정 (의승군)	평안도 묘향산 일대	이봉수	함경도 청진 일대
정문부	함경도 명천, 길주 일대	임종량	평양 일대
사명대사 유정 (의승군)	강원도 금강산 일대	김만수	황해도 봉산 일대
이정암	황해도 연안, 백천 일대	조득인	황해도 해주 일대
영규대사(의승군), 조헌, 박춘무	충청도 금산, 청주 일대	홍언수, 홍계남	경기도 수원 일대
고경명, 유팽로	전라도 나주, 금산 일대	김덕령	전라도 담양 일대
곽재우	경상도 의령 일대	김천일	전라도 나주 일대
처영(의승군)	지리산	정인홍, 성안의	경상도 합천 일대
김 면	경상도 성주, 거창 일대	신 갑	경상도 영산 일대

의병이나 의승군은 자신의 고장이나 연고지를 중심으로 조직하고 활동하였기 때문에 향토지리에 밝았다. 또한 국가를 구한다는 것과 왕을 위해 절대적으로 충성하기 위해 일본군에 대항한다는 뚜렷한 명분이 있었다. 그랬기 때문에 강한 결집력을 보여 규모가 작은 부대임에도 불구하고 일본군에게 큰 피해를 주고 곳곳에서 승리를 거두었다.

조선의 관군이 대다수 붕괴한 상태에서 국가의 전쟁수행 의지가 약했음에도 불구하고, 국민적 지지나 의지에 따라 자생적으로 일어난 의병과 의승군이 주축이 되어 일본군에 대항하였다. 임진왜란에 임하는 이들의 전쟁수행 신념은 국가를 전쟁 이전상태로 회복시키는 것이었다.

넷째, 국가의 의지와 국민적 지지도 모두 약한 상태에서 적의 침략을 적절한 선에서 저지하여 협상하는 전쟁수행 신념을 가진 경우이다. 이에 대한 예는 10세기경 중국을 통일하고 거대한 국가였던 송(宋)나라의 전쟁수행 신념을 들 수 있다. 중국의 송나라는 당나라가 멸망한 이후 960년에 중국을 통일하였다. 11세기에 이르러 인구가 1억 명 이상으로 증가하였고 과학기술은 유럽을 능가하여 세계적인 경제 대국으로 성장하였다. 군사력도 태조(재위: 960년 ~976년) 때 37만 명이었던 군대는 인종(재위: 1022년~1063년) 때 이르러 125만 명에 달했고, 군사비는 정부예산의 8%를 차지했다.[191]

그러나 송은 건국 초기부터 문약(文弱)에 빠져 상무정신을 잃고 국방력을 소홀히 한 결과 외형적으로는 상대가 되지 않을 정도의 약소국인 요(遼, 거란)나라에 두 차례나 패하였다. 그뿐만 아니라 송은 요의 연운십육주(燕雲十六州) 지배를 인정하고 매년 비단 20만 필과 은 10만 냥을

---

191) 국방부, 『왜 부유한 나라가 가난한 나라에 패하였는가?』(서울: 경성문화사, 2012), pp.20~24.

바친다는 굴욕적인 '전연(澶淵)의 맹약'이라는 화친조약을 맺는 등의 임시적 대응에 연연하였다. 결국 1127년에 금(여진)나라의 침입을 당해 북송은 멸망했으며 남송마저도 1279년 몽골에 정복되었다.

즉 송나라는 국가의 의지나 국민의 인식 자체가 군사력을 이용하여 적의 침략에 대항하는 전쟁을 수행하기보다는, 막대한 비용 지불을 전제로 하여 외교와 협상으로 전쟁을 종결하고자 했다. 즉, 송나라의 전쟁 수행 신념은 적을 격퇴하거나 격멸하기보다는, 적절한 선에서 저지하고 그 다음은 외교와 금전적 대가 지불을 통해 종전하고자 했다. 전쟁은 외교와 금전적 조치보다 하나의 보조 수단에 불과하다는 전쟁수행 신념을 가졌다.

다. 전쟁의 성격과 양상에 대한 인식 및 이해

전쟁의 성격과 양상에 대한 인식 및 이해를 하는 목적은 전쟁을 올바로 알고 전쟁의 흐름을 예측하여 앞으로 발생할지도 모를 전쟁을 예방하거나 효과적으로 대응하기 위한 것이다. 지금까지는 전쟁의 흐름을 예측하여 예방하거나 효과적으로 대응하는 방법의 하나로 전쟁을 특정 기준에 맞추어 분류하거나 형태를 구분해 본 다음 그 구분에 따른 해법을 찾는 노력을 해왔다. 그런데 문제는 전쟁을 분류하면서 어떤 것을 어느 정도까지, 어떤 시각과 기준으로 구분하느냐에 따라 다양하게 분류된다는 점이다. 따라서 이 분류가 맞느냐 저 분류가 맞느냐를 따지는 것은 별 의미가 없다. 이렇기 때문에 다양한 분류를 조목조목 따져보기보다는 대략적으로 종합하면 (표 17)에서 보는 바와 같이 대략 8개의 범주로 구분할 수 있다.

(표 17) 전쟁의 상대적 관점에 따른 분류

구 분	내 용	구 분	내 용
형 태 (形態)	• 냉전, 열전 • 제한전, 전면전, 총력전	치열도	• 저 · 중 · 고강도전 • 섬멸전, 제한전
지역/규모	• 국내전, 국지전, 전면전 • 지역전, 세계 대전	수 단	• 재래식전, 핵전 • 사이버전, 테러전 • 정치/외교/경제/문화전

목 적	• 독립전, 민족해방전,
	  혁명전
	• 종교전, 이념전, 테러전
	• 침략전(영토 확장),
	  방위전(자위권)
		전략/전술
		/수행방식
			• 정규전, 비정규전
			• 섬멸전
			• 마비전, 기동전, 소모전
			• 사이버전, 테러전

기 간	• 장기전(지구전) • 단기전(속결전)	동원범위	• 제한전 • 총력전

그런데 이런 전쟁의 분류가 오히려 전쟁의 성격과 양상에 대한 인식 및 이해를 통한 대응 방안을 찾는 데 때로는 부작용이 될 수도 있다. 따라서 다음과 같은 맥락에서 접근이 필요하다.

첫째, 전통적인 전쟁이 아닌 미래 전쟁의 성격과 양상을 이해하기 위해서는 이러한 분류에 너무 고착되어서는 안 된다. 위의 분류표는 기존의 전통적인 재래식 전쟁에서는 어느 정도 타당한 접근법이다. 예를 들어 제2차세계대전의 경우 열전, 전면전, 총력전, 세계 대전, 침략전(영토 확장), 마비전, 기동전, 소모전, 장기전(지구전)으로 구분해서 각각의 구분에 따라 접근해도 나름대로 의미 있는 결과를 각각 도출할 수 있다. 따라서 향후 제2차세계대전과 같이 재래식 무기에 의한 유사한 형태의 세계 대전이 또 일어난다면 이에 대한 대응 역시 이렇게 분류하여 분석하고 도출한 해법을 적용할 수도 있을 것이다.

하지만 이와 같은 전쟁에 대한 분류와 형태만으로는 현재 일어나고 있거나 장차 발생할 전쟁에 대한 성격과 양상을 설명하기에는 매우 제한적이다. 나아가 이런 분류를 통해 전쟁을 억제하거나 효과적으로 대응하기 위한 해법을 찾는 것 역시 매우 어렵게 되어 다양한 접근이 요구되고 있다. 예를 들자면 알카에다(alQaeda)에 의한 9 · 11테러의 경우 위의 전쟁 분류기준에 따라 나누면 국지전, 지역전, 종교전, 비정규전, 제한전, 단기전 등의 분류에 억지로 끼워 넣을 수도 있을 것이다. 그러나 9 · 11테러를 국지전이나 단기전 등으로 접근한다면 9 · 11테러의 성격과 양상에 대한 이해를 정확하게 할 수 없을 것이다. 그럴 뿐만 아니라 장차 9 · 11테러와 같은 또 다른 테러를 방지하기 위한 교훈을 도출하거나, 새로운 형태의 테러가 발생했을 때 효과적으로 대응할 대안을 찾는 노력에서 빗나갈 수도 있다. 따라서 전통적인 전쟁이 아닌 미래 전쟁의 성격과 양상을 이해하기 위해서는 이러한 분류에 너무 고착되어서는 안 된다.

둘째, 이에 대한 대응도 군사적 수단 외에 정치적 · 경제적 · 사회적 · 심리적 요소를 모두 포함한 국가 총력전 또는 국가의 범위를 벗어나 국가 간 공동대응 개념으로 접근해야 한다. 지금까지 전쟁은 핵무기 또는 재래식 무기에 의한 국가 간의 충돌로 여겨왔다. 그리고 전쟁을 수행하는 주체도 주로 국가로 보았다. 그러나 국가뿐만 아니라 이에 준하는 집단으로 이미 확대되어 알카에다, IS(Islamic State) 등은 국가가 아님에도 전쟁을 수행하는 대상으로 포함되었다. 또한 전쟁의 종류를 보면 기존의 핵전쟁, 재래식 전쟁뿐만 아니라 요즘엔 4세대 전쟁 개념과 하이브리드전이나 사이버전 및 테러 등 다양한 분야를 포함하고 있다. 즉 테러, 네트워크에 의한 전쟁이 '국경선'을 밀고 당기는 전통적인 전쟁 못지않게 우리의 일상을 위협하고 있는 새로운 전쟁이 되었다.[192] 일례로

---

192) 김대순, 『국제법론』, 11판(서울: 삼영사, 2006), p.34.

테러의 경우 과거는 전쟁이 아닌 '전쟁 이외의 활동'에 포함하여 국내적인 '범죄행위'로 분류하고 국내법에 따라 조치하는 것으로 인식해왔다. 그러나 현재 테러리즘에 대한 접근은 전쟁의 관점에서 국내 또는 국제적인 범위로 확대된 테러 전쟁 또는 반(反)테러 전쟁의 시각으로 접근하고 있다.

이로 인해 대응에 대한 인식도 많은 변화가 초래되었다. 전통적으로 인식하던 적에 의한 전면전 위협 외에 초국가적·비군사적 위협인 테러나 해적, 사이버 공격 등과 같은 위협이 증가하는 추세이다. 그리고 이러한 위협에 대한 대응 역시 기존의 재래식 전쟁에 대응하는 방식만을 적용할 수 없게 되었다. 예를 들어 테러와 같은 위협이 실제 발생할 경우 기존엔 평시 치안을 담당하는 '경찰'이나 '대테러센터' 같은 국가의 단일 조직이나 부서가 담당하였다. 그러나 이제는 이런 단일 조직은 물론이거니와 한 국가만의 노력으로는 해결하기가 어려워 여러 나라가 같이 대응해야 하는 실정이 되었다. 따라서 기존처럼 단순한 범죄행위가 아닌 국가안보 또는 여러 국가를 포함하는 지역 안보에 치명적 위협으로 인식하게 되었다. 국가 내 범정부 차원의 협력체제는 물론 국제사회와의 공조 체제를 강화하여 대응 태세와 능력을 갖추어 나가야 하는 이유가 여기에 있다.[193]

전쟁의 성격과 양상에 대한 인식 및 이해에 대한 이상의 내용을 종합하자면 종래의 전쟁이 주로 단순 무력전(武力戰) 형태이고 주로 양국 간의 전쟁이었다. 이제는 테러나 사이버전과 같이 초국가적이거나 보이지 않는 상대와의 전쟁으로까지 확대되었음을 인식해야 한다. 그리고 만약, 환경 문제 등 군사적 침공과는 차원이 다른 새로운 형태의 안보위협

---

193) 국방부(2020), 앞의 책, pp.8~9.

에 대한 새로운 형태의 전쟁에 직면하게 되었다. 따라서 이에 대한 대응도 군사적 수단 외에 정치적·경제적·사회적·심리적 요소를 포함한 국가 총력전 개념으로 접근해야 함을 알 수 있다. 또한 공간적으로도 한 국가의 일부 지역에 그치지 않고 전 국토로 확산하거나 여러 국가로 확대되기도 하여 공동 대응을 고려하는 시각을 가져야 한다.

라. 전쟁 원인에 대한 인식 및 이해

2022년 2월 24일 러시아가 우크라이나를 전격적으로 침공했다. 러시아가 우크라이나를 침공한 것은 옛 소련의 영예 회복, 자원 및 경제문제, 민족 및 문화문제 등과 같은 여러 이유가 있겠으나 다음과 같은 정치적 목적이 크다. 첫째, 나토(NATO)의 동진(東進)을 막기 위해 우크라이나의 나토 가입을 저지해 친 러시아화 하거나 최소한 중립화하는 것이다. 둘째, 흑해함대가 주둔하고 있으면서 2014년 병합한 크림반도를 러시아 국경과 연결하는 육로의 통제권을 확보함으로써 확실하게 러시아의 영토로 굳히는 것이다. 셋째, 동부 돈바스 지역의 친 러시아계 분리주의 세력에 대한 우크라이나의 진압 활동을 막고, 이 지역을 러시아연방으로 포함하여 완충공간을 확보하기 위함이다.

2022년 러시아의 우크라이나 침공처럼 그간 전통적이면서 일반적으로 전쟁의 원인을 논할 때 정치적 목적 달성을 많이 언급하였다. 이는 클라우제비츠의 개념을 기초로 정치적 목적을 달성하기 위해 무력을 사용한다는 시각이다. 이는 국제체제, 정치체제, 정권, 영토, 자원, 세력 균형 등과 관련하여 문제가 발생했거나 발생할 소지가 있을 경우 평화적인 합의에 도달할 의지가 없거나, 도달하지 못하거나, 합의가 방해될 때 전쟁이 일어난다고 보는 견해이다.

반면에 퀸시 라이트는 '전쟁의 연구(A Study of War)'에서 생물학적 및 문화적 수준, 사회적 정치적 수준, 법제도 및 기술 수준 등에 대해 각각을 계량화하여 이를 기준으로 전쟁의 원인을 판단하고자 시도하기도 했다.[194] 이처럼 정치적 목적 이외에 인간의 본성, 경제적, 사회적 및 문화적 원인, 명분, 예방 차원의 선제공격, 기술의 발단과 국가의 독점력 약화 등 학자별로 각자의 견해에 따라 다양한 원인을 제시하고 있다. 심지어 점차 민간기술 발달로 기술에 대한 국가의 독점을 약화하며 4차 산업혁명이 파괴적일 경우 이로 인해 불안정성이 증가하여 폭력이 발생할 수 있다는 것이다. 폭력 수단을 비국가 행위자들을 포함하여 누구나 쉽게 얻거나 사용할 수 있어, 상대적으로 국가가 약화하고 국가의 합법성 또한 훼손될 것이다. 이는 내전과 같은 전쟁으로 발전할 수 있고 심지어 국가의 해체를 촉발할 수도 있다고 본다.[195]

이처럼 전쟁이 발발하는 원인은 단일 원인이라고 단정하기는 어려운 면이 강하고 복합적으로 다양한 요인들이 상호 작용하여 발생한다. 어떤 주된 원인과 직접적인 원인이 서로 연계되어 촉발할 수도 있다. 또한 정치 이외 문화, 종교, 경제, 기술 또는 명분이나 어떤 우연한 요소(우발) 등에 의해 촉발하기도 한다.

비록 다양한 견해가 있더라도 전쟁 원인에 대한 것은 현재까지 정립된 사항을 그대로 적용해도 별문제가 없으므로 여기서는 각각의 내용에 대해 추가적인 설명을 생략하고자 한다. 왜냐하면 군사사상의 범주 중 '전쟁에 대한 인식 및 이해'의 세부 내용으로 '전쟁의 원인'이 포함되어 있음을 제시하는 것이 주목적이지 '전쟁의 원인을 새로 밝히는 것'이 주

---

194) Quincy Wright, *A Study of war*(Chicago: Chicago Univ. Press, 1983), p.95.
195) Warren Chin(2019), *op. cit.*, p.783.

된 목적이 아니기 때문이다. 아울러 전쟁의 원인을 규명하는 것은 궁극적으로 전쟁을 잘하기 위함보다는 전쟁의 원인을 찾아 예방하는 데 더 큰 목적이 있다. 따라서 군사사상 범주의 일부로서 전쟁의 원인에 접근하는 것도 우선적으로 전쟁을 예방하기 위한 관점에서 접근해야 한다.

마. 전시(戰時)에 대한 인식 및 이해

전통적으로 전쟁이라는 일반적 개념에서 봤을 때, 전시란 평시의 반대된 개념이다. 연속인 자연상태(自然狀態)를 깨고 무력 충돌이 발발한 상태이다. 또한 무력 충돌이 발발할 가능성이 매우 임박하였을 경우 '준전시(準戰時)'라고 칭함으로써 '평시' '전시', 또는 '준전시'로 크게 구분하고 있다.

2000년대에 들어서면서 중국과 러시아가 선택한 전략은 회색지대전략(Gray zone strategy)이다. 이 전략은 기존의 군사적 대응을 촉발하는 임계값 아래로 현상을 유지하여 전시와 평시가 모호하다. 또한 군사적 행동과 비군사적 행동 사이의 경계가 모호(模糊)하고 공격 원인과 주체가 불분명하다. 사용 수단이 모호하여 상대국이 위협의 분류와 군사적 선택을 어렵게 만드는 상황으로 정치적 목적을 달성하는 것이다.[196] 또한 평화, 위기 및 전시, 국가의 '내부'와 '외부' 간의 경계에 제약이 없이 원격 행동이 가능하게 되었다. 이는 무력 충돌이 없는 주로 군사적 차원의 적대적 경쟁이기 때문에 우리가 평화롭거나 전쟁 중이라는 전통적인 사고방식으로 접근하여 군사적 대응을 처리하기에 적절하지 않거나 불

---

196) Lyle J. Morris et al., *Gaining Competitive Advantage in the Gray Zone*(California: RAND Corporation, 2019), p.8.

충분하다는 것이다.[197]

이처럼 하이브리드전이나 이념전 또는 사이버전의 경우 전쟁이라고 말할 수 없을 정도로 군대 간의 무력 충돌이 발생하지 않는다. 즉 평시에 총포탄(銃砲彈)이 오고 가는 무력 충돌이 전혀 없이 전쟁을 수행하는 것이다. 이럴 경우 기존의 전통적인 전시 개념이나 준전시 개념에 넣을 수 없을 뿐만 아니라, 평시 개념에도 정확하게 맞아떨어지지 않는다. 그런데도 오늘날 '사이버전'이란 용어를 사용하고 이를 '전쟁의 한 종류'로 포함하는 것에 대해 일반적으로 이의(異意)를 제기하지 않는다.

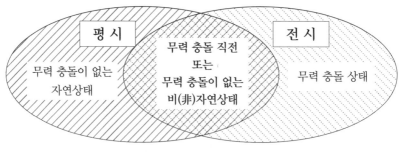

(그림 15) 평시와 전시의 개념 구분

비록 전시, 평시, 준전시 등과 같은 의미가 순수하게 단어 상으로는 명확히 구분된다. 그러나 (그림 15)에서 보는 바와 같이 전시와 평시 둘 사이에는 상당히 중첩되는 부분이 존재한다. 따라서 전시의 개념도 순수한 전시 부분 이외 중첩되는 부분을 포함하여 더 넓게 볼 수 있음을 알 수 있다. 특히 앞서 예를 들은 사이버전의 경우 전시와 평시라는 이분법적으로 해석이 매우 제한된다. 따라서 전시라는 개념의 접근도 무력의 충돌이란 고정관념에서 벗어나야 한다. 사이버전처럼 무력 충돌

---

197) Lyle J. Morris et al., *Gaining Competitive Advantage in the Gray Zone*(California: RAND Corporation, 2019), p.2.

없이 대부분은 자연상태라 할지라도 일부만이라도 비자연상태가 발생하면 이를 전시 개념에 포함해야 함을 알 수 있다. 이에 따라 위 그림에서 '무력 충돌이 없는 순수한 자연상태(///// 부분)'를 제외한 나머지 상태를 앞으로는 전시 개념으로 확대해서 접근해야 한다. 다만 이렇게 광의의 전쟁 개념을 적용할 경우 무모하게 전시의 개념이 확대될 수 있다. 이를 방지하기 위해 앞의 '확대된 전쟁의 정의'에서 (표 14)로 제시한 '전쟁 개념의 한정'을 고려해야 한다.

3. 전쟁에 대한 인식과 이해 관련 군사사상적 함의(含意)

위에서 알아본 바와 같이 전쟁에 대한 인식과 이해와 관련하여 도출한 군사사상적 함의는 다음과 같다.

첫째, 전쟁의 본질과 전쟁의 정의 측면에서 군사적 또는 비군사적 수단을 사용하여 일정한 인명 손실을 초래하거나 인명 손실 없이 발생하는 상호 간에 제수력(AMEP)을 활용한 충돌로 확대해석이 필요하다. 전쟁을 인식하면서 전쟁의 목적성, 수단으로서 제수력(AMEP) 활용, 불확실성과 자유대결, 시간의 연속성과 양면적 모순성 등을 고려해야 한다. 특히 전쟁은 전쟁 발발 이전부터 언제 어떻게 종결할 것인가가 더 큰 관심거리가 된다. 정치 등의 이유로 불가피한 선택이라는 필요성을 갖지만, 사회적 가치의 파괴 및 인명 살상과 같은 해악성이 상대적으로 커서 기피의 대상이 되는 모순점을 갖고 있다.

전쟁을 정의하면, 폭력이 없거나 사상자가 없이 발생하는 전쟁의 영역을 포함하기 위해서는 광의의 전쟁 개념을 적용해야 한다. 광의의 시각에서 보면, 전쟁은 국가 또는 이에 준하는 특정 집단에 의한 정치적 또는 특정 목적을 달성하기 위해 군사적 또는 비군사적 수단인 제수력(AMEP)을 사용하여 일정한 인명 손실을 초래하거나 인명 손실 없이 발생하는 상호 간의 충돌을 의미한다.

둘째, 전쟁수행 신념 측면에서 공자와 방자 또는 군사적 충돌이나 비군사적 충돌에 따라 수행 신념을 다르게 접근해야 한다. 전쟁수행 신념에 대한 접근은 전쟁을 수행하겠다고 결심을 굳히는 상태 측면과 결심을 굳힌 후 어떻게 수행할 것인가의 측면에서 접근하는 것이다. 전쟁수행 신념 측면에서 다 같이 전쟁에서 승리하는 데 주안을 두고, 일방적인 승리 추구가 최선의 목표이다. 그러나 현실에서는 적절한 선에서 협상안을 선택할 수도 있다. 최악의 경우 일방적 패배가 불가피한 경우 전쟁수행 신념은 상대 국가에 항복을 하거나 일부 망명 또는 도피를 통해 후일을 도모하는 데 주안을 두어야 한다.

특히 전통적인 전쟁이었던 군대 간의 무력 충돌이 아닌, 비군사적 수단을 활용한 전쟁일 경우 그에 걸맞게 전쟁수행 신념도 제한된 목표와 목적으로 설정해야 한다. 군사적 충돌과는 다르게 공자(攻者)는 무력 충돌로 확대됨이 없이 비군사적 전쟁 그 자체로서 범위와 강도가 한정되도록 주의를 기울여야 한다. 반대로 방자는 공격당한 대상이나 표적에 한정하여 대응할 수도 있지만, 오히려 필요에 따라 비군사적 수단이나 군사적 수단을 총동원하여 대응할 수도 있다.

셋째, 전쟁의 성격과 양상에 대한 인식 및 이해 측면에서 전쟁의 대상을 초국가적이거나 보이지 않는 상대와의 전쟁으로까지 확대하고 대응도 군사적 수단 외에 정치적 · 경제적 · 사회적 · 심리적 요소를 모두 포함하는 접근이 필요하다. 클라우제비츠 시대의 전쟁에 대한 시각은 주로 무력전(武力戰) 형태로 주로 양국 간의 전쟁이었다. 그러나 이제는 사이버전이나 테러와 같이 초국가적이거나 보이지 않는 상대와의 전쟁으로까지 확대되었다. 마약, 환경이나 자원으로 인한 국제분쟁 등 군사적 침공과는 차원이 다른 새로운 형태의 안보위협에서 기인(起因)한 전쟁에 직면하게 되었다. 또한 공간적으로도 세계 대전이 아닌 국지전일지라도 전장의 범위가 일부 지역에 그치지 않고 전 국토로 확산하거나, 여러 국가가 관련되는 형태로 확대될 수 있음을 인식해야 한다. 이처럼 변화된 전쟁 양상을 고려하여 전쟁의 성격에 대한 인식 및 이해는 전통적인 인식인 양국 간의 무력전(武力戰)뿐만 아니라 초국가적이거나 보이지 않는 상대와의 전쟁을 포함해야 한다. 이에 대한 대응도 군사적 수단 외에 정치적 · 경제적 · 사회적 · 심리적 요소를 모두 포함한 국가 총력전 개념으로 접근해야 한다. 특히 전쟁의 성격과 양상을 분석하여 전쟁을 바로 알고 전쟁의 흐름을 예측하여 앞으로 발생할지도 모를 전쟁을 예방하거나 효과적으로 대응할 수 있도록 접근해야 한다.

넷째, 전쟁의 원인에 대한 인식 및 이해 측면에서 다양한 전쟁의 원인을 이해하여 발생 원인을 제거함으로써 궁극적으로 전쟁억제에 주안을 두고 접근해야 한다. 전쟁의 원인은 한 가지에 의해 발생할 수도 있지만, 복합적으로 원인이 작용하여 발생할 수도 있다. 어떤 주된 원인과 직접적인 원인이 서로 연계되어 촉발할 수도 있다. 또한 정치 이외 문화, 종교, 경제 또는 어떤 우연한 요소 등에 의해 촉발하기도 한다. 따라서 전쟁의 원인을 이해할 때 궁극적으로 전쟁을 잘하기 위함보다는 다양한 전쟁의 원인을 이해하여 발생 원인을 제거함으로써 전쟁을 방지할 수 있는 전쟁억제의 중요성에 주안점을 두고 접근해야 한다. 이렇게 함으로써 궁극적으로 전쟁 없이 정치적 목적을 달성하는 부전승(不戰勝) 사상을 최우선 가치로 봐야 하는 것이다.

다섯째, 전시에 대한 인식 및 이해 측면에서 좀 더 확대된 관점에서 접근이 필요하다. 전시는 무력의 충돌이란 전통적인 시각에 따른 고정

관념에서 벗어나야 한다. 사이버전처럼 무력 충돌이 없이 대부분은 자연상태인 평시에 가깝고 일부만 비자연상태가 발생하면 이를 전시 개념에 포함해야 함을 알 수 있다. 이에 따라 평시 중에서 '무력 충돌이 없는 순수한 자연상태'를 제외한 나머지 상태를 전시 개념으로 확대해서 접근해야 한다. 다만 무모하게 전시의 개념이 확대되는 것을 방지하기 위해 앞의 '확대된 전쟁의 정의'에서 (표 14)로 제시한 '전쟁 개념의 한정'을 고려해야 한다. 또한 전쟁에 대한 인식과 이해 측면에서 군사사상임에도 불구하고, 군사 분야에만 집착하거나 군사적 접근으로 한정하여 해법을 찾으려 하지 말아야 한다. 외교·경제·문화 등 다양한 측면에서 접근할 필요가 있음이 강조되어야 한다.

제3절 범주 II : 전쟁에 대비한 군사력건설[養兵]

1. 기본적인 접근 방향

국가는 국가안보를 위해 제반 위협 요소를 분석하고 이에 대한 대응 요소를 도출하여 이를 획득하기 위해 총력을 기울이게 된다. 특히 국가안보를 달성하기 위한 여러 요소 중에서 무엇보다 군사력을 획득하기 위하여 제한된 자원 범위 내에서 군사력을 건설하게 된다. 군사력건설은 양적 확충과 질적 확충으로 구분할 수 있다. 양적 확충은 소총의 경우를 예를 들면 M1 소총으로 전군을 무장하고 일부는 예비량까지 확보하는 것이다. 질적 확충은 M1 소총보다 성능이 뛰어난 K2 소총으로 무장하는 것이고, 직책에 따라 K3 기관총 또는 K1 기관단총으로 무장하는 것이다.

또한 군사력건설에 대해 유형·무형전력 측면에서 보면 유형전력은 전력구조의 현대화, 부대 수, 전투기, 항공모함 등과 같은 것을 갖추는 것이다. 무형전력은 정신력 및 체력, 단결력, 준비태세, 훈련수준 등과 같은 군사능력을 개발하고 건설하는 것이다.[198]

아울러 군사력건설에 있어서 중요한 고려 요소 중의 하나는 어느 정도의 군사력을 양성해야 전쟁을 억제하거나 전쟁에서 승리할 수 있는가의 문제이다. 즉 군사력건설 목표가 중요하게 대두된다. 이에 대해 월츠 (Kenneth N. Waltz)는 어떤 한 국가의 평화전략(peace strategy)은 모든 다른 국가들의 평화 또는 전쟁전략에 따라 수립되어야 한다는 것이다. 너무 약하면 잠재적 적국을 강하게 만들고 너무 강하면 잠재적 적국을 위협하기 때문이다. 무정부적인 국제 경쟁체제에서 평화 지향적 국가의 국력은 너무 약하지도 않고 너무 강하지도 않은 균형이 필요하다는 것이다.[199]

군사력건설 목표를 설정할 때 우선 고려하는 것은 적대 국가의 군사력 및 위협의 심각성 정도나 위협의 종류이다. 또한 주변국과의 국제 관계 및 외교 등이 고려되어야 한다. 그 외에도 복합적으로 고려되는 것은 불확실한 상황에 대한 장기 예측, 장기간에 걸친 지속적인 추진 능력, 국방 관련 각종 법률 및 제도, 국민의 의식과 성향, 과학 및 기술력, 국방개혁, 통일 또는 군비확장 등도 고려해야 한다. 특히 국가의 경제력과

---

198) 이필중, "한국의 군사력건설의 문제점 및 발전 방안", 『한국의 군사력건설과 전략』 (서울: 국방대학교, 2002), p.4.

199) Kenneth N. Waltz, *Man, state, and War: A Theoretical Analysis* (New York: Columbia University, 1959), pp.222~223.

직결되는 국방예산이 크게 좌우한다.

군사력건설의 우선적인 목적은 전쟁을 방지하는 것이고 나아가 전쟁이 발생하면 적의 공격을 격퇴하는 데 주안점을 두는 것이다. 이 때문에 여기서는 앞의 고려 요소 중에서 전쟁억제(적 격퇴 포함) 분야에 주안점을 두고자 한다. 이에 부가하여 그 외 한국의 특성을 고려하여 국방개혁, 통일 후 적정 군사력건설, 군사제도에 대해 비중 있게 논하고자 한다.

전쟁억제를 위해서 군사력은 어느 정도로 구비하는지가 매우 중요한 문제가 된다. 그리고 군사력건설 및 전쟁대비에 대한 제반 이론을 통해 적정규모의 군사력건설을 판단하고 군사제도, 국방동원, 편성, 국방과학기술, 무기 개발 및 도입, 군사대비태세 유지, 군사교리 발전, 교육훈련, 군수 및 조달 등을 합리적으로 추진할 수밖에 없다.

특히 전쟁억제는 어디까지나 국가의 자주성이 보장되는 가운데 이루어져야 한다. 그래서 '자주적 전쟁억제 능력' 확보를 목표로 제재적 억제나 거부적 억제 등 다양한 억제유형 중에서 국가의 실정에 맞는 억제가 어떤 것인지 냉정하게 검토해야 한다. 또한 상호 의존 형태의 선택 측면에서 제한된 자원과 국방예산을 비롯한 기타 현실적인 득실을 고려해야 한다. 전통적으로 타국의 힘을 이용하여 공동 대응하는 동맹(同盟), 집단안보(集團安保), 공동안보(共同安保), 협력안보(協力安保) 등의 형태에 대한 이해득실을 따져 자국에 맞는 최선의 대안을 선택해야 한다.

강대국인 미국조차도 자체만으로는 안보도 번영도 달성할 수 없다고 판단하고 있다. 이 때문에 미국은 세계에서 가장 강력하고 민첩하며 기술적으로 정교한 군대를 유지하면서, 동맹국 및 파트너와 공동의 이익과 공동 책임을 기반으로 하는 안보 협력을 강화해야 함을 강조하고 있다. 즉 미국은 책임을 분담할 수 있는 동맹국이나 파트너 양성을 전략

적 과제로 간주하여 추진해야 한다고 주장하고 있다.[200]

그러나 군사력건설과 관련하여 국내외 정치, 경제 등 제반 여건의 제한으로 충분한 군사능력을 확보하기란 쉬운 것이 아니다. 그렇다고 진정한 힘을 키우지 않은 상태에서 섣부른 평화협정 체결, 평화 우선주의, 장밋빛 낙관 등에 쌓여 냉엄한 국제사회의 현실을 인식하지 못해 낭패를 본 사례는 역사에서 쉽게 찾을 수 있다. 일례로 앞서 설명한 1004년 '송나라 전연(澶淵)의 맹약', 1973년 프랑스 파리에서 열린 '미국과 베트남 공산당 간의 베트남전 종식 합의', 2020년 미국 트럼프 대통령 주도로 체결한 18년간 전쟁을 끝내는 '미국—탈레반 평화협정 체결' 등이 이를 잘 말해주고 있다.

특히 전 세계 언론이 '역사적 합의'라고 했던 지난 2020년 2월 미국·탈레반 평화협정 체결 이후, 아프가니스탄은 평화는커녕 극도의 혼란 상황으로 빠져들었다. 심지어 무장 테러 단체들이 신생아까지 공격해 죽이는 일이 일어났다. 트럼프 대통령이 탈레반과 평화협정을 체결한 것은 미국 우선주의 시각에 따라 18년간의 전쟁을 끝내고 미군 철수의 길을 열기 위한 '미국의 국익'을 우선 고려한 것이다. 평화협정이 체결되자 탈레반은 아프가니스탄 전역에서 다시 일어났다. 테러 단체 이슬람국가(IS)와 연계해 민간인을 학살하는 일도 급증했다. 급기야 2021년 8월 15일 탈레반은 아프가니스탄 정부군을 무너뜨리고 수도 카불을 점령했다. 아프가니스탄은 항복을 선언했다. 따라서 지난 2020년 미국과 탈레반과의 합의는 18년이라는 기나긴 기간 동안 진행된 전쟁을 끝낸 것이 아니었다. 단지 아프가니스탄이 또다시 내전에 빠져드는 새로

---

200) The Policy Planning Staff, Office of the Secretary of State, *The Elements of the China Challenge*, Office of Policy Planning, 2020, pp.46~47.

운 국면의 시작이었다.[201] 이처럼 많은 사례가 진정한 힘을 키우지 않은 결과가 어떤 것인지 우리에게 잘 보여 주고 있다.

한편, 국방개혁 및 혁신 추진은 동서고금을 막론하고 항상 제기되는 문제이면서 앞으로도 지속적으로 추진해야 할 분야이다. 아울러 한국의 경우 통일 전후 군사력 규모가 상이할 수밖에 없으므로 이를 염두에 둔 건설이 장기적으로 고려되어야 한다. 아울러 군사제도나 편성, 교리발전 및 교육훈련도 양병 분야에서 고려되어야 한다.

2. 양병 분야별 세부 내용

가. 전쟁억제에 대한 접근관점

이 책에서 적지 않게 등장하는 단어가 '전쟁억제'다. 그러다 보니 전쟁억제를 코에 걸면 코걸이 귀에 걸면 귀걸이 식으로 여기저기 마구 끌어다 쓴 것 같은 느낌마저 들 수 있다. 그런데 냉정하게 보면 전쟁억제는 군사사상이 포함해야 할 가장 기본적인 내용이면서도 궁극적으로 달성해야 할 목표라고 할 수 있다. 그러다 보니 전쟁억제가 비록 양병 분야와 많은 사항이 연계될지라도 전쟁인식, 용병 및 평시 국가안보지원 분야 등과도 두루 연계될 수밖에 없다. 또한 연계된 각 분야는 전쟁억제라는 궁극적인 목표를 달성하기 위해 분야별로 무엇을 해야 하는지를 선정하고 이를 구체화하여 추진하게 된다. 따라서 전쟁억제를 무 자르듯이 잘라서 하나의 범주에만 귀속시켜서는 안 된다.

---

201) 조선일보(2020.5.14.) : https://news.v.daum.net/v/20200514083139126

예를 들자면 2025년 한국의 수출목표를 8,000억 달러로 설정했다고 가정해 보자. 이를 달성하기 위해 국회는 규제 및 법률 보완하는 분야를 담당하게 된다. 기획재정부는 국내 소비 및 생산성 증대, 세제(稅制) 혜택을, 고용노동부는 노사협의 및 고용증대 등을 담당한다. 외교부와 산업통상자원부는 해외 교류 및 정보 획득, 자원 및 에너지 확보를, 국토교통부는 국내외 물류, 해운 및 항공수송 등을 담당한다. 교육부는 기술 및 산업인력 양성을, 국방부는 북한의 도발 방지, 방산 수출, 수출입 항로 안전 확보 등을 담당한다. 이같이 입법·사업·행정부가 분야별로 무엇을 해야 하는지를 선정하고 이를 구체화하여 추진하는 것과 유사한 개념이다. 언뜻 보기에 수출목표 8,000억 달러 달성은 기획재정부나 산업통상자원부가 주로 관련되고 다른 곳은 크게 관련이 없는 것처럼 인식할 수도 있다. 그러나 국방부만 보더라도 이를 달성하기 위해 북한의 도발을 막고 안보 불안을 해소하여 안정된 상태에서 기업들이 생산에 매진하도록 하는 것이 중요하다. 이는 외국자본이 빠져나가는 것을 방지하는 것은 물론이거니와 추가로 안심하고 해외 자본가들이 투자하도록 여건을 조성하는 역할을 하게 된다. 고가의 무기나 군수물자를 수출하는 방산 수출 증대에 직접 기여할 수도 있다. 또한 소말리아 해적에 납치되었던 우리나라 1만 톤급 화물선 삼호 주얼리(SAMHO JEWELRY)호 인질을 구출하고 해적을 소탕한 아덴만 여명작전에서 보았듯이 수출입 선박이 통항하는 항로의 안전을 확보하는 것도 중요하다.

　　따라서 전쟁억제는 양병과 주로 관련 있다고 양병 분야에서만 다룰 수 없고 앞서 제1범주인 전쟁의 인식에서도 일부 다루었듯이 연계되는 분야에서 각각 언급할 수밖에 없다. 먼저 제1범주인 전쟁인식 측면에서는 전쟁하는 것이 아니라, 안 하는 것이 최선이라는 인식하에 전쟁억제를 최우선으로 추진해야 하는 것을 다룰 필요가 있다. 또한 제2범주인 양병에서는 억제유형을 선택하여 그에 부합하게 전쟁을 직·간접적으로 억제할 수 있는 억제 능력을 양성하는 것을 다루어야 한다. 그리고 제3범주인 용병에서는 전쟁이 발발하여 전쟁을 수행하기 위한 용병도 중요하지만, 전쟁을 방지할 목적에서 군사력을 활용하는 방안에 우선을 두고 접근해야 한다. 마지막으로 제4범주인 평시 국가안보 지원에서는 동맹 등과 같이 군사 교류를 통해 부족한 억제력을 보충하는 것과 같은 내용으로 접근할 필요가 있다.

나. 억제유형의 선택

어떻게 하면 전쟁을 예방하거나 반대 또는 억제할 수 있을까? 그러한 기능을 대신 할 수 있는 것은 무엇인가? 적어도 유럽 르네상스 시대 이후로 이 문제를 해결하기 위한 많은 제안이 계속됐다. 그간 사상가와 정치가들은 끊임없이 변화하는 전쟁 현상에 대한 사회의 특별한 경험을 반영하여 자신의 방식으로 접근해왔다. 그러다 보니 전쟁 문제를 해결하기 위한 제안은 당황할 정도로 다양한 접근 방식을 기반으로 했다.[202] 그래서 다음과 같이 몇 가지로 분류하였다.

르네상스 이후 수 세기 동안 전쟁이 재발한 것은 공적 생활과 정치 이론에서 매우 중요한 역할을 해온 합리주의 정신에 대한 도전이었다. 전쟁을 통제하려는 인류의 노력은 기대했던 것보다 효과가 작았다. 이런 노력은 전쟁을 완전히 없애지는 못했지만, 전쟁을 어떻게 예방하고, 제한하고, 적어도 부분적으로 전쟁을 대체 할 수 있는 방법에 대한 유용한 제도와 행동 방식을 개발해야 한다는 것을 자극하는 데는 분명 성공

---

202) Charles Townshend(2000), *op. cit.*, p.317.

〈표 18〉 전쟁 방지를 위한 접근 방식

1. 전쟁에 대한 방책(수단) 또는 행위에 대한 법적 제한
2. 국제기구 및 집단안보 시스템
3. 양자 또는 다자간 군비통제 및 군축 조치
4. 개인 및 집단의 전쟁 참여 거부와 같은 '평화주의'와 단일 국가의 군축 제안과 같은 '일방주의'
5. 경제적 제재 및 비폭력적 형태의 저항을 포함한 평화적인 압력과 투쟁방법으로 전쟁을 대신하여 외국 또는 독재적 통제에 저항

* 출처: Charles Townshend edited, *The Oxford history of modern war*(New York: Oxford University Press, 2000), p.317.

했다.[203] 그중의 하나가 전쟁을 이 세상에서 완전히 없애는 것은 불가능할 수도 있으므로 전쟁을 억제할 수 있는 여러 수단을 강구하는 데 주안을 두게 되었다.

우선 대표적인 것이 〈표 18〉에서 제시한 것 중에서 '양자 또는 다자간 군비통제 및 군축 조치'이다. 그런데 만약 전쟁을 억제하기 위한 하나의 수단으로 양병을 내세운다면 직접적으로 군비통제나 군축과 상반되는 것이 된다. 또한 상대방도 양병을 통해 전쟁수단을 증가하여 상호 상승작용을 통해 전쟁으로 치달을 수 있는 위험성이 높아질 수도 있다. 그러나 전쟁억제라는 큰 목표를 갖고 보면 상반되는 것도 있지만 현실성을 고려하여 양병과 군축을 냉정하게 따져서 추진할 수밖에 없다. 즉 단순히 숫자만으로 예를 들자면 A국가와 B국가 간의 전력(戰力) 차이가 3:10일 경우를 가정해 보자. 두 국가는 호혜 평등의 원칙에 따라 각각 2씩 감축했을 경우 A국가는 1이 되고 B국가는 8이 된다. 이럴 경우 전쟁이 억제될 수 있을까? 오히려 정반대의 결과가 나온다. 따라서 군비통제나

---

203) *ibid*, p.340.

군축을 하려면 3:10의 상황에서 A국가는 우선 8~10까지 전력을 키워야 B국가와 군축회담을 가질 수 있는 기회가 생긴다. 따라서 양병이라고 해서 군축이나 군비통제와 무조건 상반되는 것은 아니다.

한편 한 국가가 충분히 양병하여 억제력을 보유할 수만 있다면 가장 이상적인 억제 형태는 '제재적 억제' 또는 '보복적 억제(deterrence by punishment)'이다. 즉 적이 침략을 개시한다면, 보복으로 견딜 수 없을 정도의 제재를 가할 것이라는 위협 때문에 적대 국가가 공포심을 느껴 침략을 포기하도록 하는 것이다. 이를 위해서는 충분한 보복능력이 갖고 있어야 하고, 의지가 적에게 명확히 전달되어야 하며, 이를 또한 적국이 믿고 있어야 한다. 이런 측면에서 본다면 이는 한국으로서는 선택하기 어려운 전략이다. 왜냐하면 북한의 핵이나 주변 강국의 군사력에 대하여 한국이 단독적으로 제재할 수 있는 군사력을 갖는다는 것은 현실적으로 매우 어려운 일이기 때문이다. 그러므로 한국의 경우 다른 억제전략을 선택할 수밖에 없고, 한국이 선택할 수 있는 억제는 '거부적 억제' '총합적 억제' '상황적 억제' '상호 의존적 억제' 등이다.

'거부적 억제'는 초강대국을 제외한 나라는 충분한 보복력을 보유하기가 어렵다. 따라서 현실적으로 선택할 수밖에 없게 되는 대안 중의 하나가 최소한 적의 침략을 거부할 수 있는 거부적 억제 개념이다. 이는 잠재적 또는 직접적 적대국이 침략을 통해 얻을 수 있는 이익보다 그러한 침략에 수반되는 비용과 위험이 훨씬 크다는 것을 인식시켜 침략을 포기하게 만드는 것이다. 즉 자국이 강한 적국을 파괴할 수 있는 능력은 없어도 심대한 타격을 줄 수 있다는 확고한 의지와 능력을 갖추는 것이다. 따라서 한국이 북한, 중국, 일본, 러시아 등을 상대로 취할 수 있는 억제전략 중의 하나라고 할 수 있다.

'총합적 억제'는 제재할 수 있는 충분한 군사력 또는 심대한 타격을 줄 수 있는 거부적 군사력을 보유한 것에 전적으로 의존하지 않는다. 대신에 정치·외교적 활동, 국제적 환경, 자국의 안정 등을 복합적으로 활용하여 전쟁을 억제하는 것이다. 즉 잠재적 또는 직접적 적대국에 대해 정치, 경제, 사회, 문화 분야 등에서 다양한 신뢰 관계를 구축하고, 건실한 공존 관계를 형성함으로써 전쟁을 억제하는 것이다. 이는 군사적 수단 이외 정치, 경제, 사회, 문화 분야 등 비군사적 수단을 활용하여 억제의 효용성을 더욱 증대시키는 것이다. 이를 한국이 적용한다면 북한 및 주변 강국들과 경제협력, 문화교류, 동북아공동체 및 동질감 형성 등을 통해 적대감을 해소하고 평화공존의 관계를 형성하는 것이다.

'상황적 억제'는 잠재적 또는 직접적 적에게 불리한 국제적 상황을 조성하여 침략할 수 있는 여건을 없애는 것이다. 우리에게 침략 위협을 가하는 국가가 있으면 그 주변 국가들을 이용해서 침략 여건을 없애는 것이다. 즉 여러 국가가 적대국에 위협을 가하게 하여 적대국이 이들 국가에 경계와 대비를 하게 함으로써 자국(自國) 및 동맹국에 대한 침략 행동을 일으킬 수 있는 여유를 가질 수 없게 하는 것이다. 이를 한국이 적용한다면 북한의 침략을 막기 위해 일본이 북한에 위협을 가하도록 하거나 일본(중국)의 침략을 막기 위해 중국(일본)이 일본(중국)에 위협을 가하게 하는 것과 같은 논리이다. 한미동맹의 유지를 통해 적대 국가에 직·간접적인 위협을 가하는 역할을 함으로써 억제력을 확보하는 것도 같은 맥락이다.

마지막 '상호 의존적 억제'는 잠재적 또는 직접적 적대 국가와 경제 등과 같은 수단 등을 통해서 상호 의존적 관계를 형성하는 것이 중요하다. 만일 침략으로 그 관계가 파괴되면 국가이익에 막대한 손실을 초래하게 될 것을 예상하도록 함으로써 침략을 자제토록 하는 것이다. 이를 한국이 적용한다면 북한의 침략을 막기 위해 대북 경제협력을 확대하고 강화하여, 남북경제교류가 북한의 경제에서 차지하는 비중이 매우 높으면 억제를 할 수 있다. 주변 강국에 대해서는 현재도 이미 한국에 대한 경제적 의존도가 높아서 이들 국가에 대한 전쟁억제 효과가 어느 정도 있다고 볼 수 있다.

다. 상호의존 형태의 선택

군사력건설의 기본은 자주국방을 목표로 하는 것이 바람직하지만 국가 예산이나 기술 수준, 위협의 종류 또는 기타 인접 국가와의 관계 등으로 인해 단독 대응이 제한된다. 따라서 공동으로 대응하는 것이 일반적인 추세인데, 이를 상호의존이라 한다. 상호의존은 다른 국가나 집단안보체제와 군사적인 유대 관계를 구축함으로써 제한사항을 극복하고 부족한 억제력을 보완하거나 위협에 대한 대처 수단을 확보하는 것이다.[204]

일례로 핵무기와 같은 대량살상무기에 대한 대응은 동급 또는 그 이상의 핵무기를 보유하는 것이다. 즉 상대가 핵으로 위협할 때 핵을 보유하고 있다면, 나름대로 효과적으로 대응할 수가 있게 된다. 하지만 핵을 보유하지 못한 상태에서 핵에 대응하기 위해서는 핵 이외의 대체 능력에 의존해야 하나 해당 국가가 단독으로 그 해법을 찾으려 한다면 쉽지 않거나 불가능할 수도 있는 것이 현실이다. 따라서 핵을 보유한 국가와 핵 관련 동맹 관계를 맺음으로써 적국의 핵 위협에 대응할 수 있게 된다. 이처럼 위협에 대한 대응기조(對應基調)를 결정하는 것은 군사력건설 및 전쟁에 대한 대응 준비 시 매우 중요한 고려 요소가 된다.

---

204) 온창일, 「전략론」(파주: 집문당, 2004), p.270.

상호의존은 동맹, 다자안보(협력안보), 집단안보, 공동안보 등이 있다. 먼저 '동맹'은 '한미동맹' 등을 통해 우리에게 널리 알려졌다. 둘 이상의 국가들이 자신들의 국가안보 이익을 보호, 유지 또는 증진하기 위해 공통으로 적용할 수 있는 하나 이상의 실제 또는 잠재적인 적대국을 설정하게 된다. 이에 대해 방어적 또는 공세적 차원에서 대응하기 위해, 전쟁수행 등 군사력 사용을 비롯한 다양한 군사협력에 대해 주로 공식적으로 합의한 집합체를 형성하게 된다. 전통적으로 자주국방의 한계를 극복하는 우선적인 대안으로 동맹이 활용되고 있다. 동맹이 선택되면 일반적으로 실제적인 군사작전을 수행하는 모습은 연합작전의 형태로 이루어질 수 있다. 대표적인 것이 제1차세계대전 직전 독일·오스트리아·이탈리아가 맺은 3국동맹과 오늘날 한미동맹 등을 들 수 있다.

한편 '다자안보(협력안보)'는 적대국, 우방국을 불문하고 관련 이해(利害) 당사국들이 다자간 국제회의나 국제기구에 참여하여 다자주의적 협력적 방법으로 군사적 분쟁의 원인이 될 수 있는 정치, 경제, 외교, 역사적 갈등의 요인 자체를 해결해 나가는 방식이다.[205] 오늘날 초국가적 위협에 대응하기 위해 다자안보(협력안보)가 중요하게 부각되고 있다. 초국가적 위협이란 핵과 장거리 탄도미사일 등과 같은 대량살상무기 확산, 국내·외 테러, 사이버 공격, 감염병 확산, 기후변화, 대규모 재난과 같은 것을 말한다.

이 가운데 핵확산이나 테러 등은 누구나 쉽게 위협으로 인식하지만, 기후변화에 의한 전쟁 발생은 쉽게 체감하기가 어렵다. 미 해군분석국(CNA)에 의하면 "세계에서 가장 폭발하기 쉬운 일부 지역에서 기후변화가 불안정을 증폭시키는(multiplier for instability) 위협적인 요소"라고

---

205) 국방대학교(2013), 앞의 책, pp.323~326.

[206] 주장하고 있다. 이에 따르면 기후변화가 식량 부족이나 에너지 부족과 같은 불안정한 상황에 부닥친 국가의 실패를 촉진하는 요인으로 작용한다. 이는 내란을 촉발할 수도 있다. 심지어 인접국이나 특정 세력의 공격을 받아 패망할 수도 있다는 것이다. 이런 이유에서 정책이나 전략 수립 시 기후변화 분야에 대해서도 심각하게 고려해야 한다는 것을 강조하고 있다.

이와 같은 초국가적 위협에 대응하기 위해 다자안보협력을 택하게 된다. 다자안보협력은 다수 국가가 대화와 협력을 통해 상호 신뢰 구축, 분쟁의 사전 예방 등 안보 문제의 해결을 모색하는 활동이라 할 수 있다. 현재 관련 국가들의 적극적인 참여를 유도하기 위해 공동의 안보 관심사이면서 협력에 대한 공감대 형성이 비교적 쉬운 분야부터 협력 활동을 추진하고 있다. 특히 테러, 해적, 대규모 자연재해, 감염병 확산 등 초국가적·비군사적 안보위협은 개별 국가 단독의 노력으로 대응하기에는 많은 한계가 있다. 그 때문에 초국가적·비군사적 안보위협을 중심으로 다자안보협력이 활발하게 진행되고 있다.[207]

이런 예는 북한의 장거리 미사일 발사와 3차 핵실험에 대한 고강도 제재를 담은 2013년 결의안 제2087호와 제2094호, 2016년 4차 핵실험 후 채택한 대북 제재 결의안 제2270호, 2017년 미사일 발사에 따른 제재 결의안 제2397호 등이 있다. 또한 소말리아 해적퇴치연락그룹(CGPCS), 2014년 9월 '에볼라 바이러스 확산 방지 결의안' 채택, 서울안보대화, 코로나19 대응을 위한 국가 간 이해관계를 조율하는 구속력 있는 국제 협의체 구성의 필요 인식 등을 들 수 있다.

---

206) Center for Naval Analyses, *National Security and the Threat of Climate Change*(Virginia : The CNA Corporation, 2007), p.6.

207) 국방부(2018), 앞의 책, pp.9~10.

이외에도 '집단안보'는 사전에 공동의 적을 설정하지는 않으나 일단 특정 국가나 세력들이 세계 평화나 안정을 파괴하는 경우 이를 공동의 적으로 간주하여 다른 국가들과 힘을 합쳐 군사 제재를 가하는 방식이다. 이에 대한 대표적인 것이 NATO(북대서양 조약 기구), WTO(바르샤바 조약 기구) 등이다. 공동안보는 적대적인 국가 간에 서로 군사적 신뢰 구축을 통해 적대 의식을 완화함으로써 전쟁 가능성을 낮추게 된다. 군비통제를 통해 군사력 수준을 제한, 동결, 감축, 나아가서는 해제하는 등으로 상호 군사 위협을 완화한다.

라. 국방개혁 및 군사혁신

미국은 걸프전 이후인 1990년대 중후반부터 국방부와 각 군이 야심차게 추진했던 군사혁신(military transformation)을 통해 군사력을 현대화하고 증강했다. 그 결과 이라크전쟁에서 초기 압도적이면서 혁혁한 성과를 내었다. 이처럼 국방개혁과 군사혁신은 양병과 거리가 먼 것 같지만 직접 또는 간접적으로 관련된다.

국방개혁이란 정보 · 과학 기술을 토대로 국군조직의 능률성 · 경제성 · 미래지향성을 강화해 나가는 지속적인 과정으로서 전반적인 국방운영체제를 개선 · 발전시켜 나가는 것을 말한다.[208] 한국군의 국방개혁은 전략환경 변화에 대한 대응이라는 외부적 필요와 군을 보다 효율화하기 위한 내부적 필요에 따라 추진되었다.[209] 또한 군사혁신(RMA: Revolution in Military Affairs)은 새롭게 발전하고 있는 기술을 이용하

---

208) 국방개혁에 관한 법률 제3조(시행 2020. 12. 22, 법률 제17684호)
209) 부형욱, "국방개혁의 추진경과와 향후 정책방향", 「동북아 안보정세 분석」(서울: 한국국방연구원, 2014), p.1.

여 새로운 무기체계를 개발하고, 그에 상응하는 작전운용 개념과 조직 편성의 혁신을 조화 있게 추구함으로써 전투력을 극적으로 증대시키는 것을 말한다.[210]

국방개혁은 국방운영체제를 개선·발전시키는 데 주안을 두고, 군사혁신은 신무기체계, 신편성 및 신작전운용 개념을 발전시키는 것이어서, 표면적으로 보면 국방개혁보다 군사혁신이 양병에 좀 더 가깝게 보인다. 하지만 국방개혁이 단순히 능률성·경제성에 주안을 둔 효과적인 운영유지에 머무르지 않는다. 지휘구조, 병력구조, 전력구조 등의 개혁이 큰 비중을 차지하므로 양병과 직결된다. 특히 한국의 경우 북한의 위협과 한미동맹 및 경제성장과 과학기술이라는 변수를 갖고 국방개혁 분야 중에서 '전력구조 개혁' 추진은 군사혁신과 같은 맥락이다. 특히 새로운 과학기술 발전을 적용한 하드웨어와 같은 무기체계 측면에 좀 더 주안점을 둔 부분은 더욱 유사하다. 따라서 이 두 가지는 별개의 것이 아니고 목적도 한국의 미래 상황, 대응해야 할 위협, 한국이 가진 장점에 대한 효과적인 극대화에 주안점을 두고 있다. 따라서 국방개혁과 군사혁신은 같이 접근하되 다음과 같은 사항을 고려해야 한다.

첫째, 북한 및 주변국 위협에 대한 동시 대응 추구이다. 한국은 북한의 국지도발 및 비대칭 위협에 대응할 뿐만 아니라 동시에 전시작전통제권 전환과 이에 대한 독자적인 수행, 지역 내 국가들의 군사력 증강 등에 대비해야 한다.[211] 따라서 한국의 안보 여건상 국방개혁 및 군사혁신의 주안점을 두 가지로 추진이 불가피하다. 우선 당면한 문제는 북한

---

210) 이성연·이월형·채은동·최종철, 『미래전에 대비한 군사혁신론』(대구: 황금소나무, 2008), p. 58.

211) 이필중, 안병성, "국방예산 10년 평가와 중기 운용정책", 『국방정책연구』 제29권 제1호, 2013, p.28.

을 상대로 한 것이고 다른 하나는 주변국의 위협에 대응할 수 있는 능력을 키우는 것이다. 이 두 가지는 종합적으로 추진하되 단계화가 불가피하다. 1단계는 북한을, 2단계는 주변국을 목표로 추진하는 것이다. 그렇다고 반드시 두 개의 단계가 독립적으로 별도 분리된 것은 아니다. 최종적으로는 두 번째 단계로 가기 위한 큰 틀 속에서 당면한 위협인 북한에 대한 대응을 우선 추진하는 것이다. 이 둘을 동시에 고려하지 않고 추진하면 1단계에서 2단계로 전환되면서 중복·누락 또는 대폭적인 방향 수정 등이 발생할 수 있다.

또한 한국군의 국방개혁 내용을 보면 크게 세 가지로 구분할 수 있다. 첫째, 주도적 방위역량 확충을 위한 체질과 기반을 강화하는 것이다. 미래 전장환경의 변화에 효율적으로 대응하기 위해 육·해·공군 간, 병과 간 균형발전을 추구한다. 군인과 국방 관련 공무원·민간인력의 직업 전문성 강화를 위해 국방부의 문민화를 지속 이행한다. 전시 작전통제권 전환에 대비하여 핵심역량을 체계적으로 확보하는 것이다. 둘째, 자원의 제약을 극복하고 미래 전장환경 적응을 위한 4차 산업혁명 시대의 과학기술을 적극적으로 활용하는 것이다. 빅데이터, 인공 지능, 네트워크 등 4차 산업혁명 기술 기반의 유·무인 복합체계, 지능화된 감시-타격체계, 과학화 훈련체계, 스마트 병영관리 시스템을 구현한다. 부대 및 전력구조 정예화는 물론 국방운영과 병영문화를 포함한 국방 전 분야의 효율성을 획기적으로 개선하는 것이다. 셋째, 국가 및 사회 요구에 맞는 개혁 추구로 범국민적 지지를 확보하는 것이다. 징병이라는 기본 틀 속에서 병력 확보와 국가 생산 가능 인력 확보를 충족하면서, 과학기술 선도와 방위산업 증진 등을 통해 국가경제 활성화에 기여한다. 또한 민·군 협력 등을 통한 국가 자원을 국방에 적극적으로 활용함으로써 국방재원의 제한을 완화한다. 국민 눈높이에 맞는 인권 및

복지 구현과 국방 전반에 대한 개방성을 제고하여 국민의 신뢰를 회복하는 것이다.[212)]

둘째, 첨단 정보 및 기술 중심의 비대칭성 증대 노력에 주안점을 두어야 한다. 역사를 돌이켜 보면 정보 및 기술 요소가 전술을 비롯하여 전략 및 군사사상 발전에도 많은 영향을 미쳐 왔음은 주지의 사실이다. 또한 국방개혁이나 군사혁신 등을 통한 군사력 증강을 위해서는 정보 및 기술의 발전이 반드시 우선시 되어야 함도 부인할 수 없는 사실이다.

그런데 한국의 경우 적 또는 가상적과 1 : 1의 대칭성을 갖기 위한 목표로 국방개혁이나 군사혁신을 추진하는 것은 비현실적일 가능성이 크다. 특히 북한의 핵무기나 주변 강국의 군사력을 고려 시 이를 충분한 전력으로 억제하기보다는 한국의 장점을 살린 비대칭성 증대 노력이 더 억제에 효과적이라는 의미이다. 그렇다고 뽀빠이(Popeye)가 되고 싶다고 기초체력도 없이 팔 근육만 키우는 것은 아니다. 반드시 기본적인 군사력을 갖추면서 일부 비대칭성을 갖추는 능력을 더 키워야 한다는 의미이다.

이렇게 비대칭성을 갖는 능력을 키우기 위해 향후 한국 국방과학기술 분야에서 발전이 우선적으로 고려되어야 하는 부분은 기술적 우위에 있는 분야이다. 정보, IT 기술력을 활용한 사이버전사 양성,[213)] 무인항공, 우주항공, 정보통신 등을 우선 고려하는 것이다. 그뿐만 아니라 북한의 위협 대비 필수적인 분야인 북한의 위협을 타격하기 위한 정밀타격능력과 관련한 기술 확보가 중요하다.

특히, 사이버전 능력의 경우 일본은 2014년 3월에는 나날이 고도

---

212) 국방부(2020), 앞의 책, p.44.
213) 이병구, 이수진, "미래 지상군의 사이버작전 개념발전 방안", 「미래 How to Fight 에 기초한 전투발전」, 한국전략문제연구소, 2014, p.209.

화 · 복잡화되는 사이버 공격의 위협에 적절하게 대처하기 위해 '자위대지휘통신시스템부대' 산하에 '사이버방위대'를 신설하였다. AI를 활용한 정보 수집체계를 정비하고, 2020년에 70명을 증원하여 총 290명 규모로 관련 체제를 확충 · 강화하였다. 또한 일본은 동맹국인 미국을 비롯한 관계국과의 양국 간 또는 다국간 협력의 틀을 짜놓고 전략대화와 공동연습 등 전체적으로 국제적인 대처에도 적극적으로 참여하고 있다.[214]

다음으로 무인체계는 제한되는 인적자원, 인간존중 및 기술의 발달 등을 고려 시 적극적으로 추진해야 할 분야이다. 이는 감시 · 정찰, 산악지형 운반수단, 병력이 배치되지 않은 공간지역에 대한 통제 등과 같이 인간의 보조 수단으로 출발해서 급기야는 인간을 대신하는 형태로 전환될 수 있도록 추진해야 할 것이다.

한편, 현재 한국군의 경우 우주공간 분야에 대한 양병이 매우 낮은 수준이다. 세계 주요국은 C4ISR 기능의 강화 등을 목적으로 군사시설 · 목표 정찰용 화상정찰위성, 군사통신 · 전파 수집용 전파정보수집위성, 군사통신용 통신위성 및 함정 · 항공기의 항법과 무기 시스템 정밀도 향상 등에 이용되는 측위위성(Navigation Satellite)을 비롯해 각종 위성의 능력 향상과 발사를 위해 노력하고 있다. 각국은 우주공간에서 자국의 군사적 우위를 확보하기 위한 능력을 빠르게 개발하고 있다.[215] 오늘날 대기 및 우주를 네 번째 지리적 매체로 보는바, 우주공간의 안정적 이용에 대한 위험이 앞으로 각국 안전보장의 중요 과제로 대두되고 있다.

---

214) 防衛省, 『令和2年版 防衛白書』(東京: 日経印刷株式会社, 2020), p.272.
215) 위의 책, p.169.

셋째, 북한 또는 주변 강국이 가진 비대칭전력에 대한 대응능력 확보가 우선되어야 한다. 북한이 보유한 비대칭전력은 핵무기, 특수전부대, 생화학무기, 사이버전사, 잠수함(정), 장사정포, 탄도미사일 등이다. 주변 강국의 비대칭전력은 핵무기, 항공모함, 해·공군력 등이 중요한 비대칭전력이 된다. 따라서 이런 비대칭전력에 대한 대응능력을 확보하는 것이 우선 필요하다.

그런데 이러한 비대칭전력에 대한 일대일 대응력을 갖는다는 것은 한국의 경우 현실적으로 쉬운 일이 아닐 뿐만 아니라 불가능에 가까울 수도 있다. 따라서 한국은 위협에 비례하여 직접적인 대응능력을 갖기보다는 '거부적 억제' '총합적 억제' '상황적 억제' '상호 의존적 억제' 등과 같은 억제 개념과 연계하여 상대적으로 확보해야 한다. 그러나 이런 상대적인 확보 노력에도 불구하고 확보가 제한되는 부분은 불가피하게 최소한의 직접적인 대응능력을 한국은 확보해야 한다.

마. 통일 이후를 대비한 한국의 적정(適正) 군사력건설

이 부분은 양병을 위해 모든 나라에 적용되는 분야가 아니고 한국과 같은 분단국가만 해당하는 분야이다. 한반도 통일에 대한 주변국의 인식이 통일에 영향을 미칠 뿐만 아니라 통일 후에도 영향을 미치므로 통일 문제는 한국군 군사력건설에 지대한 영향을 미친다. 따라서 통일에 대한 주변국의 인식과 이것이 군사력건설에 미치는 영향을 먼저 살펴볼 필요가 있다. 이어서 통일 후를 대비한 군사력건설 방향을 논하고자 한다.

첫째, 통일에 대한 주변국의 인식과 마찰요인 등이 군사력건설에 미치는 영향을 고려해야 한다. 우선 한반도 주변 강국은 각각 기본적으로 한반도가 통일되는 것보다는 현상 유지를 바라고 있다. 또한 자국을 중심으로 한반도 주변 세력이 재편(再編)되기를 희망한다. 따라서 한반도가 통일된 뒤에는 자국에 대해 적대세력이 되기보다는 자신의 국가와 우호 관계를 희망하고 있다. 이를 주변 국가별로 살펴보면 다음과 같다.

미국은 자유민주주의와 시장경제라는 한국과 미국이 공유하는 가치에 기반을 둔 통일을 지지한다. 또한 북한이 보유한 핵무기, 핵물질 등 대량살상무기의 통제와 외부로의 확산을 차단하는 데 우선 역점을 둘 것이다. 그리고 통일 이후에도 한반도와 동아시아지역에서 중국 견제와 같은 자국의 이익에 도움이 되는 방향으로 한미동맹 관계가 유지되기를 희망하고 있다.[216]

미국과 한국과의 마찰요인은 한미동맹하에 방위비 분담, 주변 강국과의 등거리 외교 또는 중국의 영향력 행사로 한미동맹 관계의 변화를 초래할 수 있는 갈등 등을 예상할 수 있다. 따라서 미국과의 관계를 고려시 한미동맹 체제를 기반으로 하는 군사력건설을 우선 고려해야 한다. 등거리 외교에 따른 미국과 상대적으로 거리가 벌어질 경우 미군이 지원하던 연합전력만큼의 공백이 발생할 수밖에 없다. 공백전력을 한국 자체 또는 미국을 제외한 다른 주변 국가로부터 지원받는 등의 추가 확보방안을 고려할 수 있다.

일본은 한반도 통일보다 현상 유지를 우선 선호한다. 일본은 두 개의 분단된 국가를 상대하는 편이 통일된 국가를 상대하는 것보다 상대적으로 유리하다는 이유에서 현상 유지를 바라기 때문이다.[217] 만약 한국이

---

216) 박종상, "한반도의 지정학적 구조 분석과 한국의 국가발전전략", 경기대학교 정치전문대학원 외교안보학 박사학위 논문, 2012, pp.59~60.
217) 신성진 외, 『한반도 냉전구조 해체: 주변국의 협력 유도방안』(서울: 통일연구원, 1999), p.80.

통일된다면 비핵화된 정부가 들어서는 것을 희망한다.[218] 그리고 통일된 한국은 한편으로 당면한 중국의 팽창주의 위협에 대응하기 위한 안보자산의 효율적 관리와 운용에 도움이 될 것이라고 보기도 한다.[219]

일본과 한국과의 마찰요인은 집단적 자위권 행사란 명분하에 일본군의 재무장 문제, 독도 영유권 문제, 역사 왜곡 및 민족 문제, 대한해협과 동해에서 통항 및 해상통제권 분쟁, 해양자원 문제 등을 들 수 있다. 따라서 일본과의 관계를 고려 시 일본과 동맹 또는 협조 관계로 중국의 위협에 대응하도록 군사력을 건설하는 방안을 우선 고려할 수 있다.

중국은 최대 국가목표인 지속적인 경제성장을 달성하는 것 등의 이유로 주변국과의 평화와 안정 확보가 무엇보다 중요하다고 인식하고 있다.[220] 표면적으로 한반도 통일에 대한 지지 의사를 표명할지는 모르지만, 내심으로는 현재의 분열 상태가 자국의 이해(利害)에 도움이 된다고 판단할 가능성이 크다.[221]

그러나 장기적으로는 통일에 반대하지 않을 것이며 통일된 한국이 친중국(親中國) 국가가 되기를 희망할 뿐, 중국에 적대적인 국가가 되어서는 안 된다고 생각하고 있다. 이는 중국이 경제성장과 사회적인 안정유지를 위하여 평화적이고 비적대적인 국경 지역의 확보가 중요한 요소이기 때문이다. 따라서 만약 한국이 통일되면 한국 내에서 미군이 주둔하는 것에 대해서는 반대할 것이 확실시된다.[222]

---

218) 남창희, "한반도 통일과 일본의 전략적 이익", 「국방대학교 안보문제연구소 2014년 국제안보학술회의」, 2014.9.12.

219) 한국전략문제 연구소, 『2014 동아시아 전략평가』(서울: 한국전략문제연구소, 2014), p.207.

220) 이용인·테일러 워시번 엮음, 『미국의 아시아 회귀전략』(파주: 창비, 2014), p.251.

221) 통일부통일교육원, 『통일문제 이해』(서울: 대원문화사, 2014), p.106.

222) 김철수, "신 냉전기 주변 강국의 한반도 정책", 「世界憲法研究」第20卷 3號, 2014,

중국과 한국과의 마찰요인은 백두산, 만주, 간도, 이어도 등을 비롯한 영토 및 해양 경계 문제, 서해에서의 해양 통항·통제권, 해양자원 문제, 환경오염 문제, 민족 문제 및 한미동맹 유지 여부에 따른 대립 등이 분쟁요인으로 작용할 수 있다.[223] 따라서 중국과의 관계를 고려 시 중국과 동맹 또는 협조 관계로 러시아, 일본 및 미국의 위협에 대응하도록 군사력건설 방안을 우선 고려할 수 있다.

러시아는 남·북한의 평화적 공존이 유지되기를 원하고 있다.[224] 먼 장래에 남북한 합의에 따라 통일되기를 원하지만,[225] 그중에서 북한 정권이 붕괴되고 한국 주도로 한반도가 통일되는 것을 러시아의 국익에 부합한다고 보고 있다.[226]

러시아와 한국과의 마찰요인은 현재 국경을 접하고 있는 압록강과 두만강 일대의 국경 문제, 동해 일대에 부동항을 얻으려는 러시아의 집념과 동해상 함대 진출 관련 항로 통항 분쟁, 해양자원 분쟁 등이 갈등 요인으로 작용할 수 있다. 따라서 러시아와의 관계를 고려 시 러시아와 동맹 또는 협조 관계로 중국이나 일본의 위협에 대응하도록 군사력을 건설하는 방안을 우선 고려할 수 있다.

둘째, 통일 이후를 대비한 군사력건설 방향을 고려해야 한다. 통일 이후 한국의 적정 군사력건설에 영향을 주는 요인은 다음과 같다. ①통

---

p.137.

223) 주용식, "통일한국의 군사통합과 적정군사력 연구", 숭실대학교 박사학위논문, 2013, p.177.

224) 배정호·Alexander N. Fedorovskiy 편, 『21세기 러시아의 국가전략과 한·러 전략적 동반자 관계』(서울: 통일연구원, 2010), p.101.

225) 김철수, 앞의 논문, p.146.

226) 러시아 세계 경제 및 국제관계연구소(IMEMO), "러 보고서 북 이미 붕괴 중... 2030연대엔 남에 흡수통일 될 것", 조선일보, 2011. 11. 4.

일한국이 직면할 위협, ②통일한국의 국방환경, ③한미동맹 변화, ④미래전 양상 등이다.[227] 이를 토대로 볼 때 통일 후 한국군의 가상적국은 주변 강국을 모두 상정할 수 있다.

이에 따라 가장 이상적인 적정 군사력건설은 통일한국군 단독으로 '제재적 억제력'을 갖추어 가상적국이 침략을 못 하도록 하는 것이다. 하지만 이 대안은 주변 강국의 군사력을 고려 시 현실성이 높지 않다. 따라서 '거부적 억제'와 '상황적 억제'를 유지할 수 있도록 하여야 한다. 한미동맹을 통한 한미 연합전력 또는 중국 등 주변국과의 외교 관계를 통한 새로운 연합전력을 형성하여 잠재적 적대국이 침략할 수 없는 수준이 되어야 한다. 이처럼 통일한국군의 적정 군사력건설은 궁극적으로 제재적 억제를 목표로 하되, 현실적으로 한미 연합전력 등에 의해서 거부적 억제나 상황적 억제를 우선 확보하도록 군사력을 건설할 필요가 있다.

바 기타 고려 요소

양병과 관련하여 군사력 증강에 못지않게 추가로 고려해야 하는 것이 군사제도, 군사교리 · 교육훈련 및 군사대비태세 유지이다.

첫째, 국가의 실정에 부합된 군사제도의 정립과 정립된 제도의 일관성 있는 추진이 필요하다. 군사제도는 군의 조직, 편성, 관리 및 운용에 대한 관습 · 도덕 · 법률 등의 규범이나 사회 구조체계를 의미한다. 이는 한 국가의 군사력건설과 관련하여 기본 토대를 마련하는 것이 된다. 왜냐하면 법적 · 제도적 뒷받침이 되어야 합리성과 일관성을 갖고 예산을 투입하여 장기적으로 안정되게 군사력건설이 가능하기 때문이다. 또한 군사

---

227) 주용식, 앞의 논문, p.172.

력건설과 관련하여 투명성을 확보하고 부패나 비리를 방지함으로써 국민적 신뢰와 지지를 얻어 건실한 군사력 양성을 보장할 수 있기 때문이다.

징병제 국가에서 병역제도 및 병무 행정은 중요한 의미가 있다. 이는 군의 전투력을 강화하고 공정한 병역의무 이행 풍토를 조성하는 것과 직결되고, 병역의무 이행의 형평성과 효율성을 높이는 것이기 때문이다. 모집제도, 전환복무(轉換服務) 및 대체복무(代替服務) 제도 등 병역제도를 다양하게 하되 국민 편익과 저출산 및 군사력 증강 사이에서 합리적 대안을 찾도록 발전시켜 나가야 한다.[228]

일례로 조선 후기 삼정문란(三政紊亂)과 연계된 군역(軍役)의 문란은 군사력건설과 유지에 크게 악영향을 미쳤다. 심지어 군제(軍制)가 국방이란 차원보다는 재정 보충이란 차원으로 전도(顚倒)되는 폐단의 극치를 보였다. 유형원(柳馨遠)은 『반계수록(磻溪隨錄)』에서 "마치 군사(軍士)하면 포(布)를 바치는 사람으로만 여기게 되고, 보병이라 하면 사람은 면포(綿布)로만 알 뿐 그것이 본래 군사의 이름인 줄 모른다."[229] 군역이 군포제로 바뀌면서 양민(良民)을 뽑아 군대를 만드는 제도가 국가의 재원 확보 수단으로 변모되었다. 그 결과 병역기피 수단이 되어 심각한 국방력의 약화를 초래하였다.

이처럼 군사력건설과 관련하여 군사제도를 정립하고 정립된 제도의 일관성 있는 추진을 통해 투명성을 확보하는 것이 중요하다. 게다가 부패나 비리를 방지하는 것은 국민적 신뢰와 지지를 얻을 뿐만 아니라 건실한 양병을 통한 국방력 증강을 보장하는 기초가 되므로 매우 중요한 문제임을 인식해야 한다.

---

228) 국방부(2020), 앞의 책, p.135.
229) 柳馨遠, 『磻溪隨錄』卷21, 兵制

둘째, 군사교리 정립과 이를 기초로 체계적인 교육훈련 실시가 필요하다. 적의 위협과 기타 위협 요소를 고려하여 적합한 규모로 군을 잘 양성했다 하더라도 군사교리가 제대로 정립되어 있지 않거나 군사교리를 기초로 교육훈련을 실시하지 않았다면 건설된 군사력이 제대로 전투력을 발휘할 수 없는 것은 자명한 사실이다.

먼저 군사교리는 국가의 전쟁목적, 국방정책, 전쟁환경 등 상황과 조건에 맞도록 구체화하여 실제적인 군사행동의 방침으로 공식화한 것이다. 실천적 차원의 행동 체계이기 때문에 한 국가의 군사 활동을 실질적으로 지배하는 군사행동의 지침이자 기준이다. 이런 군사교리와 다양한 군사 분야와의 관계를 보면 군사전략, 작전술, 전술이 각기 상하 구조를 이루면서 직간접적으로 군사사상의 영향을 받고, 직접적으로는 군사이론이 제시한 원리나 원칙을 현실적인 군사행동의 지침으로 채택하게 된다.[230]

여기서 주목할 것은 군사교리는 군이 전투 등과 같은 군사행동의 지침이자 기준이라는 점이다. 따라서 군사교리는 군사사상을 구현할 수 있도록 행동화에 대한 지침을 제시하는 것이어야 한다. 이렇게 정립된 군사교리를 기준으로 전쟁 시 용병을 통해 실제 행동화하는 것이다. 그러므로 군사사상이 군사교리에 영향을 받는 것이 아니라 주로 군사사상의 영향을 받아 군사교리를 정립하게 된다.

한편 군사교리를 기초로 교육훈련을 실시해야 양병을 한 부대의 전투력이 정상적으로 발휘된다. 그런데 현실에 있어서 훈련의 중요성을 망각한 군대(정부)에 대해 강하게 질타하는 다음과 같은 사설(社說) 내용을 보면 마치 다른 후진국 군대를 이야기 하는 듯 눈과 귀를 의심하게 한다.

---

230) 육군본부(1991), 앞의 책, p.25.

북한이 싫어한다고 한미 연합훈련도 안 한다. (중략) '군사력 아닌 대화로 나라를 지킨다.'라고 선언했다. 세계 역사에 전무후무할 일이다. 눈앞의 적을 보지 않기로 한 군대, 훈련 안 하는 군대에 기강이 있을 리 없다. 지금 한국군이 그렇다. 수류탄 사고 한번 났다고 1년 이상 수류탄 투척 훈련도 제대로 하지 않았다. 그사이 입대한 병사들은 수류탄을 던져보지 못했다는 뜻이다. 40㎞ 행군에 부대원 530명 중 230여 명이 아프다고 빠졌다고 한다. 연병장에 나온 300여 명 중 180여 명은 물통만 찼고 100여 명은 빈 군장을 들었다. 지휘관이 제대로 훈련하라고 지시하자 '병사에게 고통을 준다.'라며 해임하라는 청원이 올라왔다. (중략) 국방예산이 50조 원을 넘는다. 50만 군대가 1인당 1억씩 쓰는 막대한 액수다. 그 돈으로 무엇을 했나. 국방이 튼튼해졌나. 오합지졸 군대는 '국민 혈세 먹는 하마'일 뿐이다. [231]

사설에서도 강조한 것처럼 부정할 수 없는 것은 양병에 있어서 하드웨어적으로 조직 편성, 인원 충원, 장비 및 물자를 구비하는 것이 무엇보다 중요하다. 하지만 그것 못지않게 교리를 정립하고 이를 기초로 군사훈련을 하는 분야도 중요한 양병의 한 분야가 된다. 특히, 군사훈련을 실시해야 양병된 부대의 전투력이 정상적으로 발휘되는 것은 두말할 나위도 없다. 그뿐만 아니라, 평시 적국에 위협을 가하는 수단 또는 나의 능력을 과시하는 가시적인 효과도 가져온다.

셋째, 군사대비태세의 유지이다. 적의 위협과 기타 위협 요소를 고려하여 적합한 규모로 군을 잘 양성했더라도 군사교리와 교육훈련을 거쳐 군사대비태세를 유지하지 않는다면 실제 전쟁이 발발할 때 제대로 대응하지 못할 것이다. 이렇게 되면 외형적으로 양성된 군사력이 한낱 종이호랑이에 불과하게 되는 격이다. 실제 즉각적인 힘을 발휘하기 위해서

---

231) "敵 없다고 하고 훈련도 안 하는 軍, 1인당 1억 쓰는 오합지졸", 『조선일보』, 2021.6.10. 사설

는 준비태세 유지가 무엇보다 중요하다. 따라서 준비태세 분야도 중요한 양병의 한 분야가 된다.

일례로 제2차세계대전 시 1941년 12월 7일 일본군에 의한 진주만 기습공격을 들 수 있다. 불과 2시간 남짓 일본군의 공격으로 말미암아 미군이 양성해 놓은 진주만에 있던 전함 8척 중 4척이 침몰하고, 경순양함 3척, 수상기모함 1척이 대파하고, 394대 항공기 가운데 188대가 완파되고 159대가 파손되었으며 미 해군의 인원도 전사자 2,403명을 포함하여 3,581명의 손실이 있었다.[232] 이와 같은 기습공격의 피해 원인에 대해 경계 잘못으로만 모두 돌리기에는 적절하지 않다. 제2차세계대전 기간 중이었지만 진주만에 있던 미군부대들은 남의 나라 불구경하듯 군사대비태세 유지를 소홀히 하고 있었다. 그런 상황에서 기습당하자 신속하고 적절한 대응도 할 수 없었다. 이는 곧바로 막대한 예산과 노력을 기울여 양성했던 전력을 한순간에 물거품으로 만들었다.

3. 양병과 관련한 군사사상적 함의

위에서 알아본 바와 같이 평시에 군사력건설과 관련하여 도출한 군사사상적 함의는 다음과 같다.

첫째, 군사력건설의 우선 목표는 전쟁억제에 두어야 한다. 군사력건설에 있어서 중요한 고려 요소는 어느 정도의 군사력을 양성해야 전쟁에서 승리할 수 있는가의 문제와 함께 어느 정도의 군사력을 양성해야 전쟁을 억제할 수 있는가의 문제인데 이중 더 우선적으로 고려해야 할

---

232) 맥스 부트, 『MADE IN WAR』, 송대범·한태영 역(서울: 플래닛미디어, 2008), pp.522~524.

것은 후자인 전쟁억제이다.

억제를 위해서는 충분히 양병하여 억제력을 보유할 수만 있다면 가장 이상적이지만 현실적으로 제한이 많다. 한국의 경우 북한의 핵이나 주변 강국의 군사력을 단독적으로 제재할 수 있는 군사력을 갖는다는 것은 현실적으로 매우 어려운 일이다. 한국의 경우 다른 억제전략을 선택할 수밖에 없고, 이런 상황에서 한국이 고려할 수 있는 억제는 '거부적 억제' '총합적 억제' '상황적 억제' '상호 의존적 억제' 등이다.

둘째, 다양한 위협에 대하여 한 국가가 단독적으로 대응하는 것은 현실적으로 어렵기 때문에 상호 의존적인 대응 방안 모색이 필요하다. 이는 국가 예산이나 기술 수준, 위협의 종류 또는 기타 인접 국가와의 관계 등으로 인해 동맹, 다자안보, 집단안보, 공동안보 등을 취할 수밖에 없다. 따라서 한국은 동맹, 다자안보 등을 우선 고려할 수 있는데, 이중 동맹의 경우 현재의 한미동맹을 기초로 하되 주변 강국의 변화에 부합되게 필요시 동맹 관계를 변화해 나갈 필요가 있다.

셋째, 국방개혁과 군사혁신은 직접적인 군사 위협과 잠재적인 군사 위협에 대비하여 단계화 추진과 비대칭능력 확보 및 비대칭능력에 대한 대응능력 구비가 필요하다. 우선 단계화 추진은 북한 및 주변국 위협에 대한 동시 대응을 추구하는 것이다. 1단계는 북한을, 2단계는 주변국을 목표로 추진하는 것이다. 이 두 개의 단계는 독립적으로 별도 분리된 것이 아닌 최종적으로 두 번째 단계로 가기 위한 큰 틀 속에서 당면한 위협인 북한에 대한 대응을 우선적으로 추진하는 개념으로 해야 한다.

다음으로 비대칭전력 확보는 국방개혁이나 군사혁신을 통해 적 또는 가상적과 일대일의 대칭성을 갖는 것으로, 대부분 국가는 이를 확보하기엔 현실적으로 매우 제한이 많거나 불가능에 가깝다. 따라서 우선 첨단 정보 및 기술 등과 같은 해당 국가의 장점을 살릴 수 있는 비대칭성 증대 노력에 주안점을 두어야 한다. 또한 적의 비대칭전력과 주변 강국의 비대칭전력에 대한 일대일 대응력을 갖는다는 것은 쉬운 일이 아니기 때문에 '거부적 억제' '총합적 억제' '상황적 억제' '상호 의존적 억제' 등과 같은 억제 개념과 연계하여 상대적으로 군사력을 확보해야 한다.

그러나 이런 상대적인 확보 노력에도 불구하고 확보가 제한되는 부분은 불가피하게 최소한의 직접적인 대응능력을 확보하도록 접근해야 한다.

넷째, 통일 이후를 대비한 군사력건설을 평시부터 염두에 두고 추진해야 한다. 이는 한국과 같은 분단국가가 주로 적용된다. 한반도 주변 강국은 각각 기본적으로 한반도가 통일되는 것보다 현상 유지를 바라고 있다. 또한 자기 국가를 중심으로 한반도 주변 세력이 재편(再編)되기를 희망한다. 또한 한반도가 통일된 뒤에는 자기 나라와 적대세력으로 바뀌기보다는 자신의 국가와 우호 관계이기를 희망하고 있다. 통일 이후 한국의 적정 군사력건설에 영향을 주는 요인으로 ①통일한국이 직면할 위협, ②통일한국의 국방환경, ③한·미동맹 변화, ④미래전 양상 등을 들 수 있다.[233] 가상적국인 주변 강국을 대상으로 적정 군사력건설은 억제의 유형 중에서 '거부적 억제'와 '상황적 억제'를 유지할 수 있도록 한미동맹을 통한 한미 연합전력 또는 중국 등 주변국과의 외교 관계를 통한 새로운 연합전력을 형성하여 잠재적 적대국이 침략할 수 없는 수준이 되어야 한다.

다섯째, 기타 고려 요소로 국가별 실정에 부합되면서도 일관성 있는 군사제도 발전 유지, 군사교리 정립 및 교육훈련 실시, 군사대비태세의 유지 등도 평시 군사력건설의 주요한 한 분야로 고려되어야 한다.

---

233) 주용식, 앞의 논문, p.172.

제4절 범주Ⅲ : 전시에 군사력으로 전쟁수행[戰時用兵]

1. 기본적인 접근 방향

군사력을 이용하여 전쟁을 수행하는 것은 글자 그대로 전쟁 발발 시 군사력을 운용하는 것이다. 그런데 군사력을 활용하는 용병은 이뿐만 아니라 전쟁을 억제하기 위한 군사력운용부터 전쟁수행까지 다음과 같이 네 가지로 구분할 수 있다.

첫째, 전쟁(도발)을 억제하기 위한 운용이다. 전쟁을 억제하기 위한 '용병'은 이미 앞에서 다룬 '양병'을 통한 전쟁억제와 일맥상통하는 것으로 결과는 유사하게 나타난다. 따라서 둘을 나누지 말고 같은 것으로 취급해야 한다고 말할 수도 있다. 하지만 양병과 용병에서 '전쟁억제라는 결과'는 유사할지라도 수행과정은 확연히 다른 모습이다. 양병에서 전쟁억제는 실제 군사력을 증강하여 억제하는 것이다. 그러나 용병에서 전쟁억제는 전쟁을 억제할 목적에서 활용 그 자체를 의미하는 것이다. 전쟁억제와 관련한 것은 앞의 양병에서 충분히 언급되었기 때문에, 여기서는 전쟁을 억제하기 위한 용병에 대해 설명하는 대신 예를 들어 간단히 언급하고자 한다.

먼저 이해를 돕기 위해 가상적인 상황을 들어 설명하고자 한다. 적의 10만 명 병력에 대응하기 위해 약자는 방어할 수 있는 최소 병력 수준인 5~7만 명을 갖추거나 적이 갖고 있지 않은 최신무기와 같은 비대칭전력을 구비할 경우 이는 전쟁억제를 위한 '양병'에 해당한다. 그러나 적 10만 명 중 주력이 지향할 축선(軸線)에 방자도 주력을 배치할 뿐만 아니라, 방자의 일부를 기동력이 뛰어난 기동예비대로 편성하여 효과적으로 반응할 수 있는 공간에 대기시키는 부대 배치를 한 것은 적의 공격에 효과적으로 대응할 태세를 갖추는 것으로 '용병' 측면에서 전쟁억제이다.

실제 예를 보면 2020년 8월 17일 미국의 B-1B 랜서(Lancer) 4대와 B-2 스피릿(Spirit) 2대 등 6대의 폭격기가 대한해협 등 일본 인근 상공을 비행했다. B-1B 랜서 4대는 미국 텍사스주 다이스 공군기지와 괌의 앤더슨 공군기지에서 출격했다. B-2 스피릿 2대는 인도양의 디에고 가르시아 공군기지에서 출격했다. 이들은 24시간 동안 일본 오키나와(沖繩) 가데나(嘉手納) 기지에서 출격한 일본 항공자위대 소속 F-15 · F-35B 전투기와 합세해 대한해협 등에서 BTF(Bomber Task Force, 폭격기 TF) 훈련을 했다. 이는 단순히 훈련 목적도 있지만, 직접적으로는 북한의 미사일 발사와 같은 도발을 방지할 목적 외에 미국의 DFE(Dynamic Force Employment · 역동적 전력 전개) 전략과 맞닿았다. 즉 미국이 새롭게 제시한 미군 운용 전략인 DFE는 병력 운용의 유연성을 극대화해, 중국과 러시아 등 적성국이 미국의 전력 투사(Power projection) 계획을 예측할 수 없도록 불확실성을 높여 중국이나 러시아의 무분별한 도발을 억제하기 위함이다.[234]

둘째, 국가목표 및 국가안보목표를 달성에 기여할 수 있도록 운용되어야 한다. 클라우제비츠는 전쟁론에서 전쟁계획 시 모든 특수한 목표는 궁극적 목적에 비추어 조정이 이루어지고 궁극적 목적을 가지는 통일적 행동이 된다고 강조한 바 있다.[235] 이는 국가목표 및 국가안보목표

---

234) 조영빈, "북한은 잠잠... 美 전략폭격기 6대, 중국 보라고 띄웠다", 한국일보(2020.8.20.)(https://www.hankookilbo.com/News/Read/A2020081913380001933, 검색일 : 2021.3.30.)

235) 클라우제비츠, 『전쟁론』, 강창구 역(서울: 병학사, 1991), p.366.

의 궁극적인 목적인 '적의 위협에 대한 적절한 대응'을 통해 '국가의 생존과 번영을 보장'하는 측면에서 접근할 필요가 있음을 의미한다.

먼저 '적의 위협에 대한 적절한 대응' 측면에서 보면 적절한 대응이란 적의 위협에 부합된 최적의 군사력을 운용하는 측면과 최소의 전투로 최단 시간 내 종결시키는 것을 의미한다. 물론 최적의 전투력 운용과 최소의 전투로 승리하는 것은 분리된 두 개가 아니라 같은 선상에 연결된 하나인 경우가 많다. 편의상 구분할 때 이 중에서 후자인 최단 시간 내 종결시키는 것에 더 관심을 더 가질 필요가 있다. 이는 국가가 가지고 있는 군사력의 유한성(有限性) 때문이다. 한계가 있는 군사력을 다 사용하고 나면 반대로 적이나 제3국이 쉽게 후속 행위를 할 수 있기 때문이다. 따라서 상대가 충분히 준비하기 이전 가장 빨리 최소의 군사력을 투입하여 국가목표 및 국가안보목표를 빨리 달성하는 데 기여할 수 있도록 운용되어야 한다는 점이다.

이와 관련한 성공사례는 1967년도에 이스라엘이 수행한 일명 6일 전쟁 즉 제3차 중동전쟁을 들 수 있다. 이스라엘은 6월 5일 아침 이집트, 요르단, 시리아 및 이라크 공군기지에 대해 대규모 공습을 감행한 후 이어서 신속한 지상전을 개시하여 이집트와는 4일, 시리아와는 5일, 요르단과는 3일 만에 정전협정을 체결하는 데 성공하였다. 그 결과 이스라엘 주변 아랍국들은 상호 협조된 대응력을 상실한 채 이집트는 시나이반도의 유전지대를, 요르단은 농업지역인 요르단강 서안지역(West Bank)과 성지인 예루살렘을, 시리아는 골란고원을 빼앗겼다. 이로써 이스라엘은 완충공간을 확보했을 뿐만 아니라 아랍지역에서 상대적인 군사 강국으로 부상하여 국가안보를 유지할 수 있게 되었다.

한편 군사력의 유한성은 또 다른 두 가지 측면에서 접근할 수 있는데, 그것은 자국(自國) 측면과 적국(敵國) 측면에서 접근할 수 있다. 먼저 자국 측면에서 보면 물리적으로 나의 전력이 고갈(枯渴)된 상태를 의미하기도 하지만, 고갈되기 이전에 반전여론 등과 같은 이유로 내가 여력을 갖고 있더라도 더는 사용할 수 없는 상태도 포함한다. 이는 베트남전쟁 시 미국 내 반전여론 등의 이유로 미군이 베트남에서 철수했던 예에서 잘 알 수 있다. 또한 적국 측면에서 보면, 적은 나로부터 일격(一擊)을 당했음에도 불구하고 또 다른 잠재적인 세력이나 요소들을 활용하여 적은 역대응할 수 있다.[236) 이럴 경우 내 군사력의 유한성으로 인해 오히려 전세가 역전이 되거나 최악의 경우 국가목표 및 국가안보목표를 달성할 수 없을 수도 있게 된다.

이러한 예는 미국이 수행한 이라크전쟁을 살펴보면 잘 알 수 있다. 미국은 이라크전쟁에서 43일 만에 이라크군을 격멸하고 외견상(外見上) 군사적으로 분명하게 승리를 거두었다. 따라서 기존의 시각에서는 전쟁이 종결되고 미국의 의도대로 이라크가 다시 재구성되어야 했다. 그러나 오히려 이라크는 그 후에도 8년 이상 미국을 상대로 테러 중심의 일명 '4세대 전쟁'을 수행하여 미국을 곤혹스럽게 만들었다.

이에 대해 국가목표 및 국가안보목표 달성에 기여할 수 있도록 군사력이 운용되었는가를 살펴보면, 미국은 최초 군사작전에서 두 가지 명분과 목표를 제시했다. 첫째는 후세인 독재정권을 제거하여 이라크의 심각한 인권 침해를 해소하는 것이다. 둘째는 이라크가 대량살상무기를 지속적으로 제조하여 테러 집단에 제공할 위협이 있으므로 이를 제거한다는 것이었다.[237) 따라서 표면적으로는 초기 43일간의 군사작전을 통해 최초 군사력운용으로 이러한 목표를 달성했다고 볼 수 있다. 그러

---

236) Richard Ned Lebow, *A Cultural Theory of International Relations*(Cambridge: Cambridge University Press, 2008), pp.475~476.

237) 이근욱(2011), 앞의 책, pp.100~101.

나 그 후 안정화작전이 8년간 지속된 것은 '적의 역대응 측면'에서 접근 시 미국의 군사력운용이 부적절했기 때문이다.

즉 미군은 최초 전쟁을 위한 군사력운용계획을 수립하면서 첨단무기를 활용한 정규작전을 중심으로 단기간 내 전쟁을 종결하는 것이었다. 오랫동안 이라크 내 치안을 담당할 병력과 물자를 투입해야 할 것으로 생각하지 않았었다. 왜냐하면 미국은 정규군을 상대로 한 군사작전이 종결된 후에 반란 세력이 출현한다거나 이라크의 치안이 붕괴할 것이라고는 전혀 예상하지 못했기 때문이다.[238] 하지만 이라크는 초기 미국을 상대로 하는 정규작전의 실패를 거울삼아 현대 첨단무기로 무장한 미군에 정면으로 대응하기보다는 정면을 피하는 새로운 수단으로 대응 방향을 전환할 수 있었다.

반면에 미국은 최초부터 치밀하게 전투행위뿐만 아니라, 그 이외의 부분까지 포함하여 국가목표 및 국가안보목표를 달성하는 데 기여할 수 있도록 계획했어야 하는데 그렇게 하지 못했다. 또한 우연성·개연성이라는 전쟁의 속성 때문에, 예측하지 못했던 방향으로 상황이 변화되어 치안 상태가 혼란을 초래했을 때 신속히 군사력을 치안 확보 측면으로 전환 운용했어야 했다. 그러나 2003년 4월 바그다드를 점령하고 이라크군을 무력화했음에도 불구하고 2007년 1월에 가서 병력을 증파(增派)하여 안정화작전을 본격적으로 추진했다.[239] 이는 그간 치안 확보가

---

238) 손석현, 『이라크전쟁과 안정화작전』(서울: 국방부군사편찬연구소, 2014), p.339.

239) 물론 미국이 2003년 5월 이후 안정화작전을 실시하지 않고 수수방관을 하다가 2007년 1월부터 실시했다는 의미가 아니다. 2003년 5월부터 2006년 말까지 안정화작전을 나름대로 추진했으나 사전에 치밀한 계획과 준비가 없었기 때문에 연합군임시행정청의 무능과 점령행정의 실패, 점령정책의 표류, 팔루자 전투에서 미군의 전략적 모순, 아부그레이브 감옥의 고문과 가혹행위, 알아스카리사원 폭파와 종파적 갈등의 증폭 등과 같은 일련의 상황에 대해 치밀하게 대비하거나 발생 시 효

이루어지지 않아 반란 세력을 키워, 오히려 적이 대응할 수 있는 계기가 되었다.

최적의 전투력 운용과 최소의 전투를 통한 전쟁에서 승리는 모두가 희망하는 이상이지만, 이라크전쟁이 진행된 것처럼 현실은 그렇지 못한 경우가 더 많다. 따라서 신속성 측면과 적의 역대응에 대한 나의 대응 전력이 한계가 있음을 고려 시 전세가 역전되지 않도록 최소의 전투로 최단 시간 내 종결해야 한다.

다음으로 국가의 생존 차원에서 보면 이는 국가목표나 국가안보목표에 부합되도록 '억제' 차원에서 또는 '예방' 차원에서 군사력을 운용하거나, 실제 전쟁 '수행' 차원에서 운용해야 한다. 왜냐하면 군이란 존재 자체가 국가안보목표를 달성하는 데 기여하기 위함이기 때문이다. 그런데 여기서 무엇보다도 더 중요한 것은 국가목표나 국가안보목표에 집중이 되어야 하는 것은 이것이 국가의 존립과 직결되는 문제이기 때문이다.

생존은 모든 국가가 추구하는 기초적이면서 가장 중요한 목표이다. 국가가 생존할 수 없다면, 경제적 발전이나 국가 번영과 같은 다른 목표들은 추구될 수 없는 가치가 되어 버리기 때문이다.[240] 즉 전쟁이 국가의 운명과 국민의 생명을 좌우하므로 국가가 보존되고 국민의 생명과 재산이 보호될 수 있도록 운용되어야 하기 때문이다. 이를 위해 손자는 '송양지인(宋襄之人)'이 돼서는 안 되고 '궤도(詭道)', 즉 남을 속여서라도 이를 달성해야 한다고 말했다. 남을 속이는 것이 부도덕함을 모르는 것이 아니라 그보다 더 중요한 국민의 생명과 재산 및 국가의 운명이 달린 것이기에 전쟁과 관련한 궤도는 부도덕한 것이 아니라는 점이다.

과적으로 대응하지 못한 부분을 말하는 것이다.

240) John. J. Mearsheimer, "China's Unpeaceful Rise", *Current History*, Vol. 105, No. 690(April, 2006), p.160.

셋째, 대관세찰(大觀細察)의 시각을 견지할 필요가 있다. 이는 먼저 전반적인 흐름을 파악할 수 있도록 크고 넓게 보는 생각과 눈이 필요하다. 이어서 세부적인 각론을 살필 수 있는 시각이 필요하다는 것이다. 한 곳에 치우치거나 집중하여 접근하기에 앞서 정책적, 전략적, 작전술적, 전술적 사항들이 상호 계층적 구조 속에서 상호 어떻게 연계되고 또 어떻게 영향을 미치는지 먼저 이해해야 한다. 그런 상태에서 군사력을 운용하는 것이 효과적일 수 있고, 불필요한 시행착오를 줄일 수 있게 된다.

대관세찰의 또 다른 중요한 측면은 군사 이외의 분야에 대한 접근이 필요하다는 점이다. 전시에 군사력을 운용하는 데 있어서 외견상으로는 군사력만 잘 운용하면 되는 것처럼 보인다. 하지만 실은 군사 이외의 분야로부터 많은 영향을 받고 또 영향을 미치게 되므로 반드시 이들을 함께 고려해야 한다.

넷째, 군사력을 운용하는 데 있어서 인간존중 정신이 반드시 밑바탕에 깔려있어야 한다. 군사력을 운용하거나 대응하는 데 있어서, 국가와 국민을 위해 일정부분은 희생이 불가피할 수 있다. 또한 한쪽의 승리를 위해서 상대편은 패배와 죽음이 어쩔 수 없이 수반될 수도 있다. 그러나 거기에 직 · 간접적으로 참가하게 되는 아군이나 적을 구성하는 것 중의 중요한 하나가 사람이다. 이는 단순한 장비나 물자와 같은 도구나 수단이 아니고 인간 생명 그 자체라는 점이다. 따라서 군사력을 운용하는 데 있어서 생명의 희생을 최소화하도록 다각적인 노력을 강구해야 한다. 외교, 비살상무기(非殺傷武器), 무인전투체계 등 생명의 위협을 최소화하거나 비생명적인 수단을 우선 사용해야 한다.

지금까지 4가지 중요 관점을 중심으로 용병에 대한 개략적인 접근을 하였다. 용병은 실제 이를 수행하는 행위자의 입장이 무엇보다 중요하다. 세부 내용은 전쟁을 수행하는 국가통수기구(National Command Authorities)부터 말단 전투부대까지 나누어 접근할 필요가 있다. 따라서 국방정책과 군사전략, 작전술 및 전술 측면, 군사리더십 측면으로 나누어 살펴보고자 한다.

2. 전시 용병 분야별 세부 내용

가. 국방정책 및 군사전략 측면의 용병

국방정책과 군사전략의 위상을 보면 일반적으로 국방정책이 군사전략의 상위 개념이다. 군사전략은 이런 국방정책을 시행하는 방법 또는 기술을 의미한다. 따라서 두 개가 같은 계층 상에 있다거나 하나의 범주로 묶을 수 있는 것은 아니다. 여기서는 편의상 군사사상의 하위 체계로서 주로 국방부나 합참의 영역에 해당하므로 국방정책과 군사전략을 서로 연계해서 설명하고자 한다.

한국의 국가안보목표는 '북핵 문제의 평화적 해결 및 항구적 평화 정착' '동북아 및 세계 평화·번영에 기여, 국민의 안전을 도모하고 생명을 보호하는 안심 사회 구현"이다. 한국군의 국방목표는 "외부의 군사적 위협과 침략으로부터 국가를 보위하고, 평화통일을 뒷받침하며, 지역의 안정과 세계 평화에 기여하는 것"이다.[241]

국가안보목표와 국방목표를 구현하기 위한 국방정책의 일반적인 역할로는 첫째, 대내외적 안보 환경 요소 분석 제시, 둘째, 국방정책이 지

---

241) 국방부(2020), 앞의 책, pp.34~37.

향해야 할 국방목표, 셋째, 국방목표를 실현하기 위한 정책지침 또는 기조, 넷째, 정책지침을 구현하기 위한 국방관리 등이다. 군사전략의 일반적인 역할은 첫째, 군사전략목표 제시, 둘째, 군사 자원을 할당, 셋째, 지속적인 군사작전 지도 등이다.

그런데 국가안보목표, 국방목표, 국방정책, 군사전략 등에 대한 개념이나 기타 관련한 이론적인 내용들에 대해서는 이미 잘 알려져 있다. 그뿐만 아니라, 이 책의 목적인 군사사상 이론에 충실하기 위해 여기서 또다시 반복해서 언급하지 않는다. 그 대신 국방정책 및 군사전략 분야와 관련하여 군사사상의 범주 및 역할 측면에서 관심을 갖거나 고려할 사항을 다음과 같이 대략 세 가지로 설명하고자 한다.

첫째, 국방정책 및 군사전략 분야를 수립하거나 추진 시 공세(攻勢)적 마인드가 우선적으로 포함되어야 한다. 왜냐하면 먼저 전쟁의 속성상 승리하기 위해 공세적이어야 한다는 점이다. 또한 국제정치에서 대다수 국가가 공세적인 군사능력을 보유하고자 한다. 아울러 한반도 주변 강국은 지역 패권국가가 되기 위해 팽창적·공세적 관점에서 군비 증강에 박차를 가하기 때문이다. 특히 북한은 핵을 탑재한 장거리 투발 수단을 확보하는 데 온 힘을 다하고 있다. 그렇지만 한국은 전통적으로 방어를 우선시했기 때문에 변화가 절실하다는 점이다. 그렇다고 공세는 잘된 것이고 수세(守勢)는 잘못된 것이라든지, 세계적인 추세가 그래서 반드시 따라가야 한다는 의미는 아니다.

먼저 전쟁의 속성상 승리하기 위해 공세적이어야 한다는 점이다. 일찍이 프랑스의 페르디낭 포슈(Ferdinand Foch)는 "처음부터 공격하든 아니면 방어 후에 공격으로 전환하든 공격만이 결과를 가져올 수 있다. 따라서 항상 공격을 추구해야 하며, 적어도 마지막에는 공격을 시행해야 한다."라고 하며 전승(戰勝)의 요소로 일관되게 공세행동을 주장

했다.[242]

또한 클라우제비츠는 전쟁론에서 '방어(수세)가 공격(공세)보다 더 강력한 전쟁형식'[243]이라고 말하였다. 이로 인해 클라우제비츠가 방어 제일주의로 인식되기도 하였다. 여기서 클라우제비츠의 방어라는 개념을 정확히 이해할 필요가 있다. 클라우제비츠가 말한 방어는 적의 공격을 막고 반격을 해야 하는 것으로 단순한 방어가 아니라 능숙한 공격으로 이어지는 방패라는 것이다.[244] 즉 변증법적인 접근이 불가피한 클라우제비츠의 전쟁론이 가진 논조(論調)로 볼 때, 방어와 공격을 구분하는 것이 주된 목적이 아니다. 방어 속에는 공격이란 맹아(萌芽)가 이미 들어있기 때문에 클라우제비츠가 말하는 방어 개념은 방어를 잘해야 궁극적으로 공세로 갈 수 있어 방어는 공세로 가는 전초 단계를 의미한다.[245] 따라서 클라우제비츠 역시 공세적 마인드의 중요성은 일찍이 강조한 것이다. 이처럼 전쟁의 속성상 전쟁에서 승리하기 위해서는 방어로 일관하기보다는 반드시 공세적인 마인드가 포함되어야 한다.

국제정치에서 대다수 국가가 공세적인 군사능력(offensive military capability)을 보유하고자 한다. 일반적으로 대다수 국가가 적과 같은 상대 국가를 해칠 수 있는 공세적인 군사능력을 보유하고자 한다. 왜냐하면 자신을 둘러싸고 있는 주변 다른 국가들의 의도(Intention of other states)에 대해 결코 확신할 수 없기 때문이다. 따라서 스스로 국가가 존립하고 전쟁에 대비하는 조치로 강력한 군사력(potent force) 등 실제 능력을 더욱 중요시한다. 그뿐만 아니라 더욱 공세적인 군사능력을 보유

---

242) 군사학연구회(2014), 앞의 책, p.263.

243) Cal Von Clausewits(1998), 앞의 책, p.259.

244) Cal Von Clausewits, 『전쟁론』 제2권, 김만수 옮김(서울: 갈무리, 2009), p.174.

245) 이종학, 『클라우제비츠와 전쟁론』(서울: 주류성, 2004), p.240.

하고자 한다.[246] 또한 국가들은 생존하기 위해 패권국이 되려고 하고, 이를 위해 힘의 극대화를 추구할 수밖에 없게 되며, 기본적으로 힘을 극대화하기 위해 공세적이고 팽창적인 성향을 지닌다. 이로 인해 자국의 안보를 위해 패권국이 될 때까지 힘의 극대화를 추구하게 되고 결국은 공세적 존재가 될 수밖에 없다는 의미이다.[247]

마지막으로 현재 한반도 주변 강국은 지역 패권국가가 되기 위해 팽창적·공세적 관점에서 군비를 증강할 뿐만 아니라, 급격하게 공세로 변화하고 있다. 이로 인해 점점 동북아에서 군비통제를 실현하는 일은 매우 힘든 과제가 되었다.[248] 즉 팽창적·공세적 시각에 따라 주변국 간의 영토 및 해양 분쟁이 가속화되고 있다. 중국은 급성장한 경제력과 군사력을 바탕으로 국가이익의 극대화를 추구하기 위해 팽창적·공세적 전략을 구사하고 있다. 일본은 우경화 및 군사 대국화를 추진하고 있다. 북한은 핵무장과 장거리 미사일 발사 능력 확보에 몰두하고 있다. 이처럼 동북아 정세가 불안정과 공세로 치닫고 있어, 한국의 안보 위협이 증대되고 있다.[249]

특히 북한의 핵무기 대비 남한의 재래식전력은 직접적인 상대가 되지 않기 때문에 공세적인 전력을 통해 북한이 핵무기 사용을 못 하도록 억제해야 한다. 그런데도 이런 억제가 실패하게 되면 공세적으로 '킬체인

246) John. J. Mearsheimer, "The False Promise of International Institution", *International Security*, Vol. 19, No. 3(MA : The MIT Press, Winter, 1994-1995), pp.10~12.

247) 안병준, "공세적 현실주의의 군사적 재해석을 통한 한국형 기동함대 적기 전력화에 관한 연구", 한남대학교 박사학위 논문, 2015, p.30.

248) 김재철·김정기, "동북아평화를 위한 군비통제 접근 방향", 「한국동북아논총」 제63호, 2012, p.50.

249) 안병준, 앞의 논문, p.29.

(Kill-chain)' 등을 통해 북한의 핵전력 사용을 거부하기 위한 선제타격을 하여야 한다. 또한 선제타격이 실패할 경우를 대비하여 남한은 자체적으로 보호하기 위한 한국형 미사일 방어체계(KAMD)가 제 기능을 발휘해야 한다. 이 때문에 한국에 있어서 북한의 핵 위협과 주변 강국의 변화 등을 고려 시 공세적 전력 운용은 대단히 중요한 의미가 있다.[250]

역사적으로 보면 한국은 때론 주변적 · 수세적 · 배외(拜外)적이었다. 근대 이후 한국은 중국 중심적 질서, 일본 패권의 질서와 미국 중심의 질서에 편입되었다. 그 안에서 공세보다 수세적이며, 중심적 위치를 차지하기보다 주변적 지위와 역할을 하였다.[251] 한국은 오랜 역사를 거치면서 굳어진 수세적 관념이 앞으로도 관성(慣性)적으로 수세의 방향으로 흘러갈 가능성이 크다. 따라서 주변의 상황변화에 맞게 호응할 뿐만 아니라 관성적인 방어마인드를 극복하기 위해 앞으로는 더욱 공세적인 마인드가 우선 포함해야 한다.

둘째, 국방정책이나 군사전략이라 할지라도 군사 분야에만 국한할 것이 아니라 군사 이외의 분야도 폭넓게 고려해야 한다. 평시 국방정책을 추진을 보면 군사 이외의 분야도 폭넓게 고려된다. 이를 위해 국방개혁에 관한 법률에 '문민기반(文民基盤)의 확대'를 명시하고 있다. 이는 국방부가 효율적으로 국방력을 관리 · 지원함에 있어서 원칙을 천명한 것이다. 국가의 국방정책을 군사적 측면에서 구현하고, 민간출신 관료와 군인의 특수성 · 전문성이 상호 균형과 조화를 이루는 가운데, 국방정책 결정 과정에 민간 참여를 확대하는 것을 말한다.[252] 이처럼 국방 분야임에도 과거처럼 전쟁이나 국방이 군대나 장수의 전유물처럼 인식하지 않

---

250) 박창권, 앞의 논문, p.182.
251) 박종상, 앞의 논문, pp.90~91.
252) 국방개혁에 관한 법률 제3조(시행 2020.12.22., 법률 제17684호)

는 것이다. 군대, 군인 등과 같은 군사 분야로만 한정하지 않고 군사 이외 분야와 상호 조화롭게 추진하는 것을 기본원칙으로 정한 것이다.

한편 군사사상은 외교, 경제, 언론, 사회, 민간요소 등 군사 외적 분야에서 더 많은 영향을 받고 있다. 특히 오늘날 전쟁은 단순히 군사력만 운용해서 할 수 있는 것이 아니다. 그중에서 경제나 외교의 경우 동서고금을 통해 전쟁 중에도 중요한 요소로 작용하고 있다. 이 때문에 클라우제비츠는 분명히 외교와 정치가 전쟁의 전 과정에서 중요한 역할을 계속한다고 명백히 말하고 있다.[253] 이외에도 이라크전쟁의 경우 안정화 작전 시 민간자원과 인력을 적극적으로 활용해야 한다는 시대적 요구를 잘 보여 주고 있다.[254]

만약 군사 분야로만 국한하여 전시에 군사력을 어떻게 운용할 것인지에 대해 정책적·전략적으로 접근하고자 한다면 '합참의장'의 역할과 '국방부장관'의 역할이 크게 차이가 나지 않게 된다. 하지만 실질적으로 합참의장은 군사력을 운용하는 데 주안점을 두고 역할을 한다. 반면, 국방부 장관은 정치, 외교, 경제, 사회, 과학기술 등과 같은 군사 분야 외적인 것에 대해 국방과 관련된 요소를 도출하고 이를 협조하며 궁극적으로 전쟁을 직접적으로 수행하는 군과 상호 연결하고 조정하는 역할을 하게 되는 것이다.

그러므로 군에서는 전시에 군사력을 운용한다고 할지라도 군사 분야를 포함하여 제반 군사 외적 요소까지 폭넓게 사고하여 접근하는 노력이 필요하다. 물론 이럴 경우 군사 및 비군사적 위협으로부터 국가의 핵

---

253) Carl von Clausewitz, *On War*, ed. and trans. by Michael Howard and Peter Paret (Princeton, NJ: Princeton University Press, 1976), p.605.

254) 美의회조사국, 『이라크 자유작전 美 의회 보고서』, 육군군사연구소 역(계룡: 국군인쇄창, 2011), pp.33~35.

심적 가치를 안전하게 확보하거나 증진하는 '안보 정책'이라는 것과 '국방정책'의 구분이 모호해질 수 있다. 그뿐만 아니라 군사적 위협에 대응하는 것을 주된 관심사로 하는 '국방정책'의 개념과 상치(相馳)되는 면이 있다.[255] 그러나 비록 전쟁이 군사적 위협이라 할지라도 대응 방식에 있어서는 국가 총력을 동원해서 대응해야 한다. 따라서 군사사상은 안보 정책의 영역과 밀접하게 연계되거나 상당 부분 중첩해서 고려되어야 한다.

전쟁을 수행하면서 군사 이외의 분야가 전쟁에 중요하게 영향은 미친 사례는 매우 많다. 그중의 하나가 베트남전쟁으로, 1968년 1월에 공산군 측에서 실시하였던 '뗏(Tet) 공세' 시 나타난 미국의 반전여론 문제이다. 공산군 측은 인적자원과 보급 능력 고갈로 한계에 봉착하고 있었다. 반면 연합군은 미국의 경제력을 바탕으로 끝없는 물량 공세를 펼칠 수 있었다. 공산군 측에서 이를 타개하기 위해 1968년 1월 31일(일부 지역 30일) 새벽에 감행한 것이 뗏 공세이다.

뗏 공세에서 미군은 군사적인 측면에서 전술적으로 대대적인 승리를 했다. 하지만 미군이 고전을 거듭하고 있는 모습이나 일부 무고한 민간인을 사살하는 듯한 장면 또는 부패한 베트남 군부의 실상 등이 여과 없이 TV 뉴스를 통해 미국 등의 각 가정에 전달됐다. 그 결과 미국 국민과 세계는 베트남전쟁의 실상을 새롭게 인식하게 되었다. 결국 언론과 미국 국민의 비난이 빗발치게 되었다. 나아가 미국 국민은 존슨 정부에 등을 돌리고, 반전데모에 나섰다. 그때부터 베트남전쟁은 미국 사회의 내부분열 요인으로 작용하게 되었다. 존슨 정부는 베트남 정책을 재검토

---

255) 차영구 · 황병무 편저, 『국방정책의 이론과 실제』(서울: 도서출판 오름, 2002), pp.30~32.

하고, 이어서 닉슨 대통령은 1969년부터 전쟁을 축소하는 방향으로 전환할 수밖에 없었고 결국 1973년 철군하게 되었다.[256)

이처럼 군사적인 위협에 대한 국방정책, 군사전략 및 전술적 조치임에도 불구하고 군사적 조치로만 한정할 것이 아니라 언론, 국민적 지지, 외교 문제, 경제 등 다양한 비군사적 요인들을 포함하여 고려되어야 한다.

셋째, 전쟁수행능력 확보 및 할당을 지속하되 수행능력이 제한될 경우, 군사 상황을 정치지도자나 전쟁지도부에 정확히 인식시키는 노력을 해야 하며, 필요시 국방정책이나 군사전략을 가용한 군사능력 범위 내에서 수정해야 한다. 일반적으로 재래식 전쟁을 수행하려면 국가 총력전이 불가피하여 국가의 모든 역량을 투입하게 된다. 따라서 총력전을 수행하기 위해 양병 시 군사력을 충분하게 건설해 놓는다면 가장 좋겠으나, 예산의 제한이나 주변국과의 관계 등으로 인해 소요 대비 충분한 전쟁수행능력을 모두 다 갖추기는 쉬운 일이 아니다.

따라서 전시에는 평시 양성해 놓은 군사력만으로는 전쟁수행에 한계가 있기 때문에 군사 분야 이외에도 추가 자원 확보 노력이 계속되어야 한다. 이런 방법의 하나가 국내에서 각종 인적·물적 동원을 하고, 국외의 지원을 요청하거나 자원을 긴급 구매하여 부족한 자원을 보충하는 것이다. 또한 이렇게 확보된 자원은 경중완급(輕重緩急)이나 우선순위에 따라 적시에 적절하게 할당하는 노력이 중요하다. 그러나 해외 구매를 하거나 추가적인 동맹국의 증원 전력 또는 외부 지원을 확보할 수 있도록 추진하더라도 전쟁수행 간 전쟁수행능력이 한계가 있는 것은 불가피

---

256) 최용호, 『한 권으로 읽는 베트남전쟁과 한국군』(서울: 국방부 군사편찬연구소, 2004), pp.104~106.

한 사실이다.

이렇게 전쟁지속능력이 제한되면 국방부장관이나 합참의장 등과 같은 군 수뇌부(首腦部)는 대통령을 포함한 정치지도자나 전쟁지도부에 군사작전 수행상의 제한사항을 정확히 보고하여 그들이 군사 상황을 정확히 인식하고 올바른 정치적 결정을 내리도록 해야 한다. 또한 정치적으로 허용된 범위 내에서 국방정책이나 군사전략목표를 가용자원 범위 내로 수정하는 방안도 고려해야 한다.

이러한 조치가 적절하지 못했던 사례는 1950년 6·25전쟁 초기 한국군 수뇌부의 조치를 들 수 있다. 6월 26일 11:00 비상 국무회의에서 당시 실제 전선 상황은 오전에 의정부에서 일시적인 반격에는 성공하였지만, 의정부가 함락되기 직전(실제 13:00 함락)이었다. 그러나 신성모 국방부장관은 "3~5일 이내에 평양까지 점령할 수 있는 만반의 준비와 강력한 군대를 가지고 있다"라고 보고하였다. 또한 채병덕 총참모장은 "적을 의정부 밖으로 격퇴하였으며 3일 안으로 평양까지 점령하겠다."라는 낙관론을 다시 전개하였다. 27일 01:00에 개최된 심야 국회에 참석한 채 총참모장은 전황 설명 시 또다시 "서울만은 고수한다. 그리하여 반격으로 전환하여 백두산에 태극기를 꽂을 것"이라는 요지의 발언을 되풀이했다.[257]

이렇게 한국군 수뇌부는 실제 한국군 능력이 북한군에 대응하기에 턱없이 부족한 상황이었다. 실제 상황과 다르게 부정확한 내용을 정치권과 전쟁지도부에 보고하여 정치적으로 오판하는 계기가 되었다. 그로인해 전시계엄 선포를 포함하여 서울 철수 시기를 놓쳤다. 그뿐만 아니

---

257) 국방부군사편찬연구소, 『6·25전쟁사② 북한의 전면남침과 초기 방어전투』(서울: 서울인쇄정보산업협동조합, 2005), pp.67~68.

라 6월 28일 한강교 폭파 등으로 인해 무고한 많은 서울 시민이 희생되었다. 또한 서울 이북 지역에 배치되었던 한국군 주력의 퇴로가 차단되어 스스로 와해하는 결과가 초래되었다. 서울이 피탈되기 직전까지도 한국군 수뇌부는 최초 수립했던 서울 사수 계획을 수정하여 한강 이남으로 철수한 다음에 방어하면서 미국을 포함한 외국의 지원을 받아 대응하는 계획으로 수정하지도 않았다.

나. 작전술 및 전술 측면의 용병

오늘날 작전술과 전술은 이제 나름대로 이론체계가 정립된 상태라고 볼 수 있다. 이를 기준으로 먼저 작전술의 역할을 보면, 전략지침을 군사작전으로 전환하고 전역 및 주요 작전을 계획하며, 전술을 연속적 동시적으로 조직하고 지도하여 전술에서 달성한 성과를 전략적 승리로 귀결시키는 역할을 한다. 또한 전술의 역할을 보면 작전적 수준에서 요구한 최종상태를 달성하기 위해 전투를 수행하며 이를 통해 적을 격멸하고 지형을 확보하는 등 실질적인 목표를 확보하는 역할을 한다. 이를 토대로 볼 때 작전술 및 전술과 관련하여 군사사상의 범주와 역할 측면에서 고려할 사항은 다음과 같다.

첫째, 상위 영역인 군사전략 및 국방정책에 기여하도록 구상하고 이를 달성하기 위해 노력해야 한다. 이를 위해서는 정책 및 전략이 요구하는 것이 무엇인가를 먼저 파악해야 하고 이를 달성하기 위해 군사력을 효과적이고 효율적으로 운용해야 한다. 정책 및 전략이 요구하는 것을 찾기 위해서는 두 가지 방법이 있다. 하나는 직접적인 접근으로 군사와 관련한 '정책문서'나 '군사전략서' 등을 통해 군사전략지침을 이해하는 것이다. 다른 하나는 간접적인 접근으로 군사사상에 나타나 있는 궁극적인 목적과 목표를 이해함으로써 정책 및 전략이 요구하는 것을 유추할 수 있게 된다.

따라서 군사사상은 국방정책, 군사전략 및 작전술과 전술에 이르기까지 일관성을 유지할 수 있는 밑바탕이 될 뿐만 아니라 일정한 방향을 제시하고 직·간접으로 이끄는 지침 역할을 하게 된다.

둘째, 합동작전 및 연합작전 개념에 대한 마인드를 갖고 시너지효과를 창출하도록 하여야 한다. '합동성'이라 함은 총체적인 전투력의 상승효과를 극대화하기 위하여 육군·해군·공군의 전력을 효과적으로 통합·발전시키는 것을 말한다. 이는 각 군의 경쟁적인 이해관계를 초월하여 육·해·공군의 단점을 보완하고 각각의 특성과 능력이 합쳐져서 시너지효과가 발휘되도록 하는 데 목적이 있다.

이러한 합동성을 발휘하기 위해서는 먼저 육·해·공군은 구성원들 자체의 인식부터 합동작전을 기본으로 하는 생각을 가져야 한다. 즉 전력 증강, 훈련, 교리, 문화 등에 있어서 각 군의 특성에 맞게 발전하도록 노력하는 것은 대단히 중요하다. 하지만 그것 못지않게 각 군이 존재하는 목적 자체가 유사시 실시간대 즉각적으로 융합되고 통합되어 최대의 국방력을 발휘해야 한다는 인식을 구성원들 스스로 평시부터 확고히 갖는 노력을 지속해야 한다.

다음으로 합동작전을 할 수 있는 구조가 구비되어야 한다. 이를 위해 상부 지휘구조는 동시·통합작전 구현이 가능하도록 육·해·공군 인원을 일률적인 비율이 아닌 부서별 특성과 목적에 맞게 혼합 구성되어야 한다. 육·해·공군 역시 각 군별 이기주의나 자군(自軍)이 타군보다 상대적인 약세를 만회하기 위해 특정 분야 발전을 주장할 것이 아니다. 국가가 처해있는 상황과 직접적·간접적 위협에 효과적으로 대응할 수 있도록 최적화되게 전력을 발전시켜야 한다. 무엇보다도 각 군의 교리나 역할을 독자적으로 발전시키는 것보다는 전략적·작전적 차원에서 통합되어 각각의 역할 발휘가 이루어지도록 합참 차원에서 조정통제가 이루어지는 것이 중요하다.

연합작전은 앞서 '상호의존 형태의 선택'에서 동맹을 논하면서 언급하였기 때문에 여기서는 더 이상 논하지 않겠다.

셋째, 전술적·작전적 및 전략적 목적을 이해하고 전체적인 작전에 기여하도록 군사력을 운용해야 한다. 국가안보목표를 달성하기 위해 군사전략, 작전술, 전술이 일관성 있게 추진되어야 함은 재론의 여지가 없다. 이를 위해 각각의 전투가 승리하고 이런 승리가 동시적·연속적으로 연계되어 작전적 승리로 이어지고, 이는 결국 전략적·정책적 승리로 이어지는 것이 가장 이상적일 것이다. 그러나 전투나 교전이 궁극적으로 승리하는 데 목표가 있음에도 불구하고, 반대로 패배를 감수할 수도 있는 속성이 있다. 야구에서 희생번트와 비슷한 개념으로 주자가 1루라도 더 전진하거나 득점을 하기 위해 타자는 희생을 각오하는 것이다.

일례로 6·25전쟁 시 대전지구 전투에서 유엔군사령부는 미(美) 제24사단으로 하여금 무슨 일이 있더라도 1950년 7월 16일부터 20일까지 북한군의 진출을 막기 위해 대전을 고수하도록 했다. 결국 미 제24사단은 7월 20일까지 대전을 고수했지만, 퇴로가 차단되어 완전히 와해(瓦解)되었고, 사단장마저 실종되는 사태에 이르렀다. 즉 전술적으로 완벽한 패배이다. 그러나 유엔군은 그 시간을 이용하여 일본에 주둔하고 있던 미 제1기병사단을 충북 영동에, 미 제25보병사단을 경북 상주에 전환 배치하여 방어선을 형성함으로써 작전술 차원에서는 성공하였다. 그런데 만약 제24사단이 전술적으로 패배하는 것과 부대가 붕괴하는 것을 방지하기 위해 7월 20일 이전에 대전을 포기하고 남쪽으로 이탈했다면 제24사단은 큰 피해를 보지 않았을 것이다. 그러나 유엔군사령부가 계획했던 새로운 부대를 투입하여 대전 남쪽 영동–상주–영덕에 이르는 방어선을 형성하지는 못했을 것이다. 이처럼 전술적·작전적 및 전략적 목적을 이해하고 전체의 흐름 속에서 각각의 역할이 이루어지도록 하는 것은 무엇보다 중요하다.

다. 군사 리더십 측면의 용병

군사 리더십의 중요성은 많은 전사를 통해 이미 입증되었기 때문에 동서고금을 막론하고 이를 매우 강조해 왔다. 왜냐하면 전통적으로 전쟁이 발발했을 경우 전쟁수행의 성패는 용병에 달려 있고, 용병의 성패는 정치지도자나 전장에 있는 군 지휘관과 지휘자의 리더십에 좌우된다고 해도 과언이 아니기 때문이다.

일례로 6·25전쟁 초기 전쟁 발발 3일 만인 1950년 6월 28일 한국군은 서울을 빼앗기고 한강선 방어작전을 수행하면서 최초 예상했던 3일간보다 훨씬 긴 6일간 방어를 성공적으로 수행했다. 이런 성공을 가져온 여러 요인 중에 중요한 한 가지가 전장 리더십이었다.

당시 한국군의 가용병력은 한강에 배치된 비정상적으로 급조 편성된 3개 연대 규모와 김포지구에 혼성병력 2천여 명이 전부였다. 게다가 무장은 소총을 휴대한 병사도 있었지만 대부분 군복과 군장을 제대로 갖춘 장병이 드물었다.[258] 또한 한강 교량의 파괴로 인해 야포, 차량, 박격포 등 주요 무기나 장비는 교량을 이용한 철수가 불가능해 한강 이북인 북한군 지역에 유기한 상태였다. 한강 남쪽에 배치된 한국군 전투부대의 화력은 야포는 없었고 연대별로 고작 박격포 2~3문, 기관총 5~6

---

258) 국방부군사편찬연구소, 『6·25전쟁과 채병덕 장군』(서울 : 대한상사, 2002), p.269.

정에 지나지 않는 수준이었다. 이에 반해 이 지역으로 공격하는 북한군은 보병 4개 사단과 1개 기갑여단으로 약 5만 명 정도였다. 게다가 화력 분야만 보더라도 한강 도하작전을 지원하기 위해 야포와 박격포 등 총 365문을 투입하여 대대 단위로 화력집중이 가능하였다.

이런 비대칭 상황에서 방어에 성공을 가져온 여러 요인 중에 중요한 한 가지는 방어부대 지휘통제의 정점에 있었던 시흥지구전투 사령관인 김홍일 소장을 포함하여 말단 부대 지휘관에 이르기까지 위협을 무릅쓴 진두지휘와 감투 정신이 중요하게 작용하였다. 김홍일 회고록의 다음과 같은 내용은 이를 잘 말해주고 있다.

> "병사들과 같이 주먹밥에 소금물을 마시면서 삼일삼야(三日三夜) 간 한잠도 자지 못하고 부하들을 고무 격려하면서 장병들의 애국심에 힘입어 참으로 기적적이고 위대한 임무를 완수하였다."[259]

반면에 같은 시점에 북한군의 지휘통솔은 안이하였고, 적절한 조치를 하지 못하여 전투력 발휘가 제대로 되지 못하였다. 이에 대해 라주바예프 보고서에 따르면 북한군이 신속히 결단을 내려 패퇴(敗退)하는 한국군을 상대로 추격 작전을 수행하지 못한 것을 다음과 같이 지적하고 있다.

> 적을 적극적으로 추격하거나 한강 도선장(渡船場)들을 점령하지는 않은 채, 결단을 내리지 못하고 모호하게 행동하였다. 또한 제105땅크여단 예하 부대들도 서울을 점령한 후 3일 동안 적을 추격하지 않은 채 아무런 행동도

---

259) 김홍일, "나의 六 · 二五 緒戰 回顧 − 漢江防禦作戰에서 平澤 國軍 再編成까지", 『사상계』 138호(1964), p.230.

취하지 않음으로써 적에게 한강의 남쪽 강변을 강화하고 교량을 파괴할 수 있는 여유를 주었다.[260]

일반조직이나 군대의 리더십에 대해 그간 수많은 연구와 주장이 있었다. 따라서 이 분야는 현재 매우 많이 발전하여 이론체계도 탄탄하다. 그러므로 이미 나와 있는 다른 리더십 책을 참고하면 어렵지 않게 필요한 것을 얻을 수 있다. 여기서는 구체적인 내용이나 이론을 재론하지 않는다. 다만 일반조직이나 군대의 리더십이 많은 부분에서 유사한 면이 있지만, 차이점도 다소 있어 차이가 나는 것 중에서 몇 가지를 중심으로 강조하고자 한다. 그리고 이를 바탕으로 군사 리더십에서 특히 고려해야 할 사항을 제목 위주로 간단히 언급하는 것으로 대체하고자 한다.

우선 일반조직이나 군대의 리더십 간에 큰 차이점은 전쟁 중에 공포를 극복해야 할 뿐만 아니라 생명이 좌우되는 상황에 봉착하게 된다는 점이다. 그래서 다른 어떤 일반조직보다도 인간 본성 표출(表出)을 다루어야 한다. 또한 징병제(徵兵制)를 적용하는 경우라면 병역의무 등으로 자발성이 부족한 상태라서 무엇보다 '통솔'을 통해 자발적 참여를 유도해야 한다. 물론 통솔의 한계를 극복하기 위해 계급이라는 시스템을 기초로 규범적 구속력을 갖는 '지휘'에 상당 부분을 의존하게 된다.

이런 상황에서 군사 리더십의 궁극적 목표는 전쟁에서 승리할 수 있도록 부대원을 이끌어 가는 것이다. 상급자로부터 말단 병사에 이르기까지 희생을 감수하고 임무를 완수하겠다는 마음으로 혼연일체가 되어야 한다. 이 때문에 하급 지휘자는 부대원과 전장에서 같이 살고 같이

---

260) 국방부군사편찬연구소, 『소련 군사고문단장 라주바예프의 6·25전쟁 보고서』
    1(서울 : 군인공제회 제1문화사업소, 2001), pp.166~168.

죽는다는 생각으로 지휘해야 한다. 상급자로 갈수록 뚜렷한 지휘 철학을 기초로 임무형지휘(任務形指揮)[261]가 이루어지는 것이 요구된다. 따라서 군사 리더십은 위에서 강조한 몇 가지 차이 나는 점을 고려하여 다음과 같은 사항들을 잘 적용해야 한다.

첫째, 군사 리더십의 기조(基調)에는 가장 기본적으로 인간존중사상이 깃들어 있어야 한다. 이는 부하를 하나의 전투 수행 수단으로만 볼 것이 아니라 인격체로 여기는 데서 출발해야 한다. 부하에 대한 관심과 진실성 있게 대하는 것이 수반되어야 함을 의미한다. 둘째, 부하에게 신념과 용기를 불어넣어 동기를 유발함으로써 자발적으로 임무를 수행하도록 만들어야 한다. 더욱 생사가 걸려 있는 상황에서는 신념과 용기가 전투원의 행동을 크게 좌우하게 된다. 셋째, 군사 분야에 대한 전문성을 갖추어 난관에 봉착했을 때 심오한 사고와 예리한 통찰력 및 예측으로 문제를 해결하거나 위기를 관리할 수 있는 혜안을 가져야 한다. 이를 위해 전쟁사 연구, 강인한 훈련, 참전 경험 전수 등과 같은 부단한 노력이 필요하다.

3. 전시 용병과 관련한 군사사상적 함의

위에서 알아본 바와 같이 전시에 군사력을 운용하여 전쟁을 수행하는 것과 관련한 군사사상적 함의는 다음과 같다.

---

261) 임무형지휘: 전·평시 모든 부대 활동에서 부여된 임무를 효율적으로 완수하기 위한 지휘 개념으로써 지휘관은 자신의 의도와 부하의 임무를 명확히 제시하고 임무 수행에 필요한 자원과 수단을 제공하되 임무 수행 방법은 최대한 위임하며, 부하는 지휘관의 의도와 부여된 임무를 기초로 자율적·창의적으로 임무를 수행하는 사고 및 행동 체계이다(합동참모본부, 『합동·연합작전 군사용어사전』, 2010, p.183.).

첫째, 궁극적으로 국가목표 및 국가안보목표를 달성하는 데 기여할 수 있도록 운용해야 한다. 먼저 국가의 생존 차원에서 보면, 군이란 존재 자체가 국가안보목표를 달성하는 데 있다. 무엇보다 국가목표나 국가안보목표에 집중이 되어야 하는 이유는 전쟁 등과 직접적으로 연계되어 국가의 존립(存立)과 직결되는 문제이기 때문이다.

한편 국가가 가지고 있는 군사력의 유한성(有限性) 때문에 유한한 군사력이 다하고 나면 반대로 적이 쉽게 반격할 수 있다. 그 때문에 적이 반격하기 이전에 가장 빨리 최적의 군사력을 투입하여 국가목표 및 국가안보목표를 달성하는 데 기여할 수 있도록 운용되어야 한다. 이를 위해서는 적정 전투력을 치열하게 투입해야 하나, 특정한 목적을 위해 필요시 소요 이상으로 활용할 수도 있고 때로는 과시(誇示)하거나 가장(假裝)할 수도 있는 유연성을 겸비해야 한다.

둘째, 대관세찰(大觀細察)의 시각을 견지해야 한다. 이는 먼저 전반적인 흐름을 파악할 수 있도록 크고 넓게 보는 생각과 눈이 필요하다. 이어서 세부적인 각론을 살필 수 있는 시각이 필요하다는 것이다. 먼저 군사 분야에서 국방정책, 군사전략, 작전술, 전술이 일관성 있게 추진되어야 한다. 전술적·작전적 및 전략적 목적을 이해하고 전체의 흐름 속에서 각각의 계층별 역할이 이루어지도록 하는 것은 재론의 여지가 없다. 또한 전시에 군사력을 운용하는 데 있어서 외견상으로는 군사력만 잘 운용하면 되는 것처럼 보이지만 실은 군사 이외의 분야인 외교, 사회, 언론, 경제, 민간자원 등도 반드시 폭넓게 고려해야만 한다.

셋째, 공세적 마인드가 우선 포함되어야 한다. 왜냐하면 전쟁의 속성상 승리하기 위해 공세적이어야 한다는 점이다. 또한 국제정치에서 대다수 국가가 공세적인 군사능력을 보유하고자 하는 점이다. 아울러 한반도 주변 강국은 지역 패권국가가 되기 위해 팽창적·공세적 관점에서 군비 증강에 박차를 가하기 때문이다. 한국은 역사적으로 주변 강국의 공세적 팽창의 틈바구니에서 수세 상황을 유지하면서 많은 외침을 받아 왔다. 특히 핵으로 무장한 북한에 대해 남한의 재래식전력만으로는 직접적인 상대가 되지 않기 때문에 동맹 등과 같은 타국의 능력을 활용해야 한다. 자체적으로는 공세적인 전력을 확보하여 북한이 핵무기를 사용하지 못하도록 억제해야 한다. 그럼에도 이런 억제가 실패하게 되면 공세적으로 북한의 핵전력 사용을 거부하기 위한 선제타격 등을 하여야 한다.

넷째, 합동작전 및 연합작전 개념에 대한 마인드를 갖고 시너지효과를 창출하도록 하여야 한다. 이는 각 군의 경쟁적 이해관계를 초월하여 육 · 해 · 공군의 단점을 보완하고 각각의 특성과 능력이 합쳐져서 시너지효과가 발휘되도록 하는 데 목적이 있다. 이를 위해 상부 지휘구조는 동시 · 통합작전 구현이 가능하도록 육 · 해 · 공군 인원을 일정한 비율로 정형화 한 것이 아닌 부서별 특성과 목적에 맞게 차등 비율로 혼합 구성되어야 한다. 육 · 해 · 공군 역시 각 군별 이기주의나 자군이 타군보다 상대적으로 유리하기 위해 특정 분야 발전을 주장해서는 안 된다. 국가가 처한 상황과 직접적 · 간접적 위협에 효과적으로 대응할 수 있도록 각각의 전력을 발전시켜야 한다. 무엇보다도 각 군의 교리나 역할이 독자적으로 발전시키는 것도 중요하지만, 반드시 전략적 · 작전적 차원에서 통합되어 역할 발휘가 이루어지도록 합참 차원의 조정통제가 이루어져야 한다.

다섯째, 군사력을 운용하는 데 있어서 인간존중 정신이 반드시 밑바탕에 깔려있어야 한다. 군사력을 운용하거나 대응을 하는 데 있어서, 국가와 국민을 위해 일정한 부분에서는 희생이 불가피할 수 있다. 또한 한쪽의 승리를 위해서 일부는 패배와 죽음이 반드시 수반될 수도 있다. 그러나 거기에 직·간접적으로 참가하게 되는 아군이나 적을 구성하는 것 중의 하나가 사람이다. 이는 단순한 장비나 물자와 같은 도구나 수단이 아니고 인간 생명 그 자체이다. 그래서 적이지만 포로를 잡았을 때 사살하지 않고 제네바협약에 따라 관리하는 것이다. 비록 전투가 벌어지는 전장일지라도 인간존중 정신이 근본적으로 항상 밑바탕에 깔려있어야 한다.

여섯째, 전쟁을 억제하기 위한 군사력운용부터 전쟁수행까지 국방정책과 군사전략, 작전술, 전술 및 군사리더십 측면에서 상호 연계성을 갖고 용병을 하여야 한다. 국방정책 및 군사전략 측면의 용병은 국가안보목표와 국방목표를 구현하는 데 주안을 두어야 한다. 공세(攻勢)적 마인드가 우선적으로 포함되어야 하고, 군사 분야에만 국한할 것이 아니라 군사 이외의 분야도 폭넓게 고려해야 한다. 또한 전쟁수행능력이 제한될 때 군사 상황을 정치지도자나 전쟁지도부에 정확히 인식시켜야 한다. 작전술 및 전술 측면의 용병은 상위 영역인 군사전략 및 국방정책에 기여하도록 구상하고 이를 달성하기 위해 노력해야 한다. 합동작전 및 연합작전 개념에 대한 마인드를 갖고 시너지효과를 창출하도록 하여야 한다. 전술적·작전적 및 전략적 목적을 이해하고 전체적인 작전에 기여하도록 군사력을 운용해야 한다. 군사 리더십 측면의 용병은 계급과 법규뿐만 아니라 전쟁 중에 공포를 극복해야 할 뿐만 아니라 생명이 좌우되는 상황에 봉착하게 된다는 점에서 다른 어떤 일반조직보다도 인간 본성 표출(表出)을 다뤄야 한다. 또한 전장(戰場)리더십을 통해 부하에게 신념과 용기를 불어넣어 동기를 유발함으로써 자발적으로 임무를 수행하도록 만들어야 한다.

제5절 범주 Ⅳ : 평시 국가안보 지원

1. 기본적인 접근 방향

국가안보에 대한 개념은 견해가 다양하지만, 국가안보란 국내·외의 각종 군사·비군사적 위협으로부터 국가안보목표를 달성하는 것이다. 이를 위해 정치, 군사, 문화 등 여러 수단을 종합적으로 운용하여 당면하고 있는 위협을 효과적으로 배제한다. 또한 일어날 수 있는 위협의 발생을 미리 방지하며 나아가 불의의 사태에 적절히 대처하는 것을 말한다.[262]

위의 국가안보의 개념에서도 알 수 있듯이 오늘날 국가안보는 전통적인 국가안보 개념뿐만 아니라 안보 환경의 변화, 국제 상호의존성, 비군사적 요소의 상대적 증대 등으로 인해 안보 행위 주체, 안보 영역, 안보 유형이 변화된 포괄안보 개념을 적용하고 있다.[263] 즉 이제까지 전통적으로 국가안보의 개념이 '국가에 대한 군사적 위협이 해소된 것'을 의미하였다. 오늘날의 확대된 국가안보 개념은 안보 영역이 군사적 위협이 해소된 것을 고려하는 것은 물론이다. 그럴 뿐만 아니라 정치, 경제, 사회 및 환경 등 비군사적인 영역으로 광역화되었다.[264] 또한 위협 대상도 국가에서 개인, 민족, 기업, 자연환경 그리고 국제기구 등 비국가 주체로 광범위하게 확대되었다.[265]

---

262) 합동참모본부, 『합동·연합작전 군사용어사전』(대전: 문광인쇄, 2014), pp.59~60.
263) 황진환 외 공저, 『新국가안보론』(서울: 박영사, 2014), pp.15~33.
264) 한희원, "국가안보의 법철학적 이념과 국가안보 수호를 위한 법적·제도적 혁신모델에 대한 법 규범적 연구", 호서대학교 박사학위논문, 2013, p.21.
265) 다케다 야스히로·가미야 마타케, 『안전보장학 입문』, 김준섭·정유경 번역(서울:

이에 따라 국가의 안전을 보장할 수 있도록 지원하는 '평시 국가안보 지원' 역시 범위와 영역이 자연스럽게 확대될 수밖에 없다. 즉 전통적인 국가안보 지원은 어떻게 군사력을 구비하고 행사할 것인가에 주로 비중을 두고 군사력으로 어떻게 안보를 지원할 것인가에 주안을 두었다. 그러나 오늘날의 평시 국가안보 지원은 이것뿐만 아니라 심지어 재해재난, 감염병 확산, 환경오염, 식량안보, 인간안전보장 등[266]과 같은 포괄적인 안보 개념을 포함하여 (표 19)에서 보는 바와 같이 다양하게 확대되었다.

(표 19) 평시 국가안보 지원 분야

군사 분야 지원	비군사 분야 지원
• 군사 교류 • 전쟁억제 노력 • 적대 국가 연구 • 국지도발 대응	• 외교 및 문화교류 활동 • 경제 및 과학기술 발전 • 자원, 에너지 및 식량 확보 • 감염병, 재해 등 초국가적 위협에 대한 공동 대응

이 분야는 다음에 다룰 '평시 국가정책 지원 수단으로서의 군사력운용'과 함께 기존의 군사사상에는 언급되지 않던 분야이다. 기존의 시각에서 보면 매우 생소하고 의아(疑訝)하게 생각할 수도 있다. 하지만 전시가 아닌 평시 군의 중요한 역할 중의 하나가 바로 '평시 국가안보 지원'과 '평시 국가정책 지원 수단으로서의 군사력운용'이다. 따라서 이들 역시 평시와 관련한 군사사상의 중요한 부분이 된다. 특히 평시 국가의 안정은 국내 소비활동은 물론 해외와의 무역이나 외국인의 국내 투자와

국가안전보장문제연구소, 2013), pp.13~16.

266) 군사학연구회, 『국가안전보장론』(성남: 북코리아, 2016), pp.39~42.

같은 경제에 직접적 영향을 미치기 때문에 오늘날 더욱 중요하다.

국가안전보장은 국내·외의 각종 군사·비군사적 위협으로부터 국가 목표를 달성하기 위하여 정치, 경제, 외교, 문화, 사회, 과학기술 등의 제 수단을 종합적으로 운용한다. 이로써 당면하고 있는 위협을 효과적으로 배제하고 일어날 수 있는 위협의 발생을 미리 방지한다. 나아가 불의의 사태에 적절히 대처하는 것이다.[267] 여기서 중요한 것은 '당면하고 있는 위협을 효과적으로 배제하고 또한 일어날 수 있는 위협의 발생을 미연에 방지'하는 것이다. 이를 위해서는 평시 전쟁의 억제 및 국가기능 유지가 중요한 요소가 된다. 이는 양병을 통한 직접적인 억제력 확보와 군사 교류를 통한 전쟁억제이고 다른 하나는 평시 전쟁 이외의 위협으로부터 국가기능을 유지하기 위한 활동이다.

따라서 평시 국가안보 지원과 관련하여 군사사상에 접근할 때, 앞서 양병을 통한 억제력 확보와 용병을 통한 전쟁억제를 또다시 여기서 논하는 것은 중복이 된다. 여기서는 평시 군사 교류 및 군사 외교 등을 통한 전쟁억제와 평시 전쟁 이외의 위협으로부터 국가기능을 유지하는 것과 같은 두 가지 측면에서 접근하고자 한다. 물론 이것들이 전혀 다른 별개의 것이라는 것을 의미하는 것은 아니다. 단지 설명을 위해 목적별로 구분하여 접근한 측면이 강함을 유념해야 한다.

첫째, 평시 군사 교류 및 적 연구 등을 통한 전쟁억제이다. 군사 교류를 통한 전쟁억제는 우선 직접적인 적국(敵國)을 상대로 침략 의사가 없음을 확실하게 인지시키는 것이 필요하다. 오판에 의한 전쟁 발발을 막는 노력의 일환으로 교류를 활성화하는 것이다. 또 다른 하나는 주변 국가에 대해 동맹 등을 통해 부족한 자국의 억제력을 보충하는 군사 교류

---

267) 육군본부, 『군사용어사전』(계룡: 국군인쇄창, 2012), p.75.

활동 등을 의미한다. 아울러 적대 국가에 대한 연구를 확대하여 적을 정확히 알아 적의 도발을 효과적으로 막고자 노력한다. 이처럼 적 연구도 억제력 확보의 중요한 요소임을 인식할 필요가 있다.

둘째, 평시 전쟁 이외의 위협으로부터 국가기능 유지이다. 전쟁 이외의 위협으로부터 국가기능 유지는 많은 분야가 있다. 그중에서 군사 분야와 관련 있는 위기관리 및 국지도발 대응에 주안을 두고 접근하고자 한다. 물론 위기관리는 비단 군사 분야만 한정되는 것은 아니다. 특히 위기관리는 예방과 대응 활동이 무엇보다 중요하다. 예방 활동은 위기 촉발요인을 찾아서 촉발되지 않도록 관리하는 것으로 갈등관리가 선행되어야 한다.[268] 하지만 만약 갈등관리가 실패하여 위기 발생 시 국가 차원의 역량과 자원을 투입하여 신속하게 대처하여 확산을 막고 피해를 최소화해야 한다.

또한 국지도발 대응은 적이 침투 또는 일정 지역에서 특정 목적을 달성하기 위해 국민과 국가에 가하는 일체의 위해행위에 대한 대응을 말한다. 먼저 도발을 방지하기 위한 예방 활동이 가장 중요하다. 불가피하게 도발 시에는 신속하게 대응함으로써 확산을 방지하고 국민과 재산의 피해를 최소화하는 측면에서 접근이 필요하다.

---

268) 정창권, 『21세기 포괄안보시대의 국가위기관리론』(서울: 대왕사, 2010), p.30.

2. 평시 국가안보 지원 분야별 세부 내용

가. 군사 교류를 통한 전쟁억제

지정학적으로 주변 강국에 둘러싸인 국가의 경우 주변국에 비해 상대적으로 열세한 국방력을 갖게 된다. 이런 상대적인 국방력 한계를 극복하고 평화를 유지하기 위해서는 양병을 통한 자체적인 군사력을 확보하는 것 못지않게 군사 교류를 통한 전쟁 억제력을 확보하는 것이 무엇보다 중요하다. 군사 교류를 통한 전쟁억제 방법에는 먼저 잠재적 또는 직접적 적대 국가(敵對國家)를 상대로 침략 의사가 없음을 확실하게 인지시키는 것이다. 그다음 주변 우방국에 대해 동맹 등을 통해 부족한 억제력을 보충하기 위한 군사 교류를 시행하는 것이다.

첫째, 잠재적 또는 직접적 적대 국가를 상대로 한 군사 교류는 확고한 국방태세를 구축하여 적의 도발을 억제하는 한편, 군사적 긴장 완화 및 신뢰를 구축해 나가는 것이다.

일례로 프로이센(독일)과 오스트리아 및 러시아와의 군사 외교 관계를 들 수 있다. 오스트리아는 1866년 프로이센 군대와의 전쟁에서 패배하여 프로이센의 후신으로 1871년에 탄생한 독일과는 자동으로 적대 국가의 위치에 놓이게 될 상황이었다. 그렇지만 프로이센은 오스트리아를 끌어들여 우방으로 만들었기 때문에 독일도 오스트리아와 우방이 된 것이다. 그 결과 1870년에 프로이센이 프랑스와 전쟁을 벌일 때 오스트리아가 프랑스와 연합하는 것을 막을 수 있었다.

한편 러시아는 독일이 강대해지는 것을 원하지 않았기 때문에 프랑스와 연합을 시도했지만 실패했다. 1873년 독일의 빌헬름 1세는 이를 활용하여 비스마르크와 몰트케를 동반하고 러시아 페테르부르크를 방문

하여 러시아와 군사협정을 체결하였다. 이로써 독일, 오스트리아, 러시아 간 적대 관계가 해소되었고 이것은 결국 독일—오스트리아 · 헝가리—러시아 간 삼제동맹(三帝同盟, Dreikaiserabkommen)으로 귀결되었다.

한국의 경우 군사적 긴장 완화와 상호 보완적으로 균형을 맞추면서 점진적으로 군사적 신뢰를 구축해 나가기 위해 남 · 북한 간 국방부장관급 회담, 군사 당국자와 실무자 접촉유지, 직통선 유지, 정기적 교류의 등을 정기화해야 한다. 이를 토대로 양국 최고자인 남한의 대통령과 북한의 국무위원장(최고 지도자) 간 회담과 교류를 정례화할 필요가 있다.

둘째, 우방국 등을 상대로 한 군사 교류는 평화유지활동 동참과 힘의 균형 유지 측면에서 접근할 수 있는데, 전쟁억제와 직접적으로 관련 있는 것은 힘의 균형 유지가 우선 필요하다. 따라서 힘의 균형 유지 측면에 주안점을 두면 잠재적 또는 직접적 적대 국가를 군사 외교적으로 고립시키거나 반대로 자국의 군사 외교 역량을 확대하는 측면으로 접근할 수 있다.

먼저 잠재적 또는 직접적 적대 국가의 외교적 역량을 축소하거나 고립시키는 것은 『손자병법』에서 말한 벌교(伐交)에 해당하는 것이다. 모공(謀攻)편에 '상병벌모, 기차벌교(上兵伐謀, 其次伐交)'라고 하여 적의 공격 의도나 책략(방책 또는 전략)을 포기하게 함이 최선이고, 차선이 바로 적의 외교를 단절시켜 고립시키는 것이라는 의미이다. 이것은 현실적으로 적국과 외교 관계에 있는 제3의 국가를 적국과 단교하고 아국(我國) 편으로 전환하게 하는 것이 최상이다. 최소한 제3국이 적국을 전적으로 지원하지 않도록 유대 관계를 유지하는 것이 필요하다.

다음으로 자국의 군사 외교 역량을 확대하는 것은 우방국가를 확대하여 군사적으로 지원을 받는 것이다. 이런 기본적인 것 외에도 균형자 역할을 하는 것이 중요하다. 한국의 경우를 보면 (표 20)에서 보는 바와 같이 우방국가를 확대하는 측면과 군사적 지원을 받기 위해 주변국과 국방협력을 강화하는 것이 무엇보다 중요하다. 특히 '자주적 군사역량을 바탕으로 동북아 지역에서 균형자 역할' 수행이 중요한 의미가 있다.[269] 한국은 한미동맹을 기반으로 주변국들과 양자 및 다자 협력을 추진함으로써 한반도와 동북아 지역의 세력균형에 주도적 역할을 함으로써 평화와 안정을 증진하는 것이 무엇보다 중요하다.

(표 20) 근래 한국과 주변국간 국방협력 현황

구 분	주요 협력 내용
미 국	• 2009 한미동맹 공동비전 체결 • 2010 한미국방협력지침 체결 • 2012 '사이버정책실무협의회 관련 약정' '국방 우주 협력 관련 약정' 체결 • 2013 '한미 공동 국지도발 대비 계획' 완성, 북한 3차 핵실험 직후 B-2/B-52 전략폭격기, F-22, 잠수함, 항공모함 등 한반도에 긴급 전개, 전략적 억제 • 2014 조건에 기초한 전시작전통제권 전환 추진 합의 • 매년 수회 한미 국방장관 회담 　＊ 2020년 주요 의제: 코로나19 대응 공조, 북 핵·미사일 위협 평가, 한반도 안보상황 관련 공조 방안, 한미동맹 주요 현안 • 매년 한미안보협의회의(SCM) 개최 • 매년 1~2회 한미 통합국방협의체 회의 개최

269) 류지영, "한국 군사사상의 발전적 정립방안", 동국대학교 석사학위논문, 2004, pp.67~68.

일 본	• 1994 국방장관회담 정례화 개최 시작 • 2009 '한일 국방교류에 관한 의향서' 체결 • 2013 수색 및 구조훈련 공동 실시 • 2014 국방차관 대담을 통해 국방협력의견 교환 • 2018 구조활동 중이던 우리 함정에 대한 일본 초계기의 위협적인 근접비행 등 국방 관계 난항(難航) • 2019 안보상의 문제를 이유로 한국에 대한 수출규제 조치로 교류 중단, 「한일 군사비밀정보보호협정(GSOMIA)」 종료 통보의 효력 정지 상태 유지
중 국	• 1992 수교, 2008 전략적 협력동반자 관계로 격상 • 2013 합참의장 중국방문 양국 직통전화 점검, 확대 국방부장관회의, 국방전략대화 실시 • 2014 중국군 유해 437구 발굴 및 중국송환, 합참 전략부서 간 회의, 군사연구기관 교류 • 2018 국방교류협력 완전 정상화에 합의 • 2019 두 번의 국방장관회의, 제5차 차관급 국방전략대화 개최를 통해 전략적 소통 • 2020 국방정책실무회의에서 양국 군 고위인사 교류, 국방전략대화, 국방정책실무회의 등 정례화, 유해 송환
러시아	• 1990 수교, 2008 전략적 협력동반자 관계로 격상 • 2012 한러국방전략대화 • 2013 국방부차관 러시아 방문 군사협력/소통, 실무급 수준의 합참 본부장회의, 합동군사위원회 • 2018 대통령의 러시아 국빈 방문 • 2019 합참 본부장급 회의, 합동군사위원회, 각 군 회의체 등 다양한 협의 채널을 통해 군사 당국 간 소통을 강화, 16년 만에 육군 총장급 교류 성사 • 2020 한러수교 30주년의 해로 국방 분야 포함 범정부 차원의 다양한 교류 협력 방안 강구

물론 여기에서 주된 관심사는 '군사 교류'이지만 이에 국한하지 않고 경제교류 등을 포함한 우방국가 확대를 위한 다양한 노력이 병행되어야 한다. 이에 대한 예로 미국의 대중국 정책의 일환인 우방국 및 파트너십 정책을 들 수 있다. 미국의 경우 급부상하는 중국의 위협에 대처하기 위해 우방국 및 파트너와 평화 및 안보에 대한 책임을 공유할 뿐만 아니라 이들과 협력하여 중요한 재료와 상품에 대한 공급망을 재구성하여 중국 의존도를 제거하고자 한다. 이를 위해 무역, 기술, 통신, 여행 및 건강에 대한 공통 표준을 고안하였다. 그리고 국제 개발 금융 공사(International Development Finance Corporation)와 신흥 블루 닷 네트워크(Blue Dot Network)와 같은 선도적 기반을 활용하여 우호국의 물리적 및 디지털 인프라와 상업 벤처에 투자하여 이를 활성화하는 방안을 추진하는 것이다. 특히 중국이 가장 즉각적으로 위협하는 국가인, 인도-태평양 지역에 투자를 강화하고 관계를 돈독히 하고 있다.270) 이를 볼 때 군사사상이라고 하여 군사 교류에만 함몰되지 말고 관련 사항을 폭넓게 볼 필요가 있다.

나. 적대 국가에 대한 연구

적대 국가 연구는 직접적인 적뿐만 아니라 잠재적인 적까지 대상 폭을 비교적 넓게 접근할 필요가 있다. 따라서 다양한 관점이나 입장에서 접근이 필요하다. 이런 복잡한 문제에 대해 이해를 돕기 위해 한국과 북한을 중심으로 설명하고자 한다.

한국에서 직접적인 적대 국가 연구는 북한 연구를 의미한다. 이는 북

---

270) op. cit., p.47.

한에 대한 학문적 연구뿐만 아니라 지피지기(知彼知己), 즉 북한에 대한 정보를 얻는 것을 포함하는 개념으로 광범위하게 사용된다. 한국의 직접적 위협이 북한인만큼 평시부터 북한에 대한 지속적인 연구가 무엇보다도 우선되어야 한다. 이는 북한의 약점과 강점을 파악해서 평시에 북한의 위협에 대응하여 양병 및 군사력 관리 등으로 전쟁억제에 대한 해법을 찾기 위함이다. 또한 전시에 직접적인 적의 침공에 효과적으로 대응하여 격퇴 및 격멸하는 용병을 하기 위함이다.

먼저 '전쟁억제'와 관련하여 북한 연구는 ①북한의 '의도', ②침략이나 도발을 통해 얻고자 하는 '이익', ③북한의 '능력'과 '약점'을 파악하여 이를 억제에 활용하는 것이다. 먼저 의도 파악이란 북한이 도발(전쟁)할 의도가 있는지, 있다면 어떤 목적인지, 어떤 경우에 도발할 것인지? 등을 파악하는 것이다. 그래서 도발 의도가 실현되지 못하게 막거나 불가피할 경우 적에게 일정부분 이익을 제공하여 적의 의도를 일부 충족하게 하기 위함이다. 그리고 침략이나 도발을 통해 얻고자 하는 이익을 파악하는 것은 이익보다 손해가 더 크다는 것을 인식시키거나 작은 대체이익을 줌으로써 궁극적인 파국을 방지하기 위함이다. 다음으로 능력을 파악하는 것은 이에 상응하는 대응력을 갖추기 위한 양병과 외교 분야에서 활용하기 위함이다.

끝으로 약점은 적의 약점을 공격하기 위함이 가장 기본적이나 억제 측면에서는 적이 약점 때문에 침략을 못 하도록 하기 위함도 있다. 특히 북한이 약점 때문에 침략이 제한될 수 있는 요소들은 '북한의 폐쇄성에 대한 파국(破局)' '상대적인 전쟁지속능력 부족' '국제적 명분과 지지 획득 제한' '중국에 대한 지나친 의존도' '한미 연합전력을 상대할 수 있는 전면전 수행능력 제한' 등을 들 수 있다. 따라서 군사사상 측면에서 억제의 한 수단으로 이런 북한의 취약점을 극대화할 수 있도록 해야 한다.

다음으로 '전시 직접적인 적의 침공을 효과적으로 격퇴 및 격멸'하기 위한 적대 국가 연구는 적에 대한 능력과 전략·전술 및 전쟁 지도자 및 군사 지휘자의 특성, 강약점 등을 연구하여 이를 전시에 효과적으로 활용하기 위한 것이다.

먼저 북한군의 능력은 병력, 무기, 편성, 지휘체계 등과 같은 물리적 능력뿐만 아니라 주변국의 지원을 받을 수 있는 동맹 등과 같은 비물리적 능력도 포함된다. 이러한 적의 능력을 아는 것은 전쟁수행 과정에서 나의 병력, 무기, 편성, 지휘체계를 효과적으로 운용하는 데 직결된다. 다음으로 전략·전술 연구는 글자 그대로 적의 전략이나 전술을 잘 이해하고 이에 대한 강약점을 분석하여 효과적으로 대응할 수 있는 나의 전략과 전술을 발전시키기 위함이다.

끝으로 전쟁 지도자 및 군사 지휘자의 특성이나 주민 성향 및 강약점 연구는, 전쟁을 수행하는 주체가 사람이다 보니 전쟁을 수행하거나 전투를 지휘하는 사람들과 국민의 인적요소를 파악하여 이를 활용하는 것이다. 이와 같은 인적 특성은 전쟁수행 시 무기수나 병력 수의 우열만큼이나 지대한 영향을 미치는 것 중의 하나이다.

일례로 제1차세계대전 시 타넨베르그 전투(Battle of Tannenberg)에서 독일군이 러시아 제1군 지휘관 렌넨캄프(Павел Фон Ренненкампф)와 제2군 지휘관 삼소노프(Александр Самсонов) 간의 관계를 파악하여 이를 이용하였다.

삼소노프와 렌넨캄프는 러일 전쟁 당시부터 앙숙 관계였다. 이들을 상대할 독일군 제8군은 이 둘이 절대로 서로 협조하지 않을 것임을 이미 알고 있었기에, 이것을 활용하여 독일군을 한쪽 부대에 집중시켜 각개격파 작전을 펼쳤다. 먼저 독일군은 러시아 제1군 렌넨캄프군 정면에 있던 독일군 제1군단과 제3예비군사단을 렌넨캄프군의 전면에서 차

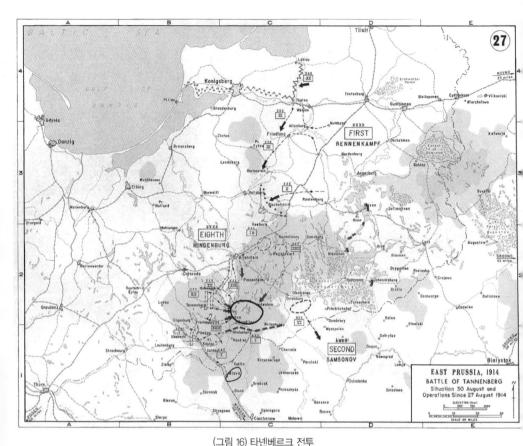

(그림 16) 타넨베르크 전투

* 출처: The United States Military Academy's Department of History

출하여 철도수송으로 러시아 제2군 삼소노프군이 공격해오는 방향으
로 전환하였다. 또한 렌넨캄프군 정면에 있던 또 다른 독일군 제17군단
과 제1예비군군단도 서방으로 행군하되, 렌넨캄프군의 즉각적인 추격
이 없을 경우 남방으로 전환할 수 있도록 준비시켰다. 이렇게 렌넨캄프
군 정면에 있던 독일군 주력을 은밀하게 빼서 남쪽의 삼소노프군이 공
격해 오는 방면으로 집중시켰다. 그리고 렌넨캄프군 정면에는 고작 독
일군 제1기병사단만이 단독으로 대치하여 이들의 진격을 저지하도록 하

였다.

그런 다음 렌넨캄프부대의 정면에서 차출하여 전환한 독일군 제1군단, 제17군단, 제1예비군군단, 제3예비군사단과 기존에 러시아 제2군 삼소노프부대와 대치하고 있던 독일군 제20군단은 삼소노프부대를 집중적으로 공격하여 이를 격파하였다. 이런 상황에서 러시아 제1군 렌넨캄프군의 참모들은 제2군인 삼소노프군을 지원해야 한다는 데 의견을 모았지만 정작 최종 결정권자였던 렌넨캄프는 삼소노프를 지원하지 않았고 결국 러시아 제2군 삼소노프부대는 크게 패배하였다.

한편 한국에서 간접적인 적대 국가 연구는 주변 강국에 대한 연구를 의미한다. 이와 관련한 내용은 뒤에 나오는 제2부 제2장 군사사상 정립 방법 중에서 제3절 군사사상 정립 시 영향요소를 참조하되, '영향요소 Ⅳ: 외국의 군사사상'과 '영향요소 Ⅴ: 지정학적 요인'의 내용을 두루 참조 바란다.

다. 위기관리 및 국지도발 대응

양 국가 간[271] 또는 다수 국가 간 이익이 상충하는 것에서 발생하는 갈등과 분쟁상태가 더욱 커져 전쟁(파멸)으로 돌입하느냐 아니면 평화(번영)로 회복하느냐를 결정하는 분수령이 발생한다. 위기에 처한 당사국들이 각각 존립이나 체제를 위협하는 위기가 전쟁이나 파멸로 확대되는 것을 방지하려는 모든 노력을 기울이게 되는데 이 노력을 위기관리(crisis management)라 한다.[272] 위기라고 하여 반드시 전쟁이나 파멸과

---

271) 위기관리는 국가뿐만 아니라 개인, 기업, 국가 모두에게 해당하며 일반적으로 전쟁으로 치닫는 것을 예방하는 차원에서 통상 국가에서 중요한 의미를 부여한다.

272) 조영갑, 『현대전쟁과 테러』(서울: 선학사, 2009), p.225.

직결되는 것은 아니다. 전쟁과 다소 거리가 멀어 보이는 평시 국가의 안정유지가 갖는 의미 역시 매우 크다. 원만한 위기관리를 통한 평시 국가의 안정유지는 국내 생산 및 소비활동을 보장하고 해외와의 무역이나 외국인의 국내 투자와 같은 국가경제에 직접적으로 지대한 영향을 미치기 때문이다. 이런 분야는 단순히 군사적인 승리나 패배의 시각으로만 접근할 수 없다. 국제통상이라는 거대한 기계를 움직이는 하나의 톱니바퀴가 망가져서 기계가 멈추는 것처럼, 비군사적 수단을 통한 위기관리도 국가경영에 중요한 의미가 있다는 점을 반드시 고려해야 한다.

위기관리는 예방과 대응 활동이 무엇보다 중요하다. 먼저 위기 예방 활동은 위기의 촉발요인을 찾아서 촉발되지 않도록 관리하는 것으로 갈등관리가 선행되어야 한다. 만약 갈등관리가 실패하여 위기 발생 시 국가 차원의 역량과 자원을 투입하여 신속하게 대처하여 확산을 막고 피해를 최소화해야 한다. 특히 위기가 발생 시 이에 대한 초기 대응은 중요한 의미가 있다. 이는 위기의 확산 여부와 인명피해 증가, 대응 시기 상실 및 국민에 대한 신뢰 상실 등으로 연결될 수 있기 때문이다. 일례로 2010년에 있었던 '천안함 피격사건'을 살펴보면 초기 대응 및 위기대응체제와 관련하여 어떤 문제가 있었는지 쉽게 알 수 있다.

이번 피격사건에서는 최초 상황 발생 시 신속하고 정확한 상황 보고가 제대로 이루어지지 못했다. 특히 현장 상황이 정확하게 보고되지 않아 혼선을 초래했다. 천안함에서 청와대까지 최초 보고가 지연되었고, 사건 발생 시각도 여러 차례 변경하여 발표함으로써 혼란과 불신을 일으켰다. 합참을 중심으로 가동되는 군의 위기관리시스템의 초기 대응도 미흡했다.[273]

---

273) 대한민국정부, 『천안함 피격사건 백서』(서울: 인쇄의 창, 2011), pp.242~243.

초기 대응과 관련하여 물리적인 군사력을 직접 사용하여 강제적으로 달성할 수도 있지만, 비군사적 수단이나 군사력의 간접적·심리적 사용으로 상대의 의지에 작용하여 목적을 달성하는 것도 고려할 수 있다.[274]

다음으로 국지도발은 적이 침투 또는 일정 지역에서 특정 목적을 달성하기 위해 상대 국가의 국민과 국가영역에 가하는 모든 위해행위(危害行爲)를 말한다. 여기서 일정 지역이란 상대 국가의 영토, 영해 영공과 이에 인접한 공해 및 공역을 말하며, 대상은 해당 국가의 정부와 국민, 해당 국가에 거류하고 있는 외국인이나 주둔하고 있는 외국군을 말한다.

이를 잘 보여 주는 예로, 6·25전쟁 직전 북한에 의한 '38도선 일대에서 잦은 국지도발 자행(恣行)'과 '인민유격대 남파(南派)'를 통해 남한의 국론을 분열시키고, 전면전(全面戰) 대비태세를 전념하지 못하게 만들었던 예를 들 수 있다.

먼저 38선 일대 잦은 국지도발 자행은 1949년도에 들어서면서 본격화되었다. 1949년 2월 하순 북한군 1개 38경비대가 동해안 강릉지구에 도발한 것을 포함하여 여러 곳에서 여러 차례 도발했다.[275] 그러나 국군은 이런 소규모 공격을 격퇴하는 데 대체로 성공함으로써 오히려 북한군의 능력을 '과소평가'하는 결정적인 계기가 되었다. 그뿐만 아니라 당시 한국 정부가 북한의 공세를 위기로써 평가하기도 하고, 능력이나 무기 면에서 형편없는 부대가 소규모 국지적으로 소란을 일으키는 사소한 문제로 인식하기도 하였다. 이처럼 북한의 위협에 대해 '양면적인 인식'을 갖게 되어 이로 인해 대응 측면에서 '의견이 분열'되는 계기가 되

---

274) 조영갑, 『한국위기관리론』(서울: 팔복원, 2009), p.95.
275) 국방부군사편찬연구소, 『6·25전쟁사① 전쟁의 배경과 원인』(서울: 서울인쇄정보산업협동조합, 2004), p.499.

었다.

또한 인민유격대 남파는 1948년 11월 14일 제1차로 양양-오대산 지구로 180명을 남파한 것을 필두로, 1950년 3월 28일 제10차 700명 남파에 이르기까지 총 2,345명을 남파하였다. 이렇게 되자 한국군은 북한 인민유격대 토벌작전(討伐作戰)에 전방사단 일부와 후방의 3개 사단 등 당시 한국군 8개 사단 중에서 절반이나 되는 약 4개 사단 규모와 경찰 병력을 투입하였다. 이는 자연스럽게 38선 방어력과 전면전 수행능력이 상대적으로 분산되거나 약화되는 결과를 초래했다.[276]

한편 『손자병법』 제1편(始計)에는 적국을 상대로 내가 국지도발을 자행하여 적을 약화하는 것에 대하여 말하고 있다. 손자는 군사력운용 시 '노이요지 비이교지 일이노지(怒而撓之 卑而驕之 佚而勞之)'라고 하여 적을 성나게 하여 흔들어 놓고, 나를 낮추어서 적을 교만하게 만들며, 적이 편안한 상태에 있으면 힘들게 하라는 것이다. 이로 볼 때 손자의 국지도발 목적은 전쟁 이전 적을 피곤하게 만드는 것, 적을 약화하는 것, 적을 분열시키는 것, 나의 행위에 대해 무디게 만들어 위협이나 위기에 대해 등한시(等閑視)하게 만드는 것 등으로 볼 수 있다. 따라서 국지도발을 적에 의한 것으로만 한정하여 접근할 필요는 없다.

국지도발은 군사적 도발과 비군사적 도발로 구분할 수 있다. 북한에 의한 군사적 도발은 지·해·공 침투, 미사일 시험발사, 핵실험, 장사정포 발사, 인원 납치·억류, 습격 및 점령 등이 있다. 비군사적 수단을 이용한 도발은 정치, 경제, 사회, 심리, 과학기술 등에 대한 심각한 불안정 혹은 상당한 피해를 유발한다. 단적인 예로 북한 주민의 의도적 대량 탈북 및 귀순, 남한 민간 선박과 항공기에 대한 의도적 도발, 주식이

---

276) 위의 책, pp.486~497.

나 전기 및 사회통신망 교란 등을 들 수 있다.[277]

3. 평시 국가안보 지원과 관련한 군사사상적 함의

이 분야는 기존 군사사상에서는 언급되지 않던 분야이다. 하지만 전시가 아닌 평시 군의 중요한 역할이 바로 '평시 국가안보 지원'이기 때문에 군사사상도 이 분야를 전쟁수행 못지않게 중요하게 다루지 않을 수 없게 되었다. 국가안전보장이 국내·외의 각종 군사·비군사적 위협으로부터 국가목표를 달성하기 위하여 위협의 발생을 미리 방지하며 나아가 불의의 사태에 적절히 대처하는 것이다. 이런 맥락에서 평시 국가안보 지원과 관련한 군사사상적 함의는 다음과 같이 대략 세 가지로 정리할 수 있다.

첫째, 평시 군사 교류 및 군사 외교 등을 통한 전쟁억제이다. 이는 양병을 통한 군사력 확보로 전쟁을 방지하는 것과 함께 중요한 전쟁억제 수단이다. 이를 위해서는 『손자병법』에 명시된 벌교(伐交)와 같이 잠재적 또는 직접적 적대 국가를 적극적으로 고립시키는 것이 필요하다. 그러나 현실적으로 매우 어려운 점을 참작하여 이보다 잠재적 또는 직접적 적대 국가를 제3국이 일방적으로 지원하는 것을 방지해야 한다. 나아가 자국에 대해 적극적으로 지원하도록 유대를 강화하는 것이 필요하다. 또한 우방국과 동맹이나 협력동반자 관계 확대로 잠재적 또는 직접적 적대 국가보다 부족한 군사력을 보충함으로써 억제력을 확보해야 한다.

---

277) 합동참모본부, 『합동국지도발 대비작전』(서울: 합동참모본부, 2011), pp.3~5.

둘째, 적대 국가 연구이다. 전쟁억제와 관련하여 '적대 국가 연구'는 적의 '의도', 침략이나 도발을 통해 얻고자 하는 '이익', 적의 '능력'과 '약점'을 파악하여 이를 억제에 활용하는 것이 필요하다. 특히 적이 약점 때문에 침략이 제한되게 할 수 있는 요소들을 찾아내어 이를 적극적으로 활용해야 한다. 또한 '전시 직접적인 적의 침공을 효과적으로 격퇴 및 격멸'하기 위한 적대 국가 연구는 적에 대한 능력과 전략·전술 및 군사 지휘자들의 특성, 강약점 등을 연구해야 한다.

셋째, 평시 전쟁 이외의 위협으로부터 국가기능 유지이다. 이는 주로 위기관리와 국지도발 대응에 관한 사항이다. 위기관리는 예방과 대응 활동이 무엇보다 중요하다. 예방 활동은 위기의 촉발요인을 찾아서 촉발되지 않도록 관리하는 것으로 갈등관리가 선행되어야 한다. 그러나 만약 갈등관리가 실패하여 국지도발이나 위기가 발생하면 국가 차원의 역량과 자원을 투입하여 신속하게 대처함으로써 확산을 방지하고 피해를 최소화하는 것이 필요하다. 또한 신속하고도 단호한 대처로 재발을 방지할 뿐만 아니라 전면전으로 확산하는 것을 방지해야 한다. 여기서 무엇보다도 우선 고려되어야 할 것은 국가의 기능이 최단 시간 내 정상적으로 복구되고 국민의 안전이 보장될 수 있도록 초점을 맞추어야 한다.

제6절 범주 V : 평시 국가정책 지원 수단으로서 군사력 운용

1. 기본적인 접근 방향

앞서 언급한 바와 같이 '평시 국가안보 지원'과 함께 '평시 국가정책 지원 수단으로서의 군사력운용'은 기존의 군사사상에는 언급되지 않던 분야임에도 불구하고 평시 군의 역할 중에서 차지하는 비중은 매우 높다. 그 이유는 평시부터 군은 전쟁 등 국가 위기관리를 위해 준비된 상태이므로 국가 내에서 다른 조직이나 기능보다 인적 · 물적 자원을 즉각 투입할 수 있는 능력을 보유했기 때문이다. 그리고 제한된 국가 예산 대비 대체 능력을 투입할 때 막대한 추가 예산이 소요되는 점을 고려 시 우선 군을 고려할 수밖에 없다. 따라서 전쟁에 대비하는 임무 이외 평시에 중요한 임무 중의 하나로서 군사사상 차원에 다음과 같은 세 가지 시각에서 접근이 필요하다.

첫째는 군과 관련한 국가정책을 구현하는 것과 국가가 정책을 구현할 수 있도록 군이 지원하는 것은 왜 중요한지 또 어떠한 의미를 갖는지 접근할 필요가 있다. 여기서 국가정책 '구현'과 국가정책 '구현 지원'은 어떤 차이가 있고, 이것이 군의 평시 역할과 어떤 연계성이 있는지의 문제가 대두된다.

먼저 국가정책 구현은 '국방태세 확립'과 같이 군과 직접 관련된 정책을 실천에 옮기는 것으로 국가로부터 군이 부여받은 임무와 역할을 행동화하는 것이다. 따라서 군이 해야 할 당연한 사안이라는 측면에서 접근할 필요가 있다. 다음으로 국가정책 구현을 지원하는 것은 '환경보전'과 같이 국가가 추진하는 정책에 대해 군도 적극적으로 동참하거나 지원하는 것이다. 이는 어떤 형태로 참여하거나 지원을 하게 되는지 또는 해당 주무 부서와 협조하여 군이 지원하면 어떤 의미가 있는지 측면에서 접근이 필요하다. 아울러 궁극적으로 국가에 어떤 이익을 초래하는지 살펴봐야 한다.

둘째는 세계의 일원으로서 국제 평화에 기여하는 것은 직·간접적으로 국가에 어떤 이익이 있는지 살펴볼 필요가 있다. 특히 해외 파병 지원이 적의 침략을 억제하고 안정을 유지하는 측면에서 어떻게 기여하는지, 나아가 동북아 및 세계의 평화와 안정에 어떤 기여를 하는지 살펴볼 필요가 있다.

또한 6·25전쟁 이후 한국군은 국내에서 실제 전쟁 경험이 없으므로 해외 파병을 통한 참전 경험 증대는 한국군 전투력 향상에 기여하는지 또 이런 과정에서 부가적으로 얻을 수 있는 국익은 무엇인지 고려해야 한다. 아울러 6·25전쟁 시 여러 국가로부터 지원을 받은 것에 대한 보답 측면과 자유민주주의를 수호하는 데 앞장선다는 측면에서 긍정적으로 접근할 필요가 있다.

마지막으로 재난 대응 및 지원, 공익 지원, 국가기능 회복 지원 등과 같은 것은 어떤 의미가 있는지를 살펴보고 이런 것들이 군사사상에 어떻게 반영되어야 하는지 고려할 필요가 있다.

2. 평시 국가정책 지원 수단 분야별 세부 내용

가. 국가정책 구현 및 국가정책 구현 지원

국가정책 구현 및 국가정책 구현 지원 중의 전자는 군과 관련한 정책을 추진하는 것이고, 후자는 국가가 역점으로 추진하는 정책에 대해 성공을 보장하기 위해 군이 가용범위 내 지원하는 것이다. 이를 달리 말하면 국가정책 추진과 국가 활동 지원으로 구분할 수 있다.

첫째, 국가정책 추진은 국가로부터 부여받은 군과 관련한 정책을 적극적으로 추진하는 것이다. 국가정책 구현은 '국방태세 확립'과 같이 군과 직접 관련된 정책을 실천에 옮기는 것으로 국가로부터 군이 부여받은 임무와 역할을 행동화하는 것이다. 이는 기본적으로 군이 반드시 이행해야 할 당위성과 강제성과 성패의 책임이 따른다.

둘째, 국가활동 지원은 국가정책 구현 지원과 기타 국가행사 참가 지원으로 구분할 수 있다. 국가정책 구현 지원은 군이 아닌 다른 조직이 국가정책을 구현하는 데 군이 동참하거나 지원하는 것이다. 예를 들자면 국내 소비를 촉진하여 경제를 활성화하고자 할 경우 '예산 조기 집행 정책'의 일환으로 군도 계획된 국방예산을 회계연도(fiscal year) 초에 가능하면 먼저 집행함으로써 경제 활성화에 기여하는 것이다. 이외에도 군에서 사용하기 위해 장비 및 물자를 중소기업제품으로 우선 구매하여 활용하는 것, 에너지 절약, 환경보존 활동 등을 행동화하는 것을 들 수 있다. 아울러 특수범죄 차단, 밀입국차단, 난민 관련 정치·사회적 문제를 해결하기 위하여 국가정책을 군사적으로 지원하는 활동을 들 수 있다. 이런 분야는 담당 주무 기관이 주도로 수행하고 군은 지원 임무를 수행하는 것이 일반적이다. 이런 경우 해당 주무 기관과 군과의 역할 분담을 법률로 정하거나 협약을 통해 명료화하고 구체화하게 된다.

또한 국가행사 참가 지원은 국가이익 증진을 위하여 군이 정부 행사에 적극적으로 참여하거나 지원하는 활동이다. 이에 해당하는 것은 행사 시 경계 지원, 장비와 인원 및 시설지원, 시범 등이 있다. 시범의 경우 단순한 행사지원에만 그치는 것이 아니고 군의 능력을 대외에 과시하고 신뢰감을 증진할 수 있는 효과가 있다.

국가정책 구현 지원활동이 갖는 의미는 첫째, 에너지 절약, 환경보전, 국가경제 활성화 동참과 같이 군이란 독립적인 존재 이전에 국가 내한 조직으로서 국가정책 구현에 일정부분 역할을 수행한다. 둘째, 다수의 외국 국빈이 초청된 대규모 국가행사에 경계나 경호지원처럼 해당주무 기관에서 수행할 수 없거나 군이 수행할 때 좀 더 효과적인 것에 대하여 군이 지원함으로써 상대적으로 비용을 줄이고 효과를 증대할 수 있다. 셋째, 해상에서 밀입국차단처럼 해당 주무 기관인 행정안전부가 임무를 주로 수행하는 데 특정 부분을 해군과 육군이 지원함으로써 더욱 쉽게 추진할 수 있다. 따라서 국가정책 구현 지원은 군이 군 자체만을 의식할 것이 아니라 국가적인 차원에서 제한된 국가 예산과 조직을 고려 시 국가정책 구현에 대한 성공 가능성 증대와 효율성 및 효과 측면에서 방향을 제시하고 해법을 찾을 수 있도록 해야 한다.

나. 국제 평화를 위한 해외 파병 지원

유엔평화유지활동, 다국적군평화활동, 국방협력활동 등과 같은 군의 국제지원활동은 주로 국제사회에서 국가의 역량과 국위선양을 위한 평시 '군사외교활동'의 일부로 간주한다.[278] 그러나 여기서는 군사외교 측면에서 주안을 두고 접근하기보다는 '평시 국가정책 지원 수단으로서의 군사력운용' 측면에 주안점을 두고 접근하였다.

한국은 일찍이 유엔과 국제사회의 지원을 받아 6 · 25전쟁의 비극을 극복하고 경제성장과 민주화를 통해 '원조를 주는 나라'이자 국제평화

---

278) 김순태, "한국군의 군사외교 활동에 관한 연구", 「東西研究」 제22권. 2010, pp. 224~225.

(표 21) 한국군의 해외 파병 현황(2020년 11월 기준)

구분	단위형태	부대명		현재인원	지역	최초파병	교대주기
유엔임무단	부대	레바논 동명부대		280	티르	2007년 7월	8개월
		남수단 한빛부대		270	보르	2013년 3월	
	개인	인도 · 파키스탄 정전감시단 (UNMOGIP)		8	스리나가	1994년 11월	1년
		남수단 임무단(UNMISS)		7	주바	2011년 7월	
		수단 다푸르 임무단(UNAMID)		1	다푸르	2009년 6월	
		레바논 평화유지군(UNIFIL)		4	나쿠라	2007년 1월	
		서부사하라 선거감시단(MINURSO)		3	라윤	2009년 7월	
		예멘 협정지원임무단(UNMHA)		–	호데이다	2019년 7월	
	소 계			573			
다국적군 평화활동	부대	소말리아해역 청해부대		306	소말리아해역	2009년 3월	6개월
	개인	바레인 연합해군사령부	참모장교	4	마나마	2008년 1월	1년
		지부티 아프리카사령부 연합합동기동부대 (CJTF-HOA)	협조장교	1	지부티	2009년 3월	
		미국 중부사령부	협조단	3	플로리다	2001년 11월	
		미국 아프리카사령부	협조장교	1	슈투트가르트	2016년 3월	
		쿠웨이트	협조장교	2	아라프잔	2019년 12월	
		EU 소말리아 해군사령부 (CTF-465)	참모장교	1	소말리아해역	2020년 3월	
	소 계			318			
국방협력	부대	UAE 아크부대		147	아부다비	2011년 1월	8개월
	소 계			147			
총계				1,038			

*출처: 국방부, 『2020 국방백서』(서울: 국방부, 2020), p.341.

유지활동에 적극적으로 참여하는 나라로 발전하였다. 한국은 〈표 21〉에서 보는 바와 같이 2020년 11월 기준 14개 지역에서 약 1,038명이 유엔 평화유지활동, 다국적군평화활동, 국방협력활동 등 다양한 국제평화유지활동을 통해 국제사회의 책임 있는 일원으로서 세계 평화에 기여하고 있다.[279]

이러한 국제평화유지활동이 국익에 미치는 영향은 여러 가지가 있겠으나 우선 직·간접적으로 한반도와 세계의 평화와 안정을 증진할 수 있다. 특히 한반도의 안정 측면에서 보면 지원을 해준 국가뿐만 아니라 다른 국가로부터 유사시 군사지원을 획득할 수 있는 계기가 됨으로써 상대적으로 한국군의 안전보장능력을 보강하는 역할을 하게 된다. 또한 해당 국가에 전력을 증강하는 효과를 가짐으로써 전쟁이나 분란을 종결하는 데 기여할 수 있다. 나아가 전쟁이나 분란이 재발하는 것을 방지할 수 있어 평화와 안정에 이바지하게 된다.

또한 한국군이 실제 전투에 참전하여 전투 경험을 늘리고 타국 군대와의 연합작전 수행을 경험하는 등 실전 능력을 향상할 수 있다. 이에 부가하여 우수한 한국군의 능력을 세계에 알림으로써 국위를 선양할 수 있다. 이를 계기로 국산 무기의 성능과 효과를 알리고 적극적으로 홍보할 수 있어 방위산업 분야 수출에 기여할 수 있다.

다음으로 주목할 것은 앞서 언급한 바와 같이 6·25전쟁의 비극을 극복한 한국은 경제성장과 민주화를 통해 '원조를 주는 나라'가 되었다는 점이다. 6·25전쟁이 발발하였을 당시 한국은 세계에서 못사는 최빈국(最貧國)에 속했다. 그러나 유엔군의 지원을 받아 북한의 침략을 격퇴하고 오늘날 선진국 대열에 들어섰다. 이 시점에서 세계 평화에 대한 결초

---

279) 국방부(2020), 앞의 책, p.341.

보은(結草報恩)의 자세를 보여야 하는 일종의 국제적 의무 이행이다. 즉 한국이 국가존망(國家存亡)의 위기에서 국가를 지킬 수 있었고, 그 도움으로 경제대국에 들어섰다. 따라서 보은의 자세로 적극적인 지원활동을 전개해야 할 일종의 의무 이행 단계에 들어섰다. 세계 각처에 흩어져있는 6·25전쟁 시 한국을 지원했던 국가들은 물론 당시 지원국이 아니더라도 적극적으로 지원해야 한다. 외침 또는 내부혼란을 겪거나 불가피하게 재해재난과 경제난으로 허덕이는 국가를 지원하는 것이다.

다. 재난 대응 및 공익 지원

군은 국민의 군대로서 국가적 재난이 발생할 경우 국민의 생명과 재산을 보호하기 위해 적극적으로 노력하여야 한다. 특히 정부와 국민은 대응능력을 초과하거나 긴박한 상황에서 국가위기관리의 수단으로 군을 우선하여 활용하는 것이다. 이를 위해 군은 자체는 물론이거니와 범정부적 차원에서 재난에 대한 예방·대응·복구의 전 과정에서 참여가 요구된다. 따라서 체계적인 재난관리가 이루어지도록 대응 매뉴얼을 보완하고 교육과 훈련을 하는 등 재난대비태세를 강화해야 한다.[280]

먼저 국가 재해·재난 대응 지원은 군이 정부기구와 협조하여 국가적 재해·재난을 예방하거나, 재해·재난이 발생하였을 경우 피해복구 및 구조 등을 실시하는 활동이다. (표 22)에서 보는 바와 같이 인명·항공기·선박 구조활동, 지상·해상에서 피해복구, 환경오염 복구지원, 대규모 감염병 대응 등 다양한 분야에 걸쳐 실시된다. 대표적으로 미국의 허리케인 카트리나처럼 폭설·풍·수해 등으로 고립된 지역에 대한 식료

---

280) 국방부(2020), 앞의 책, p.69~70.

(표 22) 2016~2020 한국군의 대민 지원 현황(2020년 11월 30일 기준)

연도	지 원 내 용	지원인력(명)	장비(대)
총 계		978,348	76,963
2016	산불, 화재	5,180	180
	구제역, AI, 소나무 재선충 방제	5,658	577
	가뭄, 집중호우 및 태풍(차바), 지진 피해 지원	55,227	594
	폭설 및 건축물 붕괴, 해양오염 피해 복구 지원	5,573	47
	실종자 수색 · 구조	2,111	95
	철도 · 화물 노조 파업 지원	35,410	400
2017	산불, 화재	23,707	169
	가뭄, 집중호우 및 태풍 피해 지원	39,003	1,736
	실종자 수색 · 구조	2,473	152
	구제역 · AI 방제	33,042	3,279
	폭설, 지진 피해 지원	17,474	659
2018	산불지원	8,970	186
	가뭄, 집중호우 및 태풍 피해 지원	16,125	8,168
	실종자 수색 · 구조	1,165	219
	구제역 · AI 방제	10,452	1,246
	폭설, 지진 피해 지원	7,848	13
2019	산불, 화재	22,442	526
	폭염 · 가뭄, 태풍 · 호우, 폭설	64,745	2,319
	실종자 수색 · 구조	4,208	748 (군견15)
	조류독감(AI), 아프리카돼지열병(ASF) 확산 차단	108,985	7,490
	철도 · 화물 노조 파업 지원	3,900	–
	해양오염, 인천 적수 등	908	401
2020	산불, 화재	1,984	89
	폭염 · 가뭄, 태풍 · 호우, 폭설	128,699	17,063
	실종자 수색 · 구조	5,604	778
	조류독감(AI), 아프리카돼지열병(ASF) 확산 차단	60,161	6,108
	코로나19 대민지원	307,294	24,469

* 출처: 국방부, 『2020 국방백서』(서울: 국방부, 2020), p.71.

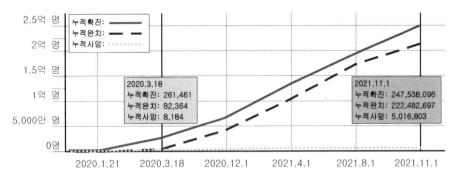

(그림 17) 전 세계 코로나19(COVID-19) 추이(2021. 11. 1 기준)

* 출처 : CoronaBoard (https://coronaboard.kr/)

품 지원이나 구호 지원, 세월호 참사 시 군 인력에 의한 구조활동, 일본 후쿠시마 원전 사태 시 인체와 의복에 붙은 방사능 물질 측정 및 제거 지원, 코로나19 확산 방지를 위해 방역·검사·접근통제 등을 들 수 있다.

다음으로 국가기능회복 및 공익 지원 활동이다. 예로 국가의 기간 교통망을 마비시킬 정도의 파업이나 기타 테러 등과 같은 우발사태 발생할 경우가 있다. 비정상적으로 작동하고 있는 관련 기능을 회복할 목적으로 군의 전문인력이나 특수장비 외에 민군겸용 장비 및 물자 등을 지원하는 활동이다. 흔히 볼 수 있는 이런 활동 중에는 철도나 시내버스 파업 시 대체인력 지원, 대규모 감염병 및 가축질병 확산 시 치료나 방역활동 지원 등을 들 수 있다.

일례로 2020년 초 전 세계가 신종 코로나바이러스 감염증인 코로나 19 확산으로 3월 18일 기준으로 전 세계 160여 개 국가에서 261,461명의 확진자와 8,184명의 사망자가 집계되는 등 '세계적 대유행'의 기미를 보이기 시작했다.[281] 이에 각국 정치지도자는 이를 '바이러스와의 전쟁'

281) 코로나19(COVID-19) 실시간 상황판(https://coronaboard.kr/, 검색일: 2021.11.1.)

으로 규정하며 군과 민간을 총동원하는 등 전시상황에 준하는 대응을 시작하였다.[282]

코로나가 확산하자 2020년 4월 미 국방부는 '보이지 않는 적(invisible enemy)'과의 전쟁을 위해 미 합참은 위기조치팀을 구성하였다. 장병의 안전과 정부 지원은 물론, 작전적 차원에서 코로나19에 대응하였다. 우선 감염병 위협에 대한 '에치피콘(HPCON)[283]'을 시행하였다. 마이크 펜스 부통령이 지휘하는 정부 TF에 국방부 부장관과 합참차장을 파견하고 국가안보 우선 방침하에 아래와 같이 가용자원과 비축물자를 총동원하였다.[284]

(표 23) 미군의 코로나 대응지원(2020. 4. 3. 기준)

구분	내 용
병원선 투입	컴포트(Comfort)·머시(Mercy)호를 뉴욕시와 LA에 파견, 2,000개의 병상 지원
주방위군·예비군 동원	1만 5,000여 명 동원계획 수립, 지휘통제, 군수 분야 지원
지원병 투입 준비	육군 전투지원병원, 해군 원정의료시설, 공군 원정의료지원체계 즉각 투입 준비
전략 예비물자 지원	마스크 500만 장, 이동식 산소호흡기 2,000대 뉴욕시 등에 지원
주정부 치료시설 확보지원	육군공병단 건설업체 계약 치료시설 가설
의료장비 지원	국방군수국 8,440만 달러 집행 산소호흡기 8,000대 구매

282) "미국·프랑스 '코로나 전시상황' 선포", 부산일보(2020.3.19)
283) 에치피콘(HPCON): Health Protection Condition, 건강보호태세
284) "국가안보 우선시하고 가용자원·비축물자 총동원", 국방일보(2020.4.3)

지난 2021년 11월 1일 기준으로 보면 백신접종 등으로 인해 코로나 확산이 다소 누그러들었지만, 계속 진행 중이다. 이날까지 누적 확진자는 1년 8개월 전보다 무려 947배가 증가한 2.47억 명이고, 누적 사망자 수는 613배가 증가한 5백만 명이 넘어섰다. 사망자 수만 갖고 단순 비교를 하면 제2차세계대전 6년 동안 전사자가 약 2,500만 명이었다. 놀랍게도 코로나 1년 8개월 동안 사망자 수가 이보다 두 배가 많다. 따라서 현재 총성은 없지만 전 세계가 1년 8개월 만에 제2차세계대전을 두 번 치른 것이나 다름없다.

이처럼 재난이나 감염병 등 비군사적 안보위협이 크게 두드러져 이에 대한 군의 대응이 증대되고 있다. 군의 재난 대응 및 공익 지원이 갖는 의미는 국민의 생명과 재산을 보호한다는 측면과 국가의 기능을 유지하는 것과 공익을 보호하고 이를 증대하는 데 있다. 특히 재난에 대한 예방 · 대응 · 복구와 공익의 보호 및 증대는 국민의 생명과 재산에 직결된다. 그러므로 이를 통해 국민으로부터 '국민을 위한 군대'라는 이미지를 갖게 하고 폭넓은 지지를 얻는 데 큰 영향을 미치게 된다. 반면에 정상적으로 수행하지 않았을 경우 많은 국민의 희생이 발생하고, 국민으로부터 군이 지탄(指彈)의 대상이 된다. 국민이 돌아서고 불신하는 계기가 되어 결국 국민으로부터 지지를 받을 수가 없게 됨을 유의해야 한다.

3. 평시 국가정책 지원 수단으로서의 군사력운용과 관련한 군사사상적 함의

평시부터 군은 전쟁 등 국가 위기관리를 위해 준비된 상태이므로 국가 내에서 다른 조직이나 기능보다 인적 · 물적 자원을 즉각 투입할 수 있는 능력을 보유했다는 장점을 갖고 있다. 또한 제한된 국가 예산 대비 대체 능력을 투입할 때 막대한 추가 예산이 소요되는 점을 고려 시 우선 군을 고려할 수밖에 없다. 따라서 전쟁에 대비하는 임무 이외 평시에 중요한 임무 중의 하나로서 평시 국가정책 지원 수단으로서의 군사력운용과 관련한 군사사상적 함의는 다음과 같다.

첫째는 국민과 국가를 위한 군대라는 시각에서의 접근이다. 이를 위해 군은 평시 국가정책 지원, 재난 대응, 공익 지원 등의 활동을 수행하는 것이다. 민주국가는 국민이 있기에 국가가 존재가치를 부여받는다. 또한 군의 존재 목적이 국가의 안보를 보장하고 국민의 생명과 재산을 지키는 것이 가장 큰 임무이다. 따라서 군은 국민과 국가를 위한 군대라는 시각에서 평시 그 임무를 수행해야 하는 것이다. 특히 전쟁 이외 평시 재난 대응, 공익 지원 등은 국민의 재산과 생명, 편익(便益)에 직접으로 연계되는 것이다. 국민과 매우 민감하게 연계되는 것이어서 국민의 지지와 신뢰를 얻는 데 직접적으로 작용하게 된다.

또한 재난 및 공익 침해에 따른 국가의 일부 기능 또는 일부 지역이 비정상화될 수 있다. 단기간 내 정상화가 요구되는 분야이면서 일시에 많은 예산과 인력 및 장비를 필요로 하는 분야이다. 최단기간 내 국가의 정상적인 기능 유지를 위해 군이 국방에 제한을 받지 않는 범위 내에서 우선적으로 최대한 지원해야 함을 인식해야 한다.

둘째는 세계의 일원으로서 국제평화에 기여하도록 접근해야 한다. 군은 국가 차원에서 수행하는 유엔평화유지활동, 다국적군평화활동, 국방협력활동의 직접적인 수행자다. 이는 직·간접적으로 한반도와 동북아 지역의 평화와 안정을 증진할 수 있다. 나아가 다른 국가로부터 유사시 지원을 획득할 수 있는 계기가 됨으로써 상대적으로 한국의 군사력을 보강하는 효과를 얻게 된다. 또한 실제 전투에 대한 참전 경험을 늘려 한국군의 실전 능력을 향상시키는 효과가 있다. 아울러 한국군의 능력이 뛰어남을 세계에 알림으로써 국위를 선양하고, 국산 무기의 성능과 효과를 홍보하여 방위산업 분야 수출에 기여할 수 있다는 측면에서 활용할 필요가 있다.

또한 일찍이 유엔과 국제사회의 지원을 받아 6·25전쟁의 비극을 극복하고 경제성장과 민주화를 통해 선진국대열에 들어서려는 시점에서 결초보은과 같은 일종의 의무라는 시각을 가져야 한다. 또한 세계의 일원으로서 세계 평화에 적극적으로 기여하는 점과 가장 못살았던 나라에서 선진 민주국가에 성공적으로 진입한 롤 모델 국가라는 것을 알리는 측면도 고려해야 한다.

셋째는 재난 대응 및 지원, 공익 지원, 국가기능 회복 지원 등을 고려할 필요가 있다. 이를 위해 국민의 생명과 재산을 보호한다는 측면과 국가의 기능을 유지하는 것과 공익을 보호하고 이를 증대하는 데 있다는 점으로 접근해야 한다. 특히 재난에 대한 예방·대응·복구와 공익의 보호 및 증대는 국민의 생명과 재산에 직접적으로 연계되므로 이를 통해 국민으로부터 '국민을 위한 군대'라는 이미지를 갖게 하고 폭넓은 지지를 얻는 노력을 게을리해서는 안 된다.

제7절 범주Ⅵ: 평시 효과적이고 효율적인 군사력 관리 및 군 운영(運營)

1. 기본적인 접근 방향

평시 효과적이고 효율적인 군사력 관리 및 군 운영은 큰 범위에서 보면 평시 양병의 한 분야가 된다. 하지만 앞서 새롭게 군사사상의 범주를 구분하면서 순수한 양병 분야는 두 번째 범주로 선정하여 '전쟁에 대비한 군사력건설[養兵]'로 설명하였다. 이는 군 조직편성에 따라 인원, 장비 및 물자를 활용하여 부대를 갖추고 교육훈련 등을 통해 준비태세를 유지하는 것과 같은 전쟁에 대비한 '순수 양병' 분야이다. 반면에 여섯 번째 범주는 두 번째 범주를 통해 양병한 군사력을 효율성·경제성을 고려하여 평시 최적의 상태로 '유지관리'하는 것에 주안을 둔 것이다.

적정 국방비 '획득'과 효과적인 '집행'은 양병이라는 결과물을 얻기 위해 선행되어야 하는 것으로 양병과 뗄 수 없는 분야이다. 양병을 위해서는 예산획득이 선행되어야 하므로 양병과 관련된 국방비 획득과 집행을 양병의 범주로 포함해도 틀린 것은 아니다. 그런데 이를 좀 더 자세히 보면 국방비 중 방위력개선비(防衛力改善費)[285]로 전력획득이나 전력증강이 실제 이루어지는 것은 양병 분야임은 명확하다. 하지만 양병 관련 국방비 '획득'과정은 양병과 별개로 분리할 수도 있다. 또한 방위력개선

---

285) 국방예산은 방위력개선사업비와 전력운영비로 구성하는데, 방위력개선사업비는 군사력개선을 위해 무기체계의 구매 및 신규 개발, 성능개량 등을 포함한 연구개발과 이에 수반되는 시설의 설치 등을 행하는 사업에 드는 예산이고, 전력운영비는 부대의 임무 수행을 위하여 편제상의 인력, 장비, 물자, 시설 등을 운용하는 데 필요한 비용이다.(국방부, "전력발전업무 훈령", 2020.05.14., 별표1 용어의 정의)

사업비를 제외한 전·평시 군 운영을 위한 전력운영비(戰力運營費)의 획득과 집행 역시 양병과 별개로 구분된다.

　여섯 번째 범주는 실제 방위력개선 예산이 집행되어 결과물이 나온 실질적인 양병을 제외한 '방위력개선비 획득'과정(집행과정 제외)과 방위력개선사업이 아닌 전·평시 군 운영을 위한 '전력운영비의 획득과 집행'에 주안을 두고 접근하는 것이다. 그러므로 여기서는 평시 효과적이고 효율적인 군사력 관리 및 군 운영을 위해 다음과 같은 것에 주안을 두는 것이다. ①적정 국방비 획득과 효율적인 국방비 운용(양병 분야 제외), ②군사법(軍事法) 및 군대윤리, ③민군 관계, ④기타(건강·의무, 건축·군사지리·기상)이다.

　먼저 적정 국방비 획득은 방위력개선사업비와 전력운영비를 망라하여 정치적·경제적 관점에서 접근하되 우리나라 경제력 증가에 비례하여 적정 국방비를 획득함을 원칙으로 하여야 한다. 이는 당면한 적인 북한의 위협과 잠재적 위협인 주변 강국에 대응할 수 있는 군사적 위협을 고려하는 것이다. 그뿐만 아니라 재난 및 질병과 같은 비군사적 위협으로부터 국가안보를 유지하는 데 군사적 소요 비용을 함께 고려하여 접근해야 한다.

　다음으로 효율적인 국방비 운용은 기획(企劃) 및 계획(計劃) 단계부터 정확한 예측과 분석을 통해 국방목표 및 전략에 맞게 적정 예산을 확보해야 한다. 적시에 적절하게 활용되도록 최적의 사용 계획을 수립하며, 민간 부분이 군보다 앞서가거나 특화되어있는 부분 또는 전투와 직접적으로 관련이 적은 분야에 대해서는 민간의 자원이나 기술 및 창의성을 적극적으로 활용하는 방안을 고려해야 한다.

　군사법 및 군대윤리 분야는 군도 국가와 사회의 한 부분으로서 법과 질서를 준수해야 하는 준법 당사자로서 우선 접근이 필요하다. 아울러 군사법 및 군대윤리를 지켰을 때와 지키지 않았을 때 결과가 미치는 영향이 일반적인 법률에 비해 크다. 특히 국가 안위(安危)가 달린 문제이거나 전 국민적 파급효과가 미치는 점을 고려하여 엄격한 접근이 필요하다.

또한 민군 관계는 군이 국가안보목표나 국방목표를 달성하기 위해 군사 분야 외에도 정치 · 경제 · 사회 · 문화 · 과학기술 · 자연환경 분야를 적극적으로 수용하고 활용해야 하는 것이 필요하다. 아울러 정치 · 경제 · 사회 · 문화 · 과학기술 · 자연환경 분야가 국가목표를 달성하는 데 대해 군이 기여하도록 지원하고 협조해야 한다는 측면에서 접근이 필요하다.

끝으로 기타 건축 · 군사지리 · 건강 · 의무 분야는 우선 전통적으로 지표면에서 이루어지는 건축 및 군사지리의 영역을 '대기 및 우주' 분야로 확대해석이 필요하다. 또한 건강 및 의료 분야는 전시에 신속한 사상자 처리로 군의 사기와 전투력을 유지할 뿐만 아니라 평시 장병의 건강이 전투력 발휘의 가장 기본이 된다는 측면에서 접근이 필요하다.

2. 평시 효과적이고 효율적인 군사력 관리 및 군 운영 분야별 세부 내용

가. 적정 국방비 획득과 효율적인 국방비 운용

먼저 적정 국방비 획득 분야를 살펴보면, 우리나라 정부재정 대비 국방비가 차지하는 비율이 1980년도엔 34.7%였던 것이 (그림 18)에서 보는 바와 같이 2020년엔 14.1%로 점차 감소추세에 있다. 국방태세를 확고히 하고 국방개혁을 안정적으로 추진하기 위해서는 적정 국방비의 확

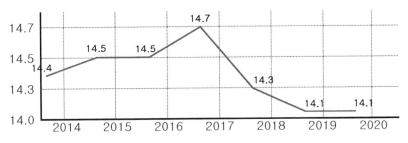

(그림 18) 정부재정 대비 국방비 점유율 추이

* 출처: 통계청 e-나라지표 "국방예산 추이"

보가 필수적이다.

특히 북한의 지속적인 국지도발, 동북아 국가 간 영유권 다툼 등 한국을 둘러싼 안보위협은 다양하고 복잡해지고 있다. 아울러 북한은 핵실험, 미사일 및 방사포 발사, 소형무인기 침투, 사이버 공격 강화 등 새로운 위협의 수위도 점차 높이고 있다. 다양한 한반도 안보 위협이나 위기 상황에 효과적으로 대처하지 못한다면 이는 국방에만 영향을 끼치는 게 아니라 한국 경제에도 심각하게 부정적인 영향을 미칠 수 있다.

다양한 위협이 증폭되고 있는 현재의 안보상황에서, 한국 국민이 안심하고 편안한 삶을 누릴 수 있도록 하기 위해서는 한국의 경제 규모에 걸맞은 국방력을 유지하는 것이 중요하다. 이를 뒷받침하기 위해서는 적정 국방비의 확보가 필수적이다.[286]

다음으로 효율적인 국방비 운용 측면에서 보면 효율적인 국방비 운용은 적정 수준의 국방비를 확보하는 것과도 연계된다. 기획 및 계획 단계부터 정확한 예측과 분석을 통해 국방목표 및 전략에 맞게 적정 예산을 확보하고, 적시에 적절하게 활용되도록 최적의 사용 계획 수립이 선행(先行)되어야 한다. 이렇게 계획된 예산은 집행단계에서 평가지

---

286) 국방부(2018), 앞의 책, pp.114~115.

표(metrics)에 의해 성과를 평가하여 계획된 성과목표를 달성하지 못하면, 이를 달성하기 위해 자원배분을 조정하거나 일부 계획을 조정해야 한다.[287]

이런 일련의 과정 중에서 특히 국방예산 중 유지관리와 관련된 운영비 성격을 띠고 있는 '전력운영비'의 경우 제한된 국방비의 효율적인 운용을 위해 각종 경영기법을 적용하여 집행단계에서부터 많은 절감 노력을 기울이게 된다. 현재 한국의 국방부는 '국방경영기획 평가단 운영' '군 책임운영기관 운영' '민간자원의 효율적 활용' 등 국방 전 분야에 걸쳐 강도 높은 경영 효율화를 추진하고 있다.

(표 24) 민간 개방 기본계획(2016~2020) 추진과제

구　분	추 진 과 제
민간 위탁	보급부대 근무지원 분야 민간위탁, 군 시설관리 민간위탁, 부식품 배송 민간위탁 등
경영기법 및 인프라 활용	의약품 주공급자제도, 성과기반군수지원(PBL) 등
민간참여 유도 · 민자 유치	군수품 상용화, 에스코 · 와스코 사업, 야전정비지원센터 조성, 군 주거시설 및 정보화 분야 민간투자사업(BTL/BTO) 등
민간인력 활용	병사식당 민간조리원 활용 등

* 출처: 국방부, 『2016 국방백서』(서울: 국방부, 2016), p.117.

특히 (표 24)에서 보는 바와 같이 민간 부분이 군보다 앞서가거나 특화되어있는 부분 또는 전투와 직접적으로 관련이 적은 분야에 대해 민간의 자원이나 기술과 창의성을 활용하게 된다. 그뿐만 아니라 군수, 시설, 복지, 교육 등 각 분야에서 민간자원 활용을 확대하여 한정된 국방

---

287) 장기덕, 『군수관리의 이론과 실제』(서울: 한국국방연구원, 2012), pp.468~469.

재원을 효율적으로 활용하려고 노력하고 있다.[288]

여기서 주의해야 할 점은 제한된 예산에 대한 절감과 병력감축 등의 이유로 민간 위탁을 하나의 대안으로 내세우는 것에는 평시에 긍정적인 면이 많이 있다. 반면 전시에는 다음과 같은 적지 않은 문제점 또한 내포되어 있어 주의가 필요하다.

첫째, 한반도 자체가 전장화가 되어 평시에 원활히 임무를 수행하던 민간시스템이 전시에는 마비가 될 수 있다. 미국이 이라크전쟁을 수행하면서 많은 민간 기업을 활용했지만, 이것은 전투가 벌어지는 이라크 지역을 제외하고 미(美) 본토와 기타 세계 각국은 정상적인 상태였기 때문에 가능한 것이었다. 하지만 한반도는 전시가 되면 그 자체가 전장(戰場)화가 된다. 평시 전산으로 이루어지는 물류체계가 마비되거나 파괴될 수 있다. 또한 실제 임무를 수행해야 할 사원의 활동공간이 안전한 곳이 아닌 전쟁터가 된다. 군인과 성격이 다른 사원의 안전을 보장하지 못하는 상태에서 해당 민간 기업의 임무 수행은 매우 제한되는 근본적인 한계성을 갖고 있다. 게다가 전후방 동시 전투를 고려한다면 후방지역의 개념이 없을 수도 있거나 심각한 기능 상실을 겪을 가능성이 크다. 따라서 미국이 외국에서 전쟁을 수행하며 적용한 민간 기업의 활용이나 평시 예산 절감 차원에서 접근하는 것에 그대로 적용하기보다는 한국의 입장을 엄밀하게 직시(直視)할 필요가 있다.

둘째, 전쟁 초기 전시편제부대(戰時編制部隊)가 해당 분야에 대한 임무 수행을 제대로 수행하지 못하여 공백이 발생할 수 있다. 평시 민간자원을 이용한 군수 분야 지원체계를 확대하면 예산 절감이나 발전된 민간시스템을 활용하므로 효과적일 수 있다. 그러나 전시가 되면 민간시

---

288) 국방부(2018), 앞의 책, pp.120~121.

스템이 제한되어 상당 부분을 군 자체적으로 해결해야 한다. 이럴 경우 부대가 평시편제에서 전시편제로 단기간 내 전환되어 임무를 수행해야 한다. 그러나 평시 이를 수행하던 사람들이 민간인이었기 때문에 군병력으로 단시간 내 대체하기란 쉽지 않을 수 있다. 한국의 경우 북한의 기습남침으로 전쟁이 발발할 가능성이 높은 점을 고려 시 전쟁 초기 매우 중요한 상황에서 자원할당 및 보급 측면에서 큰 혼란을 빚게 될 수밖에 없다. 따라서 평시 예산 절감에 다소 위배되고, 국방운영이 일부 비효율적이더라도 전시에 대비하여 군내(軍內) 군수 관련 기능과 조직을 편성하고, 주기적으로 훈련해야 하는 이유가 여기에 있다.

셋째, 평시 용역을 제공해왔던 민간 기업이 전시에 약속을 이행하지 않으면 평시처럼 타 기업으로 대체하거나 의무 불이행에 따른 피해보상으로 해결될 사안이 아님을 직시해야 한다. 민간 기업은 용역제공과 그에 대한 용역비를 받는 계약으로 이루어진다. 평소 용역을 맡은 기업이 계약을 불이행하면 군은 계약위반에 대한 피해보상을 청구하여 해결한다. 그러나 전시라면 피해보상 여부가 중요한 것이 아닐 수 있다. 최악의 경우 전투 일선의 부대들은 전투력 발휘가 안 되고, 사상자가 속출하는 등 전투나 전쟁을 적절하게 수행하지 못할 수도 있다. 이러면 군사작전에 결정적인 위해(危害) 요소로 작용하거나 최악의 경우 국가안보에 치명적일 수도 있다.

일례로 이라크전쟁을 수행하면서 2003년 3월 30일 미군이 트럭 1,000대를 임대하기로 계약한 사우디아라비아 트럭회사가 이를 일방적으로 파기한 사례가 있었다. 이로 인해 이라크에 있던 전방부대 보급품 추진에 큰 차질을 빚기도 했다.[289] 하물며 생활공간(미국 본토)과 전쟁

---

289) 에바타 켄스케, 『전쟁과 로지스틱스』, 강한구 역(서울: 한국국방연구원, 2011), p.263.

터(이라크)가 분리되었던 미국도 이러했는데, 한반도에서 전쟁이 발발하면 한국은 평시 생활공간이 전쟁터로 바뀌기 때문에 미국과는 차원이 다른 어려움에 부닥칠 가능성이 크다. 즉 한반도에서 전쟁 발발 시 한국은 외국 업체나 국내 다른 기업으로 신속히 대체할 수 없을 수도 있음을 직시해야 한다. 게다가 평시처럼 법정 공방을 통해 의무 불이행에 따른 피해보상을 받아서 해결하려면, 전투(전쟁)의 승패가 달린 문제를 두고 지나간 버스 뒤에서 손드는 격이 된다.

나. 군사법(軍事法) 및 군대윤리

일반적으로 법사상 · 법의 정신에 따라 헌법과 각종 법률이 있고, 법은 아니지만 사람이 마땅히 행하거나 지켜야 할 도리로서 지켜온 윤리의 기준[道德]이 있다. 군사법 및 군대윤리는 일반적인 법과 윤리를 일부 군의 특수성에 맞게 이를 보완하여 적용하는 것이다. 따라서 군사법과 군대윤리는 군사사상 측면에서 다음과 같은 세 가지 관점에서 접근할 필요가 있다.

첫째, 군사법은 법사상 및 법의 정신에 따라 국제법 및 헌법을 중심으로 구성된 여러 법령 중의 하나로서 존재한다. 법사상은 실정법이나 정의 등에 대하여 사람들이 품고 있는 관념으로, 실정법의 밑바닥에서 실정법을 받쳐주기도 한다. 실정법을 만들게 하기도 하고 어떤 경우에는 실정법과 대립하여 이를 비판하면서 실정법을 바꾸어가기도 한다. 또한 법의 정신이란 몽테스키외가 주장한 삼권분립을 말한다. 민주주의 국가에서 삼권분립의 토대를 마련하기 위해 헌법을 먼저 제정하고 이를 기본으로 하여 국가 통치와 국민의 권리를 보호하는 데 필요한 법령들을 만든다. 그런데 군사법은 법사상과 법의 정신을 토대로 단지 군사 분야의 특수성을 고려하여 특별한 상황에 부합되도록 특별법의 형태로 만든 것이다. 또한 군대윤리 역시 국민의 한 사람으로서 지켜야 할 보편적 도리인 일반적인 윤리에 군사법처럼 군사 분야의 특수성을 고려하여 만든 것이다.

이로 볼 때 군사법과 군대윤리는 보편적인 법사상과 법의 정신 및 보편적 윤리를 벗어나지 않는 범위 내에서 군사 분야와 연계하여 특수화(特殊化)가 이루어진 것이다. 그래서 최소한 상위법과 기본윤리의 이행 속에서 군사법과 군대윤리의 존재가치를 인정받게 된다. 물론 특별한 규정이 없는 한 일반법보다 특별법이 우선되는 것은 분명한 사실이다. 그러나 이런 특별법의 개념도 가장 밑바탕에는 보편적으로 적용되는 법사상 및 법의 정신을 따르게 된다. 따라서 군사사상의 한 분야로서 군사법 및 군대윤리를 만들거나 이행하면서, 가장 밑바닥에 있는 법사상과 법의 정신을 충실히 따라야 한다.

둘째, 군 조직 구성원 역시 군사법과 군대윤리에 대한 이행과 준수를 강요받는다. 군사법 및 군대윤리도 국가 헌법 체계의 하위법이고, 일반적인 국민윤리의 일부지만, 이것 못지않게 군 조직이 반드시 이를 준수해야 한다는 군 조직 자체를 위한 법이자 윤리이기도 하다.

군은 계급사회라는 점과 구성원의 생명이 침해당할 수 있는 상황에서 명령하고, 이를 복명(復命)하는 것 등은 일반적인 상황과 매우 다르다. 따라서 이런 특수성을 고려하여 군 조직 내에서 엄격히 적용할 군사법과 군대윤리가 존재하는 것이다. 따라서 군 조직 구성원 역시 이러한 군사법과 군대윤리에 대한 이행을 강요받고 있다.

셋째, 군사법 및 군대윤리를 지켰을 때와 지키지 않았을 때 결과가 미치는 영향 측면에서 접근이다. 일반적인 법률에 비해 군사법은 준수 여부에 따라 그 결과가 국가 안위(安危)가 달린 문제이거나 전 국민적 파급효과가 크게 미칠 수 있다. 따라서 결과의 중대성을 고려하여 일반적인 법의 개념이나 윤리개념보다 엄격한 것이 사실이다. 따라서 이런 특수성을 고려하여 이를 우선 준수하는 정신이 필요하다.

예를 들어 경계(警戒)의 경우 A업체를 경계하던 경비원이 자리를 이탈한 틈을 이용하여 외부의 침입으로 회사의 금전과 중요 사항이 침해된 경우를 들 수 있다. 그 결과 A업체에 치명적 손실을 미칠 수는 있지만, 반면에 이것이 국가나 국민 전체에까지 치명적인 영향을 미치지는 않을 수도 있다. 따라서 A업체는 경계 간 근무지를 이탈한 사람에 대해 손해배상을 청구하거나 그에 부합하는 벌을 부여할 것이다.

그러나 부대의 경계병이 경계근무지를 이탈하여 적이 침투하였을 경우 국가 안위(安危)에 미치는 영향이 매우 크다. 군형법 제28조(초병의 수소 이탈)에 초병이 정당한 사유 없이 수소(守所)를 이탈하거나 지정된 시간까지 수소에 임하지 아니한 경우 형벌을 구체적으로 제시하고 있다. ① 적전(敵前)인 경우 사형, 무기 또는 10년 이상의 징역을 처한다. ② 전시·사변 시 또는 계엄지역인 경우는 1년 이상의 유기징역에 처한다. ③ 그 밖의 경우 2년 이하의 징역에 처하도록 하고 있다.[290] 이를 보면 같은 경계근무지 이탈임에도 국가나 국민 전체에까지 미치는 영향이 달라 상대적으로 군형법이 무겁게 양형(量刑) 기준을 두고 있다.

다. 민군 관계

민군 관계에 대해 다양한 견해가 있지만, 그중에서 헌팅턴(Samuel P. Huntington)과 도론(J. Van Doorn)의 견해를 살펴볼 필요가 있다. 먼저

---

290) 군형법(법률 제14183호, 2016. 5. 29., 타법개정) 제5장 제28조.

광의로 정의한 헌팅턴에 따르면 민군 관계를 "어떤 사회에서나 민군 간에 몇 개의 상호 의존적 요소로 구성된 체계"라고 한다. 그 중요한 구성요소로 ① 정부에 있어 군사제도가 차지하는 공식적인 구조상의 지위, ② 전체로서의 정치와 사회에 있어서 군사 집단이 갖는 비공식적인 역할과 영향력, ③ 군부와 비군사 집단이 갖는 이데올로기의 본질 등 세 가지를 들고 있다. 즉, 민군 관계를 군부(軍部)가 갖는 권위·영향력·이념 사이에 존재하는 복합적인 균형 관계로 보고 그 실질적 관계가 민군 관계의 구체적인 내용을 이루고 있다는 것이다.[291]

한편 반 도른(J. Van Doorn)은 민군 관계를 ① 군과 국가의 관계로서 정부조직상 군사제도가 차지하는 구조상의 공식적 지위, ② 군과 국민의 관계로서 정치·경제·사회·문화·과학기술의 다른 부문에서 이루어지는 군사 분야와 민간 분야 간의 상호작용 상태 및 내용, ③ 군부 엘리트와 민간 엘리트의 관계로서 국가사회 구조 내에서 민·군 엘리트 간에 이루어지는 역할 분담 및 상호 경쟁과 갈등의 양상, ④ 군부와 민간 이익집단과의 관계라고 정의하고 있다.[292]

이런 정의를 통해 긍정적인 측면에서 민군 관계의 핵심을 거론하자면 '민'과 '군'이 국가목표를 달성하기 위해 각각의 영역에 충실하면서 상호 융합되고 협조 및 지원하여 이를 달성하는 것으로 볼 수 있다. 따라서 국가목표와 국가안보목표를 달성하기 위해 군사사상 측면에서 다음과 같이 접근할 수 있다. 첫째, 군이 민의 영역도 충분히 수용하고 활용해

---

291) S. P. Huntington, *The Soldier and the State*(Cambridge: Harvard University Press, 2004), p.57.
292) Jacques Van Doorn, "Armed Forces and Society: Patterns and Trends", in Van Doorn(ed.), *Armed Forces and Society*(The Hague: Mouton, 2003), pp.39~54.

야 한다는 점이다. 군이 국가안보목표나 국방목표를 달성하기 위해 군사 분야 외에도 정치 · 경제 · 사회 · 문화 · 과학기술 · 자연환경 분야를 적극적으로 수용하고 활용해야 하는 것이다. 둘째, 정치 · 경제 · 사회 · 문화 · 과학기술 · 자연환경 분야가 국가목표를 달성하는 데 대해 군이 기여하도록 지원하고 협조해야 한다는 것을 알 수 있다.

이와 관련한 각각의 구체적인 내용은 앞의 제6절 '평시 국가정책 지원 수단으로서의 군사력운용'과 뒤의 제2부 군사사상 분석 및 정립이론의 제2장 제3절 '군에 대한 국민과 정치의 요구'를 참고 바란다.

라. 기타 건축 · 군사지리 · 건강 · 의무 분야

건축 · 군사지리는 둘 다 항상 동일한 범주에 속한다고 볼 수는 없다. 하지만 군사 분야에서 각각 또는 상호 연계되어 둘 다 하드웨어(hardware) 측면으로 중요한 위치를 차지하고 있다. 건축은 군사 분야에서 기본적으로 도로와 건물 외에도 각종 진지와 같은 방어(호)시설에 대한 구축 · 폭파 등을 포함한다. 그럴 뿐만 아니라 무기나 장비와 관련한 특별한 시설에 이르기까지 상당히 폭넓은 분야가 포함된다.

또한 군사지리는 지리학의 세부 분야 가운데 하나이다. 지리와 관련한 물리적 · 문화적 환경이 국방정책 · 기획 · 계획 · 전투 · 전투지원 등에 미치는 영향에 초점을 맞추고 있다. 여기서 일부 학자는 가까운 장래에 우주에서 군사작전이 이루어질 것이므로 군사지리가 지구의 육지, 바다, 지하에 그치지 않고 '대기 및 우주'를 네 번째 지리적 매체로 보기도 한다.[293]

---

293) 존 M. 콜린스, 『직업군인과 일반인을 위한 군사지리』, 이동욱 옮김(마산: 경남대학

한편 오랜 옛날부터 기상이 군사 분야에 중요한 영향 요인으로 작용하였음은 주지의 사실이다. 특히 기온·습도·강수·바람·강설은 군사활동·장비 성능·통신·기동·관측·군수 분야 등 제반 군사 분야의 계획이나 결과에 크게 영향을 미칠 수 있는 중요 요소이다.

또한 현재 한국은 '장병과 국민 모두에게 신뢰받는 군 의료를 제공한다.'라는 목표로 필수 분야를 중심으로 군 의료역량을 강화하고 있다. 또한 의료서비스 공급에 있어 민간 의료자원을 적극적으로 활용하고 있다. 이를 위해 첫째, 장병 중심의 군 의료체계 개선으로 군 의무시설 현대화, 군 의료기관 기능조정 및 특성화, 군 병원 이용 환경개선, 군 응급후송 역량 강화와 감염병 대응 및 질병 예방 역량 강화를 추진하고 있다. 둘째, '민·관 협력을 통한 의료접근성 및 전문성 강화'를 위해 민간병원 접근성 강화, 민간 의료인력 확보 및 군 의료인력 전문성 향상, 국군외상센터 설립·운영, 범정부 응급의료헬기 공동 운영 및 소방과의 협력 강화 등을 추진하고 있다.[294]

이는 전·평시 장병의 건강이 전투력 발휘의 가장 기본이 된다는 측면과 전시 신속한 부상자 처리가 전투력 발휘는 물론 부대의 사기에 지대한 영향을 미치게 되므로 결코 소홀히 할 수 없는 분야이다.

3. 평시 효과적이고 효율적인 군사력 관리 및 운영과 관련한 군사 사상적 함의

먼저 적정 국방비 획득 분야는 다양한 위협이 증폭되고 있는 현재의

교출판부, 2008), p.19.

294) 국방부(2020), 앞의 책, pp.224~228.

안보상황에서, 한국 국민이 안심하고 편안한 삶을 누릴 수 있도록 하기 위해서는 한국의 경제 규모에 걸맞은 국방력을 유지하는 것이 중요하다. 이를 뒷받침하기 위해서는 적정 국방비의 확보가 필수적임을 알 수 있다.

다음으로 효율적인 국방비 운용은 계획단계에서 최적의 사용 계획을 수립하고 사용과정과 사용 후에 지속적으로 분석평가가 이루어져야 한다. 또한 비용 절감과 민간 부분이 군보다 앞서가거나 특화되어있는 부분을 활용하기 위해 전투와 직접적으로 관련이 적은 분야 등을 포함하여 민간의 자원이나 기술 및 창의성을 적극적으로 활용하도록 고려해야 함을 알 수 있다. 그러나 평시의 효율성·경제성만 중시하여 민간자원 활용을 지나치게 확대하면 한국군의 경우 전쟁 발발 초기 치명적인 전쟁 지원 분야에 공백이 발생할 수 있다. 그래서 다소 비효율적·비경제적인 요소가 있더라도 군시스템을 평시부터 일정부분 유지해야 한다.

한편 군사법 및 군대윤리 분야는 법사상과 법의 정신을 충실히 따르는 것을 기본으로 한다. 군사법 및 군대윤리를 지켰을 때와 지키지 않았을 때 결과가 미치는 영향을 고려해야 한다. 즉 일반적인 법률에 비해 군사법은 준수 여부에 따라 그 결과가 국가 안위(安危)가 달린 문제이거나 전 국민적 파급효과가 크게 미칠 수 있다. 그래서 결과의 중대성을 고려하여 일반적인 법의 개념이나 윤리개념보다 엄격한 접근이 필요하다.

민군 관계는 군이 국가안보목표나 국방목표를 달성하기 위해 군사 분야 외에도 정치·경제·사회·문화·과학기술·자연환경 분야를 적극적으로 수용하고 활용해야 하는 것이 필요하다. 아울러 정치·경제·사회·문화·과학기술·자연환경 분야가 국가목표를 달성하는 데 대해 군이 기여하도록 지원하고 협조해야 한다는 측면에서 접근이 필요함을 알 수 있다.

끝으로 기타 건축·군사지리·건강·의무 분야는 우선 전통적으로 지표면에서 이루어지는 건축 및 군사지리의 영역을 '대기 및 우주' 분야로 확대해석이 필요하다. 전시에 신속한 사상자 처리로 군의 사기와 전투력을 유지할 뿐만 아니라 평시 장병의 건강이 전투력 발휘의 가장 기본이 된다는 측면에서 접근이 필요함을 알 수 있다.

제2부
군사사상 분석 및 정립이론

제1장 군사사상 분석방법

　본 장에서는 군사사상 분석과 정립 중에서 군사사상 분석이론을 먼저 다루게 된다. 이는 군사사상 분석이 더 중요하다거나 정립이 덜 중요함을 의미하는 것은 아니다. 단지 실제 군사사상을 정립하기 위해서는 다양한 다른 군사사상을 분석하는 것이 더 효과적이기 때문에 이를 먼저 다루는 것이다. 그리고 군사사상 분석이론을 이해한 다음 군사사상 정립이론을 좀 더 상세하게 다루기 위해서다. 그렇다고 반드시 분석이론을 이해하고 정립이론으로 접근해야 한다는 절차를 강조하는 것은 아니다. 통상적으로 분석은 궁극적 목적이라기보다는 어떤 다른 단계 또는 환류(feedback)를 하기 위한 선행과정 또는 중간과정으로 활용되는 경우가 많다. 군사사상에서도 특정 목적을 갖고 수행하는 분석이 아니라면 앞서 언급한 바와 같이 군사사상을 정립하는 데 선행과정으로 분석과정을 거치게 된다. 한편 무에서 유를 창조하든 아니면 기존의 것을 보완하든지 간에 군사사상을 새로이 정립하기 위해서는 분석보다 정립이 좀 더 구체화한 절차와 고려 요소가 필요하다.

제1절 군사사상 분석의 의미와 목적

1. 군사사상 분석의 의미

군사사상 분석이란 국가나 개인 등이 정립한 군사사상에 대해 앞의 제1부에서 다루었던 군사사상 이론을 기초로 분석하는 것을 말한다. 여기서 분석한다는 의미는 군사사상의 범주별로 군사 분야에 대해 어떠한 '의미 있는' 주장이나 내용을 포함하고 있는지를 살펴보는 것이다. 이를 통해 궁극적으로 국가나 개인 등이 정립한 군사사상을 대표할 만한 내용이나 주장이 무엇인지를 따져보는 것이다. 그리고 이를 통해 얻은 시사점 등을 군사사상을 정립하거나 국방정책 또는 군사전략 등을 수립하거나 발전시킬 때 활용할 수 있다.

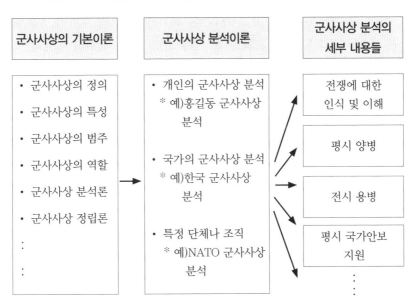

(그림 19) 군사사상 기본이론을 갖고 범주별로 특정 군사사상을 분석하는 흐름 예시

군사사상 분석과 관련하여 군사사상을 분석하는 목적을 먼저 살펴본다음 군사사상 분석방법을 구체적으로 제시하고, 군사사상 분석 시 오류와 유의 사항을 살펴보고자 한다.

2. 군사사상을 분석하는 목적

국가나 개인 등이 정립한 군사사상을 왜 분석해야 할까? 그리고 군사사상을 분석하면 과연 무엇을 얻을 수 있을까? 이에 대한 직답에 앞서, "삼성–애플, 특허분쟁 합의⋯7년 다툼 종지부"라는 지난 뉴스 기사를 살펴보고자 한다. 세계적인 두 거대 기업인 삼성전자와 애플이 스마트폰 디자인 특허 침해 여부를 둘러싸고 7년간 특허분쟁을 벌여왔다.[295] 다툼의 핵심은 과연 누가 창조이고 누가 모방이냐의 문제였다.

흔히 창조는 모방에서 출발한다고도 말한다. 그런데 모방은 공교롭게도 주로 인지나 경험, 직관 또는 기타 정보들을 분석하여 필요시 일부 수정을 하여 행동화하거나 그대로 재현하는 것이다. 이처럼 창조나 모방을 위해서는 정도의 차이는 있지만 나름대로 분석과정이 선행된다. 즉 분석과 융합이나 변형을 통해 모방하거나 창조하기 때문에, 군사사상 분석도 다른 군사사상을 모방하거나 창조하기 위해 거치는 일종의 선행과정이라고 볼 수 있다. 모방이나 창조의 맥락에서 군사사상을 분석하는 목적을 좀 더 세분하여 살펴보면 (표 25)에서 보는 바와 같다.

---

295) 옥철, "삼성–애플, 특허분쟁 합의⋯7년 다툼 종지부", 연합뉴스(2018.6.28)

⟨표 25⟩ 군사사상 분석목적

구 분	분 석 목 적
군사사상 이해 증대와 응용 능력 배양	• 다양한 군사사상 분석으로 군사사상에 대해 폭넓고 깊이 있는 이해 도모 • 분석한 결과를 활용하거나 이를 응용하는 능력 배양
군사 분야에 대한 지혜나 혜안(慧眼) 생성	• 군사사상 분석과정에서 군사사상가들의 군사 분야에 대한 지혜나 혜안을 식별하고 이를 이해 • 시사점이나 잘못을 식별하는 분석과 사유 과정을 통해 군사 분야에 대한 지식뿐만 아니라 지혜나 혜안을 생성
정립하려는 군사사상에 대한 타당성 분석 및 시행착오 방지	• 정립 중이거나 정립한 군사사상에 대해 자체적으로 적절성을 분석하고 미흡 분야 도출 • 군사사상 정립 중간 또는 완성단계에서 분석을 통해 잘못 식별 및 보완, 시행착오를 방지
군사사상과 군사 이외 국가안보요소와의 상호 연계성 분석 보완	• 포괄안보 관점에서 군사사상이 군사 분야와 정치, 경제 등 군사 이외 분야와 상호 적절히 연계되는지 분석 • 연계가 안 되었거나 부적절한 분야 도출 보완
군사사상, 국방정책 또는 군사전략 등을 수립 시 참고할 사항 도출	• 다양한 군사사상 분석을 통해 특이점, 공통점, 일정한 패턴 또는 시사점 등을 도출 • 군사사상, 국방정책이나 전략 등을 구체화할 때 분석 자료를 반영하거나 참고자료로 활용

첫째, 군사사상에 대한 이해를 증대시켜 궁극적으로 이를 활용하거나 응용하기 위한 밑바탕을 다지기 위함이다. 이는 다양한 군사사상을 분석함으로써 군사사상을 보다 다양하고 폭넓고 깊이 있게 이해할 수 있게 된다. 여기서 군사사상을 이해한다는 것은 국가나 개인 등이 정립한 군사사상을 분별하여 해석하거나 의미를 정확하게 아는 것을 주로 말한다.

이렇게 군사사상을 폭넓고 다양하게 이해해야 하는 이유는 일종의 밑바탕을 다지는 것이다. 기본적으로 폭넓고 깊이 있는 이해가 바탕에 깔려있어야 다음 단계로 넘어가 이를 활용하거나 응용할 수 있기 때문이다.

둘째, 전쟁이나 군사 분야에 대한 지혜나 혜안을 간접 경험하고 이를 기초로 군사 분야에 대한 지혜나 혜안을 증진하기 위함이다. 군사사상을 분석함으로써 그 군사사상을 정립한 국가나 개인 등이 전쟁을 포함하여 군사 분야에 대해 지향하고 있는 지혜나 혜안을 간접 경험할 수 있고 장차 이를 응용할 수 있는 터전이 된다. 그런데 군사사상 분석과 관련하여 종종 오해를 불러일으키는 것이 있다. 특히 선진국의 현상을 참고하거나 우리의 미래에 대한 준비에 초점을 맞추면, '과거의 사실'은 한낱 집착에 불과하다거나 고루(固陋)하고 불필요한 것 또는 의미가 별로 없다는 오해로 귀결시키곤 한다.

단적인 예를 들자면 미 공군지휘참모대학의 레일리(Jeffrey M. Reilly)가 미래 국방 분야와 관련하여 어디에 주안을 둘 것인가를 언급한 사항이다. 그는 지금까지 우리는 통상적으로 육·해·공군에 의한 합동작전을 중시하여 육·해·공군 각 분야에서 적보다 우위를 달성하기 위한 역사적 접근을 토대로 미래를 준비해 왔다고 봤다. 그런데 미래의 작전환경은 현재와 판이해져서 이런 방법이 더 이상 유효하지 않을 수도 있다는 것이다. 그래서 육·해·공군은 물론이거니와 국가 또는 비국가단체, 우주, 사이버 등을 포함한 '다중영역작전 개념(MDO: the notion of multi-domain operations)'에 주목해야 한다는 것이다.[296] 이를 보면 육·해·공군과 같은 지금까지의 주요 영역으로 여겨지던 분야에 대한

---

296) Jeffrey M. Reilly, "Multidomain Operations: A Subtle but Significant Transition in Military Thought", *Air and Space Power Journal* Vol.30(1) (Spring 2016), p.61.

분석의 가치를 저평가하는 것처럼 오인할 수 있는 주장을 했다. 하지만 레일리(Reilly)는 작전영역이 과거와는 크게 달라져 '다역화(多域化) 및 다중화(多重化)되었다는 점'과 미래 국방 분야에서 그에 대한 '대안 강구'가 필요함을 강조하는 데 주안을 두었다는 점이다. 그가 강조하고자 한 점은 과거의 전쟁사나 군사사상에 대한 분석이나 연구가 '무의미'하다는 것을 강조하기 위함이 아니라는 것이다.

손자가 살았던 시대는 화약무기도 없었고, 공군이나 사이버 테러도 없었다. 따라서 손자의 군사사상을 오늘날 그대로 일대일로 매칭(matching)시킬 수는 없다. 그러나 손자의 군사사상은 지금까지도 여전히 활용되고 있다. 이런 맥락에서 지금까지 없었던 매우 생소한 미래의 다중영역작전이 이루어진다 해도 과거의 군사사상 연구는 여전히 군사 분야에 대해 지혜나 혜안을 직·간접적으로 전해줄 수 있게 된다.

또한 어떤 특정 인물이나 국가에 대해 많은 자료를 접했더라도 피상적으로 접하는 것과 분석과정을 통해 접하는 것은 매우 다르다. 따라서 국가나 개인 등의 군사사상을 분석하면 어떤 생각이나 소신 또는 철학을 가졌는지, 아니면 무엇이 잘못된 것인지 혹은 잘된 것인지를 구분해내는 힘, 즉 혜안이 길러진다.

셋째, 정립한 군사사상이 적절한지 또는 보완할 점은 무엇인지 식별하고 이를 보완함으로써 군사사상 정립과 관련하여 실효성을 높이고 시행착오를 방지하기 위함이다. 이는 국가나 개인 등이 정립 중이거나 정립한 군사사상에 대해 제삼자가 객관적인 입장에서, 또는 당사자가 자체적으로 적절한지 부적절한지, 잘되었는지 또는 잘못되었는지를 식별하여 군사사상의 미흡 분야를 보완하기 위해서이다. 이는 마치 어떤 일을 추진하면서 계획을 수립하고, 실시하는 과정 또는 실시 후 분석평가를 통해 문제점을 도출하여 피드백(feedback)하는 것과 유사한 개념이다. 군사사상을 정립했더라도 이것이 적절한지를 반드시 따져보는 과정이 필요하다. 이는 중간 또는 완성단계에서 군사사상에 대해 분석을 통해 낭비, 잘못 또는 시행착오를 방지할 수 있기 때문이다.

넷째, 군사사상의 범주별로 연계된 군사 이외의 분야들이 적절하게 국가안보 분야의 일부로서 연계되거나 협조 또는 상호작용하고 있는지 확인하는 것이다. 군사사상을 정립할 때 범주별로 구체화가 이루어진다. 그런데 군사사상의 각 범주는 군사 이외의 분야와 직간접적으로 연계하여 국가안보의 한 분야로 역할을 수행한다. 따라서 군사사상의 범주와 군사 이외의 분야 간 연계성이 적절한지 분석해야 한다.

예를 들어 양병의 일환으로 '핵무장'을 선정했다면, 단순히 군사적 최종상태는 '핵무기를 갖는 것 그 자체'가 되겠다. 하지만 군사적 최종상태에 이르기 위해선 많은 군사 이외의 분야와 직간접적으로 연계되어 있어서 '핵무기를 갖는 것 그 자체'만 고려할 수 있는 것이 아니다. 즉 핵 개발에 필요한 핵물리학을 포함한 과학기술, 막대한 비용, 무역(貿易) 보복과 같은 국제적인 제재, 외교 문제, 주변 국가들의 부정적 반응, 우라늄 수입 차단과 원자력발전 제한, 직접적인 적대 국가의 전력 증강이나 도발, 핵실험에 따른 환경파괴 등 여러 요소가 연계되어 상호작용을 하게 된다.[297]

이는 군사사상이 군사사상 범주별로 군사 이외의 분야와 연계하여 국가안보와 관련한 것들을 추진하기 때문에 발생하는 것이다. 그래서 군사사상이 부적절하게 정립되었다면, 국가정책을 추진하면서 군사 분야뿐만 아니라 군사 이외의 분야에 이르기까지 적지 않은 혼선을 초래하거나 부적절한 결과를 가져올 수 있다. 최악의 경우 오히려 국가의 안보

---

297) 최강, "핵무장론 파장과 대응 방안"(서울: 아산정책연구원, 2016), pp.2~4.

를 저해하는 요소로 작용할 수 있다.

그러므로 정립된 군사사상의 내용들이 연계된 군사 이외의 분야와 적절하게 연계되어 있는지? 역작용이나 충돌은 발생하지 않는지? 협력은 잘 이루어질 수 있는지? 등을 분석하여야 한다. 분석결과 일부 분야가 막혀있거나 제대로 역할을 수행하지 못하거나 해를 끼치게 되면 '연계된 내용을 개선'하거나 반대로 '군사사상 자체를 조정'해야 한다. 따라서 '군사사상'이지만 우물 안 개구리 식으로 군사 분야에 한정하지 말고 군사 이외의 다양한 분야와 상호 연계하여 타당한지 분석해야 한다.

다섯째, 군사사상을 정립하거나 군사 분야와 관련한 정책이나 전략 등을 수립할 때 다른 군사사상 등을 분석하여 시사점을 도출하고 이를 참고하거나 활용하기 위함이다. 이는 일종에 사례분석을 통한 공통점 또는 일정한 패턴을 찾거나 각각의 군사사상에서 개별적인 시사점을 도출하여 이를 군사사상 수립 시 또는 군사사상을 국방정책이나 전략 등에 구체화할 때 반영하거나 참고하는 것이다.

예를 들자면 한국의 군사사상을 정립하거나 군사 분야와 관련하여 정책이나 군사전략 등을 기획(planning) 또는 계획(program)하고자 할 경우를 생각해 보자. 손자의 군사사상, 클라우제비츠의 군사사상, 미국의 군사사상, 북한의 군사사상 등을 분석해서 시사점을 도출하거나 이를 참고하고 활용하면, 적절한 결과를 얻거나 더 쉽고 창의적으로 관련 사항을 처리할 수 있을 것이다.

제2절 군사사상 분석방법 및 절차

1. 분석방법

가. 기존 분석방법과 한계점

군사사상 분석방법에 대해서는 그간 체계가 정립되어있지 않았다. 분석방법에 대해 최초로 체계 정립을 시도한 것은 박창희의 "군사사상 연구를 위한 방법론 구상"(2016)이다. 그리고 이를 구체화 한 것이 박창희의 『한국의 군사사상』(2020)에서 언급한 4가지 분석변수이다. 4가지 분석변수란 철학적 · 정치적 · 군사적 · 사회적 차원에서 분석하는 것이다. 철학적 차원은 전쟁의 본질 인식을, 정치적 차원은 정쟁의 정치적 목적을, 군사적 차원은 전쟁수행전략을 그리고 사회적 차원은 삼위일체의 전쟁대비를 중심으로 분석하는 방안을 제시하였다.[298]

박창희의 분석변수에 의한 분석방안은 그간 막연하던 군사사상 분석에 대해 나름대로 어떤 기준을 갖고 어떻게 분석해야 하는지를 최초로 제시하였다는 점에서 높이 평가할 만하다. 지금까지 같은 사람의 군사사상을 분석하더라도 분석하는 사람에 따라 제각기 다른 관점과 기준으로 각각 다른 내용을 주장해오던 문제점을 어느 정도 방지할 수 있는 토대가 마련되었다고 볼 수 있다. 그럼에도 현재까지 유일하게 제시된 이 분석방법에 대해 폄하(貶下)하거나 조건 없는 비판을 하고자 함이 아니라 다음과 같은 몇 가지 한계점을 갖고 있어 보완이 필요하다.

---

298) 박창희(2020), 앞의 책, pp.50~52.

첫째, 핵심변수를 도출하고 이를 기준으로 사상적 흐름과 변화를 추적하는 것은 바람직하지만, 핵심변수의 내용이 중첩되거나 혼재될 수 있을 뿐만 아니라, 군사사상의 정의와 범주에 포함된 내용 중 일부는 분석할 수 없는 결과가 발생한다. 핵심변수를 선정하여 적용하는 것에 대해 너무 많은 변수를 적용해서 분석하다 보면 복잡한 연구가 얽히고설킬 수 있어 단순화하였다.[299] 핵심변수만 적용 시 때로는 좋을 수 있어 타당한 면이 있으나 이와는 반대로 중요한 사항이 간과되거나 분석에서 빠지는 결과가 초래된다. 따라서 분석할 기준이 없어 못 하는 것보다는 필요한 것을 보편적으로 포함한 다음 분석 시 관련된 내용을 중심으로 선택적으로 적용하는 것이 필요하다. 왜냐하면 〈표 26〉에서 보는 바와 같이 정의나 범주를 모두 아우를 수 있는 4가지 분석변수를 분석의 틀로 삼았다고 했다. 그런데 실제 결과는 반대로 오히려 정의와 범주에서 누락, 혼재, 중첩 또는 맞지 않는 부분이 있음을 알 수 있다. 특히 위기관리 및 국지도발 대응, 재난 대응 및 공익 지원, 적정 국방비 획득 및 운용 등과 같은 '전쟁 이외 분야'에 대해서는 분석변수에 포함되지 않아 대부분 분석이 제한된다.

둘째, 전쟁에 대한 대비 또는 준비가 '사회적 차원의 분석' 대상으로 선정하는 것이 적정한지 의문이 발생한다. 이 분석방법에 따르면 4가지 분석변수 중 '사회적 차원 분석'의 핵심은 '전쟁준비'를 분석하는 것이다. 국가, 군대 및 국민이 전쟁준비('삼위일체 전쟁대비')를 어떻게 했는가? 잘했는가? 못했는가? 등을 분석하는 것이다. 그런데 '전쟁대비'라는 것은 사회적 차원에서 이루어지는 행위나 조치이기보다는 국가(정치), 군대 등이 더 관계가 깊기 때문이다.

---

299) 위의 책, p.50.

(표 26) 4가지 분석변수와 군사사상의 정의 및 범주와의 연관성 분석

4가지 분석변수		적절성 검토 결과 및 한계점
철학적 차원	전쟁관	• '정치적 목적'을 달성하기 위한 전쟁수행과 같은 행동화는 군사적 차원의 '전쟁수행'에 주로 해당하므로 전쟁수행 분야를 별도 선정한 것은 적절함 • 전쟁관은 전쟁의 정의, 전쟁에 대한 인식을 의미하는데 '정치적 목적을 달성하기 위한 수단'으로 전쟁을 인식하거나 활용한다고 한정하면 이것이 전쟁관(전쟁인식)의 한 부분에 속하는 것을 갖고 전체화하는 문제가 발생함
정치적 차원	전쟁의 정치적 목적	• 전쟁관에 포함되어 있어 분석 시 내용 중복
군사적 차원	전쟁 양상, 군사전략, 전쟁수행, 동맹 관계	• 군사사상은 국방정책에, 국방정책은 군사전략에, 군사전략은 작전술 및 전술 등에 계층적으로 방향을 제시하거나 가이드라인을 설정해 줌 • 특별히 군사전략만이 중요하다고 하여 이것만 군사사상 분석의 핵심 내용으로 포함할 수 없고, 오히려 계층적으로 보면 국방정책을 포함할 수 있음 • 동맹 관계는 군사적 차원보다는 정치적 차원이 더 강하게 비중을 차지하여 정치적 차원에서 분석할 대상임. '군사동맹'은 '동맹'의 한 부분이지 상위의 개념 또는 독립된 것이 아님
사회적 차원	군사제도, 군사동원, 군사력건설, 민군 관계	• '사회적 차원'의 분석 핵심을 '전쟁대비 분석'으로 선정했는데 전쟁대비는 사회적 차원이라기보다는 정치적 차원 또는 군사적 차원의 성격이 더 강함 • 특히 군사제도, 군사력건설은 사회제도나 사회적 행위보다는 위에서 제시한 군사 분야로 한정하는 것이 더 적절함 • 민군 관계는 군사적 차원과 사회적 차원이 모두 관련되어 사회적 차원만으로 한정하는 것은 제한됨

		• 전시가 아닌 평시 군사 분야가 담당하거나 깊이 관여 해야 하는 분야의 다수가 누락됨
?	?	• 평시 국가안보 지원 　* 군사 교류를 통한 전쟁억제, 적대 국가 연구, 위기 관리 및 국지도발 대응 • 평시 국가정책 지원 수단으로서의 군사력운용 　* 국가정책 구현 또는 국가정책 구현 지원, 국제평화 를 위한 해외 파병 지원, 재난 대응 및 공익 지원 • 평시 효과적이고 효율적인 군사력 관리 및 군 운영 　* 적정 국방비 획득, 효율적인 국방비 운용, 군사법 (軍事法) 및 군대윤리, 민군 관계, 기타(건강 · 의무, 건축 · 군사지리 · 기상)

　사회라는 단어는 고대로부터 여러 가지 의미로 변화를 거쳐 왔다. 그 중에서 몇 가지를 보면, 첫 번째 의미는 사회 또는 시민사회가 곧 아리 스토텔레스의 정치공동체(koinonia politike)를 포함하여 국가 또는 기본 적 사회로 보는 시각이다. 이럴 경우 '사회'는 '국가'를 의미하므로 사회 적 차원의 분석은 곧 국가적 차원의 분석을 의미한다. 물론 사회가 곧 국가라고 직접 연결하는 것은 적절하지 않은 면이 있다. 하지만 이럴 때 다분히 사회적 차원의 분석이나 정치적 차원의 분석이 의미상 유사해질 수밖에 없다. 하지만 4가지 분석변수를 적용하면, '같은 것'에 대해 정치 적 차원과 사회적 차원으로 '각각 다르게 구분'하여 분석해야 하는 모순 이 생긴다.

　두 번째 의미는 사람들 사이의 교제하는 생활 또는 집합체를 의미하 는 것으로 그 성원 상호 간에 구속력을 갖는 어떤 행동 규칙을 인정하고 대부분 그에 따라서 행동하는 사람들로 이루어진, 어느 정도 자족적인 연합체[300]를 의미한다. 그래서 좁게는 인간의 문화생활처럼 정치 · 경

---

300) J. Rawls, *A Theory of Justice*[1971], revised Edition, (Oxford : Oxford

제적 영역을 제외한 영역을 말하기도 한다. 이런 견해는 우리가 일반적으로 사용하는 사회의 통념과 유사한 것으로 이럴 경우 사회란 공동생활을 영위하는 모든 형태의 인간 집단을 의미한다. 소규모 가족에서부터 직장과 학교, 전체사회 및 그 일부인 정치 · 경제 · 시민 · 노동 · 문화사회 등을 지칭한다.[301] 따라서 사회가 곧 국가를 의미하는 것이 아니고 국가도 병렬하는 여러 형태의 사회 중 일부로 보게 된다. 이런 맥락에서 보면 사회적 차원의 분석이란 접근이 무엇을 의미하는지 불분명해진다. 게다가 만약 사회의 의미를 '인간의 문화생활' 또는 일반적인 '자족적인 연합체'로 한정한다면, 국가, 군인 및 국민의 전쟁준비 분야인 '삼위일체 전쟁대비'를 사회적 차원으로 묶는 것은 지나친 확대해석임을 알 수 있다.

특히 전쟁준비는 국민의 지지를 받는 가운데 주로 정부와 군이 수행하는 것이므로 사회적 측면[302]이라고 범주를 정하면, 앞서 본 사회의 개념상 사회적 차원보다는 국가적 차원 또는 정치적 차원이 더 가깝다. 범위를 좁혀 접근하더라도 사회적 차원이라기보다는 군사적 또는 국가적 차원의 '양병' 분야에 더 가깝다. 여기서 양병이란 군대를 조직하고 무기를 갖추며 훈련하고 교리를 발전시키는 순수한 군사적 영역뿐만 아니라 전쟁에 대한 준비, 전쟁억제 및 억제유형의 선택 등과 같은 다분히 정치적 영역을 포함하는 것이다. 따라서 이것을 '사회적 차원'이라는 범주로 묶어 사회적 행위나 조치로 접근하면, 잘 매칭이 안 되는 부분이 많이 대두된다.

University Press 1999), p.4.

301) 위키백과(https://ko.wikipedia.org/wiki/%EC%82%AC%ED%9A%8C, 검색일: 2020.12.1.)

302) 박창희(2020), 앞의 책, p.61.

또한 전쟁준비를 위해 정부·국민·군대가 각각의 역할을 다하는지 분석하는 것이라고 했다.[303] 이럴 경우 국가의 역할 분석은 정치적 차원 분석으로 포함하고, 군의 역할은 군사적 차원 분석에 포함하는 것이 더 타당하지 않은지? 그리고 정치적 목적이 소극적이고 전략이 방어적일 경우 전쟁대비는 최소한으로 이루어질 것이다. 반대로 적극적이고 공세적일 경우 최대한의 수준에서 전쟁대비가 이루어질 것이라고 했다.[304] 이런 것을 우리가 일반적으로 인식하는 '사회'적인 문제로 접근하는 것이 타당한지? 의문이 생긴다.

이에 대한 해답을 구하기 이전 예를 들어 '빨갛고 맛이 약간 신맛이 나는 사과'로 분석하거나 표현할 것을 '빨갛고 맛이 약간 신 과일'로 했다고 하여 논리나 의미

(그림 20) 사과와 크랜베리

상으로 틀린 것은 아니다. 하지만 때에 따라서 의미는 천지 차이가 날 수도 있다. 빨갛고 맛이 약간 신 과일로 사과 대신 자두, 석류, 천도복숭아로 인식하거나 심지어 북아메리카가 원산인 크랜베리(cranberry)라고 생각할 수도 있다. 이런 이유로 인해 정부, 군대 및 국민의 전쟁준비를 넓은 의미로 본다면 사회적 차원으로 볼 수도 있겠지만 내용상 정치적 차원이나 군사적 차원으로 범위를 특정하여 분석하는 것이 더 적절하다.

---

303) 위의 책, p.51.
304) 박창희(2020), 앞의 책, pp.50~51.

나. 새로운 분석방법

앞서 군사사상 분석의 의미와 목적에 대해 살펴봤는데 이와 연계하여 군사사상 분석방법 및 절차를 살펴보고자 한다. 군사사상을 분석하는 방법과 절차는 각각의 군사사상에 대해 '군사사상의 6개 범주'를 기준으로 분석하는 것이다. 범주별로 해당 군사사상이 담고 있는 의미를 도출하고 세부 분석 내용의 우열을 판별하여 지배적이거나 대표적인 군사사상을 도출한다. 그리고 군사사상 분석을 통해 시사점이나 문제점 도출, 지혜나 혜안 증진, 군사사상의 범주별로 연계된 내용들이 적절하게 군사 이외의 분야와 연계되었는지 확인한다. 그래서 군사사상 분석을 통해 궁극적으로 얻고자 하는 5가지 목적을 중심으로 달성하고자 하는 결과를 도출하는 것이다.

군사사상을 분석하는 방법은 앞의 〈표 9〉에서 제시한 군사사상의 6가지 범주별로 세부 내용을 분석하는 것이다.[305] 즉 ①전쟁에 대한 인식, ②평시 양병, ③전시 용병, ④평시 국가안보 지원, ⑤평시 국가정책 지원 수단으로서의 군사력운용, ⑥평시 효과적이고 효율적인 군사력 관리 및 운영에 대하여 〈표 27〉과 같은 주요 내용을 중심으로 각각 구체적으로 분석하는 것이다.

---

305) 군사사상을 분석할 때 반드시 6가지 범주로만 하는 것은 아니다. 단지 이는 군사사상을 분석할 때 가장 보편적으로 적용할 수 있는 일반적인 적용 방법이라는 의미이다. 일례로 군사사상을 '특정 목적'을 갖고 분석할 경우 6가지 범주를 적용하지 않을 수도 있다. 즉 '정규전 수행'이란 목적을 갖고 특정 국가나 개인의 군사사상을 분석하면, 군사사상의 범주 중 ⑤평시 국가정책 지원 수단으로서의 군사력운용, ⑥ 평시 효과적이고 효율적인 군사력 관리 및 운영 등으로 분석하는 것은 적절하지 않을 수 있다. 또한 뒤의 'Ⅳ. 군사사상 분석 시 오류와 유의 사항' 중 '분석틀이나 도구'를 한정해야 하는 설명 부분에서 다시 언급되지만, 분석 도구나 수단을 한정할 때 분석 시 6가지 범주를 적용하지 않을 수도 있다.

(표 27) 군사사상의 범주별 주요 분석 내용

구 분	주요 분석 내용	비고
전쟁에 대한 인식	• 전시와 평시의 구분, 전쟁에 대한 정의 및 본질 • 전쟁수행 신념 • 전쟁의 성격과 양상에 대한 인식 및 이해 • 전쟁의 원인에 대한 인식 및 이해	
평시 양병	• 군사력건설의 우선 목표로 전쟁억제와 억제유형의 선택 • 상호의존 형태의 선택 • 국방개혁 및 군사혁신 • 통일 이후를 대비한 한국의 적정 군사력건설	전쟁수행보다 전쟁억제 우선
전시 용병	• 궁극적으로 국가목표 및 국가안보목표를 달성하는 데 기여할 수 있도록 운용 • 전술적·작전적 및 전략적 목적을 이해하고 전체적인 작전에 기여하도록 군사력을 운용 • 인간존중을 기저(基底)로 하는 군사 리더십	최소의 피해로 승리 달성
평시 국가안보 지원	• 군사 교류(軍事交流)를 통한 전쟁억제 • 적대 국가에 대한 연구(북한 연구) • 위기관리 및 국지도발 대응	전쟁 이외 군사 분야
평시 국가정책 지원 수단으로서의 군사력운용	• 국가정책 구현 및 국가정책 구현 지원 • 국제평화를 위한 해외 파병 지원 • 재난 대응 및 공익 지원	포괄안보적 시각 접근
평시 효과적이고 효율적인 군사력 관리 및 운영	• 적정(適正) 국방비 획득과 효율적인 국방비 운용 • 군사법(軍事法) 및 군대윤리 • 민군 관계 • 기타 건축·군사지리·건강·의무 분야	

일례로 손자의 군사사상을 분석할 경우 6개 범주에 맞추어 분석하는 것인데, 이 중에서 첫 번째 범주에 해당하는 '전쟁에 대한 인식'과 관련하여 분석방법만을 한정하여 좀 더 구체적으로 설명하면 다음과 같다. 『손자병법』 전편에 들어있는 전쟁에 대한 인식과 관련한 요소들을 각각

찾아 이를 몇 개의 항목으로 재정리하게 된다. 이 과정을 통해 손자는 '전쟁에 대한 인식'과 관련하여 '이러이러한 사상'을 갖고 있었다고 궁극적으로 도출하는 것이다. 그런데 '전쟁에 대한 인식'이란 것이 다소 막연하므로 분석을 하기 위해서는 이를 세분하여 구체화할 필요가 있다. 따라서 '전쟁에 대한 정의 및 수행 신념'과 '전쟁의 원인에 대한 인식 및 이해' 등 몇몇 분야로 세분하여 손자는 '전쟁에 대한 인식' 측면에서 어떤 생각과 신념을 가졌는지 세부 항목에 맞추어 분석하는 것이다.

한편 앞서 군사사상을 분석하는 목적으로 다섯 가지를 제시하였는데 각각의 개별 목적에 따라 분석할 수도 있고 또는 몇 개의 목적을 동시에 고려하여 분석 대상과 내용을 다르게 할 수도 있다. 그리고 이런 과정을 통해 군사사상을 분석하여 궁극적으로 얻고자 하는 것을 도출하는 것이다. 예를 들어 군사사상 분석목적 중 2번째인 '전쟁이나 군사 분야에 대한 지혜나 혜안을 간접 경험하고 이를 기초로 지혜나 혜안을 증진하기 위해' 분석하거나 3번째 목적인 '새로운 군사사상 정립'을 위해 분석할 경우라면 하나의 군사사상을 분석하는 데 그치기보다는 시간과 여건이 허락한다면 여러 군사사상을 분석하는 것이 좋을 것이다. 그래야 다양한 분석을 통해 문제점이나 시사점 또는 착안할 사항 등을 도출하고 이를 내면화하는 과정에서 자연스럽게 지혜나 혜안이 증진되기 때문이다.

또 다른 예로 군사사상 분석목적 중 4번째인 '군사사상의 범주별로 연계된 군사 이외의 분야들이 적절하게 국가안보 분야의 일부로 연계되거나 협조 또는 상호작용하고 있는지 확인'하기 위해서 분석하는 경우를 살펴보자. 이 경우 다른 여러 군사사상을 분석하기보다는 해당 군사사상에 주안을 두고 세부적으로 분석하는 것이 더 적절하다. 해당 군사사상에 대해 군사 이외의 분야들과 연계하여 조목조목 심도 있게 분석해서 문제점이 무엇인지 모두 찾아내는 것이다. 즉 군사사상의 범주별로 각각 연계된 내용들이 적절하게 군사 이외의 분야와 매칭이 되고 있는지? 어떤 분야에서 충돌하거나 상반되는 것은 무엇인지? 또는 오히려 국가안보에 역으로 작용하는지 분석하여, 상호 협조 및 연계가 적절하도록 조정하는 것이 필요하다.

2. 분석절차

군사사상을 분석하는 절차는 (표 28)에서 보는 바와 같이 크게 3단계로 이루어진다. 첫 단계로 군사사상의 범주별로 분석하여 해당 군사사상이 범주별로 어떤 의미를 지니는지 도출하는 것이다. 두 번째는 범주별로 분석한 것을 종합하여 대표적인 군사사상 내용을 도출하는 것이다. 마지막은 해당 군사사상을 분석하여 궁극적으로 얻고자 하는 것을 도출하는 것이다. 각 단계의 구체적인 내용을 살펴보면 아래와 같다.

(표 28) 군사사상 분석방법 및 도출내용

단 계		분석을 통해 주요 도출할 내용
1단계	범주별 분석과 이에 대한 의미 도출	• 범주별로 군사사상 분석 • 범주별 해당 군사사상이 담고 있는 의미 도출
2단계	범주별 분석결과로 대표적 군사사상 도출	• 범주별로 분석한 결과 종합 • 세부 분석 내용 중에서 지배적이거나 대표적인 군사사상 도출
3단계	분석을 통해 궁극적으로 얻고자 하는 내용 도출	• 전반적인 시사점 또는 문제점 도출 • 군사사상의 범주별로 연계된 내용들이 적절하게 군사 이외의 분야와 연계되었는지 확인 • 지혜나 혜안을 증진

1단계는 특정 군사사상에 대해 6개 범주별로 어떤 의미를 갖는지 세부적으로 분석하는 것이다. 이는 앞서 〈표 27〉에서 제시한 것과 같은 주요 내용을 중심으로 각각 구체적으로 분석하는 것이다.

2단계는 특정 군사사상에 대해 범주별 세부 분석 내용의 우열을 판별하여 지배적이거나 대표적인 군사사상을 도출하는 것이다. 이는 국가나 개인 등이 군사 분야에 대해 가진 사상을 범주별로 세분하여 분석해 보면 다양한 내용이 도출된다. 이렇게 도출한 모든 내용을 일일이 언급할 필요가 있는 때도 있지만, 때로는 크게 뭉뚱그려서 군사사상을 제시하는 경우가 더 효과적일 때가 있다. 이를 위해 지배적이거나 대표적인 군사사상 내용을 도출하는 것이다.

예를 든다면 손자의 군사사상을 6개의 범주별로 분석하면 '오사칠계(五事七計)' '부전승' '속전속결' '궤도(詭道)' '정보의 중요성' '장수의 리더십' 등을 포함하여 다양한 여러 내용을 도출할 수 있다. 그다음엔 개개의 분석결과를 종합하여 전반적으로 손자의 군사사상을 대변(代辯)할 수 있는 대표적인 것을 도출하는 것이다. 여러 가지 분석 내용 중에서 중요도나 손자가 강조한 점 등을 비교하여 손자의 대표적인 군사사상으로 예를 들어 '부전승'을 도출하는 것과 같은 방법이다.

하지만 유념할 것은 '부전승'으로 도출한 것은 손자의 대표적인 군사사상이란 의미이다. 부전승 이외의 것은 무시해도 된다거나 중요도가 낮다는 것을 의미하는 것은 아니다. 또한 군사사상을 분석하는 절차상 2단계가 반드시 필수적인 것은 아니다. 분석 내용이 그다지 복잡하지 않다면 2단계를 거치지 않고 1단계에서 곧바로 3단계로 진행할 수 있다. 상황에 따라 2단계는 적용되기도 하고 생략되기도 한다.

3단계 군사사상을 분석하는 목적을 달성하기 위해 특정 군사사상이나 다양한 군사사상을 분석하여 궁극적으로 얻고자 하는 것을 도출하는 것이다. 즉 군사사상 분석을 통해 시사점이나 문제점 도출, 지혜나 혜안 증진, 군사사상의 범주별로 연계된 내용들이 적절하게 군사 이외의 분야와 연계되었는지 확인하는 것이다. 이는 군사사상 분석을 통해 앞서 제시한 5가지 목적을 토대로 궁극적으로 얻고자 하는 결과를 도출하는 것이다.

이는 군사사상을 '분석하는 목적'과 앞의 군사사상 '분석방법'을 설명하면서 이미 언급하였기 때문에 추가적인 설명은 생략한다.

3. 군사사상 분석 시 오류와 유의 사항

가. 정량적 분석의 제한으로 객관화의 한계

군사사상을 분석하는 것은 이미 '창조된' 특정 인물 또는 특정 국가의 군사사상을 분석함으로써 관련 군사사상을 보다 '심층 깊게 이해'하는 데 우선 목적이 있다. 나아가 이를 토대로 현재의 군사사상을 발전시키거나 향후 새롭게 창조해야 할 '군사사상을 정립'하는 데 활용하기 위함이다. 그런데 군사사상을 분석할 때 정량적 분석의 제한으로 분석가에 따라 결과가 다르거나 왜곡된 결과가 도출될 수 있는 객관화의 한계가 있다.

일반적으로 분석을 할 때 정량적 분석(quantitative analysis)과 정성적 분석(qualitative analysis)을 하게 된다. 오늘날 인공 지능, 측정 결과, 빅데이터 또는 설문 등을 활용한 통계적인 정량적 분석이 발전되어 분석결과의 객관성을 높이고 있다. 하지만 군사사상 분석은 수량화 또는 통계처리 등과 같은 것을 활용하는 정량적 분석이 매우 제한되므로 정성적 분석에 주로 의존하게 된다.[306) 그러다 보면 분석가에 따라 다양한 견해가 작용하여 일관성이 없는 결과가 도출될 수도 있다. 또한 어떤 것은 해당 군사사상과 관련된 개인이나 국가의 깊은 의도를 정확히 설명하거나 해석하는 것이 제한되기도 한다. 그래서 근본적인 것에 접근조차 못 하여 의미가 낮은 분석결과가 도출되거나 심지어 왜곡될 수도 있다. 이런 정성적 분석의 단점과 한계 및 범하기 쉬운 오류를 보완하기 위해 정량적 분석 외에 다음과 같은 것이 고려되어야 한다. 첫째, 일정한 분석틀을 만들고 둘째, 일부는 다분히 철학적 접근을 통해 복합적으로 분석해야 한다.

먼저 분석틀이나 도구와 관련하여 보면, 군사사상을 분석하면서 분석가의 시각에 따라 다양한 견해가 도출될 수 있다. 따라서 절대적인 것은 아니지만 일정하게 분석틀이나 도구를 한정할 필요가 있다. 즉 줄자로 길이를, 저울로 무게를, 메스실린더(Messzylinder)로 부피를 재는 것처럼 어떤 도구를 쓰느냐에 따라 최악의 경우 극명하게 다른 결과가 나올 수도 있다. 예를 들어 길이를 잰 사람이 길이 측정값만을 갖고 무게 측정값의 진위를 논하면 무게 측정값은 완전히 진실이 아닌 그릇된 허위로 보게 될 수 있다. 따라서 정확하고 풍부한 분석을 위해 다양성을 인정하되, 현실적으로 공감대를 형성하고 혼선을 최소화하기 위해 여러 가지

---

306) 직접적인 군사사상의 정량적 분석은 아니지만 이런 유형에 대한 정량적 분석은 제1차세계대전의 공중전 분석을 통해 우리에게 많이 알려진 영국의 항공공학자인 프레데릭 란체스터에 의한 란체스터의 선형 법칙(Lanchester's Linear Law)과 란체스터의 제곱 법칙(Lanchester's Square Law) 등을 통한 전쟁의 정량적 분석을 들 수 있다. 특히 권오정의 경우 「전쟁사의 수학적 분석과 평가」(교우, 2019)에서 전쟁을 수학적인 방법으로 분석하여 전쟁의 승리 조건이나 요인을 찾는 노력을 시도하였다. 이 경우처럼 그간 정성적 분석에 주로 의존하던 군사사상이나 전쟁 분야의 분석에서 정량적 분석이 꾸준히 시도되고 있다.

분석의 틀이나 도구 중에서 우선 이 책에서 제시한 것처럼 '군사사상의 범주'를 갖고 분석하도록 한정하는 것도 하나의 방법이 될 수 있다.

다음으로 철학적 접근방법과 관련하여 보면, 군사사상을 분석하기 위해서는 철학의 한 견해인 '환원주의(還元主義, reductionism)'나 창발(創發, emergency)[307] 또는 복잡계과학(complexity science)[308]과 유사한 접근이 필요하다. 특히 그중에서 군사사상을 분석하기 위해서는 '군사사상의 범주'별로 내용을 세분화하여 분석하는 방법이 필요하다. 이러한 접근은 외견상으로 보면 철학의 한 견해인 '환원주의(還元主義, reductionism)'[309]와 유사한 접근을 하게 된다. 즉 복잡하거나 높은 단계의 사상이나 개념을 단순화한 하위 단계의 요소로 세분화하여 명확하게

---

307) 창발(創發, 발현, emergency): 일상에서 잘 사용하지 않는 용어로 일반적으로 '발현' 또는 '부각'이나 '비상사태'라고 인식되고 있지만, 철학적으로는 암묵적 지식의 창출 과정을 설명하면서 차용한 개념이다. 창발은 체계를 구성하는 요소 간의 복잡한 상호작용으로 예기치 않은 조직화 또는 구조화가 일어나는 현상을 지칭한다. 예를 들어 암모니아 냄새는 수소나 질소에서는 존재하지 않고 생긴 것이다. 이처럼 조직의 일정 수준에서 실체에 속한 성질은 그보다 낮은 차원에서 발견된 성질로부터는 예견할 수 없는 경우를 말한다. 혼돈의 가장자리가 바로 창발의 출발점이다. 창발은 체계 외부에서 강요되는 것이 아니라 체계 내부의 구성요소들이 되먹임의 과정, 상호작용의 과정에서 내부적으로 발현되는 것이다(유영만, "단순한 학습의 복잡성: 복잡성 과학에 비추어 본 학습복잡계 구성과 원리", 「Andragogy Today: Interdisciplinary Journal of Adult & Continuing Education」 Vol.9 No.2, 2006, p.64.).

308) 복잡계(complex system) : 복잡계는 완전한 질서나 완전한 무질서를 보이지 않고, 그 사이에 존재하는 계로써, 수많은 요소로 구성되며 그들 사이의 비선형 상호작용에 의해 집단성질이 떠오르는 다체문제(many-body problem)로 최근 자연과학 및 사회과학에서 활발히 연구되고 있다. 물리적, 생물학적, 사회학적 대상을 수학적으로 분석하는 것이 복잡계과학의 목적이다. 독일의 막스플랑크 연구소와 미국의 산타페 연구소가 복잡계과학 연구로 유명하다(https://ko.wikipedia.org/wiki/복잡계, 검색일: 2019.8.12).

309) 물론 환원주의와 관련하여 오늘날 국내외 학자 중에서 환원주의를 '죽은 학문' 또는 '오류로 가득 찬 이론'이라고까지 말하는 등 부정적 견해를 보이는 학자들도 있다.

정의하려는 환원주의적 접근법과 유사한 형태가 된다. 하지만 이런 방법을 적용하여 분석한다고 하더라도 다음과 같은 이유에서 환원주의를 의미하는 것이 아님을 반드시 주의할 필요가 있다.

첫째, 군사사상 분석은 철학적 접근법을 원용(援用)할 뿐이지 철학을 하는 것이 아님을 인식해야 한다. 즉 군사사상 분석이 '사상을 분석'하는 것이지 철학과 같이 주어진 문제에 대해 세계와 인간의 삶에 대한 '근본 원리와 실체'를 규명하는 것이 아니다. 따라서 분석을 위해 '철학을 하는 것'이 아니고 단지 이를 끌어다 쓰는 '철학적 접근법을 원용(援用)'하는 것이다. 그러므로 분석하기 위해 환원주의 철학을 그대로 적용하는 것이 아니라 그런 형식을 따르는 것임을 인식해야 한다.

둘째, '전장의 안개(Fog of war)'와 같은 요소로 인해 화학적 변화와 같은 것이 존재하여 환원주의와 같은 방법만을 적용한 물리적 분석은 한계가 있다. 군사사상 분석 시 객관화가 제한되는 점을 보완하기 위해 환원주의를 그대로 적용할 수가 없거나 설령 적용해도 분석이 제한되어 다른 방법을 추가한 복합적인 접근이 필요하다. 전쟁과 관련하여 클라우제비츠가 말한 예측이 제한되는 전장의 안개인 불확실성 내지 우연성과 같은 '마찰'에 대해 접근을 하거나 해석 시 통계학적인 정량적 분석이 어려울 뿐만 아니라 환원주의로 접근하는 것도 한계가 있다. 게다가 군사사상을 분석하는 데 있어서 통계자료와 같은 어떤 일정한 데이터나, 규칙 또는 근거가 있는 것도 아닐 수 있다. 심지어 때론 아주 객관적 자료가 거의 없는 상태에서 순전히 생각을 늘어놓을 수밖에 없다. 그러면 객관화가 제한되어 이를 보완하기 위해 환원주의적 접근이 불가피해진다. 하지만 공교롭게도 이런 전장의 안개나 전쟁 그 자체에 대해 환원주의로 접근하기 위해서는 전략, 전술, 무기체계, 리더십 등과 같은 이른바 전쟁의 구성요소들을 활용하여 분석하게 될 것이다. 그러나 이런 전쟁과 관련된 세부 요소들을 활용하여 세밀하게 모두 '물리적으로 분해'하면, 공교롭게도 의도와 다르게 분석되거나 충분히 환원할 수 없는 상황에 직면하게 된다. 그것은 단순히 물리적 분해로 해명이 안 되는 화학적 변화 등과 같은 것들이 존재하기 때문이다. 따라서 이런 경우 '환원주의'적 접근에만 의존할 수 없다. 전체 체제를 구성하는 각각의 구성요소들이 복잡한 상호작용을 하여 '화학적 변화'처럼 '창조적 발현'과 같은 예상외의 상황으로 변하는 '창발(創發, emergency)'이라는 접근이 때로는 필요할 수도 있다.

또한 군사사상을 분석하면서 정량적 분석의 제한과 정성적 분석의 객관화 한계를 극복하기 위해 환원주의를 원용할 때, 환원주의가 과학적(물리학·생물학·수학 등) 접근이라는 명분하에 사실이나 의도를 왜곡할 수도 있다. 복잡하거나 규모가 큰 것을 지나치게 세분화, 단순화, 공식화 또는 알고리즘(algorism)화를 도모(圖謀)함으로써 분석 대상이 가진 본래를 오히려 왜곡할 수도 있다는 점을 함께 고려해야 한다.

따라서 군사사상을 분석하면서 가용한 범위 내에서 통계, 수학적 계산과 같은 정량적 분석을 적용하고, 정량적 분석이 제한되는 부분은 주로 정성적 분석을 하여야 한다. 이를 위해 기본적으로 군사사상의 범주를 기준으로 환원주의적 시각에서 우선 접근해야 한다. 그런데도 물리적 분석이 제한되는 분야에 대해 좀 더 분명하게 분석하기 위해서는 또 다른 방법이 적용되어야 한다. 즉 통섭(Consilience)[310]과 같은 '지식의

---

310) 통섭(統攝, Consilience) : 서로 다른 요소 또는 이론들이 한데 모여 새로운 단위로 거듭나는 과정으로, 융합이 여러 재료가 혼합된 '비빔밥'이라면, 통섭은 그 재료들이 발효 과정을 거쳐 전혀 새로운 맛이 창출되는 '김치'나 '장'에 비유하면 좋을 것이다(최재천, "21세기사회문화와 지식의 통섭", 『2012년 한국간호과학회 추계학술대회보』, 2012, pp. 8~9.).

환원주의와 통섭은 태생적으로 상반되는 개념인데, 그럼에도 환원주의가 통섭적 연

통합'뿐만 아니라 논리적 언어적 초점에 맞추는 분석철학 또는 창발, 혼돈(chaos)이론이나 복잡계과학(complexity science)적 접근 등을 포함한 다양한 철학적 접근방법을 적용해야 한다. 아울러 동시에 문헌, 어록, 정치·외교·경제, 시대 상황과 같은 역사적 고려 요소 등 다양한 현상들을 포함하여 분석방법을 포괄적이고 복합적으로 적용해야 한다.

아마 혹자는 위의 문장을 읽고는 "다양한 것을 적용하여 여러모로 분석해야 한다는 의미인 것 같은데 뭐 이리 복잡하게 말하나?"라고 대번에 싫증을 낼 것이다. 특히 '단순 명료성'을 선호하는 군의 사고체계 속성상 군과 관련된 시각에서 보면 더욱 혼란스러울 수 있다. 그런데도 이렇게 장황하게 말하는 것은 언어적 유희(playing with words)를 하고자 함이 아님을 밝힌다.

질서와 혼돈은 가치 관념(價値觀念)을 지닌 것은 아니지만 '단순 명료성' 측면에서 보면 흔히 질서는 좋고 혼돈은 무언가 나쁘거나 복잡하여 귀찮은 존재라고 보는 경향이 있다. 하지만 질서나 단순화는 좋고 명료한 장점이 있지만, 때로는 한 부분으로 한정될 수 있거나 경직성을 수반할 수 있다.[311] 이렇듯 지나치게 단순화하여 접근하면 경직될 수 있고 일부만 접근하게 되어 아예 근본적인 것에 접근하지 못하거나 심지어 왜곡할 가능성이 있음을 유의해야 한다. 따라서 정성적 분석의 한계를 극복하기 위해서는 단순화가 최선이 아님을 전제로 다양한 방법을 적용하여 복합적으로 접근해야 함을 거듭 강조한다.

구를 하기 위한 하나의 방법론일 수는 있다. 그러나 모든 통섭적 연구가 다 환원주의적으로 이뤄질 수는 없을 것이다(최재천, "정책 연구의 통섭(統攝)", 한국정책학회 춘계학술대회, 2014, p.329.).
311) 최무영, 『최무영 교수의 물리학 이야기』(서울: 북멘토, 2019), p.205.

나. 대관(大觀) 없이 부분이나 세찰(細察)에 집착하는 오류

우리는 전체의 내용이 방대하거나 복잡할 경우 또는 특정 분야에 대해 정밀하게 분석할 때 표본분석과 같이 일부분을 분석하거나 특정 관점으로 한정하여 분석해 본다. 또한 부분을 확대해보면 부분이 속해있는 전체의 모습과 본질적으로 닮은 성질을 의미하는 자기유사성(Self-Similarity)이 있는 프랙탈(fractal)의 경우 일부분의 분석으로 전체에 대한 유추가 가능할 수도 있다.[312)]

그러나 코끼리를 분석하면서 코끼리 앞다리만 분석했다면, 복잡하고 거대한 코끼리 전체를 분석한 결과와 같을 수 없을 것이다. 심지어 일부분만 분석해서는 전체를 전혀 유추하지 못할 수도 있다. 그럼에도 프랙탈이 아닌 것에 대해 부분 분석을 통해 전체를 유추한다거나 특정 분야에 집중하거나 한정하여 분석하는 우를 범할 수 있다. 이럴 때 오히려 분석목적이나 본류(本流)를 이탈하여 나무를 살피되 숲을 보지 못하는 경우가 될 수도 있다. 이런 이유로 군사사상을 분석하기 위해서는 표본분석이나 프랙탈적인 접근보다는 시대 상황, 정치, 경제, 사회, 사상의 흐름 등에 대해 종합적으로 접근하여 분석함으로써 큰 맥락을 잡고 세부 내용을 찾아내되 편향됨이 없어야 한다.

예를 들어 손자의 군사사상을 분석할 때『손자병법』의 내용을 보면 대부분 전쟁과 관련한 내용을 주로 담고 있다. 그래서『손자병법』을 전쟁에서 이기는 비법이 담긴 '전쟁비서(戰爭祕書)'로 간주한다거나 '전쟁지상주의' 추구 또는 '전쟁수행 이외의 것은 소홀히' 하거나 거의 관심이

---

312) 이석선, 이정아, "프랙탈(Fractal)의 생성 알고리즘을 적용한 텍스타일 디자인 개발", 『한국공간디자인학회논문집』제10권 4호 통권34호, 2015, pp.106~107.

없었다고 결론을 내릴 수도 있다. 이것은 현존하는『손자병법』이라는 병법서만을 토대로 표면적으로 손자의 군사사상을 분석하기 때문에 충분히 발생할 수 있는 오류라고 할 수 있다.

왜냐하면 다소 과장된 표현을 빌리면,『손자병법』에서 프랙탈과 같은 역할을 하는 것으로 제1편(始計)에 '병자 국지대사 사생지지 존망지도(兵者 國之大事 死生之地 存亡之道)'를 꼽을 수 있다. 전쟁(군사 문제)이라는 것은 나라의 중대한 일이고, 전쟁은 백성의 생사가 달린 것이며 국가의 존망이 달린 것이라고 말하고 있다. 즉 전쟁의 본질은 국민을 죽게 하거나 살게 하는 속성과, 나아가 국가가 계속 존재하느냐 아니면 망해서 없어지느냐를 결정하는 속성이 있다. 게다가 손자가 병법을 쓸 당시의 시대인 기원전 500년경은 중국 춘추시대로 '국가=전쟁'이란 공식이 성립한다 해도 과언이 아니었다. 따라서 이런 시대적 배경에 대한 선입견을 갖고 손자가 제1편(始計)에서 전쟁을 '백성(국민)의 생사'와 '국가의 존망'이라고 말하는 내용만을 보면 국가는 곧 전쟁이라는 공식 아닌 공식을 적용해, 그 당시 손자는 전쟁 이외는 관심을 두지 않는 것처럼 오해할 수도 있다.

그러나 제3편(謀攻)의 '善用兵者 屈人之兵 而非戰也 拔人之城 而非攻也 毁人之國 而非久也 必以全爭於天下'[313]라고 하여 용병을 잘하는 자는 적의 부대를 굴복시키되 '전투 없이'하고, 성을 함락시키되 '공성 없이'하고, 적국을 허물어뜨리되 '오래 끌지를 않으며' 반드시 온전한 상태로 천하의 승부를 겨루는 것이라고 보고 있다.

게다가, 제2편(作戰)에서 '其用戰也 貴勝 久則鈍兵挫銳 攻城則力屈 久

---

313) 故 善用兵者 屈人之兵 而非戰也 拔人之城 而非攻也 毁人之國 而非久也 必以全爭於天下(고 선용병자 굴인지병 이비전야 발인지성 이비공야 훼인지국 이비구야 필이전쟁어천하)

暴師則國用 不足'[314]라고 하여 전쟁수행에서 승리를 귀하게 여기지만, 전쟁을 오래 끌면 군사력이 무디어지고 예기가 꺾이며, 성을 공략하면 전력이 약화되고, 군사작전을 오래 하면 국가재정이 부족하게 된다는 점을 들고 있다. 즉 군대의 예기(銳氣)가 둔화되고[鈍兵挫銳], 날카로움이 무뎌져 전투력이 꺾이고[力屈] 약화되며 민생과 재정이 궁핍[殫貨, 國用不足]해지기 때문에 결국, 이는 제3국에 어부지리(漁父之利)의 기회를 제공하는 격이 되어 장기전으로 가서는 안 된다고 역설하고 있다. 이처럼 제2편과 제3편의 내용을 보면 손자는 전쟁에만 관심을 두거나 전쟁을 잘하여 승리만을 추구하는 호전론(好戰論)자가 아니다. 오히려 반대로 전쟁을 안 해야 한다는 비전론(非戰論)자의 시각에 가깝다.

손자가 이렇게 2편과 3편에서 마치 앞의 1편과 다른 내용처럼 주장하는 것은 노자의 영향이 크다. 즉 무위(無爲)를 통해 천하를 다스리는 부전승(不戰勝), 이분법적 접근, 지피지기(知彼知己), 통치자를 향한 치자(治者)의 도(道), 인간 개인의 행복, 국가의 안녕과 천하의 평화 등과 같은 노자의 사상으로부터 영향을 받았기 때문이다. 따라서 손자는 전쟁을 안 하는 것이 우선이지만, 전쟁해야 한다면 수행하는 실행자(군주와 장군)의 도(道)로서 접근하고 있기 때문이다.[315]

이처럼 당시 시대 상황, 손자의 사상적 기원인 노자의 영향,『손자병법』13편의 전반적인 구성과 흐름 등을 복합적으로 분석하지 않으면『손자병법』을 한낱 전쟁에서 이기는 비법이 담긴 '전승비서(戰勝祕書)'로 간주한다거나 '전쟁지상주의'를 추구하는 것으로 오해하는 결과를 초래하

---

314) 其用戰也 貴勝 久則鈍兵挫銳 攻城則力屈 久暴師則國用 不足(기용전야 귀승 구즉둔병좌예 공성즉역굴 구폭사즉국용 부족)
315) 전명용 · 송용호, "『손자병법』 · 「노자」의 동질성과 그 현실적 운용 연구", 「중국학연구」 제80집(중국학연구회, 2017) p.233.

여 숲을 보지 못하고 몇몇 나무에 매달리거나 매우 왜곡된 결과를 가져
올 수 있다.

다. 의도에 따라 임의(任意) 또는 자의(恣意)로 분석하는 오류

군사사상 분석은 정성적 분석에 주로 의존하게 되므로 객관화가 제한
되는 한계가 있음을 언급한 바 있다. 객관화의 한계는 여러 가지 요인이
있겠지만 그중에서 ①자료의 제한과 ②적절하지 못한 분석 도구를 적
용하여 ③편향되거나 특정한 의도로 접근하면, 크게 오류가 발생할 수
있다. 즉 객관화가 제한되는 근본적인 속성을 내포하고 있는 상황에서
분석가의 생각이나 의도 또는 주장을 뒷받침하는 데 필요한 방향이나
대상으로 접근하여, 임의 또는 자의적으로 자료나 분석방법을 선택 시
다음과 같이 해석이나 주장에 오류가 발생할 수 있다.

**첫째, 자료의 제한이나 부적절한 자료의 사용 또는 자료와 관련한 문
화적 차이 등으로 객관화가 제한되는 본질적인 한계가 존재하여 왜곡될
수 있다.** 정량적 분석은 입력데이터의 양과 질에 따라 결과가 차이가 나
거나 신뢰도가 좌우된다. 따라서 양질의 데이터가 아니거나 입력데이터
를 조작하면 출력값은 판이하거나 신뢰할 수 없는 것이 됨은 주지(周知)
의 사실이다. 또한 정성적 분석도 사료나 문헌이나 타인의 의견을 참고
하더라도 근본적으로 자료가 제한되거나, 있어도 불완전 내지 편향되어
있을 수 있다. 또는 같은 자료라 하더라도 문화나 언어의 차이에서 오는
의미 해석의 차이가 존재하여 결과가 다르게 되거나 객관화가 제한되는
본질적인 한계가 존재한다.

예를 들어 자료가 제한되거나, 있어도 불완전 내지 편향되어 객관화
가 제한되는 경우로 손자의 군사사상 분석을 들 수 있다. 손자의 군사

사상을 분석할 때 손자로부터 직접 듣고 그의 사상을 그가 말한 사실에 기초하여 제시하는 것이 아니다. 단지 유일한 자료인『손자병법』한 권의 내용을 중심으로 후대에 쓴 관련 자료들을 연계하여 분석하는 것이다. 이런 이유로 인해 다분히 분석 내용이 '귀에 걸면 귀걸이 코에 걸면 코걸이[耳懸鈴鼻懸鈴]'가 될 개연성을 처음부터 갖고 있어 주의가 필요하다.

둘째, 분석하는 도구의 함정(tool rut)에 빠져 객관화가 제한될 수 있다. 도구의 함정이란 자신이 잘 알거나 손에 익은 것을 활용하기 때문에 오히려 특정 분야에 중심이 쏠리어 발생하는 문제이다. 일부를 빠뜨리거나 근본적인 접근에 이르지 못할 수 있고, 정교하지 못하거나 심지어 잘못될 수도 있는 경우를 말한다.[316)]

예를 들어 자귀라는 연장에 매우 숙달된 목수가 있다고 가정하자. 자귀를 들고 나무를 깎는 것, 못 박거나 두드리는 것은 물론이거니와 웬만한 작은 나무를 자를 수 있어 일일이 대패나 망치, 낫, 칼, 톱 등을 안 쓰고 그냥 해결할 수도 있다. 물론 이렇게 목수가 나무를 다루는

(그림 21) 자귀

데 자귀를 썼다면 많은 부분을 손쉽게 해내는 장점이 있을 수 있다. 반면에 자귀가 손에 익고 자귀를 다루는 능수능란한 기술을 가지고 있다고 하여 자귀를 갖고 섬세한 목각(木刻)을 한다거나 목재가 아닌 석재나 금속, 전기제품 또는 옷감을 가공하려 한다면 큰 문제가 발생할 수도 있다. 이렇듯 군사사상을 분석하는 데 있어서 자신에게 익숙한 특정 관

---

316) 바베트 벤소산 · 크레이 플레이서, 『분석이란 무엇인가?』, 김은경 · 소자영 · 이준호 역(서울: 3mecca.com, 2011), p.37.

점이나 도구 또는 방법론에 집착하게 되면 오히려 함정에 빠져 제한된 분석에 그치거나 억지로 끼워 맞추게 될 수 있고 심지어 잘못된 결과를 얻을 수도 있다.

셋째, 왜곡된 의도가 개입되거나 설령 의도가 잘못되지 않더라도 집단적 사고와 같은 딜레마에 빠지면, 분석이 객관적이지 못할 수 있다. 왜곡된 의도가 개입되었다면 왜곡된 결과가 나올 수 있다는 것은 부가적인 설명이 필요 없는 자명한 사실이라고 할 수 있다. 그런데 설령 의도가 잘못되지 않더라도 집단적 사고와 같은 딜레마에 빠지면, 왜곡될 수 있다는 점을 간과해서는 안 된다. 특히 집단사고는 마치 다수의 의견인 것 같아 객관적인 것 같으면서도 객관성을 잃게 되는 것 중에서 대표적이라고 할 수 있다.

미국의 사회심리학자인 어빙 제니스(Irving Janis)에 의해 잘 알려진 미국 케네디 행정부의 1961년 쿠바 피그스만(Bay of Pigs) 침공의 실패는 집단적 사고가 원인이라고 보는 것이 일반적이다. 집단사고가 이뤄지는 그룹에 속한 사람들은 외부의 사고를 차단하고, 대신 자신들이 편한 쪽으로 이끌어 가려고 한다. 집단사고가 일어나는 동안엔 심지어 반대자들을 바보로 보기도 하며, 혹은 조직 내의 다른 사람들을 당황하게 하거나 그들에게 화를 내기도 한다. 이러한 집단적 사고는 응집력이 강한 집단이나 강력하고 역동적인 지도자가 있는 집단에서 암암리에 강요된 일사불란하게 내려진 결정에 반대의견이나 의구심을 표하지 못하여서 발생한다.[317]

따라서 개인이 혼자 군사사상을 정립하거나 분석할 경우는 집단사고에 빠질 가능성은 드물다. 특정 목적을 갖고 설립된 연구소, 군대와 같

---

317) 권홍우, "피그만 침공 사건···집단사고의 함정", 서울경제신문(2017. 4. 17)

은 조직 또는 국가에서 일정한 팀을 만들어 군사사상을 정립하거나 분석할 경우 왜곡된 의도가 개입되지 않았더라도 그 그룹에서 추구하고자 하는 이념이나 목적에 의해 분석의 한계를 초래하거나 집단적 사고와 같은 딜레마에 빠질 가능성이 높다. 특히 군대나 정부조직 또는 공공기관의 경우 그룹의 특성상 강력하고 역동적인 리더(팀장)가 존재하여 특정 리더의 주장이나 의도에 따라 끌려가면서 임의(任意) 또는 자의(恣意)로 분석하여 객관성을 상실하는 오류를 범할 수 있음을 유의해야 한다.

라. 범주화 또는 단순화를 위해 무리한 끼워 맞추는 오류

군사사상을 분석하는 데 있어서 범하기 쉬운 오류 중에서 또 다른 하나가 범주화, 단순화 또는 함축된 단어(Implicit words)를 도출하여 무리하게 끼워 맞추는 오류이다. 내용이 복잡해지거나 광범위해질 경우 설명이나 주장을 쉽게 또는 명쾌하게 하려면, 무리하게 몇몇 현저한 구분만으로 분석 내용을 범주화 또는 단순화 내지 함축된 단어 도출을 시도할 수 있다. 이러면 범주화 또는 단순화 내지 함축된 단어가 대부분의 내용을 두루 포괄하더라도 일부의 내용에 있어서 딱 맞는 표현을 찾기 어려우면 이를 무시하거나 억지로 끼워 맞추게 되는 오류를 범할 수 있다.

특히 일사불란한 명령 또는 이에 대한 행동화를 강조하는 군대, 공공기관 또는 정부기관 등과 같은 다소 경직된 조직사회가 어떤 사안에 대해 순수한 학문적 연구보다는 특정 목적을 달성하기 위해 접근하는 과정에서 일반적으로 유연한 조직보다 다음과 같은 오류에 빠지기 쉽다.

첫째, 복잡하거나 다양한 대상을 원형(prototype)이나 공통적 특질을 찾아 유사한 속성끼리 묶는 과정에서 무리한 범주화가 이루어질 수 있다. 여기서 원형이란 어느 한 범주를 대표할 수 있는 구성원을 말한다. 예를 들어 조부모, 부모, 자식, 아들, 딸, 손자 등에 대한 원형으로 '가족'이란 단어를 들 수 있다. 즉 부모, 자식, 아들 등을 모두 각각 말하지 않고 대변할 수 있도록 '단순화'하여 이들을 대신하는 '가족'이란 단어를 사용해도 이들을 모두 아우를 수 있다. 따라서 원형은 ①인출이 쉽고, ②장기 기억화가 잘 되고, ③통상적으로 범주의 좋은 본보기로 인정되며, ④빈번한 상호작용의 대상이 되어야 한다.[318]

그런데 범주화 시 ①해당 내용이 범주와 범주 사이에 있어 특정 범주에 넣기가 적합하지 않을 수도 있고, ②범주로 구분되는 것이 너무 많거나, ③반대로 하나의 범주로 내세우기는 상대적으로 작은 것도 있다. 이럴 때 어쩔 수 없이 조금이라도 연계된 곳에 끼워 넣거나 아니면, 버리는 경우가 발생한다. 이처럼 애매한 경우 더욱 지나친 범주화의 오류에 빠지기 쉽다.

예를 들어 사과를 트럭에 가득 실었다고 하여 사과와 트럭을 같은 하나의 대상으로 보거나 같은 범주로 묶는 것은 적절하지 않을 수 있다. 범주화를 위해서는 사람들이 특정 대상을 처음 보았을 때, 그 대상을 비교할 수 있는 인지모형[319]이나 기준 또는 표준을 제공하여 사람들이 일반적으로 무난하게 대상을 무엇으로 볼 것인지 결정할 수 있어야 한다.[320] 그런데 사과와 트럭은 대상을 비교할 수 있는 인지모형이나 기준 또는 표준이 다르다는 데 문제가 있다. 일반적으로 사과는 먹는 과일, 트럭은 짐을 싣는 운반수단이란 기준을 적용하거나 인식하기 때문이다. 따라서 군사사상을 분석하면서 다양한 대상들 중에서 그들의 원

---

318) 츠지 유키오 편, 『인지언어학 키워드 사전』, 임지룡 역(서울 : 한국문화사, 2004), p.146.
319) 강태경, "인지적 범주화 과정으로서의 법적 추론", 『법학논집』, 2014, Vol.19(2), p.335.
320) 유연재, "언어적 범주화 단서와 범주화 방법에 따른 디지털 컨버전스 제품 판단과 평가 차이", 아주대학교 일반대학원 박사학위 논문, 2011., p.6.

형을 찾거나 복잡한 것들의 공통적 특질(characteristic)을 찾아 유사한 속성을 가진 집단으로 묶는 과정이 필요하다. 하지만 트럭 위에 사과가 가득 실려 있을지라도 사과와 트럭을 무리하게 끼워 맞춰 하나로 묶는 것과 같은 범주화의 오류가 이루어지지 않도록 주의해야 한다.

둘째, 복잡한 것을 범주화하면서 무리한 단순화로 왜곡을 가져올 수 있다. 범주화와 단순화는 서로 깊은 연계성을 갖는데 좀 더 복잡한 것을 범주화하면서 단순화가 수반되는 경우가 많다. 그런데 단순화의 일환으로 무리하게 함축된 단어를 도출하는 것은 전체를 충분히 포괄하는 대표성을 띠는 경우라면 다행이지만, 그렇지 않으면 왜곡될 가능성이 있다. 특히 군내나 정부조직의 경우 일반 개인이나 사회 조직보다 더 단순화를 강조하는 경향이 강하다. 이러다 보면 군사사상을 분석할 때 어떤 내용을 중점적으로 강조하거나 내세우기 위해 나머지 부분은 생략하기도 한다. 또한 반대로 다양한 내용을 여기저기 늘어놓다 보면 매우 복잡해지거나 논리성이 없는 것처럼 인식될 수가 있어 단순화를 통해 설명하거나 주장할 필요가 있다. 그런데 이런 과정에서 치명적인 오류에 빠질 수 있다.

예를 들어 전장에서 '말(馬)'이란 기동수단을 강조하기 위해 비잔티움 제국의 기병, 몽골의 기마대, 남북전쟁 시 기마보병을 일컬어 모두 말을 주수단으로 활용한 '기마사상'이란 범주로 군사사상을 묶었다면 이는 적절하지 않을 수도 있다. 이는 말이란 기동수단에 주안을 두고 다른 중요한 차이점을 생략하거나 단순화를 했기 때문에 범한 오류이다.

십자군 전쟁(1095~1291)에서 유럽 비잔티움 제국의 기병대는 전쟁시 중요한 전력이었다. 유럽에서 10세기를 전후로 등자(stirrups) 사용이 완전히 정착되었다. 갑옷을 입은 철갑기병이 말을 달리며 활을 쏘거나 창이나 칼을 사용할 수 있었다. 이에 더하여 말에게도 갑옷을 씌우는 마갑(馬甲)을 사용했던 14~15세기에 이르러 유럽의 기병은 절정을 이뤘다. 철갑기병은 철로 된 보호구를 착용한 덕택에 당시 투르크의 경장궁병(輕裝弓兵)이 쏜 화살을 방어할 수 있었다. 게다가 투르크인 보병부대보다 빠른 기동으로 보병 진영으로 뛰어들어 적의 전열을 붕괴시키고 사살하였다. 이는 오늘날로 비교하면 단순한 기마사상이 아니라, 기동력과 충격력을 동시에 발휘할 수 있는 전차(tank)에 의한 '기동전이나 전격전사상'과 유사한 군사사상이다.

한편 몽골의 기마대는 유럽의 기병처럼 육중한 철갑옷을 입지도 않았고, 말에 철갑을 씌우지도 않은 경무장을 한 기동성 중심의 기병이었다. 그럼에도 몽골은 이런 기병을 활용하여 아시아와 유럽을 광범위하게 점령할 수 있었다. 몽골의 기마대는 말을 1인당 3마리씩 끌고 다니며 말이 지치기 전에 새로운 말로 갈아탔다. 적의 예상보다 훨씬 빠르게 기동을 할 수 있어, 신속히 부대를 전환하거나 집중과 분산이 가능했다. 게다가 휴대한 식량이 떨어지면 필요시 말을 잡아 말의 피나 고기를 식량으로 사용하기도 하여, 작전 중 보급이 제한되더라도 작전을 중지하지 않고 일정 기간 계속 이어갈 수 있었다. 이런 몽골의 기마대를 오늘날로 비교하면 정확하게 들어맞지는 않으나 그래도 설명을 위해 무리해서 끼워 맞춘다면 '육군항공 등과 연계된 특수부대' 또는 앞으로 군사혁신을 통해 가시화될 것으로 보이는 '무인공격기부대'와 유사하다고 볼 수 있다.

마지막으로 남북전쟁 시 기마보병은 말을 이동수단으로 사용하였지만, 기병이 아니라 보병이란 점이다. 16세기 들어 화약무기가 발달하면서 소총과 화포에 의해 기병의 취약성이 그대로 노출되었고 효용성은 급격히 저하되었다. 이전까지 기병은 신속한 기동을 통해 적을 분산하거나 심리적 충격에 빠지게 했다. 하지만 기병이 소총과 화포에 취약해지면서 주력이 아닌 보조 수단으로 변경되었다. 즉 주로 척후활동이나 패주하는 적군을 추격하는 역할을 했다.[321]

이런 이유로 전장에서 말은 '기병의 기동수단'이 아닌 '보병의 이동수단'으로 변경되게 되었다. 기동력이 떨어지는 보병이 일정 지역까지 말을 타고 이동한 다음 그대로 말을 타고 전장을 휘젓는 것이 아니다. 말에서 내려 말은 그대로 두고, 소총을 들고 지형과 장애물을 이용하여 사격과 기동을 하는 순수한 보병으로 전투를 수행하는 방식을 채택했다. 이런 기마보병은 기병보다 양성이 쉽고, 기병과 비슷한 기동력을 발휘할 수 있으나 기병이 갖는 돌격력과 충격력을 가지지는 못한 단점이 있었다. 이런 기마보병을 오늘날로 비교하면 보병전투장갑차(Infantry Combat Armored Vehicle)가 아닌, 일반 병력수송용 장갑차(Armored Personnel Carrier)나 차량을 활용하는 '기계화 보병 또는 차량화 보병'을 운용하는 것과 유사하다 할 수 있다.

이처럼 비잔티움 제국의 기병, 몽골의 기마대, 남북전쟁 시 기마보병은 전장에서 말을 활용한 것은 동일하다. 하지만 비잔티움 제국의 기병은 기병을 중량화하여 기동과 충격력을 활용하는 측면이 강했다. 몽골의 기마대는 반대로 경량화 하여 기동력을 활용하는 데 주안을 두었다. 또한 기마보병은 단순히 말을 이동수단 이외에는 다른 목적이 없었다. 따라서 이를 모두 단순히 '기마사상'이란 하나의 군사사상으로 묶는 것은 적절하지 않음을 알 수 있다. 즉 '말'이라는 기동수단에 주안을 두고 다른 중요한 차이점을 생략하거나 단순화를 했기 때문에 범한 오류처럼, 복잡한 것을 무리하게 단순화하거나 함축된 단어를 도출할 때 의도와는 다르게 왜곡되는 것을 유의해야 한다.

---

321) 맥스 부트, 앞의 책, p.222.

제2장 군사사상 정립(定立)방법

제1절 군사사상 정립의 의미와 목적

1. 군사사상 정립의 의미

군사사상을 정립한다는 것은 앞의 제1부에서 제시한 군사사상에 대한 기초이론을 토대로 국가나 개인 등이 군사사상을 정립하는 것을 말한다. 그렇다면 군사사상은 만드는 것인가? 시간이 지나면서 자연적으로 만들어지는가? 아니면 두 가지가 복합적으로 이루어지는 것인가? 국가나 단체의 경우 전자에 가깝고, 개인의 경우 후자에 가깝게 이루어진다. 특히 국가는 군사 분야에서 지향해야 할 방향이나 노선을 설정하고 지속적으로 이를 추진하기 위해 군사사상을 정립하게 된다. 이 과정에서 없었던 것을 새로 창조하거나 아니면 기존의 군사사상을 보완하는 경우가 있을 수 있다.

먼저 국가의 경우를 보면 국가란 것은 일정한 지역의 사람이 그들의 공동체적 필요를 위하여 창설한 것으로, 내외의 적으로부터 공동체를 지키고 유지하려는 목적이 있다. 이 때문에 국가가 처하게 되는 안보위협이나 이에 대응하는 국방력 등을 고려하여 국가는 국민의 대표나 특정 집단 또는 관련자들이 주축이 되어 계획적으로 어떤 이념이나 사상을 갖고 일정하게 체제를 유지하려는 경향이 있다. 따라서 국가를 지키는 역할을 하는 군도 어떤 이념이나 사상을 갖고 자신의 역할을 다하고자 한다. 그래서 군이 군사사상 정립의 필요성을 인식하게 되는 것이다. 하지만 국가의 상황에 따라 정립방법이나 참여자의 수는 상이한 형태를 보인다. 예를 들면 특수한 상황이고 절박함에서 나온 이스라엘이나 제2차세계대전을 일으킨 히틀러가 이끈 독일 또는 일본제국주의는 일부 엘리트가 이끌어서 군사사상을 정립하는 경우에 속한다. 반면 우리나라를 포함한 오늘날 대부분의 민주주의 국가에서는 헌법이념 구현의 틀에서 국방부와 같은 특정 조직이 중심이 되어 정립한다. 우리 헌법도 군사와 관련한 10개 조항에 걸쳐 이를 포함하고 있다. 그중에서 5조 ②항에 '국군은 국가의 안전보장과 국토방위의 신성한 의무를 수행함을 사명으로 하며, 그 정치적 중립성은 준수된다.'라고 명시하고 있다. 군이 국가의 안전보장과 국토방위의 의무를 기본 사명으로 함을 밝히고 있다. 따라서 이렇게 헌법에 명시된 사명을 완수하기 위해 국방부가 중심이 되어 국가 차원의 군사사상을 정립하게 된다.

반면에 개인이 군사사상을 정립하는 것은 대부분 그 사람의 일생 동안 생각이 누적되고 사고의 연속적인 과정을 통해 형성된 내용을 글이나 말로 표현하는 과정에서 표출된다. 이럴 때 자연스럽게 개인의 군사사상이 형성되거나 아니면 인위적인 정립과 자연적인 형성이 겹쳐져서 만들어지는 경우가 대부분이다. 이처럼 개인의 군사사상은 당대 또는 후대에 그 사람의 언행이나 저술 등을 통해 사상을 도출하는 것이 일반적이다. 반면에 손자(孫子)가 오나라 왕 합려(闔閭)를 만나 자신의 등용을 요청하기 위해 작성한『손자병법』처럼 개인이 국가가 하는 것처럼 일종의 정립 과정을 통해 일정한 내용을 만들어 낼 수도 있다. 물론『손자병법』그 자체를 곧바로 손자의 군사사상이라고 단정적으로 말하는 것은 적절하지 않다. 하지만 손자의 군사사상이라고 단순하게 간주할 때, 손자와 같이 개인이 군사사상을 직접 만드는 것은 드문 경우라고 할 수 있다.

한편 군사사상을 정립하거나 변경하는 것은 해당 국가뿐만 아니라 주변국에 대해서도 직접 또는 간접적으로 지대한 영향을 미치는 사항이므로 관심도가 매우 높은 사항 중의 하나이다. 예를 들자면 러시아는 서방 국가들이나 미국의 경제적·기술적 우위를 상쇄시키기 위해 2016년 총참모부(The General Staff) 주도하에 군사사상을 변화시키고자 했다. 즉 하이브리드전과 NGW[322] 및 중동에서 미국의 전쟁수행 방식 등에 관한

---

322) NGW(New Generation Warfare): 러시아의 차세대 전쟁을 말하는 것으로 러시아가 크림반도를 합병한 후, 서양 분석가들은 러시아 전략을 서양 개념으로 구성하여 이해하려고 하는 과정에서 등장한 개념이다. 이것은 단일 개념이 아니고 주로 비대칭 전쟁, 저 강도 충돌, 네트워크 중심 전쟁 및 반사 제어(Reflexive control)를 포함하는 것으로, 이들을 전장이나 전구 등의 조건에 따라 적절하게 조합한 형태로 구사하는 것으로 본다. 2014년 크림반도를 병합한 우크라이나 사태를 보면 다음과 같은 5가지의 특징이 있다.

① 정치적 전복 : 전문요원의 투입, 고전적인 '선전선동' 또는 정치적 선전, 현대 대중 매체를 사용하여 민족 언어 계급 차이를 활용하는 정보 운영, 부패, 지역 관리와 타협

② 대리 보호 구역 : 지방 정부 센터, 경찰서, 공항 및 군사 기지를 압수. 반군 무장 및 훈련, 검문소 신설 및 진입 운송 인프라 파괴, 피해자 커뮤니케이션을 손상하는 사이버 공격, 러시아의 후견하에 일당 대표와 '인민 공화국'을 설립하는 가짜 국민 투표

③ 개입 : 지상, 해군, 공군 및 공수부대를 포함한 갑작스러운 대규모 훈련으로 러시아군을 국경에 배치, 반란군에게 중화기의 은밀한 지원, 국경 인접 지역에서 훈련 및 물류 캠프 설치, 일명 자원자(민병대)를 포함 제병(諸兵)연합 대대전술단(volunteer combined-arms battalion tactical groups)의 투입, 러시아가 무장을 지원하고 이끄는 더 높은 수준의 대리군을 통합

④ 강압적 억제 : 비밀 전략적 부대 경보 및 '스냅 체크', 전술적 핵 운반체계의 전방 배치, 전구 및 대륙간 기동, 주변 지역에 대한 공세적인 공중 순찰을 통해 그

오랜 연구와 다양한 분석 및 경험을 통합하여 'NTW[323]' 개념을 끌어냈다. 러시아의 군사사상은 계속해서 지금도 진화와 변화를 하고 있다. 따라서 미국을 포함한 서방 국가들은 러시아의 군사사상을 일정한 틀에 넣어 고정(put it in a box)하는 우를 범하지 않도록 주의를 환기하고 있다.[324]

러시아가 서방 국가들의 변화와 강점에 대응하기 위해 새로운 군사사상을 만드는 것처럼 미국이나 서방 국가도 마찬가지로 그들의 군사사상을 발전시키고 있다. 이처럼 군사사상을 정립하거나 변경하는 것은 해당 국가뿐만 아니라 주변국에 대해서도 중요한 관심사일 뿐만 아니라 지대한 영향을 미치게 된다. 그러므로 주변국의 변화에 맞게 적절한 군사사상을 정립하고 발전시키는 것은 국가안보에 매우 중요한 것임을 알 수 있다.

들의 개입을 억제

⑤ 협상 조작 : 서구와 협상한 휴전을 활용하여 러시아의 대리자를 재정비, 위반을 사용하여 상대방의 군대를 희생시키면서도 다른 국가가 상황 악화에 대한 두려움으로 도움을 주지 못하도록 차단, 경제적 인센티브를 제공하여 서방 동맹을 분리, 선호하는 안보 파트너를 끌어들이는 선택적이고 반복적인 전화 협상 (Phillip Karber, Joshua Thibeault, "Russia's New-Generation Warfare", *ASSOCIATION OF THE UNITED STATES ARMY*, 2016. 5. 20)

323) NTW(New Type Warfare): 러시아에서 미국의 경제적 기술적 우위를 상쇄하기 위해 특수 부대 작전, 외국 요원, 하이브리드전과 NGW 등 다양한 형태의 정보 효과 및 기타 비군사적 형태의 효과가 포함한 '비대칭적 방법'을 개발 중인 것이다. 인권과 표준에 위배되는 민간인을 대상으로 '자기 소유가 아닌' 체계적 살인과 토착 뿌리로부터의 인구 이동, 종종 전쟁의 기본 내용을 포함하는 것을 목표로 한다. 그러한 행동의 목표는 외국 국가가 간섭이나 개입하기 위한 구실을 만들어 내전을 일으키는 것이다. 따라서 NTW를 위한 간접적인 행동과 방법의 채택은 자국 군대를 투입하거나 전개하지 않고 군사적 결과를 성취할 수 있게 한다.

324) Timothy Thomas, "The Evolution of Russian Military Thought: Integrating Hybrid, New-Generation, and New-Type Thinking", *The Journal of Slavic Military Studies* VOL. 29, NO. 4(2016), p.573.

2. 군사사상을 정립하는 목적

목적이란 일을 이루려고 하는 목표나 나아가는 방향을 의미하는 것으로, 주로 수단을 가지고 그 일을 '왜 하는가'와 '얻고자 하는 것'이 무엇인가에 주안을 둔다.[325] 따라서 군사사상을 정립하는 목적을 확실하게 이해하기 위해서는 '결과 측면'과 '과정 측면'에서 접근할 필요가 있다. 결과 측면은 정립된 군사사상이 최종적으로 이루고자 하는 것이 무엇인지 살펴보는 것이다. 과정 측면은 최종 목표에 도달하는 과정에서 군사사상이 영향을 끼치는 분야를 살펴보는 것이다. 물론 이 둘은 편의상 구분한 것으로 궁극적으로는 결과론적 접근에 귀결된다고 볼 수 있다.

먼저 '결과론적 측면'에서 군사사상을 정립하는 목적을 보면, 군사라는 수단을 주로 활용하여 '전쟁억제' '전쟁 승리' '평화 유지' 또는 '정치적 목적 달성 기여' 등(이하 '전쟁억제 등'이라 함)과 같이 궁극적으로 달성하고자 하는 것을 얻기 위함이다. 이처럼 결과론적 측면에서 보면 단순히 '군사사상을 정립하는 것 그 자체'가 최종상태(end state)가 아니다. 군사사상을 정립하여 '전쟁억제 등'과 같은 것을 달성하는 것이 군사사상을 정립하는 목적의 최종상태가 된다.

이를 달리 부언하자면 공산주의 국가에서 헌법이라는 것을 만들어서 "우리도 헌법이 있다"라고 말함으로써 헌법의 '존재 자체'에 의미를 부여한다. 하지만 실질적으로는 '공산당'이 헌법 위에 존재함으로써 헌법은 장식품이거나 형식에 불과하다. 그러나 민주주의 국가에서는 국민의 권리 보호와 국가체계를 구성하고 모든 법령과 규칙 등의 기준이요 근거가 되고, 이를 통해 국가라는 시스템이 돌아가는 '실질적 역할'을 수

---

325) 철학사전편찬위원회, 『철학사전』(서울: 도서출판 중원문화, 2009), p.299.

행하게 된다. 이처럼 군사사상도 공산주의 국가의 헌법처럼 형식적으로 존재하는 것 자체로만 중요한 것이 아니다. 민주주의 국가에서 헌법의 역할처럼, 군사사상이 군사 분야에 실질적으로 기준이고 근거로서 작용하여 전쟁억제 등과 같은 궁극적인 결과가 도출되어야 한다.

다음은 '과정론적 측면'에서 군사사상의 목적이다. 과정론적 접근은 '군사사상이 영향을 끼치는 분야' 즉 '군사사상의 역할'과 깊이 연계된다. 군사사상을 정립하는 목적은 궁극적으로 국가가 전쟁억제 등과 같은 최종 목표를 달성하기 위해서다. 그런데 이렇게 최종 목표를 달성하기 위해서는 반드시 그 '중간과정'이 필요하다. 그 중간과정에서 나름대로 목표와 방향을 제시해 주는 '그 무엇'이 존재해야 한다. 그런 역할을 하는 그 무엇이 바로 '과정론적 측면'에서 군사사상의 목적이다. 즉 군사사상을 정립하는 목적 중의 하나는 국가나 개인 등이 국방정책, 군사전략 등을 수립하거나 추진하면서 지향해야 할 방향이나 노선을 설정하는 기준을 제시하기 위함이다.

여기서 군사 분야가 나아갈 방향이나 노선을 설정한다는 의미는 이를 근간으로 군사 분야가 앞으로 나아갈 '방향'을 잡는 것일 뿐만 아니라, 군사 분야와 관련하여 판단 시 '기준'으로 삼는다는 의미이다. 그뿐만 아니라 이를 통해 국방정책에서부터 전술에 이르기까지 군사(軍事)와 관련 사항을 처리할 때 기준이 되어, 혼선을 방지하거나 일관성을 유지하는 역할을 하게 된다. 따라서 '과정론적 측면'에서 볼 경우, 국방정책이나 군사전략, 작전술 또는 전술 등에 방향을 제시하거나 기준을 설정해 주기 위해 군사사상을 정립하게 된다. 물론 앞서 언급한 바와 같이 과정론적 측면이라고 하더라도 최종적으로 가면 전쟁억제와 같은 결과를 얻기 위한 선행(先行)단계의 절차이기 때문에 상호 연계되어 동일하게 볼 수도 있다.

이상에서 언급한 결과론적 접근과 과정론적 접근에 따른 군사사상의 정립 목적을 정리하면 다음과 같다. 첫째, 궁극적으로 국가 등이 군사라는 수단을 활용하여 전쟁억제 등과 같이 달성하고자 하는 목표를 달성하기 위함이다. 둘째, 이렇게 정립된 군사사상으로 이런 목표를 달성하기 위해 추진하는 중간에 군사 분야에 대한 방향과 기준을 제시하는 것이다. 셋째, 군사 분야와 관련하여 국방정책에서부터 전술에 이르기까지 군사와 관련하여 혼선을 방지하고 일관성을 유지하는 역할을 수행한다.

3. 군사사상의 역할과 정립목적 구분

군사사상 '정립 목적'을 '과정론적 측면'에서 접근하면 '군사사상의 역할'이나 '군사사상이 영향을 미치는 분야'와 매우 연관이 있거나 중복되어 혼선을 가져올 수 있다. 이런 결과가 초래된 이유는 유사한 것을 특정 관점에서 제한하여 접근하기 때문에 발생하는 결과이다. 즉 군사사상 정립목적, 군사사상의 역할 및 군사사상이 영향을 미치는 분야로 편의상 각각 구분해서 설명한 것이기 때문이다. 따라서 이들이 각각 근본적으로 완전히 색다른 것이 아니므로 이들을 '구분하는 데 집착'하기보다는 이를 표시하는 인식이나 의식 내용이 유사한 관념이라는 시각에서 '상호 연계하여 이해'하는 것이 필요하다.

그래도 의문이 생기는 것을 방지하기 위해 여기서 굳이 잠깐 군사사상 정립목적, 군사사상의 역할 및 군사사상이 영향을 미치는 분야를 구분하고자 한다. 먼저 '군사사상 정립목적'은 위에서 언급한 바와 같이 어떤 목적에서 군사사상을 정립해야 하는가의 문제이다. 즉 군사사상

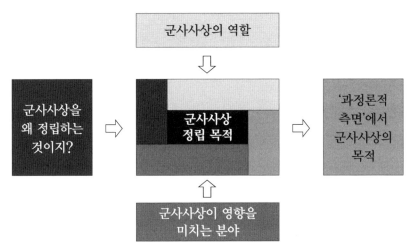

(그림 22) 군사사상 정립 목적을 보는 관점

을 통해 이루려고 하는 목표나 나아가는 방향으로서, 국가나 개인 등이 군사사상의 상대자(제2자적 입장[326])로서 군사사상으로부터 얻고자 하는 기대(expectations)이다. 그리고 '군사사상의 역할' 또는 '군사사상이 영향을 미치는 분야'는 군사사상이 어떤 역할을 하거나 어디에 어떤 영향을 미치는가를 의미한다. 이는 군사사상이 수행하는 영향, 권리행사, 의무 이행, 기대, 규범과 행동 등을 아우르는 어떤 집합체를 의미한다.

예를 들어 특정 국가의 군사사상은 해당 국가가 군사 분야의 일을 수행함에 있어서, 군사 분야에 대한 기준이나 방향 제시 또는 관련 사항을 통합하거나 선도한다. 일종의 군사와 관련하여 영향, 권리행사, 의무 이행, 기대, 규범과 행동 등에 대한 일련의 집합체로서 작용하는 것

---

326) 이는 편의상 군사사상을 중심으로 볼 경우 '특정 국가'의 군사사상이 당사자(제1자)가 된다면, '해당 국가'는 군사사상의 상대자가 되어 제2자로 볼 수 있다. 이 둘이 아닌 군사사상을 분석하거나 정립하고자 하는 사람(또는 다른 국가) 등은 제3자로 구분할 수 있다.

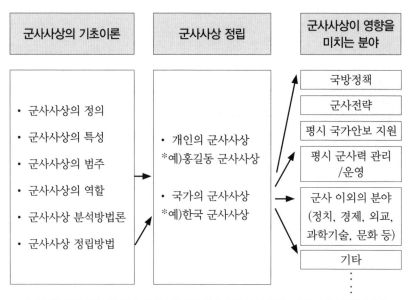

군사사상의 기초이론	군사사상 정립	군사사상이 영향을 미치는 분야

군사사상의 기초이론
- 군사사상의 정의
- 군사사상의 특성
- 군사사상의 범주
- 군사사상의 역할
- 군사사상 분석방법론
- 군사사상 정립방법

군사사상 정립
- 개인의 군사사상
  *예)홍길동 군사사상
- 국가의 군사사상
  *예)한국 군사사상

군사사상이 영향을 미치는 분야
- 국방정책
- 군사전략
- 평시 국가안보 지원
- 평시 군사력 관리/운영
- 군사 이외의 분야 (정치, 경제, 외교, 과학기술, 문화 등)
- 기타

(그림 23) 군사사상 기초이론, 군사사상 정립 및 군사사상이 영향을 미치는 분야의 상관관계

이다. 이것이 바로 군사사상이 수행하는 역할이다.

따라서 이 둘을 종합하면 군사사상이 자신의 역할인 국방정책과 전략, 전술 등에 대해 방향을 제시하거나 기준을 충실히 제시하면 궁극적으로 국가는 군사라는 수단을 활용하여 전쟁억제 등과 같은 최종적 목표를 달성하게 된다. 그러므로 군사사상이 추구하고자 하는 것은 1차적으로 방향을 제시하고 유도하는 것이며, 2차적으로 전쟁억제 등과 같은 목표를 달성하는 것이다.

다음은 정립된 군사사상이 영향을 미치는 분야에 대해 살펴볼 필요가 있다. 정립된 군사사상이 어디에 어떻게 영향을 미칠 것인가의 문제는 (그림 23)처럼 군사사상이론과 군사사상 정립과의 관계에 의해 정립된 군사사상이 과연 어디에 어떻게 영향을 미치는가를 의미한다. 이를 위해 군사사상이 영향을 미치는 분야에 대한 접근방법을 달리하여 생각해

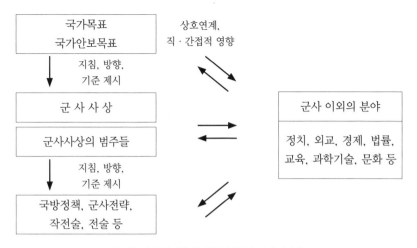

(그림 24) 군사사상과 다른 분야들과의 상관관계

본 다음 군사사상의 역할과 연계하여 접근하고자 한다.

먼저, (그림 24)에서 보는 바와 같이 군사사상이 영향을 미치는 분야에 대한 접근방법을 달리하여 군사 분야와 관련하여 '계층적(階層的, hierarchic)으로 접근'하고자 한다. 군사사상은 상위(上位) 계층인 국가목표나 국가안보목표 등에서 영향을 받아 국방정책, 군사전략, 전술, 군사교리, 전쟁수행, 전쟁 이외의 군사 분야 등에 영향을 미친다. 또한 군사 분야와 관련된 계층을 떠나서 '횡적으로 접근'을 한다면, 군사사상의 예하 범주들과 국방정책이나 군사전략 및 전술 등은 군사 이외의 분야인 정치, 경제, 법률, 교육, 과학기술 등 다양한 분야에 영향을 미치기도 하고 영향을 받기도 한다.[327]

한편 군사사상의 역할을 보면, ①군사와 관련한 미래에 대한 '비전'을 제시하는 것으로 군사 분야와 관련하여 국방정책, 군사전략, 전술, 군사교리, 전쟁 이외의 군사 분야 등에 직·간접적으로 영향을 준다. 군사

___
327) Peter Paret(1986), *op. cit.*, pp.3~4.

력을 어떻게 준비하고 운용할 것인지에 대한 판단기준이고, 가장 기본적인 밑그림이면서 동시에 등대처럼 나갈 방향을 제시해 준다고 볼 수 있다. 이외에도 ②전쟁에 관한 소신과 철학을 제시한다. ③국가목표를 달성하는 데 군사 분야를 집중시키고 조화를 이루게 하고, 국민을 통합 및 집중시킨다. ④평시 국가안보 지원 및 평시 국가정책 지원에 대한 방향을 제시한다. ⑤평시 효과적이고 효율적인 군사력 관리 및 운영하는 데 방향을 제시한다. ⑥기타 다양한 분야로서 전쟁을 해야 하는지 기준을 제시하거나, 군사학의 성격 규정, 전략과 전술, 물질적 요소와 정신적 요소, 공격과 방어 · 기동전과 진지전 · 섬멸전과 지구전 · 정규전과 비정규전 등과 같은 것들에 대한 판단기준이나 사용 방법을 제시한다. 육 · 해 · 공군 간의 비중 및 관계 설정에 방향을 제시하거나 영향을 미치고, 심지어 편성 · 훈련 · 군수 · 리더의 육성 · 인원 · 시설과 관련한 정책결심을 하는데 기준이나 방향을 제시한다고 할 수 있다.

이상의 내용들을 토대로 볼 때, 정립된 군사사상이 영향을 미치는 분야 또는 군사사상의 역할은 일정부분 유사성을 갖는다. 전시나 평시를 막론하고 국방정책, 군사전략, 전술 등 군사 분야 전반에 기준 제시, 방향 설정, 소신과 철학을 제시하는 등 직 · 간접적으로 영향을 준다. 그뿐만 아니라 나아가 정치, 외교, 경제 등 군사 이외의 분야에도 직간접적으로 영향을 주고받음을 알 수 있다. 이런 맥락에서 군사사상이 군사 분야에 대해 방향제시 등과 같은 역할을 수행하고, 군사 이외의 분야 등에 대하여 다양한 영향을 미치고 또 영향을 받게 된다. 올바른 군사사상의 정립은 군사 분야는 물론이거니와 국가안보와 관련하여 그 역할이 매우 복합적으로 작용함을 알 수 있다. 따라서 이런 역할과 목적을 충족하기 위해 군사사상을 체계적으로 잘 정립해야 하는 것이다.

제2절 군사사상 정립절차

1. 정립절차 단계

지금까지 군사사상 분석방법론은 매우 소수이지만 일부 학자들이 고민하여 제시한 것이 있었다. 하지만 공교롭게도 지금까지 군사사상 정립에 대한 이론체계는 없다고 해도 과언이 아니다. 따라서 군사사상 정립방법론은 기존의 것을 참고하여 보완하거나 이를 토대로 창의적인 방법을 도출하는 것은 불가능하다. 이번에 처음으로 정립단계와 단계별 세부 수행방안을 중심으로 군사사상 정립방법론을 제시하는 것이니만큼 향후 보완 및 발전이 필요하다.

군사사상을 정립한다는 것은 그냥 잠깐 고요히 앉아서 생각을 정리하거나 일기 또는 수필을 쓰듯이 현상이나 느낌을 간단하게 적어보는 것으로 해결될 사안이 아니다. 왜냐하면 군사뿐만 아니라 정치, 경제, 외교, 과학기술 등 군사 이외의 부분까지 고려해야 하므로 덩어리가 크고 그 내용의 정도가 깊어 간단하게 도출하기가 쉽지 않기 때문이다. 즉 관련된 각 분야가 독립 또는 상호 의존적이어서 세밀하게 확인하고 따져보기 이전에 간단히 염두(念頭)로 판단하여 전체를 명확하게 선정하기가 어렵다. 그래서 일정한 절차를 통해 세밀하게 따져 보면서 정립하는 과정이 필요하다. 그리고 거기에 혜안이나 직관 등을 통해 얻은 내용을 추가하여 보완하는 과정이 필요하다.

어떤 계획이나 정책을 수립할 때 일반적인 방법의 하나가 현상을 분석하고 그를 토대로 대안을 찾는 방법이다. 군사사상을 정립할 때도 이와 유사한 절차를 거치는 것이 필요하다. 현상을 분석하는 것은 군사사

1단계: 현상 분석 및 영향요소 종합	• 적(敵) 분석: 국가/국방정책, 국가/군사전략, 의도/능력, 취약점 등 • 아(我) 분석: 국가/국방정책, 국가/군사전략, 능력, 군사 분야 이외 국내 상황 등 • 주변환경 분석: 주변국 상황 및 국제환경, 기타 환경 • 현상분석결과 군사사상에 반영 또는 착안할 사항 종합
2단계: 군사사상 정립 시 영향요소별 관련 사항 도출	• 군사사상 정립 시 영향을 미치는 요소별로 군사사상 범주와 관련한 사항 도출 • 군사사상 정립시 영향 요소별로 도출한 관련 사항을 군사사상 범주별로 구성
3단계: 군사사상 범주별 세부 내용 완성	• 군사사상 범주별로 추가 요소 도출 • 군사사상 정립 시 영향요소별로 도출한 것과 군사사상 범주별로 추가 도출한 것 재조합 • 범주별로 세부 내용 완성
4단계: 대표적인 군사사상 내용 설정 및 상호조정	• 주요한 몇몇 범주의 내용을 종합하여 전체를 대표할 만한 군사사상 내용 설정 • 국가목표 등과 연계하여 상호조정

(그림 25) 군사사상 정립절차

상 정립과 관련한 국내·외, 군내·외의 환경이나 현상을 분석하여 군사사상 정립 시 반영하거나 착안할 사항들을 도출하는 것이다. 그다음 이렇게 분석한 자료를 토대로 군사사상을 정립하는 절차가 필요하다.

따라서 군사사상을 정립하는 절차는 (그림 25)에서 보는 바와 같이 1단계로 현상분석을 통해 적과 나의 상황 및 주변 환경을 분석하여 군사사상에 영향을 미치게 될 요소를 식별한다. 2단계는 군사사상 정립 시 영향을 미치는 7가지 요소별[328]로 군사사상 범주와 관련한 사항을 도출하여 이를 범주별로 종합한다. 이어서 3단계는 군사사상 범주별로 추가 요소를 도출하고 앞엣것과 조합하여 군사사상 범주별로 세부 내용을 완성한다. 최종적으로 4단계에서 주요한 몇몇 범주의 내용을 종합하여 전체를 대표할 만한 군사사상 내용을 설정하고 국가목표 등과 연계하여 상호 조정하는 것이다.

다만 여기서 유념할 것 중의 하나는 1단계 현상 분석 및 분석내용 종합과 2단계 군사사상 정립 시 영향요소별 관련 사항 도출은 크게 보면 중복되거나 유사하다. 따라서 이 두 단계를 하나로 묶어도 문제는 없다. 다만 1단계는 '적'과 '나'의 상황 및 '주변환경' 분석에 주안을 두고 군사사상과 관련한 전반적인 상황을 훑어봄으로써 '숲' 전체를 분석해 보는 것이다. 반면에 2단계는 군사사상 정립 시 영향을 미치는 7가지 요소별로 구체적으로 분석하여 각각의 '나무'에 대해 살펴보고 따져 보는 것이다. 따라서 이런 차이점을 생각하고 접근해야 숲과 나무를 모두 정확히 봄으로써 각각 단계별로 올바른 목적을 달성할 수 있다.

또 하나 유념할 사항은 단계의 문제이다. 1단계, 4단계 또는 뒤에서 나오는 것처럼 2-1단계, 3-2단계 등과 같이 단계를 나눈 것은 좀 더 체계적으로 정립절차를 진행하기 위함이다. 하지만 '1단계' '2-1단계'와 같이 이름을 붙인 것은 이해를 도모하기 위해 구분한 것이다. 이것이 단계별 고유 이름이라거나 이런 단계를 반드시 순서대로 나눠서 진행해야

---

328) 군사사상 정립에 영향을 미치는 요소는 ① 직접적이거나 간접적인 군사 및 비군사적 안보위협, ② 전쟁 및 전쟁 이외 분야와 관련하여 군에 대한 국민과 정치의 요구, ③ 역사 및 전통 군사사상, ④ 외국의 군사사상, ⑤ 지정학적 요인, ⑥ 경제력 및 산업기술·생산능력, ⑦ 기타 시대적인 요구사항이다(김유석(2015), 앞의 논문, p.151.).

한다는 것을 의미하는 것은 아니다. 상황에 따라 조정하거나 일부 변형해서 적용해도 된다.

2. 단계별 세부 수행방안

가. 1단계: 현상 분석

현상 분석은 적과 나의 국가·국방정책, 국가·군사전략, 의도·능력, 취약점, 군사 분야 이외 국내 상황 등과 주변국 상황 및 국제환경, 기타 환경 등을 분석하여 군사사상과 관련한 내용을 도출하는 것이다.

여기서 적이란 군사사상을 정립하고자 하는 국가 또는 특정 단체나 조직에 대하여 전쟁 또는 심각한 갈등을 조장하는 위치에 있거나 위협적인 관계에 있는 상대를 의미한다. 주로 적대 관계에 있는 상대 국가가 해당한다. 국가 이외에도 국가에 준하는 조직이나 특정 단체 등을 포함하는 개념이다. 또한 직접적이면서 당면한 적뿐만 아니라 미래의 적 또는 잠정적인 적을 포함한다.

군사사상 정립과 관련된 내용을 도출한다는 것은 분야별로 현상을 분석하여 군사사상 정립 시 반영하거나 착안할 사항을 도출해보는 것이다. 예를 들자면 적 분석결과 적이 핵을 개발한 것으로 도출되었을 경우 이는 한국이 군사사상을 정립하고자 할 때 지대한 영향을 미치게 된다. 즉 양병(養兵) 차원에서만 보더라도 북한 핵에 대응할 수 있는 직접적인 대응력인 핵보유를 우선 고려할 수 있다. 이외에도 한반도 주변국이 보유하고 있는 핵을 활용(핵 공유, 핵 배치 등)하거나 아니면 북한의 핵을 제거할 능력을 갖추거나, 북한의 핵 공격에 대해 적절히 방호할 수 있는 능력을 갖추는 것과 같은 내용을 도출해보는 것이다.

(표 29) 1단계 진행결과('예시 목적'상 도표화하고 개조식으로 축약함)

분 야	분 석 결 과
적(敵) 분석	• 국제사회에서 고립, 경제적 어려움과 후진국 형태 • **핵무기 개발 및 핵 투발수단 확보** • ⋮
아(我) 분석	• 선진국 대열에 진입 • **잠재적 핵 개발능력 확보 및 투발수단 확보 필요** • **한국형 미사일 방어체계(KAMD) 등 핵미사일 방어능력 구축 필요** • ⋮
주변 환경 분석	• 미·중·러 갈등 속에 한미동맹 유지 • **미국의 핵능력 활용한 억제방안 강구 필요** • ⋮
분석결과 종합	• 북한은 핵개발 추진으로 국제사회의 제재를~ • 우리나라의 경우~ • 주변 강대국 중 중국은~ ⋮

위의 예시는 1단계의 결과물에 대한 이해를 돕기 위해 단순하게 도표화하고 개조식으로 몇 개만 나열하여 제시한 것이다. 실제는 이처럼 도표화하거나 개조식으로 할 수도 있지만, 상당 부분은 서술식으로 좀 더 포괄적인 내용으로 서술할 수도 있다. 따라서 어떤 형식을 따라야 하는가에 지나치게 구애받을 필요는 없다.

나. 2단계: 군사사상 정립 시 영향요소별 관련 사항 도출

2단계는 군사사상 정립 시 영향을 미치는 요소와 군사사상 범주를 상호 연계하여 분석한 다음 관련 내용을 도출(2-1단계)한다. 이어서 이렇게 도출된 관련 내용을 범주별로 묶어서 나열(2-2단계)하는 것이다.

이렇게 군사사상 정립 시 영향요소와 군사사상의 범주를 연계하여 도출한 관련 사항을 군사사상 범주별로 구성하는 것은 각각 도출된 요소들을 다음 단계인 3단계에서 군사사상 범주별로 세부 군사사상 내용을 작성할 때 활용하기 위해서이다.

예를 들자면 (그림 26)에서와 같이 군사사상 정립 시 영향요소(Ⅰ)인 '안보 위협'에서 '북한의 핵 개발'에 대해 도출할 경우이다. 북한의 핵개발 위협에 대해 군사사상의 범주와 연계하여 분석한 결과 핵무기가 갖는 파괴력을 고려하여 군사사상의 범주(Ⅱ)의 '평시 양병' 측면에서 그간의 수세적 방어사상에서 탈피하여 '선제적 직접 대응력 구비'로 도출(2-1)되었다고 가정해 보자. 또한 다른 영향요소(Ⅴ)인 '지정학적 요인'과 범주(Ⅱ)의 '평시 양병' 측면에서, 남북한 간 이격(離隔) 거리가 가까워 대응시간이 매우 촉박하므로 전쟁 이전 또는 초기에 북한군의 기도를 신속하게 파악하는 능력 강구[329]를 위해 '사전 적기도 파악능력 확보'

---

329) 2017년 9월 15일 발사된 화성-12형(추정)은 일본 홋카이도 에리모곶 동쪽 약 2,200㎞ 북태평양 해상에 떨어지기까지 발사 후 약 19분 동안 3,700㎞를 비행하였다. 이를 기준으로 미사일 종류, 발사각, 비행궤적, 상승 · 낙하속도 등에 대한 세부 고려 없이 단순히 거리와 시간으로 계산하여 추정할 경우 순안비행장에서 서울까지 직선거리가 214km이므로 1~5분 이내인 반면, 홋카이도까지는 1,378km로 8~12분, 미국 본토는 30~45분이 소요될 것으로 판단되어 반응시간의 차이가 현저하다. 따라서 우리에게 가장 이상적인 것은 사전에 탐지할 수 있는 능력을 구비하거나 아니면 최소한 발사 직후 수십 초 이내에 탐지할 수 있는 능력이 요구된다.

군사사상 정립 시 영향을 미치는 요소	군사사상 범주	관련 도출내용 (2-1단계)	범주별 통합 및 나열 (2-2단계)	
Ⅰ 안보위협 • 국가안보에 직/간 접적인 군사/비군사 위협 - 북한 핵무기 개발 - 장사정포 :	Ⅰ 전쟁인식/이해	:	범주 Ⅰ	:
	Ⅱ 평시 양병	• 선제적 직접 대응력 구비 :	범주 Ⅱ	• 선제적 직접 대응력 구비 • 사전 적기도 파악능력 확보
	Ⅲ 전시 용병	:		
	:	:		
Ⅱ 국민과 정치의 요구	:	:		
:	:	:	범주 Ⅲ	:
Ⅴ 지정학적 요인 • 남북한간 DMZ를 중심으로 직접 대치 :	Ⅰ 전쟁인식/이해	:		
	Ⅱ 평시 양병	• 사전 적기도 파악능력 확보 :	범주 Ⅳ	:
	Ⅲ 전시 용병	:		
	:	:	범주 Ⅴ	:
:	:	:		
Ⅶ 기타 요구사항	:	:		

(그림 26) 군사사상의 제2단계 구체화 과정 예시(이해 목적상 도표화함)

가 중요하게 도출(2-1)되었다고 가정해 보자. 이렇게 도출된 내용을 군사사상 범주별로 구성하는 단계(2-2)에서 군사사상 범주(Ⅱ)에다가 '선제적 직접 대응력 구비'와 '사전 적기도 파악능력 확보'란 내용을 포함시키는 것이다.

다. 3단계: 군사사상 범주별 세부 내용 완성

제3단계는 (그림 27)에서처럼 1, 2단계와 3-1단계를 종합한 3-2단계를 완성하는 것이다.

이는 2단계까지 정형화된 절차에 따라 진행하면서 도출되지 않은 다른 요소가 없는지 살펴보고 추가 요소를 도출하여 앞의 단계에서 구성한 것과 융합하는 것이다. 이 과정은 어떤 정형화된 틀이나 수학적 분석 등을 통해 도출하기보다는 '비정형화된 절차'를 적용하게 된다. 이는 일종의 '감각' '혜안'이나 '사유' 또는 다른 군사사상 분석 등을 통해 도출한 내용을 활용하여 보완하는 것이다.

예를 들어 앞의 2단계에서 북한의 핵개발에 대한 2-2단계까지 도출한 내용에다 전쟁사 연구와 다른 나라 군사사상 분석 등을 통해 3-1단

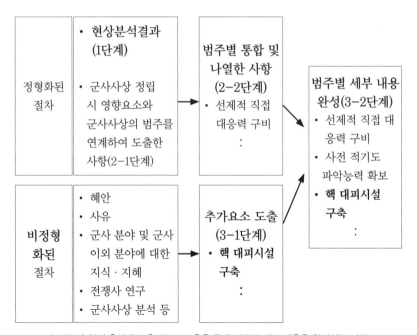

(그림 27) 양병 측면에서 추가요소 도출을 통해 범주별 세부 내용을 완성하는 과정

계의 '핵 대피시설 구축'을 추가로 도출했다고 가정해 보자. 이렇게 3-1과 같이 추가로 도출한 것을 2-2단계의 내용과 조합하고 보완하여 범주별로 세부 내용인 3-2단계를 완성하는 것이다.

3-1단계는 '감각' '혜안' '사유' 등을 통해 내용을 도출하는 과정으로 범주별로 두루 생각해야 한다. 개념 · 구성 · 판단 · 추리 등을 행하는 인간의 이성적인 사고작용 결과로 얻은 체계적 의식 내용을 도출하는 과정이 이 단계에서 필요하다. 만약 한 국가의 군사사상을 정립할 때 A와 B라는 두 개의 연구기관에 용역을 주어서 결과를 받았다고 가정해 보자. 각각의 기관에서 제출한 가칭 '대한민국의 군사사상' A안과 B안 간의 질(quality)적인 차이가 분명 발생할 것이다. 우선 (그림 25)와 같은 정형화된 틀을 통해 도출한 내용의 차이도 날 것이다. 하지만 (그림 27)과 같은 '혜안'이나 '사유'를 통해 추가로 도출하거나 융합한 것이 어떤 면에서는 질적 차이로 나타날 수 있다.

이런 과정은 공식을 통한 해법 찾기, 젊은 혈기나 용맹성, 의지 또는 단기간의 일시적인 노력만으로는 충분히 달성하기는 어려울 수도 있다. 이는 전쟁이나 군사사상과 관련하여 많은 경험이나 사유 또는 군사 분야와 군사 이외의 분야에 대하여 폭넓은 경험, 지식, 생각, 지혜 및 혜안을 가져야 하기 때문이다. 또한 다양한 전쟁사를 연구했거나 다른 군사사상을 두루 분석한 경험이 많다면, 지혜의 눈으로 진흙 속에 묻혀있던 옥석을 발굴해낼 수 있게 될 것이다. 그러므로 초급장교나 젊은 학자들부터 이런 분야에 대해 부단히 고민하고 탐구하여 장기간에 걸쳐 조금씩 내면적으로 혜안을 통해 지혜를 쌓아가도록 상급 직위자는 분위기와 여건 조성을 위해 노력해야 하는 이유가 바로 여기에 있다.

라. 4단계: 대표적인 내용 설정 및 상호조정

이 단계는 최종적으로 각 범주의 주요 내용을 종합하여 전체를 '대표하는 군사사상 내용을 설정'하고 필요시 '범주별 내용을 재조정'하며, 일정부분 국가(국방)목표 및 국가(국방)정책 등(이하 '국가목표 등'이라 함)과 연계하여 '상호조정'하는 것이다.

첫째, 대표하는 군사사상 내용을 설정하는 것이다. 군사사상을 분석할 때도 범주별로 분석한 모든 내용을 일일이 언급할 필요가 있는 때도 있지만, 때로는 크게 아우르는 군사사상을 제시해야 하는 경우가 효과적일 수 있다. 군사사상 정립도 같은 맥락이다. 범주별로 세부적인 내용을 설정했더라도 궁극적으로 전체를 아우르는 '대표적인 군사사상 내용을 설정'하는 것이다. '대표적인 군사사상 내용을 설정'하는 것이란 (그림 28)의 군사사상 정립이라는 최종 처리과정(굵은 이중실선 부분)을 통해 ㉠과 같은 결과를 도출하는 것을 말한다. 즉 앞의 3단계에서 각각의 범주별로 세부 내용을 완성하였다. 그 결과 도출된 ⓐ~ⓕ와 같은 것들이 개조식이나 서술식으로 표현했을 경우 많거나 장황하게 길어질 수 있다. 또한 그중에서 어떤 내용을 대표로 제시하기가 곤란하다. 그래서 3단계까지 진행한 결과 도출한 ⓐ~ⓕ로부터 대표적인 군사사상 내용 ㉠을 설정하는 단계가 필요하다.

둘째, '범주별로 내용을 재조정'하는 것이 필요하다. 군사사상 정립과정이 바텀업(bottom-up) 방식에 가까우므로 이런 방식이 갖는 근본적인 단점을 보완하기 위해 필요시 일부 내용을 다시 보완하는 '범주별 내용 재조정' 과정을 해야 한다. 바텀업 방식에 따라 하위 구성요소를 상호 조합하여 전체를 아우르는 것을 도출하다 보면 최초 생각하거나 희망했던 하위 모습과 일부 차이가 발생할 수 있다. 또는 그간 군사사상

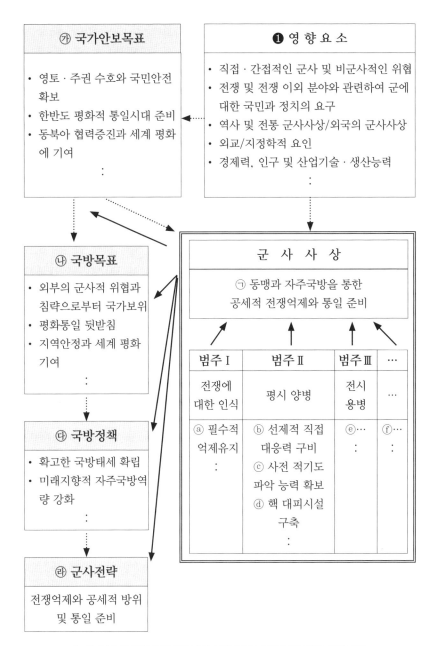

(그림 28) '대표적인 군사사상 내용 설정' 절차 및 관련 분야와의 관계 예시

과 관련한 상황이나 내용에 대해 일부 변화가 생길 수도 있다. 때로는 이보다 더 상위체계인 국가목표 등과 부분적으로 부합되지 않는 결과가 나올 수도 있다.

그러므로 이미 3단계를 거친 각 범주의 세부 내용(ⓐ~ⓕ)에 대해, ㉠ 또는 ㉮부터 ㉣의 사항들(국가목표 등) 및 '❶ 영향요소'를 고려하여 필요하다면 최종적으로 일부 ⓐ~ⓕ내용을 보완하는 단계를 거치는 것이다.

셋째, 국가목표 등과 연계하여 일정부분 상호조정이 필요하다. 군사사상 정립에 대한 표면적 절차는 사실 '대표적인 군사사상 내용 설정'과 '범주별 내용 재조정'으로 종결된다. 하지만 국가목표 등과 군사사상이 상호 영향을 주고 또 영향을 받는 관계라는 점과 군사사상의 유기체적 특성으로 인해 한번 정립했다고 끝나는 것이 아니고 또다시 상호조정과 정을 일정부분 거치게 된다.

우선 국가목표 등의 과정(A)은 일반적으로 탑다운 절차(㉮ → ㉣)로 진행되지만 '군사사상 자체를 정립'하는 절차(B)는 바텀업 방식(ⓐ~ⓕ → ㉠)을 따른다. 그런데 A와 B는 각각의 고유 과정을 거치지만, 둘 간에 완전히 별개로 독립된 절차로 진행하는 것이 아니라 상호 영향을 주고 또 영향을 받는 관계라는 점이다. 이러다 보니 4단계를 거쳐 군사사상을 정립했더라도 여기서 끝나는 것이 아니고 상호조정과정을 반복한다.

이는 군사사상이 사상의 특성 중 유기체적 특성이 있어 상황에 따라 상호 영향을 미치고, 진화하거나 소멸하는 생명력을 가진 유기체와 같기 때문이다. 그래서 국가목표 등이 변경됨에 따라 군사사상도 변화를 가져와야 한다. 또한 군사사상이 정립되면 분명 국방정책(㉰)과 군사전략(㉱) 등에 영향을 미치게 된다. 하지만 반대로 이들이 군사사상에 영향을 미치게 되어 다시 군사사상을 조정해야 하는 상황이 발행할 수도 있다. 따라서 군사사상 정립이 한순간에 종결되어 고정적이거나 불변의 가치로 남아있다는 생각을 버려야 한다. 그렇다고 정립과정이나 정립 이후에 이렇게 수정하는 과정을 끝도 없이 계속 반복해야 한다는 것을 의미하는 것은 아니다. 단지 정립단계에서 이런 과정을 어느 정도 거쳐야 한다는 의미이다. 또한 군사사상은 국방정책이나 군사전략에 영향을 줄 뿐 이들로부터 영향을 받지 않는 절대적인 상하 계층 관계라는 생각에 고착됨이 없어야 한다.

3. 군사사상 정립 시 오류와 유의 사항

가. 군사사상 실체의 구체화 오류

어떤 일을 계획하거나 구상할 때 구체적으로 할 경우가 있지만 때로는 구체적인 것이 부적절할 때도 있다. 군사사상 정립에 대한 개념적인 내용이 쉽게 손에 안 잡히기 때문에 (그림 26)을 통해 설명하였다. 이는 이해를 증진할 목적으로 '평시 양병' 분야로 한정하여 구체적인 내용을 일부러 넣어서 제2단계 과정을 예시로 들었다. 여기서 잘못하여 구체화하기 위해 (그림 29)와 같이 접근하게 되면 의도와 다르게 '군사전략'이나 심지어 '합동군사전략목표기획서(JSOP)'를 도출하는 절차로 바뀔 수가 있다. '군사전략'이나 '합동군사전략목표기획서는 군사사상보다 하위 영역으로서 군사사상을 구현해야 해야 할 대상이지 군사사상 그 자체가 아니다.

실제 군사사상을 정립할 때는 (그림 26)보다 더 포괄적이고 개념적인 사항을 도출할 수밖에 없다. 왜냐하면 군사사상을 정립할 때 구체화가 오히려 문제가 될 수도 있기 때문이다. 즉 군사사상을 미시적(微視的)으로 정립하면 상세함과 정확성이 갖는 일반적인 장점보다 상·하위체계 또는 관련된 분야를 매우 '한정'하거나 '구속'하는 부작용을 초래할 수 있다.

군사사상 정립 시 영향을 미치는 요소	군사사상 범주	관련 도출내용 (2-1단계)	범주별 구성(2-2단계)	
Ⅰ 적 위협 • 국가안보에 직/간접적인 군사/비군사 위협 – 북한의 핵 개발 – 장사정포 :	Ⅰ 전쟁인식/이해	:	범주 Ⅰ	:
	Ⅱ 평시 양병	• 핵무기 및 투발수단 개발[330) :	범주 Ⅱ	• 핵무기 및 투발수단 개발 • 자체 정찰 위성과 이지스함을 활용한 다중복합탐지 능력 구비
	Ⅲ 전시 용병	:		
Ⅱ 국민과 정치의 요구 :	:	:		
	:	:		
Ⅴ 지정학적 요인 • 남북한 간 DMZ를 중심으로 직접 대치 :	Ⅰ 전쟁인식/이해	:		
	Ⅱ 평시 양병	• 자체 정찰 위성과 이지스함을 활용한 다중복합탐지 능력 구비	범주 Ⅲ	:
			범주 Ⅳ	:
	Ⅲ 전시 용병	:		
	:	:		
:	:	:	범주 Ⅴ	:
Ⅶ 기타 요구사항	:	:		

(그림 29) 군사사상의 구체화 과정에서 범하기 쉬운 오류의 예시

---

330) 핵 사용을 억제하거나 대응하는 데는 재래식 무기가 근본적인 한계점을 갖고 있어서 단순히 북한의 핵무기에 대응한다는 측면에서만 본다면 여기서는 자체 핵을 보유하는 것과 이것을 적시에 북한지역에 투발할 수 있는 수단을 확보하는 것이 최선의 방법이라고 도출한 경우를 가정한 것이다.

앞서 예시처럼 '사전 적기도 파악능력 확보'는 비교적 포괄적인 개념이다. 그러나 이런 포괄적인 개념보다 이를 구체화하여 '자체 정찰위성과 이지스함을 활용한 다중복합탐지능력 구비'라고 하면 분명 내용을 구체화하였기 때문에 훨씬 더 고민하고 발전시킨 것으로 생각할 수 있다. 게다가 이를 전력화 하거나 행동화하는 국방부나 합동참모본부에서 해당 분야를 추진하기는 훨씬 수월할 것이다. 그런데 이렇게 구체화할 경우 발생하는 문제는 '사전 적기도 파악능력 확보'를 위해 정찰위성이나 이지스함과 같은 탐지전력을 직접적으로 확보하는 것 외에 다른 것은 안 해도 되는가의 문제에 봉착한다. 즉 언론이나 제3국을 통한 첩보획득, 적 연구, 군사외교, 인간정보 활용 등과 같은 직간접적인 여러 방법은 고려하지 않아도 되는 것 같은 문제가 발생한다. 따라서 (그림 29)와 같이 할 경우 이는 군사전략 등을 구체화하는 것임에도, 마치 군사사상의 구체화라는 것으로 착각하거나 혼선을 빚게 되므로 주의가 필요하다.

나. 환경요인에 구속되는 오류

군사사상을 정립한다는 것이 오히려 '군사사상 정립에 영향을 미치는 요소'에 얽매여 잘못된 방향으로 가게 되는 오류이다. 군사사상을 정립하는 것은 연구보고서나 논문처럼 한두 사람이 책상에 앉아서 이런저런 자료를 참고하고 궁리하여 만들어 내는 게 아니다. 실제 범주별로 영향 요소 등을 일일이 따져보고 외교·경제·과학 등의 제 분야와 협업(cooperative work)을 통해 현실을 반영하고 미래를 예측하여 정립하는 것이다. 그런데 이것이 오히려 군사사상 정립에 부적절한 영향을 미치면 군사사상이 엉뚱한 방향으로 갈 가능성이 있다.

이에 대한 일례를 들자면 19세기 말부터 제1차세계대전이 일어나기 전까지 약 45년간(1870~1915) 영국은 당시 서양에서 본격적으로 등장한 '화력전시대'에도 불구하고 오히려 이에 역행하는 방향을 선택했다. 이로 인해 기관총 등을 활용한 화력과 기동을 결합한 새로운 전쟁수행 개념을 도입하지 못하였다. 그때까지 유지해오던 다수의 병력과 과감성 및 정신력 등으로 크게 나뉘는 불굴의 돌격정신을 바탕으로 하는 '영국군 착검돌격사상(British Spirit of the Bayonet)'에 45년간 얽매이게 되었다.[331]

영국이 이렇게 된 이유는 기존의 고정관념, 고위급 정책결정자들의 아집(我執), 주변국이나 전쟁상황의 변화에 대한 부적절한 수용, 경제상황, 육군 평의회(Army Council)·재무부·자유당 정치인들의 국방비 증액 반대 등과 같은 군사사상 정립에 영향을 미치는 환경에 지나치게 좌우되었기 때문이다.

1871년 11월 영국 '기관총특별위원회(Special Committee on Mitrailleurs)'는 보고서를 통해 65구경 및 45구경 개틀링(Gatling) 기관총의 채택을 강력하게 권고하기도 했다.[332] 제2차 보어전쟁(1899~1902)을 통해서 화력이 전투에서 결정적인 요인이었기 때문에 지금까지 주수단이었던 검(sword)과 총검(銃劍)의 시대가 사라졌다고 당시 전쟁지도부(War Office)는 말하기도 했었다. 게다가 맥마흔(McMahon)이나 풀러(J.F.C Fuller) 같은 사람은 화력과 기동의 결합을

---

331) Tim Travers, *The Killing Ground: the British Army, the Western Front and the Emergence of Modern Warfare, 1900-1918*(Barnsley: Pen & Sword Books, July 2003), pp.37.~40.

332) T. H. E. Travers, "The Offensive and the Problem of Innovation in British Military Thought 1870-1915", *Journal of Contemporary History*, Vol. 13, No. 3 (London: Sage Publishing, Jul., 1978), pp.531~532.

통한 전쟁수행의 중요성을 역설하기도 하였다. 그러나 영국은 이런 방향과는 정반대를 선택했다. 당시 일찍이 변화의 흐름을 타고 있던 독일(프로이센)이나 프랑스 및 미국과도 판이(判異)한 방향이었다. 이렇게 된 이유는 다음과 같이 세 가지로 접근할 수 있다.

첫째, 보수적인 귀족 중심의 고위급 정책결정자들의 고정관념, 아집(我執) 및 보수성과 같은 내부의 상황이 부작용을 일으켰다. 당시 총참모부(General Staff)의 공식적인 보고서를 보거나 대영제국 참모총장 윌리엄 니콜슨(William Nicholson) 장군, 2차 보어전쟁에도 참전하고 제1차세계대전 시 영국 원정군 총사령관이었던 로버트슨 장군(W. Robertson), 키겔(Kiggell) 장군 등 대다수 주요 장성들을 포함한 고위급 국방정책결정자들은 기존의 고정관념과 아집(我執)에 휩싸여 변화를 수용하기보다는 보수성에서 벗어나지 못하였다. 그래서 오히려 각종 교범이나 의견을 기술할 때 새로이 등장한 기관총이나 화력의 효율적인 조합을 생각하기보다는 지금까지 해오던 방식을 중히 여기고 사기(morale)와 충성심, 근접 전투 및 총검의 미덕, 병력을 집중하여 일제히 돌격하는 최종공격 등을 의도적으로 강조하고 과장했다.[333]

둘째, 주변국이 상황이나 전쟁상황의 변화에 대한 부적절한 수용이다. 미국 남북전쟁(1862~1864)과 2차 보어전쟁에서 칼이 아닌 모젤(Mauser) 강선총 등으로 무장한 기마보병(Mounted Infantry)이 말의 기동력을 이용한 기동과 사격으로 효과를 발휘했다. 적과 근접하거나 맞닥뜨리게 되면 말에서 내려 보병으로 공격하여 크게 효과를 본 것이다.[334] 이렇게 되자 영국에서는 기관총이나 포병화력의 효과성보다는

---

333) Tim Travers(2003), *op. cit.*, pp.37.~40.
334) Jay Luvaas, *The Military Legacy of the Civil War: The European Inheritance*(Kansas: University Press of Kansas, 1988), pp.14~15.

속사(速射) 능력을 숙달한 보병의 중요성이 강조되기도 했다. 이에 대해 무엇보다 영국인에게 강하게 확신을 안겨준 것은 러일전쟁 시 일본군의 지상전투이다. 일본군은 만주지역에서 러시아군의 화력방어지역을 착검돌격(着劍突擊)으로 돌파함으로써 승리하였다. 이를 지켜본 영국의 전쟁지도부는 화력에 의한 방어주의(러시아군)보다는 우수한 정신력과 충성심으로 뭉친 다수의 병력을 집중하여 과감한 돌격(일본군)만이 승리를 가져온다고 확신하게 되었다.[335] 또한 다윈(Charles Robert Darwin)의 '종의 기원'에 언급된 적자생존주의나 니체(Friedrich Wilhelm Nietzsche)의 '폭력에 대한 예찬' 등[336]과 같은 당시의 지성주의적 사조(思潮)를 추종하여 애국주의와 공격지상주가 만연하였다. 이런 생각들은 채 10년도 지나지 않아 제1차세계대전이 일어나면서 곧바로 잘못된 것이었다고 증명되었다.

하지만 그 당시 영국은 주변국이나 전쟁 양상의 변화에 대한 부적절한 수용으로 인하여 오히려 군사사상의 혁신을 저해하는 부작용을 초래했다. 즉 미국의 남북전쟁과 2차 보어전쟁의 교훈 및 러일전쟁 시 일본군의 승리요인이나 당시의 사조를 부적절하게 수용한 것이다. 게다가 ①공격이나 방어에 대한 전술적 혁신의 어려움, ②결정적인 전투적 승리는 사기가 충천하고 수적으로 우세한 병력의 과감하고 연속적인 돌격을 통해서 달성할 수 있다는 생각, ③화력에 취약한 기병의 단점에도 불구하고 전통적인 영국 기병대의 자부심과 신념을 바탕으로 존폐위기에서 위상을 유지하기 위한 집착, ④19세기 후반부터 제1차세계대전 이전까지 전쟁 양상이 국가의 생사가 달린 전면전이 아니라 식민지의 열등

---

335) T. H. E. Travers(1978), *op. cit.*, p.538.
336) 김진석, "폭력과 근본주의 사이로 – 니체를 수정하며", 「철학과 현실」(서울: 철학문화연구소, 2004), pp.248~250.

한 토착 세력과의 전투이거나 식민지 쟁탈과정에서 경쟁국의 일부 군대와 특정 지역에서 한정하여 실시하는 것이어서 전쟁을 대수롭지 않게 여기는 등, 전쟁의 본질에 대한 특정 선입관이 지속해서 영향을 미쳤다. 이런 여러 요인이 복합적으로 작용하여 영국군 군사사상은 현실과 부합하지 않는 쪽으로 흐르는 오류를 범하였다.

셋째, 육군 평의회 · 재무부 · 자유당 정치인들과 같은 군부와 정치권에서 당시 경제상황과 연계하여 기관총과 같은 화력수단을 확보하는 데 필요한 많은 국방비 사용에 대한 반대가 크게 일었다.[337] 그 이유는 우선 당시 전쟁들이 앞서 언급한 바와 같이 식민지에서 일어나는 국부적인 전쟁이었기에 이를 가지고 다른 전쟁에 그대로 적용한다거나 영국군 전체에 적용하는 것은 적절하지 않다는 견해가 군부뿐만 아니라 정치권에서도 지배적이었다.[338] 또 다른 결정적인 이유는 영국 경제의 침체이다. 당시 독일이나 미국이 공업기반을 확대하고 무역을 대폭 증대하여 부흥의 길로 들어섰던 반면 영국의 경제는 침체의 길로 들어섰다. 대영제국의 전성기인 빅토리아 여왕(재위: 1837~1901) 중엽에 절정이었던 '팍스 브리태니커(Pax Britannica)'가 지나가고 1870년 이후부터 점차 생산성이 정체되다가 감소의 길로 접어들었다. 즉 기존의 생산시설이 노후기에 접어들었고, 중화학공업으로의 전환이 제때 이루어지지 않아 영국의 경제는 다른 국가에 비해 상대적으로 쇠퇴하기 시작하였다.[339]

당시 전쟁 양상이나 영국의 경제상황을 고려할 때 새롭게 대규모로 기관총이나 포병화력 등과 같은 무기체계를 확대하거나 도입하는 혁

---

337) T. H. E. Travers(1978), op. cit., pp.532~533.

338) Tim Travers(2003), *op. cit.*, pp.37~40.

339) Perry Anderson, "The Figures of Descent", *New Left Review* Vol. 0, Iss. 161(London Jan, 1987), pp.41~42.

신과도 같은 국책사업은 정치권으로부터 자연스럽게 반발을 불러일으켰다. 이 때문에 영국은 '기관총'보다 돈이 덜 들어가는 '돌격정신'을 선택했다고 볼 수 있다.

이렇듯 19세기 후반 영국의 경우에서 보았듯이 군사사상을 정립할 때 범주별로 영향 요소 등을 일일이 따져보면서 현실을 반영하고 미래를 예측하여 정립한다는 것이 오히려 자칫 잘못하면 엉뚱한 방향으로 갈 가능성이 있음을 유의해야 한다.

제3절 군사사상 정립 시 영향요소

앞서 간단히 언급하였지만 군사사상 정립에 영향을 미치는 요소는 다음같이 들 수 있다. ①군사 및 비군사적 안보위협, ②전쟁 및 전쟁 이외 분야와 관련하여 군에 대한 국민과 정치의 요구, ③전통 군사사상 및 역사, ④외국의 군사사상, ⑤지정학적 요인, ⑥경제력 및 산업기술·생산능력, ⑦기타 시대적인 요구사항이다. 이 일곱 가지 요소는 주로 한국을 중심으로 선정하였기 때문에 일부 요소는 다른 나라에 일부 들어맞지 않을 수도 있다.

군사사상을 정립할 때 특히 많이 영향을 받는 것은 각국이 처한 상황이다. 나라마다 처한 상황이 제각기 달라서 모든 나라에 다 적용할 수 있는 영향요소를 제시한다는 것은 불가능하다. 위의 일곱 가지 요소는 일반적으로 군사사상 정립에 영향을 미치는 요소를 우선 포함하였다. 거기에다가 한국이 직면한 남북한 대치상황, 주변 강국의 관계 등과 같이 한국만이 가진 특수성을 고려하여 한국의 처지에서 고려해야 할 사항을 제시한 것이다. 따라서 한국 이외의 국가들은 그 나라가 처한 상황에 맞게 위의 일곱 가지 요소를 참고하여 일부 내용을 변형하거나 가감하여 적용하면 된다.

예를 들어 '⑤지정학적 요인'만을 두고 보면 한국의 경우 남북한이 국경을 사이에 두고 대치하고 있는 점과 주변 강국에 둘러싸인 점을 볼 때 남한 또는 한반도를 중심으로 지정학적 접근이 필요하다. 그러나 미국의 경우 미 본토 자체만을 두고 지정학적 요인을 고려하기보다는 전구(theater)별로 지정학적 요인을 고려해야 할 것이다.

또한 영국의 경우 ⑤지정학적 요인, ⑥경제력 및 산업기술·생산능력, ⑦기타 시대적인 요구사항과 연계시 북대서양 조약기구, 인도-태평양전략(Indo-Pacific Strategy)과 해군력, 포스트 브렉시트(Post-Brexit) 이후 UK-EU 관계, 유럽 외교의 균형자 역할, 아일랜드 국경문제, 해외 영토(British Overseas Territory) 및 영연방과의 관계, 테러 및 극단주의와 같은 불안정성 등이 깊이 있게 고려되어야 할 것이다. 이처럼 그 나라가 처한 상황에 맞게 위의 일곱 가지 요소를 참고하여 추가하거나, 일부 내용을 변형 또는 가감하여 적용할 필요가 있다.

본 장에서는 위의 일곱 가지 영향요소에 대해 하나씩 구체적으로 논하되, 각각 요소별로 어떤 영향을 왜 미치는지 우선 살펴보고자 한다. 그다음 해당 요소에 대한 사례분석을 통해 타당성을 살펴보면서 시사점을 도출하는 것이다. 이를 통해 궁극적으로 해당 요소별로 군사사상 정립 시 착안할 사항이나 고려사항 내지는 함의 등을 제시함으로써 향후 군사사상을 정립할 때 활용할 수 있도록 하고자 한다.

1. 영향요소 I : 군사 및 비군사적 안보위협

가. 안보위협과 군사사상 정립의 상관성

1) 국가안보, 군사력 및 군사사상 정립의 상관성

'국가안보(National Security)'란 '국가안전보장'의 준말인데, 일반적으로 국가의 생존과 국가이익의 안전 확보를 위한 정책과 전략을 말한다. 이를 좀 더 구체적으로 말하자면, 국가안전보장이란 국내외로부터 기인하는 다양한 군사 및 비군사 위협을 억제하거나 극복하고 국가목표를 달성하는 것이다. 우선 일어날 수 있는 위협의 발생을 미연에 방지하거나 억제하여야 한다. 기존의 위협을 효과적으로 배제하며, 또한 발생한 위협을 효과적으로 제거하거나 완화해 위협이 되지 않도록 하는 것이 필요하다. 이를 위해 정치 · 외교 · 사회 · 문화 · 경제 · 과학기술 등과 같은 여러 정책체계를 종합적으로 운용해야 한다. 그래야만 궁극적으로 추구하는 모든 가치(국익)를 보전 · 향상시킬 수 있다.[340] 특히 국가이익에 대해 모겐소(Hans J. Morgenthau)에 의하면 국가 생존을 위한 최우선적 이익으로 영토와 자주권 보존, 국민보호와 국민복지 향상, 국가의 명예 그리고 국가의 힘 증대라고 말하고 있다.[341]

이처럼 국가는 국가목표를 달성하는 데 있어서 국가가 추구하는 제 가치(국익)를 보전 · 향상시키기 위해서 국익을 저해하는 직접적이든 간접적이든 또는 군사적이든 비군사적이든 각종 위협에 대응하여 이를 극

---

340) 최경락, 정준호, 황병무, 『국가안전보장 서론: 존립과 발전을 위한 대전략』(서울: 법문사, 1989), pp.25~26.

341) Hans J. Morgenthau, *Politics Among Nations: The Struggle for Power and Peace*, fifth edition(New York: Alfred a Knopf, Inc, 1973), p.36.

복하고자 한다. 아니면 국가의 의지에 맞게 위협이 변화되도록 하는 것을 최우선 관심사항으로 여기게 된다. 국가안보를 보장하기 위해 국가는 군사력을 포함하여 모든 국력을 동원하여 위협에 대응해야 한다. 특히 다양한 위협 중에서 우선적으로 고려해야 하는 것이 적에 의한 전쟁위협이다. 이런 적의 위협에 대응으로 먼저 생각할 수 있는 것이 군사력인 만큼 '위협과 국가안보 및 군사력의 관계' 역시 떼래야 뗄 수 없는 관계가 된다.

국가 생존과 관련한 영토와 자주권 보존, 국민보호와 국민복지 향상, 국가의 명예 그리고 국가의 힘 증대 등을 위해 위협으로부터 국가는 스스로 보호해야 한다. 이를 위한 직접적인 수단이 군사력이다. 이처럼 국가안보의 중요한 수단 중의 한 축을 담당하는 것이 군사력임은 자명한 사실이다. 이를 거꾸로 접근해 보면, 군사사상은 군사력을 구비하는 데 직접적으로 영향을 미치고, 그렇게 구비된 군사력은 국가안보에 직접적인 수단이 된다. 국가안보는 국가의 이익을 보존 및 증대하는 역할을 수행하므로 군사사상과 안보위협은 매우 밀접하게 관련이 있음을 알 수 있다.

2) 군사사상 정립 시 위협과 안보를 우선 고려해야 하는 이유

앞서 제시한 군사사상 정립 시 영향요소 7가지는 중요도에 따라 우선순위별로 제시한 것은 아니다. 그것은 국가가 처해있는 상황에 따라 우선순위가 바뀔 수 있기 때문이다. 예를 들자면 북한의 경우 김정은과 같은 '정치지도자의 요구'가 지배적일 수 있다. 따라서 북한은 ②전쟁 및 전쟁 이외 분야와 관련하여 군에 대한 국민과 정치의 요구가 우선 고려되어야 할 것이다. 하지만 일반적인 국가의 경우 '안보위협과 국가안보'를 군사사상 정립 시 가장 먼저 고려할 것이다. 왜냐하면 국가의 존망과

(그림 30) 안보위협, 국방력, 군사사상의 연관성

직결되는 것이 국가안보를 해치는 위협이고 그 위협에 대응하는 것이 국가안보이기 때문이다. 또한 국가안보의 가장 중요한 직접적인 수단이 군사력이고, 군사력은 국방정책과 군사전략 등을 통해 현실화한다. 그런데 여기서 국방정책과 군사전략 등은 이들 저변에 깔린 군사사상으로부터 직접적인 영향을 받는다. 따라서 군사사상 정립 시 군사위협과 그에 대한 대응이라고 할 수 있는 국가안보는 중요한 고려 요소가 된다.

국가가 군사력을 보유하는 것은 국가가 적의 침공과 같은 위협으로부터 스스로 존립하기 위한 것이다. 즉 국가안보를 보장하기 위한 것이다. 이를 두고 손자는 『손자병법』 첫머리에 '병자 국지대사 사생지지 존망지도 불가불찰야(兵者 國之大事 死生之地 存亡之道 不可不察也)'라고 말하였다. 즉 '전쟁이나 군사에 관한 것은 국가의 매우 중요한 일인데, 그 이유는 백성들의 생사와 국가의 존망이 달려있기 때문이라는 것이다.' 국가의 존망이 달려있다는 것은 국가가 이 세상에서 계속해서 존재하고 발전하느냐 아니면 망해서 없어지느냐의 문제이므로 전쟁이나 군사에 관한 것이 국가의 이익이나 가치를 지키고 증진하는 국가안보의 첫 번째 대상이고 목표라는 의미이다. 이런 이유에서 국가가 존재하려면 국가안보가 중요하고 이런 국가안보를 보장할 수 있는 가장 중요한 요소 중의 하나가 군사력이다.

물론 안보의 중요 수단으로 군사력을 강조한 것은 전체적인 수단을 대표하거나 전체를 포괄하는 개념은 아니다. 또한 안보위협 중에서 반드시 적의 침략과 같은 전쟁만이 존재하는 것 또한 아니다. 그러므로 군사력이라는 것이 한 국가의 위협에 대한 대응력(국가안보 수단) 전체를 포괄하는 개념이라기보다는 매우 중요한 요소임을 강조한 것에 유의해서 접근하기를 바란다. 일례로 한국의 경우 원유(原油)를 100% 수입에 의존하여 이를 기초로 생산을 통해 국가경제와 안보를 유지하고 있다. 만약 원유 수입이 100% 차단되면 군사력에 의한 침공을 받지 않고도 최악의 경우 한국이라는 국가는 망할 수도 있다. 『손자병법』에서 말한 '병자 국지대사(兵者 國之大事)'가 아니라, 한국의 처지에선 '원유 국지대사(原油 國之大事)'가 올바른 표현일 수도 있기 때문이다.

그럼에도 불구하고 국가, 위협, 국가안보, 군사력이 국가라는 테두리 안에서 국가의 존립과 번영이라는 큰 목표를 향해 매우 중요하게 직접적으로 상호작용을 한다. 그중에서 국가안보를 위해 군사력이 가장 기본적으로 우선 구비되어야 하는 대상이다. 그리고 군사력은 군사사상을 토대로 구비된다. 이를 역으로 보면 군사사상은 군사력을 위해, 군사력은 국가안보를 위해 존재가치가 있다. 따라서 군사사상 정립 시 위협과 국가안보를 가장 먼저 고려해야 하는 이유가 여기에 있게 된다.

나. 안보위협에 대한 군사사상 측면 접근방법

1) 가변성에 입각한 접근

제1부 제2장 제2절에서 군사사상의 특성을 설명하면서 군사사상도 사상의 한 분야로서 유기체적 특성 때문에 유기체처럼 상황에 따라 상호 영향을 미치고, 진화하거나 소멸하는 생명력을 가진다고 하였다. 즉 군사사상은 다양화되고 있는 사회현상에 영향을 받고 또 반대로 영향을 주면서 발전하거나 진화 및 소멸하는 특성을 갖는다.

사회현상의 일부분인 위협도 변하기 때문에 군사사상을 정립할 때 현재의 위협과 예측되는 위협을 포함하되 위협의 가변성을 고려하여 접근해야 한다. 그러나 가변적인 위협을 모두 다 고려한다는 것은 현실적으로 불가능에 가깝다. 그래서 가변적인 대상에 대해 무엇을 기준으로 어느 정도 한정해서 접근해야 하는가의 문제에 직면한다. 또한 당면한 위협과 잠재적인 위협을 고려하되, 당면한 위협은 우선 고려한다 치더라도, 잠재적인 위협은 어느 정도까지 고려할 것인가도 중요한 고려사항이 된다.

(표 30) 군사사상 정립시 고려할 위협을 한정하는 기준

구 분	국익에 미치는 영향								
	긴 박 성			치 명 성			지속 또는 반복성		
	높음	중간	낮음	높음	중간	낮음	높음	중간	낮음
당면한 위협	○	△	△×	○	△	△×	○	△	△×
잠재적인 위협	×	×	×	○	△	×	○	△	×

* ○: 우선 고려, △: 고려하거나 보류, ×: 고려하지 않음

먼저 가변적인 위협을 한정하는 기준은 '국가이익에 영향을 미치는 정도'이다. 즉 영토와 자주권 보존, 국민보호와 국민복지 향상, 국가의 명예 그리고 국가의 힘, 민주주의와 시장경제와 같은 국가의 이념 등과 같은 국가이익에 미치는 위협 정도를 중심으로 판단해야 하는데 구체적인 한정기준을 보면 (표 30)과 같다.

우선 고려해야 할 위협은 당면한 위협 중에서 긴박하면서도 위협에 따른 국익에 미치는 치명도가 높으며 지속적인 것이다. 잠재적인 위협 중에서는 긴박성은 떨어지더라도 치명성이 높고 지속적인 것이다. 한국의 경우 당면한 위협 중에서 긴박성과 치명성 및 지속성이 높은 위협의 예로는 북한의 핵 및 미사일 위협, 사이버 공격, 포격도발과 같은 국지도발 등을 들 수 있다. 그리고 잠재적인 위협이면서 치명도와 지속성이 높은 것은 테러, 중국이나 일본과의 영토분쟁, 곡물이나 에너지 수입 차질, 미중 패권경쟁에 따른 특정 세력으로 귀속 요구 등을 들 수 있다.

고려하거나 보류해도 되는 위협은 당면 위협 중에서 중간 이하 정도의 긴박성을 요구하면서, 치명도나 지속성이 그렇게 높지는 않지만 무시할 수 없는 위협이다. 또한 잠재적인 위협 중에서 긴박성은 낮지만 역시 치명도나 지속성이 그렇게 높지는 않지만 그렇다고 무시할 수 없는 위협이다. 한국의 경우 당면한 위협 중에서 반도체 기술 등과 같은 산업기밀 탈취, 환경오염 등을 들 수 있고, 잠재적인 위협 중에서 국가부채의 증가, 물 부족, 대규모 재해·재난 등을 들 수 있다.

마지막으로 고려하지 않아도 될 정도로 우선순위가 비교적 낮은 것은 당면한 위협이나 잠재적인 위협 중에서 긴박성이나 치명도가 낮은 위협이다. 한국의 경우 당면한 위협이나 잠재적인 위협 중에서 인종 또는 민족이나 종교적 갈등 등을 들 수 있다.

2) 다양한 위협에 대해 포괄적으로 접근

국가안보에 영향을 미치는 전통적인 위협으로 적의 침략전쟁, 국경분쟁, 외교분쟁, 이념분쟁, 인종분쟁, 무역이나 자원과 관련된 경제분쟁 등이 주로 야기되었다. 앞으로도 이런 전통적인 위협은 물론이거니와 감염병이나 국가부채와 같은 다양한 비군사적 위협이 공존하면서 크고 작은 갈등이나 분쟁 및 전쟁이 지속될 것이다. 또한 이런 위협들은 한 국가의 외교나 군사력 등과 같은 전통적인 안보수단으로 국한해서 대응할 수 없을 것이다. 때론 한 국가가 아닌 다수의 국가가 공동으로 다양한 수단을 동원해야 대응할 수 있게 되었다.

먼저 군사적 위협 중 전쟁을 보면 전통적인 전쟁 위협이 상존하는 가운데 첨단기술이 발달하면서 전쟁의 유형이 다양해지고 소규모 전쟁 또는 국지전 형태의 무력 충돌 가능성이 증대될 것이다. 이와 더불어 테러, 비대칭전, 이념전, 심리전이 복합된 형태의 전쟁을 수행할 것이다. 군사력 사용이 수반되는 물리적 전쟁과 하이브리드 전쟁 또는 사이버전과 같은 비물리적 전쟁이 혼재된 모습을 보일 것이다.[342]

한편 비군사적 위협 역시 국가안보에 지대한 영향을 미치는데, 이들에 속하는 것은 국가부채의 증가와 같은 경제 문제, 테러, 해적, 국제범죄, 무기밀매, 불법 이민, 재해, 에너지 문제, 감염병, 지구온난화, 물 부족, 환경오염, 영토분쟁, 종교, 인종 문제, 마약밀매 등 매우 다양해졌다. 이들은 특정 지역이나 국가에 한정되지 않고 심지어 초국가적으로 갈등이나 위협을 일으키기도 한다.

군사사상을 정립하면서 군사적 위협에만 한정하여 기존의 전통적인 위협인 전쟁만을 고려하기보다는 비군사적 위협 등을 포함하여 다양한

---

342) 국방부, 『2014 국방백서』, p.12.

위협을 복합적으로 고려해야 한다. 여기서는 편의상 군사적 위협과 비군사적 위협으로 구분하여 고려해야 할 위협을 간략히 알아보고 이런 위협들을 군사사상 정립 시 어떻게 고려해야 하는지 살펴보고자 한다.

가) 군사적 위협

군사적 위협은 직접적인 위협과 잠재적인 위협으로 구분할 수 있다. 한국에 있어서 직접적인 군사적 위협은 북한의 군사 위협을 들 수 있다. 또한 잠재적 군사 위협은 북한과 같이 직접적으로 전쟁을 도발할 위협은 아니지만, 미래의 어떤 특정 시점에서 심각한 안보위협으로 변화될 위협을 말한다.

먼저 북한의 직접적인 군사적 위협은 사상전, 기습전, 배합전, 속전속결전을 요체로 하는 전면전, 사이버전, 핵 및 미사일 공격, 국지도발 등이 여기에 속한다. 특히 이 중에서 북한 핵무기의 경우 비핵국가인 한국의 대응이 매우 제한적이고 효과가 충분히 보장되지 않는다. 따라서 북한의 핵무기 사용을 억제하는 최선의 방법은 핵보유국가와의 동맹이다. 즉 핵무기를 보유하지 않는 대신에 동맹을 통한 미국의 확장억제(extended deterrence) 또는 핵우산(nuclear umbrella) 등과 같은 수단을 활용하는 것이다. 하지만 동맹국이 공약을 제대로 이행하지 않을 경우를 대비하여 자체적으로 응징 및 거부할 수 있는 적절한 역량을 확보하는 것이 필요하다.[343]

한편 한국의 잠재적 군사 위협은 크게 두 가지 유형으로 직면할 가능성이 있다. 첫째는 한반도 주변 강대국 간의 패권 경쟁이나 충돌에 의한

---

343) 박재현, "한반도 위협양상 변화와 한국의 군사적 대비방향", 경기대학교 정치전문대학원 석사학위 논문, 2012, p.12.

소용돌이에 한국이 불가피하게 휘말릴 수밖에 없는 위기 상황이다. 예를 들어 미국과 중국이 경쟁하는 사이에서 한국이 불가피하게 어느 특정 국가를 지지함에 따라 자연스럽게 다른 국가와 충돌 관계가 되는 경우이다. 둘째는 주변 강국 중 한 개 내지 다른 국가와 직접적인 이해 충돌로 빚어질 수 있는 위협이다. 예를 들면 일본과 배타적 경제수역 문제, 역사 왜곡 또는 독도 문제 등으로 인해 갈등이 확대되어 분쟁으로 연결되는 경우이다.

군사적 위협은 직접적이든 잠재적이든 국가안보와 직결되므로 군사적 대응이 우선 필요하다. 따라서 군사사상에서 이를 우선 고려해야 함은 재론의 여지가 없다.

나) 비군사적 위협

비군사적 위협은 국가부채[344]와 같은 경제적 위협, 재해 및 재난 등과

---

344) 경제적 위협 중 국가부채는 지역별·국가별로 경제개발 불균형 현상이 심화되고, 한 국가의 금융·재정위기가 다른 국가와 국제사회에 미치는 파급영향이 날로 증대되는 등 세계 경제의 불안정성이 점차 커지는 추세이다. 세계 경제의 불안정성은 빈곤 문제, 자원고갈, 테러리즘, 기후변화, 환경오염, 대규모 재해 등과 결합하여 개별 국가의 안보에도 영향을 미치고 있다.
프랑스의 경제학자 자크 아탈리에 의하면 각국의 국가부채가 파국으로 갈 가능성이 크다고 지적하고 있다. 전쟁 시기를 제외하고 전 세계의 공공 부채가 이처럼 많은 적이 없고 서구 국가들이 부채를 줄이려 노력하지 않는 한 은행도 이제 이들 국가에 더 이상 돈을 빌려줄 수도 없는 상황이 닥칠 수도 있으며, 서둘러 조치에 나서지 않으면 OECD 국가의 공공 부채는 계속해서 큰 폭으로 대대적인 증가추세에 직면할 것으로 보고 있다. 따라서 현재의 추세대로라면 최악의 경우 2050년에는 선진국의 부채 비율은 유럽의 경우 그래도 인정할 만한 수준인 GDP의 60%를 4배 이상 상회(上廻)하는 GDP의 무려 250%에 달해 많은 국가가 파산에 직면할 가능성이 크다고 보고 있다(자크 아탈리, 『더나은 미래』, 양진성 역, 서울: 청림출판사, 2011. p.13.).
한편 한국의 기획재정부에서 제공한 자료를 근거로 작성된 통계청의 'e-나라지표'

같이 글자 그대로 군사 분야와 상당히 거리가 있는 것들이다. 따라서 혹자는 이런 분야까지 군사사상에 포함해야 하는지 반문할 수도 있다. 물론 전통적인 시각에서 본다면 엄밀하게 군사사상 분야에 포함하지 않아야 한다. 그러나 군의 평시 역할 중의 하나가 전쟁 이외의 군사작전활동을 고려하거나 비군사적인 분야라 하더라도 군과 직간접적으로 관련되므로 결코 배제할 수 없는 분야다.

일례로 국가부채와 군사사상의 관계를 본다면 피상적으로 볼 경우 직접적인 관련이 없어 보인다. 그런데 문제는 국가부채가 증가하여 통제가 불가능함에 따라 국가가 결국 파산하게 되면 폭동, 소요 등과 같은 국내 혼란이 발생한다. 또한 국가의 재정적 능력은 더욱 낮아졌기 때문에 국방예산 역시 대폭 삭감할 수밖에 없어 군사력 증강이나 유지가 어려워 군사력은 더욱 약화할 수밖에 없게 된다. 이렇게 되면 군사 분야와 별 연관이 없어 보이는 국가부채의 증가위협이 적대 국가에 침략할 수 있는 매우 유리한 여건을 조성해주는 결과가 됨을 알 수 있다.

한편 국가가 파산 직전의 코너에 몰려있음에도 다행히 아직 적의 침략이 없다면 국가파산을 막거나 극복하기 위해 군사 분야에서는 국방예산 절감이나 감군 등을 통해 국고 지출을 축소하는 데 기여할 수도

___

를 보면 2016년 627조 원이던 것이, 2020년엔 급격히 증가하여 847조 원으로 예측되고, 2025년엔 1,408조 원으로 매우 빠르게 증가할 것으로 판단하고 있다.

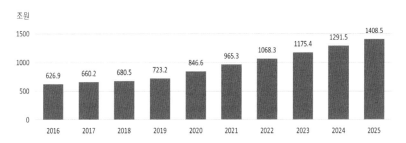

* 출처: '국가채무 추이' 통계청 e-나라지표(검색일 : 2021. 11. 1)

있다. 그뿐만 아니라 국가부채가 증가하면 인플레이션이 발생할 가능성이 크므로 약탈, 소요 등이 발생할 수 있어 이에 적절히 대응하는 데 일정부분 군의 역할이 필요하다. 적절한 소비 촉진 등과 같은 경제 활성화에 적극적으로 군이 동참할 수도 있다. 이처럼 국가부채로 국가가 파산했건 아니면 파산하기 직전이든 최초 군사 분야와 연관이 없어 보이지만, 실제는 연계성이 적지 않음을 알 수 있다. 따라서 국가부채 등과 같은 비군사적 위협이라 하더라도 군과 직간접적으로 관련되므로 군사사상에서 결코 배제할 수 없는 분야다.

3) 위협과 대응능력에 대한 정도 · 범위 · 우선순위 설정

지금까지 군사사상 정립 시 영향을 미치는 많은 영양요소 중에서 우선 고려해야 하는 이유와 구체적으로 위협이란 것 중에서 좀 더 구체적으로 무엇을 고려해야 하는가의 문제에 주안을 두고 살펴보았다. 이제 여기서는 '어떻게'에 주안을 두고 살펴보고자 한다.

앞에서 다양한 위협을 포괄적으로 고려할 필요가 있음을 언급한 바 있다. 하지만 군사적 위협과 비군사적 위협, 당면한 직접적인 위협, 잠재적인 위협 등을 다 포괄적으로 고려한다는 것은 실질적으로 쉬운 일이 아니다. 왜냐하면 위협은 안보를 저해하고, 국가는 안보를 바탕으로 존립하므로 궁극적으로 국가는 다양한 위협에 대응할 수 있는 국력을 가져야 한다는 논리가 성립된다. 하지만 다양한 위협에 기초하여 부족한 국력을 모두 구비하기란 그렇게 쉬운 일이 아니기 때문이다. 따라서 다양한 위협에 기초하되 모든 능력을 구비할 수 없다는 현실적 한계점을 극복하기 위해 '어떻게'라는 것에 당면하게 된다.

예를 들어 한국의 경우 군사적인 위협 측면에서만 보더라도 당면한 북한의 핵 위협에 대응하여 군사력을 구비하는 것이 우선 필요하다. 미

래에 잠재적인 주변 강국과의 충돌을 고려하여 대응전력을 구비하는 것
또한 요구된다. 하지만 이를 모두 고려하여 군사력을 확보하기란 그리
쉬운 일이 아니다. 우선 북한 핵에 대한 대응력을 키우기 위해 핵능력을
구비하는 것도 핵기술이나 핵확산금지조약(Nuclear Non-Proliferation
Treaty) 등으로 인해 쉬운 일이 아니다. 그뿐만 아니라 잠재적인 위협인
중국, 러시아, 일본 등의 위협을 상정하여 군사력을 보강할 경우 비용도
비용이지만, 해당 국가와 직간접적으로 군사적이든 외교나 경제와 같은
마찰을 초래할 가능성이 커지기 때문이다. 게다가 군사 이외 자연재해,
테러, 감염병, 국가부채 등과 같은 다양한 위협에 대해 모든 대응 역량
을 구비하기란 더욱 쉬운 일이 아니다. 따라서 이런 다양한 위협에 대한
대응 정도나 범위 및 우선순위를 설정하는 것은 매우 중요한 사항이면
서 어려운 일이다.

　군사력 증강과 관련해서 좀 더 살펴보면 전통적으로 전력증강을 위
해 소요를 판단하는 기준으로 '위협기반기획'과 '능력기반기획'을 적용
하였다. 미국은 탈냉전 이전까지 위협에 기반한 전력증강을 추진했다.
하지만 소련이라는 주적이 사라지고, 그 대신 불확실하고 예측 불가능
한 다양한 군사작전을 전 세계지역에서 수행해야 하는 여건으로 인해
'능력기반기획'을 적용하는 추세이다. 한국은 여전히 주적이라는 북한이
존재하고, 지역도 한반도나 그 주변으로 한정될 가능성이 높다. 따라서
주적을 고려한 위협을 기반으로 하는 것과 잠재적 위협을 고려한 미래
의 능력에 기초한 소요판단이 병행되어야 한다.

　위협기반은 적의 위협에 대한 나의 능력을 비교하여 부족한 것을 증
강하는 것인 반면, 능력기반은 나의 능력으로 다양한 위협에 대비하는
것이다. 다양한 위협이란 직접적 위협, 잠재적 위협, 비군사적 위협 등
모든 것을 포함하고 있다. 또한 능력기반기획의 본질은 위협의 수준과

더불어 합동성, 국방재원의 제한, 기술의 발달, 국방개혁과 군사력건설 등을 포함한 것이라 볼 수 있다.[345]

따라서 한국적 능력의 개념은 국가안보목표를 달성하기 위해 주적(북한군)에 대비하는 위협에 기초한 능력과 미래의 다양한 위협을 동시에 고려한 능력을 기반으로 하는 것이 동시에 요구된다. 이 때문에 위협기반 소요기획과 능력기반 소요기획을 조화롭고 선택적으로 적용하여 필요한 능력 구비와 능력의 우선순위 설정할 필요가 있다.

다. 안보위협이 군사사상 정립에 영향을 미친 사례분석

1) 군사적 위협이 군사사상에 영향을 미친 사례

직·간접적인 군사적 위협이 군사사상에 영향을 미친 사례는 한반도에서 1950년에 있었던 6·25전쟁 이후 한국(남한)과 북한의 군사사상 변화를 들 수 있다.

전쟁 이후 쌍방 간에는 군사 분야에서 많은 변화가 있었지만, 한국군은 6·25전쟁을 통해 개전초기 북한군의 전차공격과 전쟁 중에 빨치산(partizan) 및 후방침투부대에 많은 피해를 받았다. 따라서 기갑 및 기계화부대와 특수전부대의 창설 및 관련 교리를 대폭 강화하는 사상을 택하였다. 북한군은 유엔군의 항공기 및 포병화력에 큰 피해를 보았으므로 전국토의 요새화와 포병, 미사일 및 공군력을 증강하는 사상을 택하였음을 우선 들 수 있다.

---

345) 서길원, "NCW 시대 한국군의 합동성 강화를 위한 소요기획 대안적 접근법에 관한 연구", 아주대학교 박사학위논문, 2015, p.97.

가) 한국군의 군사사상에 영향을 미친 사례

먼저 기갑 및 기계화부대와 관련한 사상의 변화를 보면, 6 · 25전쟁 발발 시 북한군이 T-34/85전차를 242대나 보유했던 반면 한국군은 단 한 대의 전차도 없었다. 또한 갖고 있던 대전차화기로는 북한군의 전차를 파괴할 수 없었다. 이로 인해 전쟁이 발발하자 북한군의 전차는 거침없이 한국군의 방어선을 돌파하였다. 결국 개전 초기 한국군은 북한군 전차를 공포의 대상으로 여기게 되었다.

한국군은 6 · 25전쟁 시 북한군 전차부대의 위협에 대해 직접적으로 뼈아픈 경험을 했기 때문에 전차, 대전차 화기, 대전차 장애물에 대해 강한 필요성을 느꼈으며 상당부분 이에 집착하지 않을 수 없게 되었다. 그 결과 2020년 기준 한국군은 2,200여 대의 전차와 3,000여 대의 장갑차로 구성된 기갑전력과 각종 대전차화기와 대전차 장애물을 갖추었다. 지상뿐만 아니라 입체적으로 효과적인 북한군 전차 격멸을 위해 육군항공력을 대폭 증강해 헬기 660여 대[346]를 갖추었다.

한편 특수전부대 측면에서 보면, 6 · 25전쟁 시 북한군은 유격대나 후방침투부대를 투입하여 정면 공격의 취약점을 보완하고 전후방동시전투를 강요하여 한국군 방어전선을 무력화하였다. 우선 북한군은 6 · 25전쟁 발발 이전인 1948년부터 약 1년 동안 10회에 걸쳐 약 2,400명의 인민유격대를 남파하여 한국의 경찰서와 관공서, 재판소를 습격하여 사회혼란 및 내부분열을 획책했다. 또한 개전초기에는 북한군 제766유격연대와 제945육전대를 동해안 정동진 일대로 침투하여 한국군 제8사단의 후방을 차단 및 교란하였다. 또한 제3차 중국군공세 시 정상적인 공격 개시 1주일 전인 1590년 12월 22일에 북한군 제10사단은 양구

---

346) 국방부(2020), 앞의 책, p.290.

일대에서 침투를 개시했다. 이 부대는 정면압박부대인 중국군과 부합(符合)되게 후방을 교란하면서 안동 일대까지 무려 250km를 침투하면서 지속적으로 국군과 유엔군의 후방을 교란하였다. 그 결과 원주-제천-단양-정선에 이르는 대규모 돌파구가 형성되어 당시 공산군 측이나 유엔군 측이 피부로 느끼는 효과와 위력은 대단했다.

한국군은 6·25전쟁 경험과 1968년에 북한 무장공비들에 의한 청와대습격인 '1·21사태'를 통해 비정규전부대의 효과와 위력을 몸소 겪었다. 따라서 특수전부대의 중요성을 인식하고 이들 부대를 다수 창설하였으며, 특수전이나 대유격전 교리를 발전시키는 계기가 되었다. 특히 한국군의 특수전사령부는 6·25전쟁 시 주한 국제연합 유격군(UNPFK)인 일명 켈로부대(KLO: Korea Liaison Office)라고 칭하는 제8240 유격첩보부대에서 활약했던 장병들을 주축으로 1958년 4월 1일 제1전투단으로 창설(1959년 '1공수특전단' 개명)되었다. 1969년 8월 18일 육군 특수작전부대의 통합지휘부대인 특수전사령부를 창설하여 제1공수특전단과 동해안경비사령부 예하로 신설된 제1, 제2유격여단을 통합하였다.[347]

나) 북한군의 군사사상에 영향을 미친 사례

6·25전쟁 시 유엔군의 강력한 공군 및 포병위협이 북한군으로 하여금 '전국토의 요새화'와 포병 및 미사일 그리고 항공력 증강으로 이어진 점을 들 수 있다. 6·25전쟁 개전초기부터 제공권(Air Supremacy)을 상실한 북한군은 유엔군의 항공폭격과 포병화력으로 인하여 주요 군사시

---

347) 조원재, "미래전 양상에 따른 특수작전부대 발전방향", 경희대학교 공공대학원 정책학과 석사학위 논문, 2016, p.13.

설과 생산시설이 파괴되었다. 또한 병참선(兵站線)이 차단되고, 유엔군의 근접항공지원 및 대량 포병사격으로 인해 일선에서 전투하는 부대에 직접적인 큰 위협이 되었었다. 반면에 1951년 후반기에 들어서면서 정전협상이 개시되고 이에 따라 전선이 고착되자 북한군과 중국군은 참호를 파고 갱도진지(坑道陣地)를 구축하여 유엔군의 항공폭격과 포병화력으로부터 상당부분 보호를 받는 효과를 보았다.

북한군은 6 · 25전쟁 경험을 토대로 4대군사노선에 '전국토의 요새화'라는 것을 내세워 지하나 터널에 비행장 활주로, 해군함정 정박용 바다터널, 지휘통제시설, 5천여 명의 요원들이 동시 근무 가능한 지하 인민무력성뿐만 아니라, 각종 야포나 탱크부대까지도 지하 요새진지에 배치하였다. 또한 수백 개의 대형공장과 1만 개 이상의 소형 시설을 지하화하였다.[348] 대부분의 전쟁물자는 약 1~3개월간의 분량을 갱도화(坑道化)한 비축시설에 저장하고 있는 것으로 알려져 있다.[349]

한편 포병 및 미사일 증강과 관련하여 2020년 기준으로 한국군이 야포와 다연장 로켓포를 포함하여 약 6,270여 문과 60여 기의 지대지 유도무기 발사대를 보유한 반면 북한군은 8,800여 문의 야포, 5,500여 문의 방사포, 100여 기의 지대지 유도무기 발사대 등을 구비한 것으로 알려졌다.[350] 질적인 것을 떠나 단순히 수량 면에서 비교하면 한국군보다 약 2.5배에 달하는 우위를 점하고 있다.

항공력 증강을 보면 6 · 25전쟁 기간 북한군은 유엔군 공군의 공격을 받아 심각한 피해를 지속적으로 당하였다. 따라서 대공화력(對空火力)과

---

348) 장재필, "북한의 국방정책 변천에 관한 연구", 대진대학교 통일대학원 북한학과 석사학위 논문, 2008, p.52.
349) 국방부(2020), 앞의 책, p.30.
350) 국방부(2020), 앞의 책, p.290.

항공력의 필요성을 실감하였다. 이는 정전협정 체결 이후 북한군이 대공화력과 항공력 증대에 매진하는 계기가 되었다. 그 결과 2020년 기준으로 한국군의 전투기가 410여 기인 반면 북한군은 810여 기를 보유함으로써 수량만을 단순 비교 시 한국군보다 약 2배로 월등하다.[351]

2) 비군사적인 위협이 군사사상에 영향을 미친 사례

비군사적인 위협이 군사사상에 영향을 미친 사례는 19세기 후반 영국보다 후발주자의 입장에서 제국주의에 합류한 독일의 군사사상 변화를 들 수 있다. 최초 산업혁명을 이끈 영국 등이 주도하여 비군사 분야인 경제세력을 확장하자 이것이 독일 경제에 위협으로 다가왔다. 독일은 이를 해결하기 위해 식민지 확대로 전환하였다. 이러는 과정에서 국외에서 다른 제국주의 국가들과 충돌하거나 보호령(식민지)을 보호할 목적에서 군사력을 주둔시키거나 이동시켜야 했기 때문에 군사력 증강사상으로 연결된 것이다.

영국이 대량생산으로 국제시장에서 주도권을 갖고 무역거래를 확대하자 국제상품가격이 상대적으로 하락하는 결과가 초래되었다. 이로 인해 영국보다 상대적으로 후발주자인 프랑스, 독일, 오스트리아, 헝가리 등은 자국의 상품가격이 하락하는 역풍을 맞게 되었다. 이를 타개하기 위해 후발주자인 독일 등은 1879년에 관세를 제정하고 보호무역을 개시하여 자국의 산업을 보호하려 하였다. 그러나 오히려 보호무역이 개시되자 서구유럽 국가 간의 무역이 감소하였고 이는 다시 독일의 경제를 위축시키는 결과로 이어졌다. 따라서 이를 타개하기 위해 비서구지역에 대한 개척 즉 제국주의에 눈을 돌리는 계기가 되었다. 결국 19세기

---

351) 국방부(2020), 앞의 책, p.290.

말부터 국제무역과 제국주의라는 '두 개의 진주'를 영국이 독점하지 못하게 하려고 영국보다 상대적으로 후발주자인 서구 유럽국가들은 너나없이 제국주의 경쟁에 합류하게 된 것이다.

그런데 산업혁명에 따른 경제 문제에서 촉발된 식민지 개척(제국주의의 확대)은 단순한 경제 문제로만 한정되지 않고 군사 문제로 확대되었다는 점을 주목할 필요가 있다. 이는 보호령 또는 식민지 확대를 하는 과정에서 다른 제국주의 국가와 식민지쟁탈전 내지는 국외 지역에서 충돌을 빚게 되므로 군사력이 필요했다. 또 다른 하나는 보호령 또는 식민지에서 자국민이나 자국의 이익을 보호하기 위해 해당 지역에 주둔시킬 군사력이 필요했다. 따라서 기존의 영토를 방어할 정도의 군사력만으로는 대응해야 할 지역이나 국가가 너무 많아져, 확대된 제국주의를 유지하기 위해 자연스럽게 해군과 육군을 증강하는 군사사상으로 연결되었다.

1871년 독일 제국주의가 탄생하면서 유럽에서 독일이 부각하였다. 처음에 독일제국의 재상 비스마르크는 원료공급지나 무역 거래 상대로 서유럽 이외의 식민지 팽창정책에 적극적이지 않고 중립적 위치를 표명했었다. 하지만 노선을 바꾸어 식민지 팽창정책으로 전환하면서 군사력 증강을 추구하였다. 그중에서 독일의 참모총장 몰트케는 프랑스의 위협에 대해 예방전쟁을 주장하며 군사력 증강을 역설한 것에 힘입어 1874년 초에 비스마르크는 군제개혁을 단행하여 군사력을 증강하였다. 이는 단순히 프랑스만을 주된 대상으로 삼기 위한 것은 아니었고 궁극적으로 제국주의적 팽창을 고려한 것이었다.

군사력을 증강한 독일은 국제무대에서 낙오되지 않기 위해 1884~1885년 서아프리카와 남아프리카 및 뉴기니에서 지배권을 확보하면서 제국주의로 돌아섰다. 이처럼 독일이 군사력 증강과 발을 맞추어 아프리카지역으로 팽창을 도모하자, 지금까지 선발주자로 우위를 확보하고 있던 영국과 충돌이 불가피하게 되었다. 결국 독일은 영국과 아프리카에서 충돌이 개시되자 러시아, 프랑스를 끌어들여 1891년 제3차 3국동맹을 결성함으로써 영국의 팽창을 저지하고자 하였다.

독일은 처음에 식민지 자체에 주안을 두기보다는 유럽 내 힘의 우위를 점하는 전략적 차원에서 접근하였다. 그러나 독일의 세력균형에 기인된 외교정책과 식민정책은 결국 경제적 이익과 맞물리게 되었다. 이렇게 경제적 이익과 맞물린 제국주의적 팽창은 급기야 정치 · 외교 · 군사적 문제로 확대되었다. 독일은 영국이나 프랑스를 견제해야 하는 것과 제국주의 국가로 팽창하여 관할하고 있는 지역을 보호한다는 명목으로 군사력을 증강하였다.

독일의 군사력 증강에 대한 단적인 예는 독일의 해군력 증강을 들 수 있다. 독일제국은 1897년 '연근해 방어정책'에서 '건함(Building warships)정책'으로 전환하여 이를 토대로 해군전력을 증강하였다. 이는 식민지 개척과 안정된 무역로 확보 및 영국 해군에 맞서기 위해 대양해군의 필요성을 인식하였기 때문이다. 독일은 1897~1898년 겨울 동안 전독일연맹(Alldeutscher Verband)이 중심이 되어 제국정부의 건함정책을 강력히 지지하는 선전활동을 전개하게 하였다. 여기에는 수많은 선전물이 배포되었고 교수, 작가, 예술가들이 해군력 증강의 필요성을 역설하는 강연을 전국 각지에서 열었다. 이러한 분위기 조성은 의회에 해군력 증강이 필요하다는 압력으로 가해졌고, 결국 해군법을 통과시켜 본격적으로 해군력을 증강하였다. 그 결과 독일의 해군력은 기존 세계 6위에서 영국해군 다음으로 세계 2위로 급부상하였다.[352]

352) 폴 케네디, 『강대국의 흥망』, 이일수 · 전남석 · 황건 공역(서울: 한국경제신문사,

이와 같이 영국이 대량생산으로 국제시장에서 무역거래를 확대하자 독일 상품가격이 상대적으로 하락하는 피해를 보았다. 하지만 산업혁명에 따른 경제 문제가 단순히 경제 문제로 한정되지 않고, 식민지 개척을 촉발하였으며, 식민지 개척은 독일의 군사사상에 크게 영향을 미쳐, 독일의 군사력 증강으로 가시화되었다.

라. 안보위협과 관련한 군사사상적 함의

군사사상의 주된 관심사는 국가이익을 지키거나 확장하기 위해 국가안보를 유지하는 직접적인 수단으로 강한 군사력을 유지하는 것이다. 그러므로 군사사상 정립 시 국가이익, 위협 및 국가안보 등을 우선 고려해야 한다. 이런 맥락에서 안보위협 측면에서 군사사상에 대한 접근은 다음과 같은 세 가지 관점에서 접근해야 한다.

첫째, 국가안보, 군사력 및 군사사상 정립의 상관관계를 고려 시 군사사상 정립을 위해 안보위협과 국가안보를 가장 먼저 고려해야 한다. 군사사상은 군사력을 구비하는 데 직접적으로 영향을 미치고, 그렇게 갖춰진 군사력은 국가안보에 직접적인 수단이 된다. 국가안보는 국가의 이익을 보존 및 증대하는 역할을 하므로 군사사상과 안보위협 및 국가안보는 매우 밀접하게 직접적으로 관련이 있다. 또한 국가, 위협, 국가안보, 군사력이 국가라는 테두리 안에서 국가의 존립과 번영이라는 큰 목표를 향해 나가면서 매우 중요하게 직접적으로 상호작용을 한다. 그 중에서 국가안보를 위해 군사력이 가장 기본적으로 우선 구비되어야 하는 대상이다. 그리고 군사력은 군사사상으로부터 직접적으로 영향을 받

1996), p.295.

은 국방정책과 군사전략을 토대로 구비된다. 따라서 군사사상 정립 시 안보위협과 국가안보를 우선 고려해야 한다.

둘째, 군사사상을 정립할 때 위협에 대한 접근은 가변성 및 다양성을 고려하고 포괄적으로 접근해야 한다. 사회현상의 일부분인 위협도 변하고 다양화하기 때문에 군사사상을 정립할 때 위협의 가변성과 다양성을 전제로 접근해야 한다. 그렇다고 가변적이고 다양한 위협을 모두 다 고려한다는 것은 현실적으로 불가능하다. 그 때문에 먼저 가변적인 위협을 한정하는 기준으로 '국가이익에 영향을 미치는 정도'를 고려해야 한다. 즉 영토와 자주권 보존, 국민보호와 국민복지 향상, 국가의 명예 그리고 국가의 힘, 민주주의와 시장경제와 같은 국가의 이념 등 국가이익에 미치는 위협 정도를 중심으로 판단해야 한다. 또한 우선 고려해야 할 위협은 당면한 위협 중에서 긴박하면서도 위협에 따른 국익에 미치는 치명도가 높고 지속적인 위협이다. 잠재적인 위협 중에서 우선 고려해야 할 위협은 긴박성은 떨어지더라도 치명성이 높고 지속적인 것이다.

한편 다양한 위협에 대해 포괄적인 접근이 요구된다. 군사사상을 정립할 때 전쟁 등과 같은 군사적 위협인 전통적인 위협만 고려하기보다는 비군사적 위협 등을 포함하여 다양한 위협을 복합적으로 고려해야 한다. 특히 군사적 위협은 말할 것도 없거니와 비군사적 위협도 포괄적으로 접근해야 하는데, 이는 군의 평시 역할 중의 하나가 전쟁 이외의 군사작전활동이나 비군사적인 분야도 깊이 관여해야 하기 때문이다. 심지어 국가부채, 경제적 위협, 재해 및 재난 등과 같은 비군사적 위협까지도 광범위하게 고려해야 한다.

셋째, 위협과 대응능력에 대한 정도 · 범위 · 우선순위를 위협기반 소요와 능력기반 소요를 고려하여 설정해야 한다. 군사적 위협과 비군사적 위협, 당면한 직접적인 위협, 잠재적인 위협 등을 포괄적으로 고려한다는 것은 실질적으로 쉬운 일이 아니다. 다양한 위협에 기초하되 모든 능력을 구비할 수 없다는 현실적 한계점을 극복하고 국가안보목표를 달성하도록 해야 한다. 이를 위해 국가가 처한 상황에 맞게 위협에 기초한 능력이나 능력을 기반으로 하는 접근 또는 이 둘을 적절히 조합한 방법이 필요하다. 한국의 경우 주적에 대비하는 위협에 기초한 능력과 미래의 다양한 위협을 동시에 고려한 능력을 기반으로 하는 것이 동시에 요구된다. 따라서 위협기반 소요기획과 능력기반 소요기획을 조화롭고 선택적으로 적용하여 필요한 능력 구비와 능력의 우선순위를 설정할 필요가 있다.

2. 영향요소 II: 군에 대한 국민과 정치의 요구

가. 군에 대한 국민과 정치의 요구와 군사사상 정립의 상관성

1) 전쟁 분야 측면

국가의 가장 큰 관심은 국가 자체의 존립과 번영이다. 그런데 민주국가에서 국가의 주인은 국민이기 때문에 국가는 국민을 위해 존립과 번영을 위한 정치를 하는 것은 너무도 자명한 사실이다. 국가는 군대를 양성하여 전쟁을 예방하고 적이 침략 시 이를 격퇴할 뿐만 아니라, 평시 전쟁과 관련한 분야에 대해 국가와 국민을 위해 해야 할 역할을 군에 요구하기 마련이다.

먼저 국가가 전쟁예방을 실패했거나 국민을 위한 정치의 한 수단으로써 전쟁을 선택했다면, 국가는 국민에게 전쟁을 하는 이유와 전쟁을 통해 얻고자 하는 목표 및 수행해야 할 임무 등을 설명해야 한다. 그리고 감정적이든 법률적이든 간에 국민으로부터 지지와 지원을 구하게 된다. 정치(국가)는 그 수단인 전쟁(군)에 직·간접적으로 정치적 고려사항을 제시하게 된다. 정치적 고려사항이란 정치적으로 군사 분야에 요구하거나 영향을 주는 것이다. 이는 국가목표, 국가전략, 국가안보목표, 국간안보전략, 국민의 의지나 지지 그리고 기타 정치적 고려 요소 등을 말한다. 이런 정치적 고려사항은 군사 분야인 군사사상, 국방목표, 국방정책, 군사전략 등에 직·간접적으로 영향을 미치게 된다. 특히 이 중에서 군사사상에 영향을 미치는 이유는 다음과 같이 두 가지의 관점에서 볼 수 있다.

첫째는 국가목표로부터 군사전략에 이르기까지 각각의 요소들의 계층적(階層的) 연관 속에서 군사사상이 직·간접적으로 연결고리 역할 내지는 중간자적 역할을 수행한다.

'전략'은 '국가목표를 달성하기 위하여 여러 국력수단과 방법을 준비하고 운용하는 술(術)과 과학(科學)'이라고 정의된다.[353] 또한 '군사전략'은 '군사부문에 부여된 목표를 달성하기 위해 소요에 맞게 군사력을 개발·보유·운용하는 기술과 과학'으로 정의되고 있다.[354]

이로 볼 때 전략이 국가목표로부터 영향을 받는다는 것은 쉽게 이해할 수 있고 군사전략 또한 국가목표나 국방안보목표 및 국방목표로부터 영향을 받는다는 것 역시 쉽게 알 수 있다.

이런 이유로 (그림 31)에서 보는 바와 같이 일반적으로 군사전략은 국방정책을 기초로 수립되며, 국방정책은 국가안보전략을 기초로 수립

---

353) 황성칠, 『군사전략론』(파주: 한국학술정보, 2013), p.25.
354) 온창일(2004), 앞의 책, p.46.

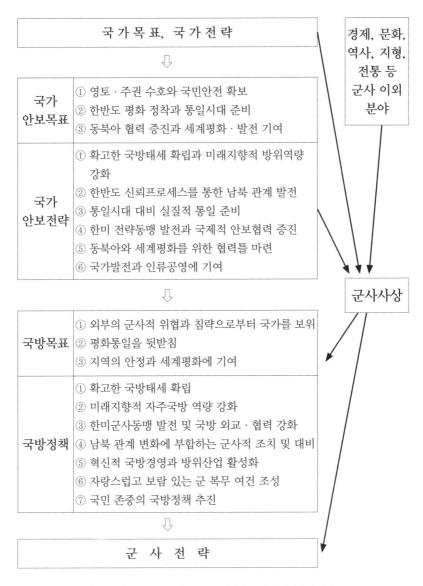

(그림 31) 한국에서 국가목표~군사전략 등과 군사사상의 관계

된다. 아울러 국가안보전략은 국가목표를 구현할 수 있도록 수립된다. 이런 일련의 계층적 연관 속에서 군사사상은 국가목표와 이를 달성하기 위한 국가안보전략에 직·간접적으로 영향을 받아서 국방정책 수립과 군사전략 수립 시 직·간접적으로 영향을 미치게 된다. 이런 맥락에서 군사사상을 정립하는 데 우선적으로 국가목표와 국가안보전략과 같은 정치적 요구사항이 고려되어야 하는 것이다.

둘째는 군사사상은 직·간접적으로 국민의 의지나 지지에 영향을 줄 뿐만 아니라 이로부터 많은 영향을 받는다. 군사사상도 하나의 사상이다 보니 '사상의 가치적 성격'과 '정치, 전쟁 및 군사의 관계' 때문에 군사사상은 국민을 군사와 관련하여 특정 방향이나 목적으로 결집하거나 안내하는 역할을 한다. 또한 국민의 의지나 지지가 군사사상에 영향을 미치는 상호 관계에 있다.

군사 분야로 한정하여 접근할 경우 국가목표(정치적 목표)는 전쟁 등을 수단으로 하여 국가가 달성해야 할 목표일 뿐만 아니라 관련한 하위 분야에 방향을 제시하는 역할을 한다. 동시에 국민을 결집해 국민이 전쟁수행과 관련하여 직접 참여하거나 직·간접적으로 지지하게 하는 역할을 한다. 먼저 국가목표(정치적 목표)가 전쟁에 목표와 방향을 제시하는 측면을 보면, 정치지도자는 적절한 방식으로 전쟁을 억제하려고 노력하지만, 이것이 불가능하면 상대의 직접적 위협 또는 잠재적 위협에 대응하고자 전쟁 또는 분쟁을 선택하게 된다. 이때 정치지도자는 전쟁이나 분쟁을 통해 국가목표를 달성하고자 하므로, 역으로 보면 전쟁이나 분쟁은 반드시 정치적 목표를 달성할 수 있도록 수행되어야 하는 필수조건을 포함한다. 그래서 전쟁수행에 대한 정치적 지침을 군이 받아서 수행하게 된다.

한편 국민에 대한 영향 측면에 보면 전쟁수행을 위해서는 국민적 지지와 결집이 필요하다는 것은 앞서 베트남전쟁 사례를 통해 여러 번 언급한 바 있다. 국가는 국민으로부터 분명하고도 지속적인 형태의 지원이 있는 경우에만 국가의 의지대로 전쟁을 수행할 수 있다.[355] 그래서 국민의 지원을 얻을 수 있느냐 없느냐가 전쟁수행의 성패를 결정하기도 한다.[356] 즉 국민의 지지를 충분히 확보하지 못하는 경우는 전쟁 관련 제반 노력을 지속할 수 없게 되어 패배하거나 정치적 목적을 달성하지 못하는 결과를 초래할 수 있다.

이처럼 정치와 전쟁의 관계에서 언급한 바와 같이 국가가 국가목표를 달성하기 위해 전쟁을 선택했을 경우, 군은 정치적 지침에 따라 국가목표 달성을 위해 전쟁수행에 전력을 다해야 한다. 그런데 전쟁을 수행하는 주체이자 객체가 국민이다 보니 군도 전쟁수행을 위해 국민의 지지와 지원이 절실하게 필요로 하는 것이다. 그리고 군이 전쟁을 수행하는 데 방향을 제시해 주는 것이 계층적으로는 국가목표나 군사목표이지만, 이들 외에 또 다른 역할을 하는 것이 군사사상이다. 군사사상은 전쟁수행 시 정치와 전쟁 및 국민 사이에서 직·간접적으로 영향을 받거나 영향을 주는 등 이에 깊이 관여하지 않을 수 없는 다중적인 관계와 역할을 하게 된다.

이런 맥락에서 군사사상은 정치와 전쟁 및 국민의 관계를 볼 때 군사력을 통해 달성해야 할 목표와 방향을 제시하며, 국민을 결집해 전쟁수행과 관련하여 직접 참여하거나 간접적으로 지지하게 만드는 역할을 할 필요가 있다. 이는 민주주의 국가에서 국민을 위해 국가나 정치 및 군대가 존재할 뿐만 아니라 실제 정치나 군대의 역할을 수행하는 대상 또한

---

355) Donald M. Snow, Dennis M. Drew, 『미국은 왜? 전쟁을 하는가』, 권근영 역(서울: 연경문화사, 2003), p.34.
356) 에드워드 M. 얼(1980), 앞의 책, p.8.

국민이 뽑아준 대표이거나 국민이 직접 수행해야 한다. 따라서 자연스럽게 국민이 군사사상의 주체(主體)이면서 객체(客體)가 되기 때문이다. 이처럼 군사사상은 국민의 의지나 지지에 영향을 줄 뿐만 아니라 군사사상 역시 국민의 의지나 지지로부터 크게 영향을 받게 된다.

『손자병법』에 국민의 충성심 및 애국심을 조성하는 도(道)의 중요성을 강조하였다. 시계(始計)편에 '도(道)'라는 것은 백성들로 하여금 임금과 뜻을 같이하여, 가히 함께 죽게도 하고 함께 살게도 하여, 백성이 위험을 두려워하지 않게 되는 것[357]이라고 말하고 있다. 이는 전쟁수행과 관련하여 명분(名分)의 타당성 또는 도덕성에 대한 공감대 형성의 원천이 국민이기 때문에 국민의 참여와 지지를 얻는 것이 무엇보다 중요함을 강조한 것이다.

이러한 사상은 손자보다는 나중이지만 서양에서도 일찍부터 있었다. 18세기 초·중반 프러시아의 프리드리히(Friedrich Ⅱ) 대왕이 이를 강조한 바 있다. 그는 국민이 국가나 전쟁과 관련한 힘의 원천임을 인식하고 국민징병제(國民徵兵制)를 통해 왕조전쟁(王朝戰爭)을 끝내고 국민전쟁의 길을 모색했다. 그전까지 병력은 주로 용병, 포로, 귀순병(歸順兵), 정복지의 주민들을 포함하고 일부 자국민 등으로 충원(充員)하였었다. 프리드리히 대왕이 선택한 대안은 행정구역을 이용하여 신병보충 부담을 균등히 하고, 각 연대마다 특정 지역을 배당하여 그 지역의 인적자원을 원천으로 이용하는 방안이었다. 그리고 이에 더하여 시민들의 애국심(愛國心)이 중요함을 인식하고 애국적인 시민군대를 편성할 가치가 있다는 것을 강조하였다. 이런 애국적인 시민군대가 있다면 온 세계를

---

357) 道者 令民 與上同義 可與之死 可與之生 而民不畏危也(도자 영민 여상동의 가여지사 가여지생 이민불외위야)

정복할 수도 있다고까지 말하였다.[358]

프리드리히의 사상이 본격적으로 적용된 것은 프랑스혁명 이후의 시민군이 전쟁을 수행하는 주체가 된 전쟁들이다. 이전까지만 하더라도 전쟁이 용병, 포로, 귀순병 등으로 구성한 군대를 갖고 군주간(君主間)의 충돌로 여겨졌었다. 프랑스혁명 이후 국민 간의 충돌로 바뀌었다는 점이다. 그리고 거기엔 국민의 애국심 발로(發露)가 전승(戰勝)의 중요한 요소 중의 하나가 되었다.

또한 클라우제비츠는 전쟁론에 국민(증오·폭력성)·국가(이성)·군대(개연성·우연성)란 세 가지 속성을 가진 '전쟁의 성격'을 설명하고 있다. 특히 국력, 전쟁능력, 전투력 등의 창출에 지대한 영향을 주는 요인이 다름 아닌 국민의 '마음'과 '기질'이라는 주장을 하였다.[359]

2) 전쟁 이외 분야 측면

앞서 군사사상의 범주 및 역할을 정립하면서 '전쟁 이외의 군사 분야에 대한 인식 및 이해'와 '전쟁 이외 분야의 비중이 증대(增大)된 이유'를 설명하였다. 그리고 군사(軍事) 분야에서 전쟁 이외의 영역과 역할이 증대된 이유로 다음과 같은 것을 언급하였다. 첫째, 전쟁 시 전쟁수행 수단의 확대 측면과 둘째, 전시가 아닌 평시에 전쟁 이외의 군사활동 비중이 높아진 점을 들었다. 그리고 군사 분야가 수행할 전쟁 이외의 영역과 역할을 크게 두 가지로 분류하였다. 하나는 평시 국가정책 지원 수단으로서의 군사력을 운용하는 것이다. 다른 하나는 한정된 예산을 고려하여 평시 효과적이고 효율적인 군사력을 관리하고 운영하는 것이다. '평

---

358) 에드워드 M. 얼(1975), 앞의 책, p.68.
359) Cal Von Clausewits(1998), 앞의 책, p.188.

시 국가안보 지원' '평시 국가정책 지원 수단으로서의 군사력 운용'에 대해서는 앞서 군사사상의 범주를 논하면서 구체적으로 언급한 바 있다. 따라서 여기서 또다시 중복된 설명을 생략하는 대신 제1부 3장의 제5절과 제6절을 참조하기를 바란다.

나. 정치적 고려사항이 군사사상에 영향을 미친 사례분석

역사적으로 보면, 정치권의 사상과 요구사항이 국가목표를 결정하는 데 지대하게 작용했을 뿐만 아니라, 군사사상이나 국방정책 및 군사전략에 영향을 미친 사례는 어렵지 않게 찾아볼 수 있다.

1) 정치적 고려사항이 군사사상 발전을 촉진한 사례

한국 조선시대 제17대 임금인 효종(孝宗, 1619~1659)의 북벌사상(北伐思想)이 직·간접적으로 당시 군사사상 정립에 영향을 미쳤고, 이로 인해 결국 국방정책 및 군사전략에 반영된 경우이다. 효종이 왕위에 오르기 전 병자호란의 여파로 청나라에 소현세자와 함께 볼모로 잡혀갔었다. 귀국해서 1649년 인조의 뒤를 이어 조선 17대 왕위에 오른 효종은 청에 대한 복수를 결심하고 10년간 10만 명을 양성하여 북벌을 단행하고자 하였다.

북벌을 표방한 효종은 이를 뒷받침할 정치적 세력을 규합하여 정책에 반영하고 이를 통해 군과 관련한 제도를 정비함과 동시에 양병을 통해 군사력을 증강하여 북벌을 실행에 옮기고자 하였다. 이를 위해 기용한 인재 중 대표적인 인물이 김집, 송시열, 이유태, 원두표, 이완 등이다. 이중 원두표는 원당(原黨)의 영수(領袖)로서 인조말기 김류 등 친청세력(親淸勢力)에 맞서 온 인물 중 대표적인 인물이다. 문반(文班) 출신임에도 불구하고 군정(軍政)에 밝아 병조판서에 임명되어 효종의 북벌구상을 파악하고 이를 정책에 반영하였다.[360] 이완은 어영대장과 훈련대장을 맡아 북벌에 필요한 군사력 증강에 앞장서게 되었다. 김육(金堉)은 군비확장에 필요한 재정 확보방안을 마련토록 하였다.[361]

효종은 뜻을 뒷받침할 정치적 세력 규합에 이어서 양병 차원에서 어영청(御營廳)을 확대 개편하고 도성의 상주병력으로 어영군 1천 명을 확보했다. 국왕의 친위군인 금군(禁軍)의 전투력을 강화하기 위해 6백 명의 금군을 기병(騎兵)화했고 이어 1655년에 1천 명으로 확대했다. 또한 제주도에 표류한 네덜란드인 하멜(Hendrik Hamel, 1630~1692) 일행을 훈련도감에 배속시켜 신식 조총을 제작하게 했다.[362] 이어 용병 차원에서 1654년(효종 5)과 1658년(효종 9)에 각각 조총군대를 청나라의 러시아 정벌[羅禪征伐]에 합류시켜 청군의 전력을 확인하고 당시 양성하고 있던 조선군의 전력을 시험하였다.[363]

2) 정치적 고려사항이 군사사상을 지나치게 좌우한 사례

정치적 지도자가 직접 군사에 개입한 사례는 정치지도자의 의지나 철학이 직접적으로 군사사상을 대신하는 역할을 하여 국방정책이나 군사전략을 결정한 경우다. 이런 경우 정치지도자가 뛰어난 혜안과 능력을 갖추고 있다면, 긍정적으로 발전할 수도 있어 반드시 잘못된 것이라고 단정하는 것은 적절하지 않다. 하지만 그런 경우보다는 반대의 경우가

---

360) 육군군사연구소, 『한국군사사』⑦(서울: 경인문화사, 2012), pp.365~366.

361) 위의 책, p.366.

362) 국방부 군사편찬연구소, 『조선후기 국토방위전략』(서울: 국방부 군사편찬연구소, 2002), p.46.

363) 육군군사연구소, 『한국군사사』⑦, 앞의 책, pp.375~380.

더 많다.

과거 제2차세계대전을 전후한 시기이 정치가들은 국방정책의 집행까지도 관여하였다. 그 대표적인 인물이 스탈린, 히틀러, 처칠 등이다. 이들은 정치인이면서 사실상 군 지휘관이나 다름없을 정도로 군사 분야에 깊이 관여했다. 처칠은 긍정적으로 영향을 미쳤지만, 히틀러의 경우는 부정적으로 영향을 미쳤다. 특히 히틀러는 전쟁 후반기에 다른 사람의 의견을 수용하는 경우가 매우 낮아 거의 독단적으로 결정을 했다고 해도 과언이 아니었다. 히틀러의 정치적 지령은 그대로 일반적인 군사사상과 군사행동의 영역을 침해하였다. 당시 정치적 지령하에서 육 · 해 · 공군이 편성되고 국방과 전쟁을 위한 예산이 편성되었으며, 국방정책 또한 이에 맞추어 수립되었다. 그 결과 국가지도자들의 사상과 정치적 요구사항에 의해 국가목표가 좌지우지되었고, 이는 곧바로 군사전략으로 연계되었다.[364] 물론 이 경우는 제2차세계대전이라는 매우 위중한 상황이었기 때문에 평시와는 차이가 있다. 오히려 이런 상황에서는 강력한 리더십을 가진 영국의 처칠과 같은 지도자가 이끌어 가는 것이 더욱 효과적일 수도 있다. 그러나 강력한 리더십을 보인 히틀러의 경우는 그와는 정반대의 결과가 초래되었다. 또한 히틀러 말고도 역사 속에서 보았듯이 이런 특수한 상황이 아님에도 불구하고 대부분의 독재국가에서 이런 형태가 발생했고 그 결과 또한 대부분 부정적인 결과를 낳았다.

3) 잘못된 정치적 고려사항이 군사사상의 발전을 저해한 사례

잘못된 정치적 고려사항이 군사사상의 발전을 저해한 사례는 대한제

---

364) M. K. Chopre, "군사사상의 혼미", 이황웅 역, 『군사평론』 제6호, 1958, p.108.

국의 초대 황제인 고종(高宗, 1852~1919)의 수이제이(收夷制夷)[365]사상으로 인해 군사사상이 발전되지 못한 경우이다. 고종은 자국의 능력이나 힘이 아닌 외세의 힘을 이용한다는 개념하에 수이제이를 구현하기 위해 각국의 군사제도와 기술을 도입하려 했다. 그런데 이것이 오히려 군사사상 정립을 저해하였다. 일부 국가로부터 받아들인 외국의 군사제도와 기술마저도 다른 반대 국가의 영향으로 무산됨으로써 부국강병으로 연결되지 못하였다. 결국 구심점을 상실한 채 외세의 흐름에 무분별하게 표류하는 격이 되어 군사사상과 국방정책 및 군사전략의 발전을 이루지 못하였을 뿐만 아니라 오히려 국방력을 약화하는 결과가 되었다.

고종은 부국강병의 방편으로 조선에서 대한제국이라는 개국(開國)을 택했다. 그 과정에서 수이제이로 우선 외세에 대응하고자 하였다. 1875년 강화도 초지진(草芝鎭)에서 일본 군함 운요호(雲揚號)와 교전이 발생한 것을 계기로 1876년 일본에 의해 강제로 체결된 강화도조약[朝日修好條規]은 불평등 조약의 성격이 강하였다.[366] 하지만 고종은 일본을 이용하여 서구열강의 침략을 막으려고 일본과 이 조약을 체결하였다.[367] 고종은 여기서 그치지 않고 1882년 미국과 수교를 한 데 이어 독일(1883. 5), 영국(1883. 10), 러시아(1884. 5), 프랑스(1886. 5)와 차례로 조약을 체결하였다. 이로써 외견상으로는 수이제이원칙에 따라 일본과 청국(淸國)을 포함하여 어느 한쪽에 편중되지 않도록 노력을 기울이는 모습이 되었다.[368]

---

365) 수이제이는 이이제이(以夷制夷)라고도 하며, 오랑캐로 오랑캐를 물리친다는 뜻으로, 한 세력을 이용하여 다른 세력을 제어하는 것을 의미한다.

366) 한우근, 『한국통사』(서울: 을유문화사, 1992), p.396.

367) 문영일, 『한국 국가안보전략사상사』(서울: 21세기군사연구소, 2007), p.716.

368) 최보영, "고종의 '收夷制夷'적 일본인식과 武備自强策(1876~1881)", 『한국근현대사연구』여름호(57집)(서울: 한울, 2011), pp.23~24.

그런데 이러한 조치는 군사사상과 국방정책에 있어서 오히려 역효과를 가져왔다. 즉 초기 청국의 영향으로 친군(親軍) 좌·우영을 설치하고 청국식(淸國式) 군사훈련을 실시했다. 그러나 일본의 신식군대와 충돌하게 되었고, 이어 미국과 화친조약 체결한 이후인 1887년에는 신식군대의 사관학교와 같은 장교 양성기관격인 '연무공원(鍊武公院)'을 세우고 미국식 군사교육을 전환했다. 1894년 6월 21일 일본군이 궁궐로 침입하여 군영(軍營)을 무장해제함으로써 신식군대를 양성하려는 노력은 다시 좌절되었다. 또한 영국군을 교관으로 초빙하여 강화도에 세운 근대식 해군사관학교 격인 '통제영학당'도 갑오개혁 이후 일본에 의해 폐지됨으로써[369] 군사제도발전 및 전력증강에 역행하는 결과가 되었다.

이런 결과가 초래된 이유는 강한 군사력을 바탕으로 스스로 힘을 가진 상태에서 수이제이를 추진한 것이 아니기 때문이다. 자강(自强)을 위해서 고종이 근대적 군사력 양성을 적극적으로 추진하기에는 재정이나 인적 요소가 결여되어 있었다. 조정 관료나 재야 유생들의 반대는 열강의 치열한 각축전 속에서 조선의 생존을 위한 군사력을 건설하려는 국왕의 노력에 적지 않은 장애물이 되었다.[370] 결과적으로 고종의 수이제이 개념은 국방력을 강화하기 위한 군사사상의 발전이나 군사 근대화를 추진했다기보다는 '궁궐수비의 강화'를 위한 근대 군제(軍制)를 실험적으로 도입하는 수준에 그쳤다.[371]

---

369) 백기인, 『한국근대 군사사상사 연구』(서울: 국방부 군사편찬군사연구소, 2012), p.58.
370) 위의 책, pp.57~58.
371) 위의 책

다. 군에 대한 국민과 정치의 요구사항과 관련한 군사사상적 함의

민주국가는 국민을 위해 군대를 양성하여 전쟁을 예방하고, 적이 침략 시 이를 격퇴할 뿐만 아니라 평시 전쟁이나 전쟁 이외의 분야에 대해 국가와 국민을 위해 해야 할 역할을 군에 요구하기 마련이다. 군사사상 정립 시 군에 대한 국민과 정치의 요구사항을 정확히 반영해야 한다. 반면에 군에 대해 국민과 정치의 요구사항이 부적절할 경우 국방력 약화 등과 같은 심각한 부작용을 초래할 수 있음을 고려하여 다음과 같은 세 가지 분야에 대해 주의를 하여야 한다.

첫째, 국가목표로부터 군사전략에 이르기까지 각각의 요소들이 계층적(階層的) 연관 속에서 군사사상이 직·간접적으로 연결고리 역할 내지는 중간자적 역할을 수행한다. 군사사상은 국가목표와 이를 달성하기 위한 국가안보전략으로부터 직·간접적으로 영향을 받아서 국방정책 수립과 군사전략 수립에 직·간접적으로 영향을 미치게 된다. 그러므로 이런 맥락에서 군사사상을 정립하는 데 우선적으로 국가목표와 국가안보전략과 같은 정치적 요구사항이 고려되어야 하는 것이다.

둘째, 군사사상은 직·간접적으로 국민의 의지(意志)나 지지에 영향을 줄 뿐만 아니라 이로부터 많은 영향을 받는다. 먼저 전쟁 분야 측면에서 전쟁을 수행하는 주체이자 객체가 국민이다. 따라서 군은 전쟁수행을 위해 국민의 지지와 지원이 절실하게 필요로 한다. 그리고 군이 전쟁을 수행하는 데 방향을 제시해 주는 것은 계층적으로 보면 국가목표나 군사목표이지만, 이들 외에 또 다른 역할을 하는 것이 군사사상이다. 전쟁수행 시 군사사상이 정치와 전쟁 및 국민 사이에서 직·간접적으로 영향을 주거나 영향을 받게 된다. 또한 전시가 아닌 평시에 전쟁 이외의 군사활동과 같은 분야에 대한 비중이 높아져서, 전쟁 분야뿐만 아니라 전쟁 이외 분야에서 국민의 의지(意志)나 지지(支持)에 영향을 줄 뿐만 아니라 이로부터 많은 영향을 받는다. 그래서 군사사상은 '사상의 가치적 성격'으로 인해 전쟁 분야나 전쟁 이외 분야에서 한편으론 국민으로부터 지지를 얻고 또 다른 한편으론 자발적인 애국심을 불러일으키는 등 국민을 결집(結集)하거나 안내하는 역할을 충실히 수행해야 한다.

셋째, 군에 대한 국민과 정치의 요구사항이 부적절할 경우 군사사상은 이를 불가피하게 수용하게 되어 국방력 약화 등과 같은 결과로 직결될 수 있음을 유념해야 한다. 정치적 고려사항이 군사사상에 영향을 미친 사례분석을 통해 보았듯이 일반적으로 정치적 고려사항이 군사사상 발전에 촉진제 역할을 한 경우가 많다. 그럼에도 정치적 지도자의 의지나 철학이 군사사상을 대체하는 수준으로 작용하여 국방정책이나 군사전략을 결정한 부적절한 사례들을 쉽게 찾아볼 수 있었다. 또한 잘못된 정치적 고려사항으로 인해 군사사상의 발전을 저해한 경우도 많음을 알수 있다. 이 경우는 정치적 고려사항이 군사사상의 발전이나 군사력 증강에 기여했다기보다는 군대를 약화하는 결과를 초래했다. 따라서 군에 대한 국민과 정치의 요구사항을 군사사상이 충분히 반영해야 한다. 하지만 국민과 정치적 요구사상이 부적절할 경우 심각한 국방력 약화 등과 같은 심각한 부작용을 초래할 수 있음을 인식할 필요가 있다.

3. 영향요소 III: 전통 군사사상 및 역사

가. 전통 군사사상 및 역사와 군사사상 정립의 상관성

전통 군사사상이나 역사가 새로운 군사사상을 정립하는 데 미치는 영향 또는 고려해야 하는 이유를 알아보기 위해 다음과 같이 접근하고자 한다. 먼저 지난 역사나 전통 군사사상을 연구해야 하는 이유에 대한 답을 얻음으로써 이를 통해 군사사상을 정립하는 데 미치는 영향 또는 고려해야 하는 이유를 살펴보는 것이다. 따라서 첫째는 순수하게 역사의 가치나 의미 측면에서 우선 접근할 필요가 있고, 둘째는 전쟁과 군사 분야에 대한 경험(經驗)과 인식(認識)의 문제로 접근할 필요가 있다.

첫째, 역사의 가치나 의미 측면에서 창의적인 안을 도출하는 데 표본으로 활용하거나 방향 또는 단초(端緖)를 제공할 뿐만 아니라 나아가 일부는 해답을 찾을 수 있다. 사마천이 『사기』를 저술하면서 '임안에게 보낸 글[報任安書]'을 보면, 역사를 저술하는 것은 천도(天道)와 사람의 관계를 연구하고 역사적 변화의 발자취를 더듬기 위함이라고 적고 있다. 그래서 저술이 완성되면 이를 명산에 보관하고 각지의 지식인들에게 전달하여 읽히게 하여 옳고 그름을 후대가 판단하기를 희망했다.[372]

고려 인종(仁宗)도 김부식에게 삼국사기를 편찬하도록 지시하면서 그 이유를 다음과 같이 말하였다. "외국의 역사서는 자국[中國] 위주로 쓰여 있어 우리의 역사를 자세히 알 수 없으므로 임금의 선악(善惡)과 신하의 충사(忠邪)와 나라의 안위(安危)와 인민의 이란(理亂)이 제대로 나타나지 않고 있다. 이로써 뒷사람을 권계(勸戒)할 수 없으니, 마땅히 삼장(三長)[373]의 인재를 얻어 한 나라의 역사를 완성하여 이를 만세(萬歲)에 남겨주어 해와 별처럼 밝히고 싶다."[374]라고 했다.

---

372) 사마천, 『한권으로 읽는 사기』, 김도훈 역(서울: 아이템북스, 2011), p.35.

373) 충사(忠邪): 충직함과 간사(奸邪)함, 이란(理亂): 순행(順行)과 반역, 권계(勸戒): 타일러 훈계함, 삼장(三長): 역사가가 되는 데 필요한 세 가지의 장점. 곧, 재지(才智)·학문(學文)·식견(識見)을 말한다.

374) 김부식, 『삼국사기』, 신호열 역해(서울: 동서문화사, 2007), p.27.

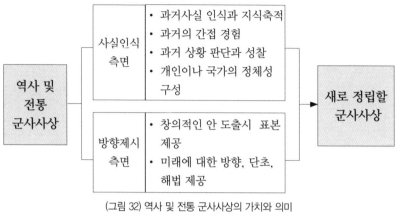

(그림 32) 역사 및 전통 군사사상의 가치와 의미

또한 캐나다의 브리티시 콜롬비아(British Colombia)대학 교수인 피터 세익사스(Peter Seixas)는 역사의 목적이 전통을 만들고 유산을 전수(傳受)하는 도구라고 했다. 과거에 무엇이 일어났고 우리에게 어떤 의미가 있는가에 대해 해명해 줄 뿐만 아니라 그때와 지금 사이의 시간적 차이를 명확하게 하는 데만 그치는 것이 아니고 과거로부터 현재, 그리고 미래로 관심을 넓혀 가는 데 유용하다고 하였다.[375]

이처럼 역사는 (그림 32)에서 보는 바와 같이 단순하게 역사적 사실(historical fact)을 알아가는 지식의 축적 못지않게 이를 통해 당시의 상황을 간접적으로 경험하고 이유나 동기를 파악하거나 판단하며, 때론 성찰(省察)을 통해 개인이나 국가의 정체성을 구성한다. 지난 역사와 전통 군사사상을 고찰하게 되면 그 당시 그렇게 정립했던 배경이나 이유를 이해할 수 있다. 오늘날 우리가 새로 정립하고자 하는 군사사상에 대한 창의적인 안을 도출하는 데 표본으로 활용하거나 방향 또는 실마리를 제공할 뿐만 아니라 나아가 일부는 해답까지도 찾을 수도 있게 된다.

---

375) Peter Seixas, "The Purpose of Teaching Canadian History", *Canadian Social Studies* vol 36 No2, 2002, p.5.

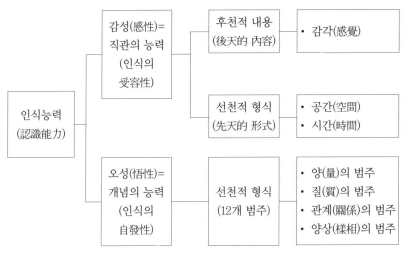

(그림 33) 칸트의 인식 구조

* 출처 : 김기곤, 『철학의 기초』(서울: 박영사, 1985), p.146.

둘째, 전쟁과 군사 분야에 대한 경험과 인식의 문제로 과거의 경험축적에서 생겨난 사상은 생명력과 관성(慣性)에 의해 현세대 또는 미래에 영향을 미치게 된다. 한국은 오랜 역사 속에서 자의적 또는 타의적인 환경에 의해 전쟁을 겪으면서 군사 분야에 대해 직·간접적으로 경험을 해왔다. 일부 사항은 반복적으로 겪으면서 전쟁이라든지 군사라는 분야에 대한 나름대로 개인뿐만 아니라 집단적 인식을 하게 되었다. 이러한 인식이 마치 유전자처럼 작용하여 현재 및 미래에까지 영향을 미친다는 점이다.

칸트에 의하면 '우리의 인식은 주로 경험과 함께 시작되는데 그렇다고 하여 모든 인식이 다 경험으로부터 일어나는 것은 아니'라고 하면서 인식을 감각적 경험이라고 한 영국의 경험론을 비판하여 (그림 33)에서 보는 바와 같이 선험론적(先驗論的) 인식의 구조를 설명하였다.[376] 이에

---

376) 김기곤, 『철학의 기초』(서울: 박영사, 1985), pp.145~147.

의하면 인식능력은 감성(感性)과 오성(悟性)으로 나눠지는 이 두 가지가 상호 협동작용을 하여 성립된다는 것이다.[377] 이로써 칸트는 버클리(G. Berkeley) 등이 주장했던 '경험이 곧 인식'이라는 한계성을 비판했지만, 어찌 되었든 둘 다 우리가 인식하는 많은 부분이 경험으로 이루어진다는 것은 공통적이다.

이런 맥락에서 역사나 실생활을 통해 경험의 반복이 경험적 인식을 낳기 때문에 거기에서 자연스럽게 철학과 사상을 낳는다고 볼 수 있다. 과거의 경험축적에서 생겨난 사상은 상황의 변화에 따라 소멸하기도 하지만 그렇지 않은 것은 생명력과 관성(慣性)에 의해 현세대 또는 일부는 상당기간 미래에까지 영향을 미치게 된다. 이런 이유로 과거의 역사나 군사사상이 새로 정립하고자 하는 군사사상에 직·간접적으로 영향을 미치게 된다.

나. 전통 군사사상과 역사가 군사사상 정립에 영향을 준 사례분석

이러한 사례는 세계 역사에서 쉽게 찾아볼 수 있다. 하지만 여기서는 한국의 역사를 중심으로 살펴보고자 한다. 한국의 역사를 보면 외세의 침략을 막아내거나 영토확장의 꿈을 실현하기 위해 상무정신(尚武精神)을 드높이 세웠던 역사들이 있었다. 반면에 내부분열에 휩싸이고 주변 정세를 정확하게 파악하지 못하여 국방을 안일하게 대비했을 때 여지없이 무참히 외세에 짓밟혔던 시대가 있었다.

---

377) 위의 책.

1) 삼국시대~고려시대의 상무정신과 호국불교사상

삼국시대와 남북국시대의 군사사상으로는 고구려와 발해의 상무정신과 다물정신(多勿精神)을 토대로 한 영토확장, 신라의 국가중흥을 위한 인재 양성제도인 화랑도, 백제의 동아시아 제해권 장악, 충절정신(계백장군) 등을 들 수 있다. 이 중에서 다물정신은『삼국사기』고구려본기에 보면 '위복구토위다물(謂復舊土爲多勿)'이라고 하여 '잃어버린 옛 영토를 되찾는 것을 다물이라 한다.'고 되어 있다.[378] 따라서 다물이란 고조선이 차지했던 옛 영토를 회복하는 사상을 말하는 것으로 이후 발해의 건국정신이 되었고, 고려의 북진정책, 조선왕조의 북벌정책의 원동력이 되었다.

고려는 전기에 상무정신이 후기는 호국불교 및 호국적 저항정신이 중요하게 영향을 미쳤다. 고려는 국호(國號)에서도 알 수 있듯이 고구려를 계승한 국가라는 점에서 고구려 및 발해의 영토였던 지역 수복을 고려 최고의 정책목표로 삼았다.[379] 이는 과거 고구려나 발해가 차지했던 광활한 만주 지역과 요동(遼東) 지역을 되찾으려는 의지가 담겼다. 이는 북방으로 영토확장 꿈을 실현하겠다는 의지이면서 불가피한 외부 세력과의 충돌을 극복하겠다는 것을 의미한다. 특히 거란 및 여진과 충돌을 빚는 과정에서 거란의 침입(993년~1019년)을 격퇴하였을 뿐만 아니라 나아가 여진정벌(1107년)을 추진했다.

여기서 주목할 것은 고려 전기(前期) 태조 왕건에서 시작된 북진정책을 구현하기 위한 기본 군사사상으로 고구려의 주요 군사사상인 상무정신(尙武精神)을 받아들였다는 점이다. 고려는 고구려를 계승하고 고구려

---

378) 김부식(2007), 앞의 책, p.289.
379) 한영우, 『다시 찾는 우리역사』(파주: 경세원, 2003), p.193.

의 옛 영토를 회복해야 한다는 대의명분하에 고구려의 상무정신을 골간(骨幹)으로 공동운명체로서 동족의식에 호소하여 백성들을 결집하였다. 이를 위해 수도인 개성 외에 평양을 서경(西京)으로 승격시키고 북진의 전진기지로 삼으면서 성종(成宗, 981~997)대에 이르러서는 중앙의 군사조직을 2군6위(二軍六衛)체제로 정비하고 지방은 주진군(州鎭軍)과 주현군(州縣軍) 등으로 정비하였다.

고려가 요나라(거란)의 침공(993~1019)을 물리친 이후 1231년 몽골(Mongol)의 침입이 있기 전까지 약 200여 년간 평화시대가 유지되면서 고려는 점차 송(宋)나라의 영향을 받아 문치주의(文治主義)로 변하여 군사사상도 후퇴하게 되었다. 하지만 몽골(Mongol)이 침입하자, 고려 전기(前期)의 상무정신은 호국불교사상(護國佛敎思想)으로 연결되었다. 그 결과 40여 년간 항몽이념(抗蒙理念)하에 국가를 보존할 수 있었다. 이는 불교를 중심으로 백성을 단합하고 이를 통해 국가를 수호하려는 자주·자립의 의지를 결집한 고려 특유의 호국불교사상(護國佛敎思想)으로 연결되었기 때문이다.[380]

이 중에서 특히 종교라는 고정관념을 떠나 호국불교사상(護國佛敎思想)은 '인왕반야바라밀경(仁王般若波羅蜜經)'에 근거한 진호국가(鎭護國家)의 교리가 융합되어 나타난 것이다. 한국에서는 신라시대부터 화랑도, 백고좌회(百高座會) 등으로 시작되어 고려에 와서는 몽골의 침입에 국민을 결집하고, 부처님의 가피력(加被力)으로 몽골의 침입을 격퇴하기 위해 8만 대장경판(大藏經版) 판각(板刻)사업으로 이어졌다. 여기에서 그치지 않고 이후 조선시대 의승군(義僧軍)의 활약으로 이어졌으며, 일제강점기에는 한용운 등이 3·1운동에 참여함으로써 독립운동으로 이어졌다.

---

380) 대한민국 부사관 총연맹 편찬, 『알기 쉬운 군사사상』(서울: Global, 2007), p.301.

'인왕반야바라밀경'은 부처님의 가르침[法]을 수호하기 위해 국왕이 재난을 막고 국토를 지킨다는 내용의 호법(護法)사상을 담은 경전이다. 신라시대부터 그에 기반을 둔 백고좌회(百高座會)가[381] 국왕 주관으로 전국의 고승을 불러 국가위기나 천재지변을 막고자 하는 국가적 법회로 실시되었다. 이처럼 한국에서 종교로서는 특이하게도 호법의 일환으로 호국(護國) 분야가 발전되었다.[382]

고려 후기 무신정권기(武臣政權期, 1170~1270)부터는 군사사상의 주안점이 국가를 수호하고 백성을 보호한다는 것보다는 무신들의 정권 유지쪽으로 군사력을 양성하고 운용하기 위해 주안점을 맞추는 것으로 변질되었다. 군사력 측면에서도 도방(都房)을 중심으로 조직한 사병(私兵)조직들이 중앙군을 약화하는 결과를 초래했다. 군사사상도 고려 전기의 상무정신이나 호국불교사상이 아닌 개인의 보호수단으로 퇴보되었을 뿐만 아니라 군사력이 약해지는 결과를 낳았다.

2) 조선시대 왜란(倭亂)과 호란(胡亂) 및 대한제국의 혼란

조선 개국 이래 200여 년간 비교적 평화기간을 유지하다가 1592년에 임진왜란이 발발하였다. 임진왜란이 발발한 주된 원인 중의 하나가 오랜 기간 평화무드 속에서 당쟁을 일삼으며 국방태세를 안일하게 대비한 것이 크게 작용하였다. 장기간 전쟁이 없었기 때문에 여진족이나 왜구의 침범이 빈번한 북부 국경 지역과 남부 수군은 상비군이 유지되었다. 그러나 기타 지방에서는 문서상으로만 병력이 존재하고 실제로는 군역을 부과하지 않거나 대역(代役)을 세우고 군포를 납부하도록 하는 방군

---

381) 김부식(2007), 앞의 책, p.766.
382) 김용태, "한국불교사의 호국 사례와 호국불교 인식", 『大覺思想』 제17집, 2012, p.47.

수포와 대역납포가 공공연히 이뤄져 허수의 군대가 다수 존재했다. 이런 와중에 조정에서는 왕위 계승을 둘러싼 정권 쟁탈전인 을사사화(乙巳士禍)가 발생하였다. 또한 명종의 모후(母后) 문정왕후가 대리청정(代理聽政)을 함에 따라 외척 세력이 정치 중심으로 권력이 개편되면서 부패가 극심하였다. 1592년(선조 25) 4월 13일 일본군이 부산포에 상륙한 후 파죽지세로 북진해왔다. 선조는 보름 만에 조선의 수도인 한성을 버리고 개성과 평양을 거쳐 북쪽 국경선 부근인 의주까지 피신했다. 그리고 명나라에 지원군을 요청하여 일본군을 막고자 했다. 하지만 조선군이 강하지 못해 무려 7년간이나 지속된 끝에 1598년 11월 26일 일본군이 본국으로 총퇴각을 함으로써 전쟁은 끝났다. 그 결과 조선 인구의 1/3이 감소했고, 농업국가의 핵심인 논과 밭의 황폐화는 극에 달해 경작이 가능한 농지는 전란 이전의 1/3 정도였다. 민생은 도탄(塗炭)에 빠져 이몽학의 난과 같은 민란이 발행하고 각지에 도적들이 들끓었다.

임진왜란 이후 중국에서는 명나라의 세력이 크게 약화하자, 이 틈을 타서 부상한 누르하치(努爾哈赤)의 후금(後金) 세력이 결국 명나라를 뒤엎을 기세였다. 조선은 여전히 친명배금(親明排金) 정책을 고수하였다. 그 결과 1627년 후금의 침략인 정묘호란(丁卯胡亂)이 일어났다. 이어 후금에서 탈바꿈한 청나라가 1636년 병자호란(丙子胡亂)으로 재침하였을 때 여지없이 참패하여 왕이 항복하는 의식인 삼전도에서 삼배구고두례(三拜九叩頭禮)를 해야만 했다.

조선에 이어 출범한 대한제국은 1905년 을사보호조약이라는 명분으로 일본에게 외교권을 침탈당했다. 1907년엔 대한제국의 군대가 해산되었고, 1910년에 강제합병되어 36년간 일제(日帝)의 통치를 받아야 했다.

다. 역사와 전통 군사사상과 관련한 군사사상적 함의

군사사상은 그 나라의 역사나 전통적인 군사사상으로부터 영향을 받게 된다. 따라서 군사사상 정립 시 다음과 같은 세 가지 측면에서 역사와 전통 군사사상을 고려해야 한다.

첫째, 역사의 가치나 의미 측면에서 창의적인 안을 도출하는 데 표본으로 활용하거나 방향 또는 실마리를 제공할 뿐만 아니라 나아가 일부는 해답을 찾을 수 있다. 특히 역사는 당시의 상황을 간접적으로 경험하고 이유나 동기를 파악하고 판단하며, 때론 성찰(省察)을 통해 개인이나 국가의 정체성을 구성한다. 또한 지난 역사와 전통 군사사상을 고찰하게 되면 그 당시 그렇게 정립했던 배경이나 이유를 이해할 수 있고 때론 해법을 찾을 수도 있다. 따라서 군사사상을 정립하거나 발전시키기 위해서는 지난 역사와 그간 연구된 전통 군사사상에 대한 연구와 분석이 필요하다.

둘째, 과거의 경험축적에서 생겨난 전쟁과 군사 분야에 대한 인식은 마치 유전자처럼 작용하여 현재 및 미래에까지 영향을 미친다는 점이다. 과거의 경험축적에서 생겨난 사상은 상황의 변화에 따라 소멸하기도 하지만 그렇지 않은 것은 생명력과 관성(慣性)에 의해 현세대 또는 일부는 상당기간 미래에까지 영향을 미치게 된다. 이는 위에서 언급한 역사와 전통 군사사상을 다시 연구해야 하는 이유와 일맥상통하는 것으로, 과거의 역사나 군사사상을 연구하여 새로 정립하고자 하는 군사사상에 직·간접적으로 활용해야 한다.

셋째, 역사 사례를 보면 한국의 경우 상무정신(尚武精神)을 드높였던 시기와 그렇지 않았던 시기의 국가 상태는 극명히 달랐음을 관심 깊게 볼 필요가 있다. 한국의 역사를 보면 외세의 침략을 막아내거나 영토확장의 꿈을 실현하기 위해 상무정신(尙武精神)을 드높이 세웠던 역사들이 있었다. 반면에 내부분열에 휩싸이고 주변정세를 정확하게 파악하지 못하여 국방을 안일하게 대비했을 때 여지없이 무참히 외세에 짓밟혔던 시대가 있었다. 따라서 전통 군사사상 중 고구려의 상무정신, 신라의 화랑도정신, 고려의 호국불교정신, 조선의 충효사상을 바탕으로 한 의병정신, 6·25전쟁 시 자유민주주의 수호정신 등은 한국에서 호국정신으로 승화되어 강인한 생명력의 원천으로 이어왔기에 계승발전이 되어야 한다.

4. 영향요소Ⅳ: 외국의 군사사상

가. 외국의 군사사상과 군사사상 정립의 상관성

사상의 속성 중 하나는 마치 마른 들판에 번진 불처럼 특정 지역 내에 신속하게 퍼지거나, 코로나19처럼 국경선이나 국적을 구분하지 않고 광범위하게 파급되어 나간다는 것을 언급한 바 있다. 특히 일반 사상과 다르게 군사사상의 경우 한 국가가 군사사상을 정립하거나 변경하면 이것은 해당 국가뿐만 아니라 주변국에 대해서도 중요한 관심사일 뿐만 아니라 상호 지대한 영향을 미치게 된다.

먼저 사상의 파급 및 확산과 관련한 일례를 보면 18세기 계몽주의 사상을 들 수 있다. 18세기에 들어서 사회적으로는 자유주의, 사상적으로는 절대성을 물리친 과학적 이성의 입장, 경험주의적 흐름으로 변경되었다. 계몽주의는 절대왕정과 귀족들의 부패와 재정적 곤란이 심해지는 상황과 교회의 권위에 바탕을 둔 구시대의 정신적 권위와 사상적 특권과 제도에 반대하였다. 인간적이고 합리적인 사유를 제창하고, 계몽에 의한 무지와 미신의 타파, 그리고 정치나 사회의 합리적인 개혁으로 인간 사회는 진보를 계속한다고 주장하였다. 그들은 절대왕정과 구제도를 비판하고, 자연권 사상과 사회 계약론에 의지하여 자유롭고 평등한 사회의 건설을 부르짖었다. 이들의 주장은 러시아의 예카테리나(Екатерина II Великая) 여제(女帝), 오스트리아의 요제프(Joseph) 5세, 프로이센의 프리드리히(Friedrich) 등 계몽전제군주들에게 온건한 개혁수단의 근거로 수용되었다. 다른 한편으로는 일반 민중의 저항정신을 각성시키는 데 크게 기여하였다. 그 결과 미국 독립전쟁과 프랑스혁명을 비롯한 18세기 말의 정치적 대격변에 큰 영향을 미쳤다.

한국 역시 외국의 사상이 전파되어 사상의 변화를 초래했다. 한국은 오래전부터 중국과 서양의 영향을 받아 유교·불교·도교사상 등이 들어와 정착되었고 이후 서양 문물이 들어오면서 천주교와 기독교 및 서양사상을 받아들이게 되었다. 서양철학이 한국으로 들어온 것은 천주교의 영향이 크다. 철학 중에서 맨 먼저 들어와 한국철학의 효시(嚆矢)가 된 것은 칸트의 철학으로 1903년 이정직(李定稷, 1841~1910)이 쓴『강씨철학설대략(康氏哲學說大略)』, 즉 오늘날 식으로 표현을 하면 '칸트철학개론'정도로 표현할 수 있다.[383] 이어서 1907년 보성전문학교에서 '논리학'을 교과목에 포함하면서[384] 본격적으로 철학이 등장하였다.

한편, 일반적인 사상이나 종교, 철학이 한국에 면면히 영향을 미친 것 외에 군사사상 측면에서 보면, 외부로부터 한국 군사사상에 많은 영향을 미친 것 중의 하나로 우선『손자병법』이나『오자병법』『육도삼략』

---

383) 박종홍,『朴鍾鴻 全集』제V권(서울: 민음사, 1998), pp.283~285.
384) 이기상, "철학개론서와 교과과정을 통해 본 서양철학의 수용(1900~1960)",「철학사상」5호, 1995, p.70.

등이었다. 또한 일제강점기엔 일본의 군사사상이 영향을 미쳤다. 광복 후에는 미군정(美軍政)이 계기가 되어 오늘날 한미연합방위체제로 굳어지면서 미국의 영향이 컸다는 것은 부인할 수 없다.

이와 같이 한국의 군사사상은 중국, 미국, 일본 등의 군사사상으로부터 직·간접적으로 영향을 받아왔고 앞으로도 지속적으로 영향을 받게 될 것이다. 따라서 한국 군사사상을 정립할 때 주변 국가의 군사사상을 눈여겨볼 필요가 있기에 미국, 중국, 일본, 러시아의 군사사상을 알아보고 한국의 군사사상 정립 시 고려할 요소를 도출하고자 한다.

나. 한국의 군사사상 정립시 고려할 주변 국가들의 군사사상

1) 미국의 군사사상

미국의 군사사상 기조는 절대적인 미국 본토 안전 확보와 같은 미국의 국익 보호에 두고, 세계의 패권국가로서 지위를 유지하기 위해 다자간 안보협력하에 동맹국과 같은 협력국가의 안보를 지원하고 있다. 군사적으로는 과학화되고 실시간대 전환 배치(범지구적 전력투사 능력 및 작전 지속 능력)가 가능한 기동성 있는 군사력을 보유하고 이를 적시에 적절하게 운용하고자 한다. 이런 미국의 주요 군사사상 중 한국이 군사사상 정립 시 고려할 필요가 있는 것은 다음과 같이 네 가지로 정리할 수 있다.

첫째, 불패주의에 입각하여 풍부한 자원과 국력을 바탕으로 충분한 양과 질적 우위의 전력을 보유하고 어떠한 도발이나 전면전에도 대응 가능한 상태를 유지한다는 사상이다. 물론 한국의 경우 제한된 자원과 국력을 고려 시 미국의 군사사상을 그대로 수용할 수 있는 것은 아니다. 하지만 불패주의에 입각하여 어떠한 도발에도 대응하겠다는 적극적인

사상은 한국이 고려할 가치가 있다

둘째, 공동안보와 집단안전보장의 원칙하에 우선 다자기구를 통한 문제해결을 도모하고 불가피할 경우 공동의 군사력으로 대응하는 사상이다. 먼저 정치, 외교, 경제, 과학, 심리 등 군사 이외의 활동을 통해 유리한 상황을 조성하되 군사적 대응이 불가피할 경우 동맹국 및 우방국과 다국적군 또는 연합전력을 통해 공동으로 대응하고자 하는 사상이다.[385] 특히 한미동맹하에 한미 연합전력을 운용하는 한국의 경우 이 사상은 군사력의 열세를 상쇄하기 위한 수단으로 적극적으로 고려할 분야이다.

셋째, 상황의 변화와 자신의 능력에 맞추어 군사력 운용 개념을 변화시키는 점이다. 미국은 1980년대 공지전(Air-Land Battle) 개념에서 2006년도 공해전투(Air-Sea Battle) 개념 및 2011년 합동강제진입작전 개념(Joint Concept for Forcible Entry Operation)으로 변경하였다. 2015년엔 신합동전력 운용 개념인 국제 공역에서 접근과 기동을 위한 합동 개념인 JAM-GC(Joint Concept for Access and Maneuver in the Global Commons)로 변화했다.[386]

또한 JAM-GC와 연계하여 2018년부터 다중영역작전(MDO) 개념으로 변화하였다. 특히 JAM-GC는 중국의 반접근 및 지역거부(A2/AD)에 대한 '돌파' 측면에서 접근한 것으로 동아시아에서 자신의 이익을 보호하고 동맹국을 지원하기 위해 등장하였다. 아울러 오늘날은 다중영역작전을 모태로, 중국의 A2/AD전력을 극복하고, 군사적 우위를 유지하기 위해 모든 전장영역 간의 경계를 초월하는 합동 전영역작전(JADO:

---

385) 육군본부(1991), 앞의 책, pp.55~57.
386) Harry Kazianis, "Air-Sea Battle's Next Step: JAM-GC on Deck," *The National Interest*, 2015.11.25.

Joint All Domain Operations)을 발선시키고 있다.[387] 이처럼 상황의 변화에 부합되게 군사력 운용 개념을 적절히 변화시키는 것은 한국의 군사사상에도 적용이 필요하다.

넷째, 미국 중심의 광범위한 연합을 강조하는 점이다. 2차세계대전 이후 6·25전쟁에서 미국이 주축이 되어 영국과 캐나다 등 유엔군을 구성하여 공산군 침략에 대응했다. 이어서 베트남전쟁에서 한국과 호주 등 연합군으로, 걸프전쟁에서 프랑스, 사우디아라비아 등 다국적군으로, 이라크전쟁에서 호주, NATO 회원국을 포함한 연합군으로 대응했다. 그뿐만 아니라 2015년 오바마 대통령의 국정연설에서 부각된 바와 같이 사이버 안보 강화 및 스마트 리더십(강한 군사력과 외교력을 결합)을 바탕으로 테러에 대한 응징을 하기 위해 중동지역 국가들을 포함하여 미국 중심의 광범위한 연합을 강조하였다.[388] 트럼프 대통령은 부상하는 중국에 대응하는 인도-태평양전략을 구현하기 위해 '동반 관계, 네트워크, 공유 비전' 등을 강조하며 미국 단독이 아닌 역내 동맹국 및 우호국의 적극적인 동참을 강압하여 달성하고자 했다.[389] 바이든 행정부는 국제 사안에 적극적이며, 동맹국과의 협력을 강조하는 다자주의적 성격을 표출했다.[390] 특히 2022년 2월 러시아의 우크라이나 침공에 대응하는 과정에서 바이든 대통령은 "NATO의 집단방위 조항은 신성한

---

387) 강정일, "한반도의 지정학적 가치와 미·중 군사경쟁 양상 분석", 『軍史』(서울: 국방출판지원단, 2022), p.404.

388) 한국무역협회 워싱턴지부, "오바마 대통령의 의회 연설을 통해 본 2015년 국정운영 방향과 평가", 2015, p.5.

389) 박원곤, "트럼프 행정부의 대외정책과 인도·태평양전략", 『국방연구』, 제62권 4호(논산: 국방대학교 안보문제연구소, 2019), p.233.

390) 서정민, "바이든 행정부의 다자주의 대외정책 전환과 이란 핵 합의의 복원 가능성", 『중동연구』, 제40권 1호(서울: 한국외국어대학교 중동연구소, 2021), p.7

약속"이라고 말하면서 30여 NATO 회원국의 공동 대응을 이끄는 노력을 했다.[391] 이를 위해 2022년 3월 24일 벨기에서 열린 NATO 정상회의와 EU 정상회의, 주요 7개국(G7) 정상회의에 잇따라 참석했고, 3월 25일엔 폴란드를 방문하는 등 이들 나라가 우크라이나를 적극적으로 지원하고, 러시아에 추가 제재를 부과하며 기존 제재를 강화하도록 이끌었다.[392] 이처럼 미국은 전쟁 등 국제적인 문제에 미국 중심의 광범위한 연합을 구성하여 대응해 왔다.

2) 중국의 군사사상

중국의 군사사상 기조(基調)는 전통적으로 국력의 강약에 따라 군사사상의 변화가 크게 나타났다. 국력이 강했을 때는 중화사상(中華思想)에 따라 정복전쟁을 통해 이민족을 복속(服屬)시키면서, 지배력을 강화하기 위해 군사력을 양성 및 운용하였다. 약했을 때는 광대한 영토와 인구를 가지고 외교전, 게릴라전, 인민전쟁, 지구전 등으로 상황의 변화를 단계적으로 조성(助成)하고 군사력을 보강하며 기다린 후 결정적 시기가 도래하면 군사력을 집중 운용하여 목적을 달성하는 형태를 취하였다.

패권국가로 급부상하는 현 상황에 부합되게 일체의 위해(危害)로부터 중국 자체와 지역안정 유지에 초점을 맞추고 있다. 이에 따라 국가 주권·안전(안보) 및 영토 수호[國家主權, 安全, 領土完整的挑釁行為]를 위해 적극방어전략을 기반으로 '정보화 조건하 국지전 승리[信息化條件下局部

---

391) 앤서니 주처, "우크라이나 전쟁: 바이든이 해결해야 할 다섯 가지 난제", BBC NEWS 코리아, 2022.3.25

392) 박수현, "바이든, 유럽 순방 기간 對러 추가 제재…中 대응책 논의", 조선일보, 2022.3.23

戰爭能力]'를 달성하며 핵 · 미사일과 해 · 공군 전력의 현대화를 추진하는 것이다.[393]

중국의 주요 군사사상 중 한국이 군사사상 정립 시 고려할 필요가 있는 것은 **첫째, 전통적으로 국력의 신장과 부합되게 군사력을 수세와 공세로 기민(機敏)하게 변화하여 운용하는 사상이다.** 먼저 수세는 상대적인 열세(劣勢) 또는 공세적이지 못할 경우 일정 기간 수세를 취하는 것이다. 유격전, 장기 지구전을 통해 적군의 피로 증대와 소모(消耗)를 강요하여 전의(戰意)를 좌절시키는 반면 아군은 전투력을 보존 및 증강하는 기회로 삼는다. 그러나 국력이 신장되면 전략적 방어 입지에서 벗어나 핵심적 이익을 지키기 위한 적극적인 공세로 전환하는 것을 기민하게 하는 것이다.

즉 전통적인 전략적 방어, 전략적 대치(對峙) 상태에서 관성(慣性)적으로 머무는 것이 아니다. 국가주권 및 영토보전과 관련한 핵심 이익을 적극적으로 주장하고 단호히 수호하는 전략적 반격 및 공세로의 전환을 모색한다. 오늘날 중국이 그간 전략적 방어에서 국력 신장과 부합되게 동중국해와 남중국해 영토 문제와 관련하여, 해 · 공군력을 증강해 적극적으로 대응하는 것을 보면 이를 잘 알 수 있다.

중국의 이런 사상은 과거 약소국이 만년 약소국이 될 수밖에 없다는 유약한 관성에 젖었던 모습이나 반대로 국력이 강해졌다고 백성을 소홀히 하고 사치에 집착하며 상무정신을 잊은 데서 온 망국(亡國)의 경험을 역사에서 터득했기 때문이다. 따라서 한국도 국력의 신장(伸張)과 부합되게 군사력을 수세와 공세로 기민(機敏)하게 변화하여 운용하는 중국의

---

393) 國內部, 『中國武裝力量的多樣化運用』(北京: 中華人民共和國國務院新聞辦公室, 2013), p.5.

군사사상을 눈여겨볼 필요가 있다.

둘째, 국민의 지지기반을 얻는 것을 매우 중요시하는 사상이다. 일찍이 『손자병법』에 다섯 가지 사항으로 전력을 헤아릴 때[五事] 그중 첫째를 도(道)라 하여 백성과 뜻을 같이해야 함[道者 令民與上同意也]을 강조했다. 마오쩌둥도 군사만능주의(軍事萬能主義)를 경계하면서 농촌혁명전략(農村革命戰略)을 강조한 것처럼 국가가 국민을 위해 존재하고 권력의 힘이 국민한테서 나온다는 평범한 개념에서 출발하여 국민을 지원자의 편으로 끌어들이는 것이 성패를 좌우한다고 믿는 사상이다.

국민의 지지기반을 획득하는 것은 국민의 재산과 생명 및 이익을 보호해 주는 역할을 얼마만큼 충실히 했느냐의 결과로 얻어지는 것이다. 심지어 중국군을 해외에 파병할 때도 이런 사상을 준수하도록 강조하였다. 6 · 25전쟁에 참전한 중국군에게 내려진 '3대기율 8항주의(三大紀律 八項注意)'[394]를 보더라도 이를 잘 알 수 있다. 이것은 많은 정권 또는 전쟁에서 여실히 증명되었듯이, 국민적 지지기반을 얻었느냐가 체제의 존립(存立)이나 전쟁의 승패를 좌우하므로 한국의 군사사상에도 적용이 필요하다.

---

394) 3대기율 8항주의(三大紀律 八項注意): 중국 인민해방군의 기본 규율로 모택동이 국공내전 시기에 제정한 것이며, 이는 6 · 25전쟁에 참전한 중국군에게도 준수되도록 하였다. 3대기율은 ① 일체행동청지휘(一切行動聽指揮): 모든 행동은 지휘에 복종한다. ② 불나군중일침일선(不拿群眾一針一線): 군중의 바늘 하나, 실오라기 하나도 가지지 않는다. ③ 일체격획요귀공(一切繳獲要歸公): 모든 노획물은 조직에 바쳐 공동 분배한다. 8항주의는 ① 설화화기(說話和氣): 말을 친절하게 한다. ② 매매공평(買賣公平): 매매는 공평하게 한다. ③ 차동서요환(借東西要還): 빌려온 물건을 되돌려 준다. ④ 손괴동서요배(損壞東西要賠): 파손한 물건을 배상한다. ⑤ 불타인매인(不打人罵人): 사람을 때리거나 욕하지 않는다. ⑥ 불손괴장가(不損壞庄稼): 농작물을 훼손하지 않는다. ⑦ 부조희부녀(不調戲婦女): 부녀자를 희롱하지 않는다. ⑧ 불학대부로(不虐待俘虜): 포로를 학대하지 않는다.

셋째, 군사력을 바탕으로 지역의 중심이란 사상 또는 패권국가로서 영향력 확대사상이다. 중국은 전통적으로 중화사상에 입각하여 주변국에 대해 정복전쟁을 통해 이민족을 복속(服屬)시키면서 지배력을 강화하기 위해 군사력을 양성 및 운용하였다. 또한 오늘날 중국은 미국의 '전략적 재균형(strategic rebalancing)'을 통해 아태지역에서 군사적 영향력을 확대하는 것에 위협을 느껴, 이에 적극적으로 대응하고 있다.[395] 특히 중국의 반접근 및 지역거부(A2/AD) 능력 강화 노력은 미·일·인도 간의 협력이 강화되는 가운데 전략적으로 러시아와의 연대를 강화한 상태에서 국가주권을 수호하고 핵심이익을 확보하기 위해 중단기적으로 미국의 군사개입을 저지하기 위한 노력이다.

이것은 지역 내에서 주도권을 장악하고 영향력을 발휘하겠다는 적극적인 사상으로, 대륙세력과 해양세력의 중간에 위치한 한국은 두 세력의 균형자 또는 조정자 역할을 할 수 있다는 측면에서 객체가 아닌 주체라는 생각을 한국의 군사사상에 적용할 필요가 있다.

넷째, 기동전(機動戰) 중시사상이다. 전통적으로 중국은 기동전을 중시했는데 특히 북방계열이 정권을 잡았던 원나라[元朝], 청나라[淸朝]시기에 이를 더욱 강조하였다. 마오쩌둥은 기동전의 한 형태인 운동전(運動戰)의 중요성을 강조하였다. 오늘날 중국 육군은 기동성을 강화하기 위해 신형 헬리콥터 도입에 적극적으로 나서고 있다. 해군은 2020년까지 2척의 항공모함 배치했고, 추가로 핵추진 항공모함 여러 척을 건조 중에 있는 등 원거리 해양작전 능력을 강화하고 있다. 공군은 신속한 장거리 독자적인 작전능력을 확보하기 위해 Su-35(24대) 도입과 5세대 전투기인 J-20(11대)을 배치하고 있다.[396]

---

395) 國內部, 앞의 책, p.2.
396) Office of the Secretary of Defense, *Military and Security Developments.*

수세적 성향을 오랫동안 유지해 온 한국의 경우 강한 방호력 또는 저항력에 초점이 맞추기 쉬운데 오히려 이런 기동전 중시사상을 한국의 군사사상에 적용할 필요가 있다.

3) 일본의 군사사상

일본의 군사사상 기조(基調)는 전통적으로 천황 중심의 무사도(武士道)정신에 입각하여 절대적인 충성을 기반으로 본토방어, 주변 해역방어 및 해상교통로 확보에 주안점을 두고 있다. 1882년 독일군식 용병술과 군제로 변경하면서 '적극적 공세사상'으로 한때 해양 및 대륙으로 영토 확장을 도모했다. 제2차세계대전의 패배로 말미암아 현재는 주춤한 상태이다. 현재 미·일안보동맹을 기반으로 미국의 지원을 등에 업고 UN활동 지원과 자위력 확보라는 명분하에 군사적 대국으로 재기를 추진하고 있다.

일본의 주요 군사사상 중 한국이 군사사상 정립 시 고려할 필요가 있는 것은 **첫째, 천황 중심의 무사도정신에 입각한 절대적 충성사상이다.** 이는 천황체제나 무사도가 중요한 것이 아니라 절대적 충성사상이 중요한 의미를 갖는다. 천황 직속의 강력한 무력으로 출범한 군대는 1877년 (명치 10년)에 체제가 완전히 확립되었다. 천황에 대한 충성심은 더욱 확고하게 자리 잡게 되었다. 문제는 이런 무사도 정신에서 연유된 충성심이 전 국민적 사상으로 확대되었다. 이것이 그대로 오늘날 자위대로 연결되었다는 점이다.[397] 따라서 일본의 천황에 대한 절대적 충성과 같은 사상을 우리의 고유 사상과 연계하여, 한국의 군사사상에 적용할 필

Involving the People's Republic of China, 2020 Annual Report to Congress,, (VA: Department of Defense, 2020), pp.45~51.
397) 육군본부(1991), 앞의 책, p.63.

요가 있다.

둘째, 해외출병 및 지역 내 영향력 행사 등 적극적인 역할 확대사상이다. 일본은 일찍이 프랑스군 제도에 기초하여 출발했으나, 1882년 독일군식 용병과 군제로 변경하면서 일본 본토에 국한하지 않고 해외 출병 및 지역 내 영향력 행사 등 적극적인 역할 확대사상을 견지하고 있다.[398] 특히 임진왜란, 청일전쟁, 러일전쟁, 제2차세계대전의 태평양 전역 등이 이를 잘 증명하고 있다. 오늘날엔 외교력 확대와 분담금을 매개로 UN 등 국제기구에 대한 영양력 행사와 국제사회의 지지를 확대하고 있다. 또한 자위대의 UN 총괄형 국제협력활동 참가뿐만 아니라, 2015년 「국제평화협력법」의 개정 및 「국제평화지원법」 제정에 따라 UN 이 총괄하지 않는 국제평화협력 활동에 자위대의 참가를 확대하였다. 이로써 자위대는 안전확보업무, 경호업무 등 국제평화협력 업무가 추가되어 국제적 활동 범위 및 내용이 증가하였다.[399] 따라서 한국은 해양세력과 대륙세력의 교차점에 있고, 국력이 신장된 점을 고려하여 지역 및 국제사회에서 적극적인 역할 확대사상을 적용할 필요가 있다.

셋째, 핵전쟁에 대비한 핵과 비핵(非核)의 양용(兩用)무기 대응체제를 구축하는 것이다. 일본은 제2차세계대전 말기 핵폭탄의 위협을 직접 겪은 트라우마로 인해 북한의 핵과 같은 대량살상무기와 미사일 개발이 일본의 안전에 대해 중대하고 절박한 위협이 된다고 판단하고 있다. 대량살상무기 확산 방지 등과 같은 관점에서 국제사회와 적극적인 공조를 도모함과 동시에 자체적으로는 핵과 비핵하에서 양용무기로 대응체제를 구축하는 데 주안점을 두고 있다.

---

398) 위의 책, pp.65~67.
399) 국회입법조사처, 『일본의 국제 활동 확대와 한국의 대응방향』(서울: 성지문화사, 2020), pp.27~29.

이에 대한 일례로 일본의 탄도미사일 방위체계를 들 수 있는데, 일본은 이지스(Aegis)함에 의한 상층 요격과 패트리엇(PAC-3) 미사일에 의한 하층 요격을 자동 경계관제 시스템(JADGE)[400]과 연계시켜 다층방위를 기본으로 하고 있다. 이에 부가하여 이지스함의 제한사항을 극복하기 위해 레이더, 지휘통제시스템, 요격미사일 수직 발사 장치(VLS) 등으로 구성된 이지스 체계를 육상에 배치하여 탄도미사일을 지상에서도 요격하는 체제(イージス・アショア)를 추진 중이다.[401]

따라서 일본보다 북한의 핵 및 대량살상무기에 더 심각하게 노출된 한국은 일본과 같이 핵과 비핵 분야에 대해 양용무기체계로 대응하고자 하는 사상을 적극적으로 수용할 필요가 있다.

넷째, '통합기동방위력(統合機動防衛力)'을 통한 '적극적 공세사상'이다. 일본은 방위 목적상 필요가 있더라도 상대국을 선제공격해서는 안 되며 침공해 온 적을 일본 영토에서만 군사력으로 격퇴한다는 원칙하에 전수방위(專守防衛)를 내세우고 있다. 그러나 실질적으로는 '적극적 공세사상'을 표명하고 있다. 이를 위해 오늘날 통합기동방위력의 방향성을 심화시키고 있다. 우주·사이버·전자파(電磁波)를 포함한 모든 영역에서 능력을 유기적으로 결합하여 평시부터 유사시까지 모든 단계에서 유연하고 전략적인 활동이 상시 지속적으로 할 수 있도록 하고자 한다. 진정으로 실효적 방위력인 다차원 통합방위력 구축을 목표로 추진하고 있다.[402] 여기서 자위대라는 명목으로 인해 방위라는 용어를 사용하고 있지만, 실질적인 내용을 보면 다분히 공세능력을 확보하는 것이다. 단적인 예로 우주공간에서의 능력은 평시부터 유사시까지의 모든

---

400) JADGE: Japan Aerospace Defense Ground Environment
401) 防衛省, 앞의 책, pp.255~258.
402) 위의 책, pp.479~480.

단계에 있어서 우주 이용의 우위를 확보하는 것이다. 전자파 영역에서 능력은 일본에 대한 침략을 도모하는 상대방의 레이더와 통신 등을 무력화하는 능력을 강화하는 것 등을 목표로 하고 있다.[403]

이것은 수세적 성향이 오랫동안 유지되어 온 한국의 경우 공격보다는 방호력 또는 저항력에 초점이 맞춰지기 쉬운 상황에서 우주와 전자파 영역까지 포함하여 통합기동방위력을 통한 적극적 공세사상을 군사사상에 적용할 필요가 있다.

4) 러시아의 군사사상

과거 소련시절 마르크스·레닌사상의 영향을 받은 이래 1970년대 초 소련식 근대적인 군사사상이 정립되었었다.[404] 공산주의가 멸망하면서 일대 변혁을 겪은 다음 오늘에 이르러 러시아의 군사사상 기조(基調)는 '강한 러시아' 건설에 부합하는 군사력을 점진적으로 증강하는 데 주안점을 두고 있다.

러시아는 당분간은 적의 위협에 대해 적절히 반응할 수 있을 정도의 기동성을 갖춘 군사력을 유지하는 데 주안점을 두고 있다. 북대서양조약기구(NATO)와 같은 외부의 위협에 대해 BRICS국가들[405] 중 특히 인도, 중국, 브라질과 같은 비서방(非西方) 국가들과의 관계 강화와 군사협력을 강화하기 위해 노력하고 있다.[406]

과거 냉전시대 소련의 경우 상대측인 미국을 상대로 승리하고도 남

---

403) 위의 책, p.218.
404) Günter Poser, 『소련의 군사전략』, 김영국 역(서울: 병학사, 1979), p.42.
405) BRICS국가: 브라질(Brazil), 러시아(Russia), 인도(India), 중화인민공화국(China), 남아프리카 공화국(South Africa)을 통칭하는 말이다.
406) 한국전략문제연구소(2014), 앞의 책, pp.240~252.

을 정도의 군사력을 보유하는 데 치중했었다. 소련 붕괴 이후 출범한 러시아는 '합리적인 충분성'[407]을 내걸었다. 하지만 오늘날 경제적인 제한으로 경제가 괄목할 만한 성장을 할 때까지 '합리적인 충분성'보다 다소 규모가 작더라도 적의 위협에 대해 적절한 반응이 가능한 기동성을 갖춘 군사력을 유지하는 데 주안점을 두고 있다.[408]

러시아의 주요 군사사상 중 한국이 군사사상 정립 시 고려할 필요가 있는 것은 **첫째, 국가이익 달성 수단으로서의 전쟁을 수행하되, 공세적으로 군사력을 운용하는 사상이다.** 소련 붕괴 이후 러시아가 당면한 문제는 경제발전과 대내외 위협으로부터 국가이익을 보호하는 것이었다. 시장경제의 이익을 추구하면서 '방위'라는 용어보다 적극적으로 '공세적인 군사력 운용'을 큰 틀로 정립하였다. 따라서 경제적 이익 추구를 위해 전쟁도 한 방편이 될 수 있다는 것이다. 핵무기의 선제적 사용도 가능함을 포함하여 더 적극적으로 군사력을 운용하겠다는 개념이다.[409]

특히 적이 핵무기나 대량살상무기로 공격할 경우는 물론이고, 재래식 무기로 공격하더라도 심각한 위협이 예상되면 핵무기를 사용하겠다는 것을 천명하였다. 이를 위해 정밀타격능력(크루즈미사일, 유도폭탄 등)이 억제수단으로 활용될 수 있다는 것을 2000년에 발표한 러시아 연방 신군사독트린에 이어서 2014년 12월에 발표한 신군사독트린에도 계속

---

407) 합리적 충분성(Reasonable Sufficiency): 이는 1991년 소련이 붕괴되고 이어서 신생 러시아가 출범하여 1992년까지 견지한 군사독트린으로 방어에 충분한 정도까지의 핵 및 재래식 군사력의 감축을 의미한다. 이는 이후 옐친의 「러시아연방 군사독트린」(1993)으로 변경되었다.
408) 한국전략문제연구소, "러시아, 新군사독트린 발표", 「국가안보전략」 통권32 Vol 04 2월호, 2015, p.15.
409) 배경환, 『러시아군사연구 제5집』(대전: 육군대학, 2005), pp.3-40~3-41.

해서 명시하고 있다.[410]

이처럼 공세적인 군사력의 사용은 한국 주변 모든 국가가 추구하고 있는 기본 사상인 만큼 적극적이고 공세적인 군사력 운용사상은 한국의 군사사상에도 적용이 필요하다.

둘째, 소수 정예화, 기동화 및 현대화에 주안점을 둔 군사력건설사상이다. 과거 소련시대엔 군사력건설시 다량, 다수에 주안점이 있었다. 하지만 오늘날 러시아는 소수 정예화, 기동성 향상과 무기체계 현대화를 군사력건설의 기본방향으로 설정하였다. 이를 위해 경제가 괄목할 만한 성장을 할 때까지는 경제적인 문제와 인적자원 부족을 고려하여 작전부대 위주로 유지하고, 철도부대 · 건설부대 등과 같은 비전투부대는 과감히 민영화를 추진하는 것이다.[411] 또한 오늘날 러시아는 미국 및 NATO의 위협을 제거하기 위해 전략핵무기를 발전시켜 균형을 이루고 비핵 정밀무기와 유사시 즉각 반응할 수 있는 군사조직을 건설하며, 무기 현대화 70% 달성 후 지속 유지, 지휘통제 소요시간 단축 등을 추진하고 있다.[412] 한반도 주변 강국에 비해 상대적으로 열세인 한국이 제한된 국가 예산으로 국가안보를 보장하기 위해서는 군사사상 정립 시 이와 같은 정예화, 기동화 및 현대화의 사상을 고려해야 한다.

셋째, 외부의 위협과 간섭에 대해 자체 대응능력뿐만 아니라 주변국가와 협조하에 능동적으로 대응하겠다는 것이다. 특히 2014년 우크라이나 사태 이후 서방에 대한 비판적 적대감이 더욱 강화된 상태에서 미

---

410) 여인곤, "러시아의 안보 · 군사전략 변화와 푸틴의 한반도정책", 「통일연구원 안보총서」 2001-21, 2001, pp.63~67.; 한국전략문제연구소(2015), 앞의 논문, p.15.
411) 배경환(2005), 앞의 책, p.3-41.
412) 김규철, "러시아의 군사전략: 위협 인식과 군사력 건설 동향", 「군사논단」, 100권 특별호(서울: 한국군사학회, 2020), pp.311~314.

국의 유럽미사일 방어(MD)와 외국의 내정간섭을 위협으로 간주하고 강력하게 대응하겠다는 의지를 표명하였다. 2000년 7월 16일 「중·러 선린우호협력조약」을 체결하는 등 중·러 양국은 미국의 MD체제 구축에 반대하는 태도를 보였다.

넷째, 북극에 대한 군사화 추진과 같은 적극적인 외연(外緣) 확대이다. 러시아 정부는 평시 북극에서 러시아의 국익 수호를 러시아군 주요 임무 중의 하나로 명시하고 2014년 12월 '북극전략사령부'를 창설하였다. 북극해를 따라 10개의 수색구조시설과 16개의 심해 항구를 건설하는 등 북극지역에 대한 군사적 우위를 확고히 하기 위한 조치를 강력히 추진하고 있다.[413]

따라서 한국도 군사사상의 관심범위를 한반도의 남한에만 국한할 것이 아니라 러시아와 같이 적극적인 외연 확대 사상을 포함할 필요가 있다.

다. 외국의 군사사상과 관련한 군사사상적 함의

한 국가의 군사사상은 주변국의 군사사상을 포함하여 외국의 군사사상으로부터 직·간접적으로 영향을 받았고 앞으로도 지속적으로 영향을 받게 된다. 특히 한국이 군사사상 정립 시 주변 강국의 군사사상으로부터 많은 영향을 받게 되므로 이를 포함하여 군사사상 정립 시 외국의 군사사상이 미치는 영향은 다음과 같이 세 가지 측면에서 접근할 필요가 있다.

첫째, 사상의 특성이나 전파자와 수용자 간의 상호작용을 고려하여 외국의 군사사상에 대해 비판적 수용이 필요하다. 사상은 개방적·공

---

413) 한국전략문제연구소(2015), 앞의 논문, p.15.

유적 특성과 사방으로 퍼져나오는 원심력을 갖고 있어 전파자와 매개체 및 수용자 간의 상호작용인 전달과 확장을 이어가는 특성이 있다. 따라서 이런 특성을 활용하여 외국의 군사사상을 적극적으로 연구하여 이를 절충하거나 변형 또는 그대로 수용함으로써 새로운 사상을 만들거나 군사 분야에 대한 문제해결책으로 제시하는 데 활용해야 한다. 하지만 유념할 것은 외국의 군사사상을 참고할 때 목적과 가치에 근거를 둔 수용자의 판단이나 처한 상황에 대한 고려가 중요하다. 일례로 미국의 경우 원자력 추진 항공모함 선단을 구성하여 장기간 원정작전(遠征作戰)을 수행할지라도, 한국이 이런 양병 관련 군사사상을 그대로 적용하기엔 부적절할 수 있다. 따라서 외국의 군사사상을 무조건 좋은 것이라는 생각보다는 자신의 상황을 고려하여 반드시 상황에 맞게 수용하여야 한다.

둘째, 주변 강국의 군사사상 변화에 대해 매우 주의 깊게 눈여겨보고 변화를 모색할 필요가 있다. 한국의 군사사상은 중국, 미국, 일본, 러시아 등의 군사사상으로부터 직·간접적으로 영향을 받아왔고 앞으로도 지속적으로 영향을 받게 될 것이다. 따라서 한국이 군사사상을 정립할 때 이런 주변 국가의 군사사상을 눈여겨볼 필요가 있다. 일례로 러시아가 걸프전과 이라크전을 통해 서방 국가들의 변화와 강점을 절실히 보았고 이에 대응할 수 있는 새로운 군사사상을 만들기 위해 많은 노력을 하였다. 마찬가지로 미국이나 서방 국가도 2014년 우크라이나 사태에서 보았듯이 총 한 방 안 쏘고 합병하는 새로운 전쟁을 선보인 러시아의 변화에 부합하게 그들도 변화를 모색하고 있다. 군사사상을 정립하거나 변경하는 것은 해당 국가뿐만 아니라 주변국에 대해서도 중요한 관심사일 뿐만 아니라 상호 지대한 영향을 미치게 된다. 이런 맥락에서 한국은 특히 주변 강국의 군사사상으로부터 많은 영향을 받을 수밖에 없어 이들의 변화에 주목해야 한다.

셋째, 군사사상 정립 시 주변 강국의 군사사상을 선별적으로 수용해야 한다. 한반도 주변 강국의 군사사상 중에서 참고할 것으로 많은 요소를 제시했는데 그중에서 특히 유념할 필요가 있는 것은 다음과 같은 것들이다. 공동 또는 집단안전보장을 위해 공동 또는 연합군으로 대응, 상황의 변화와 자신의 능력에 맞추어 군사력 운용 개념을 적극적으로 변화시키는 점, 국력의 신장(伸張)과 부합되게 군사력을 전·평시 적극적으로 운용, 국민의 지지기반을 얻는 것이 무엇보다 중요하다는 인식, 국가에 대한 절대충성과 적극적 공세 위주 사고, 핵과 비핵(非核)의 양용(兩用)무기 대응체제를 구축, 적극적인 외연(外緣) 확대 등을 눈여겨볼 필요가 있다. 특히 공세적인 군사력의 운용은 한국 주변 모든 국가가 추구하고 있는 기본 사상인 만큼 한국도 군사사상 정립 시 적극적이고 공세적인 군사력 운용사상을 적용할 필요가 있다.

5. 영향요소Ⅴ: 지정학적 요인

가. 지정학적 요인과 군사사상 정립의 상관성

1) 전통적인 지정학의 의미와 주요 관심 분야

지정학이란 정치단체나 무장세력을 포함한 주변 국가들과 연계하여 지리적인 조건이 한 나라의 정치나 군사, 경제 등에 미치는 권력경쟁, 지배력 또는 영향 등을 연구하는 학문이라고 할 수 있다. 여기서 지리적인 조건이란 영토나 그 주변지역 등을 의미한다.[414] 20세기 중반 이전

---

414) 다카하시 요이치, 『전쟁의 역사를 통해 배우는 지정학』, 김정환 옮김(서울: 시그마북스, 2018), p.9.; 파스칼 보니파스, 『지정학 지금 세계에 무슨 일이 벌어지고 있는

까지의 지정학은 침략전쟁을 정당화하고 국가 운명에 대한 지정학적 결정론을 부각하였다. 오늘날은 지리적인 요인으로 인해 촉발되는 정치를 포함한 제반 갈등을 해석하고 해법을 찾는 측면으로 발전하고 있다. 따라서 지정학에 대한 접근도 전통적인 견해와 오늘날의 견해로 구분하여 접근해야 한다.

초창기 지정학 측면에서 접근한 사람들 중에서 클라우제비츠를 보면 그는 전쟁론에서 전쟁이나 전투를 수행하는 공간인 지형은 전투력이 작전을 수행하는 데 결정적 중요성을 띤다고 강조하였다.[415] 이는 우리가 일반적으로 알고 있는 지정학이라는 접근보다는 전장(戰場)에서 지형요소의 영향, 즉 지형이 군사작전에서 미치는 영향을 강조한 것이다. 그러나 19세기 후반에 들어서면서 클라우제비츠가 말한 지형의 개념을 넘어, 지정학이 태동할 시점엔 지리학을 특정 정치적 목적 달성을 위해 하나의 대상으로 연계시키기 시작하였다.

1897년 독일 정치지리학의 창시자인 프리드리히 라첼(Friedrich Ratzel)이 최초로 그의 저서 『정치지리학(Politische Geographie)』에서 정치와 지리 양자 간에 중요한 관계를 갖는다고 주장했다.[416] 그의 주장에 따르면 '지리적 정치적 구조'도 '유기생물체(有機生物體)'로 볼 수 있으므로, 국가(國家)도 하나의 유기체라서 지리와 연계하여 생명체처럼 변화하는 근본적 속성을 갖는다는 것이다.[417]

1904년 영국의 지정학자 핼퍼드 매킨더(Halford Mackinder)는 중유

가?』, 최린 옮김(서울: 가디언, 2020), pp.15~17.

415) Cal Von Clausewits(1998), 앞의 책, p.90.

416) Fricdrich Ratzel, *Politische Geographie*(Munich and Berlin, 1897: 3rd edition, revised, 1923), p.325.

417) 에드워드 M. 얼(1975), 앞의 책, pp.326.

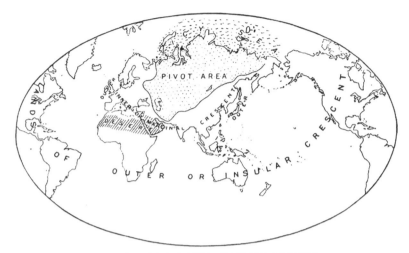

(그림 34) 매킨더의 피벗 영역, 내부 및 외부 초승달 지역

* 출처 : H. J. Mackinder, "The Geographical Pivot of History", *The Geographical Journal*, vol. 24, no. 4, 1904, p.435.

럽과 동유럽을 다스리는 자는 중심축 지역[Pivot Area 또는 Heartland]인 유라시아 대륙의 내부지역[418]을 지배하고 이 강대국이 세계의 섬(World Island, 유라시아대륙)을 다스리게 될 뿐만 아니라 세계를 지배하게 된다고 주장했다.[419]

　매킨더는 (그림 34)에서 보는 바와 같이 세계를 중앙아시아의 중심축 지역, 유라시아, 북아프리카의 내부 초승달 지역(Inner Crescent), 영국을 포함한 나머지 대륙과 섬들로 이루어진 외부 초생달 지역(Outer Crescent)으로 나누었다. 제1차세계대전 이후 매킨더는 중심축 지역의 이름을 심장부(Heartland)로 바꾸었다.[420]

---

418) 구체적으로 심장부는 우크라이나의 곡창지대를 포함한 천연자원이 풍부한 중유럽과 동유럽 지역으로, 우크라이나, 러시아 서부 등을 포함한다.

419) Halford J. Mackinder, "The Geographical Pivot of History", *Geographical Journal* vol .23, 1904, pp.421~444.

420) 이춘근, "지정학의 부활과 동아시아 해양안보", 『STRATEGY』 21, 통권36호

이는 20세기 초반 러시아의 팽창과 증가한 철도교통과 육상이동에 좀 더 비중을 둔 영국의 대응논리로 상당수 공감을 받았다. 하지만, 1933년 미국의 보잉사에서 10인승 Boeing 247항공기 운항을 포함하여 항공기 시대가 열리기 시작했다. 이로 인해 인구 증가와 산업화 등으로 지리적 환경의 제약을 과거와 달리 어느 정도 극복하게 되었다. 또한 독일은 1930년대 중반에 베르사유체제의 부당성을 내세워 이에 저항하면서 제3제국으로 팽창정책을 추진하였다. 이에 따라 1943년에 '심장부의 세계지배를 견제할 대서양공동체가 해양세력으로 발전할 수 있다'고 수정하였다. 그러나 최초에 매킨더가 주장했던 중심지 지배이론은 여러 나라에서 아전인수(我田引水)격으로 활용되었다. 특히 독일과 일본의 정치가들이 이 이론을 자국의 이익에 알맞게 각색하고 이를 세계조직 체제상 중요 개념이라 주장하기에 이르렀다.[421]

이런 흐름 속에서 본격적으로 지정학이 출현한 것은 제1차세계대전 말기에 독일을 중심으로 정치지리학자들이 앞선 이론가들의 주장을 전쟁에 대입하면서 발전하였다. 그런 이론적 작업에 앞장선 사람이 독일의 하우스호퍼(Karl Ernst Haushofer)이다. 즉 나치 독일이 전쟁 명분을 선전하는 데 '자급자족경제권(自給自足經濟圈)'으로 표방된 범세계영역권(汎世界領域權)을 부르짖으면서 지정학 이론을 사용한 것이다. 따라서 제1차세계대전 후부터 제2차세계대전 전까지 지정학은 군국화(軍國化)된 독일을 위하여 지리학을 단장시킨 것이라 볼 수 있다.[422] 이 당시 지정

(Spring 2015년 Vol. 18, No. 1), p.12.

421) 에드워드 M. 얼(1975), 앞의 책, p.327.

422) 지정학자들의 논리를 정리하자면 강대한 육상국가인 독일은 소련과 더불어 '유라시아'의 내륙지대를 나누어 가지고 있다. 그러나 독일은 소련과는 대조적으로 바다로의 접근로를 가지고 있어서 해양국이 될 능력이 있어 소련보다 우세해질 수 있고, 그렇게 되면 독일은 우선 중앙지대를 장악할 것이며, 다음으로는 일본과 영국

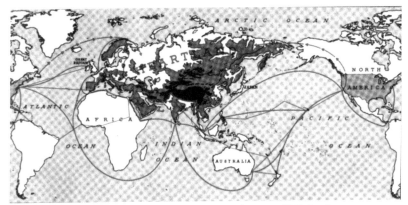

(그림 35) A Geopolitical Map Of Eurasia(Heartland와 Rimland)

* 출처 : Nicholas J. Spykman, *The Geography of Peace*(New York: Harcourt Brace and Company, 1944), p.38.

학의 기능은 지리첩보를 수집하여 정부의 목적에 맞도록 수정하고 그중 일부를 선전목적으로 대중에게 전파하는 측면이 강했다.[423]

한편 미국의 국제 관계학 교수 스파이크만(Nicholas J. Spykman)은 매킨더의 중심지이론에 반대하여 중심 지역의 주변에 해당하는 주변 지역(Rimland) 이론을 1944년『평화의 지리학(The Geography of Peace)』에서 제기했다. 내용의 요지는 기존의 대륙과 해양으로 구분하던 것에 부가하여 대륙을 둘러싸면서 해양에 인접한 지역인 림랜드(Rimland)라는 개념을 추가하여 대륙과 해양을 잇는 주변지역의 지정학적 중요성을 역설했다.

그 이유로 매킨더와 다르게 유라시아의 심장지역이 아니라 전략적 주변지역을 장악하는 것이 중요하다고 봤다. 유라시아의 주변지역

을 포함한 내부환대지역(內部環帶地域), 그리고 마지막으로 외부환대(外部環帶)에 있는 대륙들을 정복할 수 있을 것이라는 논리이다(에드워드 M. 얼(1975), 앞의 책, p.340.).

423) 에드워드 M. 얼(1975), 앞의 책, p.330.

은 심장지역과 연안영해(marginal sea)의 사이에 위치하여 매개지역
(intermediate region)으로 보아야 한다는 것이다. 그 지역은 해양세력과
대륙세력의 광활한 완충지대(buff zone)로 작동하기 때문에 매우 중요
하다는 것이다.[424] 또한 영국과 일본은 주변지역에 포함하지 않고, '근
해의 섬'으로 분류하면서 림랜드 지역에 한국, 베트남, 캄보디아, 태국,
버마, 말레이시아, 방글라데시, 인도, 이란, 이스라엘, 터키 그리고 남
서유럽의 이탈리아와 프랑스 등이 속한다고 하였다. 이들 지역은 대규
모의 인구, 풍부한 자원을 바탕으로 활발한 교역 활동과 연계할 수 있기
때문에 이들 국가가 세계의 강대국이 될 수 있다고 주장했다.[425] 이를
기초로 미국은 소련의 팽창에 대비하여 주변지역을 봉쇄해야 한다고 주
장했다. 이것이 제2차세계대전 후 1947년부터 트루먼 독트린으로 채택
되어 실시된 미국의 '봉쇄정책'이다.[426]

　이처럼 19세기 후반부터 양극체제가 붕괴하는 탈냉전 시점까지 지정
학은 지리학적 지식을 특정한 정치집단이 어떻게 그들의 주장에 설득력
을 부여하는가, 혹은 어떤 문화적 역사적 토양이 이러한 전략을 유효하
게 만드는가를 연구하는 학문이었다.[427] 여기서 주목할 것은 하우스호
퍼와 같은 지정학자들은 범정치지역(凡政治地域) 개념에 입각하여 범독
일지역(凡獨逸地域, EURAFRICA)을 형성하기 위한 침략의 논리로 지정
학을 활용하여 '침략논리'를 제공하였다. 이를 바꾸어 말하면 지정학적

---

424) Nicholas J. Spykman, *The Geography of Peace*(New York: Harcourt Brace and Company, 1944), p.41.
425) 임경한, "지정학 관점에서 본 림랜드 아세안(ASEAN)의 가치와 미·중 경쟁", 『동남아연구』vol.30, no.2, (서울: 한국외국어대학교 동남아연구소, 2020), pp.9~10.
426) 박종상, 앞의 논문, pp.14~15.
427) 지상현·콜린 플린트, "지정학의 재발견과 비판적 재구성", 「공간과 사회」2009년 통권 제31호, 2009, p.172.

인 이유로 인해 분쟁이 일어날 수 있다는 가능성을 제시했다고 볼 수도 있다. 따라서 오늘날 군사사상 분야에서 침략 및 분쟁의 원인 등에 대해 접근하고자 할 경우 고전 지정학적 시각도 고려할 수 있겠다.

2) 냉전체제 붕괴를 전후한 시기 지정학의 의미와 관심 분야

냉전체제 이후 기존의 지정학에 대한 침략적 선입견 등 부정적 이미지로 인해 지정학은 후퇴하고 그 대신 세계는 자유주의 국제질서 재구축에 주안을 두었다. 그래서 지정학의 개념은 국가중심주의 지정학에서 보편주의 지정학으로 변화하게 되었다. 즉 지정학이 과거 독일과 일본의 정복전쟁을 정당화하는 측면에서 국가중심주의적으로 활용하였기 때문에 '사이비과학'이라는 오명을 받을 정도였다.[428] 이에 대한 반작용으로 세상에서 사용이 금기할 정도였다. 그러다가 1980년대 말 공산권 와해과정을 보도하고 분석하기 위해서 유럽의 언론과 학계가 다시 사용하기 시작하였다.[429] 여기에 앞장선 사람이 에로도뜨(Hérodote) 학파의 이브 라꼬스뜨(Yves Lacoste)이다. 그는 1976년 에로도뜨 창간호에 지정학을 '영토와 주민에 대한 권력들 사이의 대항(또는 경쟁)을 연구하는 것'으로 규정하였다. 전통적인 과거의 지정학이 침략전쟁을 정당화하고 국가 운명에 대한 지정학적 결정론에 가두어 놓았던 것을 비판하였다. 그러면서 영토에 대한 정치적 갈등을 지정학의 본령(本領)으로 내세움으로써, 그 연구 영역을 침략전쟁의 명분논리에 집착한 전통적인 지정학과 달리하였다.[430]

428) 고동우, "지정학의 귀환에 대한 소고", 『2014 외교안보연구소 정책연구자료』(서울: 웃고문화사, 2015), p.10.
429) 유정환, "한반도지정학", 「Hérodote」, 제141호, 2011, p.2.
430) 위의 논문, p.3.

한편 영미권(英美圈)에서는 톨(Gearóid Ó Tuathail)과 애그뉴(John A. Agnew)가 1992년 *Political Geography*에 '미국 외교정책의 실제적인 지정학적 추론(Geopolitics and discourse: Practical geopolitical reasoning in American foreign policy)'을 기고하여 지정학의 재개념화를 주장하였다. 이는 전통적인 지정학에서 지리학적 지식이 특정한 정치집단에 의해 어떻게 이용되고, 생산되고, 논쟁거리가 되며, 왜곡되는지를 연구하여 문제점을 지적하였다. 그뿐만 아니라 공간을 둘러싼 국가나 집단들의 갈등과 투쟁 혹은 협력을 설명하는 유용한 접근방법으로 길을 열었다.[431]

이런 영향으로 오늘날 지정학은 과거의 국가중심적인 접근에서 벗어나 개인, 공동체, 지역, 국제기구, 비정부기구(NGO), 다국적기업, 테러단체 등 다양한 차원으로 분야를 확대하였다.[432] 수많은 영토분쟁과 같은 것에 대해 갈등의 원인과 해법을 찾는 데 많은 연구를 하고 있다. 전쟁을 일으키기 위한 것에 비중을 두는 것이 아니고 '갈등에 대한 해법'을 찾는 데 더 비중을 두고 있다. 즉 갈등이나 분쟁의 내용을 객관적으로 파악하고, 분쟁의 책임을 공정하게 물으며, 나아가 갈등의 미래 시나리오를 그리거나 객관적인 해결책을 마련하는 데 주안점을 두는 것이다.[433]

3) 21세기 '지정학의 귀환'

2022년 2월 24일 러시아가 우크라이나를 전격적으로 침공했다. 러시아가 우크라이나를 침공한 여러 가지 이유 중의 하나는 우크라이나가 추진하고 있는 NATO 가입 시도를 무산시키려는 것이다. (그림 36)

---

431) 지상현 · 콜린 플린트(2009), 앞의 논문, p.172.
432) 위의 논문, p.192.
433) 유정환(2011), 앞의 논문, p.4.

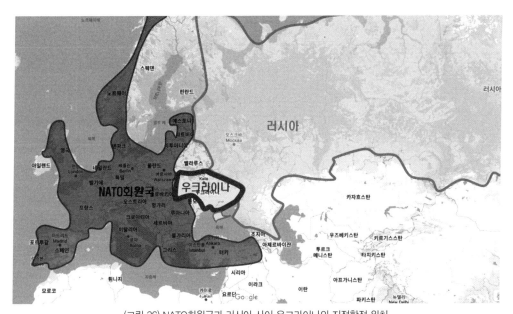

(그림 36) NATO회원국과 러시아 사이 우크라이나의 지정학적 위치

* NATO회원국 표기에서 스위스, 오스트리아, 세르비아, 보스니아 헤르체고비나 제외

에서 보는 바와 같이 NATO 가입을 무산시키려는 이유는 우크라이나가 처한 지정학적 완충국가라는 성격이 크게 작용하고 있다. 역사적으로 러시아를 제외한 미국이나 서방 유럽국가들은 우크라이나를 동방 진출의 교두보로 여겨왔다. 반면에 러시아는 미국이나 서방 유럽국가들의 동진을 저지하는 방패와 같은 핵심 지역으로 여겼고, 흑해를 거쳐 지중해로 나갈 수 있는 유일한 출구로 활용해왔다.

이처럼 오늘날 다시 지정학이 떠오르고 있다. 한동안 비판의 대상이었던 지정학이 다시 관심의 대상이 되기 시작한 것은 2014년부터 지정학의 귀환이란 용어가 등장하면서부터이다. 미드(Walter Russell Mead)는 냉전 종식 이후 미국이 자유주의 국제질서 수립에만 주력함으로써 수정주의 국가(러시아, 중국, 이란)들의 지정학적 도전에 직면하였다고 주장하면서 등장하였다.[434] 그는 미국과 서구가 냉전의 종식이 곧 지정학의 종식을 의미한다는 잘못된 전제하에 자유주의 국제질서의 재구축에만 주력했다는 것이다. 그래서 중국, 러시아, 이란과 같은 수정주의 국가(revisionist powers)들의 지정학적 '복수(revenge)'를 불러왔고 주장했다. 즉 냉전의 종식이 '역사의 종언(the end of history)'을 의미할 수 있으나, 역사의 종언이 곧 '지정학의 종식'을 의미하는 것은 아니라는 것이다.[435]

한편 미드의 주장에 대해 아이켄베리(Gilford John Ikenberry)는 미국을 중심으로 한 자유주의 국제질서의 수립이 지정학을 버린 것이 아니라, 오히려 지정학적 국제정치에 대응하는 가장 효과적인 외교정책이라고 주장하는 반론을 제기했다. 그는 '지정학의 환상: 자유주의 질서의 지속적인 힘(The Illusion of Geopolitics: The Enduring Power of the Liberal Order)'을 통해 미드가 미국 외교정책의 근간을 잘못 제시하고 있다고 지적했다. 아이켄베리는 냉전종식 이후 미국이 영토 문제나 세력권 등을 포함한 지정학적 현안들을 무시하고 세계질서 구축이라는 극단적 낙관주의에 매달렸다는 미드의 주장에 대해, 이것은 '잘못된 이분법(false dichotomy)'에 근거하고 있다며 비판했다. 그는 자유주의 국제질서의 수립이 지정학적 경쟁을 가장 효과적으로 관리하기 위한 방법이라고 강조했다. 즉 자유주의 국제질서 구축은 지정학의 종식을 전제로 한 것이 아니라, 바로 지정학이라는 문제에 가장 효과적으로 대응하는

---

434) Walter Russell Mead, "The Return of Geopolitics: The Revenge of the Revisionist Powers", *Foreign Affairs*. Vol.93, No.3 (May/June 2014). pp.70~71.
435) 이호철, "중국의 부상과 지정학의 귀환", 『한국과국제정치(KWP)』 33권 1호(서울: 경남대학교 극동문제연구소, 2017), p.41.

방식이라는 것이다. 왜냐하면 전후(戰後) 미국이 주도적으로 구축해온 자유주의 국제질서, 다자주의, 동맹, 무역협정, 파트너십, 민주주의 등은 19세기식의 세력권 확장이나 지역패권 경쟁, 혹은 영토침탈보다 더 지정학을 활용하고 있다는 것이다. 즉 미국이 주도적으로 추진한 자유주의 국제질서, 동맹, 파트너십 등은 모두 미국 리더십의 수단이며, 21세기 지정학적 경쟁에서 효과적이고 승리하는 방식이기 때문이라는 것이다.[436]

오늘날 중국의 부상은 분명 지정학을 귀환시켰다는 점에서 미드의 주장은 일부 옳다. 그러나 오바마 행정부가 자유주의 세계질서를 수립하기 위해 추진한 재균형전략은 고전적 지정학을 적용했다고 보기 어렵다. 이런 측면에서 보면 미드의 지적은 옳지 않은 면도 있다. 한편 아이켄베리가 말한 동맹, 파트너십, 다자주의, 무역협정, 민주주의 등과 같은 자유주의 질서구축을 통해서 지정학이 추진되기도 했다. 그러나 군사기지 확보, 군수(軍需) 상호지원, 병력 증강, 전략무기 증강과 배치 등은 철저하게 지리적 관점에서 결정된 전략적 행동이었기 때문에 고전적 지정학에 따른 전략이었다는 것은 아이켄베리의 주장 역시 부분적으로 적절하지 않다.[437]

21세기 지정학의 귀환이란 견해로 보면 동아시아와 유럽을 연결하는 '유라시아라는 공간'에 가장 큰 에너지가 집중되어 있다고 보고 있다. 중국의 '중국몽'(中國夢)과 '일대일로'(一帶一路), 러시아의 '신동방정책'과 '유라시아주의', 미국과 일본의 '인도-태평양전략', 한국의 신북방 및 신남방정책(동북아플러스책임공동체)도 유라시아 지역에 기반한 지정학

---

436) 위의 논문, p.42.
437) 위의 논문, p.56.

과 공간적 전략으로 실행되었다고 볼 수 있다.[438]

특히 오늘날 림랜드 확보전략이라고 볼 수 있는 중국의 일대일로전략과 미국의 인도-태평양전략을 눈여겨볼 필요가 있다. 중국이 추구하는 일대일로는 중국을 기점으로 육상실크로드 벨트와 해상실크로드 길을 연결함으로써 완성된다. 이를 위해 우선적으로 중국은 경제협력을 군사협력과 연계시켜 아세안과 공생 관계를 강화하고자 한다. 그런 다음 미국이 주도권을 가진 서태평양과 인도양을 장악하는 것이다.

반면 미국이 추구하는 인도-태평양전략은 인도와 중국의 경제적 부상이란 측면과 미국 기업들의 활용 빈도가 높아진 인도양과 태평양을 연결하기 위해 중국의 남중국해 군사화를 방지하여 경제적으로는 자유롭고 개방된 바닷길을 유지하기 위함이다. 이런 과정에서 인도-태평양의 중요성이 두드러졌다. 인도양은 유럽-중동-아시아를 연결하는 교역로이며 에너지 생명선인 3개의 중요한 해협[439]이 있다. 이와 관련하여 안보 측면은 논외로 하고 단순히 경제 측면으로만 한정하여 접근한다 치더라도, 세계 무역의 90% 이상이 이 해상로를 통해 이루어진다. 그중 상당 부분이 인도양과 태평양을 통해 이루어진다. 특히 세계 무역량의 25%에 이르는 말라카해협은 매일 2천 대 이상의 무역 화물 선박이 이 병목지역을 통과해 인도양과 남중국해 사이를 운항한다. 이러한

---

438) 이문영, "러시아의 유라시아주의와 제국의 지정학." 「슬라브학보」. 제34권 2호. 2019, p.181.

439) 3개의 해협 중 바브엘만데브 해협(Babel Mandeb Straight)은 지부티(Djibouti)와 예멘(Yemen) 사이에 있는 유럽과 연결되는 홍해(Red Sea) 및 수에즈 운하의 진입로이고, 호르무즈 해협(Hormuz Straits)은 이란과 오만(Oman) 사이 위치하며, 페르시아 걸프로 들어가는 길목이다. 말라카 해협(Malacca Straits)은 인도네시아와 말레이시아 사이 위치한 해협으로, 유럽·중동의 상품·원유가 남중국해를 통해 동아시아로 가는 요충지이다.

해상무역항로 통과에 제약이 발생하면 세계무역에 치명적인 타격을 입을 수 있다.[440)]

미국은 군사력을 아시아 지역으로 전진배치 및 증강하여 군사적 우위를 확보함과 동시에 안정적 통항을 통해 경제적 이익을 보장하고자 한다. 또한 이 지역에서 중국의 군사·경제적 영향력을 축소하고자 한다. 이를 위해 우선적으로 일본, 호주, 인도를 포함하는 '쿼드(Quad)'를 실시한 다음 '인도-태평양전략'을 본격화하는 것이다. 이처럼 미국은 림랜드를 장악하면서 태평양에서 인도양까지 해상으로 중국을 포위하는 형태, 달러 중심의 통화체제 강화노력, 관세 등을 통한 대중(對中) 수출입통제 등으로 이 지역에서 영향력을 확대하면서 중국에 맞서고 있다.[441)]

이런 것들을 보면 지정학이 많은 변화를 가져왔다고는 하지만 여전히 정치, 경제, 군사, 외교 등에 있어서 일정부분 고려 요소로 작용하고 있음을 부정할 수 없다. 물론 오늘날 미중 간 대립을 지정학적으로 접근하는 사람도 있고, 반대로 예전의 지정학에서 다루던 것과 환경이 달라 상당 부분 잘 맞지 않는다는 견해를 표하는 사람도 있다. 지정학이 귀환한다고 하더라도 단순히 과거로의 회귀를 의미하지는 않는다. 왜냐하면 과거와는 비교가 되지 않을 정도로 상당부분 지리적 또는 지형적 제한사항을 극복하고 있기 때문이다. 군사적인 측면에서 보면 장거리 레이더, 대륙간탄도미사일(ICBM), 원자력 추진 잠수함, 장거리 폭격기, 지상요격미사일(GBI), 우주무기 등이 이런 제한사항을 적지 않게 감소

---

440) Auswärtiges Amt, 『Leitlinien zum Indo-Pazifik』(Frankfurt: Zarbock GmbH & Co. KG, 2020), p.9
441) 백지운, "'일대일로(一帶一路)'와 제국의 지정학", 『역사비평』 123호(서울: 역사와 비평사, 2018), p.211.

시키고 있다. 그렇다고 군사적 측면에서 지정학의 귀환을 가벼이 할 수 있다는 의미는 아니다. 따라서 과거와 같이 군사적 관점에만 주안을 두고 지정학의 영향을 따지기보다는 정치적, 경제적, 사회·문화적 측면에서 상대적으로 더 큰 비중을 두고 영향을 고려하여야 한다.

나. 한국 군사사상 정립 시 영향을 미치는 지정학적 요소

한반도가 역사적으로 소용돌이에 휩싸였던 이유는 여러 가지가 있겠지만 일차적으로 주변 국가보다 상대적으로 힘이 부족했기 때문이었다. 또한 지정학적으로 한반도가 아시아 극동부분(極東部分)의 중앙에 위치하여 중국, 러시아, 일본, 미국 등 강대국들과 통하는 교통선이 지나는 요지를 점하고 있기 때문에 외부로 팽창하는 세력들에게는 선점의 대상이었다.[442] 이런 이유로 (표 31)에서 보는 바와 같이 한반도 문제는 과거부터 지금까지 주변 강국에 민감한 이해관계가 얽혀 있다. 그에 따라 주변 각국이 한반도에 대해서 너도나도 영향력을 행사하고자 하는 것이다.

특히 위의 표에서 제시한 것 중에서 오늘날 동북아에서 당분간 미·중 양국은 국제체제에서 우위(primacy)를 점하면서 자기 주도적인 질서 구축이라는 궁극적인 목표를 달성하기 위해 대립각을 계속 세울 것이다. 따라서 이는 한반도 주변 지역 안보질서의 핵심 변수로 작용할 것이다.[443]

---

442) 박종상, 앞의 논문, p.38.

443) Renato Cruz De Castro, "The Obama Administrations's Strategic Pivot to Asia: From a Diplomatic to a Strategic Constrainment of an Emergent China", *The Korean Journal of Defense Analysis*, Vol. 25, No. 3 (September 2014), pp.342~344.

(표 31) 주변 강국의 한반도에 대한 영향력과 이해관계

구 분	역사적 영향력과 이해관계
미국	• 근대국가 이후 사상적 측면에서 많은 영향을 미침 • 극동방위의 전초기지, 대륙세력이 태평양 지역으로 확장 방지 • 미국 위주의 아시아-태평양 지역 국제질서 확립을 위한 관리대상국가화 • '아시아 재균형 전략', 'Quad' 이행 • 아·태 지역 전력을 증강, 동맹국(파트너 국가)과 공조 강화 • 기술협력, 경제시장 및 동반성장 희망
중국	• 전통적으로 사상적 측면에서 많은 영향을 미침 • 조공(朝貢)을 받던 대상 및 순망치한(脣亡齒寒) 관계로 인식 • 지역 강국으로 부상 및 정치적 영향력 유지 희망 • 반접근 및 지역거부(A2/AD)의 방어지역 또는 완충공간 확보 • 북핵 문제 안정적 해결 및 북한 유민 대량 유입 차단 필요 • 기술협력, 경제시장 및 동반성장 희망
일본	• 일본침략 이후 사상적 측면에서 반대감정 및 배척성향이 증대됨 • 독도 문제(잠재적 지정학적 분쟁원인) 및 역사 문제 갈등 • 적극적 평화주의와 집단적 자위권행사 표방으로 불협화음 초래 • 미·일간 적극적인 협력 및 북한·중국 탄도미사일 위협 대비 • 북핵 위협 및 중국 부상에 대응하기 위해 한국과 협력 모색 • 기술협력, 경제시장 및 동반성장 희망
러시아	• 과거 소련 시절 사상적 측면에서 공산주의 이념에 대한 남한의 거부감 • 부동항 확보, 태평양 지역 영향력 행사의 관문으로 인식 • 한반도 평화와 안정 유지, 북한에 대한 영향력 복원·유지 • 동북아 지역 내 신국제질서 재편 과정에 적극 동참, 미국 독주 견제 • 한반도 문제 영향력 확대 및 북한 핵 잠재력 제거 희망 • 에너지 개발 및 거래, 기술협력, 경제시장 및 동반성장 희망

미국은 미중 경쟁에서 우위를 확보하고 다양한 현상변경 위협에 대응하기 위해 동류국가들(like-minded states)과의 협력을 우선적으로 추진하고자 한다. 이를 통해 규칙기반질서 회복을 위한 하드파워와 정당성을 마련하고자 한다.[444] 이에 대응하여 중국은 '합즉양리, 투즉구상(合則兩利, 斗則俱伤)'[445]과 같이 미·중 전략경쟁에서 전반적으로 방어적인 경향을 보여 왔다. 가급적 미국과의 충돌을 피하는 전략을 유지했다. 그러나 미국이 타이완이나 남중국해 문제 등 중국의 핵심 이익을 건드리는 경우 수위를 넘어서서는 안 되는 '마지노선'으로 정하여 강경한 대응을 시사해 왔다. 이처럼 일정 시기에 발생했던 오류에 대해 미국을 상대로 시정을 촉구하면서, 한편으로 관계 개선의 의지를 표명하고 있다.[446] 이처럼 미·중 관계는 대체로 동북아 안정과 평화라는 목표를 공유하면서 큰 틀에서 전략적 협력 관계를 유지할 것이다. 그러나 대만 문제, 남중국해 문제, 무역 불균형 등과 같이 핵심적인 국가이익이 충돌할 경우 갈등이 심화할 가능성이 크다.

지정학적으로 미국은 주된 견제의 대상으로 중국을 지목하고 있다. 이를 구현하기 위해 오바마 정부의 '아시아 재균형 전략' 및 '아시아-태평양전략'에 이어 트럼프 정부의 '인도-태평양전략'과 '쿼드'를 추진하고 있다. 물론 바이든 정부도 트럼프 정부의 전략을 계승하고 있다. 먼저 미국의 '아시아 재균형 전략'은 아·태 지역이 국제정치의 핵심 지역

444) 정구연, "앵커리지 고위급회담 이후 미중 관계 전망: 미국의 시각을 중심으로", 『THE ASAN INSTITUTE FOR POLICY STUDIES 』(아산정책연구원, 2021.5.6.), p.1.
445) 合則兩利, 斗則俱伤 : 화합하면 양측 모두 이로울 것이나 싸우면 모두 다친다.
446) 김예경, "앵커리지 미·중 고위급회담 결과와 미·중 관계 전망: 중국의 시각을 중심으로", 『THE ASAN INSTITUTE FOR POLICY STUDIES』(아산정책연구원, 2021.5.6.), p.5

으로 부상하였기 때문에 함께 일할 파트너로 일본을 지목하면서 일본의 군사적 팽창에 대한 단초를 제공하고 있다. 해양영토 측면에서 중국과 미·일동맹이 갈등을 심화시키는 면이 있다.[447] 즉 미·일동맹의 강화로 미국의 지지를 등에 업은 일본이 군비증강과 집단적 자위권을 내세우고 있다. 이에 대한 반작용으로 중국이 자국영토 개념을 중국 본토와 대만 지역에서 센카쿠 열도 등으로 확대함으로써 일본과 마찰을 초래하고 있다. 미국 역시 센카쿠 열도를 미국 방위선에 포함함으로써 중국의 반발을 야기했다. 또한 미국이 중심이 되어 중국의 위협에 대응하기 위해 일종의 반중연합 성격이 강한 '인도-태평양전략'과 '쿼드'를 통해, 미국편에 설 아시아지역 국가들을 결집하고 있어 어떤 형태로든 미국과 중국을 중심으로 하는 양대 세력 간의 잠재적인 충돌 가능성이 내포되어 있다.

한편 지정학적 관점에서 한국은 그간 주변 강국에 관심을 집중해왔다. 그런데 이제는 한국과의 지정학적 관계에서 상대적으로 중요성이 낮았던 인도의 부상을 간과할 수 없게 되었다. 인도-태평양전략의한 축인 인도의 경우 모디 총리는 2018년 처음으로 인도의 동방참여(Eastward Engagement) 수준을 높이고 인도-태평양 지역의 평화와 번영에 기여하기 위한 인도의 이해관계를 명확히 했다. 즉 인도가 동방참여를 주도하고 계속할 요인으로 문명의 연결(civilizational link), 인도및 인도-태평양 지역 전체의 경제성장, 지역의 불확실성으로 인해 발생하는 중요한 안보 문제 등 세 가지 요소를 내세웠다.

특히 타국의 반감을 최소화하기 위해 제일 먼저 문명의 연결을 강조했다. 모디 총리는 인도-태평양 지역 사이의 문명 연계를 베다 시대 이

---

447) 김상기, "미국의 재균형 전략과 한국의 선택", 『유코리아뉴스』, 2014.5.30.

전(pre-Vedi)은 물론 인더스 문명 이전부터 있었으며 또한 부처의 가르침은 인도와 인도-태평양 지역 사이의 결속력(bond)이라고 언급했다. 이처럼 시대를 초월한 문명의 실마리가 모든 나라를 관통하고 있으며 각국은 독특하고 풍부한 유산을 가지고 있지만, 문화와 관습, 예술과 종교 그리고 문명의 지속적인 연결고리가 있어 모든 것들은 이 지역의 다양성과 다원주의에서 통일감을 만들어 낸다고 강조했다. 그러면서 이런 인도문화의 정신을 내외적으로 실천해야 한다고 강조했다.[448]

그다음 강조한 것은 오늘날 아시아가 부상하는 것을 기뻐하지만 이 지역의 지배적인 참여규칙을 변경하려는 중국의 의도가 매우 우려된다는 것이다. 특히 남아시아와 인도양에서 중국의 세력 확장은 인도의 오랜 전략적 공간을 압박하고 있다. 남중국해와 동아시아에서 군사화를 하면서 영토를 주장함에 따라 이 지역의 평화와 안정을 방해하는 분쟁과 반론을 불러일으키고 있다는 것이다. 또한 아시아와 인도-태평양 지역은 인도-태평양 지역 질서의 문제를 넘어 무역과 인권 문제가 같이 얽혀있다는 것이다. 그래서 미-중 양극화가 심화하고 있는 상황에서 미국과 중국이 정면으로 군사적 충돌을 하거나 아니면 미국이 중국의 지역 패권을 인정할 수 없는 상황이기 때문에 결국은 상호 '관리된 전략적 갈등(managed strategic conflict)'이 전개될 것이다. 인도는 이런 갈등하에서 복잡한 전략방정식을 토대로 리더십, 지역 정치, 전략적 역학 관계 등을 통한 관리에 적극적으로 참여하고자 한다.[449]

이처럼 미국과 중국의 전략적 경쟁이 심화하는 가운데 인도, 일본 및

---

448) S.D. Muni, and Rahul Mishra, *India's Eastward Engagement : From Antiquity to Act East Policy*(New Delhi : SAGE Publications India Pvt Ltd, 2019), pp.244~247.

449) *ibid*, pp.251~252.

러시아가 경제적 영향력을 확대하고자 한다. 그뿐만 아니라 군사적으로도 해 · 공군력을 중심으로 경쟁적으로 군사력을 증강하고 있다. 이러한 안보정세는 한반도 비핵화 변수와 맞물려 동북아 지역의 안보 유동성과 불확실성을 더욱 증대시키고 있다.[450] 따라서 한국은 인도 및 주변 강국과 연계하여 정치 · 외교 · 군사 · 경제 등에 대한 국가정책을 추진해야 함은 불가피한 사실이다. 군사사상도 한반도 주변 강국을 포함한 주변 국가와의 지정학적 이해관계를 정밀하게 판단하고 이를 군사 분야에 반영될 수 있도록 군사사상을 정립해야 한다.

다. 한반도 지정학적 요소와 관련한 군사사상적 함의

첫째, 인도(India) 및 주변 강국과 연계하여 벌어질 수 있는 지정학적 갈등에 대한 해소와 전쟁억제 측면에서 접근해야 한다. 미중 경쟁과 갈등을 완전히 배제할 수 없는 한국의 지정학적 여건상 한반도라는 공간을 둘러싼 관계를 고찰하고 분석하여 갈등 해소와 전쟁억제에 주안을 두어야 한다. 이를 위해 먼저 공간 측면에서는 한반도라는 지역적인 '공간'에만 한정하는 단순한 공간의 물리적 접근방법인 '지형학(地形學)'으로 한정하지 않아야 한다. 한반도에 직접적으로 영향력 있는 중국과 미국의 글로벌 및 동북아 전략과 이들 국가들과 이해가 맞물려 있는 동남아 국가, 인도, 일본, 러시아 등의 이해와 욕망의 관계 속에서 한반도가 어떤 의미로 재구성되고 있는지를 성찰하고 그러한 맥락과 공간 속에서 접근하는 것이 필요하다.[451]

---

450) 국방부(2020), 앞의 책, p.11.
451) 차문석, "미중의 글로벌전략과 동북아 지정학의 귀환", 『국가전략』, 제26권 1호, 2020, p.139.

또한 갈등해소와 전쟁억제 측면에서는 오늘날 북한의 핵 위협, 독도와 센카쿠열도(尖閣列島)와 같은 영토분쟁, 일본의 재무장 조짐(兆朕), 중국의 군사력 증강 등 한반도 주변 강국은 직·간접적으로 많은 갈등요소와 분쟁촉발요인을 갖고 있다. 이로 인해 각국은 자국의 국익에 입각하여 이합집산 및 갈등과 협조를 추진하고 있다. 한국은 전통적 우방 관계인 한미동맹뿐만 아니라 냉정한 현실에 입각하여 유연하게 세력균형을 유지하고, 갈등 해소 및 전쟁억제 측면에서 접근할 필요가 있다.

이는 영토에 대한 정치적 갈등을 지정학의 본령(本領)으로 내세운 에로도뜨(Hérodote) 학파가 갈등이나 분쟁을 해결하기 위해 해당 국가 간의 서로 상반된 주장을 비교하고, 관련된 사실에 비추어 진위를 가리며, 분석을 통하여 지정학적 갈등이 '어떻게 그렇게 되었는가?'를 밝힘으로써 해법을 찾으려 했던 점과 같은 맥락이라고 볼 수 있다.

한편 갈등이 전쟁으로 확산되는 것을 막는 데는 갈등의 해소가 최선이다. 하지만 완전히 해소되지 않았더라도 일정한 군사력에 의한 억제력이 확보되면, 전쟁으로 확산하지 않으므로 일정한 군사력 확보가 수반되어야 한다. 6·25전쟁 발발 직전까지 소련과 중국은 북한의 전력 증강을 위해 병력, 무기 및 물자 등을 적극적으로 지원하였다. 이로 인해 북한과 남한 간 전력 차이가 크게 발생한 상태였다. 오늘날 전쟁을 억제하기 위해 전력 차이를 없애거나 세력균형을 유지하고자 한다. 그렇다고 한국이 북한과 주변 강국을 직접 상대하기 위한 전력을 모두 보유하기는 제한된 국방예산을 고려 시 현실적으로 불가능하다. 그러므로 주변 강국과 연계하여 적정 군사력 확보가 매우 중요하다. 적정 군사력 확보 시 우선 고려할 수 있는 것은 세력균형자로 작용하는 것이다. 즉 지정학과 전쟁억제를 동시에 고려해 볼 때 한국이 '동북아의 조정자'로서 '동맹'과 '다자안보협력'에 더욱 비중을 두어야 함을 알 수 있다.

둘째, 남북대립상황에서 해법을 찾는 데 의미를 부여하는 측면에서 접근해야 한다. 한반도는 공산주의와 민주주의로 남북이 분단된 이래 상당기간 고착됨으로써 냉전시대의 구조를 현재까지 그대로 유지하고 있다. 미국 중심의 세력과 중국·러시아 중심의 세력 간에 직·간접적으로 대립함으로써 오늘날은 신냉전체제(新冷戰體制)로 보는 견해도 있다.[452] 한반도와 관련한 지정학적 접근은 탈냉전시대 이후 오늘날의 서구에서 생각하는 지정학과 약간 상이한 환경에 처해있다. 따라서 한반도의 지정학적 접근은 여전히 남북분단이라는 냉전적 구조와 미·중 간의 신냉전체제 같은 시각 속에서 오늘날의 지정학적 이론을 접목함으로써 갈등에 대한 해법을 찾는 형태로 접근할 필요가 있다.[453] 이를 위해 지정학적 구도를 고려하여 직접적인 위협에 대응할 수 있는 '전쟁수행 신념'과 그에 부합된 '양병'과 '용병'이 우선 고려되어야 한다. 전쟁억제를 위한 주변국 및 북한과의 군사 교류 활성화도 도모해야 한다.

셋째, 긍정적 또는 발전적 시각에서 지정학에 대한 접근이 필요하다. 지금까지 한국에서 지정학 관련 상황은 '미국의 지정학 코드 답습(踏襲)' '반도의 숙명' '상존하는 침략의 두려움' '강대국에 둘러싸인 운 없는 작은 국가' 등과 같이 주로 부정적인 견해들이 많았다. 하지만 '강소국 담론(强小國 談論)' '동북아의 조정자' '동북아시아의 중심'과 같은 긍정적 견해로 바꿔나가야 한다.[454]

스파이크만과 존스(Stephen B. Jones)의 견해에 따르면 한반도는 공업지대와 교통의 요충으로 중요한 위치에 속하게 된다. 따라서 한국의

---

452) 한국전략문제 연구소, "2014년 주변국 정세 및 대응전략 정책토론회 결과보고서", 2014, p.4.; 김철수, 앞의 논문, p.119.
453) 지상현·콜린 플린트(2009), 앞의 논문, p.192.
454) 위의 논문, p.193.

지정학적 군사사상은 우선 하우스호퍼의 영향을 받은 일본이 내세운 일본 중심의 한반도에 대한 숙명론적 성격의 지정학적 해석에서 벗어나야 한다. 그 대신 스파이크만과 죤스의 견해처럼 공업지대와 교통의 요충지와 같은 주도적이고 긍정적인 관점으로 접근할 필요가 있다.

넷째, 전쟁 이외 군사활동 또는 다자안보협력활동 측면에서 접근해야 한다. 오늘날 지정학의 범위가 단순히 정치와 지리의 개념에만 국한되는 것이 아니고 기후 및 기상에 의한 대규모 재난 발생, 국제기구, 비정부기구(NGO), 다국적 기업, 테러 단체 등 다양한 차원으로 지정학의 분야가 확대되고 있다. 또한 영토의 범위를 초월한 초국가적 위협에 대한 대응이 불가피해졌기 때문에, 한반도 주변 강국 및 아시아 전 지역까지 확대한 지정학적 관점에서 지역적 협력에 대한 사고를 견지해야 한다.

6. 영향요소 Ⅵ: 경제력, 산업기술 및 생산능력

가. 경제력, 산업기술 및 생산능력과 군사사상 정립의 상관성

1) 부국(富國)이 곧 강병(强兵)이란 기본 논리

경제력과 산업기술 · 생산능력이 높은 국가는 평시에 대규모 군사력을 유지하고 전시에도 지원이 쉬워진다고 폴 케네디(Paul Michael Kennedy)는 말하였다.[455] 한 국가의 경제력과 산업기술 · 생산능력이 있는 나라는 일반적으로 부국(富國)이 된다. 부국이란 것은 일반적으로 양

---

455) Paul Kennedy, *The Rise and Fall of the Great Power*(New York: Vintage Book, A division of Random House, 1989), p.203.

병은 물론 용병을 통해 전쟁에서 승리를 가져오는 중요한 요소로 작용한다. 즉 강력한 군대는 강력한 경제에 의존한다고 볼 수 있다. 군대를 갖추는 것 뿐만 아니라 훈련 및 유지하기 위한 자원을 제공하고, 최고의 장비를 구입하고, 차세대 첨단 무기를 생산하기 위한 연구 개발을 수행하는 것도 모두 경제력을 토대로 하게 된다. 그런 반면에 역설적으로 말하면 강력한 경제는 강력한 군대에 달려 있어 상호 의존적이다. 왜냐하면 안전한 바다, 하늘, 안전한 통신, 네트워크를 보장하여 국제거래가 원활히 이루어지면 경제가 번창할 수 있는 기본 조건이 갖추어지기 때문이다.[456] 그러므로 부국이 곧 강병이고 강병이 곧 부국이 된다는 기본적인 등식이 성립한다.

우선 양병의 경우를 보면, 오늘날 장비를 갖추는 비용은 천문학적인 액수에 달한다. 예를 들어 독일 레오파드Ⅱ 전차 A7 개량형은 1대의 가격이 100억 원대가 넘어간다.[457] 2018년 한국이 도입한 F-35A의 대당 가격은 1,700억 원이 넘었다. 8,000톤급 KDDX 이지스함(AEGIS) 1척을 건조하는 데만도 개발비 등을 포함할 경우 1조 3,000억 원이 든다.

또한 영국 수상 처칠은 현대전은 전면전이라서 전쟁수행을 위해서는 군사력뿐만 아니라, 정치 및 경제력의 역할이 중요하다고 강조했다. 따라서 전쟁을 지도하게 될 정부의 수뇌들은 반드시 정치 및 경제력과 같은 여러 역량을 국가의 전쟁목표에 집중시킬 수 있어야 한다는 것이다. 따라서 정치 및 경제와 관련한 전문가들이 전쟁을 준비하거나 수행하는데 포함되도록 조치해야 하며, 필요하다면 이들을 직접 지휘해야 한다고 강조한 바 있다.[458]

---

456) The Policy Planning Staff, Office of the Secretary of State, *op. cit.*, p.46.
457) 박계호, 『총력전의 이론과 실제』(성남: 북코리아, 2012), p.626.
458) Edward Mead Earle, *Makers of Modern Strategy: Military Thought from*

군사력 양성비용과 전쟁수행 비용은 국가의 경제력 및 산업기술·생산능력과 직결된다. 전쟁수행 및 전쟁지속능력 확보와도 직결된다. 그래서 부유한 나라가 곧 강군을 양성할 수 있고, 강군을 양성한 나라가 강국이 된다는 것이 가장 기본적인 논리적 접근이 된다.

2) 상대적인 강병을 구비하기 위한 신념과 노력

강한 군사력을 구비하기 위해서는 절대적인 군사력 확보방안과 상대적인 군사력 확보방안이 있다. 우선 부국이 곧 강병이라는 기본적인 등식과는 달리 부국이면서 군사력을 만드는 데 소홀히 하여 강병이 아닌 경우도 있다. 반면에 부국이 아니면서 군사외교 등을 통해 직·간접으로 강병을 가진 국가도 있다. 한국의 경우 국가의 재정규모나 인구 또는 자원 등을 고려 시 아직은 부국으로 들어가는 중이다. 때문에 경제력을 기반으로 자체적으로 양병을 하면서 군사외교 등을 통한 지원전력을 확보하여야 한다. 또한 경제력에 부합된 외형적인 군사력을 갖더라도 그 군사력이 실질적으로 힘을 발휘할 수 있는 상태를 유지하는 것 또한 관심을 기울여야 할 분야이다.

『손자병법』제2편(作戰)을 보면 당시에 10만 명의 군대를 양성하여 전쟁을 수행하는 데 얼마나 많은 비용이 들었는지 아래와 같이 잘 설명하고 있다.

用兵之法 馳車千駟 革車千乘 帶甲十萬 千里饋糧 則 內外之費 賓客之用 膠漆之材 車甲之奉 日費千金 然後 十萬之師 擧矣(무릇 전쟁을 하려면 전차 1,000대, 치중차 1,000대, 갑옷 입은 병사 10만 명과 천 리 밖까지 보급할

Machiavelli to Hitler (Princeton Univ. Press, 1943), p.290.

양식을 준비해야 한다. 그리고 국내·외에서 사용되는 비용과 외교사절의 접대비, 무기의 정비, 수리용 자재, 수레와 갑옷 조달 등에 날마다 천금이 소요된다. 그런 것을 준비한 연후에야 10만 명의 큰 군대를 일으킬 수 있는 것이다.)[459]

위와 같은 조건을 충족하고도 남을 정도의 부국일지라도 오히려 강군을 갖지 못한 경우로 송(宋)나라를 들 수 있다. 960년 출범한 송(宋)나라는 중국 3대 발명품인 화약, 나침반, 인쇄술을 모두 만든 것처럼 당시 과학기술과 경제력이 유럽을 능가하는 부국이었다. 인구는 6,000만 명, 경제력은 산업혁명 직전 유럽의 전체 철 생산량보다 많은 연간 12만 5,000톤을 생산할 정도로 부국이었다. 하지만 문치주의(文治主義)에 빠지면서 강군(强軍) 양성을 소홀히 하였다.[460] 그 결과 1004년 결국 변방에 있던 인구도 400만 명, 국토도 송나라의 17%에 불과한 요(遼, 거란)나라가 20만 명의 병력으로 침입하자 굴욕적으로 화친조약인 '전연맹약(澶淵盟約)'을 맺는 유약한 모습을 보였다.

부국이 아니면 자국의 능력 제한으로 인해 주변국의 지원을 받아 상대적인 강병을 구비해야 한다. 이를 제대로 하지 못해 침략받은 사례는 6·25전쟁 발발 원인에서 쉽게 찾을 수 있다. 제2차세계대전이 끝나자 미국은 국방예산을 삭감하였고, 병력을 감축하였다. 미국은 본토의 안전보장을 위해 극동지역에서 일본을 중심으로 극동방위선(Acheson line)에 비행장을 건설하고, 전략폭격기와 핵무기를 배치하여 소련과 중국으로부터 미국 본토를 안전하게 지키고자 하였다. 그런데 이때 약소국인

459) 손자, 『손자병법』, 김원중 역(파주: 글항아리, 2012), p.70.
460) 국방부, 『왜 부유한 나라가 가난한 나라에 패하였는가?』(서울: 경성문화사, 2012), pp.20~23.

한국은 미국과 일본을 연계하여 부족한 군사력을 상대적으로 채우려는 노력을 집중적으로 해야 했다. 한국은 국내 사회 및 정치 혼란으로 이를 소홀히 했기 때문에 남북한 간 세력균형이 깨지고 결국 이것은 6 · 25전쟁의 발발로 이어졌다.

부국이 아니더라도 군사외교 등을 통한 직 · 간접으로 강병을 갖는 노력을 꾸준히 할 것에 대하여 손자는『손자병법』제11편(九地)에서 강조하고 있다.

伐大國則其衆不得聚 威加於敵則其交不得合 是故 不爭天下之交 不養天下之權(대국을 정벌할 때는 대국이 미처 군대를 동원하여 집결시킬 겨를도 없이 들이닥치고, 압도적인 위세를 적국에 가하여 그 외교적 협력을 얻지 못하게 한다. 이런 까닭에 주변국들을 향해 천하의 외교 관계를 다투지 않고, 대항할 만한 세력을 키우지도 않는다.)[461]

손자가 말한 것처럼 외교를 통한 적국(敵國)[462]의 군사력을 상대적으로 약화하는 것과 더불어, 자국에 대한 지원전력을 얻어 자국의 부족한 군사력을 상대적으로 보강하는 것이 중요하다.

3) 전쟁지속능력 확보 신념

제1차세계대전 시 영국의 군수상(軍需相)이었다가 전쟁 기간 중 영국의 총리를 역임했던 로이드 조지(David Lloyd George)는 영국의 군수

---

461) 노양규,『쉬운 손자병법』(대전: 육군대학, 2005), pp.72~73.
462) 여기서 적국의 의미는 실제 우리나라[自國]의 직접적으로 적이 되는 국가(hostile country)를 의미할 뿐만 아니라 현재는 적이 아니지만, 잠재적 적국(potential enemy)을 포함한 우리나라를 제외한 다른 나라(foreign country)를 일컫는 넓은 의미이다.

품성(軍需品省)을 창설하는 데 결정적인 역할을 했다. 그는 전쟁회고록(War Memoirs)에서 전쟁에서 승리하는 방법으로 '물량전'이라는 견해를 피력했다. 즉 자원을 신속하고 충분히 이용하면서 연합군의 군사력을 협조시키면 독일군에 대한 승전(勝戰)은 확실하므로 전시생산을 위해 전(全) 산업자원을 동원할 필요가 있다고 강조하였다.[463]

또한 제2차세계대전 시 이미 만주지역을 점령한 일본을 저지하기 위해 1940년 1월 미국이 대일 수출금지, 일본상품의 수입거부, 미국내 일본의 자산동결, 그리고 영국 · 네덜란드 · 중국과 더불어 정치적 · 경제적 · 군사적으로 일본을 봉쇄하기 위한 ABCD 봉쇄망을 구성하기까지 했다. 이렇게 되자 일본은 전쟁물자 생산에 필수적인 고무 · 석유 · 주석 등 원료 수입의 길이 막혀버리고 말았다. 그래서 미국 등과 일전을 벌여 봉쇄를 타파하고 남방자원지대를 점령함으로써 자급자족의 길을 모색하고자 태평양전쟁을 일으켰다. 이를 위해 일본군은 미 태평양함대의 무력화, 극동에 고립된 연합군의 제거, 남방자원지대 점령, 일본 본토와 남방자원지대 방어에 필요한 외곽지대의 점령 등을 추진하게 되었다. 이것은 태평양전쟁의 시작을 알리는 것임과 동시에 일본의 패망을 부르는 시발점이 되었다.

전쟁 억제력 또는 전쟁 발발 시 대응능력 및 전쟁지속능력을 확보하기 위해서는 경제력, 산업기술 및 생산능력을 높이거나 해외 조달능력을 높여야 한다. 그중에서 일반적으로 전쟁지속능력을 확보하기 위해서는 신속하고도 지속적으로 전시에 필요한 물자와 장비를 국내 · 외에서 생산하거나 수입하여 조달할 수 있어야 한다. 따라서 경제력, 산업기술

---

463) David Lloyd George, *War Memoirs of David Lloyd George I* (London: Nicholson & Watson, 1933), p.168.

및 생산능력이 높으면 상대적으로 전시 조달능력이 높게 되고, 또한 전쟁지속능력 확보가 용이해질 수밖에 없다. 전시 조달은 외국에서 구매 또는 지원을 받는 방안과 국내에서 생산하는 방안이 있다. 먼저 외국에서 구매하는 것은 국내생산이 불가능하거나 제한된 품목에 우선을 두겠지만, 해외에서 구매가 단기간 내 이루어지지 않을 수도 있다. 설령 구매 하더라도 장기간 수송기간이 소요될 수 있음을 고려해야 한다. 또한 국내 생산은 평시에 일반 상품을 생산하는 업체가 전시에 생산라인을 전환하여 얼마만큼 신속하게 군수물자나 군수장비를 생산하는가와 방위산업체 등에서 얼마나 지속적으로 군수물자와 장비를 생산할 수 있는가의 문제가 직결된다.

그런데 한국의 경우 보유자원의 제한으로 인해 평시 자원을 수입하여 이를 가공 후 다시 수출하는 형태이기 때문에, 자체 자원을 토대로 할 경우 전시 국내조달 및 산업동원능력이 그렇게 높지 않다. 이로 인해 많은 부분을 해외 구매 등에 의존해야 한다. 따라서 한국의 경우 경제력, 산업기술 및 생산능력을 높일 수만 있다면 국내 생산과 해외 구매력이 향상되어 전쟁 억제력과 전쟁수행능력 및 전쟁지속능력 확보가 더욱더 쉽게 된다. 이는 결국 전쟁을 승리로 이끄는 중요한 요인으로 작용하게 된다. 그러므로 한국의 경제력, 산업기술·생산능력, 외교력 등은 전쟁지속능력 확보 측면에서만 보더라도 군사사상 정립 시 지대한 영향 요소가 되기 때문에 이를 충분히 고려해야 함을 알 수 있다.

나. 경제력, 산업기술 및 생산능력과 관련한 군사사상적 함의

경제력과 산업기술·생산능력이 있는 국가는 평시에 대규모 군사력을 유지하거나 전시에 전쟁수행능력을 유지하기가 상대적으로 쉽다. 또한 전쟁을 억제하거나 전쟁 발발 시 승리로 이끌 수 있는 능력을 우선 갖추게 되는 점에서 중요한 요소임은 자명하다. 따라서 군사사상을 정립할 때도 경제력, 산업기술 및 생산능력을 고려해야 한다. 특히 한국의 경우 군사사상 정립 시 다음과 같은 두 가지 관점에서 접근해야 한다.

첫째, 현재 및 가까운 장래의 경제력, 산업기술 및 생산능력을 기준으로 군사사상을 정립해야 한다. 경제력과 산업기술·생산능력이 있는 국가는 평시 대규모 군사력을 유지하거나 전시에 전쟁수행능력을 유지하기가 일반적으로 쉽다. 그래서 선진 강대국처럼 경제력과 산업기술·생산능력을 끌어올리는 것이 무엇보다도 중요하다. 그런데 이는 그렇게 쉬운 문제가 아니다. 따라서 한국은 강대국처럼 경제력과 산업기술·생산능력을 끌어올리는 노력을 지속적으로 하되, 가까운 장래에 일정한 목표를 상정하고 그에 부합되게 군사사상을 정립해야 한다. 예를 들어 우리나라가 중국의 부상과 북한의 핵 위협 등에 대응하기 위해 2021년 기준 7,404억 달러의 국방·안보예산을 투입하는 미국처럼 수십 척의 항공모함, 이지스함이나 전략핵 잠수함을 구비하거나 5세대 스텔스 전투기인 F-22 같은 것을 다량 구매하는 것을 목표로 설정하는 것은 매우 비현실적이다. 따라서 현재 및 가까운 장래의 경제력, 산업기술 및 생산능력으로 추진할 수 있을 정도의 목표를 설정하고 그에 부합되게 추진하는 것이 필요하다.

둘째, 군사외교 등을 통해 직·간접으로 상대적인 강병을 갖도록 군사사상을 정립해야 한다. 한국은 보유하고 있는 자원이 풍부하지 않기 때문에 이로 인해 전시 자원 수입이 제한될 경우 전시 생산능력도 급감하게 된다. 그러므로 한국은 오늘날 미국과 같이 상대적으로 풍부한 자원을 보유하고 월등히 높은 경제력, 산업기술 및 생산능력을 바탕으로 절대적인 군사력을 확보하고 유지할 수가 없다.

따라서 한국이 경제력, 산업기술 및 생산능력이 높은 국가들처럼 절대적인 군사력을 확보하는 데는 한계가 있다. 절대적인 군사력 면에서 부족한 부분을 보완하기 위해 군사외교 등을 통한 직·간접으로 상대적인 강병을 갖는 노력을 꾸준히 해야 한다.

7. 영향요소 Ⅷ: 기타 시대적인 요구사항

기타 시대적인 요구사항으로 고려할 수 있는 것은 첫째, 한국이 위협에 대해 대응하는 것과 관련한 고려사항으로 한미동맹, 장기간 굳어진 수세적 방어정신 변경, 국군의 능력, 한국의 경제력, 통일 문제, 주변 강국과의 관계 등이 있다. 둘째, 4세대 전쟁, 사이버전, 테러 등과 같은 전쟁 양상의 변화에 부합하는 것이다. 셋째, 국제평화유지작전 참여, 국가시책 구현 지원 등 전쟁 이외 군사 분야에 대한 확대 등이다. 이들은 대부분 앞의 군사사상의 범주와 역할, 군사사상 정립 시 고려 요소 등에서 상세히 언급했기 때문에 여기서는 다시 개별적으로 논하지 않는다.

제4절 군사사상 범주와 군사사상 정립 영향요소의 관계

군사사상을 정립할 때 영향을 미치는 7가지 요소는 대부분 군사사상의 범주에 골고루 영향을 미친다. 이 중 일부는 전체적으로 영향을 미치

(표 32) 군사사상 정립 시 영향요소와 군사사상 범주와의 상관관계

구 분	군사사상 정립 시 영향요소	영향을 미치는 군사사상 범주
전체적으로 영향을 미치는 경우	Ⓐ 군사 및 비군사적 안보위협 Ⓑ 군에 대한 국민과 정치의 요구 ⓒ 역사 및 전통 군사사상 Ⓓ 외국의 군사사상	① 전쟁에 대한 인식 및 이해 ② 양병(養兵) ③ 전시 용병(戰時 用兵) ④ 평시 국가안보 지원 ⑤ 평시 국가정책 지원 수단으로서의 군사력 운용 ⑥ 평시 효과적이고 효율적인 군사력 관리 및 운영
부분적으로 영향을 미치는 경우	Ⓔ 지정학적 요인	① 전쟁에 대한 인식 및 이해 ② 양병(養兵) ③ 전시 용병(戰時 用兵) ④ 평시 국가안보 지원
	Ⓕ 경제력 및 산업기술·생산 능력	② 양병(養兵) ③ 전시 용병(戰時 用兵) ⑤ 평시 국가정책 지원 수단으로서의 군사력 운용 ⑥ 평시 효과적이고 효율적인 군사력 관리 및 운영
	Ⓖ 기타 시대적인 요구사항	① 전쟁에 대한 인식 및 이해 ② 양병(養兵) ④ 평시 국가안보 지원 ⑥ 평시 효과적이고 효율적인 군사력 관리 및 운영

고 다른 일부는 부분적으로 영향을 미치게 된다. 전체적으로 영향을 미친다고 함은 군사사상 정립 시 영향을 미치는 7가지 요소가 군사사상의 '모든 범주에 골고루 영향'을 미치는 것을 말한다. 부분적으로 영향을 미친다고 함은 군사사상 정립 시 영향을 미치는 7가지 요소가 군사사상의 '일부 범주에만 영향'을 미치는 것이다. 이에 대해 대체로 주요하게 영향을 미치는 점을 우선 고려하여 상관관계를 구분하자면 절대적인 구분은 아니지만 (표 32)와 같이 분류할 수 있다.

1. 전체적으로 영향을 미치는 경우

전체적으로 영향을 미치는 요소로는 Ⓐ 군사 및 비군사적 안보위협, Ⓑ 군에 대한 국민과 정치의 요구, Ⓒ 역사 및 전통 군사사상, Ⓓ 외국의 군사사상 등이다. 따라서 군사사상을 정립할 때 미치는 영향요소 Ⓐ ~Ⓓ의 사항을 참고하여 각각의 범주별로 군사사상의 세부 내용을 도출하는 것이 필요하다.

위의 영향요소에 대해 군사사상의 범주별로 케이스 바이 케이스(Case by Case) 식으로 설명하는 것은 많은 지면을 필요로 한다. 따라서 1개의 경우만 예를 들어 설명함으로써 이해를 돕고자 한다. 예를 들어 군사사상 정립 시 영향을 미치는 여러 가지 요소 중에서 'Ⓑ 전쟁 및 전쟁 이외 분야와 관련하여 군에 대한 국민과 정치의 요구'가 군사사상의 범주별로 미치는 영향으로 한정하여 살펴보면 다음과 같다.

'① 전쟁에 대한 인식 및 이해'에 미치는 영향은 우선 전쟁이 정치의 한 수단이라는 인식에 따라 국민과 정치의 요구사항에 따라 전쟁을 수행하거나 아니면 전쟁을 억제하게 된다. 그런데 전쟁은 국가나 국민의 사활(死活)이 달린 문제이고 국가와 국민의 이익에 직접적으로 영향을 미친다. 그러므로 전쟁이란 수단을 선택할 때 매우 신중해야 한다. 불가피하게 전쟁을 선택했다면 국민에게 피해가 최소화되도록 수행해야 한다는 인식이 전제되어야 하고 반드시 승리로 이끌 수 있도록 해야 한다. 이렇듯 전쟁에 대한 인식 및 이해와 관련하여 국민으로부터 전쟁수행의 당위성에 대한 이해와 지지를 구하고, 국민의 피해가 최소화되도록 조치를 하는 등 국민과 정치의 요구로부터 적지 않은 영향을 주거나 받는다.

'② 양병(養兵)' 측면에서 보면 국민은 평시 적절한 양병을 통해 억제력을 확보하여 평화가 유지되기를 희망한다. 하지만 국민이나 정치권의 사고가 수세적인지 공세적인지에 따라 양병의 규모와 질이 달라진다. 또한 국민개병제 국가에서 의무적으로 국민은 병력구성원이 되므로 병력 수, 복무기간 등은 매우 민감한 사안이다. 양병은 막대한 예산(세금)이 필요하므로 국가경제 및 조세(租稅)와 직결된다. 이처럼 양병은 국민의 요구에 맞게 평화를 유지하는 것이 목적이지만 이를 위해서는 병역과 조세의무 이행 등 국민의 참여가 필수적인 만큼 국민과 정치의 요구로부터 적지 않은 영향을 주거나 받는다.

'③ 용병(用兵)'에 미치는 영향을 보면, 전시 용병이란 적의 침략으로부터 국민과 국가를 수호하기 위해 군사력을 운용하는 것이다. 그런데 전시 군사력을 운용하기 위해서는 병력동원이나 산업동원 등을 수행해야 하며, 이는 국민의 참여가 필수적이다. 따라서 국민을 정확하게 이해시키고 안내하여 총체적인 전쟁수행능력이 결집하도록 하는 것이 필요하다. 또한 이를 적재적소에 투입하여 최대의 전투력을 발휘하도록 하는 것이 무엇보다 중요하다. 용병 역시 국민을 보호대상으로 함과 동시에 병력동원이나 산업동원 등 국민의 참여가 필수적인 만큼 국민과 정치의 요구로부터 적지 않은 영향을 주거나 받는다.

'④ 평시 국가안보 지원' 중 국지도발 및 위기관리 등은 전쟁 발발이 아니더라도 평시 국민의 생명과 재산에 직접적인 영향을 미치게 되고 국가기능 유지에 직결된다. 따라서 안보 저해(沮害) 요인을 찾아 이를 우선 제거하는 데 주력하고 갈등을 관리해야 한다. 불가피하게 상황 발생 시 위기 상황이 확산하지 않도록 범위를 최소화하는 데 주안점을 둘 필요가 있다. 이처럼 평시 국가안보 지원은 평시 국민의 생명과 재산에 직접적인 영향을 미치는 것을 포함하여 국민과 정치의 요구로부터 적지 않은 영향을 주거나 받는다.

'⑤ 평시 국가정책 지원 수단으로서의 군사력 운용'에 미치는 영향은 우선 국가의 정책이 성공적으로 추진되도록 군이 이를 지원하는 것이 필요하다. 군은 국방에 제한을 받지 않는 범위 내에서 국가의 요구사항을 우선 추진해야 한다. 또한 국제평화에 기여하기 위한 해외 파병은 국민의 대표인 국회의 동의를 거쳐야 한다. 아울러 재난 대응과 공익 지원은 국민의 안전이나 편익과 직접 관련된 것이므로 평시에 군이 수행해야 할 임무 중에서 우선순위가 비교적 높은 분야이다. 이처럼 평시 국가정책 지원 수단으로서의 군사력 운용은 재난 대응과 공익 지원 등을 포함하여 국민과 정치의 요구로부터 적지 않은 영향을 주거나 받는다.

'⑥ 평시 효과적이고 효율적인 군사력 관리 및 운영'에 미치는 영향은 군대가 일반적으로 생산보다는 소비 측면이 강하므로 국방예산을 얼마만큼 효율적으로 집행하는가의 문제와 직결된다. 국방예산은 국민의 세금에서 나온다. 국민은 한정된 국방예산이 올바로 쓰이길 요구하며, 나아가 올바로 쓰인 예산으로 국가의 주권과 영토가 보전되고, 국민의 생명과 재산이 보호되기를 요구한다. 따라서 평시 효과적이고 효율적인 군사력 관리 및 운영은 국방예산의 획득과 집행에 대한 긍정적인 지원

등을 포함하여 국민과 정치의 요구로부터 적지 않은 영향을 주거나 받
는다.

2. 부분적으로 영향을 미치는 경우

부분적으로 영향을 미치는 경우는 '군사사상 정립 시 영향을 미치는
요소'가 군사사상의 '일부 범주에만 영향'을 미치는 것이다. 그렇다고 영
향을 미치는 일부를 제외한 나머지 범주에는 전혀 영향이 없다는 것은
아니다. 단지 미치는 영향이 미미하거나 적다는 의미다. 그나마 각 범주
에 부분적으로 영향을 미치는 요소로는 Ⓔ 지정학적 요인, Ⓕ 경제력 및
산업기술 · 생산능력, Ⓖ 기타 시대적인 요구사항이다. 따라서 군사사상
을 정립할 때 영향요소 중 Ⓔ~Ⓖ를 참고하여 각각의 범주별로 군사사
상의 세부 내용을 도출하는 것이 필요하다.

각각의 내용에 대해 일일이 설명하는 것을 생략하고, 'Ⓔ 지정학적 요
인'이 '영향을 미치는 경우' 한 가지와 '영향을 거의 미치지 않는 경우'
한 가지만 예로서 설명하고자 한다. 'Ⓔ 지정학적 요인'이 영향을 미치
는 군사사상 범주는 대략 4가지를 들 수 있다. ① 전쟁에 대한 인식 및
이해, ② 평시 양병, ③ 전시 용병, ④ 평시 국가안보 지원이다. 이 중에
서 'Ⓔ 지정학적 요인'이 '② 양병' 분야에 미치는 영향만 예를 들어 설명
하고자 한다. 주변국가가 강국이냐 약소국이냐에 따라 양병의 양과 질
이 달라진다. 해당 국가가 대륙인가, 반도인가 또는 해양인가에 따라 양
병해야 할 군사력의 종류나 성격이 달라진다. 해양국가라면 해군력이나
공군력 및 해병대를 우선적으로 양병하고자 할 것이다.

반면에 Ⓔ 지정학적 요인이 군사사상의 범주에 미치는 영향이 미미하

거나 적은 것으로는 두 가지이다. ⑤ 평시 국가정책 지원 수단으로서의 군사력 운용과 ⑥ 평시 효과적이고 효율적인 군사력 관리 및 운영이다. 영향이 적은 두 가지 범주 중에서 '⑤ 평시 국가정책 지원 수단으로서의 군사력 운용' 분야만 예를 들어 설명하고자 한다. 평시 국가정책 지원 수단으로서의 군사력 운용의 세부 내용에는 국가정책 구현, 국제평화유지, 재난 대응 및 공익 지원 등이 포함되어있다. 그중에서 재난 대응 및 공익 지원을 예로 보면 지정학적 요인 전혀 작용하지 않는다고 보기는 어렵지만, 이들이 지정학적 요인에 영향을 크게 받는다고 보기 어렵다. 즉 A국가가 태풍이나 지진 피해를 입었을 때 구호 및 복구 작업에 A국가의 군병력 등과 같은 군사 분야를 사용할 경우 지정학적 요인을 배제(排除)하는 것은 아니지만 그렇다고 이를 중점적으로 고려할 필요는 없기 때문이다.

따라서 군사사상 정립 시 직접적이면서 전체적으로 크게 영향을 미치거나 부분적으로 영향을 미치는 것을 세밀하게 따져서, 각각에 대해 경중을 고려하여 반영하여야 한다.

제3부

손자의 군사사상 분석방법 예시

제1장 손자의 군사사상에 대한 기존 분석

제1절 손자의 군사사상 분석에 앞서

제3부는 앞서 살펴본 제1부와 제2부를 토대로 군사사상 분석에 대한 일종의 '견본'을 제공하는 부분이다. 이를 위해 많은 사람에게 잘 알려진 『손자병법』을 중심으로 손자의 군사사상을 분석하고자 한다. 이와 같은 분석방법 및 절차에 대한 예시를 통해 앞에서 언급한 각각의 군사사상 기초이론과 분석방법론을 좀 더 실질적으로 이해할 수 있을 것이다. 하지만 이번 제3부에서 제시하는 손자의 군사사상 분석을 접할 때 다음과 같은 사항에 유의할 필요가 있다.

첫째, 여기서 제시한 분석 내용은 군사사상 이론을 토대로 분석한 견본일 뿐이지 손자의 군사사상을 가장 모범적으로 또는 가장 정확히 분석한 것이라고 말할 수 없다는 점이다. 왜냐하면 여기서는 분석하는 요소나 절차 및 방법을 이해시키는 데 주안을 두었기 때문이다. 또한 같은 대상에 대해 같은 분석 도구로 분석을 한다면 전반적인 내용의 흐름이나 틀은 유사하겠지만 살아있는 손자로부터 직접 묻고 들어서 나열한 것이 아니고 『손자병법』이라는 책을 통해 손자의 군사사상을 분석한 것이라서 분석가의 관점이나 견해에 따라 내용은 다소 상이한 결과가 나올 수 있기 때문이다.

둘째, 오늘날 제반 상황을 고려하여 정립된 '군사사상 이론'을 갖고 지금으로부터 2500년 전에 손자의 군사사상을 분석한다는 것은 어떤 부분은 부적절하거나, 분석이 불가능할 수도 있고 심지어 해당이 안 되는 부분도 적지 않은 점을 감안해야 한다. 예를 들어 평시 군사력 운용과 관련하여 오늘날엔 '국내'적으로 재해나 재난 대응에 군사력을 운용하기도 한다. '국제'적으로는 국제평화유지활동을 위해 파병하는 것은 국제관계에서 매우 의미가 크다. 하지만 이런 내용과 관련한 손자의 군사사상을 『손자병법』에서 직접 찾으려 한다면 발견할 수 없을 것이다. 우리가 접할 수 있는 것은 『손자병법』서가 고작이므로 그렇다고 손자가 이에 대해 언급하지 않았기 때문에 이런 분야의 사상은 없었다고 단정적으로 분석하는 것 역시 적절하지 않을 수도 있다.

셋째, 분석 내용이 다분히 이현령비현령(耳懸鈴鼻懸鈴)이 될 소지가 있지만 그렇다고 이를 잘못되었다고 단정하기는 어렵다. 이는 위의 첫 번째 유의 사항과 연계되는 것으로 손자한테서 들은 것이 아니고, 그의 저서를 통해 분석하면서 분석가가 해석한 대로 필요에 맞게 관련 내용을 가져다 대입하기 때문이다.

예를 들어 해석의 차이를 보면 제9편(行軍)에서 '평육처이 우배고(平陸處易 右背高)'를 글자대로 해석할 경우 '평지에서는 편한 곳에 위치하여 오른편에 고지를 둔다'로 해석할 수 있다. 그런데 '右'자를 '오른쪽'이 아니라 우군(右軍)의 '주력부대'라고 해석하는 경우도 있다.

또 다른 예로 필요에 따라 관련 내용을 가져다 활용한 예를 볼 수 있다. 제3편(謀攻)에 나오는 '부전이굴인지병(不戰而屈人之兵)'이란 문구의 경우 군사사상의 첫 번째 범주인 전쟁에 대한 정의 및 수행 신념 측면에서 부전승(不戰勝)을 강조하는 주요 내용으로 볼 수 있다. 또한, 두 번째 범주인 전쟁에 대비한 군사력건설[養兵] 중에서 적과 싸우지 않고 적이 나의 의지대로 움직이도록 만들기 위해 전쟁수행능력 또는 전쟁 억제력 획득에 대한 궁극적인 목표와 관련한 주요 내용으로 볼 수도 있다. 더 나아가 세 번째 범주인 전시용병(戰時用兵)에서 '不戰而屈人之兵'이 가장 이상적이지만 그것을 달성할 수 없다면 차선책이면서 현실적인 궤도를 통한 단기속결전을 강조하기 위한 비교대상으로도 볼 수 있다.

(표 33) '不戰而屈人之兵'에 대한 다양한 분석 접근 예시

연관된 군사사상 범주	범주 1	범주 2	범주 3
	대한 정의 및 수행 신념	전쟁에 대비한 군사력건설	전시에 군사력 운용
분 석 관 점	전쟁수행 신념 측면에서 최선의 방법은 부전승(不戰勝)임을 강조하는 핵심 내용	적과 싸우지 않고 적이 나의 의지대로 움직이도록 만들기 위해 전쟁수행능력 또는 전쟁 억제력 획득의 궁극적인 목표	부전승이 가장 이상적이지만 그것을 달성할 수 없다면 차선책이면서 현실적인 단기속결전을 강조하기 위한 비교대상

이처럼 동일한 문구에 대해 분석가의 해석하는 대로 필요에 따라 여기저기에 끌어다 붙일 수 있어서 이런 결과가 나올 수도 있지만, 어떤 면에서 보면 원래 그런 여러 가지 의미가 있는 것이기 때문일 수도 있다. 따라서 분석을 할 때 무 자르듯 흑백논리로 한정하는 것이 때로는 제한됨을 전제로 접근할 필요가 있다.

넷째, 『손자병법』원문 인용 시 출처 표기를 제한한 대신 가독성을 위해 '한국 한자음' 표기를 추가하였다. 손자의 군사사상을 실질적으로 분석하면서 『손자병법』은 이미 널리 읽히고 있고 누구나 원문 내용에 대한

접근이 쉬울 뿐만 아니라, 일반적으로 많이 회자(膾炙)되고 있기 때문에 여기서는 인용된 한자 원문에 대하여 일일이 출처 표기를 하지 않는다.

또한 가독성 향상을 위해 인용한 한자 원문이 단순하거나 글자 수가 적어 한 줄 이내인 것(약 15글자 이내)은 원칙적으로 한글과 한자를 병기(倂記)했다. 그러나 비교적 글자 수가 많은 긴 문장은 본문에 직접 한자음을 함께 적지 않고 각주에 포함하여 필요에 따라 참고하도록 했다. 한편 손자병법의 특정 문단을 직접 인용하여 지문을 따로 앉힌 경우 원문에는 우리말 '한자음'이나 우리말 '뜻풀이'가 없으나, 따로 앉힌 지문에 이를 함께 포함하여 내용을 이해하는 데 도움이 되도록 변형하여 인용했다. 반면에 한글과 한자 병기 목적이 아닌 '평화주의 지향[全國爲上, 破國次之]' '자연의 이치에 순응[制勝之形]' 등과 같이 특정 내용에 대한 설명이나 해설목적으로 손자병법 내용을 대괄호[ ] 속에 인용한 것은 번잡스럽지 않게 하려고 별도의 한자음 표기나 뜻풀이를 하지 않았다.

제2절 기존 분석결과 개관

오늘날까지 손자의 군사사상을 분석한 내용은 비교적 적지 않아 쉽게 찾아볼 수 있다. 그중에서 많이 알려진 일부 분석가의 분석 내용을 제시하면 (표 34)에서 보는 바와 같다.

(표 34) 손자의 주요 군사사상 비교(이름 가나다順)

구분	제시된 주요 군사사상
군사논단 편집실[464]	• 정략(政略)적 국가 총력전(國之大事, 死生之地, 存亡之道) • 통수권의 독립(將能而君不御者勝, 將受命於君 君命有所不受) • 무모한 전쟁의 회피(先爲不可勝, 以待敵之可勝) • 전략의 융통성 강조(不可勝者守也, 可勝者攻也) • 과학적 법칙성 추구(知彼知己, 百戰不殆, 夫 兵形象水) • 평화주의 지향(全國爲上, 破國次之) • 정보 중시사상(知此而用戰者, 必勝. 不知此而用戰者必敗)
노병천[465]	• 부전승사상(不戰勝思想): 유혈 없는 승리, 모공(謀攻) 추구 • 단기속결사상(短期速決思想): 장기화시 국가재정 파탄, 제3국 침공시 대응 불가능 • 만전사상(萬全思想): 전쟁 준비, 실시할 때 매사 빈틈없이 신중히 따져보고 시행
노양규[466]	• 전쟁관: 국가존망(國家存亡), 오사칠계(五事七計)로 판단, 단기전 • 부전승과 전승사상: 부전이굴인지병(不戰而屈人之兵), 온전한 승리(全勝), 존재전력의 정예화+경제/외교/모략 등의 혼용 • 용병관: 궤도(詭道), 제승지형(制勝之形), 기정(奇正), 우직지계(迂直之計), 피실격허(避實擊虛) • 정보의 중요성: 지피지기 백전불태(知彼知己 白戰不殆), 간첩활용(用間) • 지형의 활용: 부지형자 병지조야(夫地形者 兵之助也), 단순 지형요소 외 지형의 확대 해석(당시 상황/국내외 정세/여건 등)
박창희[467]	• 전쟁관: 국가생존을 위한 최후의 수단, 부전승 • 전쟁 양상과 전쟁목적: 제한전쟁, 주권과 영토수호의 방어전쟁 • 군사전략: 총체적국가역량, 간접전략(군사+기타수단), 궤도(詭道) • 작전수행방법: 상대적 수적우세 달성 중시, 기만과 양동으로 적 분산 강요, 기습, 정보 획득

---

464) 군사논단 편집실, "손자병법 속의 전략사상", 「군사논단」 제10호, 1997, pp.208~215.
465) 노병천, 『圖解 손자병법』(서울: 연경문화사, 1999), p.16.
466) 군사학연구회(2014), 앞의 책, pp.62~70.
467) 박창희, "한국의 군사사상 발전방향", 「전략연구」 통권 제4호, 2014, pp.167~169.

이종학[468]	• 전쟁관: 국가존망(國家存亡), 적 의지 좌절(上策), 외교적 고립(次善), 적을 격파(下策), 속전속승(速戰速勝) • 변증법적 사고방식: 이해(利害), 졸속(拙速), 교구(巧久), 기정(奇正), 허실(虛實), 우직(迂直) 등을 통해 양편(兩片)의 차이점을 비교하여 고차원적 결론 도달 • 선수후 공전략(先守後 攻戰略): 수세자국보전(守勢自國保全), 공격해오지 못하도록 배비 • 정보의 중요성: 지피지기 백전불태(知彼知己 白戰不殆) • 자연의 이치에 순응: 군대 운용은 물과 같다. 제승지형(制勝之形)
지종상[469]	• 군주 도(道)와 장수의 관도(官道) • 도(道)가 실현되는 '영구평화를 지향한 천하통일' 지향 • 온전한 승리(全勝)를 위한 지략(智略) 위주 간접접근 • '안민보국(安民保國)'의 정신 • 이성(理性): 感性의 절제와 통제
한국군사 사상[470]	• 전쟁수행 신념: 국가존망(國家存亡), 오사칠계(五事七計)로 판단, 부전승(不戰勝) • 용병/양병 　－ 부전승(不戰勝), 존재전력의 정예화+경제/외교/모략 등의 잠재역량 결집 　－ 적의지 좌절(上策), 외교적 고립(次善), 적을 격파(下策) 　－ 10배시 포위, 5배시 공격, 열세시 회피, 속전속결

그리고 표의 내용을 종합해보면 대략 크게 세 가지로 정리할 수 있다.

첫째, 전쟁을 어떻게 인식하거나 전쟁을 보는가[觀點]의 문제이다. 이와 관련하여 주로 분석된 내용들을 살펴보면 정략(政略)적 국가 총력전[國之大事, 死生之地, 存亡之道], 평화주의 지향[全國爲上, 破國次之], 부전

---

468) 이종학(2012), 앞의 책, pp.56~59.
469) 지종상, "孫子兵法의 構造와 體系性研究", 충남대학교 대학원 군사학 박사학위 논문, 2010, pp.64~75.
470) 육군본부(1991), 앞의 책, pp.79~82.

승 또는 최소의 단기속결전[不戰勝, 謀攻, 短期速決], 전쟁 준비, 실시할 때 매사 빈틈없이 신중히 따져보고 시행하는 만전(萬全), 궁극적으로 도(道)가 실현되는 '영구평화를 지향한 천하통일' 지향 등을 들 수 있다.

즉 손자는 전쟁을 반드시 실시해서 승리해야 한다는 것, 이전에 전쟁을 하지 않는 것, 다시 말해 평화를 지키는 것이 최선이며, 불가피하게 전쟁해야 할 경우 신중히 따져보고 계책을 강구하여 신속하게 단기간 내 끝내야 함을 강조하는 것으로 분석하고 있다.

둘째, 전쟁을 어떻게 이길 수 있는지? 이를 위해 양병과 용병(군사전략 포함)은 어떻게 해야 하는지의 문제이다. 먼저 양병 측면에서 선수후공전략(先守後攻戰略), 수세자국보전(守勢自國保全)으로, 이는 단순한 부대의 수나 무기의 수를 증대하는 것에 그치지 않고 공격해오지 못하도록 배비하여 전쟁 없이 부전승(不戰勝)을 달성하는 것이다. 이를 위해 현존전력(現存戰力)의 정예화와 경제·외교·모략 등의 잠재역량 결집 등을 강조하고 있다. 나를 온전히 지킬 정도의 적절한 군사력을 양성할 것과 군사 분야 이외 정치, 외교, 경제 등을 총동원하여 적의 의지를 좌절[上策]시키거나 외교적으로 고립[次善]시키되 이것이 불가할 경우 적을 직접 공격하여 격파[下策]할 수 있는 군사력이 필요함을 강조하는 것으로 분석하고 있다.

다음으로 용병 측면에서 보면, 『손자병법』의 상당 부분이 용병과 관련한 내용이므로 모두 다 일일이 재론하는 것은 제한된다. 그러나 직접적인 용병기준으로 10배시 포위, 5배 시 공격, 열세 시 회피, 속전속결을 내세우는 것 외에 근본적으로 용병과 관련하여 강조하는 것은 온전한 승리[全勝]를 위한 지략(智略) 위주 간접접근을 강조하며 이를 구현하기 위해 궤도(詭道), 제승지형(制勝之形), 기정(奇正), 우직지계(迂直之計), 피실격허(避實擊虛), 이해(利害) 활용, 졸속(拙速)과 교구(巧久), 작전을 수행할 때는 상대적 수적우세 달성 중시, 기만과 양동으로 적 분산 강요, 기습, 정보 획득, 지휘권 보장, 술(術)과 과학성 추구, 전략과 전술의 융통성 등을 강조하는 것으로 분석하고 있다.

이로 볼 때 양병은 전쟁을 억제하거나 적의 공격을 방어할 수준의 실질적인 군사력 증강뿐만 아니라 정치, 외교, 경제 등을 망라한 총체적인 국력을 키워야 함을 강조했고, 용병은 온전한 승리(全勝)를 위한 지략(智略)을 상황에 부합되게 적절히 구사해야 함을 강조하는 것으로 분석하고 있다.

셋째, 정보, 지형, 기후 등과 같은 특정 군사요소의 중요성과 이들을 반드시 적절하게 활용할 것을 강조하는 점이다. 이를 위해 정보 중시[知此而用戰者, 必勝. 不知此而用戰者必敗, 知彼知己 白戰不殆], 지형의 활용[夫地形者 兵之助也], 일반적인 지형요소 외 당시 상황과 국내외 정세 및 여건 등과 같은 지형요소의 확대 해석, 군대 운용은 물과 같다는 것과 같은 자연의 이치에 순응[制勝之形] 등을 강조하는 것으로 분석하고 있다.

이로 볼 때 군사요소의 적절한 활용은 당시는 지상전이 주된 관심사였기에 지형과 기상을 중시했음을 쉽게 이해할 수 있다. 이외에도 상황과 국내외 정세 및 여건 등과 같은 확대된 지형 개념 즉 오늘날 작전환경평가 등에 대해서도 중요함을 강조하는 것으로 분석하고 있다.

제3절 기존 분석 내용의 한계

1. 일관성 측면

　현재까지 손자의 군사사상에 대한 분석을 보면 다소 과장되게 표현할 경우 일관성이 있다기보다는 분석가(分析家)마다 제각기 상이한 주장을 하고 있다고 해도 과언이 아니다. 물론 모든 분석가가 동일한 내용으로 분석을 해야 한다는 것은 아니다. 하지만 일정한 기준이 있다면 분석가의 시각에 따라 약간씩 차이가 날지언정, 큰 틀에서 보면 유사한 흐름 속에서 각각의 분석가마다 개성이 드러나는 분석결과가 나올 것이다. 그런데 현재까지 손자의 군사사상에 대한 분석을 보면 제각기 내용이 상이하다는 느낌마저 든다. 이러한 현상이 발생한 이유는 특정 인물이나 특정 국가의 군사사상을 분석하면서 어떤 일정한 기준이나 일정한 분석도구가 갖추어지지 않았기 때문에, 각자마다 다양한 방법과 기준으로 분석하여 많은 차이가 발생한 것이다.

　그렇다면 이렇게 분석 내용이 각각 상이하고 일관성이 부족한 것에 대해 대수롭지 않게 여겨도 되는 건지, 아니면 어떤 문제를 초래할 수도 있는지 등에 대해 우리는 고민하지 않을 수 없다. 이는 분석 대상이 학술적 분석 목적인지 아니면 특정 국가나 조직의 업무추진과 관련한 것인지 또는 어떤 개인의 군사사상인지 아니면 어떤 국가나 조직의 군사사상인지에 따라 의미가 크게 달라질 수 있다.

　손자와 같은 개인의 군사사상을 주로 학술적 목적으로 분석했다면 분석 내용이 분석가에 따라 다르더라도 이는 있을 수 있다거나 크게 문제가 안 될 수도 있다. 그러나 특정 국가나 특정 단체의 군사사상에 대한 분석이 분석가마다 상이하여 일관성이 없다면, 이는 손자의 군사사상을 학술적 목적으로 분석가마다 상이하게 분석한 것과는 상황이 다른 문제가 되어 때론 큰 문제가 될 수도 있다는 점이다.

단편적인 예를 들어 A국가가 적국인 B국가에 대응하기 위해 갑(甲)이나 을(乙)이라는 분석가를 통해 B국가의 군사사상을 제각기 분석했다고 가정하겠다. 갑은 '양병' 분야에 대해 분석을 한 반면 '용병' 분야는 분석을 안 했다고 치고, 을은 반대로 용병 분야만 분석했다면 A국가가 국방정책이나 군사전략을 수립하기 위해 '갑'의 분석 내용을 적용했다면 A국가의 국방정책부터 전술에 이르기까지 '양병' 분야는 반영이 되겠지만, '용병' 분야는 전혀 반영이 안 될 수도 있다. 반대로 '을'의 분석을 적용하면 갑의 경우와 반대가 될 것이다. 이렇게 될 경우 특정 분야에 대한 누락이 발생할 수도 있을 뿐만 아니라 분석결과를 제각기 다르게 적용할 수 있어 혼선을 초래하거나 상호 연계성이 없는 결과가 발생할 수 있다.

즉 학술적으로 다양한 관점에서 분석해보는 것은 있을 수 있으나, 학술적인 분석이 아니고 이를 갖고 전쟁을 대비하거나 전쟁 이외의 국가 대사와 실질적으로 연계시켜 일을 추진해야 한다면 어떤 기준 없이 제각기 분석할 경우 최악의 경우 한 국가의 안보에 혼선을 초래하거나 매우 위험한 결과를 가져올 수도 있다. 따라서 실제 국가안보에 적용하기 위한 분석이라면, 누가 언제 어떻게 분석해도 분석 내용이 일관성 있고 유사해야 하므로, 이런 경우 '분석 내용의 일관성' 문제는 그냥 가볍게 넘길 사안이 아님을 알 수 있다.

2. 한정성(限定性) 측면

기존에 손자의 군사사상으로 분석된 내용의 핵심단어들을 추출한다면 (표 35)와 같이 나열할 수 있는데, 나열된 핵심단어들을 보면 대부분 전쟁과 관련하여, 전쟁을 어떻게 대비해야 하는지, 전쟁 발발 시 용병을 어떻게 할 것인가 등에 주안을 두고 분석하였음을 알 수 있다.

(표 35) 기존 분석가들이 제시한 손자 군사사상의 주요 핵심단어

• 국가존망지도(國家存亡之道)	• 궤도(詭道)	• 속전속결(速戰速決)
• 부전승(不戰勝)	• 피실격허(避實擊虛)	• 정보(知彼知己)
• 전승(全勝)	• 제승지형(制勝之形)	• 자연활용[知天知地]

이럴 경우 앞의 이론 부분에서 전쟁 이외의 부분을 설명할 때 군사 분야가 '전쟁'만 해당하는 것이 아니고 '전쟁 이외의 분야'도 깊게 관련이 된다고 했다. 실제 분석 내용을 보면 특히 전쟁 이외의 부분이 제대로 반영되지 않았다는 점을 알 수 있다. 또한 전쟁 이외 분야를 보면 군사 분야가 매우 다양한 군사 이외의 분야와 연계되기 때문에 위와 같은 분석 내용만으로는 이런 분야를 충족할 수 없게 되어 분석한 손자의 군사사상을 적절히 활용할 수 없게 된다.

군사사상을 분석하면서 기존처럼 군사 분야 혹은 전쟁 분야에만 한정하여 분석한다면 오늘날 광범위하고 포괄적인 국가안보 위협에 적절히 대응하기 위한 해법을 찾는 데 어려울 수 있다. 그러므로 전쟁 분야뿐만 아니라 전쟁 이외의 분야에 대해서도 심도 있는 분석이 이루어져야 함을 쉽게 알 수 있다.

제2장 손자의 군사사상에 대한 새로운 분석

제1절 전쟁에 대한 인식 및 이해

1. 전쟁에 대한 정의 및 수행 신념 측면

손자의 전쟁에 대한 정의 및 수행 신념을 요약하자면 전쟁이 국가의 중대사이므로 함부로 해서는 안 되고, 가능한 한 싸우지 않고 이기는 방법을 택하되, 불가피하게 전쟁해야 할 경우 잘 따져서 신중하게 해야 하며, 반드시 전쟁을 길게 끌지 말고 단기속결전으로 끝내야 한다는 사상을 갖고 있다.

가. 전쟁의 정의 및 본질

1) 전쟁의 정의

손자가 전쟁에 대한 정의나 본질을 『손자병법』상에 직접적으로 제시한 것은 없다. 하지만 몇 가지 주장한 내용을 통해 손자가 생각하는 전쟁의 정의 및 본질을 유추해 볼 수 있다. 먼저, 전쟁에 대한 정의는 제1편(始計)에 처음에 나오는 '병자국지대사(兵者國之大事)'라는 문구에서 찾을 수 있다. 이에 따르면 전쟁[군사 문제]이라는 것은 나라의 중대한 일이라고 정의하고 있다. 이에 대해 표면적으로만 보면 클라우제비츠가 말한 것이나 오늘날 일반적인 정의와 같이 정치의 한 수단으로 전쟁을 정의하지 않고 있는 것으로 보이나, 내면적으로 보면 이들과 유사한 의미라는 것을 알 수 있다.

즉 손자는 전쟁이라는 것이 '나랏일 중에서 가장 중요한 것[國之大事]'이라는 정의를 내리고 있는데 이를 바꾸어 말하면 국가가 해야 할 중차대한 일 중에서 첫 번째가 전쟁과 관련한 것이라는 의미가 된다. 그렇다면 이와 같은 내용이 오늘날 일반적으로 정치의 한 수단으로 전쟁을 정의하는 것과 어떻게 유사한 맥락인지에 설명하기 위해서는 국가의 역할과 정치를 연계하여 접근할 필요가 있다.

오늘날 국가의 역할을 말할 때 영토를 지키며 국민의 생명과 재산을 보호하고 국민의 복지를 향상하는 것을 국가의 주된 역할이라고 보고 있다. 이를 위해 국가는 국가안보를 유지하는 것이고, 국가안보의 중요한 요소 중의 하나가 외부의 침략(전쟁)으로부터 국가를 지키고 발전시키는 것이다. 따라서 국가의 역할 중에 중요한 것이 국가안보를 유지하는 것이며, 국가안보의 중요한 수단이 군사력이라는 것은 자명한 사실이 된다.

한편 정치에 대한 다양한 정의 중에서 막스 베버(Maximilian Carl Emil Weber)는 권력의 분배에 영향을 미치거나 국가 내 또는 그가 둘러싸고 있는 집단 사이에 영향을 미치기 위한 노력이라고 하면서 국가의 운영 또는 운영에 영향을 미치는 활동이라고[471] 정의하고 있는데, 평시

---

471) Maximilian Carl Emil Weber, *Politik als Beruf*(München: Duncker & Humblot, 1926), p.8.

가 아닌 전시에 권력의 분배에 영향을 미치거나 국가를 운영하는 것은 군사력을 가지고 전쟁을 수행하는 것이다. 따라서 전시에 국가를 운영하는 정치라는 것은 군사력을 이용하여 전쟁을 수행하는 것이 된다. 즉 국가가 행하는 정치의 한 수단은 전시에 전쟁을 수행하는 것이면서 국가가 해야 할 일 중에 가장 중요한 것이 된다.

따라서 전쟁은 국가가 행하는 정치의 한 수단이면서 국가의 가장 중요한 역할 중의 하나가 되므로 손자의 전쟁에 대한 정의와 오늘날 클라우제비츠의『전쟁론』을 통해 인식이 보편화된 정치의 한 수단으로 전쟁을 보는 것과 같은 맥락이 되는 것이다.

2) 전쟁의 본질

전쟁의 본질과 관련하여 '사생지지 존망지도(死生之地 存亡之道)'라고 하여 전쟁은 백성의 생사가 달린 것이고 국가의 존망이 달린 것이라고 말하고 있다. 즉 전쟁의 본질은 국민을 죽게 하거나 살게 하는 속성과 나아가 국가가 계속 존재하게 되느냐 아니면 망해서 없어지느냐를 결정하는 속성이 있다고 보고 있다. 따라서 손자가 말하는 전쟁의 본질은 '백성(국민)의 생사'와 '국가의 존망'이 달린 것이라고 할 수 있다.

나. 전쟁수행 신념

손자의 전쟁수행 신념을 단적으로 보여 주는 것은 제3편(謀攻)에 '善用兵者 屈人之兵 而非戰也 拔人之城 而非攻也 毁人之國 而非久也 必以全爭於天下'[472]라고 하여 용병을 잘하는 자는 적의 부대를 굴복시키되

---

472) 故 善用兵者 屈人之兵 而非戰也 拔人之城 而非攻也 毁人之國 而非久也 必以全爭於

전투 없이 하고, 성을 함락시키되 공성 없이 하고, 적국을 허물어뜨리되 오래 끌지를 않으며 반드시 온전한 상태로 천하의 승부를 겨루는 것이라고 보고 있다.

이로 볼 때 손자의 전쟁수행 신념은 근본적으로 전쟁을 잘하여 승리하겠다는 데서 출발하는 것이 아니고, 전쟁을 안 하고 이기겠다[不戰勝]는 데서 출발함을 알 수 있다. 그럼에도 불가피하게 전쟁해야 할 경우라면 기본적으로 제한전쟁의 시각에서 국가의 절대적 이익이면서 가치인 국민의 생사와 국가의 생존을 위해 최소의 전투를 통해 단기간 내에 전쟁을 종결[短期速決戰]해야 한다는 점이다. 따라서 손자의 전쟁수행 신념을 부전승(不戰勝)과 단기속결전(短期速決戰)에 주안을 두고 살펴보겠다.

1) 전쟁을 안 하고 이기는 것[不戰勝]이 최선

적과 직접 싸우지 않고 적을 굴복시키는 것과 관련하여 제3편(謀攻)에 '凡 用兵之法 全國爲上 破國次之 全軍爲上 破軍次之 是故 百戰百勝 非善之善者也 不戰而屈人之兵 善之善者也'[473]라고 하여 용병을 함에 있어서 적국을 온전한 채로 굴복시키는 것이 가장 좋은 방법[上策]이지, 백번 싸워 백번 이기는 것은 최선의 방법이 아니다. 그러므로 싸우지 않고 적군을 굴복시키는 것이 최선의 방법이라는 것이다.

혹자는 손자가 말하는 부전승의 조건으로 기만과 정보, 지휘관의 합

天下(고 선용병자 굴인지병 이비전야 발인지성 이비공야 훼인지국 이비구야 필이 전쟁어천하)

473) 凡 用兵之法 全國爲上 破國次之 全軍爲上 破軍次之 是故 百戰百勝 非善之善者也 不戰而屈人之兵 善之善者也(범 용병지법 전국위상 파국차지 전군위상 파군차지 시고 백전백승 비선지선자야 부전이굴인지병 선지선자야)

리적 계산능력, 공격대상의 우선순위, 수적우세(數的優勢)의 확립방식⁴⁷⁴⁾ 등을 들기도 하는데 이는 '전쟁을 수행할 때' 부전승 또는 쉽게 승리를 달성하는 조건에 비중을 많이 둔 것이라고 볼 수 있다. 손자가 말하는 부전승은 전쟁을 수행할 때의 쉬운 승리도 있지만, 전쟁을 수행하기 이전, 즉 '전쟁을 하지 않는' 부전승을 더 강조하고 있다는 점이다. 따라서 손자가 말한 전쟁을 하지 않는 부전승 개념을 크게 두 가지로 나누어 접근할 수 있다. 첫째는 적이 나를 공격하고자 하는 것에 대한 부전승이고 둘째는 내가 적을 공격하는 것과 관련한 부전승 개념이다.

우선 적이 나를 침략하고자 하는 경우와 연계하여 볼 때, 나를 침략하고자 하는 적과 직접 싸우지 않고 적이 침략하고자 하는 의도를 바꾸게 만드는 것을 의미한다. 군사력 이외에 외교, 경제, 문화 등 다양한 수단을 활용하여 적이 침략하겠다는 '의도'를 갖지 못하도록 '억제' 또는 '봉쇄'하여 전쟁을 방지함으로써 궁극적으로 국가를 안정되게 하고 군대를 포함한 국력을 잘 보전하는 것을 말한다.

특히 부전승의 핵심단어인 '전국위상(全國爲上)'과 '전군위상(全軍爲上)'을 위해 적국의 '침략의도를 봉쇄'하는 것이 중요하다고 강조하고 있다. 즉 '上兵伐謀 其次伐交 其次伐兵 其下攻城'⁴⁷⁵⁾이라고 하여 최상의 용병법은 적국이 침략하겠다는 생각이나 의도를 못하도록 봉쇄하는 것이고, 그다음은 적국이 다른 나라와 맺고 있는 외교 관계를 단절시킴으로써 외부 지원을 못 받고 고립되도록 하는 것이며, 그다음은 군대를 공격하는 것이고, 적의 성을 직접 공격하는 것은 가장 졸렬(拙劣)한 방법이라는 것이다.

---

474) 이권, "孫子의 전쟁관에 대한 철학적 고찰", 「道敎文化硏究」 제36집(군산 : 한국도교문화학회, 2012), p.138.

475) 上兵伐謀 其次伐交 其次伐兵 其下攻城(상병벌모 기차벌교 기차벌병 기하공성)

물론 벌모 · 벌교 · 벌병(伐謀 · 伐交 · 伐兵) 등은 '내가 적을 공격하는 것'과 관련한 부전승 개념으로 접근하면 벌모(伐謀)나 벌교(伐交) 등을 통해 전쟁 없이 적이 항복하거나 나의 의도대로 하도록 만드는 것이다. 반면에 이와는 반대로 '적이 나를 공격하고자 하는 것'에 대한 부전승 측면에서 바라볼 수도 있다. 즉 벌모(伐謀)나 벌교(伐交) 등을 통해 적이 침략하려는 의도를 포기하게 만드는 것이 된다.

따라서 적국의 침략의도를 봉쇄하기 위해 군사 분야에만 집착하거나 군사 분야로 한정하여 해법을 찾으려 하지 말고, 외교 · 경제 · 문화 등 군사 이외 부분을 포함하여 복합적으로 접근하여 전쟁을 억제하는 것이 더 중요함을 강조한 것이다.

다음으로 내가 적국을 침공하는 것과 관련하여 접근하자면, 적을 상대로 오사칠계(五事七計)를 기준으로 냉정하게 따져봤을 경우, 전쟁에서 승리할 수 있는 능력을 갖추고 있어야 전쟁을 일으킬 수 있다고 보고 있다. 그런데 유의할 것은 전쟁을 일으킬만한 조건이 될 경우 무조건 전쟁해서 승리하라는 것이 아니다. 이런 우세한 조건(국력)을 활용하여 전쟁을 안 하고 적이 나의 의도에 따라 행동하게 하는 것이 우선이라는 점이다.

제12편(火攻)에 '非利不動 非得不用 非危不戰 此 安國全軍之道也'[476] 라고 하여 유리하지 않으면 움직이지 말아야 하며, 이득이 있지 않으면 용병하지 말아야 하고, 위험하지 않으면 전쟁을 하지 말아야 하는 것이다. 이것이 국가를 안정되게 하고 군대를 보전하는 길이라고 말하고 있다. 여기서 '유리'나 '이득' 및 '위험'의 의미를 잘 생각할 필요가 있다.

---

476) 非利不動 非得不用 非危不戰 此 安國全軍之道也(비리부동 비득불용 비위부전 차 안국전군지도야)

먼저 유리나 이득의 표면적 의미는 전쟁에서 승산이 있느냐 또는 전쟁했을 때 이익이 있느냐를 말하는 것이다. 그러나 손자는 그것만 강조하기 위함이 아니라 표면적 의미 말고도 궁극적으로 진정한 이득이나 유리함이 무엇인지 정확하게 인식하여 함부로 전쟁을 일으키거나 용병을 하지 말라는 것을 더 강조하고자 하는 것이다. 따라서 다음에 나오는 '위험'의 의미도 단순한 위험이 있다고 해서 무작정 전쟁하는 것이 아니다. '진정한 위험' 즉 적이 쳐들어올 기미가 농후하거나 쳐들어와서 국가를 해할 때 비로소 전쟁해야지, 그렇지 않은 상태에선 섣불리 전쟁을 선택하지 말라는 의미이다. 왜냐하면 그래야만 절대적으로 국가를 안정되게 하고 군대를 보전할 수 있게 되기 때문이다.

이는 내가(A) 적(B)과 싸워 승리하면 가장 좋은 것으로 생각하기 쉬우나 꼭 그렇지만 않다. 우선, 그것 역시 전쟁에서 승리해야 하느니만큼 비록 승리했다 하더라도 전쟁을 하는 과정에서 많은 국력을 낭비하고 국민의 생명과 재산을 앗아가게 되는 것은 피할 수 없게 된다. 또한, 이런 상황을 이용하여 제3국(C)이 침략해 올 경우 내가 B국과 전쟁에서 승리한 것은 최악의 경우 또 다른 침략자인 C국과 전쟁을 수행할 수 있는 국력을 이미 B국과의 전쟁을 통해 상당수 소비하였기 때문에 파국(破局)의 씨앗이 될 수도 있어서 전쟁에서 승리하는 것만이 최선이 아님을 강조한 것이다.

지금까지 부전승 또는 전쟁을 섣불리 선택해서는 안 된다는 손자가 강조한 내용들을 직접적으로 살펴봤는데 이를 통해 섣불리 선택하지 말고 왜 이렇게 신중하게 해야 하는지 그 이유는 다음과 같이 두 가지로 요약할 수 있다.

첫째, 망국이나 죽은 자는 다시 살아날 수[再生] 없다는 이유 때문이다. 이는 앞서 언급한 제1편(始計)에 '兵者 國之大事 死生之地 存亡之

道 不可不察也'라고 말한 것 말고도 제12편(火攻)에 '主不可以怒而興師 將不可以慍而致戰 合於利而動 不合於利而止 怒可以復喜 慍可以復悅 亡 國不可以復存 死者不可以復生[477]'이라고 하여 임금은 분노로 인해 군사 를 일으켜서는 안 되며, 장수는 성난 일로 인해 전투에 끌려들어서는 안 된다는 점이다. 이익에 합치되면 움직이고, 이익에 합치되지 않으면 중 지해야 한다. 분노는 다시 기쁨이 될 수 있고, 성난 것은 다시 즐거워질 수도 있으나, 망국은 나라가 다시 존재하게 되돌릴 수 없고, 죽은 자는 다시 살아날 수 없는 것이다. 따라서 섣부른 전쟁을 금기시하는 것은 존 망과 생사가 달려있고 한번 망국이 되거나 죽은 자가 되면 되살아날 수 없기 때문이라는 것을 강조하고 있다.

둘째, 전쟁을 하게 되면 국가가 망할 수도 있고 백성들이 생명을 앗 아갈 수도 있지만, 다행히 망국이나 백성들의 치명적인 사생(死生)까지 는 안 갔더라도 이로 인해 국력이 고갈되고 백성이 피폐해지기 때문에 섣불리 선택해서는 안 된다는 것이다.

제2편(作戰)에 '국지빈어사자 원수 원수즉백성빈(國之貧於師者 遠輸 遠 輸則百姓貧)'이라고 하여 국가가 전쟁 때문에 빈곤해지는 것은 군수물자 를 멀리 실어 나르는 것 때문이니, 멀리 실어 나르면 백성들이 가난해 진다. 즉 전쟁을 위해 각종 장비나 물자 및 식량 등을 멀리 날라야 하니 국가 세금이 더 들고, 장정이 더 동원돼야 하므로 생산력이 줄어드는 대 신 세금 소요는 증대되어 국력은 점점 고갈되고 백성은 가난해진다는

---

477) 제1편: 兵者 國之大事 死生之地 存亡之道 不可不察也(병자 국지대사 사생지지 존 망지도 불가불찰야), 제12편: 主不可以怒而興師 將不可以慍而致戰 合於利而動 不 合於利而止 怒可以復喜 慍可以復悅 亡國不可以復存 死者不可以復生(주불가이노이 흥사 장불가이온이치전 합어리이동 불합어리이지 노가이복희 온가이복열 망국불 가이복존 사자불가이복생)

것이다.

그리고 그 증거를 제2편(作戰)에서 다음과 같이 들고 있다. '力屈財殫 中原 內虛於家 百姓之費 十去其七 公家之費 破車罷馬 甲冑弓矢 戟楯矛櫓 丘牛大車 十去其六[478]'이라고 하여 전쟁을 할 경우 국력이 약화하고 재물이 고갈되며 생산에 임할 젊은이들이 전쟁터로 나갔기 때문에, 나라 안이 집집마다 텅 비게 되면, 백성들의 생산능력을 잃게 되므로 백성들의 수입은 70%가 감소할 것이다. 또한 국가의 재정은 수레와 말의 손실에 대한 보충, 갑옷과 투구 및 활과 화살, 창과 방패, 수송수단의 손실에 대한 보충을 위해 60%나 잃게 된다는 점이다.

경제학적 이론을 근거로 정밀하게 계산하지 않더라도 이에 대한 이해를 돕기 위해 '단순 계산'을 하면, 어떤 한 국가가 전쟁을 하기 이전 백성의 경제능력이 100이고 국가의 재정능력이 100일 경우 국가의 전쟁수행능력은 10,000(100×100)이라고 할 수 있다. 그러나 손자의 주장대로라면 전쟁을 수행하는 경우 백성의 경제능력은 70이 감소되어 30이 되고 국가의 재정능력은 40밖에 안되기 때문에 국가의 전쟁수행능력은 1,200(30×40)이 되므로 전쟁 이전 온전했던 국가의 1/8에 불과하여 제3국이 쳐들어오면 망국으로 치달을 수밖에 없다는 것은 어렵지 않게 도출할 수 있다.

2) 불가피한 전쟁은 단기속결전(短期速決戰)으로 수행

손자의 전쟁수행 신념 중 가장 저변에 깔린 기본 신념은 전쟁을 안 하고 나의 의지를 구현하는 것이 최선이라고 했다. 그럼에도 전쟁이 불가

---

478) 力屈財殫 中原 內虛於家 百姓之費 十去其七 公家之費 破車罷馬 甲冑弓矢 戟楯矛櫓 丘牛大車 十去其六(역굴재탄 중원 내허어가 백성지비 십거기칠 공가지비 파차피마 갑주궁시 극순모로 구우대차 십거기육)

피하다면 속임수[詭道]까지 동원하여 신속하게 최소의 전투로 전쟁을 승리로 이끌어야 한다는 것이다.

먼저 승리를 하되 단기간의 전쟁으로 승리해야 가치가 있다는 것을 말하기 위해 제2편(作戰)에서 '병귀승 불귀구(兵貴勝 不貴久)'라고 하여 전쟁(군사활동)에서 승리는 귀중히 여기나, 오래 끄는 것을 귀중히 여기지 않는다는 결론을 제시하고 있다. 또한 이런 결론을 도출하기 위해 '兵聞拙速 未覩巧之久也 夫 兵久而國利者 未之有也'[479]라고 하여 전쟁은 다소 미흡하더라도 속히 끝내야 한다는 말은 들었으나, 정교하기 위해 오래 끈다는 법은 들어 보지 못했다. 대체로 전쟁을 오래 끌어 국가에 이로운 적은 이제까지 없다고 강조하고 있다.

여기서 졸속(拙速)의 의미를 잘 생각할 필요가 있다. 통상 '졸속행정' '졸속처방' 등과 같이 '졸속'하면 치밀하고 정확하거나 잘 된 것보다는 어설프거나 어벌쩡한 것과 같이 부정적 이미지로 '졸(拙)'을 강조하기 위해 사용한다. 그런데 손자는 '졸'을 강조하고자 하는 것이 아니라 '속(速)'을 강조하고자 한다는 점이다. 즉 비록 어설프고 완벽하지는 못하더라도[拙] 빠름 또는 신속하게 해야 한다는 점[速]을 강조한 것이다. 그것은 전쟁을 오래 끌면 국가재정이 바닥나고, 군사력이 약해지며, 국가가 파멸로 치달을 수 있는 등 국가에 큰 해로움이 발생할 수 있기 때문이다.

그래서 다시 한번 강조하기를 제3편(謀攻)에 '善用兵者 屈人之兵 而非戰也 拔人之城 而非攻也 毁人之國 而非久也 必以全爭於天下'[480]라고 하

---

479) 兵聞拙速 未覩巧之久也 夫 兵久而國利者 未之有也(병문졸속 미도교지구야 부 병구이국리자 미지유야)

480) 善用兵者 屈人之兵 而非戰也 拔人之城 而非攻也 毁人之國 而非久也 必以全爭於天下(선용병자 굴인지병 이비전야 발인지성 이비공야 훼인지국 이비구야 필이전쟁어천하)

여 용병을 잘하는 자는 적의 부대를 굴복시키되 전투 없이 하고, 성을 함락시키되 공성(攻城) 없이 하고, 적국을 허물어뜨리되 오래 끌지를 않는다. 반드시 온전한 상태로 천하의 승부를 겨룬다고 말하고 있다.

특히 온전한 상태로 천하의 승부를 겨루기 위해 무모한 정면공격보다는 모략(謀略) 즉 궤도(詭道)를 써서 최소의 전투로 승리를 달성해야 한다고 제1편(始計)에서 '병자궤도야(兵者詭道也)' 즉 군사행동(전쟁)은 속임수라고 말하며 14가지를[481] 제시하고 있다.

허실(虛實)이나 궤도를 이용하여 단기속결전을 수행할 경우 실제 전장에서 구현되는 모습은 제5편(兵勢)에 '激水之疾 至於漂石者 勢也 鷙鳥之疾 至於毁折者 節也 是故 善戰者 其勢險 其節短 勢如彍弩 節如發機'[482]라고 하였다. 이는 세(勢)의 중요성을 강조한 것이지만, 그에 대한 논의는 일단 접어두고, 시간에 주안을 두고 접근하면, 거세게 흐르는 물이 돌을 떠내려가게 하는 것이 세(勢)요, 커다란 새의 빠른 습격이 먹이의 뼈를 꺾어 버리듯 하는 것이 절(節)이다. 이런 이치로 잘 싸우는 자는 그 세가 맹렬하고 그 절도(작용시간)가 짧으니, 세는 당겨진 활과 같고, 절은 그 활을 쏘는 것과 같으므로, 이래야 단기간 내 결전으로 종결지을 수 있다고 말하고 있다. 만약 벌판에 풀을 뜯던 토끼를 독수리가 유유히

---

481) 能而示之不能(능하면 능치 않은 듯이 보이고) 用而示之不用(쓰면 쓰지 않는 듯이 보이며) 近而示之遠(가까우면 먼 것처럼 보이고) 遠而示之近(멀면 가까운 것처럼 보이며) 利而誘之(이롭게 해서 유도하고) 亂而取之(혼란하게 하여 이를 취하며) 實而備之(적이 충실하면 대비하고) 强而避之(적이 강하면 피하며) 怒而撓之(노하게 하여 흔들어 놓고) 卑而驕之(나를 낮추어 적을 교만하게 하며) 佚而勞之(적이 편안하면 힘들게 하고) 親而離之(적이 서로 친하면 이간시키며) 攻其無備(대비가 없는 곳을 공격하고) 出其不意(뜻하지 않는 곳으로 나아간다)

482) 激水之疾 至於漂石者 勢也 鷙鳥之疾 至於毁折者 節也 是故 善戰者 其勢險 其節短 勢如彍弩 節如發機(격수지질 지어표석자 세야 지조지질 지어훼절자 절야 시고 선전자 기세험 기절단 세여확노 절여발기)

날다가 서서히 내려가 토끼를 잡으려 한다면 토끼는 재빠르게 가까운 바위틈이나 숲으로 도망갈 것이다. 토끼가 이렇게 대처하지 못하도록 독수리가 순간적으로 토끼를 낚아채는 것처럼 전쟁도 단기간 내 끝내는 모습이 바람직하다는 것이다.

또한, 만약 이렇게 단기간 내 종결하지 않을 경우의 발생하는 폐단(弊端)으로 다음과 같은 두 가지를 들고 있다.

첫째, 군사력이 무디어지고 예기가 꺾여서 전력이 약화하기 때문이다. 제2편(作戰)에서 '其用戰也 貴勝 久則鈍兵挫銳 攻城則力屈 久暴師則國用 不足'[483]라고 하여 전쟁수행에서 승리를 귀하게 여기지만, 전쟁을 오래 끌면 군사력이 무디어지고 예기가 꺾이며, 성을 공략하면 전력이 약화하고, 군사작전을 오래하면 국가재정이 부족하게 된다는 점이다. 즉 군대의 예기(銳氣)가 둔화하고 날카로움이 무뎌져[鈍兵挫銳], 곧게 뻗어야 할 전투력이 힘없이 굽어버리는[力屈] 것처럼 전투력이 약화하며, 민생과 재정이 궁핍[殫貨, 國用不足]해지기 때문에 결국 이는 제3국이 어부지리(漁父之利)의 기회를 얻게 되므로 장기전으로 가서는 안된다는 점이다.

둘째, 전쟁준비 일환으로 군사력을 갖추기 위해 많은 시간과 비용이 소요되는 것에 비해 전쟁을 장기간에 걸쳐서 하면 이렇게 양성한 군사력을 쉽게 잃을 수 있으니 이는 국가의 재앙이 될 수 있기 때문이다. 이는 앞서 첫 번째 이유와 연관되는 사항인데 공성(攻城)의 폐단으로 한정하여 제3편(謀攻)에서 이에 대해 간접적으로 설명하였다.

'攻城之法 爲不得已 修櫓轒轀 具器械 三月而後成 距堙 又三月而後已

---

483) 其用戰也 貴勝 久則鈍兵挫銳 攻城則力屈 久暴師則國用 不足(기용전야 귀승 구즉둔병좌예 공성즉역굴 구폭사즉국용 부족)

將不勝其忿 而蟻附之 殺士卒三分之一 而城不拔者 此 攻之災也'484)라고
하여 성(城)을 공격하는 방법은 부득이한 경우에 하는 것이니, 만약 성
을 공격하기 위해 방패나 공성용 병거를 수리하고 각종 장비를 갖추는
데 3개월이 지나야 이루어지고, 성벽 공격용 토산(土山)을 쌓는 것도 3
개월이 소요되는데, 그럼에도 장수가 분을 이기지 못하여 준비 없이 병
사들을 성벽에 개미떼처럼 기어오르게 하여 그중 3분의 1을 죽게 하고
서도 성을 함락시키지 못한다면, 이는 공성으로 인한 재앙이라고 말하
고 있다.

　이는 당시 전쟁을 수행하면서 성을 공략하여 무너뜨리는 것이 무엇
보다 중요한 관건이었다. 그럼에도 장기적으로 공성을 추진할 경우 치
명적인 문제가 발생하기 때문에 위와 같이 강조한 것을 인식해야 한다.
전쟁을 위해 많은 시간과 비용을 들여 준비했더라도 성을 함락시키는
것은 쉬운 일이 아니다. 결국 장기전이 될 가능성이 크고, 심지어 그 성
을 빼앗지 못하면, 군사력이 점점 고갈되어 이는 곧 국가의 재앙으로 연
결될 수 있다는 점을 강조한 것이다.

2. 전쟁의 원인에 대한 인식 및 이해 측면

　앞서 오늘날 전쟁 원인에 대해 기본적으로 정치적 목적을 달성하기
위한 무력사용 외에 종교나 이데올로기, 인간의 본능, 광적인 생각 또는

---

484) 攻城之法 爲不得已 修櫓轒轀 具器械 三月而後成 距堙 又三月而後已 將不勝其忿 而
　　蟻附之 殺士卒三分之一 而城不拔者 此 攻之災也(공성지법 위부득이 수로분온 구기
　　계 삼월이후성 거인 우삼월이후이 장불승기분 이의부지 살사졸삼분지일 이성불발
　　자 차 공지재야)

우연성, 경제 · 문화 · 사회적 요인, 명분, 침범을 예방할 목적의 예방전쟁 등을 언급한 바 있다.

많은 전쟁의 원인에도 불구하고 이와 연계하여 손자가 직접적으로 언급한 것은 없지만 간접적으로 다음과 같이 두 가지를 말하고 있다. 첫째는 기본적으로 내가 잘 지키지 못해서 전쟁이 일어나는 경우이다. 둘째는 전쟁을 장기적으로 해서 승리했더라도 국력이 쇠퇴(衰退)해진 틈을 타서 제3국이 쳐들어와 또 다른 전쟁에 휘말리는 경우를 들고 있다.

이 중에서 두 번째 원인인 국력이 쇠퇴해진 틈을 타서 제3국이 쳐들어와 또 다른 전쟁에 휘말리는 경우는 앞서 여러 차례 반복하여 언급했기 때문에 여기서는 추가적으로 자세한 설명을 생략하고 첫 번째 원인인 내가 잘 지키지 못해서 전쟁이 일어나는 경우를 중심으로 분석하고자 한다.

가. 전쟁대비 미비로 전쟁을 초래한 경우

우리가 흔히 사용하는 유비무환(有備無患)은 잘 준비하여 전쟁에 대비했거나 반대로 잘 대비하지 못해서 전쟁이 발생한 경우를 강조할 때 사용한다. 제8편(九變)에 '用兵之法 無恃其不來 恃吾有以待也 無恃其不攻 恃吾有所不可攻也'[485]라고 하여 용병의 법에, 적이 오지 않을 것이라 믿지 말고 나에게 적을 대비하는 태세가 있음을 믿어야 하며, 적이 공격하지 않을 것이라 믿지 말고 나에게 적이 공격할 수 없는 태세가 있음을 믿어야 하는 것이라는 주장을 하고 있다. 여기서 중요한 것은 나에

---

485) 用兵之法 無恃其不來 恃吾有以待也 無恃其不攻 恃吾有所不可攻也(용병지법 무시기불래 시오유이대야 무시기불공 시오유소불가공야)

게 대비하는 태세가 있다는 것을 믿는 것[恃吾有以待也]과 적이 공격할 수 없는 태세가 있음을 믿어야 한다[恃吾有所不可攻也]는 점이다. 이때 강조되는 단어가 '믿음[恃]'이다. 이는 막연한 기대 또는 갈망이나 심정적으로 바라는 것에서 출발하는 믿는 마음이나 생각(believe)이 아니다. 믿는 것에 대해 실제 형체가 존재하거나 조건이 갖추어진 상태인 확신(confidence)과 같은 의미의 믿는 마음을 뜻한다.

먼저 '시오유이대야(恃吾有以待也)'가 가능하려면 내가 먼저 적이 공격해 올 것에 대비하여 준비태세를 갖추어야 가능하게 된다. 적이 공격해 올 것에 대비하여 대응태세를 갖추지도 않고, 적이 공격하지 않을 것으로 생각하는 것은 현실적으로 '큰 착각'이 될 수 있다. 따라서 기다림, 즉 준비하고 있는 상태[待]가 있다는 것은 이미 대비하고 있다는 것을 전제로 하는 것이다.

또한 공격할 수 없는 태세가 나에게 있다는 것[有所不可攻]은 적이 공격해도 승산이 없기 때문에 공격을 못하는 것이다. 이는 이미 내가 적보다 강해졌거나 아니면 최소한 대등한 수준에 있으므로, 적은 공격에 대한 승산을 확신할 수 없다는 수동적 처지에 놓이게 된다. 따라서 이 두 가지에 대해 정확한 의미를 보면 적이 공격하지 않을 것이라 믿는 것은 희망과 같이 단순한 바램의 의미가 아님을 알 수 있다. 즉 적이 공격할 수 없는 태세가 나에게 있음을 믿는 것은 결과이면서 현실의 문제이다. 그러므로 단순하게 희망하는 것과 현실적인 결과 사이에는 하늘과 땅 차이처럼 의미의 차이가 크게 남을 알 수 있다.

결론적으로 내 스스로 준비태세가 되어있다는 것을 확신할 정도로 대책을 강구해야 한다는 점과 적이 공격할 수 없는 태세를 갖추었음을 확신할 정도로 적과 대등하거나 적보다 우세의 전력을 구비해야 된다. 그리고 이런 상황이 되면 손자는 전쟁을 막을 수 있게 된다고 본 것이고,

반대로 그렇지 않을 경우는 전쟁이 발발한다는 생각을 갖고 있다.

그래서 손자는 전쟁이 발생하지 않도록 잘 지키는 최종상태를 제6편 (虛實)에서 제시하고 있다. '我不欲戰 雖劃地而守之 敵不得與我戰者 乖 其所之也'[486]라고 하여 내가 싸우지 않으려 하면 비록 땅에 선만 긋고 지킬지라도 적이 싸움을 걸지 못하는 것은 적이 공격하겠다는 기도가 허물어졌기 때문이라는 점이다. 또한 기도가 허물어졌다는 것은 승산이 없다고 판단한다는 말로 연결할 수 있다.

지금까지의 내용을 정리하면 전쟁이 발발하지 않게 하려면 전쟁에 대비하여 대응할 능력을 이미 갖추었기 때문에, 주도권이 적에게 있는 것이 아니고 나에게 있는 것이어서 비록 땅에 선만 그어놓고 '넘어오지 마라'고만 해도 적이 공격하고자 하는 의도를 포기하도록 강요할 수 있다는 것이다. 그러나 반대로 이런 상태가 갖추어지지 않으면 '잘 대비하거나 지키지 못하여 전쟁이 발발하는 경우'가 된다.

그렇다면 여기서 우리는 누구나 잘 지키면 전쟁을 막을 수 있다는 아주 지극히 당연하면서 단순한 결론을 도출할 수 있으나, 그렇게 하지 못하는 이유가 분명히 존재함을 손자는 제시하고 있다. 손자가 제시한 요인은 군사력이나 장수의 역할을 말할 것도 없거니와 이런 요인 못지않게 힘주어 강조하는 것은 군주(임금)의 역할도 중요한 요인 중에 하나라는 점이다. 즉 임금이 지나치게 군대를 속박(束縛)하게 되면 군대가 혼란하게 되어, 결국은 나라를 잘 지킬 수 없게 되므로 전쟁 역시 막을 수 없는 경우가 된다는 것이다.

이와 관련하여 제3편(謀攻)에 '軍之所以患於君者三, 是謂縻軍, 則軍士

---

486) 我不欲戰 雖劃地而守之 敵不得與我戰者 乖其所之也(아불욕전 수획지이수지 적부득여아전자 괴기소지야)

惑矣, 則軍士疑矣 三軍旣惑且疑 則諸侯之難至矣 是謂亂軍引勝'[487]이라고 말하고 있다. 즉 임금[君] 때문에 군대가 잘못되는 일이 세 가지인데 이를 일컬어 '군을 속박한다(얽어맨다)'고 한다. 군사들은 미혹하게 될 것이고, 의심(불신)할 것이다. 군이 미혹되고 또 불신하면 인접국에서 침공하는 어려움이 닥칠 것이니 이를 일컬어 '군대를 혼란시켜 적이 승리하게 하는 결과, 즉 외세가 침공하게 되면 자멸하는 결과를 초래한다는 것이다.

여기서 손자가 말하는 군대의 일에 군주가 간섭한다는 것은 용병과 관련한 간섭[縻軍]과 군정의 간섭[惑], 군령의 간섭[疑]을 말하는 것으로, 이럴 경우 나의 승리가 아니라 적이 승리할 수 있는 상황으로 끌어들이는[亂軍引勝] 결과, 즉 내가 패할 수밖에 없는 상황이 된다는 점이고 이는 적이 전쟁을 일으키게 되는 직접적인 원인이 되는 것으로 보았다.

나. 국력 고갈이 전쟁을 불러오는 경우

제2편(作戰)에서 '久則鈍兵挫銳 攻城則力屈 久暴師則國用 不足 夫 鈍兵挫銳 屈力殫貨 則諸侯 乘其弊而起'[488]라고 하여 전쟁을 오래 끌면 군사력이 무디어지고 예기가 꺾이고, 성을 공략하면 전력이 약화하고, 군사작전을 오래 하면 국가재정이 부족하게 된다. 무릇 군사력이 무디어져 날카로움이 꺾이고 전력이 약화하고 재정이 고갈되면, 제3국(제후)

---

487) 軍之所以患於君者三、是謂縻軍, 則軍士惑矣, 則軍士疑矣 三軍旣惑且疑 則諸侯之難至矣 是謂亂軍引勝(군지소이환어군자삼, 시위미군, 즉군사혹의, 즉군사의의 삼군기혹차의 즉제후지난지의 시위난군인승)

488) 久則鈍兵挫銳 攻城則力屈 久暴師則國用 不足 夫 鈍兵挫銳 屈力殫貨 則諸侯 乘其弊而起(구즉둔병좌예 공성즉역굴 구폭사즉국용 부족 부 둔병좌예 굴역탄화 즉제후 승기폐이기)

이 그 피폐를 틈타 일어날 것이다. 지금 잘 지킨다고 하더라도 국력이 쇠약해지고 군대의 전투력이 약해지면 또 다른 침략국에 의해 새로운 전쟁으로 이어짐을 강조하고 있다.

이와 관련한 것은 제2부 1장 3절 '군사사상 분석 시 오류와 유의 사항'의 설명을 참조하기를 바란다.

3. 소결론

'전쟁에 대한 이해 및 인식' 분야를 중심으로 손자의 군사사상을 세부적으로 분석한 결과는 다음과 같이 요약할 수 있다.

(표 36) '전쟁에 대한 이해 및 인식'에 대한 손자의 군사사상

범 주	손자의 군사사상
전쟁에 대한 정의 및 수행 신념	• 전쟁의 정의 및 본질 – 나랏일 중에서 가장 중요한 것[國之大事] – 전쟁은 백성의 생사가 달린 것이고 국가의 존망이 달린 것 • 전쟁수행 신념 – 전쟁을 안 하고 이기는 것[不戰勝]이 최선 – 불가피한 전쟁은 단기속결전(短期速決戰)으로 수행
전쟁의 원인에 대한 인식 및 이해	• 내 스스로 전쟁대비가 되어있다는 것을 확신할 정도로 대책을 강구하지 못해 발생 • 적이 공격할 수 없는 태세를 갖추었음을 확신할 정도로 적과 대등하거나 적보다 우세한 전력을 갖추지 못해 발생 • 전쟁 장기화에 따른 국력 고갈로 제3국의 침략을 받아 발생

따라서 (표 36)에서 보는 바와 같이 '전쟁에 대한 이해 및 인식' 분야에 대한 손자의 군사사상을 종합하자면 '전쟁은 국민의 생명과 국가의 존망[死生, 存亡]이 달려있으므로 국가가 하는 일 중에서 제일 중요한 것이므로 섣불리 해서는 안 되며, 불가피하게 전쟁을 해야 할 경우, 단기 속결전(速決戰)으로 하여 국력이 고갈되는 것을 방지해야 한다'는 것으로 요약할 수 있다. 아울러 전쟁이 발생하는 원인에 대해서는 적을 충분히 이길만한 대비태세가 되어있지 않거나 전쟁이 장기화할 경우, 국력이 고갈되어 발생할 수 있기 때문에, 이런 점들을 고려하여 전쟁이 일어나지 않도록 해야 함을 강조하고 있다.

제2절 전쟁에 대비한 군사력건설[養兵]

군사사상 범주를 설명하면서 양병 분야의 세부 내용으로 전쟁억제를 목표로 하는 군사력건설, 억제유형의 선택, 상호 의존형태의 선택, 국방개혁과 군사혁신, 통일 이후를 대비한 한국의 적정 군사력건설, 군사교리 정립과 이를 기초로 체계적인 교육훈련, 군사대비태세 유지 등을 언급하였다. 손자의 전쟁에 대비한 군사력건설과 관련한 군사사상은 전쟁 억제력 확보 또는 전쟁수행능력 확보 측면에서 양병하는 것과 이렇게 양병한 전쟁수행능력이 즉각적으로 임무 수행이 가능하게 하려면, 군사대비태세를 갖추는 것이 필요하다는 측면에서 접근할 필요가 있다.

1. 전쟁수행능력 및 억지력 확보

가. 전쟁수행능력 및 억지력에 대한 인식

전쟁 억제력은 전쟁 발발을 방지하는 능력을 갖추는 것이고, 전쟁수행능력은 전쟁이 발발하였을 때 전쟁을 수행하는 능력을 말한다. 여기서 전쟁을 수행할 능력이란 단순히 적의 의지대로 끌려가는 것이 아니라 나의 의지대로 전쟁을 주도적으로 수행하는 능력이다. 따라서 전쟁억제력과 전쟁수행능력은 별개의 것처럼 보이지만 실제는 대동소이(大同小異)한 것이라고 해도 과언이 아니다. 왜냐하면 전쟁 억제력을 확보하면 전쟁이 발발하는 것을 막을 수 있을 뿐만 아니라 전쟁 발발 시 나의 의지대로 전쟁을 수행할 수 있는 기초를 갖추는 것이기 때문이다. 또한 전쟁수행능력은 전쟁 발발 시 적의 의지대로 끌려가면서 전쟁을 수행하는 것도 있지만, 여기서 말하는 전쟁수행능력은 피동적이기보다는 능동적으로 전장을 주도하여 수행하는 상태를 말한다. 따라서 이럴 경우 적은 전쟁의 결과가 궁극적으로 패배와 같이 불리하게 진행될 가능성이 높아 전쟁을 일으키지 않을 가능성이 높다. 따라서 이럴 경우 전쟁억제력이나 전쟁수행능력이나 같은 것이 될 수도 있다.

손자는 전쟁을 하여 전쟁에서 승리하는 것을 강조하기보다는 전쟁수행능력을 구비하여 전쟁을 억제할 것을 곳곳에서 언급하였다. 제1편(始計)에 '병자 국지대사 사생지지 존망지도 불가불찰야(兵者 國之大事 死生之地 存亡之道 不可不察也)'라고 하여 군사 문제는 나라의 중대한 일이다. 생사와 존망이 걸린 곳이니 깊이 살피지 않을 수 없다. 섣불리 해서는 안 됨을 강조하였다. 제3편(謀攻)에 '凡 用兵之法 全國爲上 破國次之 全軍爲上 破軍次之 (중략) 是故 百戰百勝 非善之善者也 不戰而屈人之兵

善之善者也'[489]라고 하여 용병의 법에 있어서 적국을 온전한 채로 굴복시키는 것이 상책(上策)이오 적국을 깨뜨려서 굴복시키는 것은 차선책(次善策)이다. (중략) 이러한 까닭에 백번 싸워 백번 이기는 것은 최선의 방법이 아니며 싸우지 않고 적군을 굴복시키는 것이 최선의 방법이라고 강조하였다. 이처럼 근본적으로 적과 싸우지 않고 적이 나의 의지대로 움직이게 하는 것이 가장 중요하다. 이를 위한 가장 우선적인 방법이 억제력(전쟁수행능력)을 갖고, 전쟁에 임해서는 궤도를 활용하는 것이라고 말하고 있다. 따라서 전쟁 억제력(전쟁수행능력)을 갖추는 것이 무엇보다 중요함을 말하고 있다.

손자는 구체적으로 전쟁 억제력(전쟁수행능력)에 대해 무엇을 어떻게 말하는지가 중요하다. 이를 위해 손자의 전쟁 억제력(전쟁수행능력)에 대한 인식 중에서 양병을 왜 해야 하는지와 양병의 범위를 어디까지 보는가에 대한 견해를 살펴볼 필요가 있다.

먼저 양병을 해야 하는 이유는 앞에서도 언급되었지만 궁극적으로, 적을 상대로 부전승(不戰勝) 또는 손쉬운 승리[易勝]를 달성하기 위한 것이다. 이를 위해서는 승리의 여건을 창출하는 제승(制勝) 또는 조승(措勝)을 해야 한다. 제승이나 조승을 위해서는 선행조건으로 양병이 이루어져야 한다는 것이다. 즉 제승은 그냥 속임수[詭道, 虛實, 奇計]만으로 이루어지는 것이 아니라 양병이라는 선행과정을 통해 힘을 보유한 상태에서 전쟁을 수행하는 과정에서 다양한 속임수를 써서 승리를 만들어 간다는 것이다.

---

489) 凡 用兵之法 全國爲上 破國次之 全軍爲上 破軍次之 (중략) 是故 百戰百勝 非善之善者也 不戰而屈人之兵 善之善者也(범 용병지법 전국위상 파국차지 전군위상 파군차지 (중략) 시고 백전백승 비선지선자야 부전이굴인지병 선지선자야)

제5편(兵勢)에 '전자 이정합 이기승(戰者 以正合 以奇勝)'[490]이라고 하여 정상적인 방법인 정도(正道)에 의해 군대를 만든[以正合] 다음 용병의 주된 방법인 기도(奇道)에 의해 기세를 발휘하여 승리하는 것[以奇勝]이라고 했다. 이를 보면 기(奇)로서 승리하기 위해서는 이정합(以正合) 즉 정상적인 방법에 따라 군을 만드는 과정이 선행되어야 함을 알 수 있다. 이는 전쟁수행 과정에서 기계(奇計)로써 승리하는 단계로 가기 이전에 먼저 국가가 전쟁을 할 수 있느냐 아니면 없느냐의 문제가 직결되기 때문이다. 즉 먼저 부대를 만들어 군사력을 정상적으로 갖추지 않았다면 적을 상대할 수 있는 힘[正力]에서 먼저 상대가 안 되기 때문에, 적을 상대로 싸운다는 것[合戰] 자체가 불가능하게 된다. 이는 싸우기 이전 이미 국가존망과 관련한 결과가 '존(存)'의 기회를 상실하고 '망(亡)'으로 갈 수밖에 없는 태세에 놓이게 되기 때문이다.

손자의 견해에 의하면 힘을 바탕으로 기(奇)를 활용하여 승리하기 위한 일련의 과정이 제승(制勝)임을 볼 때, 양병은 제승의 가장 기초가 되는 것으로 기계(奇計)를 발휘하여 승리할 수 있는 선결조건이 되는 것임을 알 수 있다.

---

490) 戰者 以正合 以奇勝(전자 이정합 이기승): 이 문구에 대한 해석은 두 가지로 차원에서 해석을 약간 달리하고 있는데, 첫째는 표면적으로 나타나는 전술적 시각이고 다른 하나는 『손자병법』의 전반적인 구조에 맞추어 전략적 차원으로 해석을 해야한다는 주장이다.

먼저 전술적 차원에서 해석을 하면 대체로 싸움이란 정력(正力)으로 대치하여, 기계(奇計)로써 승리하는 것이라고 해석한다. 즉 부대를 투입하여 적과 대치하는 상태에서 속임수를 써서 궁극적으로 승리한다는 의미이다(노병천, 앞의 책, p.124.). 한편 전체적인 『손자병법』의 구조에 따라 해석을 해야 한다는 견해는, 정치적 또는 행정상의 일인 정사(政事)에 따라 정상적인 방법인 정도(正道)에 의해 구성된 군의 형을 만들어[以正合] 용병의 주된 방법인 기도(奇道)에 의해 기세로 발휘하여 승리하는 것[以奇勝]으로 해석한다(이홍복, "손자병법의 재해석", 「군사평론」, p.215.).

다음으로 양병의 범위를 살펴보면 제1편(始計)에서 '경지이오사 교지이계 이색기정(經之以五事 校之以計 而索其情)'이라고 하여 다섯 가지 요건으로[五事] 국력의 기본을 경영하고, 일곱 가지 계로써 비교하여 그 정세를 파악하라고 말하고 있다. 즉 전쟁을 수행할 수 있는 국민적 지지[道], 천시와 지리의 이점을 이용할 수 있는 능력[天, 地], 장수의 능력[將], 군대의 편성과 보급능력[法] 등과 같은 오사(五事)의 구비가 필요함을 말하고 있다. 또한 제3편(謀攻)에 '상병벌모 기차벌교 기차벌병 기하공성(上兵伐謀 其次伐交 其次伐兵 其下攻城)'이라고 하여 최상의 용병법은 적의 의도를 봉쇄하는 것이고, 그다음은 적의 외교(외부 지원 가능성)를 치는 것이고, 그다음은 적군을 치는 것이고, 가장 하수의 방책은 적의 성을 공격하는 것이라고 말하고 있다.

즉 전쟁을 일으켜 직접 적의 성을 공격하기보다는 적의 의도나 외교력을 끊어버리는 것이 더 상책이라고 말하였다. 그런데 이것이 가능하려면 우선 직접적으로 적의 성이나 군대를 공격할 능력을 구비하는 것이 가장 기본이라고 보고 있다. 물론 거기에는 국민적 지지[道], 천시와 지리의 이점을 이용할 수 있는 능력[天, 地], 장수의 능력[將], 군대의 편성과 보급능력[法] 등의 구비가 포함된다. 그리고 그다음에 이를 토대로 외교로서 적국을 지원하지 못하게 하는 능력 등을 구비하거나 적이 계책을 쓰지 못하도록 해야 함을 말하고 있다.

이를 통해 볼 경우 전쟁 억제력 및 전쟁수행능력을 확보하기 위해서는 양병이 필요한데, 손자가 말하는 양병은 단순한 군사력건설만 언급한 것이 아니고 폭넓은 시각에서 제반 국력을 배양하도록 접근하고 있다는 점이다. 즉 군사력뿐만 아니라 국민의 지지, 외교력, 천시와 지리의 이점을 이용할 수 있는 능력 등 다양한 능력까지 육성하고 이를 국가존망(國家存亡)을 위해 활용해야 함을 강조했다. 이로 볼 때 양병을 단순히 부대 수나 무기의 수를 늘리는 것으로만 보지 않고 광의의 시각에서 복합적으로 접근하고 있음을 알 수 있다.

나. 전쟁 억제력(전쟁수행능력)의 확보 기준

손자의 전쟁 억제력(전쟁수행능력) 확보에 대한 기준은 오사[道, 天, 地, 將, 法]이다. 이 다섯 가지 요소로 적국과 상대적으로 따져볼 뿐 아니라 주변 제후들과의 관계를 포함한 국제적 측면에서 좀 더 종합적으로 따져봐야 한다. 그 결과 부족함이 없이 제대로 갖추었으면 전쟁을 예방할 수도 있고, 반대로 내가 전쟁을 일으킬 수도 있다. 그러나 미흡하다면 그 분야를 양병하여 보강해야 한다는 견해이다. 이런 손자의 양병에 대한 기준인 오사는 다음과 같은 네 가지 측면에서 눈여겨볼 필요가 있다.

첫째, 오사(五事)를 기준으로 하되 법(法)이나 도(道)와 같이 어느 특정 분야에만 치우치거나 한정하지 않는다. 손자가 말하는 양병을 직접적으로 표현하자면 군대를 편성하고 무기 및 식량과 수송력을 갖추는 등 전쟁을 할 수 있는 군사력을 구비하는 것으로 볼 수 있다. 이렇게 군사력을 구비하는 것과 관련된 것은 오사 중에서 주로 '법(法)'이 해당한다. 손자가 말하는 법은 군대의 편성 · 인사 · 수송 · 장비 · 보급 등을 의미한다. 하지만 손자의 견해는 양병이 직접적으로 '법'과 연계된다고 할지라도 법만 갖고 해결될 문제가 아니라고 봤다. 왜냐하면 이렇게 법을 충족시킬 수 있는 것은 바로 국민 그 자체이고 국민의 참여[道]가 전제되어야 하기 때문이다. 즉 아무리 편성을 잘했다 해도 충원할 병력이 없거나 아무리 좋은 장비를 갖추려고 계획했더라도 국민한테서 나오는 세금이 없으면 불가능해진다. 게다가 도와 법이 충족되어 그나마 부대를 갖추었더라도 유능한 장수[將]가 없거나 시기[天]가 맞지 않거나 지형[地]

이 불리하면 오합지졸에 불과한 부대가 되거나 아니면 부대가 한순간에 궤멸할 수도 있다.

물론 손자가 노자의 도가사상으로부터 영향을 받았기 때문에 도를 먼저 내세워 강조했다고 볼 수도 있지만,[491] 『맹자(孟子)』에 이르길 인심을 얻는 것이 곧 천하를 얻는 것[得其民斯得天下矣]이라 했듯이 정치와 군사 업무는 백성의 지지가 근본이 되기 때문인 점도 있다. 그렇다고 맨 앞에 언급되는 '도'가 가장 중요하고 맨 마직막인 '법'이 덜 중요하다는 의미는 아니다. 일반적인 양병의 시각에서 본다면 오사 중에서 '법'을 가장 비중 있게 다루어야 할 것이지만 손자는 법이 단지 오사 중의 하나일 뿐 전체가 아니라고 본다. 이는 앞서 언급한 바와 같이 道, 天, 地, 將과 분리되어 法만 갖고 양병을 할 수 없기 때문이다. 따라서 양병을 한다는 것은 오사를 기준으로 적에게 부족한 것을 구비하되, 궁극적으로 오사를 골고루 갖추고 활용할 수 있는 능력을 구비해야 하는 것이다.

둘째, 나의 노력으로 양병할 수 있는 것과 그렇지 않을 것을 모두 양병의 대상으로 삼고 있다는 점이다. 국민의 지지기반을 획득[道]한다거나 장수의 능력을 키운다거나[將], 군대를 편제[法]하는 것은 나의 노력에 따라 양병이 가능한 분야이다. 그러나 기후, 기상, 적절한 시간과 같은 '천(天)'이나 공간과 관련한 지정학·지리학적 조건인 '지(地)'는 나의 노력으로 필요한 능력을 배양할 수 있는 것이 아님에도 양병의 중요한 대상으로 포함하고 있다. 이는 천지(天地) 요소가 비록 나의 노력으로 양병할 수 있는 분야는 아니지만, 이 요소는 내가 양병해 놓은 도장법(道將法) 요소를 효과적으로 활용하거나 반대로 활용하지 못하게 할 수 있기 때문에, 간접적으로 양병을 하는 것과 같게 되기 때문이다. 즉 천

---

491) 지종상, 앞의 논문, p.67.

지(天地) 요소는 직접적으로 양병하는 대상이 아니라 천지요소의 '활용 능력'을 배양함으로써 도장법(道將法)의 효과를 극대화하면 이 둘은 승수효과를 내어 군사력이 증가하는 효과가 발생한다. 역으로 말하면 도장법을 갖추더라도 천지요소를 효과적으로 활용하지 못하는 경우 도장법의 효과가 감소하여 상대적으로 양병을 제대로 못한 것이나 다름없는 역효과가 발생한다. 그러므로 천지요소는 직접적으로 양병할 수 있는 것은 아닐지라도 양병의 한 분야가 되는 것이다.

셋째, 눈으로 실제 볼 수 있는 물질적인 양병과 그렇지 않은 비물질적 양병 분야를 포함한다는 점이다. 부대 편제, 수송, 전투근무지원과 같이 실체가 있거나 물질적인 분야는 어떤 것을 양병하는 것인지 손에 잡힌다. 그러나 기상, 날씨, 적절한 시점과 같이 인간의 한계를 넘어서 일종의 운이 좌우되는 비물질적 요소인 '천'과 같은 것들은 어떻게 하는 것이 양병하는 것인지 쉽게 손에 잡히질 않는다. 즉 몇 개의 부대를 증강하거나 대포 몇백 문을 새로 생산하여 배치하는 등과 같은 물질적인 것 외에 천지와 같은 요소도 양병을 해야 할 대상으로 봄으로써 물질적 양병에 국한되어있지 않음을 알 수 있다. 이는 위에서 설명한 바와 같이 천지요소를 직접적으로 양성하는 것이 아니라 이런 분야에 대한 활용법을 키움으로써 양병효과를 얻게 되어, 일종의 비물질적인 양병에 해당한다고 볼 수 있다. 이처럼 손자는 부대 수나 무기와 같은 눈에 보이는 것뿐만 아니라 눈에 보이지 않는 비물질적인 부분까지 양병의 범위를 넓게 보고 있음을 알 수 있다.

넷째, '천지'는 국제 관계를 통한 상대적 국력 증강을 꾀하고자 하는 것을 포함한다. '천지'는 기상, 날씨, 적절한 시점, 지정학·지리학적 조건 등을 의미하며 이는 도장법(道將法) 요소로 구비한 전력의 효과를 증대시키거나 감소시켜 간접적으로 양병효과에 영향을 미친다고 언급했다. 그런데 천지는 이뿐만 아니라 국제 관계를 통한 양병효과 획득도 연관이 있다.

손자는 천과 지를 조화시켜 주변국 및 적국과 아국의 상대적 관계인 국제 관계 내지는 아국 내부의 인간 관계를 긍정 또는 부정적으로 조성하는 것이라고 보고 있다. 제8편(九變)에 '屈諸侯者 以害 役諸侯者 以業 趨諸侯者 以利'[492]라고 하여 인접국 또는 제후들을 굴복시키려면 해로움을 보여 주고, 이들을 부리려면 일거리를 만들어 주고, 가담하게 하려면 이로움을 보여 주어야 한다고 했다. 물론 이 뜻은 제후(인접국)를 다룰 때 손해, 과업, 유익함을 섞어 실행하면서 그들을 장악해야 함을 강조한 것이다. 그런데 이 과정에서 제후들 마음의 작용과 상태가 긍정적으로 일어날 수 있는 동기가 부여된 상태나 시점[天]을 조성하는 노력이 우선 필요하다. 또한 제후들이 반기를 들거나 내편에 가담하게 되면, 바로 인접해 적이 생기거나 아군이 생기는 격이 되어, 지정학 · 지리학적 [地]으로 나의 군사력을 강화시키거나 약화시키는 결과가 된다. 이처럼 '도' '장' '법'뿐만 아니라 '천 · 지'를 활용한 국제 관계의 시각에서 절대적인 결과가 아닌 상대적인 국력 증강방안을 강조했다.

다. 전쟁 억제력(전쟁수행능력) 확보의 최종상태

1) 군사 분야로 한정한 직접적인 최종상태

먼저 군사적으로 제시된 것은 제2편(作戰)에 '馳車千駟 革車千乘 帶甲 十萬 千里饋糧 則內外之費 賓客之用 膠漆之材 車甲之奉 日費千金 然後

---

492) 屈諸侯者 以害 役諸侯者 以業 趨諸侯者 以利(굴제후자 이해 역제후자 이업 추제후자 이리)

十萬之師 擧矣'[493]라고 하여 전차 1,000대, 치중차 1,000대, 무장병력 10만 명과 천리 밖까지 보급할 양식을 준비하려면, 국내·외에서 사용하는 비용, 외교사절 접대비, 무기의 정비·수리용 자재, 수레와 갑옷 조달 등 날마다 천금이라는 큰 돈이 소요된다. 따라서 그런 것을 준비한 연후에야 비로소 10만의 군사를 일으킬 수 있다는 것이다.

물론 이것은 적국(敵國)으로 원정(遠征)하여 전쟁을 하려면 엄청난 병력과 장비 및 국가재정이 필요하다는 것을 강조하기 위한 측면이 강하다. 표면적으로는 전쟁 억제력(전쟁수행능력)을 확보하거나 전쟁에서 승리하기 위해 적국으로 원정하여 전쟁을 수행할 수 있는 적어도 10만의 군대를 편성할 수 있는 무장력과 매일 천금[日費千金]이 소요되는 막대한 경제력이 뒷받침되어야 한다는 의미이다.

실제 손자가 생존했던 춘추시대 각 나라마다 전차의 규모가 200~1,000승(乘)이었고 기타 식량을 운반하는 보급병 등을 포함하여 전차 1승당 병력이 약 100여 명으로 구성되어있어 병력규모는 대략 2만~10만 명 정도였다.[494] 군사 분야로 한정하여 직접적인 최종상태를 그 당시의 기준으로 본다면, 약 10여만 명의 군사력과 전쟁 발발 시 매일 천금의 비용을 충당할 국력을 확보하고 있어야 전쟁을 방지하거나 아니면 적국으로 공격하여 승리할 수 있는 토대가 마련되는 것이라고 볼 수 있다.

---

493) 馳車千駟 革車千乘 帶甲十萬 千里饋糧 則內外之費 賓客之用 膠漆之材 車甲之奉 日費千金 然後 十萬之師 擧矣(치차천사 혁차천승 대갑십만 천리궤량 즉내외지비 빈객지용 교칠지재 차갑지봉 일비천금 연후 십만지사 거의)

494) 군사학연구회(2014), 앞의 책, p. 25.; 김광수, 『손자병법』(서울: 책세상, 2006), p.54.

2) 포괄적인 최종상태

위에서 말한 직접적인 군사력과 재정 능력 외에 손자가 진정으로 갈 망하는 포괄적인 전쟁 억제력(전쟁수행능력) 확보는 다음과 같이 두 가지 중 하나가 충족하는 상태를 가져야 한다.

첫째, 국가의 이익에 맞게 상황을 통제할 수 있는 능력[勢]을 갖춘 상태를 말한다. 제1편(始計)에 '計利以聽 乃爲之勢 以佐其外 勢者 因利而制權也'[495]라고 하여 앞의 오사칠계에 따라 적대국을 상대로 국력을 저울질한 다음 저울질한 결과가 국익에 도움이 된다고 판단되면 이에 따라 부족한 능력을 키워 세(勢)를 만들어 이를 실제 밖으로 드러내 즉각적으로 활용할 수 있어야 한다는 것이다. 왜냐하면 세(勢)라는 것은 국익을 기준으로 상황에 따라 국익에 유리하게 조정·통제하여 활용할 수 있어야 하기 때문이다.

둘째, 적이 나를 이기지 못할 태세를 갖추는 것으로 일(鎰)로 수(銖)를 저울질하는 것과 같은 절대적 우위 능력 확보를 의미한다. 제4편(軍形)에 '勝兵 若以鎰稱銖 敗兵 若以銖稱鎰 勝者之戰 若決積水 於千仞之谿者 形也'[496]라고 하여 승리하는 군대는 일[鎰 = 576銖]로써 수(銖)를 저울질하는 것과 같고, 패하는 군대는 수로써 일을 저울질하는 것과 같다. 또한 이기는 자의 싸움이 마치 천길 계곡 위에 막아둔 물을 터뜨리는 것과 같은 것이 군의 태세[形]라는 것이다. 즉 한두 배도 아닌 월등하게 차이가 나는 힘으로 약한 상대에 대응하는 태세이다. 이것을 구체적으로 묘사하면 천길 꼭대기에서 막아놓았던 물을 일제히 터뜨려 계곡을 완전히

---

495) 計利以聽 乃爲之勢 以佐其外 勢者 因利而制權也(계리이청 내위지세 이좌기외 세자 인리이제권야)

496) 勝兵 若以鎰稱銖 敗兵 若以銖稱鎰 勝者之戰 若決積水 於千仞之谿者 形也(승병 약이일칭수 패병 약이수칭일 승자지전 약결적수 어천인지계자 형야)

휩쓸고 갈 수 있는 절대적인 우위의 능력을 갖춘 것과 같은 상태이다.

이런 상황이 되면 제4편(軍形)에 첫머리에서 언급한 '선위불가승 이대적지가승(先爲不可勝 以待敵之可勝)'이라고 하여 적이 이기지 못할 나의 태세를 먼저 갖추고 적의 허점 또는 내가 활용할 수 있는 적의 약점이 조성되기를 기다렸다가 이를 활용하여 승리가 가능해진다. 여기서 선위불가승(先爲不可勝)이 양병의 최종상태라고 볼 수 있겠다. 불가승은 내가 불가한 게 아니고 적이 나에게 불가한 것으로 적이 나를 이기지 못할 상태를 말한다. 즉 내가 이미 적보다 강해져서 적이 승리할 수 없는 국면에 처하도록 나에 의해 적이 강요당하는 상태를 말한다.

또한 제8편(九變)에 '無恃其不來 恃吾有以待也 無恃其不攻 恃吾有所不可攻也'[497]라고 하여 적이 오지 않을 것이라 믿지 말고, 나에게 적을 대비하는 태세가 있음을 믿어야 한다. 적이 공격하지 않을 것이라 믿지 말고 나에게 적이 공격할 수 없는 태세가 있음을 믿어야 한다고 했다. 즉 적이 올 경우 나는 대처할 방법[態勢]을 갖추고 있기 때문에, 적이 감히 올 수 없는 상황에 처하게 되는 것이다. 만약 적이 공격할 경우 적이 패할 수밖에 없는 상황을 내가 만들어 놓았기 때문에 이 또한 적이 감히 공격할 수 없는 상태가 되어야 한다는 것이다.

흔히 양병이라고 하면 군사력 10만 명이니 30만 명이니 하는 식의 군대규모나 무장 등을 갖추는 것만 생각하는 경향이 있다. 손자가 말하는 양병은 병력과 무장, 장수의 자질, 외교력 또는 국민적 지지기반 등 모든 국력요소를 구비[乃爲之勢]하여 국익에 맞게 상황을 조정·통제할 수 있는 상태를 말한다. 더불어 적이 나를 이기지 못할 태세를 갖추어[先爲

---

497) 無恃其不來 恃吾有以待也 無恃其不攻 恃吾有所不可攻也(무시기불래 시오유이대야 무시기불공 시오유소불가공야)

不可勝, 吾有以待, 吾有所不可攻] 만약 적과 전쟁수행 시 마치 500배[鎰稱銖]가 넘는 우세한 군사력(국력)으로 대응하는 것과 같은 상태[勢]를 구비하는 것이다.

2. 군사대비태세 유지

군사대비태세 유지는 앞서 전쟁 억제력 및 전쟁수행능력 확보 측면과 연계되고 많은 내용이 중복되는 것이지만, 전쟁 억제력 및 전쟁수행능력 확보 측면에서 양성한 전투력이 즉각적으로 전투력을 발휘하도록 평시부터 준비태세를 갖추는 것이 부대를 편성하고 무기를 구비하는 것 못지않게 중요하다.

군사대비태세 유지와 관련한 내용은『손자병법』의 제4편(軍形)과 제8편(九變)에 주로 포함되어 있다. 따라서 군사대비태세에 대한 손자의 사상에 대해 이 두 편을 중심으로 군사대비태세에 대한 시각, 군사대비태세의 목표, 군사대비태세의 이상적인 모습 등으로 구분하여 살펴보고자 한다.

가. 준비태세에 대한 시각

『손자병법』에서 준비태세와 관련하여 직접적으로 정의하거나 제시한 것은 없다. 그러나 제4편(軍形)에 미리 이길 수 있는 상황을 만들어 놓고 전쟁에 임하는 것을 강조하는 데서[勝兵 先勝而後 求戰 敗兵 先戰而後 求勝][498] 맥락을 찾을 수 있다.

---

498) 勝兵 先勝而後 求戰 敗兵 先戰而後 求勝(승병 선승이후 구전 패병 선전이후 구승) : 승리하는 군대는 먼저 이겨놓고 싸움을 구하고, 패배하는 군대는 먼저 싸움을 시작

구체적인 내용을 살펴보면 먼저 '昔之善戰者 先爲不可勝 以待敵之可勝 不可勝 在己 可勝 在敵 (중략) 不可勝者 守也 可勝者 攻也'[499]라고 하여 옛날에 잘 싸우는 사람들은, 적이 이기지 못할 나의 태세를 먼저 갖추고 내가 이길 수 있는 적의 약점이 조성되기를 기다렸다고 하였다. 그래서 적이 이기지 못할 태세는 나에게 달렸고 내가 이길 수 있는 적의 약점 조성은 적에게 달려있다. (중략) 나를 이기지 못하게 하는 것은 나를 지키는 태세에 달려있고, 내가 적의 약점을 활용하여 이길 수 있게 해주는 것은 나의 공격 태세라고 강조하고 있다. 즉 잘 싸우는 사람들의 승리 비결은 적이 이기지 못할 나의 태세 또는 내가 이길 태세를 먼저 갖추는 것이라는 점이다. 그래서 방어를 해도 지지 않는 것은 '守也(수야)', 즉 나를 지키는 태세가 구비되었기 때문이고, 반대로 내가 적을 공격하여 이길 수 있는 것은 '攻也(공야)', 즉 내가 공격할 태세를 갖추었기 때문이라는 것이다.

또한 제4편(軍形)에서 '善用兵者 修道而保法 故 能爲勝敗之政[500]'이라고 하여 용병을 잘하는 자는 도(道)에서 법(法)까지의 오사(五事)를 잘 길러야[養兵, 國力增强] 하는데 그 이유는 그래야만 능히 적을 패배시켜 승리를 얻을 수 있게 되는 것이라고 말하고 있다. 즉 도에서 법까지 잘 양병하여 힘을 육성[修道而保法]함으로써 승패를 좌지우지할 수 있는 주동적 위치를 확보[能爲勝敗之政]하는 것이 되므로 이는 곧 군사대비태세를 갖춘다는 의미가 된다. 이처럼 문구만을 직역할 경우 이 구절과 준비태세와는

한 후에 승리를 구하려 한다. 먼저 이겨놓고란
499) 昔之善戰者 先爲不可勝 以待敵之可勝 不可勝 在己 可勝 在敵 (중략) 不可勝者 守也 可勝者 攻也'(석지선전자 선위불가승 이대적지가승 불가승 재기 가승 재적 (중략) 불가승자 수야 가승자 공야)
500) 善用兵者 修道而保法 故 能爲勝敗之政(선용병자 수도이보법 고 능위승패지정)

어떤 연계성이 있는지 명쾌하게 연결이 잘 안 된다. 그래서 좀 더 구분해서 각각의 의미를 살펴본 다음 전체의 의미를 되새겨볼 필요가 있다.

먼저 '수도이보법(修道而保法)'에서 말하는 것은 도(道)에서 법(法)까지의 오사(五事)를 의미하며 글자 그대로 도나 법만을 의미하는 것은 아니다. '도자영민여상동의(道者令民與上同意)'라고 하여 도(道)라는 것은 백성이 임금과 뜻을 같이한다는 의미로 국민적 지지를 의미한다. 수(修)라는 것은 잘 기르거나 돈독히 한다는 의미이기 때문에, '修道'의 의미는 정치를 잘하여 국민적 지지기반을 돈독히 한다는 의미가 된다.

또한 '보법(保法)'에서 법은 '법자곡제관도주용야(法者曲制官道主用也)'라고 하여 법이란 편성 및 지휘통신[曲制], 인사와 도로 및 수송[官道], 장비와 보급[主用]을 의미하므로 부대를 편성하고 지휘체계를 확립할 뿐만 아니라 인사 및 군수(軍需)와 같은 전쟁지속능력 구비를 의미한다. 보(保)라는 것은 지키거나 보호하고 잘 집행하는 것을 의미한다. 따라서 '保法'이란 부대를 편성하고 지휘체계를 구비하며 작전지속능력을 구비하여 이것이 잘 보장되도록 체계를 갖추는 것을 의미한다.

이처럼 '수도이보법(修道而保法)'은 국민적 지지기반을 공고히 하고, 부대를 편성하고 전쟁지속능력을 구비한다는 의미이다. 그렇다면 오사(五事) 중에서 왜 도와 법만 언급했는지를 따져볼 필요가 있다. 오사인 도천지장법(道天地將法) 중에서 천과 지는 인위적으로 양성하기가 제한되는 요소이므로 결국 도장법(道將法)이 인위적으로 양성할 수 있는 대상이다. 그중에서 장[將, 君主]은 양병을 수행하여 준비태세를 갖추어야 하는 직접적인 주체가 되므로 오사 중에서 그나마 준비태세를 갖추는 데 객체가 되는 도(道)와 법(法)을 잘 양성하는 것이 중요한 사항이 된다. 그러므로 오사가 모두 관련이 있지만 우선 양성해야 하는 것은 도와 법이기 때문에 모두를 직접 언급하지 않고 도와 법에 비중을 더 둔 것이다.

이상을 종합해 볼 때 손자가 말하는 군사대비태세란 방어와 공격을 할 수 있는 태세를 미리 구비하는 것[不可勝者 守也 可勝者 攻也]이다. 이는 오사를 기준으로 양병을 하여 힘을 갖고 주동적인 상태에 있는 것을 의미한다. 그중에서 군사대비태세를 갖추되 나의 의지만으로는 배양이 제한되는 천지(天地) 요소에 치중하기보다는 실질적으로 나의 의지로 능력 배양이 가능한 국민적 지지기반을 획득하는 것[道]과 부대를 편성하고 전쟁지속능력[法]을 우선 구비한다면, 이것이 바로 전쟁을 수행하거나 전쟁 시 대응할 수 있는 태세를 갖추는 것이 된다는 의미임을 알 수 있다. 그리고 천지요소는 앞서 '전쟁 억제력 및 전쟁수행능력 확보' 부분에서도 언급했듯이 직접 양병하는 것이 아니라 천지에 대한 '활용능력'을 키움으로써 간접적으로 양병하여 준비태세를 갖추는 결과를 가져올 수 있게 된다.

나. 준비태세의 목표

손자가 말하는 준비태세에 대한 목표 또는 최종상태는 먼저 이겨놓고 싸움을 구하며 패하지 않을 태세에 서서 적이 패배할 수밖에 없는 기회를 놓치지 않을 뿐만 아니라 적이 이기지 못할 태세를 내가 먼저 구비하는 것[先勝而後求戰, 立於不敗之地 而不失敵之敗也, 先爲不可勝][501]이다. 먼저 이겨놓고 싸움을 구한다는 것[先勝而後求戰]이나 적이 이기지 못할 태세를 내가 먼저 구비하는 것[先爲不可勝]은 정치, 외교, 군사 분야 등에

---

501) 先勝而後求戰, 立於不敗之地 而不失敵之敗也, 先爲不可勝(선승이후구전, 입어불패지지 이불실적지패야, 선위불가승)

서 다양한 조치를 취해 승리할 조건을 미리 만들어 놓은 것인데, 특히 군사 분야의 조치를 보면 양병을 통한 준비태세를 갖추어야 한다는 의미이다. 이를 좀 더 구체적으로 표현한 것이 나에게 적이 오는 것에 대한 대비가 있음을 믿을 수[恃吾有以待也]있어야 하고, 또한 나에게 적을 공격할 수 있는 태세가 있음이라고 믿을 수 있을 정도[恃吾有所不可攻也]의 상태라고 말하고 있다.

이와 관련하여 제4편(軍形)에서 '석지선전자 선위불가승 이대적지가승(昔之善戰者 先爲不可勝 以待敵之可勝)'이라고 하여 옛날에 잘 싸우는 사람들은, 적이 이기지 못할 나의 태세를 먼저 갖추고 적에게 내가 이길 수 있는 약점이 조성되기를 기다렸다고 하였다. 즉 아무것도 안 하고 무작정 때를 기다리는 것이 아니라 내가 갖출 것을 먼저 갖추고 적의 허점이 드러나기를 기다리는 것이다.

또한 제8편(九變)에 '無恃其不來 恃吾有以待也 無恃其不攻 恃吾有所不可攻也'[502]라고 하여 적이 오지 않을 것이라 믿지 말고 나에게 적을 대비하는 태세가 있음을 믿어야 하며, 적이 공격하지 않을 것이라 믿지 말고 나에게 적이 공격할 수 없는 태세가 있음을 믿어야 한다는 것이다.

여기서 믿음은 앞의 '전쟁의 원인에 대한 인식 및 이해 측면'에서도 설명한 바와 같이 나에게 적이 언제 공격해 와도 대응할 수 있는 태세가 있음을 믿을 수 있게 해야 한다는 것이다. 이것은 나 스스로 대비태세를 갖추어 적이 공격할 수 없는 상태를 만들어 놓은 것에 대해 내가 확신할 수 있도록 해야 한다는 조건적인 믿음을 의미한다.

---

502) 無恃其不來 恃吾有以待也 無恃其不攻 恃吾有所不可攻也(무시기불래 시오유이대야 무시기불공 시오유소불가공야)

다. 군사대비태세의 이상적인 모습

군사대비태세에 대한 이상적인 모습은 제4편(軍形)과 제5편(兵勢)에 잘 나타나 있다. 제4편(軍形)에 '勝者之戰 若決積水於千仞之溪者 形也'라는 문구와 제5편(兵勢)에 '善戰人之勢 如轉圓石於千仞之山'[503]이라는 내용이 있다. 제4편에서는 이기는 자의 싸움이 마치 천길 계곡 위에 막아둔 물을 터뜨리는 것과 같은 형세라고 했다. 제5편에서는 싸움을 잘하는 자의 세는 천길 산꼭대기에서 둥근 돌을 굴리는 것과 같다고 말함으로써 둘 다 모두 즉각적으로 활용할 수 있는 압도적이고 막강한 힘을 가진 상태임을 알 수 있다.

더 나아가 적국을 공격하거나 적국의 침략을 방어하는 상황에서 이러한 군사대비태세가 어떻게 나타나는지에 대한 구체적인 언급이 있다. 제4편(軍形)에 '善守者 藏於九地之下 善攻者 動於九天之上 故 能自保而全勝也'[504]라고 하여 잘 지키는 자는 깊은 땅속에 숨은 것같이 하고, 공격을 잘하는 자는 하늘 위에서 움직이듯이 하여 능히 자신을 보존하고 승리를 온전히 할 수 있는 것이라고 했다. 또한 제6편(虛實)에 '我不欲戰 雖劃地而守之 敵不得與我戰者 乖其所之也'[505]라고 하여 내가 싸우지 않으려 하면 비록 땅에 선만 긋고 지킬지라도 적이 싸움을 걸지 못하는 것은 적이 기도하는 바를 허물어뜨리기 때문이라고 말하고 있다.

이로 볼 때 적국의 '침략을 방어하는 상황'에서 이상적인 군사대비태

---

503) 제4편: 勝者之戰 若決積水於千仞之溪者 形也(승자지전 약결적수어천인지계자 형야), 제5편: 善戰人之勢 如轉圓石於千仞之山(선전인지세 여전원석어천인지산)

504) 善守者 藏於九地之下 善攻者 動於九天之上 故 能自保而全勝也(선수자 장어구지지하 선공자 동어구천지상 고 능자보이전승야)

505) 我不欲戰 雖劃地而守之 敵不得與我戰者 乖其所之也(아불욕전 수획지이수지 적부득여아전자 괴기소지야)

세의 모습은 천길 꼭대기 위에 막아둔 물 또는 낭떠러지로 굴러 내리려 하는 돌덩이와 같은 엄청난 힘을 갖고서 다음과 같은 두 가지 형태로 나타난다고 볼 수 있다.

첫째, 강한 에너지를 갖고 깊은 땅속에 숨은 것[藏於九地之下] 같이 함으로써 적이 나의 기도와 능력을 알 수 없는 은밀성과 견고성을 포함한 상태가 되어야 한다는 것이다. 이는 내가 견고한 태세인 반면, 적은 나에 대한 정보 부족 등으로 쉽게 공격할 수 없게 되어 나 스스로 보존하는[自保] 결과가 된다는 것이다.

둘째, 비록 땅에 선만 긋고 지킬지라도[雖劃地而守之] 적이 싸움을 걸지 못하는 상태가 되어야 한다는 것이다. 선만 그어도 방어가 가능한 이유는 적이 기도하는 바를 허물어뜨리기 때문이라는 것이다. 땅에 선만 긋는 데도 방어할 수 있다? 그것은 적에게 내가 방어력이 있을 것이라는 확신이 섰기 때문이고, 나아가 공격을 하더라도 승산이 없어 얻을 것이 없으므로 적이 공격하지 못한다는 의미이다. 이렇게 되기 위한 전제조건은 나에게 준비태세가 갖추어졌기[先爲不可勝] 때문이다.

적국을 '공격하는 상황'에서 이상적인 군사대비태세의 모습은 엄청나게 크고 힘센 새가 하늘 위에서 자유롭게 장애물 없이 주도적으로 날아가서 잽싸게 공격할 수 있는 태세[動於九天之上]를 갖춘 것이라고 말하고 있다. 이것이 가능하기 위해서는 일단 힘을 품고 있어야 하고[積水, 鷙鳥, 彍弩], 다음으로 자유롭고 주동적으로 조치할 수 있어야 한다. 손자는 단순하게 큰 새가 하늘을 나는 것 자체에 비중을 둔 것이 아니라 제5편(兵勢)에서 말하는 '지조지질 지어훼절자 절야(鷙鳥之疾 至於毁折者 節也)'라고 하여 커다란 새의 빠른 습격을 통해 먹잇감의 뼈를 꺾어 버리듯 하는 것이 절(節)이라는 것이다. 즉 공격을 위한 이상적인 군사대비태세의 모습으로 절(節)의 능력을 가져야 하는데 이는 엄청난 힘을 가진 맹금류 같은 큰 새가 하늘을 날다가 순식간에 지상에 있는 먹잇감의 목을 부러뜨리면서 낚아챌 수 있을 정도의 태세를 갖추는 것이라고 말하고 있다.

3. 소결론

'평시 양병' 분야를 중심으로 손자의 군사사상을 세부적으로 분석한 결과는 다음과 같이 요약할 수 있다.

(표 37) 평시 양병 분야에 대한 손자의 군사사상

범 주	손자의 군사사상
전쟁 억제력 및 전쟁수행능력 확보	• 전쟁 억제력/전쟁수행능력에 대한 인식 　− 양병의 범위: 단순한 군사력건설뿐만 아니라 국민의 지지와 외교력 등 다양한 잠재능력까지 육성 　− 양병의 이유: 힘[勢, 正力]을 바탕으로 기(奇)를 활용하여 승리하기 위한 일련의 과정인 제승(制勝)의 출발점 • 전쟁 억제력 / 전쟁수행능력의 확보기준: 오사(五事) • 전쟁 억제력 / 전쟁수행능력 확보의 최종상태: 병력과 외교력 등 모든 국력요소를 구비하여 국익에 맞게 상황을 조정·통제할 수 있는 상태이거나 적이 나를 이기지 못할 태세를 갖춘 상태
군사대비태세 유지	• 준비태세에 대한 시각: 오사를 기준으로 양병을 하여 힘을 갖추어 주동적인 상태 　* 나의 의지로 배양이 가능한 국민적 지지기반 획득[道]과 부대 편성 및 전쟁지속능력 구비[法]가 우선 중요 • 준비태세의 목표: 적이 이기지 못할 태세를 내가 먼저 구비하는 것[先爲不可勝] • 군사대비태세의 이상적인 모습: 즉각적으로 활용할 수 있는 압도적이고 막강한 힘을 가진 상태[決積水於千仞之溪]

위에서 보는 바와 같이 '전쟁에 대비한 군사력건설' 분야에 대한 손자의 군사사상을 종합하자면 전쟁을 하지 않고 이기는 것[不戰而屈人之兵]이 최선이므로 전쟁 억제력 및 전쟁수행능력을 확보해야 한다. 이는 오사를 기준으로 부족한 것은 양병을 하되 군사력뿐만 아니라 외교력 등 다양한 잠재적 국력까지 양성해야 한다. 양병의 최종상태는 국익에 맞게 상황을 조정·통제할 수 있는 상태이다. 이처럼 손자가 말하는 양병의 의미는 직접적으로는 군사력을 양성하는 것을 말하지만, 당시의 시대 상황을 고려하면 전쟁이 국가의 전부라고 해도 과언이 아니므로 양병의 범위에는 국민의 지지기반을 얻는 것, 기상과 지형을 적절히 활용하는 능력을 갖추는 것, 경제력, 외교력 등과 같은 것을 포함한 제반 국력을 키우는 것을 의미하므로 양병에 대한 광의의 관점에서 접근하고 있음을 알 수 있다.

또한 양성된 국력이 즉각적으로 위력을 발휘하기 위해 대비태세를 유지해야 하는데, 이는 천길 절벽 꼭대기에 모아 둔 물을 터뜨리는 것처럼 즉각적으로 활용할 수 있는 압도적이고 막강한 힘[若決積水 如轉圓石於千仞之山 形勢]을 갖는 것으로 요약할 수 있다. 그리고 이런 상태를 갖추어 놓아야 적이 나를 넘볼 수 없는 조건이 된다는 점이면서, 반대로 내가 적을 공격할 수 있는 상태가 된다는 점을 강조한 것이다.

제3절 전시 군사력으로 전쟁수행[戰時用兵]

전시 군사력으로 전쟁수행[戰時用兵]과 관련한 손자의 군사사상은 『손자병법』 전편(全篇)에 걸쳐 다양한 내용으로 표현되고 있다. 이것이 반드시 전시로 한정된 용병(用兵)을 말하는 것은 아니다. 일례로 제8편(九變)을 보면 전·평시 상황에 따라 외교와 용병을 하면서 모든 상황에는 이로움과 불리함이라는 양면성이 존재하므로 이런 이치를 이해하고 전·평시를 막론하고 원칙과 변칙을 상황에 맞게 활용하는 것이 필요하다는 것을 아래와 같이 강조하고 있다.

故將通於九變之利者 知用兵矣 將不通於九變之利者 雖知地形 不能得地之利矣 治兵不知九變之術 雖知五利 不能得人之用矣 (중략) 是故屈諸侯者以害 役諸侯者以業 趨諸侯者以利 故用兵之法 無恃其不來 恃吾有以待也 無恃其不攻 恃吾有所不可攻也(고장통어구변지리자 지용병의 장불통어구변지리자 수지지형 불능득지지리의 치병부지구변지술 수지오리 불능득인지용의 (중략) 시고굴제후자이해 역제후자이업 추제후자이리 고용병지법 무시기불래 시오유이대야 무시기불공 시오유소불가공야)

장수가 상황에 따라 때로는 원칙으로 때로는 변칙으로 용병하는 구변(九變)의 이점에 통달하면 용병법을 잘 아는 것이요. 장수가 구변의 이치를 통달하지 못한다면 비록 지형을 안다고 하더라도 지형의 이점을 능히 활용하지 못할 것이요. 군대를 운용함에 있어서 다양한 상황에 따라 부하를 다루는 무궁한 방법인 구변의 활용법을 모른다면 비록 몇 가지의 이점[五利]을 안다고 하더라도 군대운용의 요체를 얻지는 못할 것이다. (중략) 인접국을 굴복시키려면 해로움을 보여주고, 인접국(제후)을 활용하려면 거기에 맞는 역할을 만들어 주고, 인접국이 우리 편에 서게 하려면 이로움을 주어야 한다. 그러므로 용병의 법에, 적이 오지 않을 것이라 믿지 말고 나에게 적을 대비하는 만반의 태세가 있음을 믿어야 한다. 적이 공격하지 않을 것이라 믿지 말고 나에게 적이 공격할 수 없는 태세가 갖추어져 있음을 믿어야 한다.

이처럼 장수는 용병을 하면서, 원칙으로 때로는 변칙으로 용병하는 구변(九變)의 이점에 통달해야 함을 강조했다. 또한 인접국에 굴복시키려면 해로움을, 활용하려면 거기에 맞는 역할과 이익을 줘야 함을 강조하고 있다. 더불어 적이 공격하지 않을 것이라 믿지 말고 나에게 적이 공격할 수 없는 태세가 갖추어져 있어야 함을 강조하였다. 이는 당시의 시대 상황을 고려하면 전쟁이 전시는 물론이거니와 평시에도 국가의 전부라고 해도 과언이 아닐 정도였으므로 이 둘은 많이 혼재되어있다. 따라서 전시 용병이란 전쟁이 불가피할 경우 전쟁에서 승리하기 위한 용병이지만, 평시란 전쟁을 억제하거나 전쟁을 대비한 준비단계이므로 주변국과의 외교나 제후(인접국)를 다루는 법 또는 평시 용병과 같은 것들은 궁극적으로 전시 용병과 연결될 수밖에 없다. 그러나 편의상 여기서는 전시 용병 측면에 주안을 두고 설명하고자 한다.

『손자병법』 제2편(作戰)부터 제13편(用間)에 이르기까지 대부분의 내용들이 용병과 관련한 사항들이다. 즉 맨 먼저 전쟁이 가능한지를 최대한 객관적으로 따져보는 제1편(始計), 그리고 전쟁수행능력[전쟁 억제력]을 키우는 제4편(軍形)을 통해 전쟁수행 태세가 갖춘 다음 전쟁을 수행하는 것이기 때문에 이런 내용은 주로 앞의 전쟁에 대한 인식이나 양병 등에서 많이 언급되었다. 그러나 이들도 용병과 무관하지는 않기 때문에 용병에 포함하여 분석되어야 한다. 물론 직접적으로 용병과 관련한 것은 제5편(兵勢)부터 이후 대부분의 내용들이 이에 포함된다. 특히

제8편(九變) 이후부터 제시되는 내용들은 전투를 실제 어떻게 할 것인가를 가르쳐주는 방법론이다. 이 중에서 제10편(地形)이 전술적 용병을 다룬 것이라면, 제11편(九地)은 9가지 지리와 상황에 따른 전략적 측면에서 용병법을 다루고 있다.

여기서는 두 가지 분야인 '전쟁을 억제하기 위한 용병' 즉 전쟁을 안 하도록 용병하는 것과 불가피하게 전쟁해야 할 경우 '전쟁수행을 위한 용병'에 주안을 두고 손자의 군사사상을 분석하고자 한다.

1. 전쟁을 억제하기 위한 용병

'직접 전쟁을 하는 용병술'이 최상(最上)이 아니고 적의 의도를 봉쇄하는 것, 즉 '전쟁을 억제하는 용병술'이 최상이므로 이를 추구해야 한다는 견해이다.[506]

---

506) '전쟁을 안 하기 위한 용병'이라는 것이 '전시'에 속하는 것인지 아니면 '평시'인지의 문제에 대해 짚고 갈 필요가 있다. 오늘날 일반적으로 전쟁을 억제하는 것은 전시가 아닌 평시의 문제라고 보고 있다. 이런 견해가 평시와 전시라는 이분법적 구분에서 보면 분명히 맞는 견해이다. 하지만 다음과 같은 세 가지 측면에서 다르게 접근할 필요도 있다.

첫째, 당시의 시대 상황은 제후들이 반란을 일으키거나 침략전쟁이 빈번하여 전시와 평시가 따로 있는 것이 아닐 정도로, 국가의 중대한 것이 전쟁을 어떻게 막을 것인지 또는 어떻게 전쟁을 일으켜 영토와 세력을 확장할 것인지가 중요한 관심사였던 점을 감안할 경우 당시의 상황을 오늘날처럼 이분법적으로 구분하는 것이 타당하지 않은 면도 있다.

둘째, 손자는 직접 전쟁하여 이기는 것이 최선이 아니고 적의 의도를 봉쇄하는 것, 즉 전쟁을 억제하는 것이 최상이므로 최상의 용병은 실제로 군사력을 잘 운용하는 것이 아니라 처음부터 쓰지 않도록 대비책을 강구하는 것이다. 따라서 손자에게 있어서 전쟁억제가 넓은 의미에서 '전쟁을 수행하지 않는' 또 다른 전쟁수행방법이 된다.

이와 관련하여 손자는 제6편(虛實)에서 '形兵之極 至於無形 無形則深間 不能窺 智者 不能謀'[507]라고 하여 군사적 배비[兵形]의 극치는 특정 형태가 없음에 이르는 것이니, 특징과 형태가 없으면 깊이 잠입한 첩자도 능히 엿볼 수 없고, 지혜 있는 자도 능히 계책을 쓰지 못한다는 의미이다. 이 내용에 대해 순수하게 글귀 그 자체만으로 해석한다면 노출을 막는 은폐(隱蔽), 보안(保安), 기만(欺瞞)을 강조한 것으로 볼 수 있다. 그러나 이런 표면적인 의미 말고, 내면의 의미를 보면 '군대 존재 그 자체의 힘' 또는 '억제'를 포함하고 있다.

'군대 존재 그 자체의 힘' 또는 '억제'라는 의미를 올바로 이해하기 위해서는 먼저 '극치'와 '무형'의 의미를 잘 새길 필요가 있다. 그런데 손자(孫子, BC 550년경~?)의 극치와 무형의 의미를 올바로 이해하기 위해서는 노자(老子, BC 604~BC 531)가 말한 대립전화(對立轉化)의 법칙(변증법)과 노자와 동시대(同時代) 인물인 석가모니(釋迦牟尼, BC 624~BC 544)의 공(空)사상에 대한 접근이 필요하다.

이는 우선 손자의 사상을 이해하기 위해서는 노자의 사상을 알아야 한다는 의미이다. 이는 손자가 노자로부터 영향을 받아 노자의 『도덕경(道德經)』에 주로 나오는 물(水), 도(道), 상선(上善) 등의 용어를 많이 사

셋째, 우리가 편의상 평시와 전시로 구분해서 말함으로써 전시와 평시가 명확히 구분되는 것처럼 인식되지만 실제는 사이버전이나 테러 등과 같은 겨우 이 둘의 구분이 모호하거나 평시의 연장선에 있는 것이 전시이고 전시의 연장선에 있는 것이 평시가 되는 상호 가역적(可逆的) 관계에 있는 것이다. 따라서 넓은 시각에서 보면 전쟁을 억제하기 위한 용병도 전시 용병의 바로 앞 단계나 전시 그 자체 또는 전시 이후의 연장단계로 볼 수 있기에 반드시 전시가 아닌 평시로 봐야만 한다는 견해가 반드시 옳은 것만은 아니다. 따라서 여기서는 당시 상황과 손자의 사상을 최대한 반영하여 전쟁억제를 용병의 한 분야에 추가로 포함하였다.

507) 形兵之極 至於無形 無形則深間 不能窺 智者 不能謀(형병지극 지어무형 무형즉심간 불능규 지자 불능모)

용했음은 『손자병법』을 보면 쉽게 알 수 있다. 반면에 논어(論語)에 '성인의 마음은 혼연히 하나의 이치[聖人之心, 渾然一理]'라고 말했듯이 손자가 석가모니의 영향을 받은 것은 아니지만 이 둘의 주장은 하나의 이치처럼 통하는 면이 많다. 따라서 석가모니의 공사상에 대한 이해를 통해 손자가 말하고자 하는 '극치'와 '무형'의 의미를 보다 확실하게 이해할 수 있다.

손자는 '병형지극 지어무형(形兵之極 至於無形)'에서 『손자병법』에서 종종 나오는 '좋은 방법[善者]'이라는 단어가 아닌 '극치[之極]'라는 단어를 썼다는 점이다. 또한 '무형'의 참 의미를 표현하기 위해 중국에서 흔히 사용하고 있는 비밀[秘密, 絶密, 機密], 몽폐(蒙蔽), 닉장(匿藏), 잠장(潛藏), 기만(欺瞞) 등의 단어를 쓴 것이 아니고 '무형'이란 단어를 썼다는 점이다. '극치를 하려면 유형의 군대를 보이지 않도록 하는 무형화'를 해야 하는데 어떻게 이것이 가능하단 말인가? 부대를 운용하는 데 형태가 없을 수 있나? 상식적으로는 불가능한 어불성설(語不成說)이다. 그러나 손자는 어찌 되었든 '극치는 형태가 없는 것'이라고 했다.

이는 형을 초월한 것 즉 '형태가 있는 것이면서 형태가 없는 것, 없는 것 자체도 없는 것이면서 있는 것'이라는 의미이다. 얼 듯 보기에 이는 말을 꼬아서 현학(衒學)적 허세로 말장난하기 위함인 것처럼 보이는데, 그런 것이 아니다. 이는 노자사상의 변증법 즉 '대립전화(對立轉化)의 법칙'이 허(虛)와 실(實), 형과 무형 등과 같은 대비 개념을 통해서 고차원적인 결론을 도출한 것이기 때문이다. 따라서 우리는 노자가 주장한 대립전화(對立轉化)의 법칙을 이해해야 하는데, 우리는 대립전화를 이해하기 위해 노자의 사상과 전혀 연계성이 없어 보이지만, 같은 시대에 살았던 석가모니의 주장논리인 'A = 非A = 是名A'를 통해 접근해 봄으로써 더욱 이해를 쉽게 할 수 있게 된다.

석가모니는 금강경(金剛經)을 설하면서 'A = 非A = 是名A' 즉 'A라고 하는 것은 A가 아니고 단지 그 이름을 A라고 부를 뿐'이라고 말하면서 A와 非A를 구분하는 데 집착하지 않는 상태에 이르러야 깨달음을 얻을 수 있다고 말하고 있다. 그리고 거기에 부가하여 'A, 非A, 是名A'라고 한 것은 깨달음을 득한 석가모니의 시각이 아닌 일반 대중들의 눈높이에서 A는 무엇이고 非A는 무엇인지 이해하는 것을 돕기 위해 원래 구분이 없는 것을 '단지 A'라고 부르면서 설명한 것이다.

이런 논리를 토대로 대립전화를 이해하기 위해 석가모니의 공(空)사상을 살펴볼 필요가 있다. '색즉시공 공즉시색(色卽是空 空卽是色)'에서 '물질(A)이 곧 공이요 공(非A)이 곧 물질(A)'이라는 의미인데, 일반 상식으로 접근하면 해답을 찾기가 어렵다. 어떻게 손에 직접 들고 있는 '사과'라는 물질이 아무것도 없는 '공(空)'이란 말인가? 석가모니가 설법(說法)한 것에 의하면, 세상에 형태가 있는 것[色]은 그 본질은 허무한 존재[空]라는 것으로 형태가 있느니 또는 형태가 없느니 조차 구별하지 않는 것이[無差別] 참된 진리라는 것이다. 즉 최고의 가치는 물질도 아니고 물질이 아님도 아닌 '이런 것의 구분이 없는 상태'라고 말하고 있다.

손자가 말한 극치는 단순히 잘한 것, 훌륭한 것이 아니라, '궁극적으로 도달하고자 하는 것'이 되어야 한다. 그것은 형태가 있고 없고의 개념을 초월한 것이어서 '우리가 일반적으로 생각하는 형태의 개념'으로 접근해서는 안 되고 '형태가 없음'에도 '있는 것 같은 위력'을 발휘하는 상태로 접근해야 한다. 이것을 군사 분야에 적용할 경우, 이해를 돕기 위해 두 단계인 극치 이전 단계와 극치의 단계로 구분해서 접근해야 한다. 먼저 '극치 이전의 단계'인 일반적인 용병 차원인 '전쟁수행 단계'에서는 표면적으로 글귀에서 해석되는 노출을 막는 은폐(隱蔽), 보안(保安), 기만(欺瞞)을 의미한다. 이어서 '극치의 단계'로 접근하면, 전쟁이 일어나지 않은 단계인 '억제 단계'를 의미한다. 즉 한 국가의 '군대라는 존재 그 자체의 힘' '억제력' 등을 의미한다.

그러므로 지금까지 언급한 '병형지극~불능모(形兵之極~不能謀)'라는 구절의 의미는 군사 배비[形]의 극치는 특정 형태가 없음에 이르는 것이니, 특징과 형태가 없으면 깊이 잠입한 첩자도 능히 엿볼 수 없고, 지혜 있는 자도 능히 계책을 쓰지 못하게 되는 것이므로 일차적으로 보안이나 위장 또는 엄폐를 강조하는 것이다. 그뿐만 아니라 이에 그치지 않고 이런 것들을 포함하여 궁극적으로는 '적이 함부로 침입할 수 없어서 나의 군사력은 온전하게 보존되는 승리를 가져올 수 있다'는 의미가 숨어 있음을 이해해야 한다.[508]

이처럼 손자는 전쟁을 잘하기 위한 용병보다 전쟁을 안 하기 위해 용병을 하는 것이 용병법의 극치라고 보았다. 즉 '직접 전쟁하는 용병술'이 최상(最上)이 아닌 적의 의도를 봉쇄하는 것, 즉 전쟁을 억제하는 용병술이 최상이므로 이를 추구해야 한다는 것이다.

---

508) 『손자병법』에서 '부전승(不戰勝)'이나 '극치[之極]'와 같은 용어를 손자가 사용하여 주장하게 된 배경을 알려면 아래 노자의 『도덕경』 제68장의 내용을 참조하기를 바란다.
善爲士者 不武 善戰者 不怒, 善勝敵者 不爭 善用人者 爲之下, 是謂不爭之德 是謂用人之力, 是謂配天 古之極也(선위사자 불무 선전자 불노 선승적자 부쟁 선용인자 위지하 시위부쟁지덕 시위용인지력 시위배천 고지극야)
용맹한 전사는 용맹스럽게 보이지 않고, 잘 싸우는 사람은 절대로 화내지 않으며, 진정한 승리자는 적과 다투지 않으며, 사람을 잘 부리는 사람은 남의 아래(스스로 낮춤)에 있다. 이런 것을 다투지 않고 이기는 덕이라 하고, 사람을 부리는 힘이라 한다. 이를 말하길 하늘과 짝을 이룬 사람이라 하며, 예부터 내려오는 극치(지극한 원리)라 한다(노자, 『도덕경』, 오강남 역, 서울: 현암사, 2013, pp. 312~316.; 윤성지, 『노자병법』, 서울: 매일경제신문사, 2011, pp.329~334.).

2. 전쟁수행을 위한 용병

가. 궤도(詭道)를 통한 최소의 전투

1) 궤도의 의미와 범위

손자가 생각하기에 전쟁을 안 하기 위한 용병이 최상이지만, 그래도 불가피하게 전쟁을 수행해야 할 경우 용병에 있어서 가장 기본적인 것은 궤도를 통한 단기결전이라는 생각을 갖고 있다. 궤도는 전쟁에서 승리하기 위한 손자의 핵심 용병사상으로서『손자병법』전편에 연관되어 있다.

그래서 제1편(始計)에 '兵者 詭道也 故 能不能, 用不用, 近之遠, 遠之近, 利誘之, 亂取之, 實備之, 强避之, 怒撓之, 卑驕之, 佚勞之, 親離之, 攻其無備, 出其不意, 此 兵家之勝 不可先傳也'509)라고 하여 군사행동이란 속임이 많은 분야이다. 그러므로 능력, 활용, 원근, 유인, 혼란, 대비, 회피, 교란, 교만, 피로강요, 이간, 허점 공격 등을 하는 것은 병법가의 승리 비결이니, 먼저 전해질 수 없는 것이라고 말하는 등 궤도에 대한 14가지 유형을 들어 설명하고 있다.

이처럼 기본적으로 용병 시 적을 속이는 것을 강조하고 있다. 적을 속인다는 것은 글자 그대로 기만을 통해 적이 오판(誤判)하도록 하거나 효과적으로 대응하는 것을 거부하는 것이다. 때로는 교란으로 적을 분산시켜 상대적으로 약화하는 것을 의미한다. 이에 부가하여 비록 속이

---

509) 兵者 詭道也 故 能不能, 用不用, 近之遠, 遠之近, 利誘之, 亂取之, 實備之, 强避之, 怒撓之, 卑驕之, 佚勞之, 親離之, 攻其無備, 出其不意, 此 兵家之勝 不可先傳也(병자 궤도야 고 능불능, 용불용, 근지원, 원지근, 리유지, 난취지, 실비지, 강피지, 노요지, 비교지, 일노지, 친리지, 공기무비, 출기불의, 차 병가지승 불가선전야)

지는 않더라도 적의 상태나 결과에 따라 적절하게 대응하는 것까지 포함하고 있다. 즉 '실이비지(實而備之), 강이피지(强而避之), 공기무비(攻其無備), 출기불의(出其不意)'처럼 적의 실(實)하거나 강하면 대비하거나 피하고, 적이 준비되지 않았거나 뜻하지 않은 곳을 찾아 공격하는 것까지 포함한다고 볼 수 있다.

기본적으로 전쟁에서 승리하기 위해서는 적을 속여 나의 계획대로 적이 움직일 수밖에 없도록 해야 한다. 속인다는 것은 능력을 감추는 것[能而示之不能]을 포함하여 14가지의 유형 활용하여 실질적으로 ①완벽하게 속인다는 것은 물론이거니와 ②완벽하게 속이지 못해 적이 이를 알았더라도 시기를 놓치는 등이 원인이 되어 적이 효과적으로 대응하지 못하록 하는 것뿐만 아니라 ③적을 속이지 않고도 적의 상태나 현재의 결과를 잘 보고 이에 부합되게 내가 행동하는 것까지 폭넓게 궤도의 범위로 포함하고 있다.

2) 궤도 구현의 전제조건

용병하면서 승리를 위해 상황에 맞게 다양한 속임수를 적용하는 것이 필수임은 분명하다. 그래서 적이 방비하지 않는 곳을 공격하고 예상치 못한 곳으로 나아가거나[攻基無備 出基不意], 적의 강한 곳을 피하고 약한 곳을 타격[避實擊虛]하는 것과 같은 상태를 지속적으로 만들어 가는 것이 필요하다. 이렇게 궤도를 구현하게 되면 제4편(軍形)에서 말하길 '능히 피해 없이 자신을 보존하고 승리를 완성하는 것[能自保而全勝]'과 같은 최종상태를 달성할 수 있다는 것이다.

그런데 최종상태를 달성하기 위해 궤도를 구현하는 방법 중의 하나가 기정(奇正)이다. 기정이란 정(正)과 기(奇)를 상황에 맞게 변화무쌍하게 적용하여 속임수를 쓰는 것이다. 하지만 상황에 맞는 속임수를 쓰기 위해서는 무작정 속인다고 되는 것이 아니라, 반드시 내가 갖추어야 할 자격조건인 '정(正)'을 먼저 구비한 상태에서 기(奇)를 활용하여 속임수를 써야 한다는 것이다. 즉 양병을 통해 군사력이 우세한 '정'의 상태를 갖추어 놓고 그다음에 속임수인 '기(奇)'를 써야 한다는 것이다.

정(正)의 의미는 전력 그 자체를 의미하며 양병과 직결되는 것으로 제1편(始計)에 나오는 오사(5事)로부터 제4편(軍形) '선위불가승(先爲不可勝)'에 이르기까지 요소요소에서 언급된 내용들의 대부분이 정(正)과 관련한 내용이다. 또한 기(奇)는 전력을 운용하는 묘(妙)로서 용병을 하되 천지와 같이 무궁하고[出奇無窮如天地], 큰 강이나 바다같이 마르지 않으며[不竭如江海], 끝나고 다시 시작하는 것이 해와 달이 반복되는 것과 같고[終而復始 日月是也], 새로 만들어지거나 사라지는 것은 사계절이 반복되는 것[死而更生 四時是也]과 같다는 것이다.[510]

한편 '기'와 '정'이 결합한 '기정(奇正)'은 단순하게 두 글자가 합쳐진 것이 아니라 일종의 화학적 변화를 일으키는 것처럼 조화롭게 합쳐져 승수효과를 내는 것이다. 이에 대해 제5편(兵勢)에 '奇正之變 不可勝窮也, 奇正相生 如循環之無端 孰能窮之哉'[511]라고 하여 서로 변하는 것이 다 헤아릴 수 없을 정도이고, 끝없이 돌고 도는 것이어서 이루 다 헤아릴 수 없다고 말하고 있다. 그런데 정과 기가 상호 영향을 미쳐서 계속 순환하면서 변화무쌍하게 새로운 것을 만들어 내는 순환과 상생의 관계임에도 이렇게 순환과 상생 이전인 정과 기가 출현하는 원시(原始)로 돌아간다면, 정이 선행(先行)하여 이루어지고 이를 바탕으로 기가 이루어져야 한다. 그 이유에 대해 제5편(兵勢)에 다음과 같이 언급되어 있다.

---

510) 육군대학교수부,『손자병법 해설서(김병관 장군 강의록)』(대전: 육군인쇄창, 2000), p.21.
511) 相變 不可勝窮也, 相生 如循環之無端 孰能窮之哉(상변 불가승궁야, 상생 여순환지무단 숙능궁지재)

'三軍之衆 可使必受敵而無敗者 奇正 是也 兵之所加 如以碬投卵者 虛實 是也 凡 戰者 以正合 以奇勝'[512]라고 하여 대부대로 하여금 적을 맞아 반드시 패함이 없게 하는 것은 정(正)을 구비한 상태에서 기(奇)를 구사하는 기정(奇正)을 활용하기 때문이다. 군사를 투입하는 바가 마치 돌을 알에 던지듯이 손쉽게 하는 것은 허실(虛實)을 활용한 덕분이다. 대체로 싸움이란 정력(正力)으로 대치하여, 기계(奇計)로써 승리하는 것이라고 말하고 있다. 이처럼 손자는 전쟁을 수행함에 궤도를 적절히 활용해야 한다고 하면서, 궤도를 구현하기 위의 전제 조건으로 양병을 통해 군사력력[正]을 갖추고 난 뒤에야 변화무쌍한 상황에 부합되게 기(奇)와 허실(虛實)을 활용해야 한다고 말하고 있다.

3) 궤도 구현방법

제1편(始計)에서 '병자궤도야(兵者詭道也)'라고 하고는 '차병가지승 불가선전야(此兵家之勝 不可先傳也)'라고 하여 군사행동(전쟁)이란 속임이 많은 분야이다. 이것은 병법가의 승리 비결이지만 먼저 전해질 수 없는 것이라고 말하고 있다. 이 뜻은 군사행동(전쟁)은 궤도임에는 분명하고 이것은 승리의 비결이 되는 것도 맞지만 공교롭게도 일정하게 구현방법을 가르쳐줄 수는 없다는 이야기다. 이를 달리 말하면 충분한 기초를 구비한 상태에서 전장에 나아가 상황에 맞게 응용해야 한다는 의미이다.

왜 구현방법에 대해 미리 가르쳐줄 수 없다[不可先傳也]고 한 것인가를 따져볼 필요가 있다. 전쟁터에서 용병은 무궁무진한 변화에 대응하는 술(術)의 문제이기 때문에 일일이 응용원리를 미리 다 전해줄 수 있

---

512) 三軍之衆 可使必受敵而無敗者 奇正 是也 兵之所加 如以碬投卵者 虛實 是也 凡 戰者 以正合 以奇勝(삼군지중 가사필수적이무패자 기정 시야 병지소가 여이하투란자 허실 시야 범 전자 이정합 이기승)

는 성질이 아니라는 의미이다. 이는 모든 상황을 꿰뚫고 각각의 상황에 부합되게 잘 응용해야지 몇몇 정해진 방법이나 한정된 규칙에 따라 행하기에는 한계가 있다는 의미이다. 이것은 오늘날에도 마찬가지인데, 현대의 전투에서 적용할 수 있는 전술과 관련한 교범에 원칙적인 원론을 설명하는 데 많은 부분을 할애하지 여러 가지 상황을 일일이 나열하여 설명하지 않는다. 왜냐하면 전쟁터에서 발생할 수 있는 상황은 수백 수천 가지가 될 수 있기에, 한두 개 상황으로 한정하여 설명할 수 없을 뿐만 아니라, 그렇게 한정할 경우 오히려 사고의 유연성을 방해하여 응용력을 떨어뜨릴 수 있기 때문이다.

제6편(虛實)에 '其戰勝不復 而應形於無窮, 兵無常勢 水無常形 能因敵變化而取勝者 謂之神'[513]라고 하여 싸워 이기는 방법은 반복함이 없고, 적과 나의 형세에 따라서 막힘이 없이 응용해 나가는 것이어서 전투력 운용에는 일정한 형세가 없고 물도 일정한 형태가 없으니, 능히 적의 변화에 맞게 승리를 확보해 나가는 자를 일컬어 신의 경지라고 말하고 있다. 여기서 중요한 단어 두 가지가 있는데 그것은 무궁(無窮)과 신(神)이다. 먼저 '무궁'은 상황의 변화에 맞게 무궁무진한 변화를 주어 대응하는 것을 말한다. '신'이란 인간의 영역을 뛰어넘은 것처럼 일반 사람이면 누구나 다 할 수 있는 것이 아닌 인간이라면 할 수 없는 사항에 대한 조치를 행한 경우, 즉 적이 인간인 이상 알 수 없는 변화를 구사하는 자를 신이란 단어로 표현한 것이다.

상황에 맞게 변화를 준다는 것은 '변화' 그 자체만을 강조한 것이 아니라 기본을 갖고 응용하는 것을 의미한다. 일정한 법칙이나 규칙과 같은

---

513) 其戰勝不復 而應形於無窮, 兵無常勢 水無常形 能因敵變化 而取勝者 謂之神(기전승불복 이응형어무궁, 병무상세 수무상형 능인적변화 이취승자 위지신)

기본을 충분히 습득한 후에 이를 응용하는 것이지 무작정 변화무쌍하게 변화만을 추구해야 한다는 의미는 아니다. 그래서 제8편(九變)에서 원칙 적용 시 분별력과 융통성이 있음에 대해 '장통어구변지리자 지용병의(將 通於九變之利者 知用兵矣)'라고 했다. 이는 장수가 수많은 변화[九變]의 이 점에 통달하면 용병법을 잘 알게 된다는 것이다. 즉 일종의 응용(변화) 에 대한 득도(得道)의 단계를 거쳐야 만이 된다는 것으로 몇 개의 법칙만 알면 되는 것이 아니라, 먼저 원칙을 잘 알고 기초를 충실히 닦아서 이 를 응용할 저력을 완전하게 가진 상태가 전제되어야 한다는 의미이다.

이처럼 손자는 적을 속이되 일정한 형식이나 규칙에 얽매이지 말고 우선 속이는 것과 관련한 기초를 튼튼히 하고 신의 경지에서 상황에 맞 게 적절히 응용하고 변화를 주어서 행동하는 것이야말로 적을 속여 전 쟁에서 승리하는 용병의 핵심이라고 본 것이다.

4) 최소의 전투

손자는 제3편(謀攻)에서 가장 좋은 것은 전쟁을 안 하고 목적을 달성 하는 것[全勝]이지만, 불가피할 경우 최소 전투를 통한 최소한의 피해를 입은 승리를 강조하는 개념을 먼저 제시하였다. 그리고 제6편(虛實)에 가서 불가피한 경우 최소 전투를 통한 승리를 달성하는 방법에 대해 구 체적으로 제시하고 있다.

먼저 제3편(謀攻)에서 말하길 '用兵之法 全國爲上 破國次之 全軍爲上 破軍次之 全旅爲上 破旅次之 全卒爲上 破卒次之 全伍爲上 破伍次之 故 百戰百勝 非善之善者也 不戰而屈人之兵 善之善者也'[514]라고 하여 용병

---

514) 用兵之法 全國爲上 破國次之 全軍爲上 破軍次之 全旅爲上 破旅次之 全卒爲上 破卒 次之 全伍爲上 破伍次之 故 百戰百勝 非善之善者也 不戰而屈人之兵 善之善者也(용 병지법 전국위상 파국차지 전군위상 파군차지 전려위상 파려차지 전졸위상 파졸차

하면서 적국을 온전한 채로 굴복시키는 것이 상책이요. 적국을 깨뜨려서 굴복시키는 것은 차선책이고, 적의 군(軍), 여(旅), 졸(卒), 오(伍)[515] 등을 온전한 채로 굴복시키는 것이 상책이요. 그것들을 깨뜨려서 굴복시키는 것은 차선책이라 하였다. 이처럼 백번 싸워 백번 이기는 것은 최선의 방법이 아니며 싸우지 않고 적을 굴복시키는 것이 가장 좋은 방법이라고 손자는 강조한 것이다.

다음은 최소의 전투를 통한 온전한 승리방법에 대한 구체적인 내용이다. 최소의 전투와 관련하여 제6편(虛實)에 '行千里而不勞者 行於無人之地也 攻而必取者 攻其所不守也 守而必固者 守其所不攻也'[516]라고 하여 손자가 말하는 최소의 전투란 공격을 위해 적 지역으로 행군간 적의 배치가 적은 곳인 최소저항선[行於無人之地也]을 찾아 이동하고, 적의 대비가 약한 곳을 공격하여 승리하는 것이다. 방어 시는 적이 공격하지 못할 곳을 적으로 하여금 공격하게 조성하는 것이라고 보고 있다. 그 결과 제6편(虛實)에 '善攻者 敵不知其所守 善守者 敵不知其所攻'[517]이라 하여 잘 공격하는 자는 적이 그 지켜야 할 곳을 모르게 하고, 잘 지키는 자는 적이 공격해야 할 곳을 모르게 하는 것이라고 말하고 있다.

이상의 내용을 종합해 볼 때 최소의 전투 개념은 궤도를 통해 적을 속여 부대의 이동로를 기만[行於無人之地]하고, 주력이 공격할 시점과 장소를 기만하며[攻其所不守], 반대로 방어할 때는 적이 공격할 수 없도록

지 전오위상 파오차지 고 백전백승 비선지선자야 부전이굴인지병 선지선자야)

515) 군(軍): 12,500명, 여(旅): 500명, 졸(卒): 100명, 오(伍): 5명

516) 行千里而不勞者 行於無人之地也 攻而必取者 攻其所不守也 守而必固者 守其所不攻也(행천리이불노자 행어무인지지야 공이필취자 공기소불수야 수이필고자 수기소불공야)

517) 善攻者 敵不知其所守 善守者 敵不知其所攻(선공자 적부지기소수 선수자 적부지기소공)

만들어 놓고[守其所不攻] 방어하기 때문에 최소의 전투로 승리를 할 수 있다는 생각을 갖고 있다. 최소의 전투 개념은 오늘날 일반적인 군사교리 내용과 유사하다고 말할 수 있다.

나. 단기속결전

1) 최소의 전투와 단기속결전의 관계

최소 전투를 통한 나의 전투력을 보존하면서 적을 패퇴시킴으로써 연속적인 전투에서 승리하고 전투기간을 단축하면 이것 자체가 전쟁을 단기간 내 끝내는 것이 되는 경우가 일반적이다. 그러므로 최소 전투수행이 곧 단기속결전쟁수행과 직접적으로 연계되어 두 가지가 별개가 아닌 경우도 많다. 또한 최소 전투나 단기속결을 위해 신속함이 필요한데, 『손자병법』에서 이와 관련하여 제2편에 졸속[拙速 未睹巧之久], 불귀구(不貴久), 제4편에 구천[動於九天之上], 제5편에 세·절[其勢險·其節短], 제7편에 바람·불·번개[疾如風·侵掠如火·動如雷震], 중쟁(衆爭), 거군[擧軍而爭利則不及], 제11편에 주속[兵之情主速], 산토끼[後如脫兔] 등의 표현을 통해 여러 곳에서 전투 또는 전쟁수행과 관련하여 이를 강조했다.

그런데 좀 더 자세히 보면 이 둘은 손자의 경우 약간의 차이가 남을 알 수 있다. 손자는 전쟁을 안 하는 것이 최상이지만 불가피하게 전쟁을 하게 된다면 최소 전투를 통한 단기속결전을 해야 한다는 것인데 손자는 최소 전투보다는 단기속결전을 더 강조하고 있다. 궤도를 통한 '최소 전투'와 '단기속결전'은 큰 맥락은 서로 연결되어 있고, 유사한 면이 있지만 이를 구분하자면 최소 전투는 전쟁이 발발했을 때 나의 희생을 최소화할 수 있는 전투수행에 주안을 둔 것이지만, 단기속결전은 전쟁을 계획할 때 또는 전쟁을 수행하면서 단기간 내 종결해야 하는 점에 주안을 둔 것이다. 즉 전자는 전쟁이 발발하여 전투를 수행하는 '전술' 등과 같은 효과적인 전투수행방법의 문제이고, 후자는 전투보다는 전쟁의 영역에서 전쟁을 일으킬 것인가에 대한 결심을 포함하여 전쟁 진행과 종결에 대한 결심에 이르기까지 전쟁을 단기간 내 끝내기 위한 적절한 '전략이나 전쟁지도(戰爭指導)'에 비중을 더 두는 것이다.

'전투'와 '전쟁'이라는 수준에 각각 주안을 두고 접근할 때 둘은 적지 않게 차이가 남을 유의할 필요가 있다. 이에 대한 단적인 예를 들자면 이라크전을 들 수 있다. 이라크전은 미국이 초반전에 전술적, 작전적으로 최소 전투를 통해 43일 만에 완벽하게 대승을 거두었다. 그리고 미국은 전쟁 종결을 거의 기정사실로 하였다. 하지만 그 후에도 실질적으로 전쟁이 종결되지 않았고 8년 이상 이라크에서 빠져나오지 못했다. 이처럼 최소 전투의 승리가 모이더라도 반드시 단기속결전으로 귀결된다고 볼 수 없는 경우도 있다. 따라서 손자는 각각의 전투에 대한 최소 전투에 비중을 두기보다는 국가 경영과 직접적으로 연관되는 '전쟁' 차원에서 단기속결전에 좀 더 비중을 두었다.

2) 단기속결전의 필요성과 조건

손자는 제2편(作戰)에서 단기속결전에 대해 강하게 주장하고 있다. 먼저 '兵聞拙速 未睹巧之久也 夫 兵久而國利者 未之有也'[518]라고 하여 전쟁은 다소 미흡하더라도 속히 끝내야 한다는 말은 들었으나, 정교하기 위해 오래 끈다는 법은 들어 보지 못했다. 전쟁을 오래 끌어 국가에 이로운 적은 이제까지 없다고 강조하고 있다. 손자는 왜 단기속결전에 더

---

518) 兵聞拙速 未睹巧之久也 夫 兵久而國利者 未之有也(병문졸속 미도교지구야 부 병구이국리자 미지유야)

큰 비중을 둔 것인가? 왜 단기속결전이 필요한가?

이에 대해 계속해서 '夫 鈍兵挫銳 屈力殫貨 則諸侯 乘其弊而起 雖有
智者 不能善其後矣'[519]라고 하여 장기전은 군대의 예기가 둔화[鈍兵佐銳]
되고, 전투력이 약화[力屈]되며, 민생 및 재정이 궁핍[殫貨 國用不足]하게
되여 인접국이 개입하거나 수습 불가능한 상황이 발생하면 제3국이 어
부지리를 얻게 되는 폐단이 있게 된다고 말하고 있다.[520]

또한 '善用兵者 役不再籍 糧不三載 取用於國 因糧於敵 故 軍食 可足
也 國之貧於師者 遠輸 遠輸則百姓 貧[521]'이라고 하여 전쟁을 잘하는 자
는 장병을 두 번이나 징집하지 아니하고, 군량은 세 번이나 실어 나르지
아니하며 적국에서 획득해서 쓰고 적에게서 양식을 구한다. 고로 군량
을 가히 넉넉히 할 수 있다. 국가가 전쟁 때문에 빈곤해지는 것은 멀리
실어 나르는 것 때문이니, 멀리 실어 나르면 백성들이 가난해지기 때문
에 장기전을 해서는 안 된다고 강조하고 있다.

아울러 '近師者 貴賣 貴賣則百姓 財竭 財竭則急於丘役 力屈財殫 中原
內虛於家 百姓之費 十去其七 公家之費 破車罷馬 甲冑弓矢 戟楯矛櫓 丘
牛大車 十去其六'[522]이라고 하여 전쟁이 나면 근처의 백성들은 사고파는
것이 귀해지니[物價高], 파는 것이 귀해지면 백성의 재물이 고갈되고, 그

---

519) 夫 鈍兵挫銳 屈力殫貨 則諸侯 乘其弊而起 雖有智者 不能善其後矣(부 둔병좌예 굴
력탄화 즉제후 승기폐이기 수유지자 불능선기후의)

520) 육군대학교수부(2000), 앞의 책, pp.9~10.

521) 役不再籍 糧不三載 取用於國 因糧於敵 故 軍食可足也 國之貧於師者 遠輸 遠輸則百
姓 貧(역불재적 량불삼재 취용어국 인량어적 고 군식가족야 국지빈어사자 원수 원
수즉백성 빈)

522) 近師者 貴賣 貴賣則百姓 財竭 財竭則急於丘役 力屈財殫 中原 內虛於家 百姓之費
十去其七 公家之費 破車罷馬 甲冑弓矢 戟楯矛櫓 丘牛大車 十去其六(근사자 귀매
귀매즉백성 재갈 재갈즉급어구역 력굴재탄 중원 내허어가 백성지비 십거기칠 공가
지비 파차파마 갑주궁시 극순모로 구우대차 십거기육)

렇게 되면 노역공출(勞役供出)에 급급해진다. 국력이 약화하고 재물이 고갈되고 나라 안의 집들이 텅텅 비게 되면, 백성들의 경제력은 70%나 탕진될 것이다. 국가의 재정은 수레와 말의 보충, 갑옷과 투구, 활과 화살, 창과 방패, 수송수단의 보충 등으로 60%나 잃게 된다고 힘주어 말하고 있다. 이처럼 손자는 전쟁비용과 동원이 국가 존폐로 연결되기 때문에 길게 끌어서는 안 된다는 점을 강조하고 있다.

이에 부가하여 단기속결전과 관련하여 다음과 같은 것을 강조하고 있다. 첫째는 졸속(拙速)으로 계획 및 착수를 신속히 하며, 단시간 내 행동으로 옮겨 조기타결을 달성[不貴久]하는 것이다. 이는 충분한 준비와 세밀한 검토를 하지 말라는 것은 아니라 정책, 행정, 제도 등을 고안할 때 충분히 고려를 하되, 자신의 준비나 전투력 증가와 상대방 취약성 회복 간의 시간적 함수 관계를 고려하여 전기를 잃지[戰機喪失] 않도록 해야 한다. 둘째는 장병의 적개심을 고취[殺敵者怒也]하여 들판에 불이 타오르듯이 신속한 결말을 지어야 하며, 셋째는 그 기세가 맹렬하고 그 절도가 짧아야[其勢險 其節短] 한다는 것이다.[523]

다. 전시 용병을 위한 지휘통솔[524]

---

523) 육군대학교수부(2000), 앞의 책, pp.9~10.
524) 여기서는 '리더십'이란 용어대신 '지휘통솔'이라는 용어를 사용하였는데, 지휘통솔인지 리더십인지를 좀 더 명확히 할 필요가 있다. 오늘날 군뿐만 아니라 다양한 분야에서 지휘통솔이라는 용어보다는 리더십이라는 용어가 보편적으로 사용되고 있다. 리더십은 구성원들에게 어떤 방법으로 동기를 부여해서 목표를 달성하는 과정에 초점을 맞추고 있으며 특히 구성원을 움직이게 하는 리더의 수완(Technique)과 임무완수에 주안을 두고 있다. 반면에 군사적으로 지휘통솔은 지휘통솔자가 부여된 권한과 책임을 바탕으로 부대발전 및 조직의 목표를 효과적으로 달성하기 위하여 구성원에게 목적 및 방향 제시, 동기부여를 통한 영향력을 행사하여 구성원의 모든 노력을 부대목표에 집중시키는 활동과 과정이라고 말하고 있다(육군본부, 군사용어사전, 2004, p.1-2.). 또한 군사적으로 리더십은 전ㆍ평시 임무를 완수하

『손자병법』에서 전편(全篇)의 내용이 다 지휘통솔과 관련이 있다고 해도 과언이 아니다. 또한 전시 용병을 위한 지휘통솔이라고 하여 평시에는 해당이 안 되고 전시에 해당하는 것만 골라서 제시하는 것 또한 아니다. 왜냐하면 지휘통솔을 평시 또는 전시로 각각 분리하여 흑과 백처럼 적용하기가 쉽지 않을 뿐만 아니라 또한 지휘통솔이란 평시에 조직원에 대한 관계가 쌓여서 전시에도 나타나는 것이기 때문이다.

위와 같은 사항을 고려하여『손자병법』내용 중 지휘통솔과 관련한 내용을 구분한다면,『손자병법』제2편(作戰)과 제3편(謀攻)에 일부 포함되어 있고, 대부분은 제7편(軍爭)부터 제12편(火攻)까지 언급되어 있다. 특히 제7편 이후에서는 주로 실제 부대를 움직여 전쟁(전투)을 수행할 건지 아닌지 또는 전쟁(전투)을 수행한다면 어떻게 하는지와 같은 오늘날로 보면 전술에서부터 전략이나 국가정책에 이르는 분야를 다루고 있다. 따라서 일부는 용병술 또는 리더십의 범위를 초과하는 부분도 있다.

고 조직을 개발하기 위해 구성원들에게 목적과 방향을 제시하고, 동기를 부여함으로써 영향력을 미치는 과정이라고 되어있다(육군본부, 『리더십 규정(초안)』(2015), p.4.). 아울러 전장리더십은 지휘관이 전장에서 각종 제한사항을 극복하고 승리를 달성하기 위해 발휘하는 리더십이라고 되어있다(육군본부, 야전교범 지-0 『군 리더십』, 2011, p.4-10).

따라서 전쟁과 관련해서 구성원을 이끄는 것은 일반적인 리더십보다는 지휘통솔이나 전장리더십에 더 가까움을 알 수 있으며, 특히『손자병법』에서 말하는 지휘통솔은 부대원이나 구성원을 움직이는 수완은 물론이거니와 전술적 차원으로부터 전략적 또는 정치적 차원에 이르기까지 부대원과 부대를 어떻게 운용하여 전쟁을 수행하는 가의 문제인 '전시 부대운용'과 어떻게 지휘하고 통제할 것인 가인 '전장리더십'을 비중 있게 포함하고 있어 일반적으로 인식하는 리더십보다 광범위한 개념으로 접근할 필요가 있다. 따라서 여기서는 오늘날 보편적으로 통용되는 리더십이라는 용어보다는 지휘통솔이라는 용어를 사용하였다.

먼저 제2편(作戰)은 전쟁을 단기속결전으로 수행해야 함을 강조하면서 전쟁을 수행하는 방법 중의 일부로써 지휘통솔내용을 다루고 있다. 먼저 부하들의 동기를 유발하고 적개심 고취의 중요성에 대해 강조하기 위해 '故 殺敵者 怒也 取敵之利者 貨也 車戰 得車十乘以上 賞其先得者 而更其旌旗 車雜而乘之 卒善而養之 是謂 勝敵而益强'[525)이라고 말하고 있다. 즉, 적을 죽이게 하는 것은 부하들에게 적개심을 갖도록 했기 때문이고, 적의 자원을 획득하게 하는 것은 재물을 상으로 주기 때문이라고 하여 부하들의 동기유발 방법을 언급하였다. 또한 전차전에서 적의 전차 10대 이상을 노획하면 최초 노획자에게 상을 주고, 노획한 전차에 아군 깃발을 바꾸어 달아서 아군 전차 사이에 편성하여 탈 수 있게 하고, 포로는 선무(宣撫)할 것이니, 이것을 일컬어 적과 싸워 이기면서도 전력을 더욱 강하게 하는 비법이라고 말하였다. 이처럼 정신적으로 적개심을 불러일으켜 충성하도록 하는 것이 기본이지만 그것 못지않게 획득한 재물을 상관이나 지휘관이 독식하지 않고 그중 일부를 포상으로 주거나, 전과(戰果)가 있는 자에게 포상을 하는 등, 부하들이 실감할 수 있는 직접적인 이득을 줌으로써 부하들을 효과적으로 움직이는 방법에 대해 강조하고 있다.

한편 포상을 통한 동기유발 외에 '졸선이양지 시위 승적이익강(卒善而養之 是謂 勝敵而益强)'은 포로로 잡은 적의 병사는 선도하고 훈련해 나의 병사로 만들면 이를 일컬어 적과 싸워 이기면 이길수록 전력이 더욱 강해지는 비법이라고 말하고 있다. 이는 적의 병력이나 무기 등을 획득하여 활용하는 것을 강조하는 것인데, 일반적으로 지휘통솔하면 현재 내

---

525) 故 殺敵者 怒也 取敵之利者 貨也 車戰 得車十乘以上 賞其先得者 而更其旌旗 車雜而乘之 卒善而養之 是謂 勝敵而益强(고 살적자 노야 취적지리자 화야 차전 득차십승이상 상기선득자 이경기정기 차잡이승지 졸선이양지 시위 승적이익강)

가 지휘해야 하는 나의 부하를 대상으로 한정하기 쉽다. 그러나 효과적으로 전쟁(전투)을 수행하기 위해서는 나의 병력이나 자원뿐만 아니라 적의 병력이나 자원을 활용하는 것도 매우 중요한 요소이다.[526] 이는 오늘날엔 「포로대우에 관한 협약」 등을 위반하는 사항이지만, 당시 보편적인 전쟁수행방식인 현지조달의 사상이 반영된 것으로, 나의 것만 갖고 용병을 하는 것이 아닌 적의 병력과 장비를 획득하여 나의 병력과 장비로 바꾸어 활용하는 용병술을 강조하였다.

제3편(謀攻)의 내용 중에서 '軍之所以患於君者三 不知軍之不可以進 而謂之進 不知軍之不可以退 而謂之退 是謂縻軍'[527]라고 하여 군대가 진격할 수 없는 상황임을 알지 못하고 진격하라고 명령하며, 군대가 후퇴할 수 없는 상황임을 알지 못하고 후퇴하라고 명령하는 것, 이를 일컬어 '군을 속박(얽어맨다)하는 것'이라고 말하고 있다. 이는 우리가 일반적으로 인식하는 장수가 부하를 다루는 지휘통솔이 아니라 왕의 처신을 다루는 일종의 군주론(君主論) 영역에 속한다고 볼 수도 있다. 그런데도 군주(君主)와 고위 장수 간의 관계, 즉 군주에 의한 예하 부하 장수를 다루는 것도 지휘통솔에 포함할 수 있다.

---

526) 오늘날은 전쟁으로 인한 희생자 감소 및 보호를 위해 1948년 8월 12일 체결된 국제조약인 '제네바협약'에 의해 전쟁포로를 대우해야 한다. 이 협약에 따르면 포로는 항상 인도적으로 대해야 하며 인간의 존엄성을 훼손해선 안 된다. 음식과 구호품을 주되 정보를 알아내기 위해 압박해서도 안 된다. 포로의 생명과 건강에 위험을 줄 수 있는 불법적 행동이나 방관, 보복 조치도 허용되지 않는다. 포로의 의사와 달리 그들을 대상으로 한 어떠한 의학·과학적 실험도 금지된다. 포로에게는 군사적 성질이나 목적을 가진 전투에 참여시키거나 참호 파기, 포탄 운반 등은 군사적 성질이나 목적을 가진 노동을 시킬 수 없다.

527) 軍之所以患於君者三 不知軍之不可以進 而謂之進 不知軍之不可以退 而謂之退 是謂縻軍(군지소이환어군자삼 부지군지불가이진 이위지진 부지군지불가이퇴 이위지퇴 시위미군)

또한 제7편(軍爭)부터 제12편(火攻)까지의 내용 역시 지휘통솔과 관련한 내용들을 두루 다루고 있다. 따라서 각 편에서 언급된 지휘통솔 관련 내용을 종합하면 (표 38)과 같으며 각각의 세부 내용들을 일일이 설명하는 것은 생략하고자 한다.

(표 38) 전시 용병을 위한 지휘통솔 관련 사항

구 분	주 요 내 용
제2편(作戰)	• 적개심을 일으키고, 획득한 적의 재물을 상으로 줘서 싸우게 하는 것[殺敵者는 怒也 取敵之利者는 貨也] • 지휘통솔+현지조달, 내 것만으로 용병하는 것이 아닌 적의 것도 내것화하여 용병, 적의 병력과 장비를 획득하여 활용[卒善而養之 是謂 勝敵而益强]
제3편(謀攻)	• 장수와 임금이 관계가 긴밀하면서도 군주가 군을 지나치게 간섭하지 않음 • 싸울 때와 싸우지 않아야 할 때의 구분과 상하 간에 하고자 함이 같게 함 • 군주의 정치·정책적 판단과 장수의 용병영역이 다름을 군주부터 인식하여 군주의 역할에 맞게 지휘통솔을 하는 것
제7편(軍爭)	• 전쟁에서 적용할 다양한 실제적인 용병법을 제시 • 분산과 집중, 우직지계(迂直之計)에 의한 기동의 원칙 등 전장에서의 직접·간접적인 전투력 운용 요령 • 치기(治氣), 치심(治心), 치력(治力), 치변(治變) 등 사치(四治)의 지휘원칙 • 위기, 사기(士氣) 등과 같은 부하의 상태별 용병법
제8편(九變)	• 이해(利害)의 양면성(兩面性)과 분별력과 융통성[九變之利]을 이해하고 이를 활용하여 적이 나를 이기지 못할 태세를 갖추어 패하지 않고 승리를 달성[九變之利, 先爲不可勝, 立於不敗之地] • 용병의 원칙을 기준으로 상황에 맞게 융통성 있는 무궁무진한 용병의 변화를 추구 • 장수에게 위태로운 다섯 가지[必死可殺也 必生可虜也 忿速可侮也 廉潔可辱也 愛民可煩]는 장수의 과오이며 용병의 재앙

제9편(行軍)	• 기동, 전투, 행군, 숙영 등 제반 군사작전 관련 지휘통솔법 • 4가지 주요 작전환경과 특수지형에 대한 부대의 운용 • 적의 징후(행동/행태)에 따른 의도 및 상태를 파악하여 대응하는 방법 • 상하 간 심리적 유대 등 아군의 내부 통합을 달성할 수 있는 지휘통솔법 • 지형과 적정을 파악하여 무모한 지휘를 하지 않고 부하에 대해 감화(感化)와 위엄을 겸한 심리적 유대를 통해 지휘
제10편(地形)	• 땅의 형상에 따른 용병의 원칙 제시 • 고위 장수의 책무로 6가지 지형[六地形: 通掛支隘險遠]과 위태롭게 만드는 6가지[六敗兵: 走弛陷崩亂北]를 잘 알고 적용 • 독단 활용, 부하 사랑, 임무 수행의 조화 • 지휘통솔의 최종상태: 용병을 아는 자는 움직여도 혼란하지 않고, 전쟁을 시작해도 곤궁하게 되지 않음[知兵者 動而不迷 擧而不窮]
제11편(九地)	• 적에게 불리, 아군에게 유리한 전략적 상황을 조성하고, 속도와 기만을 바탕으로 적진 깊숙이 들어가 승리하는 기동전 • 지형적 상황에 따른 심리상태와 전법[九地之變] • 경쟁시 전략구상의 요체와 원정(遠征)시 전의(戰意) 및 단결력 강화[屈伸之利, 人情之利] • 삼가는 사람과 용감한 자를 하나같이 되게 하는 것이 통솔의 도이며, 굳센 자와 부드러운 자를 모두 다 활용하는 것이 구지(九地)의 이치[齊勇若一 政之道也 剛柔皆得 地之理也] • 패왕(覇王)의 지휘통솔: 상대국의 군사력 결집을 곤란[其衆不得聚], 군정(軍政)과 군령(軍令)의 융통성 보장[無法之賞 施無政之令], 단합을 극대화[三軍之衆 若使一人], 실천과 상으로 통솔[犯之以事 勿告以言 犯之以利 勿告以害], 적의 의도대로 따르는 듯하다가, 결정적 지점에 집중하여 승리 획득[(爲兵之事 在於順敵之意 并力一向 千里殺將]
제12편(火攻)	• 5가지 화공대상[人積輜庫隊], 화공실시요건 · 방법 · 준칙[火攻必因五火之變 而應之] • 논공행상(論功行賞)의 중요성과 잘못된 경우[費留] • 전쟁을 일으키면 다시 되돌릴 수 없어 냉정하고 신중하게 전쟁 결정[亡國不可以復存 死者 不可以復生戰]

단지 많은 내용 중에서 특이한 것은 잘해야 한다는 말보다 잘못할 경우의 치명적인 문제점을 제8편(九變)에서 장유오위(將有五危)라는 것을 들어 잘해야 함을 역으로 강조하고 있다. '將有五危 必死可殺 必生可虜 忿速可侮 廉潔可辱 愛民可煩也 凡此五者 將之過也 用兵之災也 覆軍殺將 必以五危 不可不察也'[528] 장수에게 다섯 가지 위태한 경우가 있으니 ①죽기를 각오하고 필사적인 자는 가히 죽일 수 있고, ②살려고만 하는 자는 가히 사로잡을 수 있고, ③노하기 쉽고 급한 성격은 가히 수모(受侮)를 주어 성내게 할 수 있고, ④청렴결백에 치우친 자는 가히 모욕을 주어 격분시킬 수 있고, ⑤부하(백성)를 끔찍하게 사랑하는 자는 가히 생각을 번거롭게 할 수 있으니, 이 다섯 가지는 장수의 잘못이며 용병의 재앙이라고 말하고 있다. 이에 그치지 않고 이 다섯 가지 과오는 군대를 파멸에 이르게 하고 장수를 죽이는 것이 되므로 반드시 신중히 살피지 않으면 안 된다고 강조하고 있다.

이렇듯 손자의 지휘통솔에 대한 입장은 우리가 일반적으로 알고 있는 리더십뿐만 아니라 전술부터 전략의 영역에서 부대를 운용하고 지휘하는 분야를 포함한 광의의 지휘통솔 개념을 적용하여 접근할 필요가 있다.

3. 소결론

'전시 용병' 분야를 중심으로 손자의 군사사상을 세부적으로 분석한

---

528) 將有五危 必死可殺 必生可虜 忿速可侮 廉潔可辱 愛民可煩也 凡此五者 將之過也 用兵之災也 覆軍殺將 必以五危 不可不察也(장유오위 필사가살 필생가로 분속가모 염결가욕 애민가번야 범차오자 장지과야 용병지재야 복군살장 필이오위 불가불찰야)

결과는 다음과 같이 요약할 수 있다.

(표 39) 전시 용병에 대한 손자의 군사사상

범 주	손자의 군사사상
전쟁을 억제하기 위한 용병	• 실제 용병을 의미하기보다는 보유 그 자체를 의미하는 것이므로 변증법의 시각에서 접근 필요 • 군사 배비의 극치는 특정 형태가 없음에 이르는 것이니, 특정 형태가 없으면 깊이 잠입한 첩자도 능히 엿볼 수 없고, 지혜 있는 자도 능히 계책을 쓰지 못함[形兵之極 至於無形 無形則深間 不能窺 智者 不能謀] • '직접 전쟁하는 용병술'이 최상(最上)이 아닌 적의 의도를 봉쇄하여 전쟁을 억제하는 용병술이 최상
전쟁수행을 위한 용병	• 궤도(詭道)를 통한 최소의 전투와 단기속결전 　- 병법가의 승리 비결: 원근, 능력, 활용, 유인, 혼란, 대비, 회피, 교란, 교만, 피로 강요, 이간, 허점 공격 등을 활용 　- 비록 속이지는 않더라도 적의 상태나 결과에 따라 적절하게 대응 필요[實而備之, 强而避之, 攻其無備, 出其不意] 　- 전쟁을 오래 끌지 않고 단기간 내 종결 • 궤도 구현의 전제조건 · 방법: 양병을 통해 군사력[正]을 갖춘 뒤 변화된 상황에 부합되게 기(奇)와 허실(虛實)을 활용 • 궤도 구현을 통한 최소 전투: 적이 지켜야 할 곳을 모르게 공격하고, 적이 공격해야 할 곳을 모르게 방어[善攻者 敵不知其所守 善守者 敵不知其所攻] • 전시 용병을 위한 지휘통솔 　- 제3편: 군주에 의한 예하 부하 장수를 지휘통솔하는 것 　- 제7~12편: 광의의 지휘통솔 시각에서 전술~전략의 영역에서 부대운용과 지휘를 포함한 상세한 방법론을 설명

따라서 위에서 보는 바와 같이 '전시 용병' 분야에 대한 손자의 군사사상을 정리하자면 '전쟁을 억제하기 위한 용병'과 '전쟁수행을 위한 용병'으로 종합할 수 있다.

첫째, 직접 전쟁을 하는 용병술이 최상이 아니고, 적의 의도를 봉쇄하여 '전쟁을 억제하는 용병술'이 최상의 용병으로 보았다. 때문에, '전쟁을 억제하기 위한 용병'은 실제 군사력을 사용하는 것이 아니라 '군사력을 보유하는 것' 그 자체로서 최상의 용병[形兵之極 至於無形]이라는 의미를 부여하였다.

둘째, '전쟁수행을 위한 용병'은 궤도를 활용하여 최소의 전투를 통한 단기속결전을 추구[兵者詭道也, 兵聞拙速]하되, 궤도를 구현하기 위해 먼저 양병을 통해 군사력[正]을 갖추고 난 뒤에 변화된 상황에 부합되게 기(奇)와 허실(虛實)을 활용[應形於無窮]해야 함을 강조하고 있다.

제4절 평시 국가안보 지원

1. 외교 및 군사 교류

일반적으로 '외교'라 함은 외교정책 수립, 국제협력, 대외 경제 및 통상, 문화협력, 재외국민보호와 같은 분야를 떠올리게 된다. 하지만 여기서는 군사사상에 좀 더 주안을 두기 위해 '군사력 또는 전쟁' 분야와 관련한 외교 및 군사 교류로 한정하여 접근하고자 한다.

각각의 국가가 처한 사정에 따라 다르기는 하지만 한 국가가 적의 침략을 막기 위해서는 상대적으로 적보다 강한 군사력을 갖는 것이 이상적이겠으나, 많은 국가에 있어서 막대한 군사력을 직접 보유하는 방법을 선택하고 실행하기란 그렇게 쉬운 문제가 아니다. 이런 이유로 인하여 외교 및 군사 교류를 통해 제3국의 역량에 일정부분 의존하여 '적국 (敵國)의 군사력을 상대적으로 약화'하거나 '부족한 자국(自國)의 군사력을 상대적으로 보충'하는 효과를 얻는 쪽을 여러 나라가 선택하고 있다.

손자도 이와 유사한 견해를 말하고 있다. 즉 '외교 및 군사 교류'를 '상대적인 군사력 확보 수단'으로 보아, 이를 통해 전쟁을 방지하되, 전쟁이 불가피할 때는 '외교 및 군사 교류'를 활용하여 좀 더 쉽게 승리하는데 주안을 두고 있다. 손자가 말하고자 하는 '외교 및 군사 교류'의 우선적인 목적은 적이 쳐들어오는 것을 막는 것이다. 그러므로 뒤에서 분석하고자 하는 '전쟁억제'와도 여러 면에서 연계가 된다.

손자는 『손자병법』 전편에 걸쳐서 주장한 기본 사상인 '피를 흘리지 않고 온전하게 이기는 방법[不戰而屈人之兵 善之善者也, 全勝]'의 일환으로 '외교 및 군사 교류'에 대해 중요성을 강조하고 있다. 이를 달성하는 방법으로 적의 군사력을 상대적으로 약화하는 효과를 달성하거나, 자국의 군사력을 상대적으로 강화하는 효과를 얻는 측면에서 강조하고 있다. 물론 적의 군사력을 약화하면 상대적으로 나의 군사력이 강화되는 효과가 있기 때문에, 이 두 가지는 서로 긴밀하게 연계되어 있어 크게 보면 하나로 볼 수도 있다. 여기서는 편의상 '적의 군사력을 약화하는 효과 측면'과 '나의 군사력을 강화하는 효과 측면'으로 구분해서 손자의 군사사상을 좀 더 구체적으로 알아보겠다.

가. 적의 군사력을 약화하는 효과 측면

손자는 적의 군사력을 상대적으로 약화하는 효과 측면에 대하여 제 1 · 3 · 11편에서 강조하였다. 먼저 제1편(始計)에 '일이노지 친이리지(佚而勞之 親而離之)'라고 하여 적이 편안한 상태에 있으면 힘들게 하고, 적이 서로 친하면 이간시켜야 한다고 말하였다. 그리고 제3편(謀攻)에 '上兵伐謀 其次伐交 其次伐兵 其下攻城'[529]이라고 하여 최상의 용병법은 적의 침략에 관한 생각이나 의도를 봉쇄하는 것이고, 그다음은 타국과의 외교를 통한 외부로부터 지원받을 가능성을 차단하는 것이며, 그다음은 군대를 공격하는 것이고, 최하위(最下位) 대안은 적의 성을 공격하는 것이라고 말하고 있다.

제1편과 제3편의 내용을 보면, 모두 적국을 직접 공격하는 것보다는 적국이 제3국과 맺은 외교 관계를 단절시키는 것이 더 중요함을 강조한 것이다. 이는 제3국이 적국을 지원하는 것을 막음으로써 상대적으로 적의 군사력이 강해지는 것을 막거나 반대로 약하게 만드는 효과를 볼 수 있기 때문이다.

제11편(九地)에 '伐大國則其衆不得聚 威加於敵則其交不得合 是故 不爭天下之交 不養天下之權'[530]이라고 하여 대국을 정벌할 때는 대국이 미처 군대를 동원하여 집결시킬 겨를도 없이 들이닥치고, 압도적인 위세를 적국에 가하여 그 외교적 협력을 얻지 못하게 한다. 이런 까닭에 주변국들을 향해 천하의 외교 관계를 다투지 않고, 대항할 만한 세력을 키우지도 않는다고 말하고 있다. 이는 적국의 군사 외교를 단절시킬 뿐만 아니라, 나아가 적국과 외교를 단절시킨 제3국을 상대로 침략의사가 없음을 명백히 하고, 우리 편으로 끌어들여 친교를 맺는다면, 적의 전쟁수행능력을 약화하는 것은 물론이거니와 오히려 자국의 군사력이 상대적으로 증강되는 효과가 있음을 강조한 것이다.

오늘날 이런 예로는 북한이 핵개발 추진 및 장거리 미사일 발사실험

---

529) 上兵伐謀 其次伐交 其次伐兵 其下攻城(상병벌모 기차벌교 기차벌병 기하공성)
530) 伐大國則其衆不得聚 威加於敵則其交不得合 是故 不爭天下之交 不養天下之權(벌대국즉기중부득취 위가어적즉기교부득합 시고 부쟁천하지교 불양천하지권)

을 강행하자 2016년 한국이 일명 '북한 절친우방(切親友邦) 공략외교' 조치를 단행한 것을 들 수 있다. 한국은 북한의 전통적 우호국인 이란, 아프리카 3국, 쿠바 등에 접근하면서 북한과 거리를 멀게 하고 고립을 가속화하는 외교전을 강화하였다. 특히 2016년 5월 3일 박근혜 대통령은 한국 대통령으로서는 최초로 이란을 공식 방문하여 하산 로하니 이란 대통령으로부터 북한의 핵 개발에 반대한다는 입장을 이끌어냈다.[531] 또 5월 29일에는 30년 장기집권의 우간다 무세베니 대통령으로부터 북한과의 군사·안보·경찰협력 관계를 중단하겠다는 발언을 얻어내는 성과를 냈다.[532] 아울러 2016년 6월 4일 카리브국가연합(ACS) 정상회의가 쿠바에서 시작되자 의장국가인 쿠바에 우리나라는 외교부장관을 급파하여 외교활동을 통해 쿠바가 '북한 비핵화 지원'과 남한에 대한 '추가 도발을 억제하는 데 지원'해줄 것을 요청하여 긍정적인 결과를 이끌어 냈다.[533]

이처럼 적의 군사력을 약화하는 효과를 얻기 위해 군사외교 측면에서 제3국이 쳐들어오는 것을 미연에 방지함이 우선이다. 나아가 제3국이 적대 국가를 직·간접적으로 지원하지 못하게 하여 이로써 적의 군사력을 상대적으로 약하게 만드는 효과 측면에서 반드시 고려되어야 함을 알 수 있다.

나. 나의 군사력을 강화시키는 측면

적의 군사력을 약화하는 것은 동시에 나의 군사력을 상대적으로 강화

---

531) [속보] 이란 대통령 "한반도서 변화 원해…어떤 핵개발도 반대", 조선일보, 2016.5.2.
532) 北우방 우간다 "북한과 군사-안보협력 중단", 동아일보, 2016.5.30.
533) 윤병세, 대통령 수행 중 쿠바행…"북한 절친 공략 화룡점정", 중앙일보, 2016.6.6.

하는 효과가 있다. 이와 다르게 자국의 군사력이 약화하는 효과를 방지하거나 강화하는 효과 측면에 대하여 손자는 제7 · 8 · 11편에서 이를 강조하였다.

제7편(軍爭)과 제11편(九地)에 동일한 내용이 있는데, '부지제후지모자 불능상교(不知諸侯之謀者 不能豫交)'라고 하여 인접국의 기도를 모르면 미리 외교적 동맹 관계를 맺을 수 없다는 내용이다. 즉 주변 제후국(諸侯國)들의 전략적 의도를 알고 이들이 원하는 것에 맞게 이득이 되도록 접근을 해야 밀접한 관계를 맺을 수 있다는 것이다. 이렇게 되면 주변국이 나의 나라로 쳐들어오지 않게 되어 나의 군사력이 분산되거나 소모되는 것을 방지한다. 나아가 친교를 맺음으로써 지원을 받을 수 있으면 상대적으로 군사력을 증강하는 효과가 있음을 강조했다.

제8편(九變)에는 '구지합교(衢地合交)'라고 하여 여러 나라의 국경이 접하는 사통팔달(四通八達)한 요충지에서는 외교 관계에 힘써야 하는데, 이것도 마찬가지로 국경을 접한 나라들이 쳐들어오지 않도록 할 뿐만 아니라 친교를 맺어 상대적으로 나의 군사력을 강화하는 효과를 얻도록 강조하고 있다. 여기서 '구지(衢地)'는 주변국이 서로 다투는 땅이지만 무력으로 탈취하기에는 제한되고, 단지 외교 방식으로 그들과 우호 관계를 맺어 자국의 영향을 확대하고 적국의 영향을 낮추는 방법이 적절한 경우를 말한다.

과거엔 육지 내에서 지리적으로 서로 국경을 직접 접한 상태가 주요 고려대상이었다. 오늘날에는 인접국을 구분하면서 육지나 바다의 구별이 지배적인 요소가 아니다. 외교적 또는 군사적으로 상호 교류와 지원을 하는 데 큰 장애가 아니기 때문에, 주변 강국에 둘러싸인 한반도의 상황이 손자가 말하는 구지(衢地)와 유사하다고 볼 수도 있다. 따라서 한국의 경우 독자적인 노선 추구보다는 동맹 등과 같은 외교 관계에 힘

써야 함을 알 수 있다.

2. 전쟁억제

지금까지 전쟁과 관련하여 손자의 사상을 분석한 대부분의 시각은 전쟁을 실시하면서 미리 이길 수밖에 없는 상황[態勢]을 만들어 놓는 것[制勝, 措勝]이 중요하다고 강조하였다. 이런 분석이 잘못되었다는 것이 아니고 전쟁수행 측면에서 접근하면 매우 바람직한 해석이다. 손자는 전쟁수행만을 주장한 것이 아니고 '전쟁 없는 승리'에 더 주안을 두었기 때문에 전쟁억제 측면에서 먼저 그의 사상에 대해 접근해야 한다. 그다음에 억제가 실패했을 때 전쟁에서 승리하기 위해 이를 적용하는 측면으로 접근할 필요가 있다.

여기서는 전쟁에서 승리하기 이전에 미리 이길 수 있는 태세를 갖추어 전쟁 자체가 일어나지 않도록 하는 것에 더 큰 비중을 두고 있음을 고려하여 이를 중심으로 분석하고자 한다.

가. 전쟁억제 측면 접근 필요성

『손자병법』제12 화공(火攻)편 끝부분에 전쟁을 신중하게 결정해야 함을 강조하는 내용이 있다. '怒可以復喜 慍可以復悅 亡國不可以復存 死者 不可以復生 故曰 明主愼之 良將警之 此安國全軍之道也'[534]라고 하여

---

534) 怒可以復喜 慍可以復悅 亡國不可以復存 死者 不可以復生 故曰 明主愼之 良將警之
此安國全軍之道也(노가이복희 온가이복열 망국불가이복존 사자 불가이복생 고왈
명주신지 량장경지 차안국전군지도야)

분노는 다시 기쁨이 될 수 있고, 성난 것은 다시 즐거워질 수도 있으나, 망국은 다시 살아날 수 없고, 죽은 자는 다시 살아날 수 없는 것이다. 그러므로 현명한 임금은 이를 삼가고 훌륭한 장수는 이를 경계하는 것이니, 이것이 국가를 안정되게 하고 군대를 보전하는 길이라고 했다. 이는 표면상으로는 감정의 억제를 통해 냉철한 판단을 하여 우발적으로 전쟁을 일으키지 않도록 경계하는 내용이지만, 억제의 양면성을 볼 경우 적이 쳐들어와 전쟁이 일어나는 것을 억제하는 것뿐만 아니라 여기서는 내가 무모한 전쟁을 일으키는 것도 방지하는 전쟁억제의 중요성을 말하고 있다.

이뿐만 아니라 『손자병법』을 '전쟁수행' 측면에서 우선 접근하기보다는 먼저 '전쟁억제' 측면에서 접근해야 한다. 그 이유는 '不戰而屈人之兵 善之善者也[3편 謀攻]' '制勝之形[6편 虛實]' '形兵之極 至於無形[6편 虛實]'[535]을 통해 다음과 같은 것을 강조하였다.

첫째, 손자는 『손자병법』 전편에 걸쳐 전쟁에서 이기는 것보다 전쟁 없이 이기는 것이 최선이라 말하였다. 이는 근본적으로 전쟁을 최우선적으로 고려하는 것이 아니고 다른 방법을 우선 강구한 후에 불가피할 때 차선책이라는 것이다. 즉 전쟁을 최우선 수단이 아니라 전쟁을 일으키지 않도록 하는 것이 최우선이다. 이는 곧 적이 쳐들어오지 않도록 억제하는 것이면서, 반대로 내가 전쟁을 일으키지 않도록 방지하는 것을 의미하므로 궁극적으로 전쟁억제를 의미한다.

둘째, 제6편(虛實)에서 말한 제승지형(制勝之形)과 관련하여 노양규는 이것이 『손자병법』 전편을 관통하는 중심 사상이므로 온전한 승리(全勝)

---

535) 3편: 不戰而屈人之兵 善之善者也(부전이굴인지병 선지선자야), 6편: 制勝之形(제승지형), 形兵之極 至於無形(형병지극 지어무형)

로 발전할 수 있는 기본이어서, 모공편(謀攻編)에서 백전백승(百戰百勝)이 최선이 아니라고 한 것처럼 백전백승이 아닌 싸움을 안 하는 것, 그리고 이길 수밖에 없는 상황을 조성하여 전쟁 없이 이기는 것이라고 하였다.[536] 이는 제승지형(制勝之形)이 전쟁수행 방법론으로 접근하기 이전에 전쟁이 없는 것, 즉 전쟁억제가 최우선이라는 견해에 더 큰 비중을 두는 것이라는 의미이다.

셋째, 제6편(虛實)에서 '형병지극 지어무형(形兵之極 至於無形)'의 참다운 의미를 알 필요가 있다. 이 내용은 앞의 제3절 '전시 군사력으로 전쟁수행[戰時用兵]'에서 구체적으로 설명을 하였기 때문에 추가적인 설명은 생략하고자 한다. 이는 앞의 제3절에서 설명한 것과 같이 보안이나 은폐 등을 강조하는 것에서 그치지 않고 근본적으로 '형체가 없음에도 힘을 갖는 것' '군대 존재 그 자체의 힘' 즉 '억제'를 최고의 가치[形兵之極]로 포함하여 강조하고 있다.

나. 전쟁억제 방법

제3편(謀攻)에 '上兵伐謀 其次伐交 其次伐兵 其下攻城'[537]이라고 하여 '최상의 용병은 적이 침략하려는 계략[생각, 의도, 전략, 정책]을 봉쇄하는 것이고, 그다음은 외교를 차단하는 것이고, 그다음은 군대를 치는 것이고, 최하(最下)는 적의 성을 공격하는 것'이라고 하였다. 이는 '벌모(伐謀)' 즉 적국이 침략 또는 대항할 의도나 생각을 못하게 하는 것이다. 적국이 우리와 화해나 친선을 도모하는 것이 유리함을 느끼게 하는 것을

---

536) 군사학연구회(2014), 앞의 책, p.46.
537) 上兵伐謀 其次伐交 其次伐兵 其下攻城(상병벌모 기차벌교 기차벌병 기하공성)

최상으로 들고 있다. 그리고 '벌교(伐交)'를 통해 적을 상대적으로 약화해 궁극적으로 이 두 가지를 통해 전쟁이 일어나지 않도록 해야 함을 강조하고 있다.

또한 제4편(軍形)에서 '昔之善戰者 先爲不可勝 以待敵之可勝 不可勝在己 可勝在敵'[538]이라고 말하였는데, 여기서 '선위불가승(先爲不可勝)'은 적이 공격을 하더라도 승리하지 못할 나의 태세를 갖추는 것이다. 적의 입장에서 보면 승리하지 못할 전쟁을 할 이유가 없어져서 전쟁을 안 하는 것이다. 이는 '불가승재기(不可勝在己)'라고 하여 적이 승리하지 못할 태세를 만드는 것은 결국 자국의 억제노력임을 강조하는 것이다.[539]

한편 제6편(虛實)에 '我不欲戰, 雖劃地而守之, 敵不得與我戰者, 乖其所之也'[540]라고 하여 '내가 싸우지 않으려 하면 비록 땅에 선만 긋고 지킬지라도 적이 싸움을 걸지 못하는 것은 그 기도(企圖)하는 바를 허물어뜨리기 때문'이라고 말하였다. '승가위야 적수중 가사무투(勝可爲也 敵雖衆 可使無鬪)'라고 하여 '승리는 가히 만들 수도 있다고 말할 수 있으니 비록 적이 많다 해도 가히 싸울 수 없게끔 만들 수 있는 것'이라고 말하고 있다.

이는 땅에 선만 긋는 것처럼 마치 아무 대비가 없는 것처럼 보여도 공격을 하면 손실이 크거나 바라는 바를 얻을 수 없을 것이기 때문에 적이

---

538) 昔之善戰者 先爲不可勝 以待敵之可勝 不可勝 在己 可勝 在敵(석지선전자 선위불가승 이대적지가승 불가승 재기 가승 재적)

539) 이에 대하여 전술적 차원으로 한정하여 일반적인 공격이나 방어 개념으로 해석하는 것을 보면, 노병천은 손자가 방어중심사상을 갖고 있다고 접근하고 있고, 김병관은 공격과 방어에 주안을 두고 먼저 확고한 방어태세를 갖추는 것이 중요하다고 접근하고 있다(노병천, 앞의 책, p.102.; 김병관, 『손자병법 강의』, 대전: 육군대학, 2008, p.42.).

540) 我不欲戰, 雖劃地而守之, 敵不得與我戰者, 乖其所之也(아불욕전, 수획지이수지, 적부득여아전자, 괴기소지야)

공격을 못하는 것이고, 비록 적의 수가 많아도 계략 등과 같은 억제력을 통해서 공격을 못하게 만들 수 있다는 것이다. 따라서 적의 침략을 억제하기 위해서는 '괴(乖, abandon)' 즉 적이 뜻을 이루지 못하도록 하는 것과 승가위(勝可爲)를 통해 무투(無鬪, prevent invasion) 즉, 각종 억제력을 확보해서 적이 침략하지 못하도록 할 수 있다는 것이다.

3. 적대 국가(敵對國家) 연구

『손자병법』에 '지피지기 백전불태(知彼知己 百戰不殆)'를 포함하여 적을 알게 되면 어떤 이해(利害)가 있는지와 적을 아는 것은 어떤 방법이 있는지 등에 대해서 비교적 여러 곳에서 말하고 있다. 따라서 여기서는 적대 국가 연구의 필요성을 포함하여 연구할 대상과 적에 대해 아는 방법에 주안을 두고 손자의 군사사상을 분석하고자 한다.

가. 적대 국가 연구의 필요성과 연구대상

적을 왜 알아야 하는지 그리고 무엇을 알아야 하는지와 관련하여 손자는 제13편(用間)에서 적을 알아야 하는 이유와 알고자 하는 노력의 중요성에 대해 단적인 예시를 들어 강조하였다.

相守數年 以爭一日之勝 而愛爵祿百金 不知敵之情者 不仁之至也 非人之將也 非主之佐也 非勝之主也[541]

---

541) 相守數年 以爭一日之勝 而愛爵祿百金 不知敵之情者 不仁之至也 非人之將也 非主之佐也 非勝之主也(상수수년 이쟁일일지승 이애작록백금 부지적지정자 불인지지야

수년 동안 서로 대치하여 결국 1일간의 전투 결과로 승패를 다투게 되는데, 관직이나 많은 상금을 아껴서 적정을 알려고 하지 않는 자는 어질지 못한 극치니, 장수가 될 자격이 없고 임금의 보좌할 역할도 못하며 승리를 차지할 주인공은 더욱 될 수 없다.

위의 내용은 전쟁이 날 경우 적을 잘 모른 상태에서 전쟁하면 비록 하루라는 짧은 기간에도 부대가 크게 패하여, 그간 장기간에 걸쳐 힘들게 양성한 군사력을 일시에 잃고, 결국 국가가 망할 수도 있으므로 적에 대한 정보수집이나 적 연구에 대해 돈과 노력을 아끼지 말라는 의미이다.

적을 알고자 하는 우선적인 이해(利害)나 목적은 당연히 전쟁에서 온전한 승리[勝乃可全]를 얻기 위함이다. 제3편(謀攻) '知彼知己 百戰不殆 不知彼而知己 一勝一負 不知彼不知己 每戰必殆'[542]라고 하여 승리를 아는 방법[知勝之道] 측면에서 적을 알고 자기를 알면 백번을 싸워도 위태롭지 않고, 적을 모르고 자기만을 알면 승부는 반반이고, 적을 모르고 자기를 모르면 싸울 때마다 반드시 위태롭다는 것이다. 온전한 승리를 위해선 적을 먼저 알고 나도 반드시 알아야 한다는 점을 강조하고 있다.

또한 알아야 할 연구 대상 측면에서 보면, 제10편(地形)에 '知吾卒之可以擊, 而不知敵之不可擊, 勝之半也. 知敵之可擊, 而不知吾卒之不可以擊, 勝之半也'[543]라고 하여 나의 부하들이 공격할 역량이 있음은 알지

비인지장야 비주지좌야 비승지주야)

542) 知彼知己 百戰不殆 不知彼而知己 一勝一負 不知彼不知己 每戰必殆(지피지기 백전불태 부지피이지기 일승일부 부지피부지기 매전필태)

543) 知吾卒之可以擊, 而不知敵之不可擊, 勝之半也. 知敵之可擊, 而不知吾卒之不可以擊, 勝之半也(지오졸지가이격 이부지적지불가격 승지반야 지적지가격 이부지오졸지불가이격 승지반야)

만, 공격 시 아군이 공격할 수 없도록 적이 대비한 것을 알지 못하면 승리의 확률은 반이다. 공격에 이용할 적의 약점이 있음은 알고 있으나, 나의 부하들이 공격할 역량이 없음을 알지 못하면 승리의 확률은 반이라고 했다. 이어서 '知敵之可擊 知吾卒之可以擊 而不知地形之不可以戰 勝之半也'[544]라고 하여 공격에 이용할 적의 약점이 있음을 알고, 나의 부하들이 공격할 역량이 있다는 것까지 알아도, 지형여건상 싸울 수 없음을 알지 못하면 승리의 확률은 반이라고 말하고 있다.

결론적으로 제3편(謀攻)에서 강조했던 것인 지피지기(知彼知己)에 지형을 아는 것[知地形]을 추가하여 다시 제10편(地形) 마지막에 최종적으로 '知彼知己 勝乃不殆 知天知地 勝乃可全'[545]라 말함으로써 적을 알고 나를 알면 승리는 위태롭지 않고, 나아가 기상, 기후, 시기와 지형까지 알 수 있으면 승리는 가히 온전해질 수 있는 것이라고 주장한 것이다.

온전한 승리를 위해서는 첫째, 적을 아는 것[知彼]), 둘째, 나의 상태를 아는 것[知己], 셋째, 기상이나 지형 등을 아는 것[知天地]이 매우 중요하다는 의미이다. 손자는 단순히 적을 아는 것만이 제일 중요하다고 강조하기보다는 그것은 말할 필요도 없고, 부가하여 나의 상태와 지형이나 기상 등과 같은 것도 알아야 한다는 것을 강조하였다. 적을 아는 것에 대하여 좀 더 넓고 복합적으로 접근하고 있음을 알 수 있다. 물론 나의 상태나 지형 및 기상요소 등은 적을 아는 것과 별개로 분리하여 접근할 수도 있다. 엄밀하게 보면 분명히 이는 적을 아는 것과는 다른 차원의 문제이다. 그러나 손자의 의도는 적만 알면 된다는 생각에 대해 일종의 경각심을 일깨우고 있다고 볼 수 있다. 따라서 나의 상태와 지형

---

544) 知敵之可擊 知吾卒之可以擊 而不知地形之不可以戰 勝之半也(지적지가격 지오졸지 가이격 이부지지형지불가이전 승지반야)
545) 知彼知己 勝乃不殆 知天知地 勝乃可全(지피지기 승내불태 지천지지 승내가전)

및 기상과 같은 요소들을 고려하지 않고 각각 분리하여 적을 아는 것만 접근하기보다는 함께 고려하는 것이 타당하다고 본다.

나. 적에 대해 아는 방법

손자가 강조한 적에 대해 아는 방법론은 반드시 사람을 통해서 알아내어 적의 정세를 알게 되는 것이라고 말하고 있다. 즉 간첩 등과 같은 인간첩보수집수단을 이용하여 적대 국가를 아는 것이 매우 중요하다고 강조하고 있다.

제13편(用間)에 '先知者 不可取於鬼神 不可象於事 不可驗於度 必取於人 知敵之情者也'[546]라고 하여 적에 대해 미리 알아내는 것은 귀신에게 빌어서 알아낼 수도 없으며, 어떤 사실에서 끌어낼 수도 없으며, 어떤 법칙에 따라 추론할 수도 없는 것이다. 따라서 반드시 사람에게서 알아내어 적의 정세를 알게 되는 것이라고 말하고 있다. 이처럼 사람을 활용하여 적의 정세를 파악해야 한다고 강조한 것은 다음과 같은 두 가지 의미가 있다.

첫째, 손자가 살던 당시의 정보수집 수단과 여건이 반영된 내용이다. 오늘날에는 사람을 중심으로 하는 인간정보 외에도 신호, 영상, 출판물, 해킹과 같은 사이버 수단뿐만 아니라 그 외에도 공식적인 외교활동이나 신문, 라디오, TV, 인터넷 등 공개적인 자료 등 다양한 수단과 방법을 활용하여 첩보를 수집하고 있다. 그러나 당시에는 인간정보에 의존하던 측면을 고려할 때, 사람을 중심으로 가용한 수단과 방법을 동원

---

546) 先知者 不可取於鬼神 不可象於事 不可驗於度 必取於人 知敵之情者也(선지자 불가취어귀신 불가상어사 불가험어도 필취어인 지적지정자야)

하여 적에 대한 첩보수집활동을 해야 만이 적에 대한 정확한 정보를 얻을 수 있었기 때문에, 간첩의 중요성을 강조하고 이를 적극적으로 활용해야 한다고 강조한 것은 충분히 납득이 가는 사항이다. 그러므로 손자는 『손자병법』 제13편(用間) 전부를 할애하여 적을 알기 위한 방법론으로 간첩활용방법론[用間]을 자세히 설명하였다.

둘째, 적의 상황을 직접 확인하는 것이 중요함을 강조한 것이다. 적의 상황을 100% 다 알아낸다는 것은 과거나 지금이나 현실적으로 불가능하다. 따라서 일정부분은 직접 확인한 정보를 활용하지만, 나머지 일정부분은 전후좌우를 살피거나 직간접적인 자료를 토대로 유추 및 추론하여 판단하게 된다. 하지만 첩자를 투입하여 적의 상황을 직접 확인하는 것은 시간이 오래 걸리거나, 때로는 적에게 첩자가 잡힐 수도 있다는 이유 등으로 오히려 이를 소홀히 하고, 반대로 손쉽게 적의 정보를 얻을 목적으로 귀신 또는 점술가에게 빌어서 알아내려 한다거나, 어떤 사실에서 끌어내어 상상으로 만들거나, 어떤 법칙에 따라 유추하여 얻는 것에 오히려 더 의존하는 것이 부적절함을 손자는 강하게 경고한 측면이 있다.

4. 국지도발 대응

『손자병법』에는 국지도발이란 용어나 개념이 직접적으로 명시된 것은 없다. 그렇지만 오늘날 우리가 일반적으로 인식하고 있는 국지도발의 접근시각과 정반대의 시각에서 접근하면 그에 대한 해답을 찾을 수 있다. 오늘날 국지도발의 일반적인 접근시각은 적이 전면전이 아닌 국지적으로 위해(危害) 행위와 같이 도발해 오는 것을 의미한다. 그러나 『손자병법』에서는 오늘날 국지도발의 일반적인 시각처럼 적이 나에게

도발하는 것이 아니라, 반대로 내가 적국에 대하여 행하는 것을 주로 다루고 있다.

『손자병법』에 있는 국지도발 관련 내용	손자의 시각을 역(逆)으로 적용	오늘날의 국지도발에 대한 시각
• 전쟁을 일으키기 전 나에게 유리한 여건을 조성하기 • 적국(敵國)을 성나게 하여 흔들기 • 자국(自國)을 낮추어서 적국을 교만하게 만들기 • 적국이 편안한 상태에 있으면 힘들게 만들기	• 전쟁도발 전 적에게 유리한 여건을 조성하기 • 적이 나를 성나게 하여 흔들기 • 적이 스스로 낮추어서 내가 교만에 빠지게 만들기 • 내가 편안한 상태에 있으면 힘들게 만들기	• 적이 나에 대해 전면전이 아닌 국지적으로 도발해 오는 것 • 우리나라의 국론분열을 조장 • 우리나라의 피로누적과 적에 대해 무감각하게 만들기 • 위협을 조장하여 적의 내부 결속과 같은 정치 목적 달성

(그림 37) 국지도발 관련 손자의 시각과 오늘날의 시각 비교

손자의 주장을 살펴보면 전쟁을 일으키기에 앞서 승리여건을 조성하기 위해 나의 도발로 적국을 피곤하게 만들고 분열시키거나 상대를 약화하는 것을 목적으로 하는 행위들이다. 이것을 반대로 적용하면 적국이 도발해서 우리의 군대와 국민이 피곤해지거나 분열되고 약화하는 결과를 초래하므로 오늘날 국지도발의 개념과 크게 다를 것이 없다.

제1편(始計)에는 적국을 상대로 내가 국지도발을 자행(恣行)하여 적을 약화하는 것에 대하여 말하고 있다. 이와 관련한 내용을 보면, 군사력 운용 시 '노이요지 비이교지 일이노지(怒而撓之 卑而驕之 佚而勞之)'라고 하여 적을 성나게 하여 흔들어 놓고, 나를 낮추어서 적을 교만하게 만들며, 적이 편안한 상태에 있으면 힘들게 하라는 것이다. 이로 볼 때 손자의 국지도발 목적은 전쟁 이전 적을 피곤하게 만드는 것, 적을 약화하는

것, 적을 분열시키는 것, 나의 행위에 대해 무디게 만들어 위협이나 위기에 대해 등한시하게 만드는 것 등으로 볼 수 있다.

이상에서 살펴본 바와 같이 손자가 '국지도발 대응' 측면에서 말하고자 한 내용에 대한 것은 국지도발 목적이 본격적으로 전면적인 전쟁을 개시하기 이전에 적을 피곤하게 만드는 것 또는 적을 약화하는 것 내지는 나의 행위에 대해 타성에 젖거나 무디게[無感覺] 만들고 등한시하게 만드는 것 등으로 볼 수 있다. 그래서 궁극적으로 전면전을 더욱 수월하게 할 수 있다는 것이다.

5. 소결론

'평시 국가안보 지원' 분야를 중심으로 손자의 군사사상을 세부적으로 분석한 결과는 다음과 같이 요약할 수 있다.

(표 40) 평시 국가안보 지원에 대한 손자의 군사사상

범 주	손자의 군사사상
외교 및 군사 교류	• 적의 군사력을 약화하는 효과 측면 * 적국이 제3국과 맺은 외교 관계를 단절시키도록 하고 외교적 협력을 얻지 못해 상대적으로 국력을 약화하는 것 • 나의 군사력을 강화하는 측면 – 주변 제후국(諸侯國)들의 전략적 의도를 알고 제후국들의 이득에 부합되도록 접근하여 밀접한 관계 유지 – 국경을 접한 나라들이 쳐들어오지 않도록 할 뿐만 아니라 친교를 맺어 상대적으로 나의 군사력이 소모되는 것을 방지 • 전쟁이 총력전 개념이라 군사 분야만 집착하지 말고 정치, 외교, 경제, 사회 등 제반 분야를 깊이 연계시키고, 외교의 흐름 속에서 군사 교류 시행

전쟁억제	• 전쟁이란 것은 최우선적으로 고려할 대안이 아니고, 억제 후에 불가피할 때 차선책(次善策)으로 선택 • 이길 수밖에 없는 상황을 조성하여 전쟁 없이 이기는 것 중요 • '군대 존재 그 자체의 힘' 또는 '억제'를 강조 • 실질적인 억제의 방법은 '伐謀(벌모)' '伐交(벌교)' '乖(괴)'이며, 이는 전적으로 나의 역할에 달려있음
적대 국가 연구	• 적의 침략을 사전에 억제하고, 전시에 직접적인 적의 침공을 효과적으로 격퇴 및 격멸함으로써 온전한 승리[勝乃可全]를 얻기 위해 부단히 준비해야 할 대상 • 적대 국가 연구의 직접적인 대상은 적이지만 지형, 천시(天時) 등도 함께 종합적으로 연구해야 정확히 이해하고 대응 가능 • 다양하고, 지속적으로 인간정보를 포함한 제반 정보 수집 요소를 총동원하여 적을 아는 노력 필요
국지도발 대응	• 본격적으로 전면적인 전쟁을 개시하기 이전에 적을 피곤하게 만들고 적을 약화하는 목적이 중요 • 반복적인 나의 도발 행위에 대해 적이 타성에 젖어 무감각(無感覺)하고 등한시(等閑視)하게 만들어, 이것이 궁극적으로 전면전을 더욱 수월하게 하는 데 작용하도록 도모

위에서 보는 바와 같이 '평시 국가안보 지원' 분야에 대한 손자의 군사사상을 종합하자면 **먼저 '외교 및 군사 교류' 측면에서는 다음과 같이 두 가지로 정리할 수 있다.**

첫째, 군사외교 측면에서 적이나 제3국이 쳐들어오는 것을 미연에 방지함이 우선이고, 나아가 적의 군사력을 상대적으로 약하게 만드는 것과 더불어 부족한 나의 군사력을 상대적으로 보충하는 효과 측면에서 반드시 고려되어야 한다.

둘째, 벌교(伐交) 등과 같은 외교의 경우, 주된 업무영역만을 놓고 따진다면 오늘날 '국방부'의 영역이라기보다는 '외교부'의 영역이다. 그럼에도 『손자병법』에서 벌교(伐交)와 같은 내용을 여러 곳에서 강조한 것은 당시에 교류의 주된 목적은 전쟁을 일으키거나 막는 면이 강했다. 오늘날의 시각에서 접근할 경우 전쟁이 총력전 개념이라 군사 분야만 집착하지 말고 외교는 말할 것도 없고 정치, 경제, 사회 등 제반 분야가 깊이 연계된 것임을 강조하는 것으로 받아들일 수 있다. 순수하게 외교부의 임무라고만 생각하거나, 단순히 군인 몇 명이 왔다 갔다 하는 수준의 왕래 정도로 생각할 것이 아니고 외교의 흐름 속에서 군사 교류를 해야 하는 일종의 '군사 외교'인 것이다.

다음으로 '전쟁억제' 측면에서 손자가 말하고자 한 내용은 다음과 같이 두 가지로 정리할 수 있다.

첫째, 전쟁에서 이기는 것보다 전쟁을 억제하는 것이 더 우선이라는 점이다. 전쟁에서 이기는 것이 최선의 목표가 아니라 전쟁을 억제하는 것이 최선이고, 불가피하게 전쟁이 일어났을 때는 반드시 이겨야 하는 것이다. 따라서 『손자병법』에 나타난 손자의 사상은 궁극적으로 전쟁에서 이기기 위한 것보다 먼저 전쟁을 억제하는 데 있음을 알아야 한다.

둘째, 실질적인 억제의 방법은 '伐謀(벌모)' '伐交(벌교)'이고 '乖(괴)'인데 이는 전적으로 나의 역할에 달려있다는 점이다. 최선의 방법인 전쟁을 억제하기 위해서는 적의 의도(계략, 전략, 정책) 자체를 꺾는 것이고, 이를 위해 직접 먼저 공격하기보다는 외교활동이나 계책(計策) 또는 자체적인 군사력 확보로 적이 뜻을 이루지 못하도록 하는 것[乖]이 중요하며 이런 것은 전적으로 나의 노력 여하에 달려있으니, 반드시 적극적인 억제력 확보[制勝之形]가 매우 중요하다는 점을 강조하였다.

다음으로 '적대 국가 연구' 측면에서 손자가 말하고자 한 내용은 다음과 같이 두 가지로 정리할 수 있다.

첫째, 적을 알아야 하는 이유를 명확히 들고 있다. 이는 적의 침략을 사전에 억제하고, 만약 억제가 실패하여 전쟁이 발발하면 전시에 직접적인 적의 침공을 효과적으로 격퇴 및 격멸함으로써 온전한 승리[勝乃可全]를 얻기 위한 준비 측면에서 적대 국가 연구가 필요하다고 말하고 있다.

둘째, 적을 아는 방법론이다. 이는 이론에만 그친 것이 아니고 실질적으로 적을 아는 방법을 구체적으로 제시한 것임과 동시에 적을 알기 위해서는 인간정보[知敵之用間]를 포함한 제반 정보 수집 요소를 총동원해야 하고 또한 그런 노력을 소홀히 해서는 안 된다는 점을 말한 것이다.

마지막으로 '국지도발' 측면에서 손자는 국지도발의 목적이 본격적으로 전면적인 전쟁을 개시하기 이전에 적을 피곤하게 만드는 것 또는 적을 약화하는 것 내지는 나의 행위에 대해 타성에 젖거나 무디게[無感覺] 만들고 등한시(等閑視)하게 만드는 것[怒而撓之 卑而驕之 佚而勞之] 등으로 볼 수 있다. 그래서 궁극적으로 전면전을 더욱 수월하게 할 수 있다는 것이다.

제5절 평시 국가정책 지원 수단으로써 군사력 운용

오늘날 평시 국가정책 지원 수단으로서의 군사력 운용인 다국적군 또는 국제평화유지군으로서 해외 파병, 재해재난 대응, 국가공익 지원, 철도파업 등과 같은 것으로부터 국가기능 유지, 국가행사 지원 등과 같은 분야에 대한 직접 연계된 손자의 군사사상은 찾을 수가 없다는 것은 누구나 이해할 것이다. 따라서 여기서는 이와 관련한 손자의 군사사상은 언급하지 않겠다.

제6절 평시 군사력 관리 및 운영

평시 군사력 관리 및 운영과 관련된 주요 분야는 국방경영, 군사법(軍事法)과 군령(軍令), 국방의무(國防醫務), 부대관리, 민군 관계, 군사지리 및 기상 등이 있다. 여기서는 손자의 군사사상과 관련하여 국방경영, 군사법과 군령, 군사지리 및 기상에 주안을 두고 알아보겠다.

1. 국방경영

오늘 국방경영의 주된 관심은 평시에 적정 국방비 획득을 포함하여 인력, 장비, 물자, 정보, 서비스 등에 대한 비용 대비 성과를 극대화하는 성과중심관리라든지 방위산업 등을 통한 국가경제발전에 순기능적으로 작용하는 것과 같은 것들이다. 하지만 손자가 생존했던 시기엔 그런 개념이 없었다. 따라서 손자는 국방경영 효율화보다는 전쟁에 따른 '국가경제 및 국민생활'에 미치는 영향에 주안을 두고 있다. 그러므로 손자의 국방경영과 관련한 주된 사상은 전쟁을 하게 되면, 국가재정 고갈되어 국가가 약해지게 되고 이때 외침을 받으면 멸망한다는 주장이다. 즉 전쟁을 장기간 하게 되면 생산활동을 해야 할 인력이 전쟁터로 나가게 되어 생산력이 줄어드는 반면, 전쟁을 위해 세금을 많이 거두거나 노역(勞役) 동원을 증가하게 되어 백성이 곤궁(困窮)해지면서 국가재정은 점차 파탄 나기 때문이다. 이를 이용하여 제3국이 침공하면 수습할 수 없어 나라가 망할 수밖에 없다는 사상이다.

제2편(作戰)에 '구즉둔병좌예, 구폭사즉국용 부족(久則鈍兵挫銳, 久暴師則國用 不足)'이라고 하여 전쟁을 오래 끌면 군사력이 무디어지고 예기(銳氣)가 꺾이고, 군사작전을 오래 하면 국가재정이 부족하게 되는데 그 이유에 대한 구체적인 통계를 다음과 같이 제시하고 있다.

近師者 貴賣 貴賣則百姓 財竭 財竭則急於丘役 力屈財殫 中原內虛於家 百姓之費 十去其七 公家之費 破車罷馬 甲冑弓矢 戟楯矛櫓 丘牛大車 十去其六
(근사자 귀매 귀매즉백성 재갈 재갈즉급어구역 력굴재탄 중원내허어가 백성지비 십거기칠 공가지비 파차파마 갑주궁시 극순모로 구우대차 십거기륙)

전쟁이 나서 부대가 주둔하는 지역 부근은 물가가 오르게 되고 물건 파는 것이 귀해지니, 파는 것이 귀해지면 백성의 재물이 고갈된다. 백성의 재산이 고갈되면 정부는 노역 동원에 급급해진다. 국력이 약화하고 재물이 고갈되고 나라 안이 집마다 텅 비게 되면, 백성들의 경제력의 70%가 탕진되고 국가의 재정은 수레와 말의 보충, 갑옷과 투구, 활과 화살, 창과 방패, 수송수단의 보충 등으로 60%나 잃게 된다.

따라서 '役不再籍 糧不三載 取用於國 因糧於敵 故軍食可足也 食敵一鐘 當吾二十鐘 芑稈一石 當吾二十石'[547]이라고 하여 전쟁을 잘하는 자는 장병을 두 번 징집하지 아니하고 군량을 세 번이나 실어 나르지 아

---

547) 役不再籍 糧不三載 取用於國 因糧於敵 故軍食可足也 食敵一鐘 當吾二十鐘 芑稈一石 當吾二十石(역불재적 량불삼재 취용어국 인량어적 고군식가족야 식적일종 당오이십종 기간일석 당오이십석)

니하며, 보급품은 자국에서 가져다 사용하되 양식은 적국에서 획득하여 사용한다. 고로 군대의 양식이 부족하지 않고 가히 넉넉히 할 수 있다고 하여 당시 상황을 고려하여 군량미 현지조달의 장점을 주장했다. 왜냐하면 적의 식량 1종을 획득함은 자국에서 20종을 수송하는 것과 같으며, 적의 말먹이[秆稈] 1석을 획득하는 것은 자국에서 수송한 20석에 필적하기 때문이라는 것이다.

그러므로 '兵貴勝 不貴久 故 知兵之將 民之司命 國家安危之主也'[548]라고 하여 전쟁은 승리를 귀중하게 여기나, 오래 끄는 것을 귀중히 여기지 않는다. 전쟁의 이러한 속성을 아는 장수라야 백성의 생명을 맡을 만한 인물이요, 국가안위에 관한 일을 맡길 수 있는 대상이 될 수 있다고 했다.

이상에서 살펴본 바와 같이 손자가 '국방경영' 측면에서 말하고자 한 것은 오늘날과 같은 효과성이나 성과중심관리와 같은 국방경영 효율화를 언급한 것은 아니다. 손자는 주로 전쟁에 따른 '국가경제 및 국민생활'에 주안을 두고 전쟁이 국가경제와 백성들에게 미치는 영향이 막대함을 인식하여 전쟁을 함부로 해서는 안 되고, 불가피할 경우 최대한 적 지역에서 현지 조달하는 것을 우선 고려되어야 함을 주장하였다.

2. 군사법(軍事法)과 군령(軍令)

『손자병법』에서 법(法)과 관련한 접근은 두 가지 관점에서 접근할 필요가 있다. 첫째는 편성, 직제, 수송, 보급체계 등과 같은 군사제도(軍

---

548) 兵貴勝 不貴久 故 知兵之將 民之司命 國家安危之主也(병귀승 불귀구 고 지병지장
  민지사명 국가안위지주야)

事制度, 軍制) 또는 군체계(軍體系) 차원의 접근이고, 다른 하나는 우리가 일반적으로 인식하는 법(法, law), 군사법, 명령, 지휘 등과 같은 군령(軍令) 측면이다. 그런데 손자는 군사법, 명령체계 등을 설명하면서 법(法, law)이란 용어보다는 영(令, command, order)이란 용어를 주로 사용하였다. 물론 영(令)의 의미가 단순하게 명령(命令, command, order)만을 의미하는 것은 아니고 법령(法令, law, decree)의 의미를 포함하고 있다.

또한 앞에서 새로 정립한 군사사상 체계로 분류하자면 위의 첫 번째 분야인 군사제도나 군사체계 등은 '양병 분야'의 군제(軍制, military system)에 가깝다. 두 번째 영(令, command)의 문제는 평시 군사력 관리 및 운영의 일부인 군사법이나 명령 분야에 가깝다. 따라서 이런 배경 하에 손자의 군사사상을 첫 번째 군제의 개념과 두 번째 군령의 개념으로 분리해서 논하되 여기서는 두 번째 분야에 좀 더 주안을 두고 논하고자 한다.

가. 군사제도(軍事制度) 및 군체계(軍體系) 측면

손자의 군사제도 및 군체계 측면에 대한 사상을 보면 제1편(始計) 5사(五事)와 7계(七計)에서 군사제도 및 군체계의 중요성을 설명하고 있다. '경지이오사, 법자 곡제관도주용야(經之以五事, 法者 曲制官道主用也)'라고 하여 다섯 가지 요건으로써 국력의 기본을 경영해야 하는데, 5가지 중의 하나인 법이란 군대의 편성, 인사, 수송, 장비, 보급품 등을 말하므로 법(法)의 의미가 군사제도 및 군체계임을 먼저 정의하고 있다.

이어서 '교지이계 이색기정, 법령숙행(校之以計 而索其情, 法令孰行)'이라고 하여 국력의 평가는 7가지 요소[七計]로 비교해서 그 정세를 파악해야 하는데 칠계(七計) 중의 4번째 사항으로 제시한 것은 법과 명령은 어느 나라가 더 잘 시행하고 있는가를 따져봐야 한다는 것이다. 또한 제 4편(軍形)에서 '善用兵者 修道而保法 故 能爲勝敗之政'[549]이라고 하여 용병을 잘하는 자는 정치를 잘하여 전 국민이 일치되게 만드는 도(道)를 포함하여 법[曲制, 官道, 主用]을 완전하게 갖추는 것이다. 그렇게 해야 능히 승패를 좌우할 수 있게 되는 것이라고 다시 한번 법의 중요성을 강조하였다.

이상에서 보면 손자의 군제(軍制) 측면의 법사상(法思想)은 법을 기준으로 나와 적의 군사력을 가늠할 수 있는 중요한 판단기준이 된다. 만약 상대의 국가가 이러한 법체계[軍制]가 잘 구비되어 있고 또한 이를 잘 준수하면 섣불리 공격할 수 없다는 의미이다. 반대로 자국이 그런 체계가 잘 잡혀있지 않다면 적의 공격에 대하여 억제력이나 방어력을 갖지 못하게 된다는 의미가 된다.

나. 군사법, 명령 등과 같은 군령(軍令) 측면

손자의 군사법, 명령 등과 같은 군령(軍令) 측면의 군사사상을 보면 군령체계의 수립과 준수의 중요성, 군령체계를 준수하지 않을 때의 문제점, 군령체계에 대한 일반적인 원칙, 군령을 행하는 데 있어서 융통성 측면에서 접근할 수 있다.

첫째, 군령체계 수립과 준수의 중요성이다. 이와 관련하여 제9편(行軍)에 '令素行 以敎其民 則民服 令不素行 以敎其民 則民不服 令素行者 與衆相得也'[550]라고 하여 법령이 평소부터 잘 행해지고 덕으로서 그 백

---

549) 善用兵者 修道而保法 故 能爲勝敗之政(선용병자 수도이보법 고 능위승패지정)
550) 令素行 以敎其民 則民服 令不素行 以敎其民 則民不服 令素行者 與衆相得也(령소행 이교기민 즉민복 령불소행 이교기민 즉민불복 령소행자 여중상득야)

성(병사)들을 가르치면 백성(병사)들이 복종하고, 법령이 평소에 잘 행해지지도 않는데 백성(병사)들을 가르치면 백성(병사)들이 복종하지 않게 된다. 법령이 평소부터 잘 행해지게 되면 임금(장수)과 백성(병사) 모두에게 서로 이득이 된다는 것이다.

즉 백성이나 부하들을 '덕'으로 가르쳐 이끌어 가는 데는 한계가 있고, 그런 한계를 극복할 수 있는 것이 '령(令)'이라는 것이다. 군령체계가 바로 서 있고, 그다음 덕으로 가르쳐 이끌어야 비로소 백성(병사)들이 임금(장수)과 뜻을 같이하여, 가히 함께 죽게도 하고 함께 살게도 하여, 백성(병사)이 위험을 두려워하지 않게 되는 도(道)가 형성되고, 이렇게 되면 임금(장수)과 백성(병사) 모두에게 이득이 되는 것이 되어 법령체계의 수립과 이에 대한 준수가 중요하다는 의미이다.

둘째, 군령체계를 준수하지 않을 때의 폐단이다. 앞서 위에서 설명한 법령체계의 수립과 이에 대한 준수가 중요하다는 것과 상통하는 내용이다. 손자는 군령체계의 수립과 준수의 중요함을 강조한 데 이어서 군령이 바로 서지 않을 때의 폐단과 문제를 강조하고 있다. 특히 군 최고 통수권자인 임금조차도 예외가 아니므로 모두 지켜야 한다는 점을 제3편(謀攻)에서 강조한 것이다.

軍之所以患於君者三, ①不知軍之不可以進 而謂之進 不知軍之不可以退 而謂之退 是謂縻軍, ②不知三軍之事 而同三軍之政 則軍士惑矣, ③不知三軍之權 而同三軍之任 則軍士疑矣, 三軍 旣惑且疑 則諸侯之難 至矣 是謂亂軍引勝 (군지소이환어군자삼 ①부지군지불가이진 이위지진 부지군지불가이퇴 이위지퇴 시위미군 ②부지삼군지사 이동삼군지정 즉군사혹의 ③부지삼군지권 이동삼군지임 즉군사의의 삼군 기혹차의 즉제후지난 지의 시위난군인승)

군주로 인해 군대에 잘못이 생기는 일이 세 가지 있다. ① 군대가 진격할 수 없는 상황임을 알지 못한 채 진격하라고 명령하며, 군대가 후퇴할 수 없는 상황임을 알지 못하고 후퇴하라고 명령하는 것이니 이를 일컬어 '군을 속박한다'고 한다. ② 군의 사정을 알지 못하면서 군사행정에 개입하면 군의 장병들은 의혹과 의심을 품게 된다. ③ 군의 명령 계통을 잘 알지 못하면서 군의 지휘계통과 보직에 개입하게 되면 군 장병들은 불신하게 될 것이다. 군이 미혹(迷惑)되고 또 불신하면 인접 제후국이 침공하는 어려움이 닥칠 것이니, 이를 일컬어 '군대를 혼란하게 하여 적의 승리를 끌어들이는 것'이라고 한다.

이는 군령체계를 잘 수립했지만, 군 최고 통수권자인 임금이라고 해서 정확한 상황을 모른 상태에서 함부로 관여하거나 군령체계를 무시하거나 어기게 되면 군이 해야 할 행위를 제대로 행하지 못하도록 얽어매거나 제한하는 것이[縻軍] 되고, 장병들을 혼란스럽게 하고[軍士惑], 의심하게 하여[軍士疑] 전투력 발휘가 안 되므로, 적에게 침략의 기회를 주고, 이는 자멸로 이어진다는 것이어서 이를 경계해야 함을 강조한 것이다.

셋째, 군령체계에 대한 일반적인 원칙 제시다. 이러한 원칙에는 군령을 내릴 때 법에 근거하여 명문화하고, 사심이 없이 엄정하게 적용하며, 부하들이 반드시 할 수밖에 없는 상황을 조성하고, 적시에 적절한 상벌(賞罰)을 적용해야 한다는 점이다.

먼저 법에 근거하여 명문화하는 것은 생각나는 대로 임기응변식으로 명령하는 것이 아님을 제9편(行軍)에 '령지이문 제지이무 시위필취(令之以文 齊之以武 是謂必取)'라고 하여 영(令)을 내림에 글[文書, 命令書]로써 하고 부하를 단련시킴에 훈련[武]으로써 하면 이것을 확실한 승리 태세라 했다. 또한 엄정하고 주저함이 없이 집행하는 것과 관련하여 제10편

(地形)에 '애이불능령(愛而不能令)'이라 하여 사랑하기 때문에 명령을 내리지 못하면, '비여교자 불가용야(譬如驕子 不可用也)'라고 하여 마치 버릇없는 자식 같아서 쓸 수가 없음을 경계하고 있다.

한편 부하들이 반드시 할 수밖에 없는 상황을 조성하는 것의 필요성은 제11편(九地)에 언급되어 있다. '선용병자 휴수약사일인 부득이야(善用兵者 携手若使一人 不得已也)'라고 하여 용병을 잘하는 자가 많은 병력을 마치 한 사람 부리듯이 하는 것은 그들을 부득이한 상태에 이르도록 하기 때문이다. 즉 부하들이 그렇게 반드시 하도록 했기 때문이라는 것이다. 또한 적시에 적절한 상벌을 적용해야 한다는 점은 제2편(作戰)에 '살적자노야 취적지리자화야(殺敵者怒也 取敵之利者貨也)'라고 하여 적을 죽이는 것은 병사들의 적개심이 유발되기 때문이며, 적의 자원을 획득하게 하는 것은 재물을 상으로 주기 때문이라고 말하고 있다. 제11편(九地)에 '犯之以事 勿告以言 犯之以利 勿告以害'[551]라고 하여 병력을 통제할 때는 실행으로써 다스리는 것이지 단순히 말로만 해서 다스리지 않으며, 잘한 것에 대한 포상의 이익을 줌으로써 다스리고 무작정 처벌이 능사(能事)라고 생각하여 위협으로 다스리지 않는다고 말하고 있다.

넷째, 군령을 행하는 데 있어서 상황에 부합된 융통성 있는 적용이다. 이는 군령을 원칙에 입각하여 엄하게 적용해야 하지만 상황에 부합되게 융통성을 갖고 변화를 해야 한다는 점이다.

제9편(行軍)에 '卒未親附而罰之 則不服 不服則難用 卒已親附而罰不行 則不可用也 故 令之以文 齊之以武 是謂必取'[552]라고 하여 부하들이 아

---

551) 犯之以事 勿告以言 犯之以利 勿告以害(범지이사 물고이언 범지이리 물고이해)

552) 卒未親附而罰之 則不服 不服則難用 卒已親附而罰不行 則不可用也 故 令之以文 齊之以武 是謂必取(졸미친부이벌지 즉불복 불복즉난용 졸이친부이벌불행 즉불가용야 고 령지이문 제지이무 시위필취)

직 친숙하기도 전에 벌을 주게 되면 복종하지 않게 되며, 복종하지 않으면 쓰기가 어렵다. 이와는 반대로 부하들이 이미 친숙해졌는 데도 벌을 엄정하게 행하지 않으면, 그 역시 쓸 수 없게 된다. 그러므로 지휘하고 명령을 내릴 때는 덕[文]으로써 하고 부하를 통제할 때에는 엄격함[武]으로 하니 이것을 일컬어 반드시 승리하는 길이라고 말하고 있다. 또한 제11편(九地)에 '시무법지상, 현무정지령(施無法之賞, 縣無政之令)'이라 하여 때론 규정에 없는 후한 상도 주고, 평소와 다른 령을 내리기도 해야 한다는 것이다. 아울러 '九地之變 屈伸之利 人情之理 不可不察也'[553]라 고 하여 구지에 따른 용병술의 변화와 상황에 따라 직진하고 때로는 우회함으로써 이익을 추구하고 인간 심리를 상황에 맞게 적용하는 이치를 깊이 살피지 않을 수 없는 것이라고 말함으로써 법이나 규정에서 벗어나지 않는 범위 내에서 상황에 맞추어 적절하게 융통성 있게 적용해야 한다는 점을 강조하고 있다.

이상에서 살펴본 바와 같이 손자가 '법(法)과 군령(軍令)' 측면에서 말하고자 한 내용에 대한 소결론은 다음과 같다.

첫째는 법이란 것은 군사제도 및 군체계를 의미하며 이를 기준으로 나와 적의 군사력을 가늠할 수 있는 중요한 판단기준이 된다. 적의 법체계[軍制]가 미흡하면 적을 공격해도 되지만 잘 구비되어있으면 절대 공격해서는 안 된다. 반대로 내가 그런 것을 제대로 구비하지 못했다면 적의 공격을 억제하거나 방어할 수 없어 패망의 결과를 초래할 수 있다는 점이다.

둘째는 군사법, 명령 등과 같은 군령(軍令) 측면의 군사사상을 보면 군령체계의 수립(樹立)과 준수(遵守)의 중요성을 알고 군령체계에 대한

---

553) 九地之變 屈伸之利 人情之理 不可不察也(구지지변 굴신지리 인정지리 불가불찰야)

일반적인 원칙을 적용해야 한다. 군령을 행함에 있어서 명령은 조리 있게 살펴 정확하게 문서로 하고, 부하들이 반드시 할 수밖에 없는 상황에 이르도록 해야 한다. 명령을 이행함에 따라 이익과 해를 잘 구분해서 통제하고, 상황의 변화에 부합되도록 융통성을 발휘해야 한다는 것이다.

3. 기상 및 군사지리

가. 기상 및 지형에 대한 접근 관점

군사사상의 6개 범주 중에서 '기상 및 군사지리'는 제6범주인 '평시 군사력 관리 및 운영'의 한 부분에 속한다. 그러나 『손자병법』의 내용 구성상으로만 본다면 제6범주가 아니라 제3범주인 '용병' 분야에 가깝다. 이러다 보니 손자병법에 언급된 내용상 주로 '용병'에 해당하는 기상 및 지형과 관련한 사항을 '평시 군사력 관리 및 운영'에서 다룸으로써 약간 조화롭지 못한 측면이 있다. 그렇다 할지라도 궁극적으로 얻고자 하는 것은 기상과 군사지리가 전쟁에서 영향을 많이 미치기 때문에 이런 점을 잘 알고 평시 이에 대해 이치를 잘 터득해야 함을 강조했음을 알아야 한다.

기상 및 군사지리는 손자가 중요하게 다룬 분야 중의 하나이다. 이것은 당시 전쟁을 수행할 때 결정적으로 영향을 미치는 요소 중의 하나였기 때문이다.[554] 손자는 제1편(始計), 제8편(九變), 제9편(行軍), 제10편

---

554) 현재는 전천후(全天候) 및 장거리 작전이 가능한 감시체계, 폭격기, 미사일 및 화기 등이 있어 전쟁수행이나 전투수행 간 기상이나 지형과 관련한 많은 제한요소를 극복하고 있다. 그러나 당시에 우천, 비지(圮地)형 산악이나 소택지 및 습지, 혹서나

(地形) 및 제11편(九地)에 주로 기상 및 지형과 관련된 내용을 다루었다. 제1편(始計)에서 천(天)을 설명하면서 음양, 더위와 추위, 시기의 변화를 언급했다. 지(地)를 설명하면서 거리의 멀고 가까움, 지세의 험하고 평탄함, 지형의 넓고 좁음, 동식물이 죽거나 사는 것 등 지리적 조건을 말한 것을 필두로『손자병법』도처에서 기상 및 지형을 중요한 요소로 언급하고 있다.

특히 제10편(地形)은 지형을 집중적으로 다루면서 지형의 종류별 특성과 활용법을 제시하였다. 그뿐만 아니라, 천시와 지형까지 알 수 있으면 승리는 가히 온전해질 수 있다고까지 말함으로써 승리를 위한 중요한 필수조건 중의 하나임을 강조하고 있다. 또한 제11편(九地)은 9가지 전략적 지리와 상황에 따른 용병법을 제시하면서 주로 지리 분야를 전략적 측면에서 다루고 있다.

따라서 기상 및 지형과 관련한 손자의 여러 주장 중에서 '기상과 시기를 잘 헤아리고 활용할 수 있는 능력 배양' '지형의 종류와 특성에 맞는 조치 및 활용' 그리고 '지형의 제한사항별 대처방안' 측면에서 살펴보고자 한다.

나. 기상과 시기를 잘 헤아리고 활용할 수 있는 능력 배양

『손자병법』에서 천(天), 일(日), 시(時), 풍(風) 등의 단어를 통해 기상, 날씨, 기후, 시기 등을 다루고 있는데, 이는 크게 세 가지로 구분할 수 있다. 첫째는 글자 그대로 순수하게 기상이나 기후 등을 의미하는 것

혹한 등은 군사작전에 매우 크게 영향을 미치는 요소라서 이를 최대한 회피하여 전쟁을 수행하거나 회피가 불가능할 경우는 제한요소별 극복방안을 강구하는 데 골몰하였다.

이다. 둘째는 시기, 때 또는 기회[an opportunity; a chance; time]를 의미한다. 그리고 마지막 셋째는 이 두 가지를 모두 의미하는 경우이다.

먼저 두 가지를 모두 의미하는 세 번째 사항부터 보면 제1편(時計)에서 '천자 음양한서시제야(天者 陰陽寒署時制也)'라고 하여 천(天)이란 음양, 한서 및 시제라고 말하고 있다. 여기서 음양(陰陽)은 낮과 밤, 맑고 흐림 등과 같은 기상 및 기후요소와 우연(偶然)과 같은 초자연적 요소를 포함하는 것이다. 한서(寒署)는 계절, 주야, 기후, 기상 등과 같은 자연적 요소이다. 또한 시제(時制)는 천기(天機), 천시(天時), 전기(戰機) 등 사회적·인간적 요소를 의미한다. 따라서 음양은 글자 그대로 보면 낮과 밤, 맑고 흐림 등과 같은 기상요소를 나타내는 면도 있지만, 다른 한편으로 시제와 같이 운명적·우연적·초자연적·사회적·인간적 요소로 시기, 때 또는 기회의 의미를 포함하여 인간의 예측과 통제능력 범위를 초과하는 요소를 말하기도 한다. 반면에 한서는 우리가 일반적으로 생각하는 기상 및 기후요소를 의미한다. 따라서 이를 종합해 보면 천이란 기상이나 기후와 같은 '자연적 요소', 전기(戰機)나 기회 등과 같은 '사회적·인간적 요소', 음양의 변화에 따른 우연적 요소와 같은 '초자연적 요소'를 두루 아우르고 있다. 그래서 제1편(시계(時計))에서 도(道) 다음에 이를 중요하게 설명하고 있다.[555]

다음은 두 번째 사항으로써 대체로 기상이나 기후 등을 의미하는 것이다. 이 분야는 제1편과 제9편 및 제12편에서 일부만 다루고 있어『손자병법』전편에서 비교적 적게 언급되는 내용에 속한다. 이것은 중요성이 낮아서라기보다는 중요하지만, 인간이 조정하거나 만들 수 있는 사

---

555) 손자가 도천지장법(道天地將法)을 설명할 때 우선순위가 높거나 중요도가 있는 것을 먼저 했다는 의미는 아니다. 단지 먼저 언급함으로써 중요성이 부각된 점을 의미하는 것이다.

항이 아니기 때문이다. 따라서 이를 잘 따르거나 상황에 맞추는 것을 전제로 일부 착안할 사항 위주로 다루고 있다. 반면에 손자가 인식하기에 지형은 인간의 노력 여하(如何)에 따라 어느 정도 극복하거나 회피가 가능할 수도 있고 때로는 적절히 활용할 수 있기 때문에 상대적으로 많은 부분을 다루고 있는 것이 대조적이다.

먼저 제9편(行軍)에서 '상우수말지 욕섭자 대기정야(上雨水沫至 欲涉者待其定也)'라고 하여 상류에 비가 와서 물거품이 떠내려오면 강을 건너고 싶더라도 물살이 안정되기를 기다려야 한다고 했는데, 이는 행군간 지형활용법 중에서 하천지역 작전시 기상과 관련한 사항을 유념하도록 한 것이다. 또한 제12편(火攻)에서 '行火 必有因 煙火 必素具 發火有時 起火有日 時者 天之燥也 日者 月在箕壁翼軫也 凡 此四宿者 風起之日也 (중략) 火發上風 無攻下風 晝風久 夜風止'[556]라고 하여 화공을 행함에는 조건을 구비해야 하고, 불을 붙이는 데는 도구를 갖추어야 하며, 불을 붙임에 시기가 있고 불을 일으키는 날이 있는 것이다. 불을 붙일 시기란 기후가 건조한 때요, 불을 붙일 날이란 달[月]이 기벽익진(箕壁翼軫)[557]이

---

556) 行火 必有因 煙火 必素具 發火有時 起火有日 時者 天之燥也 日者 月在箕壁翼軫也 凡 此四宿者 風起之日也 (중략) 火發上風 無攻下風 晝風久 夜風止(행화 필유인 연화 필소구 발화유시 기화유일 시자 천지조야 일자 월재기벽익진야 범 차사수자 풍기지일야 (중략) 화발상풍 무공하풍 주풍구 야풍지)

557) 기벽익진(箕壁翼軫)은 중국의 고대 천문학에서 한 달을 28일로 보고, 별의 위치마다 이름을 붙인 28수 별자리 중 4개의 별자리인 사수(四宿)를 말하는 것이다. ① 기(箕)는 7번째로 상징동물은 표범이다. 기란 명칭은 이 별의 배열이 기(箕, 삼태기)와 같은 형상이라 하여 붙여진 것이다. 기수를 동방 청룡의 꼬리가 움직여서 일으킨 바람 또는 용의 배설물로 인식했기 때문에 바람을 상징한다. 서양의 별자리인 동북쪽의 별자리인 궁수자리이다. ② 벽(壁)은 14번째로 상징 동물은 유(貐)이다. 유는 몸 색깔이 붉은 소의 형상에 사람의 얼굴을 한 전설상의 신수(神獸)이다. 벽수의 속성(屬性)은 물[水]이다. 서양의 별자리인 북서쪽 하늘의 별자리인 페가수스자리이다. ③ 익(翼)은 27번째로 주작의 날개 모양을 한 별로 익수의 속성(屬性)은 화

란 별자리에 있을 때이니, 이 네 별자리는 바람이 일어나는 날이라고 말하고 있다. 게다가 불은 바람의 머리쪽(불어오는 바람을 등지고)부터 질러야 하며, 바람 아래쪽에서 공격하지 말며, 낮바람이 길면, 밤바람은 멎는 법이라고 말하고 있다. 이는 화공 시 비나 바람, 또는 바람 방향의 영향이 크기 때문에 바람이 일어나는 시기와 날짜 및 바람 방향을 헤아리도록 강조하는 것이다.

마지막으로 시기, 때 또는 기회를 의미하는 경우이다. 이는 천시(天時), 전기(戰機) 등 사회적·인간적 요소로 사람의 능력을 완전히 벗어난 것이 아니라 시기를 선택하거나 기회를 잘 포착(捕捉)하여 적절하게 활용할 수 있음을 의미한다. 제6편(虛實)에서 '故 知戰之地 知戰之日 則可千里而會戰 不知戰地 不知戰日 則左不能救右 右不能救左 前不能救後 後不能救前 而況遠者數十里 近者數里乎'[558]라고 하여 싸울 장소와 싸울 시기를 알면, 가히 천 리에 걸쳐 싸움을 치를 수 있을 것이오. 싸울 장소를 모르고 싸울 시기를 알지 못하면, 좌익이 우익을 구하지 못하고 우익이 좌익을 구하지 못하며, 전위가 후위를 구하지 못하고 후위가 전위를 구하지 못할 것이니, 하물며 멀리 수십 리 또는 가까이 수리(數里) 정도만 떨어져도 어떻게 구해줄 수 있겠느냐고 말하고 있다.

이 내용을 보면 '시기'만 독립되어 말하는 것이 아니고 '장소'와 같이 결부시켜 말하고 있다. 그것은 제6편(虛實)이 전반적으로 주도권 확보를

(火)이다. 서양의 별자리인 남동쪽 하늘의 별자리인 술잔자리이다. ④ 진(軫)은 28 번째로 상징 동물은 지렁이[蚓]이다. 진수의 속성(屬性)은 수(水)이다. 서양의 별자리인 남동쪽 하늘의 별자리인 까마귀자리이다.

558) 故 知戰之地 知戰之日 則可千里而會戰 不知戰地 不知戰日 則左不能救右 右不能救左 前不能救後 後不能救前 而況遠者數十里 近者數里乎(고 지전지지 지전지일 즉가천리이회전 부지전지 부지전일 즉좌불능구우 우불능구좌 전불능구후 후불능구전 이황원자수십리 근자수리호)

다루고 있고, 주도권 확보는 전쟁을 할지 말지를 결정하는 것, 싸울 장소를 결정하는 것, 싸울 시기를 결정하는 것을 누가 주도적으로 결정하는지를 다루고 있기 때문이다. 여기서 굳이 시기, 때 또는 기회 분야로 좁혀서 접근하려면 제2편(作戰) 및 제4편(軍形)[559]으로 가야 한다. 하지만 이와 같은 전기활용은 앞에서 군사사상의 제2범주인 '전시 군사력으로 전쟁수행[戰時用兵]'의 단기속결전 부분에서 언급했으니 추가 언급은 생략하고자 한다.

그럼에도 손자는 제6편(虛實)의 마지막 부분에서 '五行無常勝 四時無常位 日有短長 月有死生'[560]이라고 하여 오행[金水木火土]의 어느 요소도 다른 모든 요소를 이길 수는 없으며, 네 계절도 언제나 고정됨이 없으며, 해도 길고 짧음이 있고, 달도 차고 기울어짐이 있는 것이다. 따라서 제반 현상의 이러한 관계 변화에 잘 읽고 적응하며, 활용해야 한다는 것을 강조하고 있다. 즉 자연 질서의 오묘한 요소들에 대해 나의 의지대로 길을 들이거나 조정하는 것이 아니라 이에 대한 이해와 순응(順應)이 필요함을 말하고 있다.

앞에서도 언급했듯이 기상과 관련하여 위에서 언급한 내용들은 대부분 기상과 연계한 용병법을 강조한 것이다. 따라서 여기서는 '평시 군사력 관리 및 운영' 측면에서 기상이나 우연요소 등이 전쟁에서 영향을 많

---

559) 제2편(作戰) 兵聞拙速 未睹巧之久也 夫 兵久而國利者 未之有也(병문졸속 미도교지구야 부 병구이국리자 미지유야): 전쟁은 다소 미흡하더라도 속히 끝내야 한다는 말은 들었으나, 정교하기 위해 오래 끈다는 법은 들어 보지 못했다. 장기전의 폐단을 의미하면서 전기상실에 대한 경종을 울리는 의미가 있다. 제4편(軍形) 故 善戰者 立於不敗之地 而不失敵之敗也(고 선전자 입어불패지지 이불실적지패야): 그러므로 잘 싸우는 자는 패하지 않을 태세에 서서, 적의 패배 기회를 놓치지 않는다.

560) 五行無常勝 四時無常位 日有短長 月有死生(오행무상승 사시무상위 일유단장 월유사생)

이 미치기 때문에 이런 점을 잘 알고 평시 이에 대해 이치를 잘 터득해야 함을 유념할 필요가 있다.

다. 지형의 종류와 특성에 맞는 조치 및 활용 강조

지형의 중요성을 이해하고 이를 잘 활용한다는 것은 다양한 지형에 대한 각각의 특성을 이해하고 이에 맞는 조치를 취해야 한다는 것이다. 이는 각 지형에 따른 이점과 해로움을 따져보고 반드시 각 지형에 따라 아군에게 유리한 방책을 선정해야 한다는 것이다. 제10편(地形)에 '地形者 兵之助也 料敵制勝 計險阨遠近 上將之道也 知此而用戰者 必勝 不知此而用戰者 必敗'[561]라고 하여 지형이란 용병을 돕는 것이니, 적을 헤아려 승리 태세를 만들어 가며 지형의 험하고 좁음과 멀고 가까움을 활용하는 것은 최고 장수의 책임 분야로 이것을 알고 용병하면 반드시 이기고, 이것을 알지 못하고 용병하면 반드시 패한다고까지 말하고 있다

그렇지 않으면 제10편(地形)에 '知敵之可擊 知吾卒之可以擊 而不知地形之不可以戰 勝之半也'[562]라고 하여 비록 적에게 공격 시 이용할 약점이 있음을 알고, 나의 부하들에게 공격할 역량이 있다는 것까지 알아도, 지형 여건상 싸울 수 없음을 알지 못하면 승리의 확률은 반이 된다는 것이다. 그래서 '知彼知己 勝乃不殆 知天知地 勝乃可全'[563]라고 하여 적을 알고 나를 알면 승리는 위태롭지 않고, 나아가 천시와 지형까지 알

---

561) 夫 地形者 兵之助也 料敵制勝 計險阨遠近 上將之道也 知此而用戰者 必勝 不知此而用戰者 必敗(부 지형자 병지조야 료적제승 계험액원근 상장지도야 지차이용전자 필승 부지차이용전자 필패)

562) 知敵之可擊 知吾卒之可以擊 而不知地形之不可以戰 勝之半也(지적지가격 지오졸지가이격 이부지지형지불가이전 승지반야)

563) 知彼知己 勝乃不殆 知天知地 勝乃可全(지피지기 승내불태 지천지지 승내가전)

수 있으면 승리는 가히 온전해질 수 있기 때문이라는 것이다.

특히 손자는 지형 중에서 높고 양지바른 곳을 선점[必處其陽, 先居高陽]하도록 강조하고 있다. 제9편(行軍)에 '好高而惡下 貴陽而賤陰 養生而處實'[564]라고 하여 높은 곳을 좋아하며 낮은 곳을 싫어하고, 양지바른 곳을 귀하게 여기며 음지를 천하게 여기니 잘 먹여 살리고 견실한 곳에 위치하라고 했다. 또한 제10편(地形)에 '아선거지 필거고양 이대적(我先居之 必居高陽 以待敵)'이라고 하여 아군이 먼저 위치하면 반드시 높고 양지바른 곳을 차지하여 적을 맞이하도록 하는 등 이외도 여러 곳에서 이를 강조하고 있다. 왜냐하면 높고 양지바른 곳은 '軍無百疾' '兵之利也 地之助也'[565] 등과 같이 유리한 점이 있기 때문인데, 당시 야전숙영 및 급식, 야전위생, 정보수집력, 기동력, 화력 등과 같은 전장상황을 고려하면 매우 타당한 이유이다.

이상에서와 같이 손자가 지형의 종류와 특성에 맞는 조치 및 활용법에 대해 강조한 것을 구체적으로 각각 설명하는 대신에 이를 도표로 제시하면 다음과 같다.

〈표 41〉 지형의 종류별 조치 및 활용방안

구 분	종류 및 특성	조치 및 활용방안
제8편 (九變)	圮地(소택지)	無舍(숙영하지 말 것)
	衢地(사통팔달한 요충지)	合交(외교 관계에 치중할 것)
	絶地(메마른 곳)	無留(머물지 말 것)
	圍地(둘러싸인 곳)	謀(계책을 세울 것)
	死地(사지)	戰(결전을 수행할 것)

---

564) 好高而惡下 貴陽而賤陰 養生而處實(호고이오하 귀양이천음 양생이처실)

565) 軍無百疾(군무백질: 군에 아무 질병이 없음), 兵之利也 地之助也(병지리야 지지조야: 용병의 유리함이오 지형의 이점 활용)

제9편 (行軍)	處山之軍(산악전투요령)	지형에 맞는 전투요령 적용
	處水上之軍(하천전투요령)	
	處斥澤之軍(소택지전투요령)	
	處平陸之軍(평지전투요령)	
	好高而惡下 貴陽而賤陰 養生而處實(높은 곳을 좋아하며 낮은 곳을 싫어하고, 양지바른 곳을 귀하게 여기며 음지를 천하게 여기니 잘 먹여 살리고 견실한 곳에 위치)	軍無百疾 是謂必勝(군에 아무 질병이 없으면 이를 필승의 태세)로 반드시 활용
	絶澗 天井 天牢 天羅 天陷 天隙(지형상으로 깊은 계곡 지형, 움푹 꺼져 물이 모이는 지형, 산이 험하여 감옥 같은 지형, 숲이 울창한 지형, 소택 지대, 울퉁불퉁한 동굴 지대)	必亟去之 勿近也(반드시 빨리 지나가야 하고, 가까이 있어서는 안 됨)
	軍旁 有險阻 潢井 林木 蒹葭 翳薈者(부대 근처에 있는 험한 곳, 웅덩이, 수풀, 갈대숲, 가시덤불)	必謹覆索之 此 伏姦之所也(반드시 반복 수색해야 하고, 이런 곳은 적의 첩자가 숨는 곳)
제10편 (地形)	通形(나도 가기 쉽고 적도 오기 쉬운 곳)	先居高陽 利糧道以戰則利(먼저 높고 양지바른 곳에 위치하여, 양식의 보급로를 이롭게 해두고 싸우면 유리)
	挂形(갈 수는 있으나 돌아오기는 어려운 곳)	敵無備 出而勝之 敵若有備 出而不勝 難以返 不利(적이 대비가 없으면 나아가 이기도록 하고, 만약 적의 대비가 있어서 나아가 이기지 못하게 되면 돌아오기가 어려우므로 불리)
	支形(내가 나가도 불리하고 적이 나와도 불리한 곳)	敵雖利我 我無出也 引而去之 令敵 半出而擊之 利(비록 적이 나를 이롭게 하더라도 나가지 말고, 적을 유인하여 물러나 적이 반쯤 나오게 한 후 이를 공격하면 유리)

隘形(계곡 통로 상의 고갯길이나 심하게 굽은 길)		我先居之 必盈之 以待敵 若敵 先居之 盈而勿從 不盈而從之(아군이 먼저 위치하게 되면 반드시 충분히 배치하여 적을 맞이하고, 만약 적이 먼저 위치하여 충분히 배치되었으면 들어가지 말고, 충분히 배치되지 않았으면 들어가서 싸움)
險形(지형이 험한 곳)		我先居之 必居高陽 以待敵 若敵 先居之 引而去之 勿從也(아군이 먼저 위치하면 반드시 높고 양지바른 곳을 차지하여 적을 맞이하고, 만약 적이 먼저 위치했으면 물러나 유인하고 내부로 들어가지 말 것)
遠形(피아 모두 멀리 떨어진 곳)		勢均 難以挑戰 戰而不利(이해득실이 균등하므로 싸움을 걸기가 어려우니 먼저 싸우면 불리)

라. 지형의 제한사항별 대처방안 제시

손자는 제11편(九地)에서 9가지 전략적 지리와 이에 따른 용병법을 제시하고 있는데, 9가지 지형적 상황에 따라 심리상태를 고려하여 지휘할 것을 제시하고 있다. 특히 해로운 지형은 피해야 하지만 불가피한 상황일 때에는 지형의 제한사항별로 지휘통솔을 이용하여 이를 극복해야 한다는 것이다. 즉 '聚三軍之衆 投之於險 此 將軍之事也 九地之變 屈伸之利 人情之理 不可不察也'[566]라고 하여 전 병력을 집결시켜 위험한 곳에 투입하는 일은 장수가 불가피하게 해야 할 일인데, 상황별 지형 활용과 우열에 따른 전력 운용과 심리적 변화의 이치 등은 살피는 것이 꼭 필요함을 강조하고 있다.

---

566) 聚三軍之衆 投之於險 此 將軍之事也 九地之變 屈伸之利 人情之理 不可不察也(취삼군지중 투지어험 차 장군지사야 구지지변 굴신지리 인정지리 불가불찰야)

이처럼 손자가 제11편(九地)을 중심으로 지형의 제한사항별 대처방안에 대해 강조한 것을 상세히 설명하는 대신 이를 각각 도표로 제시하면 다음과 같다.

(표 42) 제11편(九地)에 제시한 지형의 제한사항별 대처방안

종류 및 특성	조치 및 활용방안
散地(각국의 왕들이 소유한 자신의 땅)	無戰(싸움을 회피함)
輕地(적국에 들어가되 그리 깊지 않은 곳)	無止(머물지 않고 적 지역으로 들어감)
爭地(적이나 내가 먼저 얻은 자가 유리한 곳)	無攻(적이 선점했을 경우 공격 안 함)
交地(나도 갈 수 있고 적도 올 수 있는 곳)	無絕(증원대책 보장, 우세 유지 노력)
衢地(아국과 적국 및 제3국의 국경이 연접한 곳)	合交(친선 유지)
重地(적국 깊숙한 곳으로, 배후에 적의 성읍이 많이 있는 곳)	掠(보급 문제 해결을 위한 현지조달)
圮地(산림 · 험한 지형 · 소택지 등 통행이 어려운 곳)	行(머물지 말고 지나감)
圍地(들어오는 곳이 좁고, 돌아가는 곳이 구불구불하여, 적의 열세한 병력으로 나의 우세한 병력을 공격할 수 있는 곳)	謀(계책을 씀)
死地(신속히 싸우면 살지만, 그렇지 않으면 망하는 곳)	戰(신속히 싸워 승리를 통해 살 방도 모색)

4. 소결론

'평시 군사력 관리 및 운영' 분야에 대한 손자의 군사사상을 종합하자면 첫째, 국방경영 측면에서 전쟁이 국가경제와 백성들에게 미치는 영향이 막대함을 인식하여 전쟁을 함부로 해서는 안 된다. 불가피할 경우 최대한 적 지역에서 단기간 내 수행[役不再籍 糧不三載 不貴久]해야 한다.

(표 43) 평시 군사력 관리 및 운영에 대한 손자의 군사사상

범 주	손자의 군사사상
국방경영	• 전쟁에 따른 '국가경제 및 국민생활'에 주로 주안을 두고, 전쟁이 국가경제와 백성들에게 미치는 영향이 막대함을 인식하여 전쟁을 함부로 해서는 안 됨 • 불가피할 경우 단시간 내 전쟁을 종결하되, 최대한 적지역(敵地域)에서 현지 조달하는 것을 우선 고려해야 함
군사법 (軍事法)과 군령(軍令)	• 법(法)이란 군사제도(軍事制度) 및 군체계(軍體系)를 의미하며 법체계[軍制]는 나와 적의 군사력을 가늠하는 기준임 • 적국이 법체계가 잘 갖추어졌으면 섣불리 공격 금지 • 자국의 법체계가 잘 잡혀있지 않으면 적의 공격에 대한 억제력이나 방어력을 갖지 못하게 됨 • 군령체계의 수립(樹立)과 준수(遵守)의 중요성을 알고 군령을 행함에 있어서 상황의 변화에 부합되도록 융통성 발휘 필요
기상 및 군사지리	• 병법에서 매우 중요한 분야로 곳곳에 천지(天地)의 중요성 강조 • 천(天)의 요소인 음양, 더위와 추위, 시기의 변화, 기회를 적절히 활용할 것을 강조 • 땅의 형상에 따른 용병의 원칙은 고위 장수의 책무로 지형(地形) 6형(形)과 패병(敗兵) 6종(種)을 잘 알고 적용 필요 • 지형적 상황에 따른 심리상태와 전법 구사[九地之變] 필요

둘째, 군사법과 군령 측면에서 법(法)이란 군사제도 및 군체계를 의미하며 법체계[軍制]는 나와 적의 군사력을 가늠하는 기준으로 내가 충실하지 못하면 적의 공격을 막을 수 없다는 것을 보여 주는 것이고, 반대로 적이 충실할 경우 섣불리 공격해서는 안 된다.

셋째, 기상 및 군사지리는 병법에서 매우 중요한 요소로 신중하게 고려해야 하며, 천지(天地)의 요소와 이것이 상황에 따라 미치는 심리상태를 동시에 고려해야 한다. 따라서 기상과 지형의 이치를 깨닫고 상황의 변화에 부합되도록 융통성을 발휘하는 전법을 구사[應形於無窮, 九地之變]해야 한다는 것으로 요약할 수 있다.

제7절 대표적인 손자의 군사사상 설정

대표적인 손자의 군사사상을 설정하는 것이다. 그러기 위해서는 앞에서 범주별로 상세히 분석하여 범주별 핵심사상을 도출하였기 때문에 여기서는 이들 범주별 핵심사상을 다시 나열한 다음 이들 전체를 아울러서 대변할 수 있는 대표적인 사상을 설정하는 과정이다.

1. 범주별 분석결과 핵심요약

첫 번째 범주인 '전쟁에 대한 이해 및 인식' 분야에 대한 손자의 군사사상을 종합하자면, 전쟁은 국민의 생명과 국가의 존망[死生, 存亡]이 달려있기 때문에 국가가 하는 일 중에서 제일 중요한 것이므로 섣불리 해서는 안 된다는 점이다. 불가피하게 전쟁할 경우 단기 속결전(速決戰)으로 하여 국력이 고갈되는 것을 방지해야 한다는 것이다.

두 번째 범주인 '전쟁에 대비한 군사력건설' 분야에 대한 손자의 군사사상을 종합하자면, 전쟁을 하지 않고 이기는 것[不戰而屈人之兵]이 최선이므로 전쟁 억제력 및 전쟁수행능력을 확보해야 한다. 이는 오사를 기준으로 부족한 것은 양병하되, 군사력뿐만 아니라 외교력 등 다양한 잠재적 국력까지 양성해야 한다. 양병의 최종상태는 국익에 맞게 상황을 조정·통제할 수 있는 상태이다. 양성된 군사력을 포함한 국력은 즉각적으로 위력을 발휘하기 위해 상태가 유지되어야 한다. 이는 천 길 절벽 꼭대기에 모아 둔 물을 터뜨리는 것처럼, 즉각적으로 활용할 수 있는 압도적이고 막강한 힘[若決積水 如轉圓石於千仞之山 形勢]을 가져야 함을 알 수 있다.

세 번째 범주인 '전시 군사력으로 전쟁수행' 분야에 대해 손자는 전쟁을 수행하기 위한 용병과 전쟁을 억제하기 위한 용병이 있는데, 그중에서 전쟁억제를 위한 용병을 더 우선시하였다. 전쟁을 억제하기 위한 용병으로 실제 용병을 의미하기보다는 보유 그 자체로 침략을 막거나 자신의 의지를 구현할 수 있는 수단[形兵之極 至於無形]이라는 것이다. 이처럼 '직접 전쟁을 하는 용병술'이 최상(最上)이 아닌 적의 의도를 봉쇄하여 '전쟁을 억제하는 용병술'이 최상임을 강조하였다. 또한 전쟁수행을 위한 용병은 궤도(詭道)를 통한 최소의 전투를 추구[兵者 詭道也, 兵聞拙速]해야 한다. 양병을 통해 군사력[正]을 갖추고 난 뒤에 변화된 상황에 부합되게[應形於無窮] 기(奇)와 허실(虛實)을 활용해야 한다는 것이다.

또한 네 번째 범주인 '평시 국가안보 지원' 분야에 대한 손자의 군사사상을 종합하자면 먼저 외교 및 군사 교류 측면에서 적국이 쳐들어오는 것을 미연에 방지함이 우선이고, 부족한 자국의 군사력을 상대적으로 보충하는 개념을 강조하고 있다. 또한 이와 더불어 적의 군사력을 상대적으로 약하게 만드는 효과[伐謀·伐交, 制勝之形]를 반드시 고려되어야 한다. 다음으로 적대 국가 연구는 첫째는 전시에 직접적인 적의 침공을 효과적으로 격퇴 및 격멸함으로써 온전한 승리를 얻기 위한 준비 측면이다. 둘째는 적을 알기 위해서는 인간정보를 포함한 제반 정보 수집 요소를 총동원[知敵之用間]해야 하고, 그런 노력을 소홀히 해서는 안 된다는 점을 강조하였다. 또한 국지도발 목적이 본격적으로 전면적인 전쟁을 개시하기 이전에 적을 피곤하게 만드는 것 또는 적을 약화하는 것 내지는 나의 행위에 대해 타성에 젖거나 무디게[無感覺] 만들고 등한시(等閑視)하게 만드는 것[怒而撓之 卑而驕之 佚而勞之] 등으로 볼 수 있다. 그래서 궁극적으로 전면전을 더욱 수월하게 할 수 있다는 견해이다.

다섯 번째 범주인 '평시 국가정책 지원 수단으로써 군사력 운용' 분야는 다국적군 또는 국제평화유지군으로서 해외 파병, 재해재난 대응, 국가공익 지원, 철도파업 등과 같은 것으로부터 국가기능 유지, 국가행사 지원 등과 같은 분야에 대한 직접 연계된 손자의 군사사상은 찾을 수가 없다.

여섯 번째 범주인 '평시 군사력 관리 및 운영' 분야에 대한 손자의 군사사상 중 국방경영은 전쟁에 따른 '국가경제 및 국민생활'에 주로 주안을 두고 있다. 전쟁이 국가경제와 백성들에게 미치는 영향이 막대함을 인식하여 전쟁을 함부로 해서는 안 된다고 강조하고 있다. 또한 불가피할 경우 최대한 적지역에서 현지 조달하는 것[役不再籍 糧不三載 不貴久]이 우선 고려되어야 함을 주장하였다.

그리고 법(法)과 군령(軍令) 측면에서 법은 주로 군사제도(軍事制度) 및 군체계(軍體系)를 의미한다. 이를 기준으로 나와 적의 군사력을 가늠할 수 있는 중요한 판단기준이 된다. 따라서 적이 만약 이러한 법체계[軍制]가 미흡하다면 적을 공격해도 되지만 잘 구비되어있으면 공격해서는 안 된다. 반대로 자국이 그런 것을 제대로 구비하지 못했다면, 적의 공격을 억제하거나 방어할 수 없어 패망할 수 있으므로 이를 구비[修道而

保法]해야 한다. 군사법, 명령, 지휘통솔 등과 같은 군령(軍令) 측면의 군사사상을 보면, 군령을 행사할 때 상황을 정확히 살핀 후 문서 등을 통해 정확하게 하달하되, 상황의 변화에 부합되도록 융통성을 발휘[應形於無窮, 九地之變]해야 한다는 것이다. 그리고 마지막으로 군사지리 및 기상은 병법에서 매우 중요한 요소로, 천지(天地)는 나의 의지대로 변화시킬 수는 없지만 이에 대한 이치를 충분히 터득하고 이를 신중하게 고려해야 한다. 천지요소가 상황에 따라 미치는 심리상태를 동시에 고려하여 전법을 구사해야 함을 강조하였다.

2. 손자의 대표 군사사상

범주별로 분석한 내용에 대해 가장 포괄적이고 핵심적이며 대표할 만한 손자의 군사사상을 도출하기 위해 다음과 같은 절차를 거칠 필요가 있다. 먼저 범주별로 도출한 핵심 군사사상을 분석하여 이 중에서 공통적이고 대표적인 내용을 도출한 다음 이를 다시 압축하여 핵심사상을 도출하는 것이다. 먼저 〈표 44〉에서 보는 바와 같이 범주별 핵심 군사사상을 토대로 공통적이고 대표적인 손자의 군사사상내용을 도출하였다. 이렇게 도출된 공통적이고 대표적인 것은 '死生, 存亡, 速決, 不戰勝, 形勢, 詭道, 兵聞拙速, 制勝之形, 不貴久, 修道而保法, 應形於無窮'[567] 등으로 선정할 수 있다.

---

567) 死生, 存亡, 速決, 不戰勝, 形勢, 詭道, 兵聞拙速, 制勝之形, 不貴久, 修道而保法, 應形於無窮(사생, 존망, 속결, 부전승, 형세, 궤도, 병문졸속, 제승지형, 불귀구, 수도이보법, 응형어무궁)

(표 44) 공통적이고 대표적인 손자의 군사사상 도출

구분	범주별 핵심 군사사상	공통적이고 대표적인 사상내용 도출
범주1 (전쟁인식)	• 死生之地 存亡之道(백성의 생사와 국가의 존망이 달린 것) • 단기속결전	死生, 存亡, 速決
범주2 (양병)	• 不戰而屈人之兵(부전승, 전쟁 억제력) • 若決積水 如轉圓石於千仞之山 形勢(천길 꼭대기의 막아둔 물을 터뜨리거나 돌을 굴리는 형세)	不戰勝, 形勢
범주3 (용병)	• 形兵之極 至於無形(전쟁을 억제하는 용병술 우선) • 兵者 詭道也 應形於無窮 兵聞拙速(전쟁시 신속히 상황에 맞게 궤도(詭道)를 통한 최소의 전투)	詭道, 兵聞拙速
범주4 (평시 안보 지원)	• 伐謀·伐交를 통한 制勝之形(책략과 외교를 통한 이기는 상황 조성) • 知敵之用間(간첩을 통한 적정 수집) • 怒而撓之 卑而驕之 佚而勞之(성내게, 교만하게, 힘들게)	制勝之形
범주5 (국가정책지원)	−	
범주6 (군사력 관리·운영)	• 役不再籍 糧不三載 不貴久(전쟁 반복 또는 장기전 금지) • 修道而保法 携手若使一人(국민을 단결, 군체제와 제도를 갖추어 대병력을 한사람 다루듯 지휘) • 應形於無窮, 九地之變(상황에 맞는 적용)	不貴久, 修道而保法, 應形於無窮

다음은 도출된 공통적이고 대표적인 사상을 다시 압축하는 과정이 필요한데, 상호 연관이 있는 것끼리 묶거나 조합하는 것이다. 먼저 제승지형(制勝之形)·수도이보법(修道而保法)·형세(形勢)는 오사(五事)를 갖추어 승리 여건을 조성한 것으로 우선적으로 '튼튼한 국력(국방력)을 통한 여건 조성'이 밑바탕이 되어야 함을 강조한 것이다. 그리고 생사(死生)·

존망(存亡) · 부전승(不戰勝)은 전쟁은 중대사이므로 함부로 하지 말고 싸우지 않고 이기는 것인 '부전승(不戰勝)'을 우선 추구해야 함을 강조하고 있다. 또한 궤도(詭道) · 응형어무궁(應形於無窮)은 전쟁을 수행해야 할 경우라면 '상황에 맞게 계책'을 써야 함을 강조한 것이다. 그리고 속결(速決) · 병문졸속(兵聞拙速) · 불귀구(不貴久)는 짧은 시간이나 '짧은 기간'이라는 것을 주로 공통으로 의미한다. 그러므로 이와 같은 절차를 통해 공통적이고 대표적인 사상 중에서 최종 압축된 핵심사상은 '**수도이보법(修道而保法) · 제승지형(制勝之形), 부전승(不戰勝), 궤도(詭道), 속결(速決)**' 등으로 선정할 수 있다.

이렇게 압축된 핵심사상을 중심으로 손자의 대표적인 군사사상을 들자면 '**국력을 갖추고 승리상황을 조성하여[修道而保法 · 制勝之形] 부전승(不戰勝)을 우선하되 불가피할 땐 궤도(詭道)를 통한 속결전(速決戰)**'이라고 말할 수 있다. 왜냐하면 손자는 전쟁 없이 평화적으로 해결하는 방안을 먼저 모색하도록 힘주어 강조했고, 전쟁이 불가피할 경우 궤도를 써서 단기간 내 이기는 것이 중요함을 강조했기 때문이다.

에필로그

결론 및 성과

전통적으로 군사 분야에서 우선 고려했던 것은 전쟁을 예방하거나 적의 침략을 막고 안보위협에 대한 대응을 위해 군사력을 양성하고 병력과 무기를 하루도 빠짐없이 관리하는 것이었다. 이는 비교적 현실 문제와 많이 직결되어있다. 그러다 보니 현실 문제를 주로 다루는 사람들이 군사사상에 접근할 경우 다소 고루(固陋)한 것으로 생각할 수도 있었다. 심지어 허공에다 대고 허우적거리는 듯한 느낌을 가질 수도 있었다. 이런 이유 등으로 지금까지 군사사상 이론에 대한 접근을 시도하지 못하는 결과가 누적되었다.

그간 군사사상에서 전쟁 분야에 지나치게 한정하여 접근했던 것을 이 책은 전쟁 이외 평시 분야와 비군사 분야를 포함하여 군사사상의 정의를 새롭게 하였다. 막연하게만 생각했던 군사사상의 실체가 무엇인지 알 수 있도록 6개의 범주를 구체화하여 제시하였다. 군사사상을 분석할 때 일정한 기준 없이 각자의 생각과 방법에 따라 분석하였지만, '6가지 범주'를 중심으로 분석하는 방법론을 정립하여 제시하였다. 분석도 중요하지만 현실적으로 더 필요한 것은 국가가 군사사상을 정립하는 것이다. 지금까지는 변변한 정립방법론이 없었기 때문에 이번에 군사사상 정립방법론을 제시하였다. 군사사상을 정립하는 것은 국가 안위(安危)와 직결되는 것이므로 중요한 사안이다. 그래서 시행착오를 최소화하기 위해 군사사상 정립 시 영향요소 7가지에 대해 상세히 제시하였다.

그간 군사사상에서 주로 다뤄온 것은 전쟁이었고, 전쟁에 대한 시각은 적지 않게 클라우제비츠의 견해가 적용되었다. 그러다 보니 전쟁과 연계된 분야를 다룰 때 병력이나 무기를 사용하는 '폭력'이란 단어를 주로 사용해왔다. 하지만 사상 · 문화 · 경제 · 자원 · 에너지 · 테러 · 사이버 · 하이브리드 등을 수단으로 사용하는 전쟁은 폭력(무력)을 사용하는 일반적인 전쟁과는 많은 차이가 있다. 이런 제한사항을 고려하여 기존에 무력전쟁으로 한정하여 사용해온 폭력이란 용어의 부적절한 면을 보완하여 '제수력'이란 새로운 용어로 제시하였다.

그간 동서양에서 많은 사람이 손자병법을 논하거나 이를 응용해왔다. 이번에 새롭게 정립한 군사사상 이론체계에 맞추어 전체를 분석했다. 이로써 우선 '군사사상 기본이론'과 '분석방법론'을 좀 더 정확하게 이해할 수 있는 계기가 되었다. 더불어 손자의 군사사상을 '군사사상 범주별'로 분석한 후 이를 종합함으로써, 전체적인 손자의 군사사상을 체계적으로 이해할 수 있었다. 특히 그간 특정 문구나 문장을 중심으로 손자병법을 인용하거나 언급했는데, 군사사상 범주별로 관련 내용을 종합하는 형태로 접근함으로써 13편 전체 또는 각 문장 간에 상호 어떻게 연계되어 있는지 알 수 있었다. 다른 군사사상을 분석할 때도 이와 같은 분석방법론을 목적에 맞춰 적용한다면 훨씬 체계적인 분석이 가능할 것이다.

"내 발명품은 전장에서 아군의 전사자를 획기적으로 줄일 것이다."
개틀링 기관총을 발명한 개틀링(Richard Jordan Gatling)의 말이다. 7
개의 총열을 돌려 분당 400발을 쏠 수 있는 기관총은 소총병을 1/7로
적게 투입해도 유사한 사격효과를 기대할 수 있을 것이기 때문에 사상
자가 그만큼 줄 것이라고 낙관했다. 하지만 현실은 사상자가 몇십 배 증
가하는 정반대의 결과를 낳았다. 군사사상 이론체계는 전쟁을 잘하기
위한 이론이 아니다. 전쟁을 억제하는 데 주된 목적이 있다. 개틀링의
기대와 다르게 정반대가 되지 않기를 희망한다.

한계 및 향후 과제

부족하나마 군사사상 이론에 대해 최초로 기본 틀을 내놓았다. 처녀
작이나 다름없어 지속적인 보완이 필요하다. 군사사상 이론 연구가 더
활발히 이루어지길 기대한다. 특히 사관학교나 일반 대학교에서 군사
분야의 인재를 양성 시 1차로 군사사상에 대한 기본이론을 체계적으로
교육하고, 2차로 각 사상가의 사상을 분석해봄으로써 군사 분야에 대한
혜안이 생기길 기대한다. 또한 한국뿐만 아니라 세계 여러 나라에서 군
사사상 정립에 대한 필요성을 많은 사람이 인식하는 계기가 되었으면
한다.

군사사상 이론을 설명하면서 한국을 중심으로 풀어나갔다. 단적인 예
로 어떤 국가는 '통일'이란 문제가 고려 대상이 아닌 경우도 많다. 나라
별로 처한 사정에 따라 해당 국가에 맞게 응용하거나 일부 첨삭이 필요

하다.

　이론체계를 정립하면서 많은 사람의 견해를 반영하려 했지만, 충분히 반영하지 못한 면이 있다. 이번에 군사사상 관련 이론을 제시했다고 이를 기준으로 달리는 기차를 승용차처럼 순식간에 방향을 바꾸는 것은 매우 어려울 것이다. 기존 군사사상 이론들을 접해왔던 사람들은 적지 않게 인식의 차이가 발생할 것이다. 향후 상호 견해 차이를 정반합(These, Antithese, Synthese)으로 발전시켜 나가는 노력과 시간이 필요하다.

　미래엔 전쟁뿐만 아니라 군사와 관련한 많은 부분에서 현재와 다르게 여러 변화가 빠르게 진행할 것이다. 메타버스(metaverse), AI, 무인전투, 사이버, 우주공간, 기후변화, 감염병, 국가나 국경의 개념변화 등 변화된 환경에 맞게 군사사상 이론을 더욱 발전시킬 필요가 있다.

2022년 봄
전쟁기념관 연구실에서

참고 문헌

Ⅰ. 국내문헌

1. 단행본

공군대학,『군사전략사상사』, 대전: 공군교재창, 2007.
국방대학교,『군사사상과 비교군사전략』, 서울: 국방대학교, 2013.
_____,『군사학 개론』, 서울: 국방대학교, 2013.
국방부,『2014 국방백서』, 서울: 국방부, 2014.
국방부,『2018 국방백서』, 서울: 국방부, 2018.
국방부,『2020 국방백서』, 서울: 국방부, 2020.
_____,『왜 부유한 나라가 가난한 나라에 패하였는가?』, 서울: 경성문화사, 2012.
국방부 군사편찬연구소,『조선후기 국토방위전략』, 서울: 국방부 군사편찬연구소, 2002.
_____,『고려시대 군사전략』, 서울: 국방부 군사편찬연구소, 2006.
_____,『6 · 25전쟁사① 전쟁의 배경과 원인』, 서울: 서울인쇄정보산업협동조합, 2004.
_____,『6 · 25전쟁사② 북한의 전면남침과 초기 방어전투』, 서울: 서울인쇄정보산업협동조합, 2005.
_____,『알아봅시다! 6 · 25전쟁사』제1권, 서울: 서울인쇄정보산업협동조합, 2005.
_____,『6 · 25전쟁과 채병덕 장군』, 서울: 대한상사, 2002.
_____,『소련군사고문단장 라주바예프의 6 · 25전쟁보고서』①, 서울 : 군인공제회 제1문화사업소, 2001.
국회입법조사처,『일본의 국제 활동 확대와 한국의 대응방향』, 서울: 성지문화사, 2020.
군사학연구회,『군사사상론』, 서울: 플랫미디어, 2014
_____,『국가안전보장론』, 성남: 북코리아, 2016.
Günter Poser,『소련의 군사전략』, 김영국 역, 서울: 병학사, 1979.
김기곤,『철학의 기초』, 서울: 박영사, 1985.
김대순,『국제법론』, 11판, 서울: 삼영사, 2006.
김병관,『손자병법강의』, 대전: 육군대학, 2008.
김부식,『삼국사기』, 신호열 역해, 서울: 동서문화사, 2007.
김희상,『군사이론의 체계와 역할, 현대 전략사상의 발전과정』, 서울: 전광, 1983.
_____,『생동하는 육군을 위하여』, 서울: 전광, 1993.
노병천,『圖解 손자병법』, 서울: 연경문화사, 1999.
노양규,『쉬운 손자병법』, 대전: 육군대학, 2005.
노자,『도덕경』, 오강남 역, 서울: 현암사, 2013.
다카하시 요이치,『전쟁의 역사를 통해 배우는 지정학』, 김정환 옮김, 서울: 시그마북스, 2018.
다케다 야스히로 · 가미야 마카케,『안전보장학 입문』, 김준섭 · 정유경 번역, 서울: 국가안전보장문제연구소, 2013.

대한민국 부사관 총연맹 편찬,『알기 쉬운 군사사상』, 서울: Global, 2007.

대한민국 정부,『천안함 피격사건 백서』, 서울: 인쇄의 창, 2011.

Donald M. Snow, Dennis M. Drew,『미국은 왜? 전쟁을 하는가』, 권영근 역, 서울: 연경문화사, 2003.

로저 스크루턴,『현대철학 강의』, 주대중 옮김, 서울 : 바다출판사, 2017.

맥스 부트,『MADE IN WAR』, 송대범 · 한태영 역, 서울: 플래닛미디어, 2008.

문영일,『한국국가안보전략사상사』, 서울: 21세기군사연구소, 2007.

美 의회조사국,『이라크 자유작전 美 의회 보고서』, 육군군사연구소 역, 계룡: 국군인쇄창, 2011.

바베트 벤소산 · 크레이 플레이서,『분석이란 무엇인가?』, 김은경 · 소자영 · 이준호 역, 서울: 3mecca.com, 2011.

박계호,『총력전의 이론과 실제』, 성남: 북코리아, 2012.

박종홍,『朴鍾鴻 全集』제Ⅴ권, 서울: 민음사, 1998.

박창희,『한국의 군사사상』, 서울: 플랫미디어, 2020.

방위성,『2014 방위백서 다이제스트』, 도쿄: 방위성 · 자위대, 2014.

배경환,『러시아군사연구 제5집』, 대전: 육군대학, 2005.

배정호 · Alexander N. Fedorovskiy 편,『21세기 러시아의 국가전략과 한 · 러 전략적 동반자 관계』, 서울: 통일연구원, 2010.

백기인,『한국근대 군사사상사 연구』, 서울: 국방부 군사편찬군사연구소, 2012.

백종현,『철학의 주요 개념1 · 2』, 서울: 서울대학교 철학사상연구소, 2004.

사마천,『한권으로 읽는 사기』, 김도훈 역, 서울: 아이템북스, 2011.

손석현,『이라크전쟁과 안정화작전』, 서울: 국방부군사편찬연구소, 2014.

손자,『손자병법』, 김상일 역, 서울: 하서출판사, 1972.

____,『손자병법』, 김원중 역, 파주: 글항아리, 2012.

신성진 외,『한반도 냉전구조 해체: 주변국의 협력 유도 방안』, 서울: 통일연구원, 1999.

Angelo Codevilla, Paul Seabury,『전쟁 목적과 수단』, 김양명 역, 서울: 명인문화사, 2011.

에드워드 M. 얼,『신전략사상사』, 곽철 역, 서울: 기린원, 1980.

_____,『현대전략사상가 - 마키아벨리로부터 히틀러까지의 군사사상』, 육군본부 역, 서울: 육군인쇄창, 1975.

에바타 켄스케,『전쟁과 로지스틱스』, 강한구 역, 서울: 한국국방연구원, 2011.

온창일,『전략론』, 파주: 집문당, 2004.

柳馨遠,『磻溪隨錄』卷21, 兵制

육군군사연구소,『한국군사사⑦』, 서울: 경인문화사, 2012.

_____,『한국군사사⑫』, 서울: 경인문화사, 2012.

육군본부,『군사용어사전』, 계룡: 국군인쇄창, 2012.

_____, 야전교범 지-0『군 리더십』, 2011.

_____,『리더십 규정(초안)』, 2015.

_____,『한국 군사사상』, 서울: 육군본부, 1991.

육군대학교수부,『손자병법 해설서(김병관 장군 강의록)』, 대전: 육군인쇄창, 2000.

윤성지,『노자병법』, 서울: 매일경제신문사, 2011.

이근욱,『이라크전쟁』, 파주: 도서출판 한울, 2011.

이성연 · 이월형 · 채은동 · 최종철,『미래전에 대비한 군사혁신론』, 대구: 황금소나무, 2008.

이용인 · 테일러 워시번 역음, 『미국의 아시아 회귀전략』, 파주: 창비, 2014.

이종학, 『클라우제비츠와 전쟁론』, 서울: 주류성, 2004.

_____, 『전략이론이란 무엇인가』, 대전: 충남대학교 출판부, 2012.

_____, 『한국군사사연구』, 대전: 충남대학교출판부, 2010.

자크 아탈리, 『더나은 미래』, 양진성 역, 서울: 청림출판사, 2011.

장기덕, 『군수관리의 이론과 실제』, 서울: 한국국방연구원, 2012.

장운용, 『군사학 원론』, 서울: 양서각, 2010.

정창권, 『21세기 포괄안보시대의 국가위기관리론』, 서울: 대왕사, 2010.

John Locke, 『통치론』, 강정인 · 문지영 역, 서울: 까치글방, 2012.

조영갑, 『세계전쟁과 테러』, 성남: 선학사, 2011.

_____, 『현대전쟁과 테러』, 서울: 선학사, 2009.

_____, 『한국위기관리론』, 서울: 팔복원, 2009.

조우현, 배종호, 김형석, 『철학개론』, 서울 : 연세대학교출판부, 1995.

존 M. 콜린스, 『직업군인과 일반인을 위한 군사지리』, 이동욱 옮김, 마산: 경남대학교출판부, 2008.

중앙대학교, 『철학개론』, 서울 : 중앙대학교출판부, 1993.

차영구 · 황병무 편저, 『국방정책의 이론과 실제』, 서울: 도서출판 오름, 2002.

철학사전편찬위원회, 『철학사전』, 서울: 도서출판 중원문화, 2009.

최경락, 정준호, 황병무, 『국가안전보장 서론: 존립과 발전을 위한 대전략』, 서울: 법문사, 1989.

최무영, 『최무영 교수의 물리학 이야기』, 서울: 북멘토, 2019.

최문길, 『군사사상의 정립체계』, 서울: 국방대학원, 1994.

최용호, 『한권으로 읽는 베트남전쟁과 한국군』, 서울: 국방부 군사편찬연구소, 2004.

츠지 유키오 편, 『인지언어학 키워드 사전』, 임지룡 역, 서울 : 한국문화사, 2004.

Cal Von Clausewits, 『전쟁론』, 류제승 역, 서울: 책세상, 1998.

_____, 『전쟁론』, 강창구 역, 서울: 병학사, 1991.

_____, 『전쟁론』 제2권, 김만수 옮김, 서울: 갈무리, 2009.

통일부통일교육원 『통일문제 이해』, 서울: 대원문화사, 2014.

파스칼 보니파스, 『지정학 지금 세계에 무슨 일이 벌어지고 있는가?』, 최린 옮김, 서울: 가디언, 2020.

페터 쿤츠만, 프란츠 페터 부르카르트, 프란츠 비트만, 악셀 바이스, 『철학도해사전』, 여상훈 옮김, 파주 : 들녘, 2016.

폴 케네디, 『강대국의 흥망』, 이일수 · 전남석 · 황건 공역, 서울: 한국경제신문사, 1996.

하성우, 『지략』, 서울: 플래닛미디어, 2015.

한국이데아편집부, 『철학대사전』, 서울: 한국이데아, 1993.

한영우, 『다시 찾는 우리역사』, 파주: 경세원, 2003.

한우근, 『한국통사』, 서울: 을유문화사, 1992.

한국전략문제연구소, 『2014 동아시아 전략평가』, 서울: 한국전략문제연구소, 2014.

합동군사대학교, 『세계전쟁사(上)』, 계룡: 국군인쇄창, 2012.

_____, 『세계전쟁사(中)』, 대전: 합동군사대학교, 2012.

_____, 『세계전쟁사(下)』, 대전: 합동군사대학교, 2012.

합동참모본부, 『합동국지도발 대비작전』, 서울: 합동참모본부, 2011.

_____, 『연합 · 합동작전 군사용어사전』, 계룡: 국군인쇄창, 2010.

_____, 『연합 · 합동작전 군사용어사전』, 대전: 문광인쇄, 2014.

황성칠, 『군사전략론』, 파주: 한국학술정보, 2013.

황진환 외 공저, 『新국가안보론』, 서울: 박영사, 2014.

해리 섬머스, 『미국의 걸프전 전략』, 권재상 · 김종민 역, 서울: 자작 아카데미, 1995.

헤겔, 『역사철학강의』, 권기철 옮김, 서울: 동서문화사, 2020.

2. 논문

강봉구, 한구현, "자원전쟁 시대 한국의 에너지안보 전략: 동시베리아 · 극동 지역을 향하여" 『한국 과 국제정치』 제20권 3호, 2004.

강정일, "한반도의 지정학적 가치와 미 · 중 군사경쟁 양상 분석", 『軍史』, 서울: 국방출판지원단, 2022.

강태경, "인지적 범주화 과정으로서의 법적 추론", 『법학논집』Vol.19(2), 2014.

고동우, "지정학의 귀환에 대한 소고", 『2014 외교안보연구소 정책연구자료』(서울: 웃고문화사, 2015), p.10.

고성윤, "통일 대비 대북 심리전" 『Jpi 정책포럼』 149권 0호, 2014.

군사논단 편집실, "손자병법 속의 전략사상", 『군사논단』 제10호, 1997.

김규철, "러시아의 군사전략: 위협 인식과 군사력 건설 동향", 『군사논단』, 100권 특별호, 2020.

김석환, "세계는 '데이터 전쟁' 중…한국은 '개망신법'에 발목", 서울신문, 2019.

김세용, 권혁진, 최민우, "국방분야 인공 지능과 블록체인 융합방안 연구", 『인터넷정보학회논문지』 v.21 no.2, 2020.

김수완, "IS(이슬람국가) 보도 프레임 연구", 『중동연구』 제33권 3호, 2015.

김순태, "한국군의 군사외교 활동에 관한 연구", 『東西研究』 제22권. 2010.

김예경, "앵커리지 미 · 중 고위급회담 결과와 미 · 중 관계 전망: 중국의 시각을 중심으로", 『THE ASAN INSTITUTE FOR POLICY STUDIES 』, 아산정책연구원, 2021.

김용태, "한국불교사의 호국 사례와 호국불교 인식" 『大覺思想』 제17집, 2012.

김유석, "한국 군사사상 체계 정립 연구", 대전대학교대학원 군사학 박사학위 논문, 2015.

김재철, "조선시대 군사사상과 군사전략의 평가 및 시사점", 『서석사회과학논총』 제2집 2호, 2009

김재철, "한(韓)민족의 군사사상과 흥망성쇠의 교훈", 『조선대 동북아연구소』 Vol 22 No. 2, 2007.

김재철 · 김정기, "동북아평화를 위한 군비통제 접근 방향", 『한국동북아논총』 제63호, 2012.

김진석, "폭력과 근본주의 사이로 – 니체를 수정하며", 『철학과 현실』, 서울: 철학문화연구소, 2004.

김철수, "신 냉전기 주변강국의 한반도 정책", 『世界憲法研究』 第20卷 3號, 2014.

김홍일, "나의 六 · 二五緖戰回顧—漢江防禦作戰에서 平澤國軍再編成까지", 『사상계』 138호, 1964.

남창희, "한반도 통일과 일본의 전략적 이익", 『국방대학교 안보문제 연구소 2014년 국제안보학술 회의』, 2014.

김희정, "테러방지입법의 합헌적 기준—자유와 안전의 조화—", 고려대학교 대학원 박사학위 논문, 2015.

노영구, "한국 군사사상과 연구의 흐름과 근세 군사사상의 일례", 『군사학연구』 통권 제7호. 2009.

노훈, "북한 비대칭 전략과 우리의 대응개념", 『국방정책연구』 제29권 통권102호, 2013.

류기현, 김성학, "미 육군 다영역작전(MDO)의 이해", 『국방논단』제1809호(20-26), 한국국방연구 원, 2020.

류지영, 『한국 군사사상의 발전적 정립방안』, 동국대학교 석사학위논문, 2004.

박원곤, "트럼프 행정부의 대외정책과 인도 · 태평양전략", 『국방연구』, 제62권 4호, 논산: 국방대학교 안보문제연구소, 2019.

박상우, "에너지자원과 카스피해 지역의 갈등 분석", 충남대학교 대학원 정치외교학 박사학위 논문, 2011.

박재현, "한반도 위협양상 변화와 한국의 군사적 대비방향", 경기대학교 정치전문대학원 석사학위 논문, 2012.

박종상, "한반도의 지정학적 구조 분석과 한국의 국가발전전략", 경기대학교 정치전문대학원 외교 안보학 박사학위 논문, 2012.

박지영, 김선경, "하이브리드 전쟁의 위협과 대응", 아산정책연구소 ISSUE BRIER, 2019.

박창권, "북한의 핵 운용전략과 한국의 대북 핵억제전략", 「국방정책연구」 제30권 통권104호, 2014.

박창희, "한국의 군사사상 발전방향", 「전략연구」 통권 제4호, 2014.

백지운, "'일대일로(一帶一路)'와 제국의 지정학", 「역사비평」 123호, 서울: 역사와 비평사, 2018..

부형욱, "국방개혁의 추진경과와 향후 정책방향", 「동북아안보정세분석」, 2014.

서길원, "NCW 시대 한국군의 합동성 강화를 위한 소요기획 대안적 접근법에 관한 연구", 아주대 학교 박사학위논문, 2015.

서정민, "바이든 행정부의 다자주의 대외정책 전환과 이란 핵 합의의 복원 가능성", 「중동연구」, 제 40권 1호, 서울: 한국외국어대학교 중동연구소, 2021.

서정순, "전쟁 원인론과 한반도의 연계성 연구", 경기대학교 정치전문대학원 박사학위논문, 2018.

안병준, "공세적 현실주의의 군사적 재해석을 통한 한국형 기동함대 적기 전력화에 관한 연구", 한 남대학교 박사학위 논문, 2015.

M. K. Chopre, 이황웅 역, "군사사상의 혼미", 「군사평론」 제6호, 1958.

여인곤, "러시아의 안보 · 군사전략 변화와 푸틴의 한반도정책", 「통일연구원 안보총서」 2001-21, 2001.

올레나 쉐겔, "총알이 없는 전쟁: 이번 우크라이나 사태에 관한 러시아의 정보전", 『Russia & Russian Federation 』5권 2호, 서울: 한국외국어대학교 러시아연구소, 2014.

유연재, "언어적 범주화 단서와 범주화 방법에 따른 디지털 컨버전스 제품 판단과 평가 차이", 아 주대학교 일반대학원 박사학위 논문, 2011.

유영만, "단순한 학습의 복잡성: 복잡성 과학에 비추어 본 학습복잡계 구성과 원리", 「Andragogy Today: Interdisciplinary Journal of Adult & Continuing Education」 Vol.9 No.2, 2006.

유정환, "한반도지정학", 「Hérodote」, 제141호, 2011.

이권, "孫子의 전쟁관에 대한 철학적 고찰", 「道敎文化硏究」 제36집, 군산 : 한국도교문화학회, 2012.

이기상, "철학개론서와 교과과정을 통해 본 서양 철학의 수용(1900~1960)", 「철학사상」 5호, 1995.

이란희, "조직 구성원의 팔로워십과 리더십 인식 유형 및 상응 관계 탐색", 연세대학교대학원 심리 학 박사학위 논문, 2015.

이문영, "러시아의 유라시아주의와 제국의 지정학", 『슬라브학보』 제34권 2호, 2019.

이병구, 이수진, "미래 지상군의 사이버작전 개념발전 방안", 「미래 How to Fight에 기초한 전투 발전」, 2014.

이석선, 이정아, "프랙탈(Fractal)의 생성 알고리즘을 적용한 텍스타일 디자인 개발", 「한국공간디 자인학회논문집」 제10권 4호 통권34호, 2015.

이선호, 한민수 "산업망에서의 APT(지능형 지속위협) 침투경로 분석 및 대응방안 고찰"『韓國産業保安研究』第5卷 第1號, 서울: 한국산업보안연구학회, 2015.

이영환, "군사사상의 고찰", 「군사평론」 제320호, 2008.

이재영, "전쟁의 본질: 현실주의 시각을 중심으로", 『동북아연구』Vol.13, 경남대학교 극동문제연구소, 2008.

이창인, 정민섭, 박상혁, "초 연결시대의 미래전 양상", 『The Journal of the Convergence on Culture Technology (JCCT)』Vol.6 No.3, 서울 : 국제문화기술진흥원, 2020.

이춘근, "지정학의 부활과 동아시아 해양안보", 『STRATEGY』 21, 통권36호 Vol. 18, No. 1, 2015.

이필중, "한국의 군사력 건설의 문제점 및 발전 방안", 『한국의 군사력 건설과 전략』(서울: 국방대학교), 2002.

이필중, 안병성, "국방예산 10년 평가와 중기 운용정책", 「국방정책연구」 제29권 제1호, 2013.

이호철, "중국의 부상과 지정학의 귀환", 『한국과국제정치(KWP)』 33권 1호, 서울: 경남대학교 극동문제연구소, 2017.

이홍복, "손자병법의 재해석", 「군사평론」

임경한, "지정학 관점에서 본 림랜드 아세안(ASEAN)의 가치와 미·중 경쟁", 『동남아연구』vol.30, no.2, 서울: 한국외국어대학교 동남아연구소, 2020.

임종화, "핵 비확산 국제레짐과 한국의 핵안보 정책연구", 경기대학교 박사학위논문, 2013.

장석홍, "등소평의 군사사상과 전략 연구(현대적 조건하 인민전쟁론과 국부전쟁론을 중심으로)", 경기대학교 정치전문대학원 외교안보학 박사학위 논문, 2013.

장재필, "북한의 국방정책 변천에 관한 연구", 대진대학교 통일대학원 북한학과 석사학위 논문, 2008.

정구연, "앵커리지 고위급회담 이후 미중 관계 전망: 미국의 시각을 중심으로", 『THE ASAN INSTITUTE FOR POLICY STUDIES 』, 아산정책연구원, 2021.

정유석, "북한의 사이버 위협 능력과 한국군 대응에 관한 연구", 상지대학교 평화안보·상담심리대학원 안보학 석사학위 논문, 2012.

J. N. Mattis(미 합동전력사령관 미 해병 대장), "미 합동개념발전 비전", 육군교육사령부 역, 2012.

조원재, "미래전 양상에 따른 특수작전부대 발전방향", 경희대학교 공공대학원 정책학과 석사학위 논문, 2016.

주용식, "통일한국의 군사통합과 적정군사력 연구", 숭실대학교 박사학위논문, 2013.

지상현·콜린 플린트, "지정학의 재발견과 비판적 재구성", 「공간과 사회」 2009년 통권 제31호, 2009.

지종상, "孫子兵法의 構造와 體系性研究", 충남대학교 대학원 군사학 박사학위 논문, 2010.

진석용, "군사사상의 학문적 고찰", 「군사학연구」 통권 제7호, 2009.

전명용·송용호, "『손자병법』「노자」의 동질성과 그 현실적 운용 연구", 「중국학연구」 제80집, 중국학연구회, 2017.

차문석, "미중의 글로벌전략과 동북아 지정학의 귀환", 『국가전략』 제26권 1호, 2020.

최강, "핵무장론 파장과 대응 방안", 서울: 아산정책연구원, 2016.

최광복, "사이버전 대비 차원의 국방정보보호 관리체계 연구", 수원대학교 대학원 컴퓨터학 박사학위 논문, 2012.

최광현, "미래 국방심리전 발전 방향" 「국방정책연구」, 서울: 한국국방연구원, 2005.

최보영, "고종의 '收夷制夷'적 일본인식과 武備自强策(1876〜1881)", 『한국근연대사연구』여름호(57집), 2011.

최북진, "중국의 6 · 25전쟁 종결전략 연구", 대전대학교대학원 군사학 박사학위 논문, 2013.

최우선, "미국의 새로운 상쇄전략(Offset Strategy)과 미 · 중 관계", 「2015 겨울 주요 국제문제분석」, 서울: 국립외교원 외교안보연구소, 2016.

최장옥, "제4세대 전쟁에서 '군사적 약자의 장기전 수행전략'에 관한 연구", 충남대학교 박사학위논문, 2015.

최재천, "21세기사회문화와 지식의 통섭", 「2012년 한국간호과학회 추계학술대회보」, 2012.

최형국, "한국 군사 사상사 연구의 새로운 도약을 준비하며", 『軍史』第103號, 2017.

한국무역협회 워싱턴지부, "오바마 대통령의 의회 연설을 통해 본 2015년 국정운영 방향과 평가", 2015.

한국전략문제연구소, "러시아, 新군사독트린 발표", 「국가안보전략」통권32 Vol 04 2월호, 2015.

한국전략문제연구소, "2014년 주변국 정세 및 대응전략 정책토론회 결과보고서", 2014.

한희원, "국가안보의 법철학적 이념과 국가안보 수호를 위한 법적 · 제도적 혁신모델에 대한 법규범적 연구", 호서대학교 박사학위논문, 2013.

허남성, "클라우제비츠 『戰爭論』의 '3位1體論' 소고"『군사』제57호, 2005.

II. 외국문헌

1. 단행본

Alvin Plantinga, *The Nature of Necessity*, Oxford: Clarendon Press, 1974.

Auswärtiges Amt, *Leitlinien zum Indo−Pazifik*, Frankfurt: Zarbock GmbH & Co. KG, 2020.

Carl von Clausewitz, *On War*, Translated from the German by O.J. Matthijs Jolles, D. C. : Infantry Journal Press, 1950.

Carl von Clausewitz, *On War*, Michael Howard and Peter Paret, eds. and trans., Princeton: Princeton University Press, 1984.

Center for Naval Analyses, *National Security and the Threat of Climate Change*, Virginia : The CNA Corporation, 2007.

Charles Townshend edited, *The Oxford history of modern war*, New York: Oxford University Press, 2000.

_____, *The Oxford history of modern war New updated edition*, New York: Oxford University Press, 2005.

Christopher Coker, *The future of war*, Oxford: Blackwell, 2004.

Development, Concepts and Doctrine Centre, *Strategic Trends Programme: Global Strategic Trends—Out to 2045(5th ed.)*, London: UK Ministry of Defence, 2014.

Donella Meadows, Dennis L. Meadows, Jørgen Randers and William W. Behrens III, *The limits to growth: areport for the Club of Rome's project on the predicament of mankind*, New York: Potomac Associates‐Universe Books,1972.

Dupuy, T. N., *Understanding War: History and Theory of Combat*, New York: Paragon House Publishers, 1987.

Earle, Edward Mead, *Makers of Modern Strategy: Military Thought from Machiavelli to*

Hitler, Princeton Univ. Press, 1943.

F. F. Gaivoronsky and M. I. Galkin, *The Culture of Military Thought*, Moscow: Voennoye Izdatelstvo, 1991.

Fricdrich Ratzel, *Politische Geographie*, Munich and Berlin, 1897: 3rd edition, revised, 1923.

George, David Lloyd, *War Memoirs I* , London and New York, 1933.

Graham Turner, *Is global collapse imminent?*, research paper no. 4 , Melbourne: University of Melbourne, Sustainable Society Institute, Aug. 2014.

Harkabi, Yehoshafat, *Nuclear War and Nuclear Peace*, New Jersey : Transaction Publishers, 2008.

Hegel, Georg Wilhelm Friedrich., *Grundlinien der Philosophie des Rechts*, translated with notes by T. M. Knox, Philosophy of Right, London: Oxford University Press, 1967.

_____, *Grundlinien der Philosophie des Rechts*, Berlin : De Gruyter, 1821.

Hinde, Robert A., Helen Watson, *War: A Cruel Necessity?: The Bases of Institutionalized Violence*, London: I.B.Tauris, 1995.

Huntington, S. P., *The Soldier and the State*, Cambridge: Harvard University Press, 2004.

I. A. Korotkov, *History of Soviet Military Thought*, Moscow: Science Publishing House, 1980.

Jay Luvaas, *The Military Legacy of the Civil War: The European Inheritance*, Kansas: University Press of Kansas, 1988.

J. Rawls, *A Theory of Justice[1971]*, revised Edition, Oxford, 1999.

Kalevi Holsti, *Peace and war: armed conflicts and international order 1648 – 1989*, Cambridge: Cambridge University Press, 1991.

Karns, Margaret P., Mingst, Karen A., *International Organizations*, Colorado: Lynne Rienner Publishers, 2010.

Kennedy, Paul, *The Rise and Fall of the Great Power*, New York: Vintage Book, A division of Random House, 1989.

Lebow, Richard Ned, *A Cultural Theory of International Relations*, Cambridge: Cambridge University Press, 2008.

Lider, Julian, *Origin & Development of west German Military Thought*, Vol.1, London: Gower Publishing Company, 1985.

Lyle J. Morris et al., *Gaining Competitive Advantage in the Gray Zone*, California: RAND Corporation, 2019.

Maximilian Carl Emil Weber, *Politik als Beruf*, München: Duncker & Humblot, 1926.

Morgenthau, Hans J., *Politics Among Nations: The Struggle for Power and Peace(fifth edition)*, New York: Alfred a Knopf, Inc, 1973.

_____ revised by Kenneth W. Thompson, Susanna Morgenthau and Matthew Morgenthau, *Politics Among Nations: The Struggle for Power and Peace*, Boston : Companies, Inc., 1993.

Muni, S.D. and Rahul Mishra, *India's Eastward Engagement : From Antiquity to Act East*

Policy, New Delhi : SAGE Publications India Pvt Ltd, 2019.

Ofer Fridman, Russian *'hybrid warfare': resurgence and politicisation*, London: Hurst, 2018.

Office of the Secretary of Defense, *Military and Security Developments. Involving the People's Republic of China. 2020 Annual Report to Congress.*, VA: Department of Defense, 2020.

Peter Paret, *Makers of Modern Strategy from Machiavelli to the Nuclear Age*, Princeton, NJ: Princeton University Press, 1986.

P. W. Singer and Emerson T. Brooking, *Like war: the weaponization of social media*, Boston: Houghton Mifflin Harcourt, 2018.

Pillar, Paul R., *Terrorism and U. S. Foreign Policy*, Washington, D. C.: Brookings Institution Press, 2001.

Platon, Phaidros, 278d.

Qiao Lang and Wang Xiangsui, *Unrestricted warfare*, Marina Del Rey, CA: Shadow Lawn Press, 2017.; first publ. 1999.

Quincy Wright, *A Study of War*, Chicago: University of Chicago Press, 1965.

Quincy Wright, *A Study of war*, Chicago: Chicago Univ. Press, 1983.

Raymond Aron, translated from the French by Richard Howard and Annette Baker, *Peace and War: A Theory of International Relation*, New York: F. A. Prager, 1967.

Robert Latiff, *Future war: preparing for the new global battlefield*, New York: Knopf, 2017.

Sorokin, P. A., *Social and Cultural Dinamies*, Vol. Ⅲ, New York: American Book Company, 1973.

Spykman, Nicholas J., *The Geography of Peace*, New York: Harcourt Brace and Company, 1944.

Stephen Cimbala, *Clausewitz and escalation: classical perspectives on nuclear strategy*, Abingdon: Routledge, 2012.

Sun Tzu, *The Art of War*, trans. by Samuel B. Griffith, London: Oxford University Press, 1963.

The Policy Planning Staff, Office of the Secretary of State, *The Elements of the China Challenge*, Office of Policy Planning, 2020.

Thomas, Timothy L., *Russian Military Thought: Building on the Past to Win Future HiTech Conflicts*, Virginia : The MITRE Corporation, 2019.

Tim Travers, *The Killing Ground: the British Army, the Western Front and the Emergence of Modern Warfare, 1900−1918*, Barnsley: Pen & Sword Books, July 2003.

US Army Training and Doctrine Command(TRADOC), *The Operational Environment and the Changing Character of Future Warfare*, Fort Eustis, VA: 2017.

_____, *The Operational Environment and the Changing Character of Future Warfare*, Fort Eustis, VA: 2019.

US. Air Force, *Irregular Warfare*, AFDD 2−3, 2007.

Waltz, Kenneth N., *Theory of International politics*, New York: McGraw−Hill, Inc, 1979.

_____, *Man, state, and War: A Theoretical Analysis*, New York: Columbia

University, 1959.

Williamson Murray, *America and the Future of War: The Past as Prologue*, Stanford, CA: Hoover Institution Press, 2017.

World Economic Forum, *The Global Risks Report 2019*, Geneva: World Economic Forum, 2019.

國內部,『中國武裝力量的多樣化運用』, 北京: 中華人民共和國國務院新聞辦公室, 2013.

防衛省,『令和2年版 防衛白書』, 東京: 日経印刷株式会社, 2020.

小山弘健,『軍事思想 研究』, 東京: 新泉社, 1970.

淺野祐吾,『軍事思想史入門』, 東京: 原書房, 2010.

王文榮,『戰略學』, 北京: 國防大學出版社, 1999.

2. 논문

Avi Kober, "What Happened to Israeli Military Thought?", *The Journal of Strategic Studies* Vol. 34, No. 5, 2011.

Blind, William S., Nightengale, Keith, Schmitt, John F., Sutton Joseph W., Wilson, Gary I., "The Changing Face of War: Into the Fourth Generation" *Marine Corps Gazette* November 2001. Reprinted from Marine Corps Gazette Octover 1989.

Christopher Mewett, "Understanding War's Enduring Nature Alongside its Changing Character", *Texas National Security Review*, the University of Texas at Austin, 2014.

David Betz, "Cyberpower in strategic affairs", *Journal of Strategic Studies* 35: 5, 2012.

Doorn, Jacques Van, "Armed Forces and Society: Patterns and Trends", in Van Doorn(ed.), *Armed Forces and Society*, The Hague: Mouton, 2003.

Dixit, K. C., "Sub-Conventional WarfareRequirements, Impactand Way Ahead", *Journal of Defence Studies* Vol 4. No 1, 2010.

Harry Kazianis, "Air-Sea Battle's Next Step: JAM-GC on Deck," *The National Interest*, 2015.

Hoffman, F. G., "Will War's Nature Change in the Seventh Military Revolution?", *Parameters* 47(4), Pennsylvania: US Army War College, 2017.

James Derleth, PhD, "Russian New Generation Warfare-Deterring and Winning the Tactical Fight", *Military Review*, 2020.

Kevin Cunningham, Robert R Tomes, "Space-Time Orientations and Contemporary Political-Military Thought", *Armed Forces & Society* Vol.31(1), 2004.

Laurie Garrett, "'Biology's brave new world: the promise and perils of the syn bio revolution", *Foreign Affairs* 92: 6, 2013.

Mackinder, Halford J., "The Geographical Pivot of History", *Geographical Journal* vol .23. 1904.

Mearsheimer, John. J., "The False Promise of International Institution", *International Security*, Vol. 19, No. 3, 1994/1995.

_____, "China's Unpeaceful Rise", *Current History*, Vol. 105, No. 690, 2006.

Oliver Solon, "Facebook removes 652 fake accounts and pages meant to influence world politics", *Guardian*, 22, 2018.

Perry Anderson, "The Figures of Descent", *New Left Review* Vol. 0, Iss. 161, London, 1987.

Peter Seixas, "The Purpose of Teaching Canadian History", *Canadian Social Studies* vol 36 No2, 2002.

Phillip Karber, Joshua Thibeault, "Russia's New-Generation Warfare", *Association of The United States Army*, 2016.

Reilly, Jeffrey M., "Multidomain Operations: A Subtle but Significant Transition in Military Thought", *Air and Space Power Journal* Vol.30(1), 2016.

Renato Cruz De Castro, "The Obama Administrations's Strategic Pivot to Asia: From a Diplomatic to a Strategic Constrainment of an Emergent China", *The Korean Journal of Defense Analysis*, Vol. 25, No. 3, 2014.

Tanisha M. Fazal and Paul Poast, "War Is Not Over : What the Optimists Get Wrong About Conflict", *Foreign Affairs*, V98, Council on Foreign Relations, 2019.

Thomas, Timothy L., "The Evolution of Russian Military Thought: Integrating Hybrid, New-Generation, and New-Type Thinking", *The Journal of Slavic Military Studies* VOL. 29, NO. 4, 2016.

_____, "Russia's Reflexive Control Theory and the Military", *The Journal of Slavic Military Studies* 17(2), 2014.

_____, *Russian Military Thought: Building on the Past to Win Future HiTech Conflicts*, Virginia : The MITRE Corporation, 2019.

Tim Travers, "The Offensive and the Problem of Innovation in British Military Thought 1870-1915", *Journal of Contemporary History*, Vol. 13, No. 3, London: Sage Publishing, 1978.

United States Air Force, "The Nature of War", *Air Force Basic Doctrine*, Doctrine Volume 1, 2015.

Walter Russell Mead, "The Return of Geopolitics: The Revenge of the Revisionist Powers", *Foreign Affails*, Vol.93, No.3, 2014.

Warren Chin, "Technology, war and the state: past, present and future", *International Affairs* V95 Issue 4, Oxford: Oxford University Press, 2019.

Ⅲ. 기타

국방개혁에 관한 법률 제3조(시행 2010.7.1., 법률 제10217호)

군형법(법률 제12232호, 2014. 1. 14. 일부개정)

군형법(법률 제14183호, 2016. 5. 29., 타법개정)

국방부, 전력발전업무 훈령, 2014.

국방부, 전력발전업무 훈령, 2020.05.14., 별표1 용어의 정의

국방개혁에 관한 법률, 2020. 12. 22, 법률 제17684호

통계청 e-나라지표, 2016. 04. 19.

"국가안보 우선시하고 가용자원 · 비축물자 총동원", 국방일보, 2020. 4. 3.
"두달새 750명 사망.. 트럼프 평화협정 후 아프간은 지옥이 됐다", 조선일보, 2020. 5. 14.
"러 보고서 북 이미 붕괴중, 2030연대엔 남에 흡수통일 될 것", 조선일보, 2011. 11. 4.
"미국의 재균형 전략과 한국의 선택", 유코리아뉴스, 2014. 5. 30.
"미국 · 프랑스 '코로나 전시상황' 선포", 부산일보, 2020. 3. 19.
"美 핵항모 루스벨트호 승조원 3,700명 하선", 서울신문, 2020. 4. 3.
""바이든, 유럽 순방 기간 對러 추가 제재…中 대응책 논의", 조선일보, 2022. 3. 23
"北우방 우간다 '북한과 군사-안보협력 중단'", 동아일보, 2016. 5. 30
"북한은 잠잠… 美 전략폭격기 6대, 중국 보라고 띄웠다", 한국일보, 2020.8.20.
"사고의 과정과 내용을 평가하기" 경북일보, 2018. 8. 31.
"삼성-애플, 특허분쟁 합의…7년 다툼 종지부", 연합뉴스, 2018. 6. 28.
"[속보] 이란 대통령 '한반도서 변화 원해…어떤 핵개발도 반대'", 조선일보, 2016. 5. 2.
"우크라이나 전쟁: 바이든이 해결해야 할 다섯 가지 난제", BBC NEWS 코리아, 2022. 3. 25
"윤병세, 대통령 수행 중 쿠바행…'북한 절친 공략 화룡점정'", 중앙일보, 2016. 6. 6.
"敵 없다고 하고 훈련도 안 하는 軍, 1인당 1억 쓰는 오합지졸", 조선일보, 2021. 6. 10.
"전쟁, 1년에 1천 명 이상 희생자를 낸 적대행위", 중앙대학교, '대학원신문' 2011. 3. 2.
"피그만 침공 사건…집단사고의 함정", 서울경제신문, 2017. 4. 17.
코로나19(COVID-19) 실시간 상황판(https://coronaboard.kr/, 검색일: 2021.7.11.)
https://ko.wikipedia.org/wiki/복잡계(검색일: 2019.8.12.)
서울대학교 철학과, "철학이란 무엇인가?"(http://philosophy.snu.ac.kr/board/html/menu1/ sub01_2.html, 검색일 : 2021.3.3.)
CoronaBoard, 코로나19(COVID-19)실시간 상황판(https://coronaboard.kr/, 검색일 : 2021.3.10.)
Alexandra Evans and Alexandra Stark, "Bad Idea: Assuming the Small Wars Era is Over," Defense 360, Center for Strategic and International Studies, 13 December 2019(https://defense360.csis.org/bad-idea-assuming-the-smallwars-era-is-over/, 검 색일: 2020 .4. 14)
Nye, Joseph S., "1914 Revisited?", Project Syndicate, 2014.(https://www.belfercenter.org/ publication/1914-revisited, 검색일 : 2021.3.21.)
Summary of US Costs of War in Iraq, Afghanistan, Pakistan, Syria and Homeland Security FY2001-2018 (Rounded to the nearest billion $)(https://watson.brown. edu/search?query=Summary+of+US+Costs+of+War+in+Iraq%2C+Afghanistan%2 C+Pakistan%2C+Syria+and+Homeland+Security&section=All, 검색일 : 2021.3.21.)

용어 정리